U0311650

Springer航天技术译丛

阿波罗计划

—— 权威原始资料

[美] 理查德·W.奥尔洛夫　[英] 戴维·M.哈兰　著

孙威　译

清华大学出版社

北 京

北京市版权局著作权合同登记号　图字：01-2015-0877

《阿波罗计划——权威原始资料》理查德·W.奥尔洛夫　戴维·M.哈兰 著

First published in English under the title *Apollo：The Definitive Sourcebook* by Richard W. Orloff and David M. Harland，2006 by Praxis Publishing Ltd. Copyright © Praxis Publishing Ltd.，2006. This edition has been translated and published under license from Praxis Publishing Ltd. All Rights Reserved.

图书在版编目（CIP）数据

阿波罗计划：权威原始资料/（美）理查德·W.奥尔洛夫，（英）戴维·M.哈兰著；孙威译.—北京：清华大学出版社，2020.3
（Springer 航天技术译丛）
书名原文：Apollo：The Definitive Sourcebook
ISBN 978-7-302-54222-3

Ⅰ.①阿…　Ⅱ.①理…②戴…③孙…　Ⅲ.①月球探索－档案资料－美国
Ⅳ.①V1

中国版本图书馆 CIP 数据核字（2020）第 029248 号

责任编辑：戚　亚
封面设计：傅瑞学　李海涛
责任校对：王淑云
责任印制：丛怀宇

出版发行：清华大学出版社
　　　　　网　　　址：http：//www.tup.com.cn，http：//www.wqbook.com
　　　　　地　　　址：北京清华大学学研大厦 A 座　邮　　编：100084
　　　　　社 总 机：010-62770175　　　　邮　　购：010-62786544
　　　　　投稿与读者服务：010-62776969，c-service@tup.tsinghua.edu.cn
　　　　　质量反馈：010-62772015，zhiliang@tup.tsinghua.edu.cn
印 装 者：三河市龙大印装有限公司
经　　销：全国新华书店
开　　本：153mm×235mm　印　张：48.25　字　数：839 千字
版　　次：2020 年 3 月第 1 版　　印　次：2020 年 3 月第 1 次印刷
定　　价：198.00 元

产品编号：052338-01

 书序

人类在进入 21 世纪的第二个 10 年以来,在航天领域一次又一次取得了突破性进展。有史以来最大的火星车——好奇号成功着陆火星并开展了旨在探寻火星生命痕迹的探测活动,开普勒空间望远镜发现了首颗太阳系外位于"宜居带"上最接近地球的行星"开普勒-452b",新视野号探测器首次近距离探测了冥王星及其卫星,火星勘察轨道器发现火星表面存在液态水,这一系列航天活动新成果再次掀起了全球范围的航天热潮,引起了广泛关注。以美国为代表的航天强国更是明确提出了要在 21 世纪 30 年代实现载人火星探测的宏伟目标。与此同时,我国的航天事业也在不断攀登新高度,先后取得了嫦娥三号首次月面软着陆与巡视探测任务以及探月工程三期再入返回飞行试验的圆满成功。

作为我国航天测控系统技术总体和顶层规划设计单位,我们强烈地意识到自己所肩负的使命与责任,持续跟踪国际航天技术发展动态,特别关注空间信息技术和航天工程总体领域的科研与工程进展情况。这套"航天技术译丛"就是我们组织相关学科领域专家,针对当前国际航天活动热点,并结合我国航天未来发展需求,从近年来国外出版的航天技术专著中,精心组织遴选、翻译和审校而成的,内容涉及空间信息技术、航天任务设计、阿波罗载人登月、载人火星探测等多个领域。希望这套丛书的出版可以为我国空间信息技术和航天工程总体领域的科研和工程技术人员提供有益的参考,对未来的研究和总体设计工作发挥一定的借鉴作用。

北京跟踪与通信技术研究所

2015 年 7 月

译者序

在人类第二个月球探测热潮来临之际,北京跟踪与通信技术研究所组织翻译了理查德·W.奥尔洛夫和戴维·M.哈兰著的《阿波罗计划——权威原始资料》一书,旨在为中国月球探测工程的实施提供借鉴和参考。本书为航天工程人员和广大读者系统地介绍了50多年前人类首次登上月球这一宏大工程的详细过程。书中以时间为脉络、事件为主体、数据为依据,详细描述了阿波罗计划的整体规划、运载火箭与登月飞船的设计研制过程、航天员的选拔与经历及历次任务的具体实施,具有丰富的工程指导意义和珍贵的历史价值。相信时隔多年,再次从工程实践的角度重温阿波罗计划的具体技术细节,对于当前投身于月球探索任务的新一代科技工程人员,一定会起到经验传承和灵感启迪的作用,对于热爱航天、热心宇航的青年人,同样会激发出回顾历史和展望未来的巨大热情。希望本书的翻译能够为我国的月球探测工程和航天事业发展提供微薄的助力。

书中涉及大量的月球地名,其翻译主要依据民政部2010年颁布的《关于公布第一批月球地名标准汉字译名的公告》。凡公告中未涉及的月球地名,大多采用音译,一小部分根据文中内容的需要采用了意译。翻译中译者力求忠实于原著,但由于译者水平有限,书中难免存在疏漏和不当之处,恳请广大读者和专家批评指正。

译者

2019年9月18日

谨以本书献给那些
实现了阿波罗计划的
遍布美国的
40 万工作者

"征服太空是可能的,这一点现在不容置疑"

亚瑟·C.克拉克,1951

"……完全黑暗的舱底"

1956 年皇家天文学家理查德·范德里特·伍利在展望太空旅行时给出的评论

"哔哔,哔哔,哔哔……"

苏联第一颗人造地球卫星"斯普特尼克",1957 年 10 月 4 日

"我相信,这个国家应当致力于实现这样一个目标,即在这个年代结束之前,把人送上月球"

约翰·F.肯尼迪,1961 年 5 月 25 日

"我认为,50 年代发生的最有影响力的事件是发射斯普特尼克卫星"

约翰·F.肯尼迪,1963 年 11 月遇刺前一周

"人类的一大步"

尼尔·奥尔登·阿姆斯特朗,1969 年 7 月 21 日踏上月球表面时

"……美国未来的挑战"

尤金·安德鲁·吉恩·赛尔南,1972 年 12 月 14 日离开月球表面时

2002 年,当亚瑟·C.克拉克被问到,20 世纪有哪个事件他没有预测到时,他回答:

"我们会去到月球,然后却停了下来"

再三考虑,他又加了一句:

"太空时代还没有开始"

作者自序

　　即使用"史诗"这个词也不足以形容 20 世纪 60 年代和 70 年代初的阿波罗计划,在此期间美国总共将 12 个人送上了月球。[①] 尽管是与苏联之间的冷战大环境从政治上促发了"太空竞赛",但该计划无疑是人类探索的一个伟大壮举。此前,已经有无数的文章从多种观点描述过阿波罗计划,但鲜有提供统计比较数据的。

　　本书的目的是,就阿波罗计划的事实提供全面的参考。NASA 的多个中心和合同商都曾写过任务报告,但一些指标常常存在差异。此外,随着时间的推移,一些与阿波罗计划相关的出版物也会出现印刷错误。为解决这些问题,我们求助于原始文献,其中一些是以前没有公开的,但在美国《信息自由法案》颁布后,现已公之于众。除了对阿波罗计划及各次任务进行介绍外(其中包括从发射升空前到乘员和飞船回收后的详尽时间表),书中还给出了一系列统计表,大量相关数据以表格形式列出,便于任务之间的对比。发射前和倒计时事件都是按每次发射时的美国东部标准时间给出的,但任务事件通常以格林尼治时间(GMT)或飞行地面时间(GET)给出,后者从"发射时间"起算,即起飞前的最后一个整秒。"T−"和"T+"用于表示倒计时和上升入轨过程中的各事件的时间,以秒为单位。不过总体而言,文中使用冒号作为分隔符,以避免与 24 小时制的格林尼治时间混淆。GET 的格式是 hhh:mm:ss.sss(即小时占三位,不够三位前面补 0)。由于篇幅所限,我们将重点放在计划的起源和实施方面,减少了对飞行器和设施的描述。在完成对阿波罗计划的记录之后,我们期待人类能在十年左右的时间内再次实现对月球的探索。

理查德·W.奥尔洛夫,戴维·M.哈兰

2005 年 12 月

---

①　在整个阿波罗时代,美国所有的宇航员都是男性,宇航员(astronaut)这个词(如今仍保留着)就反映出这一点。

致 谢

书中任务日志中包含的信息主要来源于没有版权的 NASA 和合同商的报告(详见参考文献),而且某些情况下是逐字逐句地引用,并没有标明出处。此外,我们必须对以下有版权的著作表示感谢:

- 尽管大多数的宇航员信息来自 NASA 档案,但某些宇航员的传记数据源自迈克尔·卡斯托著名的《太空名人录:国际航天年鉴》;
- 任务标志的描述主要来自 NASA 官方对任务徽章的介绍文本,其他信息来自于朱迪思·卡普兰和罗伯特·穆尼斯在 1986 年出版的《从水星到航天飞机的太空徽章》,以及理查德·L.拉蒂默在 1985 年发表的《我们所做的一切就是为了飞向月球:宇航员徽章和呼号》;
- 进入太空的飞船和运载火箭各级,其空间研究委员会(COSPAR)编号来自《1957—1986 皇家航空研究院地球卫星表》,该书是对英格兰皇家航空研究院原来出版的各期出版物的汇编;
- 规划的月球穿越路线的插图承蒙 NASA 提供;
- 阿波罗月面穿越地图承蒙美国地质勘探局提供;
- 阿波罗着陆点的地质剖面解析来自格兰特·H.黑肯、大卫·T.维尼曼和贝文·M.法兰西编著的《月球资料大全:月球用户指南》,由剑桥大学出版社出版。

数年来,许多人帮助我们查找原始的 NASA 文献、图像和其他信息,以及检查手稿中的错误,他们是:林登·B.约翰逊航天中心原媒体服务部门的贝基·弗莱戴;原林登·B.约翰逊航天中心的本达·L.迪恩;乔治·C.马歇尔航天飞行中心的戴尔·约翰逊;波音公司的达里尔·L.巴尔斯;亚利桑那州塞多纳市的大卫·H.兰塞姆;伊利诺伊州诺马尔市的 J.L.皮克林;得克萨斯州荷兰市的里基·兰克劳斯;因特网《阿波罗月面杂志》的编辑埃里克·M.琼斯博士;林登·B.约翰逊航天中心的约翰·B.查尔斯博士;林登·B.约翰逊航天中心的弗罗拉斯特拉·鲁纳;TRW 的盖里·埃文斯;苏格兰爱丁堡的戈登·戴维;苏格兰格拉斯哥的大卫·伍兹,因特网《阿波罗飞行杂志》的编辑；苏格兰格拉斯哥的肯·麦科塔格特；华盛顿特区航天政策研究所的德韦恩·A. 戴；路易斯安那州奥珀卢瑟斯的罗伯特·安德烈邦特；荷兰的艾德·汉格威尔德；英格兰万泰的布莱恩·劳伦斯；原林登·B. 约翰逊航天中心的珍妮特·克瓦塞维奇；莱斯大学伍德森研究中心的琼·费里和洛伊斯·莫里斯；原林登·B. 约翰逊航天中心的乔伊·佩拉兰·库尔曼；原约翰·F. 肯尼迪航天中心的肯尼斯·纳伊；维吉尼亚州林奇堡的基普·蒂格；亚拉巴马州萨摩市的唐尼斯·威利斯；原NASA 总部的李·西格塞；原林登·B. 约翰逊航天中心的丽莎·巴斯克斯；林登·B. 约翰逊航天中心的迈克·金特里；肯尼迪航天中心的玛格丽特·伯辛格；原乔治·C. 马歇尔航天飞行中心的欧玛·卢·怀特；意大利罗马的保罗·丹吉洛；NASA 航空航天信息中心的菲利普·N. 法兰西和乔纳森·格兰特；维吉尼亚州尚蒂伊的罗伯特·萨顿；洛克希德·马丁公司的小罗伯特·W. 弗里克；荷兰阿姆斯特丹的吕德·奎克；罗伯特·H. 戈达德航天飞行中心国家航天数据中心的大卫·R. 威廉姆斯博士；伊利诺伊州道纳斯格罗夫市的海耶斯·M. 哈珀；得克萨斯州休斯顿月球与行星研究所的史蒂芬·泰利耶；新泽西州奥克赫斯特的美国陆军乔治·H. 奥尔洛夫中校（退休）；德国卡尔斯鲁厄的哈拉尔德·库查尔德；肯尼迪航天中心的凯·格林特；新泽西州比奇伍德的琳赛·里德；新泽西州贝维尔的塞布丽娜·爱彻利维亚；以及华盛顿特区 NASA 总部的露易丝·埃尔斯托克、斯坦利·阿提斯、史蒂夫·加博、霍普·康、罗杰·劳尼厄斯、沃伦·欧文斯和米歇尔·沃克。

目 录

插 图列表

阿波罗 16 号　　第十次载人任务：第五次登月

阿波罗 17 号　　第十一次载人任务：第六次登月

表格列表

附 件列表

阿 波罗计划概述

美国国家航空航天局

1957 年 10 月 4 日,苏联成功发射了世界上第一颗人造地球卫星,并将其命名为"斯普特尼克(Sputnik)",意为"伴侣",以此作为国际地理年(从 1957 年中期一直持续到 1958 年年底)的标志。美国对此感到极为震惊,因为美国原本一直想通过自己的先锋号计划来创造这样一个技术里程碑。更糟糕的是,1957 年 12 月 6 日,美国在佛罗里达州大西洋海岸卡纳维拉尔角发射"先锋号"的尝试以失败告终。火箭升空几英尺便失去推力,坠落并爆炸。为努力从这一耻辱中恢复过来,来自阿拉巴马州亨茨维尔红石军械厂陆军弹道导弹局(ABMA)的沃纳·冯·布劳恩称,他们有一款红石导弹,装有 14 枚固体火箭,其中 11 枚环绕在外部用作第二级,另外 3 枚位于中间用作第三级。其改进型,即众所周知的木星-C 导弹,为测试导弹战斗部的隔热层,已经能在弹道顶端将有效载荷加速送入大气层。如果再加上一枚固体火箭形成第四级,"木星-C"就能将有效载荷送入轨道。1958 年 1 月 31 日,这一设想成功了。卫星被命名为"探索者",由位于帕萨迪纳的加利福尼亚州理工学院喷气推进实验室(JPL)研制。JPL 研制的中士火箭被用作上面级[①]。由爱荷华州立大学的詹姆斯·范·艾伦提供的有效载荷被集成在火箭的最后一级,两者一同进入轨道。由于探测到被地球磁场捕获的高能带电粒子的存在,这一装置创造了太空时代的第一个重大发现。

尽管国家荣誉得到了维护,但国防部对苏联火箭的动力比美国更加强

---

① 1938 年加利福尼亚州理工学院的丹尼尔·古根海姆航空实验室与陆军航空兵签署协议,研发运载重型炸弹的喷气助推起飞(JATO)火箭。1942 年实验室领导人西奥多·冯·卡门创立喷气式飞机工程公司,制造这种喷气助推起飞火箭。到 1943 年,该计划扩展至包括研发弹道导弹在内时,喷气推进实验室的名字已经被采用,尽管严格地说,实验室并没有完全局限于喷气发动机的研究。一个接一个地,实验室研发出一系列固体燃料导弹,分别命名为"列兵""下士""中士"。

劲深感焦虑。1958 年 2 月 7 日,德怀特·戴维·艾森豪威尔总统设立高级研究计划署(ARPA),旨在制订国家目标,并协调(尽管没能发挥作用)相关的研究。4 月 1 日,罗伊·W. 约翰逊被任命为署长,可以直接向国防部长报告。根据詹姆斯·赖恩·基利安(艾森豪威尔总统的科学与技术特别助理)的建议,4 月 2 日颁发了总统令,设立管理民用太空计划的国家航空航天局(NASA)。艾森豪威尔总统还组建了国家航空航天委员会,制定相关政策。6 月,美国国家科学院组建了空间科学委员会,为太空科学探索提供建议。美国国家科学院是一家促进科学进步的私立机构,成立于 1863 年,应邀为政府的科学事务提供建议。7 月 16 日,《美国国家航空航天法案》在国会通过,并于 7 月 29 日签署成为法律。与此同时,美国关闭了成立于1915 年、负责空气动力学基础研究的国家航空咨询委员会(NACA),其资产移交给它的继承者(NASA,译者注)。国家航空咨询委员会的资产包括:1917 年在弗吉尼亚州汉普顿兰利机场创建的兰利航空实验室(以下简称兰利,译者注),以及位于沃勒普斯岛的无人飞行器研究站;1939 年在加利福尼亚州山景城莫菲特机场创建的埃姆斯航空实验室(以下简称埃姆斯,译者注);1941 年在俄亥俄州克利夫兰建立的刘易斯飞行推进实验室(以下简称刘易斯,译者注);以及 1949 年在加利福尼亚州穆劳克机场建立的高速飞行站,该飞行站于 1950 年更名为"爱德华兹空军基地(以下简称爱德华兹,译者注)"[1]。兰利当时正在进行与载人航天相关的空气动力学研究,刘易斯正在研发以氢为燃料的火箭发动机,爱德华兹正在研制 X-15 火箭动力飞机,这种飞机可以沿弹道飞至太空"边缘"。尽管 NASA 的职权范围较大得多,但也未能立即掌控陆军弹道导弹局或是喷气推进实验室[2]的火箭技术。8 月 8 日,位于俄亥俄州克利夫兰的凯斯理工学院校长托马斯·凯斯·格莱南被提名为 NASA 的局长,休·拉蒂默·屈莱顿——过去 10 年间一直是国家航空咨询委员会主任——被提名为格莱南的副手。他们的任命数日内就得到了批准。

载人卫星

在"探索者"发射六周后,兰利的马克西姆·A. 法格特开始撰写返回式卫星的空气动力学技术方案。当时的主流认识是,航天器应当由飞得更高

---

① 移交 NASA 后,兰利成为兰利研究中心,埃姆斯成为埃姆斯研究中心。

② 1958 年 12 月 3 日,艾森豪威尔总统命令将喷气推进实验室移交给 NASA;1959 年 9 月,国防部自愿移交了陆军弹道导弹局。

更快的飞机衍生而来,他却反其道而行之,决定设计一个由火箭垂直发射升空的"太空舱"。在太空中,太空舱的指向(或姿态)由推进器点燃的冷却气体控制。离开轨道时,它将采用弹道再入方式,并且用降落伞着陆。主要的先决条件是,火箭要有足够大的推力来获得轨道速度,而隔热层可以在再入过程中为太空舱提供保护。尽管已经开始研制大推力运载火箭,但是隔热问题正成为一个技术上的挑战。法格特决定采用圆锥型舱体,并且采用钝头朝前的方式进入大气层。钝头压缩空气并产生激波,从而防止大部分热量接触到太空舱。舱体的底部用烧蚀层保护,烧蚀层燃烧时剥离并落入太空舱后方的气体尾流中,这样可以阻止热量传递到舱体。由于太空舱不能产生空气动力的升力,只能沿弹道式轨道返回。这一思路被写入一篇题为《载人卫星的初步研究——无翼结构、非升力》的论文,提交给了 3 月 18 日在埃姆斯召开的空气动力学会议。

1958 年 9 月,格莱南与高级研究计划署的约翰逊同意合作研制"载人卫星"。10 月 7 日,罗伯特·罗维·吉尔鲁斯在兰利成立了一个非正式小组,探索如何研制出"在实际可行的最早日期,能够进行轨道飞行并可以成功返回的载人卫星"。不言而喻,这就是说必须抢在苏联之前将人送入太空。11 月 5 日,这一工作组正式成为太空任务组。NASA 迅速邀请工业界就航天器提出概念建议,并且开始招募搭乘其飞行的"宇航员"。12 月 17 日,格莱南宣布该计划被命名为"水星"。11 家公司参与投标,1959 年 1 月 12 日,密苏里州圣路易斯的麦克唐纳飞机制造公司赢得了合同。

1959 年 4 月 9 日,格莱南在被挤爆了的新闻发布会上宣布了 7 名被选拔为宇航员的军方试飞员的名字。他们是来自海军的小艾伦·巴特利特·谢泼德少校,马尔科姆·斯科特·卡彭特中尉和小沃尔特·马蒂·施艾拉少校;来自海军陆战队的小约翰·赫舍尔·格伦中校;来自空军的维吉尔·伊凡·"格斯(Gus)"·格里索姆上尉,唐纳德·肯特·"德科(Deke)"·斯莱顿上尉和小勒罗伊·戈登·库珀上尉。

土星运载火箭

第二次世界大战后,北美航空公司改造了德国 V-2 导弹的发动机,弹道导弹局将其安装到红石中程导弹上。当公司研发出推力更大的发动机后,弹道导弹局用其全面升级了红石导弹,研制出木星中远程导弹。1955 年,北美航空公司在加利福尼亚州西圣费尔南多谷建立了洛克达因分公司,专门设计制造发动机。该部门为空军的宇宙神洲际导弹设计的动力装置,可以用 3 台发动机输出总计 36 万磅至 38 万磅(1 磅 ≈ 0.454 千克,译者注)

的推力。与此同时,公司评估了研制能产生 100 万磅推力的单台发动机的可行性。1957 年 4 月,弹道导弹局启动了由一组由 E-1 发动机提供动力的先进火箭(号称"超级木星")设计研究工作。经洛克达因公司分析,这种火箭与宇宙神三发动机火箭的推力相当。同年 12 月该研究结束时,陆军向国防部提交了《国家导弹与太空运载综合发展计划》。该计划指出,将 4 台这样的发动机并联在一起,可以得到一个拥有 150 万磅推力的运载火箭,这一方案比研制单台具有相同推力发动机的方案可以提前几年实现。1958 年 6 月 23 日,空军与洛克达因公司签署合同,要求其承担输出推力达到 100 万磅至 150 万磅的单室发动机的初步设计工作。洛克达因将这种发动机命名为"F-1"。

1958 年 7 月,高级研究计划署对采用并联技术获得 150 万磅推力运载火箭的方案表现出兴趣,但为缩短研制周期,要求采用已经试验过的发动机替代这种尚停留在纸面上的 E-1 发动机。为此,冯·布劳恩建议将 8 台木星导弹的发动机并联在一起,并将其定名为"朱诺Ⅴ"[①]。从当时的火箭技术发展水平看,质疑者认为同时点燃 8 台主发动机是不可能的;即使能够同时点燃,燃烧的不稳定性也会导致发动机关闭。然而,高级研究计划署于 8 月 15 日颁布了 14 号令,要求陆军弹道导弹局于 1959 年年底在静态试车台上测试并联火箭。1958 年 9 月 11 日,洛克达因公司签署了合同,改进木星导弹发动机的结构,使其适于并联技术。洛克达因公司将这种发动机命名为"H-1"。在准备测试平台时,为了节约时间和经费,陆军弹道导弹局决定不采用将巨大的煤油和液氧贮箱一个个摞起来构成一个直径为 20 英尺(1 英尺=0.304 8 米,译者注)的单体结构的安装方式,而是将 8 个红石导弹贮箱环绕在一个略粗些的木星导弹贮箱周围。9 月 23 日,高级研究计划署将 14 号令扩展至包含 4 次试验飞行,首飞在 1960 年秋季进行,以便"为有能力完成更先进任务的多级运载火箭提供一种可靠的高性能的第一级推进器"。陆军弹道导弹局决定保留这种特殊的贮箱结构用于正样火箭。

1959 年 1 月 27 日,NASA 向白宫提交了一份《国家航天器计划》。尽管该报告的署名是亚伯拉罕·海厄特——运载火箭的负责人,但报告的主要作者是密尔顿·W. 罗森,一名后来接替了海厄特位置的工程师。报告开头先评述了先锋号、朱诺Ⅰ、朱诺Ⅱ及雷神-艾布尔等火箭的研制都带有临

---

① 为了发射科学卫星,"木星-C"更名为"朱诺Ⅰ"。为了发射更重的有效载荷,"朱诺Ⅰ"增加了上面级,成为加长版木星导弹,即"朱诺Ⅱ"。接下来的多级运载火箭概念研究依次用"朱诺Ⅲ"和"朱诺Ⅳ"命名。因此,这一新方案成为"朱诺Ⅴ"。

时性,不能够作为国家太空计划的基础;并指出,由于运载火箭的研发需要很长时间,必须在航天任务和有效载荷确定之前早早开始研制。报告提出了 3 个研发项目:一是使用宇宙神导弹,它可以携带上面级或单独使用;二是使用朱诺 V 火箭,配以各种上面级;三是使用并联了 F-1 发动机的巨型运载火箭。2 月 2 日,"朱诺 V"被更名为"土星"——一个早在几个月前已由陆军弹道导弹局非正式介绍过的名字。两天后,高级研究计划署要求"朱诺 V"的各种上面级作为紧急计划启动。接下来的几个月,为符合陆军弹道导弹局的现货采购模式,考虑采用现成导弹的方案,并且按照字母顺序命名、数字顺序细分的方法进行分类。土星 A-1 火箭是按照罗森的建议,在火箭第一级上增加一个两级的大力神 I 导弹构成的。土星 A-2 火箭是根据陆军弹道导弹局的提议,将木星导弹并联在一起构成第二级。土星 B-1 火箭是一个更长远的方案,将研发一个全新的第二级。上述所有提案都使用了煤油燃料发动机。亚伯拉罕·希尔弗斯坦早在 1958 年担任 NASA 总部的太空飞行发展办公室主任、负责管理设计适用于多种任务的火箭第一级之前,就已经是刘易斯中心的副主任,并且在 19 世纪 50 年代初就着手研制氢燃料发动机。宇宙神火箭和大力神火箭的半人马座上面级目前正在采用这种发动机来研发。3 月,ARPR 提议,这种上面级研制成功后应当用于土星火箭。可是到了 7 月,ABMA 的结论是,现有的上面级十分有限;特别是与拥有 20 英尺直径的土星火箭第一级相比,这些导弹的狭窄空间将会严重限制有效载荷。同时,空军也得出结论,他们可以用导弹的改进型实现国防部的目标,因而开始讨论将冯·布劳恩的团队和土星运载火箭移交给 NASA。NASA 十分乐意将这些资源据为己有,因为这样就可以按照自己的需要调整运载火箭。10 月 21 日格莱南签字同意正式移交,但设施和人员的移交在 6 个月后才进行。

11 月 27 日,在移交过程中,希尔弗斯坦组建了土星火箭评估委员会,该组织迅速重申火箭需要新的一级。主要问题是这些新型火箭级是否应当选用氢而不是煤油作燃料。就同等重量的推进剂来讲,氢的推力比煤油多出 40%。如果上面级用煤油燃料,为满足推力要求,就需要更多的发动机、更多的推进剂和更大的贮箱容量——所有这些都是附加质量——尽管具有空前的推力,但火箭很快就会达到极限。陆军弹道导弹局倾向于采用煤油燃料发动机,但还是勉强同意了氢燃料发动机的方案,因为在土星火箭准备好接纳上面级之前,半人马座上面级还需要很长的时间进行飞行试验,到那时判断发动机是否可靠才是公平的。因此,到 1959 年年底,采用现货产品改装的 A 系列方案由于能力有限被放弃了。B 方案,即采用巨大的新型煤油燃料第二级的方案,由于决定使用氢燃料发动机,也被放弃了。在开发 C 系列的过程中,人们设计出一种"构件"模式,初步有 3 种类型:最大的是 C-3 型,由 S-Ⅰ,S-Ⅱ,S-Ⅲ,S-Ⅳ 和 S-Ⅴ 级组成;C-2 型是从 C-3 型里去掉 S-Ⅲ级;C-1 型是从 C-2 型里再去掉 S-Ⅱ级。因此,不管怎么命名,第一发运载火箭将由 S-Ⅰ,S-Ⅳ 和 S-Ⅴ 级组成!当时正在研制的 2 万磅推力的氢燃料发动机能够为 S-Ⅳ 和 S-Ⅴ 级提供动力,而 S-Ⅱ 和 S-Ⅲ 级需要 20 万磅推力的发动机(S-Ⅱ级有 4 台发动机,S-Ⅲ级有 2 台发动机)。希尔弗斯坦建议立即着手研制这种新型发动机(该发动机于 1960 年 5 月 31 日签订合同,被洛克达因公司命名为"J-2")。土星 C-1,C-2 和 C-3 火箭计划用来发射空间站、载人任务的组件,这些组件将在太空进行组装和运行,甚至还计划用于发射环月任务。而落月任务需要进行数次 C-3 火箭发射,每次发射飞行器的一部分;或者采用由多台 F-1 发动机提供动力的火箭,将飞行器一次发射上去。12 月 7 日,高级研究计划署接受了希尔弗斯坦的建议,要求针对下面两种模式开展工程及成本研究:①采用 4 台并联的 2 万磅推力氢燃料发动机的 S-Ⅳ 级;②基于"半人马座"构型、采用两台这种发动机的 S-Ⅴ 级。12 月 28 日,NASA/ABMA 提交了该研究报告。几天后,按照土星运载火箭评估委员会的意见,NASA 批准了一项研制 10 枚土星 C-1 运载火箭的计划。1960 年 1 月 14 日,艾森豪威尔敦促 NASA 加快"超级运载火箭"的研制工作,并且在 1 月 18 日给予土星火箭项目最高的国家优先等级——即众所周知的"DX"——用于采购物资和支付加班费。1960 年 7 月 1 日,艾森豪威尔出席了将位于亨茨维尔的陆军弹道导弹局更名为"乔治·C.马歇尔航天飞行中心"的仪式,NASA 任命冯·布劳恩担任中心主任。

NASA 的长远规划

1959 年初,众议院航天和太空探索特别委员会发布了《未来 10 年太空计划》,这是航天团体通过民意调查形成的一套研究报告。在水星计划后的载人航天计划中,最为突出的是环月飞行。这项月球勘察任务将作为落月和月面探索的先期任务。1958 年 12 月 15 日,冯·布劳恩已经向格莱南简要阐述了如何进行月球着陆。最简单的方案,即众所周知的"直接上升"登月,已经在一部 1950 年广受欢迎的电影《目标月球》中得到了很好的描述。但经冯·布劳恩计算,这种方案需要一枚至少由 10 台当时正在研发的最大推力发动机并联而成的火箭。他坚持采用一种更加合理的解决方案,即通过一系列小型火箭将专门的组件发射升空,并在地球轨道上组装成飞船。他概括描述了 4 种可选方案,其中要使用多达 15 枚小型火箭将 200 吨的飞船组件送入低地球轨道。然后在地球轨道将这些组件组装成飞船,再前往月球。他发现,事实上组建一个空间站更为理想,在那里可以完成月球任务的准备工作。鉴于此,1959 年 4 月 7 日,格莱南要求 1960 财年出资开展空间交会任务的可行性研究。其中包括:明确在太空中能够对航天器相对位置进行精确测量的方法;研发能够使一个航天器定位并跟踪另一个航天器的设备;研发使火箭沿预定轨道精确运行的导航控制系统。

第二天,也就是 4 月 8 日,NASA 为载人航天飞行成立了研究指导委员会,以研究选择水星计划后的航天活动。委员会主席由亨利·J. 戈特担任,他当时在埃姆斯中心,但 9 月便成为罗伯特·H. 哥达德航天飞行中心主任。哥达德航天飞行中心由 NASA 于 1959 年 5 月 1 日在马里兰州的格林贝尔特市成立。戈特邀请各领域中心为委员会推荐代表。他们在 5 月 25 日至 26 日首次召开会议,6 月 25 日至 26 日再次会谈,最终在 12 月 9 日得出了结论。委员会研究了冯·布劳恩的设想,将 9 个半人马座级火箭发射到低轨道,作为"逃逸"推进系统(并补给燃料),另外 3 枚火箭用于进入月球轨道和月面着陆(并补给燃料),1 枚火箭用于脱离月球轨道,1 枚火箭将载人飞船送入地球轨道启动任务——总共进行 14 次火箭发射,且所有发射必须在几周内完成,因为在太空很难保存低温推进剂。尽管当时正在考虑的更为强劲的土星改进型火箭可使任务变得简单,但委员会的结论是"直接登月"更为简单。然而,由于要花费多年时间开发所需的运载火箭,委员会还是提出了一项战略规划:土星火箭要在 20 世纪 60 年代中期实现空间站组装,在 60 年代末实现环月飞行,在 70 年代实现月球着陆。项目计划与评估

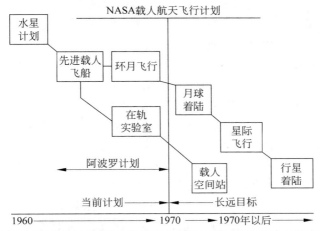

1959 年 NASA 制定其长远规划时,还不敢想象在 20 世纪 70 年代之前实现载人登月

办公室主任霍默·J.斯图尔特在准备向国会提交的《十年规划》中采用了这份报告。12月29日,希尔弗斯坦成立了由副局长理查德·E.霍纳任主席的太空探索计划委员会,负责监督计划的开发与实现。1960年1月28日,霍纳向众议院科学与太空航行委员会提交了《十年规划》。3月28日,格莱南将该计划提交到参议院的航空与航天科学委员会。

构思阿波罗飞船

1959年5月27日,吉尔鲁斯已经指示太空任务组对"先进载人飞船"的可行性进行研究。8月12日,H.库尔特·斯特劳斯领导的新计划小组成立,开始研究一项包括自动卫星、探测器和着陆器在内的为载人登月做准备的先进计划。8月18日,该小组建议,要研究的首个主要项目应该是"第二代"飞船,该飞船能搭乘3名乘员,在太空和大气中有机动能力,有先进的逃逸装置,能以36 000英尺/秒的速度接近月球并从月球返回。1960年1月,希尔弗斯坦向吉尔鲁斯建议,这个新计划应该命名为"阿波罗"。2月1日,冯·布劳恩向土星火箭评估委员会提交了《基于土星运载火箭的月球探索计划》,精练地阐述了如何进行月球着陆。3月5日,太空任务组受命起草一份有关先进载人飞船的详细说明。3月8日,完成草案的初步提纲,4月到5月通过与其他领域中心的磋商使草案得到细化,6月正式发布。该方案能够支持3名乘员在袖管一样的环境中飞行长达14天;能够使用土星C-1和C-2两种火箭;能够与地球轨道上的"太空实验室"联合运行,并完成"月球探索"任务;有望在1966年为载人飞行做好准备。5月16日至17日,兰利研究中心组织了一次NASA范围内的会议,评估有关空间交会的问题。会议一致认为,应当寻求资金进行试验,以研究空间交会的可行性。5月25日,太空任务组成立了由罗伯特·O.皮兰德负责的先进航天器小组,负责三乘员飞船的初步设计研究。7月5日,众议院科学与太空航行委员会宣称,《十年规划》是目前来说最好的一项计划,但还远远不够;委员会建议应当实施一项"高优先级计划",从而"在十年内实现人类登月探索"。7月25日,格莱南批准了"阿波罗"的命名。7月28日,屈莱顿在总部举办的为期两天的NASA-工业项目计划会议一开始,便宣布评估NASA运载火箭研制计划的工作和他们对于水星计划后执行载人任务的强烈愿望(之所以说强烈愿望,是因为当时尚没有资金支持)。8月30日召开了另一次会议,目的是全面梳理太空任务组定义的飞船的各类要求,强调飞船不但能够在地球轨道上与空间站对接,还要能够环月飞行,并且能够直接完成登月任务。1960年9月1日,太空任务组任命费格特掌管飞行系统部,并且在其中成立由皮兰德领导的阿波罗项目办公室[①]。

9月12日至13日,太空任务组梳理出阿波罗飞船研制合同的潜在工业投标商,并发布了正式的投标要求。截至10月9日时,总共收到14份标书。10月25日,圣迭戈的肯韦尔/宇航公司、费城的通用电气公司、巴尔的摩的马丁公司分别获得为期6个月总额为25万美元的研究合同以开展方案设计。10月21日,太空任务组决定飞船必须采取舱体设计,其中"勤务舱"应该在再入前抛掉,搭载乘员返回地球的"指令舱"应当有0.35的升阻比以保证其拥有足够的滚动能力,从而让飞船能控制其高超声速轨道瞄准特定的着陆落点。结合整体隔热层设计,可以达到最大重力加速度为8g的理论值。11月,上述所有信息都写入一份启动工业研究的文献里,从而传递给工业部门。同时,9月30日,太空探索计划委员会决定选用土星C-2火箭作为运载工具,并加快它的研发,原因在于飞船太重,无法用C-1火箭发射。然而,10月5日,马歇尔航天飞行中心同意了太空任务组的请求,利用土星C-1火箭发射"样板"飞船,以测试抛弃发射逃逸系统,并补充利用更小的小乔伊Ⅱ型运载火箭进行的"真实"测试。

乔治·M.洛在1958年参加了为创建NASA打基础的工作团队,此后担任了刘易斯推进实验室特殊计划分部的主任,这次他被任命为NASA总部航天开发办公室载人航天项目主管。在1959年12月8日重组时,他所在的部门成为航天计划办公室。1960年10月17日,洛告诉了希尔弗斯坦自己的想法,即成立一个委员会更加详细地研究环月目标,从而确保阿波罗飞船能够支持登月任务。

前往月球的方式——任务模式

1960年9月1日,曾在美国无线电公司担任高级经理的小罗伯特·查宁·西曼斯接替霍纳成为副局长。他将自己的角色定位在协助格莱南和屈莱顿,就如同NASA的"总经理"。1959年底,兰利研究中心成立了月球任务指导组,研究与登月相关的各类问题。小威廉·H.迈克尔的一篇论文概述了专用飞船如何在月球轨道上同它的母船分离,并下降到月面,然后从月球起飞再次与母船交会对接。迈克尔提示到,小型登月器着陆并从月球返回所需的推进剂比整个飞船完成此项任务所需的要少,因此将飞船分为两部分可以大幅减少运载火箭的质量。其复杂性在于在月球轨道上进行交会

---

① 飞行系统部的阿波罗项目办公室在1961年12月被升格为直接向吉尔斯鲁汇报,1962年1月被阿波罗飞船项目办公室取代。

对接。西曼斯第一次访问兰利研究中心时,约翰·科尼利厄斯·霍博尔特向他简述了这一过程。由于西曼斯曾经参加过一项空军主导的利用航天器拦截苏联卫星的计划,因此他对于空间交会对接的概念比较熟悉,随后他要求工作组在12月向总部进行汇报。12月10日,工作组向太空任务组简述了月球轨道交会对接的好处,随后又在12月14日向在华盛顿的管理者们简述了飞船如何在轨组装,与直接登月方案相比月球轨道交会方案可以获得的质量上的节省,以及交会对接的可行性。在进行上述介绍时,霍博尔特认为应当开门见山。

霍博尔特概述月球轨道交会对接的概念

他到各个领域中心进行"认识性"访问后不久,西曼斯决定进行一些改组。他让太空任务成为一个独立的"领域单元",直接向希尔弗斯坦报告,而不是通过兰利研究中心的主任弗洛伊德·L.汤普森向研究与先进技术办公室报告。这次变动在1961年1月3日得以实施,它反映出太空任务组在水星计划管理中的地位和作用。这项举措在当时符合首次载人飞行和阿波罗飞船设计的需要,管理这两项职能最好的方式是简化与希尔弗斯坦——全权负责载人航天任务的人的沟通。西曼斯还任命洛担任载人飞船和飞行任务负责人,让他直接接受希尔弗斯坦的领导,而不仅仅是一个隔着数个层级的项目主管。

1961年1月5日至6日,在收到冯·布劳恩的地球轨道交会对接方案、霍博尔特的月球轨道交会对接方案,以及来自总部的梅尔文·萨维奇的直接上升方案后,太空探索计划委员会正式批准了洛刚刚建立的临时委员会,将其职责扩展为研究登月任务模式,并要求其提交纳入1962财年预算的成本与进度估算。考虑到交会对接已经成为一项NASA必须掌握的技术,洛建议寻求资金着手研发这一能力。同时,在1月10日,兰利研究中心的月球任务指导组和太空任务组精确计算了载人登月任务中采用月球轨道交会对接方案所节省的质量。

权力变化

　　尽管艾森豪威尔总统已经发布了研制土星运载火箭的命令,并加速了这一计划,但1960年正值总统大选年,约翰·F.肯尼迪正与理查德·米尔豪斯·尼克松展开竞选,因此NASA知道在11月大选结束前不可能得到研制阿波罗飞船的承诺。1961年1月11日,在就职典礼前不久,肯尼迪总统通过太空临时委员会发布了一份报告,建议NASA应当采取行动。临时委员会由麻省理工学院杰罗姆·B.威斯纳担任主席,肯尼迪总统有意请他做自己的科学顾问。竞选期间,肯尼迪拿艾森豪威尔的空间政策大做文章,尽管他的批评主要集中在"导弹差距"而非太空探索。威斯纳的报告在权力过渡期间就已经写好,不管其题目是什么,在内容上对航天与导弹计划均有涉及。事实上,报告中提到花费大量努力研发大型运载火箭而忽视载人航天计划重要性的意见,完全符合艾森豪威尔总统的观点,即大型运载火箭是国家优先项目,只有水星计划才能充分回应(苏联)首发人造地球卫星带来的耻辱。1月20日,肯尼迪宣誓就职美国第35任总统。考虑到权力的变化,格莱南提交了他的辞呈。根据副总统林登·贝恩斯·约翰逊的建议,肯尼迪总统于1月30日提名詹姆斯·埃德温·韦伯取代格莱南。屈莱顿同意留下作副手。2月9日,参议院批准了韦伯的任命,他于2月15日宣誓就职。

为"阿波罗"寻求资金

　　1961年2月7日,洛的载人登月任务组向西曼斯提交了《载人登月计划》。"阿波罗"将扮演多个角色,包括用作低地球轨道上的空间站。尽管土星C-2火箭能够发射月球勘察飞船,但直接登月任务需要更大的运载火箭。土星C-2火箭有望将8吨的飞船送入奔月轨道,但登月任务有可能需要超过36吨的运载能力。实现这一目标或者采用多次土星C-2火箭发射,在地球轨道上组装飞船,然后出发前往月球(这是冯·布劳恩提出的模式);或者研发推力足够大的单枚运载火箭(冯·布劳恩警告当时的技术水平有可能差距太大)。委员会注意到无论选择哪种模式,"轨道操作"(这是冯·布劳恩描述空间交会的术语)都将要求组装空间站,而且假如有空间站,或许能用于组装月球飞船。威斯纳已经批评过NASA有意扩大载人计划的想法,他更倾向于利用卫星开展科学研究的做法。而韦伯坚定地认为,将人送入太空是国家促进太空能力发展的主要方式,最终选择哪种方案并不重要,因此 NASA 的目标就应该是提供这种能力。

3 月 20 日,马歇尔航天飞行中心针对土星改进型火箭的结构提出一种修正方案。首先,建议从土星 C-1 火箭上取消 S-V 级,以压缩研发时间。两级火箭仍然能够将 10 吨重的飞船送入低地球轨道,这代表着发射卫星的重要能力。它还建议升级 S-IV 级,将总共拥有 7 万磅推力的 4 台 LR-119 发动机改换成拥有 9 万磅推力的 6 台 LR-115 发动机。3 月 31 日,NASA 同意了研发土星 C-2 火箭,并要求采用新的第二级,而且指定合同商提供这种产品。

3 月底,为了按照《十年规划》的要求启动阿波罗飞船的研发,肯尼迪总统会见了韦伯,讨论白宫是否应该支持已经被艾森豪威尔总统否决的 NASA 经费需求。第二天,肯尼迪总统接受了威斯纳的建议,将运载火箭作为"优先项目",并于 3 月 28 日向国会提交了一份比给艾森豪威尔总统提交的还多 1.256 7 亿美元的预算需求修正案,但他选择将阿波罗计划的决策推迟到对 NASA 的长期计划进行评估之后。

肯尼迪总统面临的挑战

4 月 12 日,尤里·阿列克谢耶维奇·加加林完成了苏联的首次载人太空飞行。当天晚些时候,在定期召开的总统新闻发布会上,肯尼迪总统说,看到美国在太空中屈居第二,"不会有人比我更感到挫败"。苏联人已经"拥有大型火箭,这使他们第一个将斯普特尼克卫星送入太空,第一个把他们的人送入太空。我希望,我们今年能继续努力,因为这是参与这项工作的人所面临的最大挑战。他认为"在情况转好之前,消息还会更糟,赶上苏联还需要一段时间"。同一天,西曼斯成立了由威廉·A. 弗莱明任主任的土星计划需求委员会,以发展的眼光评审使用土星火箭的各项任务,使其与运载火箭的研制生产同步。4 月 13 日夜,肯尼迪总统把韦伯和屈莱顿请到白宫,讨论 NASA 如何才能在太空领域赶上苏联。4 月 10 日,已经休眠的国家航空航天委员会被再次唤醒,约翰逊被任命为主席。4 月 20 日,肯尼迪总统要求航空航天委员会详细研究概念,并提出长远战略建议。"我们是否有机会通过在太空建立实验室,或是环月飞行,或是火箭登陆月球,或是载人环月并成功返回等计划来击败苏联?是否还有其他太空计划能在保证我们赢的前提下取得振奋人心的结果?"他还要求"尽可能早地"得到答复。在 4 月 21 日的新闻发布会上,肯尼迪总统指出他的政府部门正在考虑太空计划的方案与成本。"如果我们能在苏联人之前到达月球,我们就可以赢得竞争。"

在 4 月 24 日航空航天委员会的会议上,据威斯纳后来讲,"约翰逊绕着会议室边走边说,'我们有一个极其重要的决定要做,这就是我们是否要将人送上月球'。每个人都回答'是'。他说'感谢你们',然后向总统报告说委员会认为我们应该把人送上月球。"4 月 28 日,约翰逊向航空航天委员会提交了建议:"苏联人齐心协力的努力及较早地重视研发大型火箭发动机,使他们在太空领域获得了令人瞩目的技术成就,从而在世界上的声望领先于美国。美国比苏联拥有更加雄厚的资源。美国应当面对现实,认识到其他国家,无论他们是否认同美国的理想主义价值观,都想与一个他们认为是世界领导者的国家结盟。只要坚持自己的目标并且投入资源,美国就能在太空领域取得世界的领导权。如果我们现在不做出巨大的努力,把通过太空成就控制太空及其他人想法的机会留给苏联的那天很快就会到来,我们将无法赶上。即使在那些苏联已经有能力取得领先地位并且有可能继续保持领先的领域,美国也应该积极努力,因为技术成就与国际认可都是获得世界领导权必不可少的手段。例如,月球载人探索不仅具有巨大国家宣传价值的成就,还是国家基本的战略目标,无论我们是否在这一成就上领先……"肯尼迪总统是一个善于听取意见的人,但将正式决定推迟到计划于 5 月初完成的首次载人水星任务之后做出。

5 月 2 日,西曼斯提醒肯尼迪总统,请弗莱明主持载人登月研究特别任务组,并为"早日"登月"详细描述可行且完整的途径"。"早日"一词是相对之前期望在 20 世纪 70 年代实现登月而言的。实际上,该研究报告规划的登月日期是 1967 年,因为考虑到为纪念"十月革命"50 周年,苏联有可能在那一年登月。弗莱明主要从 NASA 总部和太空任务组抽调人员组建他的委员会。在评估了霍伯尔特最近提出的使用两枚土星 C-2 火箭的设想后,委员会出于毫无根据的所谓风险取消了交会对接方案,仅保留了直接登月方案。因此,在其 6 月 16 日的报告中,委员会建议研制巨型运载火箭。

在这期间,艾伦·巴特利特·谢泼德完成了首次载人水星任务。他搭乘一枚红石导弹,进行了 15 分钟的弹道飞行,降落在大西洋导弹靶场。这次飞行虽没有完整轨道飞行令人印象深刻,但却是 NASA 载人航天事业的开端。在当天晚些时候进行的新闻发布会上,肯尼迪总统说他正在考虑开展"一项相当庞大的太空计划"。具有暗示意义的是,在同一天,太空任务组完成了《阿波罗计划,A 阶段:载人太空飞行器和系统的总体要求——详细说明》。这份文件是阿波罗飞船详细说明书的草案。这一计划的基础是环月任务。5 月 8 日,韦伯和国防部长罗伯特·S.麦克纳马拉向约翰逊提交了他们的联合建议书,阐述了美国应该如何在太空竞赛中挑战苏联。几天后,白宫表示,肯尼迪总统不久将在国会召开联合会议。在审查要求 1967 年实现载人登月的演讲稿时,韦伯强烈要求用更现实的日期替代"到本年代末"这个说法。

用红石导弹发射载着谢泼德的水星飞船

1961 年 5 月 25 日,肯尼迪在国会发表演讲,题目是《迫切的国家需要》,该演讲后来被誉为他的第二篇国情咨文。考虑到苏联近期在太空中取得的成就,他说,"现在,已经到了阔步向前的时候,已经到了制订一项崭新的、伟大的美国计划的时候,已经到了美国在太空领域中毫无疑问地占据领导地位的时候,这些有可能在许多方面决定我们在地球上的未来。"陈述了政治背景后,他缓和了犀利的言辞,说道:"我相信,这个国家应当致力于实现这个目标,在这个年代结束之前,把人送上月球,并让他安全地返回地球。"他挑战登月,完全是因为这一计划有着巨大的技术挑战。"射向月球"一词,表明他确信美国不但能够在太空领域赶上苏联,而且能够取得领先地位。在断定太空是超级大国的竞技场后,他向自己的对手赫鲁晓夫发出了争夺世界领导权的挑战。他通过设定最终时限,使到达月球成为一场"竞赛"。为了强化这一任务的重要性,他说道:"在这期间,没有哪个太空计划更能引起人们的关注,或对长期开发太空更重要;而且没有哪个太空计划实现起来如此艰难与昂贵。"将人送上月球,是古代"一对一决斗"的现代模式,是指敌对双方相向列队,每人对付一名敌方的人来决定胜负。肯尼迪总统为了确保每个人都能理解这个比喻,说道:"从某种实际意义上讲,这不是一个人前往月球,确切地讲是整个国家,我们所有人必须共同努力将他送到那里。"最后,为了强调这是成败的关键,他警告说:"如果我们半途而废,或遇到困难就退缩,那么在我看来还不如现在就不要开始。"

1961 年 5 月 25 日,肯尼迪提出了美国要在 20 世纪 60 年代结束前将人送上月球的挑战

模式争论的延续

因此,NASA 有了自己的水星后载人计划,它既不是建立一个空间站,也不是飞往月球进行勘查,而是登陆月球——并且就在 20 世纪 60 年代内完成!在肯尼迪总统发表演讲的当天,1961 年 5 月 25 日,西曼斯要求运载火箭项目主任唐·奥斯特兰德建立一个委员会,评估"更广泛的"方案。奥斯特兰德指派布鲁斯·T.伦丁担任委员会主席。这份《完成载人登月任务

可行方式的广泛研究报告》将问题集中在了运载火箭上。与弗莱明不同的是,伦丁主要从各个领域中心抽调人员组建他的团队。造成此举的一个新的因素是,马歇尔航天飞行中心刚刚得出结论,即环月任务需要一枚比土星C-2火箭推力更大的火箭。6月1日,按照3月份提出的建议,将S-V级从土星C-1火箭上去掉。但为了进行该火箭第一批次试验飞行,模样箭仍保留了S-V级,因为首次试飞日益临近。

6月10日,伦丁的委员会提交了《载人登月任务各类运载系统全面研究报告》。由于认为直接上升登月方案在1967年至1970年间是不切实际的,委员会对地球轨道交会对接、月球轨道交会对接及两者兼用的方案进行了研究,进而建议用2枚至3枚土星C-3火箭作为运载器,在地球轨道上组装飞船,之后再将飞船送往月球并进入月球轨道,做好落月准备。选择月球轨道交会对接,就需要研发专用的更大推力的运载火箭,而土星C-3火箭能够承担各种类型的任务。6月16日,弗莱明领导的委员会提交了《早期载人登月的一种可行途径》研究报告,建议采用直接上升登月方案。考虑到努力在20世纪60年代实现登月的“节奏”,有可能要研制运载火箭及其静态测试和发射设施,报告建议应当给予NASA新发射工位建设很高的国家优先级。6月18日,西曼斯决定,在做出裁定前有必要就模式研究的详细程度取得一致。在奥斯特兰德与冯·布劳恩共同制定一份点对点任务计划的同时,奥斯特兰德的副手唐纳德·H.希顿被要求在6月20日组建一个专门任务组,以探索基于交会对接模式的需求,特别是“先进土星火箭”上面级的结构设计,并在8月份报告。为了充分考虑NASA范围内的各种观点,委员会从NASA总部和各领域中心都抽调了成员。同时,6月22日韦伯在NASA总部主持召开会议,决定终止土星C-2火箭的研制工作,授权进行土星C-3火箭的初步设计,并研究推力更大的改进型以便为任务模式的决策提供必要的投入。这时,冯·布劳恩正在考虑给土星C-3火箭的第一级安装一对可提供总计300万磅推力的F-1发动机;给土星C-4火箭安装4台F-1发动机;给土星C-5火箭第一级安装5台F-1发动机,第二级安装4台J-2发动机,第三级安装1台J-2发动机;给土星C-8火箭第一级安装8台F-1发动机,第二级安装8台J-2发动机,第三级安装两台J-2发动机,这种设计有时也被称作“新星运载火箭”。6月23日,西曼斯根据弗莱明关于发射设施的提醒,要求NASA发射操作部门主任库尔特·海因里希·德布斯和卡纳维拉尔角空军导弹试验中心①司令莱顿·艾勒·戴维斯少将就

---

① 1964年5月15日,空军导弹试验中心被重新命名为“空军东部试验靶场”。

各种模式载人登月的发射需求、方式和流程提交报告,从而详细说明各自的责任、权力和管理方式。6 月 30 日,西曼斯明确他们要把精力集中在可能的发射场、月面着陆问题、飞船与运载火箭准备设施和发射设施上,但不考虑测控站。他们 7 月 31 日报告,已经对 8 个可能的发射场进行了评估:卡纳维拉尔角(临近海岸)、卡纳维拉尔角(远离海岸)、马亚瓜纳岛(大西洋导弹靶场的下靶场)、佐治亚州的坎伯兰岛、得克萨斯州的布朗斯维尔、新墨西哥州的白沙导弹靶场、太平洋上的圣诞岛,以及夏威夷的南端。基于降低成本并考虑到时间紧迫,他们将范围缩小到卡纳维拉尔角(临近海岸)和白沙导弹靶场,两个靶场都建有跟踪测量系统,但对于火箭一级落区必须避让居民区的要求使白沙导弹靶场的射向范围受到很大限制。由此,8 月 24 日 NASA 宣布,将在距卡纳维拉尔角海岸几英里(1 英里≈1609.344m,译者注)的梅里特岛建设阿波罗飞船的发射设施。

7 月 20 日,西曼斯要求他的一名助手,尼古拉斯·伊拉斯莫·戈洛文主管大型运载火箭联合计划委员会,提出既符合阿波罗任务需要也满足国防部计划需求的运载火箭设计方案。考虑到阿波罗计划的情况,委员会迅速做出运载火箭的需求与任务模式"不可避免地紧密相关"的判断,开始对直接上升与交会对接两种模式进行比较。运载火箭计划办公室介绍了直接上升模式。马歇尔航天飞行中心介绍了地球轨道交会对接模式。应委员会主席的要求,JPL 提交了一份《月球表面交会对接》研究报告。8 月 29 日,霍伯尔特介绍了月球轨道交会对接方案,并在 10 月 31 日提交了一份由两卷组成的《利用月球轨道交会对接实现载人登月》报告,该报告详细描述了整个兰利团队的成果。这次,太空任务组对未经验证的交会对接产生了警惕,因此明确支持直接上升模式。经过 3 个月的辩论,委员会发现自己无法抉择采用哪种模式,但可以得出需要 F-1 发动机的结论,这意味着需要选用土星 C-4 或 C-5 火箭。与此同时,希顿的委员会于 8 月提交了《用于早期载人登月的地球轨道交会对接》报告,明确阐述了"交会对接提供了最早成功实现载人登月的可能性",并且提出了采用两次发射的设想,即飞船与推进舱交会对接然后前往月球。报告还认为,既然 8 台 H-1 发动机并联组成的土星 C-3 火箭的推力"也许够用",那么采用更强劲的 F-1 发动机的改进型火箭是一个更明智的选择。面对委员会得出的相反结论,西曼斯认识到模式问题由于两个不可估计的因素造成了搁置:①轨道操作的生存能力;②研制超级运载火箭面临的工程挑战。简单说就是,如果交会对接被证实不可行,那么除研制超级运载火箭以外别无选择;但是如果交会对接的挑战被夸大,那么研制这种巨型火箭将失去必要性。

土星火箭试验开始

1958年12月17日,洛克达因公司成功进行了H-1初样的全推力点火试验。第一台产品发动机于1959年5月3日运抵亨茨维尔,5月21日在那里装上静态试验台进行点火试验,此后在5月29日又进行了80秒的点火试验。6月3日,为进行飞行试验,卡纳维拉尔角34号综合发射设施开始建设。1960年3月28日,两台S-Ⅰ级发动机同时点火8秒;4月6日4台同时点火;到了4月29日8台同时点火。在5月26日的公开演示中,S-Ⅰ级点火35秒并获得了130万磅的推力。在同一天,开始安装第一台飞行产品。6月15日,试验级进行了任务全程时段122秒点火。1961年3月7日,第一台飞行产品组装完毕。6月5日,34号发射平台宣布投入运行。这个2800吨重、310英尺高的塔架是北美最大的可移动陆地结构。首次飞行试验在1961年10月27日进行,S-Ⅳ级和S-Ⅴ级标准型用水做压舱物。这次完美飞行挫败了质疑者,他们曾怀疑所有发动机是否能同时点火,或即便能同时点火,不成熟的关机技术也会在飞行初期导致飞行中止。

土星C-1运载火箭由8台发动机组成的第一级

"水星Ⅱ型"?

1961年1月20日,在阿波罗计划尚未得到资金支持时,吉尔鲁斯召集太空任务组举办了一次研讨会,讨论紧接水星任务之后的选项,问题主要集中在飞船与运载火箭的硬件需求。法格特概括出两大类任务,一类是验证空间交会对接,另一类是继续延长任务周期。水星任务的公开目标是进行一次3圈的轨道飞行,但显然由于消耗品补充的问题,飞船仅能在轨运行1天左右。然而,无论是火箭发动机进行轨道机动,还是储备支持1周任务所需的消耗品,都会导致飞船质量超出宇宙神火箭将其送入轨道的能力。在这种情况下,必须增加火箭上面级或是改换更大推力的火箭。法格特还考虑到,在太空进行交会对接"让一个人操作太过冒险",因此他建议应该使用双人飞船,这样一来必然需要选择更大推力的运载火箭。而且如果需要飞船适应更加复杂的任务,他还有一份"改良"清单以保证飞船在组装、检测和运行中更为便捷。2 月 1 日,吉尔鲁斯要求阿波罗计划工程主管詹姆斯·亚瑟·钱伯林与麦克唐纳飞机公司共同起草水星 Ⅱ 型飞船的详细方案。尽管钱伯林一开始只是想简单地"进行更好的机械设计",并未打算改变飞船的整体结构和功能,但是他很快发现必须进行彻底的重新设计。于是在 3 月 17 日将这一情况向吉尔鲁斯作了汇报。在 1959 年进入 NASA 以前,钱伯林设计过战斗机的火控系统,这类系统要设计得便于频繁维护。他指出水星飞船的缺点在于,电气系统就像多层蛋糕一样层叠地堆在舱内,而它们本应该像飞机一样可以从外部直接接触到。他打算将飞船的这些系统分离开然后重新包装,不但可以简化飞船的组装,也使发射台上的维护工作更加便捷。与法格特一样,他也想将工程试验飞船改造成一艘可以实际运行的飞船。4 月 12 日,麦克唐纳飞机公司提交了一份建议书,就这种重新设计进行了详细的工程研究。这份建议书两天后得到了批准。而且公司还被授权采购长研制周期项目,这样一来,一旦 NASA 决定采用这种方案,就会有 6 个"新"飞船能够按期交付。

在圣路易斯,钱伯林有条不紊地对水星飞船进行改造,"提高组件和系统的易接近性"。他在 6 月 9 日向舱体评审委员会汇报时,吉尔鲁斯、洛和法格特都对改造的范围感到吃惊。在分离他认为过度整合的系统时,钱伯林想重新包装——或者说模块化几乎所有的系统,并且将其铺设在压力壳之外而不是之内。不仅如此,钱伯林还反对最初的飞船能够自主飞行的设计要求,想取消已经证实很难确保有效的自动程序装置——他叫它"万恶之源"——依靠宇航员控制飞船取而代之。只有飞船的外壳没有改变,因为不允许他改变飞船的空气动力学性能。钱伯林尤其不喜欢发射逃逸系统。宇宙神火箭以煤油和液氧为燃料,这是一种易挥发的混合物,带有逃逸火箭的逃逸塔被放置在水星飞船的上端,可将飞船带离火箭爆炸产生的火球。程序装置只是一个噩梦,更何况逃逸塔的质量实际上很难改变。在钱伯林看来,如果飞船的功能要得到改进,就应该取消像自动程序装置这样的设备,以适应宇宙神火箭有限的能力。最初采用"宇宙神"发射水星飞船的决定很简单,因为它是当时美国推力最大的导弹。然而到了 5 月 8 日,马丁公司巴尔的摩分部的总经理艾伯特·C.霍尔向希尔弗斯坦简要报告了新的大力神 Ⅱ 型洲际导弹的情况,这种两级导弹拥有比宇宙神导弹更大的推力。希尔弗斯坦建议吉尔鲁斯应当考虑这种"载人级"导弹,钱伯林也把这当作摆脱水星飞船质量限制的机会。大力神Ⅱ导弹不仅仅是表面性能具有吸引力:它采用加固设计,可以直接起竖并检测;而且还有一个主要的优点:可以自燃的推进剂一接触氧化剂就燃烧,不需要点火系统,又不易爆炸。这就意味着发生灾难性故障时有时间使用弹射座椅将乘员带离飞船。沉重的发射逃逸系统及其"可恶的"程序装置现在可以取消了。由于弹射座椅要求安装更大的舱门,因此舱门设计成铰链开启,不再用螺栓固定。这种设计不仅简化了发射准备工作,还为宇航员打开舱门进入太空冒险提供了可能。舱体评审委员会于6月12日再次讨论,得出的结论是,如果飞船需要长期使用,那么投资这样大范围的重新设计是值得的。然而由于缺乏必要的资金,委员会要求钱伯林进行"最小范围的改动"以实现24小时飞行,因为一旦首次轨道飞行任务成功后,这似乎是最有可能提出的要求。

然而,太空任务组开始着手实现钱伯林的全部建议。7月7日,麦克唐纳公司的沃尔特·伯克提交了一份简报,给出3种方案。第一(这是授权公司开展的工作),是为实现24小时飞行进行"最小范围的改动"。第二,是按照钱伯林的规划"重新改装"飞船。第三,作为补充,伯克建议增加另一套座椅。事实上,法格特已经在6月9日的舱体评审委员会会议上提出过这种可能,争辩说如果他们要按照钱伯林建议的程度去检查飞船,最好建造一艘双人飞船。他还建议,如果证明交会对接真像一些人担心的那样复杂,那就应该慎重些,增加第二名宇航员来分担工作。而且,如果铰链舱门可以实现舱外活动,那么第二名宇航员应该能够照看飞船并提供必要的协助。因此将飞船模块化并提升其能力是十分有益的,但即便在肯尼迪总统指示NASA实施登月任务后也没有提出这样做的需求。然而,当吉尔鲁斯和希尔弗斯坦于7月27日到圣路易斯评估"最小范围的改动"进展情况时,在他们面前展现了一个木制的双人模型飞船,在两套座椅中间的面板上有一个轨道机动系统的手动控制器。尽管这艘飞船并不比水星飞船大多少,但它在"视觉和感观"上都有明显的不同。宇航员施艾拉对此印象深刻。由于这一设计太理想了,以至于第二天,希尔弗斯坦便要求公司集中精力研发双人改进型飞船。

发布合同

当任务模式还处于争论阶段时,NASA以大胆而又恰当的管理方式迅速发布了大批合同。1961年5月22日,太空任务组起草完成了第二份详细的飞船《工作说明书》,并把6月初提交的3份半年概念研究报告中得出的结论纳入其中。7月18日到20日,NASA与工业界的阿波罗技术会议在总部召开,向潜在投标商做了简要介绍。7月28日,西曼斯批准了采购方案,指派了资源评估委员会,并授权其组建必要的评估组①。需求建议书发给了12家公司,提出了3个阶段的计划:A阶段要求使用土星C-1火箭在地球轨道进行多种无人试验,并最终完成一次14天的载人飞行任务;B阶段使用土星C-3火箭(如果需要,或者使用推力更大的改进型)完成一次环月飞行;C阶段实现登月。需求建议书规定飞船必须能够支持登月任务,但具体内容要等到模式问题解决后再确定。10月9日,有5家公司提交了投标书。

9月7日,NASA宣布决定在路易斯安那州新奥尔良附近的米休德军械厂制造和组装土星火箭的第一级。这个杂乱无章的工厂曾在"二战"初期服役,用来建造"自由"号船舶。1943年改为制造货运飞机,并在其后不久退出服役,之后在朝鲜战争期间为陆军制造坦克。尽管已被宣布为过剩资源,但它却非常符合NASA的需要,因为田纳西流域管理局的沿海航道能让驳船进入亨茨维尔,而其海湾沿岸的位置便于将安装好的各级火箭直接运往卡纳维拉尔角。9月17日,NASA邀请了36家公司参与投标,并于9月26日召开了NASA与工业界的会议,此时距开标日10月16日已十分临近。11月17日,NASA宣布克莱斯勒公司被选为土星C-1运载火箭第一级的制造商,订单数为20枚,第一枚在1964年初交付。与此同时,9月11日北美航空公司被选为S-II级的制造商,尽管由于任务模式尚未确定,该级的研制需要暂缓②。10月3日,太空火箭委员会成立,旨在协调太空任务组与马歇尔航天飞行中心联合开展工作。首批合作项目之一就是开展了一项研究(于1962年3月完成),将S-IV级6台并联的LR-115发动机替换为具有20万磅推力的单台J-2发动机,从而生产出S-IVB用作"先进土星火箭"的第三级。10月25日,NASA宣布将购买位于米休德东北大约35英里、珍珠河流域的13500英亩土地,并在此处建立新型运载火箭各级的试验设施。这里成为密西西比试验设施。

在11月24日提交的报告中,资源评估委员会按照它的打分体系给予马丁公司最高的分值,并推荐该公司是"阿波罗项目主承包商最出色的候选者"。在审查了委员会给出的理由后,韦伯、屈莱顿和西曼斯咨询了吉尔鲁

---

① 阿波罗飞船资源评估委员会最初由太空任务组主任助理沃尔特·C.威廉姆斯负责,但在1961年11月1日威廉姆斯被调任后由法格特接任。

② 1961年11月6日,马歇尔航天飞行中心决定在S-II级上增加第五台J-2发动机,以达到100万磅的总推力。北美航空公司直到1962年10月30日才收到开工通知。

斯,他注意到尽管马丁公司在运载火箭制造方面很有经验,但排名第二且分值很接近的北美航空公司在设计"飞行机器"方面经验丰富,并且在试验 X-15 火箭飞机这样的航空器方面能力突出。虽然北美航空公司已经赢得了"先进土星火箭"第二级的合同,但韦伯认为它有能力管理两个项目,并于 11 月 28 日宣布了他的决定。此时,7 月 28 日的《工作说明书》已经得到了提炼和扩充。其中一项是要求飞船具有采用耐存储自燃推进剂的单发动机推进系统,除了能执行太空中所有必要的机动外,还能在抛掉发射逃逸系统后为升入轨道的部分提供应急中止。如果任务模式要求整个飞船落在月球上,登月推进舱将完成降落任务,而勤务推进系统则负责起飞,这份合同是指令勤务舱(CSM)的。除了"真正"的飞船,还定制了两种"试验样机",一套简单冷轧钢结构用于坠落/冲击试验,而其他更加逼真的样机用于各种异常中止试验。刘易斯中心已经完成了登月推进舱的概要设计,既适合直接登月也满足地球轨道对接。如果需要登月器那么合同将会分开签署。

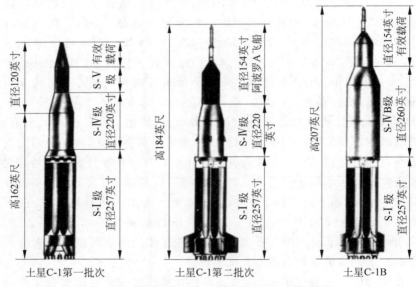

1961 年底设想的三种型号的土星 C-1 运载火箭

重组

1961 年 9 月 24 日,NASA 宣布对总部进行重大调整,成立 4 个计划办公室:先进研究与技术办公室、空间科学办公室、应用办公室和载人航天办公室。其效果是把 NASA 所有活动中(其中有航空)不提供资金的机构放置在与载人航天办公室平等的位置上,因为 NASA 全部预算的四分之三都拨付到了载人航天办公室。实际上,韦伯有效地将决策权收回到总部,因为这些办公室或中心的主任可以向拥有预算控制权的西曼斯报告。载人航天办公室主任的候选人显然是希尔弗斯坦和冯·布劳恩,但是由于他们的关系很糟糕,韦伯决定找一个局外人。9 月 21 日,美国无线电公司的执行官戴尔·布雷纳德·霍姆斯入选受雇,他曾主持过弹道导弹早期预警系统的研发工作。由于职位没了,希尔弗斯坦又回到刘易斯中心担任主任。1961年 5 月,太空任务组提议组建"载人飞船研发中心",但韦伯决定将太空任务组更名为"载人飞船中心",不仅赋予它设计、研发、评估和试验载人飞船的权力,还包括训练宇航员和管理任务操作的权力。9 月 14 日,决定将新设施建在得克萨斯州休斯顿东南 22 英里 1600 英亩(1 英亩 ≈ 4 046.873m², 译者注)的牧场上,此地是由莱斯大学特地捐赠的。

确定运载火箭

1961 年 11 月 6 日,霍姆斯要求载人航天办公室运载火箭与推进部门主任罗森成立一个工作组,进一步研究委员会提出的与任务模式有关的问题,并推荐一种既能满足载人航天又能满足 NASA 未来可能的其他计划的运载火箭。尽管委员会认识到利用小型登月器和月球轨道对接的优势,但还是排斥这一方案,因为月球轨道交会对接失败会导致无法挽回的结果。在 11 月 20 日报告时,委员会建议就地球轨道交会对接进行紧急论证。至于运载火箭,包括一次对接模式的登月任务将需要一枚土星 C-5 火箭,它的第一级有 5 台 F-1 发动机,第二级有 5 台 J-2 发动机,第三级有 1 台 J-2 发动机。而直接登月方案将需要一枚超级运载火箭,第一级要有 8 台 F-1 发动机,第二级有 4 台 M-1 发动机(下面会详细介绍),第三级有 1 台 J-2 发动机。鉴于 S-ⅣB 级对两种方案都通用,委员会建议应当批准其研制,目的在于在 1964 年的某个时间作为土星 C-1 火箭第二级进行飞行试验。考虑到对接演练及其可行性验证至少到 1964 年才具备条件,重点工作应当放在研发直接上升模式需要的超级运载火箭上。12 月 15 日,波音公司受雇在米休德制造"先进土星火箭"的第一级,12 月 20 日批准道格拉斯飞机公司启动使用单台 J-2 发动机改装 S-Ⅳ 级的计划。12 月 21 日,霍姆斯组建载人航天管理委员会,人员从总部和各领域中心的高级管理者中抽调,负责为载人航天计划制定政策。在首次会议上,委员会赞成运载火箭第一级用 5 台F-1 发动机,第二级用 5 台 J-2 发动机,第三级用 1 台 J-2 发动机的方案。土星 C-5 火箭提供了面向任务模式的灵活性,并且能够支持其他各种带有重型载荷的计划。这种火箭具有将 113 吨载荷送入低轨,或是将 41 吨载荷送往月球的能力,当然能够完成环月飞行任务,并具有通过两次发射的地球轨道对接实现登月的可能性。通过采用小型登月器和月球轨道交会对接获得质量节省量,有可能通过一次发射就实现登月任务;但如果有必要,这种由两部分组成的飞船可以在前往月球之前在太空完成组装。如果对接方案不可行,运载火箭将按比例放大到土星 C-8 火箭构型。当 1962 年 1 月 25 日 NASA 正式批准研制土星 C-5 火箭时,土星 C-1 火箭的研制工作仍在继续,以便进行阿波罗飞船的早期测试,但所有其他改进型的相关工作都被终止了。3 月 18 日,马歇尔航天飞行中心发布了土星 C-5 火箭研制时间表,其中明确了首次发射试验将在 1965 年末进行,到 1967 年中期的第八次飞行时具备"载人"状态,同时明确首次载人飞行在该年之后,从而在肯尼迪总统宣布的最终时间内实现登月。

同时,1962 年 1 月 15 日,阿波罗项目办公室被纳入阿波罗飞船项目办公室(ASPO),负责为北美航空公司及其子承包商提供技术指导。原肯韦尔公司动力部的查尔斯·W.弗里克被任命为主任,向吉尔鲁斯负责。而阿波罗项目办公室主任皮兰德被保留下来做弗里克的副手。2 月 9 日,吉尔鲁斯组建了一个特别登月舱工作组,该组接受 ASPO 的指导,并负责起草刘易斯中心正在设计的月球着陆推进舱的详细说明。由于北美航空公司着手开展主阿波罗飞船的工作,其于 2 月 13 日将研制运载火箭逃逸系统固体火箭的合同分包给了洛克希德推进公司;于 3 月 2 日将研制勤务舱姿态控制发动机的合同分包给了马夸特公司;于 3 月 3 日将研制勤务推进系统的合同分包给了空气喷气-通用公司;于 3 月 8 日将研制燃料电池电源系统的合同分包给了联合航空公司的普拉特·惠特尼分公司;于 3 月 23 日将研制指令舱离格隔热层的合同分包给了艾维克公司;于 4 月 6 日将研制用于抛掉发射逃逸系统的固体火箭的合同分包给了聚硫橡胶化工公司,在正常发射过程中的预设点或是异常中断后,该固体火箭点火工作。与此同时,3 月 12 日,ASPO 的先遣队迁到位于休斯敦的载人飞船中心。第二天,韦伯申请在采购物资和支付加班费上给予阿波罗计划最高国家优先级(DX)。在太空委员会同意该申请后,肯尼迪总统于 4 月 11 日批准了申请。

关于双子座计划的决定

在向伦丁、希顿和戈洛文领导的委员会介绍了月球轨道交会对接却没产生任何效果后,1961 年 11 月 15 日,霍伯尔特给要求与其保持联络的西曼斯去了一封信。霍伯尔特说他写的东西"有点儿像荒野中的声音",他提

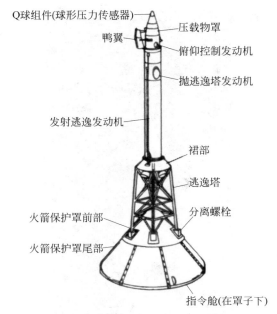

Q球组件(球形压力传感器)

压载物罩

鸭翼

俯仰控制发动机

抛逃逸塔发动机

发射逃逸发动机

裙部

逃逸塔

分离螺栓

火箭保护罩前部

火箭保护罩尾部

指令舱(在罩子下)

将阿波罗飞船指令舱拖离故障运载火箭的发射逃逸系统设计

出了对阿波罗计划的批评。研发超级运载火箭需要的时间太长了，几乎没有希望在肯尼迪总统设定的最终期限内完成登月。他赞成太空任务组建议的用水星Ⅱ型飞船来验证地球轨道交会对接的可行性，然后用土星 C-3 火箭组装进入月球轨道的飞船，然后在月球轨道上登月器分离、落月、起飞和对接。西曼斯在总部各部门传阅了这封信，洛表示支持，但罗森不以为然。12 月 4 日，西曼斯告诉霍姆斯他与罗森委员会提出的建议"基本上一致"。两天后，霍姆斯告诉西曼斯，由于交会对接模式实现登月的可能性早于等待运载火箭的模式，研发交会对接能力是"必需的"。他建议说这是水星Ⅱ型飞船的主要目标，其第二个关键目标是证明人在太空中可以存活的时间至少满足一次登月任务的要求。12 月 7 日，西曼斯批准了这项建议。当天晚些时候，吉尔鲁斯宣布由麦克唐纳公司建造这艘双人飞船，因为它被认为是水星飞船的升级产品，12 月 22 日合同在没有竞争的情况下签署完毕。飞船将由一枚"载人级"大力神Ⅱ火箭发射升空。同一天，西曼斯建议用宇宙神火箭将阿金纳级送入轨道作为交会对接的目标。根据总部亚力克斯·纳吉的建议，将 1962 年 1 月 3 日执行的这一过渡计划命名为"双子座"。1961年初，NASA 还在担心水星任务之后投资任何载人计划是否安全，但到年底时已经有了两项新计划和一项具有惊人胆识的授权。

1962 年 2 月 20 日宇宙神导弹载着格伦的水星飞船发射升空

确定任务模式

1961 年 12 月 30 日,为了努力解决任务模式问题,霍姆斯任命约瑟夫·F.谢伊对两种可选方案进行评估并且给出推荐意见。谢伊以所有领域中心都可以报名参与模式选择的方式进行了这项评审,以确保 NASA 以统一的方式实施阿波罗计划。就这一任命来讲,谢伊是最好的人选,因为他才从洛杉矶的太空技术实验室被招募来担任霍姆斯的副手,他可以保持绝对"中立"以克服领域中心的教条。1962 年 1 月中旬走访各领域中心时,谢伊认识到马歇尔航天飞行中心和载人飞船中心都在用自己的观点看问题,而没有真正思考过对方的观点,并且各自都深信自己是"对的"。冯·布劳恩赞同地球轨道交会对接方案,因为他确信交会对接是可行的,而且因为他认为第一级采用 8 台 F-1 发动机、提供总计 1 200 万磅推力的超级运载火箭在技术上还存在鸿沟。吉尔鲁斯起初赞成直接上升方案是因为它不需要交会对接。然而，兰利研究中心的研究结果已经表明，任务模式的问题不单是运载火箭的问题，月球着陆方式也必须一并考虑，而且很可能成为决定性因素。直接上升方案和地球轨道交会方案都要求将整个飞船降落到月球上，这不仅在推进剂上显得不足，在技术上也困难重重。然而到 1961 年后期，载人飞船中心开始计划主要目的在于验证交会可行性的水星 Ⅱ 型任务，由于采用分离的登月器可以获得质量节省，吉尔鲁斯被争取过来，转而支持月球轨道交会方案。1962 年 2 月 6 日，霍伯尔特和载人飞船中心的查尔斯·W. 马修斯向载人航天管理委员会修正了地球轨道和月球轨道交会对接方案的优缺点。接着谢伊在总部举办了一系列研讨会，他努力鼓励各个领域中心从对手的视角看问题，而不要只从自己的角度出发。

2 月 13 日至 15 日举办的第一个研讨会，重点讨论了地球轨道交会对接，重申了双子座任务必须提供"大量与阿波罗计划有关的交会技术经验"。4 月 2 日至 3 日举办了第二个研讨会，详细研究了月球轨道交会对接。假设任务采用单枚土星 C-5 火箭，这枚火箭能够直接将 S-ⅣB 级送入低地球轨道，从而省去了再启动能力。在这一方案中，在 S-ⅣB 级进入地月转移轨道之后，阿波罗母船将从 S-ⅣB 级顶部的适配器上取回"月球旅行舱"（LEM），至于如何完成仍需明确提出。因为赞成增压舱方案，兰利团队早期提出的采用开放舱板着陆器的建议被否决了。月球轨道捕获将由勤务舱推进系统完成。3 名宇航员中的两名进入登月器，其方式有待明确提出，有可能在指令舱上需要增加一个轴向气闸。下降推进系统需要具有节流能力，以便使登月器在触月之前可以悬停。仍然需要决策的是，是否使用相同的发动机进行月面起飞。在交会、对接和乘员转移后，登月器将被丢弃，勤务推进系统将飞船送入奔向地球的返回轨道，在指令舱即将进入大气层前勤务舱将被抛掉。谢伊的策略非常成功，因为在描绘出月球轨道交会对接的细节后，冯·布劳恩开始接受这一方案的优点。罗森也接受了，西曼斯在总部传阅霍伯尔特的信件时是反对的。这一局面已经不错了，因为载人飞船中心的副主任沃尔特·C. 威廉姆斯于 4 月 24 日向载人航天管理委员会提出警告，拖延争论将会延误阿波罗飞船研制的关键决策。5 月 3 日，ASPO 向霍姆斯陈述了月球轨道交会方案。两天后，"月球旅行舱"初步的《工作说明书》完成，作了选择月球轨道交会方案的假设。5 月 29 日，委员会一致同意这一模式，并批准了研制合同的计划。

至此，谢伊已经得出地球轨道交会对接和月球轨道交会对接都可行的结论，但考虑到约束条件哪个模式更好仍然存在争议。6 月 7 日，冯·布劳恩告诉谢伊,他接受了吉尔鲁斯专用登月器的合理性,这是采用月球轨道交会对接的因素。6 月 22 日,谢伊向载人航天管理委员会正式提交了月球轨道交会对接的建议,委员会同时再次决定使用土星 C-5 火箭,并且签署了罗森的建议书,同意使用土星 C-1 火箭的第一级对 S-ⅣB 级进行试验,然后使用这种火箭进行两艘飞船的早期试验。6 月 28 日,西曼斯、霍姆斯和谢伊向韦伯和屈莱顿进行了简要汇报,他们接受了建议。正式决定于 1962 年 7 月 11 日宣布。

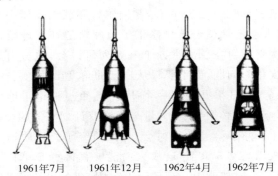

| 1961年7月 | 1961年12月 | 1962年4月 | 1962年7月 |

由于阿波罗计划的任务模式尚在争论,几种飞船的结构被提出

7 月 25 日,载人飞船中心邀请了 11 家公司参加研发月球旅行舱的竞标。9 月 4 日提交了 9 份建议书,9 月 13 日至 14 日陈述过后评估组开始工作。8 月 8 日,NASA 允许道格拉斯飞机公司继续研发 S-ⅣB 级。8 月 14 日,北美航空公司对《工作说明书》进行了更新,将月球旅行舱的要求包括进去,道格拉斯飞机公司马上提出了对适配器的结构要求。适配器用来匹配直径为 154 英寸(1 英寸＝25.4 毫米,译者注)的飞船勤务舱与直径为 260 英寸的 S-ⅣB 级,发射过程中月球旅行舱装在其内部。12 月 5 日,ASPO 要求道格拉斯飞机公司研究对接系统和乘组转移模式。文件明确规定进入地月转移轨道后要尽快从 S-ⅣB 级里取出月球旅行舱。完成这一动作的选项包括飞船自由绕飞、系留绕飞和用机械方式重新定位。11 月完成评估后,道格拉斯飞机公司建议自由绕飞包括以下阶段:①S-ⅣB 级进入地月转移轨道后,尽快让飞船与飞船/月球旅行舱适配器(SLA)分离;②SLA 将分成 4 部分并且张开一定的角度,以确保勤务推进系统发动机喷管干净利落地脱开;③飞船点燃推进器使其离开,然后调转 180 度,返回,并且与月球旅行舱顶部对接;④月球旅行舱随后从已经耗尽的火箭中释放出来。

尽管 NASA 认为模式问题已有定论,但其选择仍然引发了"博学多闻的"外行人士的批评。9 月 11 日,当冯·布劳恩陪同肯尼迪、约翰逊和麦克纳马拉视察存放在亨茨维尔的土星 C-1 火箭时,他开始介绍月球轨道交会对接方案。肯尼迪总统突然插话说:"据我所知威斯纳博士不同意这个方案?"威斯纳给出他的批评意见后引发了热烈争论,韦伯先发制人指出建造月球旅行舱的建议早已被工业界提出。肯尼迪总统专心听着大家的意见,点头表示同意,但这并没有结束这场争论。当威斯纳继续批评这种模式选择时,韦伯告诉他 10 月 24 日将会签署月球旅行舱的合同,除非总统下令重新审议该模式,威斯纳不再坚持自己的意见。11 月 7 日宣布位于纽约贝斯佩琦的格鲁曼飞机工程公司通过一个两段飞船的设计方案赢得了合同。

同时,1962 年 9 月 17 日,NASA 宣布了选拔的另外 9 名宇航员:来自海军的小查尔斯·彼得·康拉德中尉,小詹姆斯·亚瑟·洛弗尔少校,约翰·沃兹·杨少校;来自空军的弗兰克·弗雷德里克·博尔曼二世少校,詹姆斯·奥尔顿·麦克迪维特上尉,托马斯·帕滕·斯塔福德上尉,爱德华·希金斯·怀特二世上尉;以及尼尔·奥尔登·阿姆斯特朗(前海军飞行员,现在是 NASA 的民用试飞员)和小艾利奥特·麦凯·西伊(通用电气公司民用试飞员)。与此同时,斯莱顿被任命为宇航员活动的协调员[①],受吉尔鲁斯领导。除了与宇航员办公室相关的各类行政事务外(他采用军事单位的方式管理宇航员办公室),斯莱顿还负责飞行乘组的分配。10 月 30 日,韦伯再一次调整了高级管理层。除了担任载人航天办公室主任外,霍姆斯还被任命为副局长帮办,直接负责管理与载人航天计划有关的各领域中心(如马歇尔航天飞行中心、载人飞船中心和发射操作中心)。这些中心以前由西曼斯负责管理。

任务计划问题

到 1962 年年末,NASA 已经完成了全部关键决策,确定了他们将如何实现肯尼迪总统提出的挑战。1963 年 1 月 16 日,载人飞船中心飞行操作部的任务分析部门开始研究月球旅行舱启动动力下降之前的月球轨道控制程序。他们假设月球旅行舱在平均月面之上 80 海里高度的圆轨道上被释放出来。一种方案是月球旅行舱转入一条周期相同,但近月点为 5 万英尺、离着陆点不远的椭圆下降轨道上,通过近月点时进行最后一次勘察,然后在下一圈开始动力下降。在释放月球旅行舱之前,母船利用自己的勤务推进系统进入下降轨道的方案,因其耗费的推进剂过多而被排除。最苛刻的约束条件是月球旅行舱要能够在下降段后期,特别是在最终悬停段启动中止

---

① 1963 年载人飞船中心改组时,这一职位被更名为"飞行乘组行动副主任"。

程序。对此给出的建议是主飞船停留在 80 海里高的圆轨道上。同时,载人飞船中心于 2 月 27 日组建了阿波罗任务规划小组以确保飞船能够达到计划的目标,包括设计月球着陆任务,制定所有载人任务的突发事件预案。3 月 27 日,小组就落月任务明确提出两项要求:①必须有 2 名宇航员走出月球旅行舱,一起在月面工作;②必须设定时间限制。基于月球旅行舱的 48 小时操作要求,时间限制在飞行 24 小时、月面工作 24 小时和飞行 3 小时、月面工作 45 小时的两种极端情况之间。要求格鲁曼公司设计的月球旅行舱支持上述所有选项。由于"基准任务"得到了越来越详尽的定义,4 月 30 日阿波罗飞船任务轨道小组讨论了 S-IVB 级在地球"停泊轨道"上的时间。由于 S-IVB 级定序器 4.5 小时的工作时限决定了最大圈数,因而进入地月转移轨道被安排在第二个圈次。6 月,任务分析部门为了将飞船返回舱加热速率降到最低,研究了由月球高速返回后进入大气层的"跳跃式"弹道曲线。进入 40 万英尺高的地球外边界后,指令舱要在 30 万英尺高度(这一数据来自研究结果)进入大气层,然后跳出,飞一个弧形弹道,然后第二次进入大气层并着陆。由于在这一阶段飞行过程中没有对轨道的主动控制,跳跃的长度将由弧形弹道起点的角度和速度决定,这些因素又决定了着陆地点。因此,着陆精度直接与这一关键时刻速度和角度的"散布"相关。计算表明,弹道曲线对小的再入角更加敏感,因此决定以允许的最大重力加速度对应的最陡峭角度完成这一跳。8 月 1 日,NASA、北美航空公司和格鲁曼公司评估了与远月点在"停泊轨道"高度上的霍曼转移轨道相比,让月球旅行舱进入一条远月点为 80 英里以上、近月点为 5 万英尺的等周期轨道的优势。格鲁曼公司赞成选择霍曼转移轨道,因为这是最小的能量方案,可使动力下降段获得的推进剂最多。但是由于没能达成一致意见,NASA 要求对每种方案的可靠性、推进剂消耗和操控灵活性进行深入研究。

　　1963 年 8 月 21 日,任务计划部门提交了一份关于任务准则如何影响发射操作灵活度的分析报告。这些准则包括一条自由返回轨道、一个预定月球着陆点和在任务各关键点的要素说明。正如报告的作者约翰·P.布莱恩特所说,光照限制条件是"迄今为止最具限制性的"。这包括最小连续三天的发射窗口、日发射窗口最小 3 小时、白天发射,以及从 S-IVB 级中取出月球旅行舱要在日照条件下进行。布莱恩特指出,不可避免的结果是"持续增加的飞行限制条件造成最终失去几乎所有的操控灵活性"。他建议,每个限制条件都应该以"尽可能"去掉的指导思想来评估。10 月 16 日至 23 日,为了研究减轻两个阿波罗舱段质量的方式,载人飞船中心的飞船技术部门认为:①取消自由返回轨道;②让月球旅行舱采用霍曼转移轨道以

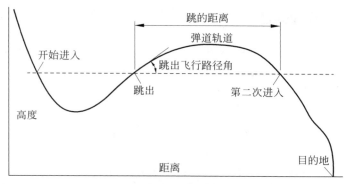

月球高速返回概览,阿波罗指令舱将采用"跳跃式"大气再入,第一次与大气相遇充分降低其能量,从而使第二次进入的速度与从低地球轨道返回时的相当

便其携带更少的推进剂;③缩短交会对接的时间;④压缩月球旅行舱的工作寿命。11 月 27 日,谢伊指出,即便决定采用霍曼转移轨道,月球旅行舱的贮箱也必须设计得能够装载等周期模式所需的推进剂(推进剂还要有一定的裕度,以满足后续推进剂需求更多的任务)。另一种可能的折中方案涉及这一事实,即月球旅行舱在月面时,月球可能转到母船轨道面的下方。通过去掉着陆点上空的"勘察"圈次,将着陆点限定在月球赤道 5 度范围内,同时限制其独立活动时间少于 48 小时,这样上升段在交会对接过程中要做的轨道面变化能够减小到 0.5 度以内,从而进一步减少需要携带的推进剂。

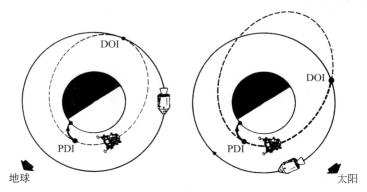

脱离指令勤务舱时,如果月球旅行舱采用相同轨道周期且近月点为 5 万英尺的下降轨道,并在近月点开始动力下降,那么在下降过程中指令勤务舱将与月球旅行舱保持通视(右图)。霍曼转移轨道机动的推进剂效率更高,但仍在轨道高点并因此要降低轨道的母船将不能与月球旅行舱保持通视(左图)。注意太阳刚刚升到目标上方(该图不是按比例绘制的。DOI:进入下降轨道;PDI:动力下降开始)

月球旅行舱设计问题

格鲁曼公司一个早期的决策是关于月球旅行舱下降段腿的数量。多次试验表明,三条腿明显不足而五条腿又不稳定,于是决定采用四条腿。在最初的几个月,月球旅行舱的质量和高度不断增加,这又导致了质心的升高和腿距的加宽,然而飞船/月球旅行舱适配器不能适应这一宽度,腿不得不设计成可伸展的。1963 年 2 月 13 日,格鲁曼公司雇用洛克达因公司研发下降推进系统(DPS),雇用贝尔航空系统公司研发上升推进系统(APS),并于3 月 11 日雇用马夸特公司提供喷气控制系统。洛克达因公司建议,通过向自燃推进剂中可控地注入气态氦,可实现 10∶1 的推力调节范围,从而获得理想的节流能力。格鲁曼公司的项目副经理弗兰克·坎宁说节流能力是"研发过程中最大的难题"。在认清节流能力实现的途径后,公司决定额外订购一个机械节流阀。3 月 14 日,格鲁曼公司面向潜在投标商召开了一个会议,并在 5 月初选择了空间技术实验室。7 月 3 日,贝尔航空系统公司得到授权开始研制上升推进系统。上升推进系统的设计十分复杂,因为上升推进系统的喷嘴需要嵌入下降推进系统,而且两系统之间用火工品连接,因此要求用一种称作"孔洞点火"的方式点火。随着落月装置质量的迅速增加,载人飞船中心于 5 月 10 日组建了月球旅行舱飞行技术系统小组,负责协调与质量控制、工程仿真和环境等因素有关的所有问题。月球旅行舱最初的构型是让乘组坐在座椅里,并且有 4 个曲面窗,其中两个朝下从而可以在落月的最后阶段观察月面。6 月 16 日,格鲁曼公司得到指示考虑让乘组在飞行过程中采用站姿,这样不但可以去除座椅的质量还可以减少大部分玻璃的质量。7 月 16 日,格鲁曼公司建议倾斜地安装两个小的三角形平面视窗。这一修改大大增加了乘组的机动性、可视性,使操控更加容易,且进出舱口更加方便。在评审完一个宇航员以站姿进行飞行控制的全尺寸模型后,载人飞船中心于 9 月 18 日接受了这些修改内容。

正在进行的变化

在将土星运载火箭的系列型号缩减为 3 个后,1963 年 2 月 7 日,带有S-Ⅳ级的土星 C-1 火箭成为"土星Ⅰ",带有 S-ⅣB 级的土星 C-1 火箭成为"土星ⅠB",土星 C-5 火箭成为"土星Ⅴ"。2 月 13 日,载人飞船中心重新调整了阿波罗飞船项目办公室,任命了两名副主任:詹姆斯·L. 德克尔负责指令勤务舱,皮兰德负责月球旅行舱。2 月 20 日,霍姆斯在华盛顿任命谢伊为系统副主任,洛为计划副主任,并给予他们比载人航天办公室理事会更高的权力。5月10日,吉尔鲁斯改组了他的管理层,将研发工作从操作工作中分离出来:詹姆斯·C.埃尔姆斯作为研发与项目副主任,负责管理载人航天项目与计划,管理并指导行政管理与技术支持;沃尔特·C.威廉姆斯作为任务需求与飞行操作副主任,负责管理任务计划与规则的起草,训练乘组,以及提供地面支持和任务控制设施。

1963年中期,NASA希望在1964年实施载人双子座任务,并于1965年完成其后续任务。在1963年5月15日的最后一次水星任务后,宇航员们要求继续飞行直至双子座任务准备就绪,但韦伯否决了提议。阿波罗计划的进度表是这样安排的:1965年开始,用土星Ⅰ火箭发射4个载人的第一批次指令勤务舱;1966年开始,用土星ⅠB火箭最多进行4次载人飞行;1965年年末开始,对载人土星Ⅴ火箭进行8次试验飞行;1967年开始,用土星Ⅴ火箭在地球轨道和月球轨道至少实施6次任务;1968年或1969年实施登月。霍姆斯判断阿波罗计划将落后于原定时间,他在预算优先权的竞争中输给了韦伯,因此在6月12日提交了辞呈。7月23日,NASA宣布空间技术实验室副主任乔治·E.将于12月1日接任载人航天办公室主任。

1963年4月3日,查尔斯·W.弗里克辞去ASPO主任一职时,皮兰德一直承担实际管理职责,直到谢伊在10月22日接任。洛除了在载人航天办公室担任项目部副主任外,还接替了谢伊的职务成为了系统部副主任。8月27日,载人航天管理委员会决定新增一名负责载人航天操作的副局长帮办,使穆勒能从霍姆斯那里继承的辅助角色中分身。10月22日,穆勒从载人飞船中心调来威廉姆斯[①]承担这项工作。韦伯在10月9日宣布总部重组,在西曼斯之下增设了3个副局长。由此,除了担任载人航天办公室主任外,穆勒还成为分管载人航天的副局长,负责与载人计划有关的3个领域中心。戈达德航天飞行中心、JPL和相关设施归入空间科学与应用办公室(它合并了两个办公室),由副局长霍默·E.领导;而前国家航空咨询委员会的设施并入先进研究与技术办公室,由副局长雷蒙德·L.领导。

穆勒主持工作

在分析了自己前任辞职的原因后,穆勒发起了一次评估,证实了阿波罗计划日渐松懈。1963年10月29日,他向载人航天管理委员会指出,赶上进度的唯一办法是减少研制过程中的飞行次数。1962年3月,马歇尔航天

---

① 1964年4月24日,威廉姆斯在总部受挫,辞职。新增的主管载人航天操作的副局长帮办一职最初空缺,随后在1964年12月被取消。

飞行中心制订出计划,设想通过一系列土星Ⅴ火箭发射来试验每一级;第一次试验安排在1965年年末,只有第一级是"真实的";载人的运载火箭安排在1967年中期发射。穆勒建议采用全部"真实的"各级、舱段和系统,包括两艘飞船在内的,以一种"一网打尽"的试验方法来减少8个发射研究与开发阶段。吉尔鲁斯和冯·布劳恩表示反对,但穆勒仍然坚持,并得到了韦伯的支持。另外,贝尔通信公司①最新的一项研究建议重新分配从土星Ⅰ火箭到土星ⅠB火箭的阿波罗第一批次飞船的早期试验。10月30日,穆勒取消了原计划1965年用土星Ⅰ火箭进行的4次载人试验飞行。为载人任务研发的土星ⅠB火箭将加快进度,这种情况下也采用了"一网打尽"的试验策略。就这一策略达成一致意见后,吉尔鲁斯问冯·布劳恩土星ⅠB火箭是否能够同时托起指令勤务舱和月球旅行舱,被告知只要两者的质量得到控制就可以。11月7日,在新墨西哥州的白沙导弹靶场,阿波罗发射逃逸系统进行第一次"发射台异常中止"试验。11月18日,穆勒指示,如果月球旅行舱没有准备好,早期的土星ⅠB火箭将不携带其飞行,但它必须尽早列入试验计划。穆勒进一步指示,两次成功的土星ⅠB火箭和土星Ⅴ火箭研制飞行就足以证明其达到"载人级"要求。他于1963年12月31日发布计划,设想在1965年6月进行第10次也是最后一次土星Ⅰ火箭任务,在1966年一季度进行首次土星ⅠB火箭试验,并在当年年底进行首次载人任务。第一次土星Ⅴ火箭试验飞行将在1967年第一季度进行,其首次载人任务(有望安排在第三次飞行)计划于该年年末实施。就在同一天(12月31日),穆勒组建了阿波罗计划办公室,由他自己担任主任,聘请塞缪尔·C.菲利普斯准将作为其副手,菲利普斯曾管理过民兵导弹的研制工作。

与此同时,1963年10月18日,NASA宣布了新招募的14名宇航员:来自空军的小埃德温·尤金·布兹·奥尔德林上校,威廉·艾利森·安德斯上尉,小查尔斯·亚瑟·巴塞特二世上尉,米歇尔·柯林斯上尉,唐·富尔顿·艾西尔上尉,西奥多·科迪·弗里曼上尉,大卫·伦道夫·斯科特上尉;来自海军的艾伦·拉维恩·比恩中尉,尤金·安德鲁·吉恩·赛尔南中尉,罗杰·布鲁斯·查菲中尉,小理查德·弗朗西斯·戈登少校;来自海军陆战队的克利夫顿·柯蒂斯·威廉姆斯上尉;罗尼·沃尔特·坎宁安(一名在兰德公司从事研究的科学家)和拉塞尔·路易斯·"鲁斯提(Rusty)"·施韦卡特(一名在麻省理工学院从事研究的科学家)。11月5

---

① 贝尔通信公司是1962年由美国电话电报公司应NASA请求组建的系统工程公司,对阿波罗计划的各个方面进行独立分析。

在 1963 年 11 月 7 日进行的首次"发射台异常中止"试验（PA-1）中，发
射逃逸系统将阿波罗飞船 BP-6 拽离火箭

日，吉尔鲁斯在埃尔姆斯之下设置了一名主任助理，现在是载人飞船中心
副主任，以加强双子座和阿波罗计划的局部管理：飞行主任小克里斯托
弗·哥伦布·成为飞行操作副主任，法格特成为工程与研发副主任，斯莱
顿成为飞行乘组操作副主任。此外，任命 G. 梅里特·普雷斯顿管理佛罗
里达州载人飞船中心的工作。1964 年 1 月 17 日，埃尔姆斯辞职，两天后
指派洛接替了他的位置。

肯尼迪遇刺

　　1963 年 11 月 16 日，肯尼迪总统飞往卡纳维拉尔角，视察 NASA 早期
在梅里特岛附近建设的"月球港"。冯·布劳恩带他参观了 37B 发射台，按
比例制作的各种运载火箭的模型被展示出来，以说明土星 V 火箭的巨大尺
寸。当时 37B 发射台正准备发射第五发土星 I 火箭，这是"真实的"S-Ⅳ级
的首次飞行。11 月 22 日，肯尼迪总统在访问得克萨斯州达拉斯时遇刺身
亡。那天晚些时候，林登·贝恩斯·约翰逊宣誓成为他的继任者。11 月 28
日，约翰逊总统在一次电视演讲中宣布，将卡纳维拉尔角更名为"肯尼迪
角"。第二天他签署了一份行政命令将 NASA 火箭发射中心更名为"约
翰·F.肯尼迪航天中心"[①]。然而，卡纳维拉尔市经市议会投票，决定不改
变该市的名字。该市于 1962 年并入卡纳维拉尔角地区，北边是卡纳维拉尔
港，南边是可可海滩。

---

① 　这一名称变更于 1963 年 12 月 20 日正式生效。

NASA 招募来的执行水星任务、双子座任务和阿波罗任务的宇航员

固化时间表

1964 年 1 月 15 日,载人飞船中心向 ASPO 的谢伊建议,采用两枚土星 IB 火箭的"一网打尽"式研制飞行来试验阿波罗飞船指令舱的隔热层,这样土星 V 火箭早期的"一网打尽"式试验便可描述为飞船的"演示验证"而不是"研发"①。2 月 7 日,ASPO 要求格鲁曼公司提供两个月球旅行舱的试验舱(LTA)和 11 个任务用月球旅行舱,其中前 3 个月球旅行舱既能载人也能无人操控。3 月 23 日,穆勒指示,如果前两个无人指令勤务舱试验飞行成功,接下来的任务将是一次长时间的载人飞行;然后再进行两次月球旅行舱试验,第一次无人,第二次与载人指令勤务舱一起,由此证明土星 IB 火箭具有同时承载两个航天器的能力。

细化对接系统

由于阿波罗飞船的详细设计方案早在决定采用月球轨道交会模式之前就完成了,因此第一批次飞船没有安装可以与月球旅行舱进行连接的装置。飞船缺少设施使其不具备交会对接能力——甚至不能与空间站对接——这使它只能单独完成飞行任务。然而,第二批次飞船进行详细设计的时候,第一批次飞船的研发仍在持续推进,这样系统试验便不会中断,可以持续到新飞船出现。

当北美航空公司在 1963 年 5 月初次设计阿波罗飞船与其他航天器对接的要求时,曾设想让一名穿上宇航服的宇航员进入位于指令舱轴线上的气闸舱。一旦两个航天器相距仅数英尺且没有相对运动时,这名宇航员将打开外层舱门,抓住另一个航天器并且"将其移动到最终紧固在一起的密封面"。但是到了 7 月,公司开始研究机械对接系统。8 月,NASA 开始与公司讨论指令舱气闸的几种可能的结构,这关系到月球旅行舱从 S-IVB 级中取出之后,乘组转移到月球旅行舱的方式。一种建议是将对接系统设计成一条气密通道。这一建议被采纳,9 月气闸被取消了。1963 年 7 月 16 日,公司被要求中止"撞击"型对接系统的研究工作,取而代之的是将精力集中

---

① 1962 年 10 月 26 日启用了一种命名规则。按照该规则,发射台中止试验将按顺序从 PA-1 开始;小乔治 II 型飞行从 A-001 开始;使用土星 I 火箭的任务从 A-101 开始;使用土星 IB 火箭的任务从 A-201 开始;使用土星 V 火箭的任务从 A-501 开始。其中,A 代表"阿波罗"。为了细分,前缀"SA"由马歇尔航天飞行中心使用(冠于其运载火箭前边),前缀"AS"由载人飞船中心使用(冠于其飞船前边)。还用"航天器"一词描述"运载火箭"与"飞船"的组合体,"飞船"是指指令勤务舱(CSM)、登月舱(LM)(如果存在)和它们之间的适配器(SLA)。

1963 年 11 月 16 日，NASA 局长韦伯欢迎肯尼迪视察卡纳维拉尔角（上图）。在 37 号发射台的地堡里，穆勒作了简要介绍，从左至右坐着的分别是洛、德布斯、西曼斯、韦伯、肯尼迪、屈莱顿、冯·布劳恩、莱顿·I.戴维斯少将、佛罗里达州参议员乔治·斯玛瑟斯（左图）。参观了 SA-5 的模型后，肯尼迪和冯·布劳恩抬头看发射架上即将竖起并于 1964年 1 月 29 日发射的第二批土星 I 火箭的第一发

在"可延展支架"的概念上。11月19日至20日,格鲁曼公司与北美航空公司同意研发一种"探针与锥管"式对接系统。指令舱前端的探针会在飞行器靠近的初期伸出,一旦探针前端的一组"捕获插销"插入月球旅行舱的漏斗形锥管("软对接"),探针将会缩回,从而将两个航天器拉到一起,用对接环上的12个插销建立稳固连接("硬对接")。在12月试图接受这一建议时,ASPO要求交会对接过程中任何一方的航天器都能扮演主动角色。然而,把对接系统放到月球旅行舱的"顶部"便于指令勤务舱从S-ⅣB级中取出月球旅行舱,可是要求月球旅行舱在对接中扮演主动角色会带来一个问题,即乘组面向"前方",将看不到目标。因此格鲁曼公司把舱门设计到前部,作为交会时的对接系统,乘员也通过这个舱门上到月球表面。就是说,如果指令勤务舱是主动航天器,那么它将在顶部舱门处对接;而如果月球旅行舱是主动航天器,它将使用前舱门对接。1964年2月26日,ASPO指示,一旦通道失压,返回的宇航员可以通过太空行走,从侧面的舱门进入指令舱。第一批次指令勤务舱的舱门在设计时没有考虑太空行走的需求,新规定要求第二批次指令勤务舱的舱门能够通过旋转在太空中打开。3月15日,北美航空公司利用通道的模样完成了乘组转移问题的研究,模样的舱门与对接机构是平衡设置的。工程师们穿着不加压的宇航服悬挂在吊索上来模拟失重环境,显示他们能够在太空中移动并恢复舱门和对接系统的部件。3月24日的另一项试验证实,穿着加压宇航服和生命保障背包的宇航员能够从侧门进入指令舱。6月下旬,上述结果在KC-135训练飞机的零重力加速度试验中得到证实。

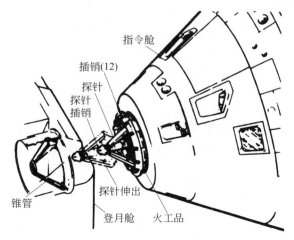

指令舱
插销(12)
探针
探针插销
锥管
探针伸出
登月舱   火工品

为阿波罗飞船选择的"探针与锥管"式对接系统

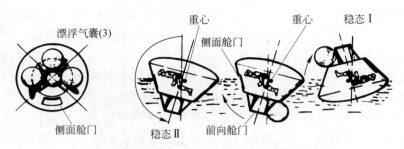

气囊可确保阿波罗指令舱在水中的姿态自动复原

1964 年 4 月 15 日,ASPO 要求北美航空公司将指令舱设计成"直立的"稳定漂浮姿态①。9 月 15 日,公司建议在顶部舱室安装气囊,当海水进入底部舱室时,电泵将为其充气。试验证明,两个 2 立方英尺(1 立方英尺=28.316 85 立方分米,译者注)的气囊完全可以达到预期目的,但增加了第三个气囊提供冗余。ASPO 责令这一系统必须安装到第一和第二批次的改进型中。

细化月球旅行舱

在 1962 年 11 月 29 日的会议上(此时已选定格鲁曼公司来建造月球旅行舱,但《工作说明书》尚未详细定义),NASA 要求所有载人的土星 V 任务必须搭载一个月球旅行舱,在勤务推进系统出现故障时,可以提供备份的推进能力。尤其是在地月转移轨道期间,如果有需要,月球旅行舱能够按要求进行中途修正并返回地球。1964 年 3 月 12 日,ASPO 指示北美航空公司验证对接系统足够坚固,能够承受飞船机动过程中施加的力。

在这期间,1964 年 2 月 11 日,格鲁曼公司被告知增加一个异常中止制导系统(AGS)。采用简单的惯性参考系将系统安装在航天器上,从而在主制导、导航、控制系统(PGNCS)出现故障时帮助实施交会对接。这样可避免在主系统中构建冗余系统,还能够节省质量。3 月 24 日至 26 日,ASPO 在格鲁曼公司正式评审了试验模样,这是月球旅行舱的全尺寸复制品,包括舱门、舷窗、舱内设备、照明、乘员工位、显示面板与仪器布局、乘员生命保障和限制系统。这次评审对乘员行动的方便性、进出舱门给出了初步评估意见。这时,为了节省质量建议取消第二个锥管。如果月球旅行舱在对接过程中采取主动模式,舱内将减压,将锥管从上部舱门的初始位置移动到前舱门的位置。紧接乘员行动方便性试验之后,ASPO 在 4 月 24 日发起了一项研究,建议进行改动,让采用主动方式的月球旅行舱利用其上部舱门进行对

① 顶端向上漂浮姿态被定义为"稳态 I",而不希望的顶端向下姿态是"稳态 II"。

接。这样便需要在指令长头部上方安装一个小舷窗。格鲁曼公司研究确定了舷窗的最佳位置、尺寸和网状结构。5 月 22 日，ASPO 批准格鲁曼公司安装该舷窗并去掉前向对接系统和通道。既然前舱门不再需要安装锥管，那么它就可以扩大，以方便乘员在月球表面或在太空中紧急转移时背着臃肿的生命保障背包通过。6 月 5 日，指示格鲁曼公司在舱门前增加一个狭窄的平台，公司立即将"前门廊"宽度加倍，从而便于走上舷梯。10 月 5 日至 8 日，又对模样进行了评审，以评估最近的改动，并对进一步的修改提出意见。接着在 1965 年 1 月，格鲁曼公司否定了圆形前舱门，采用铰链式梯形舱门。在 4 月 1 日至 8 日的评审之后，ASPO 确信这种舱门"本身就高度可靠"，只有"非常小的可能"出现舱门插销打不开的故障。如果出现这种情况，月面探险将不得不取消。

1963 年 9 月，格鲁曼公司要求贝尔航空系统公司为扩展 APS 发动机研制一款烧蚀喷嘴，并启动了一项辐射式冷却设计的初步研究，作为节省质量的替代方案。但到了 1964 年 5 月 11 日，ASPO 通知格鲁曼公司终止辐射式冷却喷嘴的工作，因为这些工作分散了人力，阻碍了主要选项的进展。当决定采用空间技术实验室的机械节流阀后，下降推进系统节流阀的设计方案在 1965 年 1 月 28 日就确定了；与洛克达因公司签订的向推进剂中注入氦气的节流阀合同被取消。4 月 15 日，格鲁曼公司开始在白沙导弹靶场进行上升推进系统发动机的点火试验。

1964 年 11 月 12 日至 19 日，在一个进一步减轻月球旅行舱质量的研讨会上，ASPO 要求格鲁曼公司考虑用化学蓄电池替代燃料电池。1965 年 2 月 10 日，格鲁曼公司提交了用电池给下降级供电的建议。3 月 2 日决定在上升级和下降级都使用化学蓄电池，格鲁曼公司取消了普拉特惠特尼公司的燃料电池合同。这样就不再需要切断低温脐带，大大简化了级间分离火工品装置。4 月 15 日，格鲁曼公司设计的上升级采用两个化学蓄电池，下降级采用 4 个化学蓄电池的设计方案得到批准。

在 1964 年 11 月 19 日至 26 日召开的联合会议上，北美航空公司与格鲁曼公司就对接过程中飞船的对准方式达成一致——月球旅行舱顶部舷窗将正对指令舱右手的对接窗。12 月 7 日，ASPO 告知格鲁曼公司，为了保存指令勤务舱的推进剂，决定表面上由月球旅行舱在交会中扮演主动角色。1965 年 2 月 8 日，ASPO 取消了第二批次飞船的雷达；2 月 17 日，指示北美航空公司安装一个月球旅行舱雷达的转发器。与此同时，告知格鲁曼公司改进甚高频（VHF）系统，从而使指令勤务舱能够判断距离和距离变化率，作为雷达故障时的备份手段；同时还要安装一个闪光灯，使指令勤务舱

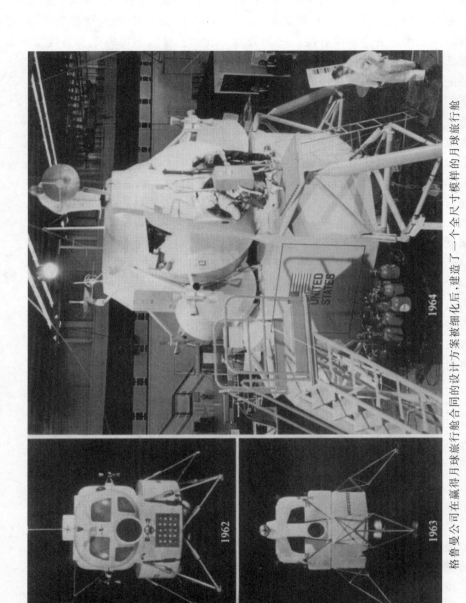

格鲁曼公司在赢得月球旅行舱合同的设计方案被细化后，建造了一个全尺寸模样的月球旅行舱

能够利用望远镜/六分仪对月球旅行舱进行光学跟踪测量。到 6 月 25 日，已通过仿真确定了转发器的最佳位置。3 月中旬，载人飞船中心制导与控制部门的克莱因·W.弗雷泽建议，取消月球旅行舱的雷达，改用指令勤务舱上的恒星跟踪器、氪闪光灯和月球旅行舱宇航员的手持六分仪完成交会对接工作。4 月中旬，要求格鲁曼公司按这种方案设计月球旅行舱，从而两种系统都能使用。10 月，斯莱顿坚决主张采用雷达方案，他认为与光学跟踪测量相比，雷达测量距离和距离变化率更便捷。1965 年底，穆勒和谢伊酝酿在 1966 年春季进行一次"交会对接传感器奥林匹克竞赛"，为决策提供依据。ASPO 的威廉·A.李反对在决策期间暂停 RCA 对雷达的研发工作，理由是如果结论是使用雷达，那么将会失去研发时间，而时间的拖延很可能妨碍到在 LEM-1 和 LEM-2 上安装雷达，从而破坏穆勒倡议的"一网打尽"式试验。1966 年 2 月 1 日，斯莱顿写信给制导与控制室主任，信中写道，"问题不是哪个系统能够最早作为飞行硬件制造、包装并质检合格；而是哪种设计方案在操作上最适合完成月球任务"。5 月 25 日，载人飞船中心建议，努力的主要方向应当放在雷达方案上，因为"奥林匹克竞赛"已经表明，雷达可以提供更大的灵活性，而且休斯将通过压缩的资金规模继续研发光学跟踪器，作为备份方案。菲利普斯和穆勒同意这一建议。

服装问题

1964 年 4 月 21 日，ASPO 要求所有参与阿波罗计划的宇航员从发射直到地月转移轨道，以及在月面操作和返回地球过程中，都必须穿着宇航服；但是假如至少有一名宇航员在整个过程中都穿着宇航服，那么其他人就可以在前往和离开月球的惯性飞行阶段脱下宇航服。4 月 28 日至 30 日，在北美航空公司评审第一批次指令勤务舱模样时发现，3 名宇航员穿上宇航服坐进座椅时，其肩膀和肘部交叠在一起，活动性受限，因此决定为了不耽误第一批次任务，采用不太臃肿的双子座计划宇航服，而阿波罗计划宇航服修改后将用于第二批次任务。6 月 30 日，公司接到指示必须对第一批次指令舱进行改动，以适应双子座计划宇航服。7 月 16 日，位于马萨诸塞州伍斯特市的制造双子座计划宇航服的戴维·克拉克公司接到通知，修改阿波罗计划宇航服的设计。

加速推进

1964 年 11 月，谢伊、穆勒和菲利普斯草拟了一份阿波罗飞船硬件在与土星 V 火箭对接前的试验计划大纲，但是还不清楚能否有效控制两艘飞船的总质量,以便土星 IB 火箭能够将它们一起送入太空进行联合试验。
12 月 16 日,谢伊要求第一批次载人任务应当使用低地球轨道,这样一旦勤务推进系统出现故障,飞船应该能够依靠自己的喷气控制系统推进器自行离轨;在这些手段都失败的情况下,飞船轨道必须能够自然衰减,并且飞船能够在可接受的时间范围内返回地球[①]。

1964 年 11 月起草的阿波罗计划大纲

任　　务	有 效 载 荷	发 射 日 期
AS-201	CSM-009(不载人)	1965 年
AS-202	CSM-011(不载人)	1966 年
AS-203	无飞船(S-ⅣB 研制飞行)	1966 年 07 月
AS-204	CSM-012(载人)	1966 年 10 月
AS-205	CSM-014(载人)	1967 年 01 月
AS-206	LEM-1(不载人)	1967 年 04 月
AS-207	CSM-101(载人)与 LEM-2	1967 年 07 月

1964 年 8 月 31 日,飞行指挥主任(小)克里斯托弗·哥伦布·克拉夫特指定约翰·D. 霍奇、尤金·F. 克兰兹和格林·S. 伦尼在双子座任务开始后共同承担夜以继日的飞行操作。12 月 24 日,艾弗雷特·E. 克里斯滕森被任命为任务操作主任,一个实际上取代了负责载人航天操作副局长助理的职位——这一职位自威廉姆斯 4 月离职后一直空缺。与此同时,又新增了两个任务主任的职位,目的是受命者可以轮流值班。另外,任命科特·德布斯担任发射操作主任,任命梅里特·普雷斯顿担任其副手,以管理载人飞船中心在发射场的各项工作,使发射场的工作得到加强。

1965 年 1 月 18 日,载人飞船中心任务计划与分析室就土星 IB 火箭和早期土星 V 火箭飞行任务向谢伊、克拉夫特和斯莱顿作简要汇报。1 月 21 日,为回应菲利普斯的质询,谢伊指出目前估计土星 IB 火箭能够将 35 500磅送入 105 海里高的地球圆轨道。然而,这仍比指令勤务舱与月球旅行舱总"限重"少了 870 磅,况且两个航天器目前的质量仍处于超重状态。谢伊说,考虑到限制质量的困难,最好的解决方案应当是设法将运载火箭的推力增加 1 000 磅;就在对这一性能提升进行研究的同时,有望在不严重影响第一批次任务计划的情况下,从勤务舱去掉一套推进剂与氦气压力贮箱。事实上,运载火箭有一个"控制有效载荷"指标,它明确了火箭能够送入参考轨

---

① 　这一要求据说是总部对马汀·凯汀的小说《旅行者》所描述情况的回应。

道的最小质量,还有一个"设计目标",其数值大于"控制有效载荷"指标。2
月 23 日,菲利普斯告诉谢伊,马歇尔航天飞行中心将努力把有效载荷的质
量增加到 36 500 磅。8 台发动机并联的研制版本已经产生了 130 万磅推
力,但第五次飞行时采用了改进的并联发动机,最终获得了 150 万磅的推
力。1963 年 8 月,洛克达因公司建议进一步改进可达到 160 万磅推力,11
月 8 日 NASA 批准了这一建议。到 1965 年 4 月 23 日,改进型发动机在亨
茨维尔完成了质量测试,并宣告其适用于土星 I B 火箭的 S-I B 级。5 月
12 日,亨茨维尔报告说有可能进一步改进发动机再增加约 5 000 磅的推力,
从而将 S-I B 级的推力增加到约 164 万磅。火箭专家们节节胜利,而两艘
飞船的质量也在不断增加。

为了规范飞船所有工程改进的建议,谢伊在 1965 年 1 月 13 日设立了
结构控制委员会,自己担任主席。5 月 10 日他陷入进退两难的困境:"一网
打尽"式的试验体制要求所有飞船安装全套分系统,但曾有人建议如果着陆
雷达在地球轨道任务中不起作用,就应把它从 LEM-1 和 LEM-2 上去掉。
在早期试验飞行中去掉雷达可以节省资金并有助于在这一关键阶段减轻飞
船的质量。然而这样做势必形成"一艘飞船一种状态"的先例,每艘飞船都
有专门的研发目标,没有一艘飞船能综合演示验证所有系统。而且,虽然短
期内缓解了减轻质量的压力,但从长远观点看这种妥协很可能从根本上破
坏了这种努力。5 月 27 日,载人飞船中心重申 LEM-1 必须试验该雷达。
然而,6 月 25 日 ASPO 助理主任哈里·L.雷诺兹警告载人飞船中心系统工
程部门主任欧文·E.梅纳德说,情况"越来越清楚,我们将面临一项艰巨的
任务,那就是把月球旅行舱的质量控制在限制值以内"。7 月 6 日,格鲁曼
公司请求交付没有分系统的早期月球旅行舱,但谢伊坚持月球旅行舱必须
以功能完整的状态离开工厂。当时,LEM-1 计划在 1966 年 11 月交付给肯
尼迪航天中心,接下来的 5 个月球旅行舱计划在 1967 年交付,但显然这一
计划很难完成。1965 年 9 月 13 日,谢伊组建了质量控制委员会,让各分系
统负责人每周碰一次面,通报飞船质量控制的进展情况,通过查找特殊问题
并反馈报告来产生特殊的任务压力。

1965 年 2 月 17 日,谢伊向北美航空公司阐明了第一批次的时间表。
CSM-009 和 CSM-011 将在 AS-201 和 AS-202 任务中发射升空,并设置为
无人模式。CSM-012 和 CSM-014 将进行载人任务,但也能在发射场改为
无人飞行。CSM-012 将在 AS-204 任务计划发射日期的 6 个月前决策;如
果它将进行无人飞行,那么它可用来获取额外的飞船特性数据,或者为马歇
尔航天飞行中心获取 S-I V B 级的轨道数据提供额外的时间。CSM-017 和

CSM-020 分派给土星 V 运载火箭的早期试验,不需要具备载人能力。第二批次首次载人飞行将由 CSM-101 与 LEM-2 共同完成。3 月 22 日,载人飞船中心飞行控制部门飞行动力学小组组长格林·S.伦尼被任命为 AS-201 和 AS-202 飞行主任助理。一旦飞船与火箭分离,勤务推进系统会点火将其加速到 29 000 英尺/秒,这一速度大大高出正常的入轨速度,但比月球返回轨道速度低。CSM-009 将测试烧蚀层性能,CSM-011 将产生很高的总热量负载并评估烧蚀层与其支撑结构的相互作用。6 月 25 日,卡罗尔·H.伯伦德被任命为载人航天办公室的任务操作副主任,他的第一项工作就是策划这两次任务。8 月 10 日,ASPO 发布了飞行计划安排:LEM-1(AS-206),LEM-2(AS-207),LEM-3(AS-503),LEM-4(AS-504),LEM-5(AS-505)和 LEM-6(AS-506)。曾经为地面试验订购了 6 个试验品:LTA-1 留在贝斯佩琦,解决在首次制造、组装和检验过程中遇到的问题;LTA-2 送往马歇尔航天飞行中心,用于发射振动试验;LTA-3 和 LTA-5 用于评估点燃发动机的结构效应;LTA-8 送往载人飞船中心,进行热真空环境试验;LTA-10 送往北美航空公司位于俄克拉荷马州塔尔萨的制造 SLA 的工厂,进行密合度检查。1965 年 7 月,为了缩减开支,格鲁曼公司被告知取消 LTA-4(用于振动试验)、LTA-5 的上升级和它们的试验品,待其地面试验完成后,对试验品进行翻新用于飞行试验。格鲁曼公司说将翻新 LTA-10 和 LTA-2 用于前两次土星 V 火箭的飞行。前 3 个月球旅行舱将安装记录发射过程状态的飞行仪器:前两次安装在土星 IB 火箭上,最后一次安装在土星 V 火箭上。要求缩小 LEM-3 与 LEM-4 的差异,并要求所有后续航天器状态相同。

NASA 为阿波罗计划设计的徽章

1965 年 8 月 30 日，穆勒宣布了代表阿波罗计划的徽章——一个大写字母"A"映衬在黑色的太空上，太空中描绘出猎户座、地球与月球，中间是一条轨道弧线。宇航员由猎户座条带上的 3 颗星代表，它们沿着字母"A"中的"横杠"排列。

10 月 21 日，为了适应 CSM-009 和 CSM-011 的交付日期，菲利普斯将 AS-201 任务推迟到 1966 年 1 月实施，将 AS-202 任务推迟到 1966 年 6 月。但其他早期飞行任务的日期保持不变，即 1966 年 7 月执行 AS-203，1966 年 10 月执行 AS-204，1967 年 1 月执行 AS-205。

研发土星 V 火箭

1965 年 1 月 22 日，菲利普斯预计这是阿波罗计划忙碌的一年，这一年要进行大量的地面试验、指令勤务务舱首次载人任务研发试验、土星 IB 火箭飞行验证和土星 V 火箭初步试验。3 天后，西曼斯大胆向国会预算委员会表示"在 1970 初"登上月球是"可以实现的"。的确，经过数年的研发，阿波罗计划各部分的工作正向一起聚拢。洛克达因公司于 1960 年 5 月启动了 20 万磅推力 J-2 发动机的研发工作，为"先进土星火箭"上面级提供氢燃料动力，当时对其结构进行了公开讨论。1963 年 11 月 27 日，J-2 发动机进行了首次全程（500 秒）试验。1964 年 12 月 4 日，道格拉斯飞机公司在其萨克拉门托试验场的静态试车台对 S-IVB 级进行了点火试验，发动机满功率运转了 10 秒。这个"战舰"级（相当于"样板"）的试验采用了加厚不锈钢推进剂贮箱而不是实际使用的质量很轻的铝质贮箱。1964 年 12 月 7 日，第一个 S-IVB 级模样——其质量、重心和结构强度都十分精确，但发动机和其他系统则使用了模型——抵达亨茨维尔接受压力试验。另一方面，1959 年 1 月 19 日 NASA 已经从空军手中接管了与洛克达因公司签署的 F-1 发动机合同。1961 年 2 月 10 日，初样第一次进行了点火试验，以 155 万磅推力维持了数秒，以大幅领先的推力创下了单腔发动机的记录。1961 年 4 月 9 日，该发动机已能够输出 164 万磅推力。1962 年 5 月 26 日，该发动机以满功率状态成功点火 2.5 分钟，这是预定的工作时长。1965 年 4 月 16 日，土星 V 火箭的第一个 S-IC 级在密西西比试验场进行了数秒的点火试验。4 月 24 日，S-II 级在洛克达因公司位于加利福尼亚州圣苏萨那的工厂进行了首次试验，输出了预期的 100 万磅推力。6 月 21 日，洛克达因公司进行了 F-1 发动机的千分之一点火试验。8 月 5 日，S-IC 级在亨茨维尔进行了一次"完美"的全程试验，试验期间 S-IC 级响应了从地堡中发出的控制指令。8 月 9 日，S-II 级进行了首次全程点火。同一天，S-IVB 级的第一个产品进行试验。8 月 20 日,S-ⅣB 级点火 3 分钟,关闭半小时后再次点火 6 分钟左右,模拟它在月球飞行时的状态。8 月 27 日北美航空公司报告其完成了飞船勤务推进系统的地面试验。糟糕的是,1966 年初 S-Ⅱ级的研发工作落在了计划之后。为了赶上进度,北美航空公司招募了一名新经理——罗伯特·E.格里尔——一名退休的空军上将,他带领着公司团队到了密西西比试验场。1966 年 4 月 23 日,S-Ⅱ级成功点火 15 秒,但故障仪器导致5 月 10 日、11 日和 16 日的点火提前关机。在 5 月 17 日和 20 日的试验中,该级分别点火 150 秒和 350 秒,但在 5 月 25 日的试验中火焰从航天器的两个地方冒了出来。5 月 28 日,在将 S-Ⅱ级从支架上搬走时,其氢贮箱发生爆炸,损坏了试验设施并造成 5 人受伤。穆勒开始每周给北美航空公司总裁约翰·利兰·阿斯特伍德发送一份 S-Ⅱ级进度报告,并且警告说,S-Ⅱ级极有可能取代月球旅行舱成为阿波罗计划中的"进度关键项目",但这对阿斯特伍德来说倒不是什么新闻。北美航空公司的飞船子承包商在第一和第二批次飞船的研发上也正遭遇困难。

洛克达因公司巨大的 F-1 发动机

阿波罗计划的准备

1965 年 12 月 2 日,屈莱顿[①]死于癌症,一周后韦伯宣布总统已批准提拔西曼斯担任副局长。尽管西曼斯于 12 月 21 日得到任命,但他仍承担着局长助理的职责直到纽尼尔在 1967 年 8 月接管他的职位。约翰·E.诺格尔接替局长助理一职,负责管理空间科学与应用办公室。

1965 年 12 月 15 日,双子座 6 号与双子座 7 号成功交会对接,标志着月球轨道交会对接取得实质性重大进展。这种直接交会对接的方式提高了进行月球旅行舱载人试验的可能,不再要求减轻指令勤务舱和月球旅行舱

---

① 爱德华空军基地的高速飞行局改名为"休·拉默蒂·屈莱顿飞行研究中心"。

的质量以便让土星 IB 火箭将它们一并送入轨道。1966 年 1 月 28 日,菲利普斯要求 ASPO 评估改变任务计划带来的影响,即按照 AS-207 任务最早的计划日期同时执行 AS-207/208 任务,并用土星 IB 火箭将它们一并送入轨道,包括评估对地面支持设备与任务控制的影响。他的想法是几乎同时发射 AS-207 与 CSM-101、AS-208 与 LEM-2,进行交会对接试验,然后任务按计划展开。2 月 2 日,任务计划与分析部门主任约翰·P. 迈尔告诉克拉夫特,计划的主要瓶颈是要准备好休斯敦的实时计算机系统,以便为任务提供计划与支持;如果准备好,是否进行尝试的决策很快就能做出。迈尔也敦促,如果参加双子座 6 号或双子座 7 号交会任务的 IBM 员工能够腾出空来,应该指派他们帮助规划新的双航天器任务。2 月 4 日,飞行控制部门主任约翰·D. 指出,一些与准同步发射有关的操作层面的问题应当避免;如果出现拖延,要确定拖延的时间。2 月 24 日,任务计划与分析部门主任助理小霍华德·W. 比尔·廷德尔建议,先将指令勤务舱送入一个 260 海里高的圆轨道,24 小时后再将月球旅行舱送入 110 海里高的圆轨道。这样每天有 2 个大约 3 分钟的发射窗口可以产生理想的同轨道面和相位条件,方便指令勤务舱在第三圈的终点完成交会对接。3 月 1 日,谢伊强烈要求尝试这一任务。3 月 8 日,菲利普斯要求载人飞船中心——马歇尔航天飞行中心和肯尼迪航天中心开始制定计划,目标是比原计划中为 AS-207 设定的日期推迟一个月实施发射。

AS-201 于 1966 年 2 月 26 日从 34 号发射台发射升空,并将 CSM-009 送入弹道轨道以测试其隔热层。3 月 16 日,双子座 8 号飞船首次与阿金纳目标飞行器完成对接,从而增强了决策实施 AS-207/208 双航天器任务的信心。3 月 21 日,NASA 宣布格里索姆担任首次阿波罗任务的“指令长”,怀特为“高级驾驶员”,查菲为“驾驶员”①。他们分别由麦克迪维特、斯科特和施韦卡特作为备份。每次任务都有双子座指令长、双子座驾驶员和一名新手组成。格里索姆于 1965 年 3 月完成双子座 3 号试验飞行后,斯莱顿立即任命他担任指令长。麦克迪维特于 1965 年 6 月完成双子座 4 号指令长任务后,被指定为格里索姆的备份。双子座 4 号驾驶员怀特先是双子座 7 号的备份人员,然后被分配到格里索姆的乘组。尽管斯莱顿引入了“轮流”机制,即驾驶员晋升为双子座任务的指令长,但双子座 8 号任务后斯科特立即加入到麦克迪维特的乘组,在执行 AS-207/208 双航天器任务前将早期

① 1961 年乘组的术语被正式规范为指令长/驾驶员,导航员/副驾驶员和飞行工程师/科学家。

阿波罗训练的经验传授给他们。CSM-009 勤务推进系统的性能出现了一些问题，但只要 CSM-011 取得成功，AS-204 仍将在 1966 年第四季度与 CSM-012 一起执行载人任务，否则这一组航天器将被用作第三次无人试验。与保守的双子座三圈轨道"试验"飞行不同，首次阿波罗任务将是一次最多 14 天的"没有固定时间限制"的飞行，"以验证飞船与乘组操作，并评估飞船硬件在地球轨道上的性能"。

1966 年 4 月 4 日，载人飞船中心更改了其高级管理职位的称谓，将"主任助理"改称"主任"，目的是更加明确该岗位对相关活动负有主要的而不是次要的责任。例如，克拉夫特不再是飞行操作主任助理，而成为飞行操作主任。5 月 12 日，NASA 从月球旅行舱（lunar excursion module）中将表示旅行的"excursion"一词删除，更名为"登月舱（lunar module，LM）"。6 月，阿波罗 1 号乘组得到批准。7 月 13 日，斯莱顿与克拉夫特联合给谢伊写信："对通往登月的阿波罗任务进行的充分检查表明，在 AS-205 任务与 AS-207/208 任务之间存在明显的不连续性。AS-204 和 AS-205 任务实质上是长时间系统验证飞行。AS-207/208 是一系列复杂任务的开端。有必要给 AS-205 任务安排一次等时长的光学交会对接。"在第一批次任务中进行一次与已经失效的 S-IVB 级的对接，可以提供检查动态范围控制、可视度和驾驶技术的机会，这些是完成基本 AS207/208 任务所必须的。7 月，格鲁曼公司生产线上直到 LM-4 的每一艘飞船都延误了。焦点当然在 LM-1 上，但子承包商延迟交货成为组装的瓶颈，但是延误速率在减慢，10 月 6 日，谢伊表示他有信心格鲁曼公司能够在 1967 年初交付 LM-1。1966 年底，LM-1 与 LM-2 进入了试验台，LM-3 到 LM-7 处于生产的各个阶段。到 1967 年 1 月底，LM-1 不可能在 2 月运到已经显而易见。

1966 年 8 月 25 日，AS-202 任务携带 CSM-011 从 34 号工位发射，成功完成了第一批次指令勤务舱的无人试验。由于 CSM-002[①]，CSM-009 和 CSM0-11 目标的 80% 已经完成，AS-204 便用作载人的阿波罗 1 号任务。8 月 26 日，CSM-012 的指令舱装在一个醒目地标着阿波罗 1 号的圆锥形包装箱内运送到肯尼迪航天中心。北美航空公司本应该几周前将它运来，但由于环境控制单元的乙二醇泵发生故障，需要用 CSM-014 的相同单元替换。尽管客户验收评审确定环境控制系统存在其他的"最后时刻问题"，NASA 还是批准了运输。10 月 7 日，载人航天办公室组织了 AS-204 设计

---

① 1966 年 1 月 20 日，CSM-002 在白沙导弹靶场用小乔治 II 火箭发射升空，实施 A-004 的高空中止试验。

认证评审,并且宣布运载火箭和飞船符合设计要求,只要几个缺陷得到纠正就具备安全飞行条件。菲利普斯将一张缺陷清单交给马歇尔航天飞行中心的李·B.詹姆斯、载人飞船中心的谢伊和肯尼迪航天中心阿波罗计划负责人约翰·G.辛克尔,要求尽快改进。10月11日,伯伦德告知菲利普斯,他前一天从辛克尔那里收到一份报告,详细描述了在CSM-012的准备过程中出现了越来越多的延误。飞船发货时,164项"工业订单"已确认"开始生产",尽管数据包中已确认的仅有其中的126项。9月24日,清单已经增加到377项,辛克尔认为213项额外订单中的约150项应当已经由北美航空公司在客户验收评审之前就确认了。主要问题包括出故障的环境控制单元(该单元再次出现故障)、喷气控制系统的问题、勤务推进系统泄露,以及座椅的设计缺陷。这些问题都要求将工程师派往卡纳维拉尔角。10月12日,菲利普斯写信给盖瑞特集团副总裁马克·E.布拉德利称,可靠性正导致AS-204任务产生重大拖延。该集团的艾雷赛奇公司是为北美航空公司提供环境控制单元的子承包商。对于菲利普斯来说,问题似乎"分成两类:一类是由于研发试验不足造成的,另一类则与工艺水平低下有关"。10月25日,CSM-017(用于AS-501任务)勤务舱的推进剂贮箱在北美航空公司的一次试验中发生了严重故障。正常压力是175磅/平方英尺(1平方英尺=0.092 903 04平方米,译者注),但在承受了100分钟240磅/平方英尺的最大特定压力后出现故障。事实上,在发现SM-101(用于AS-207任务)贮箱的裂纹后,已经决定对SM-017进行测试。事故的蹊跷之处在于,在"验证试验"中SM-017已经承受了320磅/平方英尺的压力达数分钟。ASPO展开调查,并要求在11月4日前提交报告。因为SM-012已经通过了同样的试验,谢伊依据它展开调查。问题出在使用甲基酒精作试验液体导致金属钛出现胁强腐蚀(即破裂);试验的目的是验证贮箱的完整性及肼与四氧化二氮推进剂是有毒的。使用一种与钛相容的液体就可以解决问题,最后决定分别使用氟利昂和异丙基酒精作为燃料贮箱和氧化剂。同时进一步增加了附带要求,即系统不允许提前暴露在推进剂中,而且在试验之后要用氮气净化贮箱。了解了问题后,拆掉了SM-012贮箱进行检查,最终证明没有裂缝。环境控制单元的替换产品于11月2日交付,在完成安装后再次进行了试验。但该单元必须返回艾雷赛奇公司,直到12月中旬重新装入指令舱。

12月29日,NASA指定CSM-014任务的乘组由施艾拉(指令长)、艾西尔(高级驾驶员)和坎宁安(驾驶员)组成。他们将分别由博尔曼、斯塔福德和柯林斯作备份。施艾拉是主乘组中唯一在太空中飞行过的人,但备份乘组中的所有人此前都曾经飞过。事实上，3月份斯莱顿就给施艾拉和博尔曼分配了任务，当时他们刚从双子座6号/7号的全球"友谊之旅"任务返回。斯塔福德和柯林斯分别在6月的双子座9号和7月的双子座10号任务后接到命令。斯莱顿还指定艾西尔和查菲两名新手加入格里索姆的乘组。但1965年下半年艾西尔在KC-135飞机上进行失重训练时伤到了肩膀，不得不退出训练数月之久。促使斯莱顿将他调整到施艾拉的乘组代替怀特。而怀特是在备份双子座7号任务后被斯莱顿分派到施艾拉乘组的。阿波罗2号任务将是阿波罗1号的简单重复，目的是在执行第二批次任务之前进一步评估飞船的基础系统。12月初，穆勒接受了不可能在年底前发射阿波罗1号的事实，将发射日期调整到1967年2月，并且取消了第一批次的再次飞行，以避免CSM-012飞行计划的延迟干扰到当年已经计划的任务。令施艾拉非常沮丧的是，他的乘组被重新指定为阿波罗1号的备份①。在AS-204任务之后，AS-206任务将尽早发射LM-1进行无人试验。如果此次任务证明安全，麦克迪维特的乘组将在8月执行双航天器任务（现在是AS-205/208任务，因为取消CSM-014后，AS-205任务空出），即新的阿波罗2号任务。12月22日，NASA宣布了这一变更，同时宣布麦克迪维特乘组由斯塔福德、杨和赛尔南作为备份。而且，如果两次无人试验能够充分证明土星V火箭达到"载人级"，那么有可能在1967年年底之前执行指令勤务舱和登月舱在远地点的AS-503任务。乘组由博尔曼（CDR②）、柯林斯（CMP）和安德斯（LMP）组成，康拉德、迪克·戈登和克利夫顿·柯蒂斯·威廉姆斯作为备份。这次的任命是在斯塔福德6月完成双子座9号任务，杨和柯林斯7月完成双子座10号任务，康拉德和戈登9月完成双子座11号任务，以及赛尔南11月备份了双子座12号任务之后下达的。这一计划于1966年12月正式生效，由此确定了在1967年10月执行AS-503任务，1967年12月执行AS-504任务，在1968年底或1969年初实现登月。

双子座任务发现，如果一名进行太空行走的宇航员想有效率地工作，那

---

① 在成功说服取消第一批次的再次飞行后，施艾拉本希望将自己排入执行双航天器任务名单最前列，但是斯莱顿要求第二批次的指令舱驾驶员要有先前交会任务的经验，而这是艾西尔所不具备的。

② 1966年11月29日，斯莱顿修改了乘组命名，分别命名为"指令长"、"指令舱驾驶员"和"登月舱"驾驶员。1967年6月14日，时任ASPO主任的雷欧宣布了上述3个命名的首字母缩写为CDR，CMP和LMP。由于斯莱顿要求第二批次任务中的指令舱驾驶员必须有交会任务的经验，那么引入新手的唯一途径就只有担任登月舱驾驶员了。这一限制后来被放宽。

么必须为他提供各种灵活和稳定的援助设备。1966 年 12 月 6 日,斯莱顿提醒谢伊,如果没有把手和系绳点,那么宇航员想从登月舱的前舱门紧急转移到指令舱是不可能的。12 月 26 日,他建议在 DPS 两次点火之后,下降级(及其通道)被抛掉之前,AS-503 任务应安排 100 小时的太空行走。两名宇航员中的一人将进出前舱门,从而评估登月舱在整个减压过程中的环境控制系统、前舱门的操作、带有生命保障背包的阿波罗宇航服及紧急舱外转移的出舱程序。处于舱外时,进行太空行走的宇航员将对登月舱外部进行全面拍照,以便确认从 S-ⅣB 级/SLA 取出时登月舱没有受到损伤。

挫折与恢复

AS-204 的发射日期定在 1967 年 2 月 21 日后,1 月 27 日 CM-012 进行纯氧加压环境下的"插座脱落"倒计时试验时出现"爆燃"。格里索姆、怀特和查菲当场死亡,此事件危及阿波罗计划能否继续下去。然而,1 月 31 日,载人飞船中心、马歇尔航天飞行中心和肯尼迪航天中心接到指示,按照计划继续准备由 CSM-017 和 LTA-10R 组成的 AS-501 任务,但试验中在没有特别授权的情况下,指令舱不能用纯氧加压。2 月 2 日,北美航空公司用船将 CSM-014 运抵肯尼迪航天中心,用来帮助训练火灾调查中拆解 CSM-012 的技术人员。2 月 3 日,穆勒宣布,尽管载人飞行无限期停飞,但只要硬件一交付,无人 AS-206,AS-501 和 AS-502 任务将继续进行。在火灾调查过程中,穆勒建议在第二批次飞船准备好后,应取消仅有指令勤务舱的任务,转而进行与登月舱的联合试验。但是吉尔鲁斯认为,在一次试验中试验两个新的航天器并不明智。3 月,决定进行一次为期 11 天的仅有指令勤务舱的任务。为了用改进的航天器完成格里索姆的任务,斯莱顿向施艾拉透露说将由他的乘组承担本次任务,并由斯塔福德的乘组作为备份。2 月 21 日是原计划发射阿波罗 1 号的日子,这天负责调查工作的汤普森向穆勒简要汇报了调查的结果。2 月 25 日,西曼斯向韦伯提交了一份备忘录,列出了汤普森的初步建议[①]。3 月 15 日,斯莱顿要求将施艾拉的飞行任务——已是第三次任务,命名为"阿波罗 2 号"——其主要目的之一就是与用过的 S-ⅣB 级交会对接,而且提议在"无太阳光照射的第三阶段轨道结束之后"进行。由于此次飞行的主要目的是评估飞船系统,4 月 18 日克拉夫特指出,如果出现了要求取消交会对接任务的问题,那么任何预备机动都会使预先计划好的紧急离轨过程变得更加复杂。飞船交会对接应当在"至少一天

---

① 阿波罗 204 评估委员会于 1967 年 4 月 5 日提交了最终报告。

的在轨飞行后"进行,而且应当"限于与一个由飞船送入轨道的目标进行简单等周期训练"。4月5日,菲利普斯告诉载人飞船中心、马歇尔航天飞行中心和肯尼迪航天中心,首次载人飞行的任务大纲将基于格里索姆乘组的飞行设计,日期定在1966年11月。由于任务的复杂性受先前计划的限制,而且也没安排交会对接,所以交会对接训练的评估将取决于它给任务造成了多大的复杂度。第二批次飞船,已将第一批次飞船的双舱门替换成单个的安装在铰链上向外打开的"统一标准舱门"。该舱门需要在舱内或舱外手工进行操作,无论舱内压力是否超出周围环境压力,舱门都可以在60秒内打开。这种舱门有与双子座飞船相似的机械与密封装置,可以避免它在真空环境中意外打开,但进行太空行走时可以开启。然而,菲利普斯指示"没有需要做出新的重大承诺的附加内容,比如在太空中打开指令舱舱门或是训练使用对接分系统"。6月2日,菲利普斯同意洛的意见,应当利用小型过渡舱"波德"(为早期"双子座"交会对接试验研制的)进行一次交会对接,但菲利普斯坚持这项试验不能列入主要目标清单。

1967年3月20日,NASA宣布无人LM-1的飞行将从AS-206任务切换到已经具备条件的AS-204任务。由CSM-101和LM-2组成的AS-205/208双航天器任务,其根本目的在于确保登月舱试验不因土星V火箭研制的拖延而受阻,不过显而易见,土星V火箭很快就能投入使用。土星V火箭前两发的研制飞行将搭载翻新后的登月舱试验舱,除非登月舱研发进度大幅提前,否则重型运载火箭将能够在登月舱之前完工,从而不再需要临时的双航天器任务。最终决定,如果LM-1飞行不令人满意,就利用AS-206任务发射无人LM-2来实现剩下的试验目的。3月25日,穆勒指示按照飞行顺序给任务编号,不考虑是使用土星IB火箭还是土星V火箭,也不考虑是载人任务还是无人任务。按旧的编号机制,只有载人任务才被计数:CSM-012已经属于阿波罗1号任务;由于计划反复修改,阿波罗2号任务依次指派给了CSM-014(施艾拉)、CSM-101(麦克迪维特)与CSM-101(施艾拉)。穆勒将第一个计划的AS-501任务命名为"阿波罗4号任务",没给出解释。3月30日,洛建议,为了阿波罗4号任务之前的编号不出现空缺,追加AS-201和AS-202[①]的指令勤务舱试验飞行为阿波罗2号和阿波罗3号任务,但这一提议被穆勒于4月24日否决。4月7日,谢伊成为负责载人航天飞行的副局长助理,负责技术方面的工作,洛继任谢伊成为载人飞船中心主任。几天以后,克里斯滕森辞去了华盛顿的任务主任职务。4月17日,任

---

① 不包括AS-203是由于该次任务没有搭载航天器。

务操作部门与飞行操作指挥部在载人飞船中心召开了一次会议,会上宣布:①无人登月舱下降级和上升级的成功点火,包括分离时的"孔洞点火",将作为载人登月舱试验上述功能的先决条件;②EVA 转移的演示验证将不作为登月舱独立载人飞行的先决条件;③土星 V 火箭应尽可能快地实现"载人级"发射;④在登月任务之前,最少进行 3 次包括指令勤务舱与登月舱交互对接的载人地球轨道飞行;⑤尽管月球轨道任务并不是阿波罗计划中的正式一步,但应该进行必要的计划,以应对出现指令勤务舱在登月舱之前达到月球任务能力的情况。4 月 27 日,ASPO 向北美航空公司派出了第二批次"重新定义"任务组,由博尔曼领导。这支"虎队"被赋予了当场决断的权力,这些决策以前需要由结构控制委员会来决断。该小组将审查第二批次飞船的"重新定义"的部分,以便对详细设计、质量与可靠性、试验与检验、基本规格、配置控制及计划等相关问题做出迅速反应。同时,北美航空公司聘请了洛克希德·马丁公司的威廉·伯格曼取代哈里森·斯托姆斯担任项目经理。5 月 8 日,洛批准 CSM-101 由 AS-205 任务发射,这是一次用来评估其系统的最长 11 天的无固定期限任务。第二天韦伯告知参议院太空委员会,本次任务由施艾拉、艾西尔和坎宁安负责执行。韦伯一直试图说服国会,该计划可让阿波罗计划从舱内火灾的挫折中恢复过来;穆勒也在敦促尽早发射土星 V 火箭。因此,5 月 9 日宣布 AS-501 任务计划在初秋实施。

赶上原计划

1967 年 5 月,载人飞船中心曾计划在尝试登月之前安排 3 次载人土星 V 火箭任务。当穆勒提议在第三次任务进行登月时,克拉夫特提醒洛,登月不应该"在第一次离开地球引力场的飞行"中进行,因为就操作能力来说,飞向月球是一次重大的跨越,它应该单独作为一次任务,这样才能使登月乘组将精力集中到与登月有关的活动上。洛接受了克拉夫特关于登月乘组不应该第一个冒险飞往月球的观点,于 9 月 20 日带领一队人来到载人航天办公室。休斯顿系统工程部门主任欧文·E.梅纳德简要介绍了建议的顺序:(A)研制土星 V 火箭和无人指令勤务舱;(B)研制土星 IB 火箭和无人登月舱;(C) 评估土星 IB 火箭和载人指令勤务舱;(D)联合研制土星 V 火箭和载人指令勤务舱/登月舱;(E)指令勤务舱/登月舱在地球轨道"高"远地点考核飞行;(F)在月球轨道进行指令勤务舱/登月舱试验;(G)第一次登月;(H)进一步"最低限度"登月;(I)月球轨道勘测;以及(J)"提升能力"登月[①]。这种以大写字母标示的任务系列并不是飞行任务的序列，因为达成一项任务有可能需要数次飞行。两次土星 V 火箭研制飞行已经计划为阿波罗 4 号和阿波罗 6 号任务，而 LM-1 试验是阿波罗 5 号任务。菲利普斯问第二次土星 V 火箭试验是否真的必要，冯·布劳恩和洛都给出了肯定的回答，因为第二次飞行将验证首次飞行获得的数据。如果土星 V 火箭的研制被拖延，那么 D 任务将会转为土星 IB 火箭计划，分别发射指令勤务舱和登月舱，并在轨道上进行交会对接。讨论主要集中在进行月球轨道飞行"来评估深空环境，以及制定除了登月舱下降、上升及月面操作以外的整个登月任务的程序"上。穆勒认为"阿波罗计划不是前往月球探索任务流程的"，洛则认为开发乘组操作不应该作为任务的主要动因，在深空导航、热控和通信领域仍有很多内容要学习。尽管会议留下这些问题没有结论，但字母排序的方法很快成为了通用的速记手段。

1967 年 10 月 2 日，菲利普斯批准 LM-2 按照无人试验飞行进行配置，同时要求 LM-3 与 CSM-103 配组执行完整阿波罗飞船的首次载人任务。格鲁曼公司的最新计划要求 LM-2 要在 1968 年 2 月发货，LM-3 要在 4 月发货，LM-4 要在 6 月发货。11 月 4 日，穆勒宣布了 1968 年的飞行任务排序：AS-204 携带 LM-1，接着是 AS-502（第二次无人试验），AS-503（第三次无人试验，如果需要），AS-206（LM-2，如果需要），AS-205（CSM-101，载人）和 AS-504（CSM-103 和 LM-3，载人）。11 月 15 日，洛说如果 AS-503 执行无人任务，那么有效载荷将是 BP-30 和 LTA-B。

首次土星 V 火箭飞行

1966 年 5 月 25 日，恰逢肯尼迪总统呼吁登月演讲五周年，重达 2 700 吨的柴油动力转运平台承载着一个全尺寸土星 V 火箭的工程模型，从火箭总装大楼前往 39 号发射工位，以便验证地面设施并辅助研发训练程序。这种"移动发射架"的概念十分新颖。计划安排 1967 年初发射 AS-501 任务，但几乎没人相信这一计划能够实现，因为 S-II 级已经成为"原地踏步的项目"。事实上，第一个"真正的"S-II 级交付到肯尼迪航天中心的时间已经从 1966 年 7 月拖延到 10 月，而且当其 8 月 13 日抵达密西西比试验场时，检查人员又发现了几个缺陷，导致验收点火推迟。11 月，菲利普斯修改了时间表，要求 S-II 级要在 1967 年 1 月 9 日交付至肯尼迪航天中心，以便 4

---

① 最后两类代表了被称作"阿波罗应用计划"的月球任务阶段，这项计划半途而废后，主计划扩展到包括"提升能力"的登月任务。

月发射。同时,S-IC级已于10月27日在运载火箭总装大楼的移动发射台上起竖完毕。为了不耽误检测,决定用一个"绕线筒"形状的"间隔支架"替代S-II级来支撑S-IVB级。1967年1月12日加上了飞船,开始检测。在1月21日S-II级交付当天,又发现了几个问题。至此发射已经推迟到5月。2月14日飞船运回并送入操作与检测厂房,作为阿波罗1号火灾调查的一部分进行检查,由于发现很多布线不符,其修复工作直到6月才完成。其间,S-IVB级被拆卸下来,2月23日间隔支架用S-II级取代。然而,5月24日S-II级又被拆卸下来送检,因为工厂检查员在另一个正准备起运的S-II级上发现了裂缝,直到6月中旬才又装配回去。S-IVB级装好后,修理的飞船也于6月20日安装好。飞行器最终于8月26日被转移到A号发射台。宣布于9月20日开始的6天倒计时验证试验被推迟到9月27日,并且一些问题使其拖到10月13日才完成;不过,公平地讲,这毕竟是第一发土星V火箭,而且发射操作团队正处在学习熟练的过程中。倒计时于11月6日开始,进展顺利,第一枚土星V火箭于11月9日准时发射升空,进行了它的"一网打尽"式验证飞行。突然间,肯尼迪总统提出的挑战前景一片光明。

试验登月舱

11月20日NASA宣布,考虑到阿波罗4号任务的成功,原来准备飞土星IB级D任务的麦克迪维特、斯科特和施韦卡特将执行首次载人土星V火箭发射任务,并且由康拉德、戈登和比恩(已经指派他代替克利夫顿·柯蒂斯威廉姆斯,后者在1967年10月5日的一次空难中丧生)作为备份。博尔曼、柯林斯和安德斯本应该执行高远地点的E任务,但他们乘上了第二发载人土星V火箭,阿姆斯特朗、洛弗尔和奥尔德林作他们的备份。如果月球轨道F任务被取消,那么下一个乘组将是第一个尝试登月的团队。斯莱顿通过策划将格里索姆从阿波罗1号轮换为首次登月的指令长而获得声誉。施艾拉在队列里的位置与格里索姆的正好对调,但施艾拉的飞船属于第二批次,这次任务没有登月舱的事实意味着指令长不需要具备交会对接的经验。真正的问题是斯莱顿应该为F任务轮换一个备份乘组,还是组建一个"新"的由施艾拉任指令长的乘组。通过备份施艾拉,斯塔福德在轮换队列中排在首位,而且值得注意的是他的乘组是目前为止最有经验的。

1966年中期,菲利普斯原本希望AS-206能够在1967年4月发射LM-1,而且德布斯同意用6个月检测飞船,要求格鲁曼公司在1966年9月将飞船用船运到肯尼迪航天中心。然而上升发动机在生产中的问题和不稳定性成为了计划的障碍。1967 年 1 月执行 AS-206 任务的火箭在 37B 工位上起竖时，其有效载荷的交付日期仍然没有确定。AS-204 任务的运载火箭是在 1966 年 8 月运抵发射场的，已经在 34 号工位上起竖等待执行阿波罗 1 号任务。由于没有在 1 月 27 日烧毁飞船的火灾中受损，火箭被重新分配给了 LM-1。这枚火箭在 3 月份被拆卸下来接受检查，又在 4 月 12 日作为 AS-204R 任务重新起竖到 37B 工位。由于缺少飞船，格鲁曼公司建造了一个胶合板模样来检验发射工位的各种设施。5 月 12 日，洛告诉总部格鲁曼公司已经承诺在 6 月交付 LM-1，但他对此表示怀疑。约翰·J. 威廉姆斯在卡纳维拉尔角领导着一支 400 人组成的飞船操作队伍。当 LM-1 于 6 月 27 日送到时，仅初步检查就发现了很多与说明书不符的问题。前一年 NASA 已经决定安装一个翻新的登月试验舱作为第一枚土星Ⅴ火箭试飞时的质量模型。如果 LM-1 已经准备好执行 AS-501 任务，那么有可能进一步推进"一网打尽"式试验策略，但是飞船研制的延期最终阻止了这一设想。1967 年 7 月 26 日，C. H. 伯伦德再次被指派为载人飞船中心负责登月舱的项目经理。11 月 19 日，LM-1 与其运载火箭进行了匹配安装，由于没有指令勤务舱，SLA 上端放置了一个圆锥体。该任务于 1968 年 1 月 22 日作为阿波罗 5 号任务发射，而且 4 天后召开的 LM-2 飞行要求会议决定：①除轻微异常外，LM-1 已经实现其所有飞行目标；②通过额外的地面试验或是一次载人任务，LM-2 有可能达到其所有任务目标；③为使登月舱达到"载人级"，已经没有必要进行额外的无人飞行试验。格鲁曼公司长期形成的观点是应当进行第二次试验，但在载人航天管理委员会 2 月 6 日对 LM-1 数据进行的评审后，格鲁曼公司决定放宽这一要求。3 月 6 日 NASA 取消了将 LM-2 运抵卡纳维拉尔角的计划。如果 AS-502 同阿波罗 4 号一样成功，那么 AS-503 就有望在年底之前真正进行载人试验。

西曼斯已经在 1967 年 10 月 2 日辞职，他提前 3 个月打了招呼。1968 年 2 月 5 日，参议院接受了对通用电气公司托马斯·O. 佩的提名，3 月 25 日他宣誓就职副局长。

以大胆的计划克服存在的问题

1968 年 4 月 4 日，AS-502 作为阿波罗 6 号任务携带着 CSM-020 和 LTA-2R 发射升空。与早期完美的飞行相比，这次 S-ⅠC 级遭受了将会令乘组无法忍受的纵向波哥振动，而且 S-Ⅱ级的两台发动机提前关机，S-ⅣB 级再次启动也失败了。尽管如此，飞船还是被送入了一个可以接受的停泊轨道且状态良好，其勤务推进系统通过延长计划的点火时间使轨道恢复了远地点高度,为以近月速度再入来测试隔热层提供了条件。4 月 23 日,穆勒催促载人 AS-503 任务的进度。尽管第二天菲利普斯指示该火箭要为 CSM-103 和 LM-3 做好准备,但他还要求做好改用 BP-30 和 LTA-B 的应急计划,以应对有可能做出进行第三次无人试验的决定。肯尼迪航天中心指出,只要对配置给予足够的重视,试验样机就能在 10 月中旬发射升空,但载人任务最早要到 11 月末才能准备就绪。鉴于要解决 AS-502 遭遇的异常问题,4 月 26 日韦伯批准在这一年的四季度执行载人任务。为了解决波哥效应,马歇尔航天飞行中心询问是否可以配置应急检测系统来触发其自动中止。在斯莱顿反对这样做时,洛下令研制“波哥效应中止传感器”,并在指令勤务舱提供显示,以便乘组判断是否启动中止。8 月 17 日时,波哥效应被确认能够消除,洛建议终止传感器的研制工作,一周后菲利普斯同意了。

其间,由登月舱上升推进系统燃料喷射器引发的燃烧不稳定问题一直延续到1967 年夏天,NASA 责成洛克达因公司研制一种替代喷射器作为备份手段。1968 年 4 月,格鲁曼公司接到指示,协助洛克达因公司在贝尔公司的发动机上进行喷射器试验。5 月,洛决定采用这种联合研发的产品,但要求洛克达因公司负责集成工作。到 8 月中旬,质量测试结果表明这种改进的发动机摆脱了燃烧不稳定的问题,也不需要安排一次任务专门进行太空验证。5 月 13 日,洛会见克拉夫特、斯莱顿和法格特,讨论上升推进系统的“孔洞点火”级间分离试验是否需要在 D 或 E 任务进行。一个因素是 LM-3 将是最后一个带有研制飞行仪器的登月舱。法格特认为,尽管数据很理想,但这不是最重要的;他说,“重要的是上升发动机燃烧后底部的照片”。鉴于这一系列的争论,以及试验将明显增加 D 任务复杂度的实际情况,洛推迟了是否在 E 任务中进行“孔洞点火”试验的决策,直到 LM-1 发动机性能被彻底分析清楚后再说。5 月 17 日,克拉夫特告诉洛 E 任务已经是一个综合任务,而且由于承担了额外目标,完成这些任务的可能性越来越小。特别是克拉夫特看不出“孔洞点火”级间分离试验有多大必要。他理解工程师们希望在太空中试验所有系统的愿望,包括正样与备份,但 1967 年12 月 22 日在白沙导弹靶场进行的第一次“孔洞点火”试验已经达到了所有目标[①],而且进一步开展地面试验将能够提供计算月面起飞时压力与温度瞬时值的数据。同样是在 1968 年春天,载人飞船中心开始研究将 E 任务的远地点延伸到几乎到达月球的距离,目的是在月球轨道 F 任务被取消的

①   结果,阿波罗 9 号和 10 号任务都没有在太空进行“孔洞点火”级间分离。

情况下研究导航、通信和热控。这一可选任务被标记为"E-主要"。

1968年5月7日,CSM-101通过最终用户验收评审,并在5月底交付到肯尼迪航天中心。检查人员欣喜地发现,与之前的任何一艘飞船相比,这艘飞船几乎没有什么缺陷。然而,直到6月份完成高空模拟室试验后,施艾拉才同意批准它具备飞行条件。一切准备就绪,他才高兴地说道:"我们已经上了高速轨道,这列火车正在驶出。"与此相反,LM-3在6月14日运抵时,检查人员发现了100多个缺陷,其中很多可归类到重大缺陷。一个月后,乔治·C.怀特——穆勒的可靠性与质量保证主管,就那些需要验证评审委员会过问的问题向穆勒作了简要汇报。就职于载人航天办公室的查尔斯·W.马修斯被派去评估情况。他的报告称飞船可能不具备执行AS-503任务的条件。

8月7日,洛通知载人航天管理委员会,LM-3在1969年2月以前不太可能做好发射准备。第二天,洛带领伯伦德(他的登月舱负责人)、斯科特·H.辛普金森(ASPO的试验部主任)和欧文·G.莫里斯(隶属休斯顿的登月舱项目工程部)到卡纳维拉尔角,与菲利普斯、德布斯(肯尼迪航天中心主任)、罗德里克·O.米德尔顿(卡纳维拉尔角的阿波罗计划项目经理)和罗科·A.佩特龙(发射操作主任)共同讨论AS-503的状态。8月9日,在一份标题为《特别记录》的备忘录中,洛说到,如果阿波罗计划打算在1969年完成登月,那么就必须在1968年底以前进行首次载人土星V火箭飞行任务。此时,波哥问题正趋于解决,而与AS-502任务相关的其他问题已经解决。CSM-103的交付已经临近,但LM-3却拖延严重。1967年4月,载人飞船中心已经规划了一次月球轨道应急任务,而且在8月7日,洛已经要求克拉夫特审视不携带LM-3而将CSM-103单独送往月球的可能性。8月9日08:45,洛在休斯顿与吉尔鲁斯和克拉夫特碰头,讨论这一选项。吉尔鲁斯赞成这一计划;克拉夫特也表示该计划在技术上是可行的,主要因为早在几个月前已经决定将巨人程序装入CM-103的船载计算机。09:30斯莱顿被叫来,他表示支持该计划。随后洛打电话给仍在佛罗里达州的菲利普斯说,计划14:30在亨茨维尔开会。除了吉尔鲁斯、洛、克拉夫特、斯莱顿和菲利普斯外,参加会议的还有德布斯、佩特龙、乔治·H.哈格(菲利普斯的副手)、布劳恩、埃伯哈德·F.M.里斯(布劳恩的副手)、李·B.詹姆斯(马歇尔航天飞行中心的土星V项目负责人)和鲁迪·G.理查德(隶属马歇尔航天飞行中心),总共12人。洛说,如果阿波罗7号任务对CSM-101的评估良好,那么从技术角度上讲12月将CSM-103送往月球是有可能的;但如果CSM-101存在缺陷,那么就需要将CSM-103限制在地球轨道上,继续进行飞船系统的评估工作。克拉夫特指出,仅从月球背面绕一次就直接返回地球是不够的;应要求飞船进入月球轨道为登月任务(很有可能下次任务就冒险前往月球,取决于 F 任务是否执行)提供重要的观测信息。普遍的共识是开始筹划这次应急任务,但在最终决定并向公众宣布之前必须保密。会议于 17:00 结束。当晚 20:30,在返回休斯顿的路上,洛向乔治·W.S.阿比(他的技术助理)、肯尼思·S.克莱因克内希特(他的指令勤务舱负责人)、伯伦德和戴尔·D.迈尔斯(北美航空公司阿波罗计划主任)简要通报了会议情况。8 月 10 日,斯莱顿向麦克迪维特下达了这项"新"任务,麦克迪维特选择了等待 LM-3 从而保留住他的乘组为之训练了那么长时间的 D 任务。博尔曼欣然接受,他曾经按照讨论将 E 任务的远地点延展到月球以外的距离。8 月 12 日克拉夫特告诉洛,如果他们要求白天发射以便应急中止后能在大西洋回收,那么发射窗口将在 12 月 20 日出现。作为LM-3 的替代品,洛选择了 LTA-B,因为已经指定它与 BP-30 配合执行无人任务且已经做好了准备。

8 月 14 日,在总部召开了一次起草建议书的会议,上次会议 12 名参会者除里斯外悉数到会,还增加了威廉·C.施耐德、朱利安·B.鲍曼(两人均来自载人航天办公室)和佩因(副局长)。会议期间,穆勒从奥地利维也纳打来电话,他当时正和韦伯在那里参加联合国的探索与和平利用外太空会议。穆勒持有怀疑态度,说他在 8 月 22 日之前不能参与讨论。佩因扮演持反对意见的一方,向与会者指出,直到最近还在怀疑土星 V 火箭用于载人飞行是否安全,然而此时他们却在考虑让它在一次临时任务中向月球轨道发射一艘飞船,佩因要求给出解释。冯·布劳恩指出,一旦决策实施载人 AS-503任务,那么飞船飞多远就不那么重要了。哈格提醒到,任务中有几处可以做出"做/不做"的决定,以降低任务风险。斯莱顿指出,不抓住这次机遇,将很可能失去在肯尼迪总统设定的最终时间前完成任务的机会。德布斯没有技术方面的保留意见,佩特龙也没有。鲍曼争辩说这将成为阿波罗计划的"短板"。詹姆斯说这样做可以提高后续飞行的安全性。理查德认为这样能够增强登月能力。施耐德满怀诚意地签署了建议书。吉尔鲁斯指出,尽管这是一项临时提议的任务,但它却能提高完成阿波罗计划全部目标的可能性。克拉夫特重申这将是一次月球轨道任务而不再是一次环月任务。洛说如果阿波罗 7 号取得成功,那么他们就可以选择或者实施这一临时任务,或者等待 LM-3 并于 2 月至 3 月间发射,显然两者都可以在最终时限之前完成登月任务。佩因同意这一观点。菲利普斯接受了这一建议,并命令持续推进计划。第二天,菲利普斯与佩因通过电话与穆勒和韦伯进行了讨论。穆勒已经为这一想法兴奋了一夜。韦伯则表现得"相当消极"(菲利普斯后来说),但还是要求通过电报获得更多信息。8月16日,韦伯打电话给佩因,同意了这一计划,但提出了"不能公开宣布"这一限制性条件。8月17日,菲利普斯告诉洛,尽管韦伯已经授权进行12月份的发射准备,但必须保证不能"透露"飞船有可能前往月球;决策要视阿波罗7号任务的结果而定。在此期间,CSM-103已经运抵肯尼迪航天中心,并且开始了飞往月球所必须的改动。8月19日菲利普斯指示,无论CSM-103被限制在低地球轨道还是飞往月球,只要AS-503是载人任务都要命名为"C-主要"任务。一旦如此,麦克迪维特的乘组将会执行搭载CSM-104和LM-3的AS-504 D任务,E任务被取消。同一天,菲利普斯告诉新闻界,一旦CSM-101飞行成功,那么AS-503将会载人;但由于登月舱还没有做好准备,这将是一次只有指令勤务舱的任务。由于不提及离开地球轨道的可能性,他轻易地向公众传递出这将是一次地球轨道任务的印象。12月3日洛指示,如果"C-主要"任务限于地球轨道,就要为进入地月转移轨道做好停泊轨道的准备,然后从候选任务中选一个进行飞行试验。第一种方案,飞船将分离出来并且不需要S-ⅣB级再次点火,接着飞船勤务推进系统点火以抵达6440千米的远地点。第二种方案,飞船与S-ⅣB级一起到达远地点,这需要S-ⅣB级进行一次短暂的点火。如果选择前往月球,S-ⅣB级将进行完全燃烧。无论实施哪项任务,一旦飞船分离出来,它将模拟进行位置转换、对接和取出登月舱。如果飞船前往月球,它将在返回地球之前用20个小时的时间绕月球飞行10圈。9月9日,博尔曼的乘组开始在肯尼迪航天中心的模拟器中进行月球任务训练,9月19日穆勒宣布土星Ⅴ火箭具备载人飞行条件。10月7日CSM-103与运载火箭合体,发射逃逸系统也在10月8日加装完毕,接下来的一天飞行器被运往39A发射工位。

1968年3月31日,约翰逊总统宣布他将不再参加竞选。在9月16日向约翰逊总统通报后,韦伯宣布辞职,在他62岁生日那天(10月6日)生效,佩因被提升为代理局长。与此同时,CSM-101于9月20日通过了飞行验收评审。当天晚些时候,施艾拉宣布阿波罗7号将是他最后一次任务,因为他打算离开NASA,从而结束了公众关于他是否担任登月任务指令长的猜测。

10月11日,AS-205携带着CSM-101从34号工位发射升空,执行阿波罗7号任务。这次任务的主要目标是验证指令勤务舱/乘组的性能;在载人指令勤务舱任务期间验证乘组/飞行器/任务保障设施的性能;用S-ⅣB级作为目标验证指令勤务舱的交会对接能力。这些目标将在发射升空后的前 3 天实施。为了评估飞船系统的支持性能,飞行时间不固定,但最多飞行 11 天。尽管施艾拉不愿意这次飞行计划再安排其他次要任务,因为在主要任务目标完成的情况下,这些任务有可能失败;但如果这些任务被证实确实很成问题,那么扩展任务就能为科学团体的实验提供充分的机会。任务开始的几个小时,飞船与 S-ⅣB 级分离,干净利索地离开,掉转方向并飞回来仿佛要取出登月舱(并未搭载)。当坎宁安报告 SLA 的面板没有完全展开时,当即决定后续任务中这一面板将被弹射出去而不是采用铰链式打开。交会对接演练在随后几天内完成了。由于施艾拉的坚持,任何时间都有一人处于清醒状态来监控系统。所有三个人在飞行初期都因得了感冒而感到头痛,这使他们脾气暴躁,提供飞行中的电视转播是这次任务的次要目标之一,让人们看到了他们的状态,不过电视转播还是证明了单色摄像机的质量相当不错。勤务推进系统进行了 8 次完美点火。施艾拉后来形容这次飞行是"101％的成功"。

11 月 7 日,穆勒宣布 AS-503 具备了执行月球任务的能力。11 月 11 日,菲利普斯向载人航天管理委员会建议阿波罗 8 号进入月球轨道。当天晚些时候穆勒告诉佩因,他已经同科学与技术顾问委员会和总统的科学顾问委员会讨论了这项任务,两个委员会都支持这个提议,而且他进一步建议应当尝试进行这一任务。在与博尔曼通过电话、证实博尔曼愿意执行这次飞行任务后,佩因正式着手实施,并告诉菲利普斯做好必要的准备。第二天,NASA 宣布阿波罗 8 号将于 12 月 21 日发射,并且将是一次月球轨道任务。11 月 13 日公布乘组由斯塔福德、杨和赛尔南组成,由已经安排执行阿波罗 10 号任务的库珀、艾西尔和米歇尔作备份。这为乘组轮替开创了先例,即乘组备份一次任务,跳过两次任务,轮流成为下一次任务的主乘组,无论阿波罗 10 号任务将作为 F 任务还是 G 任务。①

12 月 21 日,AS-503 作为阿波罗 8 号任务发射升空,成为一次全状态任务。它在月球轨道上担负着一项重要工作,就是拍摄有一定垂直和倾斜角度的重叠的照片,从而确定位于月球远端靠近东部边缘处地标的位置和海拔高度,这样就可以让登月舱在启动动力下降之前的短时间内完成导航检测。通过这次大胆的任务,NASA 向着 20 世纪 60 年代结束前实现登月的目标迈出了一大步。

---

① CSM-101 已经执行了阿波罗 7 号任务,CSM-102 被北美航空公司留作地面测试之用,CSM-103 被分配给阿波罗 8 号"C-主要"任务,CSM-104 将执行阿波罗 9 号 D 任务,CSM-105 用于地面测试,CSM-106 于 1968 年 11 月 25 日运抵肯尼迪航天中心,执行阿波罗 10 号任务。

1966 年高远地点 E 任务的乘组人员是博尔曼、柯林斯和安德斯,并由康拉德、戈登和克利夫顿·柯蒂斯·威廉姆斯作为备份。阿波罗 1 号火灾后,飞行乘组的安排作了修改,尽管博尔曼保留住了他的乘组和任务,他还是失去了执行土星 V 火箭首次载人任务的机会,他的备份乘组变成了阿姆斯特朗、洛弗尔和奥尔德林。然而,1968 年夏天,柯林斯不得不暂时离开,接受一个从他的脊柱中摘除骨刺的手术,这样就由洛弗尔上来顶替了他。为任命登月舱专家弗雷德·海斯作备份,斯莱顿不得不将奥尔德林从登月舱驾驶员改为指令舱驾驶员,因为海斯是新手,而规则要求指令舱驾驶员必须具有交会对接的经验。结果,由于相信月球轨道任务的前景,博尔曼再次获得了执行土星 V 火箭首次载人任务的机会。这一变化对发射顺序产生了副作用,斯莱顿的乘组轮换计划使阿姆斯特朗按顺序代替康拉德成为阿波罗 11 号的指令长,如果阿波罗 10 号飞 F 任务,那么阿波罗 11 号将尝试首次登月。

1969 年 1 月 10 日,身处华盛顿的任务操作主任约翰·D. 史蒂文森传阅了一份早在一年前发布的 1969 年临时计划的修正表格。新计划提出要在 2 月 28 日执行已经延期的 D 任务。因为 E 任务已经由阿波罗 8 号完成了,这就意味着 F 任务将在 5 月 17 日发射升空,可是符合主着陆点光照要求的发射窗口将在 7 月 15 日出现。而 F 任务的目的是获得深空条件下的经验,但由于这一点已经由阿波罗 8 号完成,那么还需要再进行一次勘查吗?对 F 任务的决策推迟到 LM-3 所有相关工作完成才做出。阿波罗 9 号的发射推迟到 3 月 3 日,以便让乘组从一次轻度呼吸道感染中恢复过来。由于施韦卡特在任务初期患上了太空病,他的舱外转移被取消。但他可以把自己固定在登月舱的门廊处进行一次短时间的太空行走,从而完成在登月之前仅有的一次生命保障背包测试。当登月舱脱离飞船进行独立飞行时,标志着乘组第一次在不能进入大气层的航天器中进行太空飞行;此时一旦发生故障,获得营救的唯一希望是完成与指令勤务舱的交会对接。3 月 5 日,当各项任务稳步推进时,尼克松总统任命佩因为 NASA 局长。

合练

1969 年 3 月 24 日,NASA 公布阿波罗 10 号将执行 F 任务。最初的方案要求登月舱仅仅是脱离母船,进入略有不同的轨道,然后返回并再次对接。但是到了 1968 年 12 月,载人飞船中心的任务规划与分析部门迫切需要下降推进系统进行一次实际的合练,其间登月舱将充分降低其近月点,以试验着陆雷达探测和锁定月面目标的能力,而且低轨绕行的光照条件与登月任务时的完全一致,以记录主要标志物并识别接近路径上的地标。廷德尔也建议登月舱应当启动动力下降并通过"孔洞点火"级间分离实施一次早期任务中止,但他的同事说服了他,让他认识到这一想法过于冒险。决定实施 F 任务的另一个目的是评估对月球轨道上两个航天器进行操作、测控与通信的能力。由于阿波罗 8 号已经证实"质量瘤"(在跟踪月球轨道器 4 号时发现)会造成月球引力场不均匀,有必要评估在下降轨道低轨道圈次上登月舱的制导与导航系统如何应对。换句话说,就是想在计划的压力下寻求偶尔的放松,进一步扩大阿波罗 8 号已经取得的成果,并进行一次截止到登月舱启动动力下降时刻的完整合练。登月舱将在月球停泊轨道上与指令勤务舱分离,进入近月点 50 000 英尺的下降轨道,并从候选着陆点上空做两次低轨道环绕,然后模拟任务中止并进行交会对接。事实上,LM-4 不可能尝试执行 G 任务,因为它没有装载动力下降所必需的"软件",不具备落月能力。在当时,计算机内存还使用物理布线技术。此外,由于上升级推进器的限制,登月舱仍有些超重,如果它真的落月了将无法起飞进行交会对接。如果阿波罗 10 号被赋予首次落月任务,那么它不得不等待 LM-5。但是这样做将会浪费掉合练的机会,而且这一机会确实能够寻求更多的信息,更好地为其后续任务扫平道路。阿波罗 10 号于 5 月 18 日发射升空,在发射后的第五天,登月舱进入下降轨道,验证了落月雷达锁定月面目标的能力。同时在光照最好的时刻对位于月球赤道北侧静海西南部的主要候选落月区(起初指定为 II-P-6,后来是 ALS-2)进行了拍照。得益于胶片可以返回地球再进行处理,而不是扫描后传回地球,照片的分辨率比月球轨道器获得的还要高。肉眼观察表明,目标椭圆的东部光滑平坦,但在西部降落可能需要进行机动,以便在小型环形山和巨石之间选择一个可以接受的区域。经过静海东部 ALS-1 上空的轨道圈次时,其光照比预想降落时的更亮,而在通过 ALS-3 上空时则较弱。

登月乘组

1969 年 7 月 16 日,阿波罗 11 号发射升空并尝试降落在月球上。1968 年年底,柯林斯已经从骨刺手术中恢复过来,因此当斯莱顿将阿姆斯特朗从阿波罗 8 号备份乘组轮换为阿波罗 11 号的指令长时,他恢复了柯林斯的指令舱驾驶员岗位,并让奥尔德林回到登月舱驾驶员的岗位上。洛弗尔和安德斯轮换到备份乘组,洛弗尔作指令长,安德斯是指令舱驾驶员,而海斯作为登月舱驾驶员。结果与阿波罗 10 号的情况一样,本次任务主乘组的全部乘员都具有以往飞行的经验。

研 制 计 划

（1961—1965 年）

背景

土星Ⅰ运载火箭的第一级由一组 8 台 H-1 发动机并联提供动力，中央 4 台发动机固定，外围 4 台发动机安装在万向支架上，控制火箭的滚动、俯仰和偏航。为了压缩工装成本，火箭由红石和木星导弹的贮箱堆叠而成，一个直径为 267 厘米的木星导弹贮箱周围环绕着 8 个直径为 178 厘米的红石导弹贮箱。中央的贮箱存放氧化剂，周围的贮箱存放燃料或氧化剂。由于低温液氧加注时会导致氧化剂贮箱收缩，周围的贮箱成为了主要的结构要素，而且每个煤油贮箱的顶部都安装了滑动接头。为了防止火箭在飞行过程中失去平衡，贮箱间安装了相互连接的管子来保持每个贮箱的液面处于一个水平。因此，4 个煤油贮箱中的每一个除了分别向一对发动机（一个中央的，一个外围的）提供燃料外，彼此连通实际上还意味着一旦发动机中的某个过早关机，其上方贮箱中的煤油会自动分配给其他发动机。同样，每一个外围氧化剂贮箱除了分别向一对发动机提供氧化剂，且彼此连通以保持液面平衡外，还与中央氧化剂贮箱连通。采用热交换器将液氧挥发成气态的方法给氧化剂加压。这级火箭的顶部是 48 个装氮气的球体，为煤油贮箱加压。冗余设计了 16 个泵，由此产生的众多管道使 S-Ⅰ级成为管道工的"噩梦"，但也使得 H-1 成为可靠的发动机。贮箱底部用"尾翼"结合在一起，顶部则采用"星形梁"。尾翼具有抵御发动机推力的结构要素和牵制点。星形结构由 1 个装有 8 根辐射状工字梁的轴向节点和 8 个像圆上的弦一样连接的外段构成。它与外围氧化剂贮箱紧密连接，并且为上面各级提供支撑。并联发动机设计的一个主要作用是热防护，以保护发动机部件免受所谓"底部加热"现象的影响。排气与尾随火箭的冲击波相互作用，会产生少量的空气闭塞和紊流混合带,使发动机底部的温度不断升高。有人曾质疑能否克服这些问题,最终采用迭代方法进行的静态试验取得了成功。

SA-1:首次飞行试验

1961 年 10 月 27 日,星期五,格林尼治时间 15:06:04(美国东部标准时间 10:06:04)的发射时间,SA-1 从卡纳维拉尔角的 34 号发射工位点火起飞,其弹道飞越大西洋上空,以验证其拥有 1.3×10^6 磅推力的 S-I 级的推进系统、控制系统和结构完整性。

1961 年 5 月 1 日,火箭第三级(S-V级)的实体模型用驳船运抵卡纳维拉尔角。8 月 15 日,火箭第一级(S-I级)运到,一同运来的还有第二级(S-IV级)的实体模型。S-IV级装有一个携带了 9 万磅压舱水的贮箱,目的在于模拟该级火箭真实状态下的质量和空气动力学特性。S-V级也只是一个可以装载 10.2 万磅水的贮箱,带一个较短的圆锥状连接裙,上面装着木星导弹的整流罩。两个模型被运到 D 厂房进行检测。S-I级被运往 34 号发射工位,并于 8 月 20 日起竖。其他上面级于 8 月 25 日起竖。射前 10 小时的倒计时于 10 月 26 日美国东部标准时间 23:00 开始。尽管没有技术问题导致延迟,但还是暂停了两次,等待较好的云量条件以保证火箭上升段的摄影覆盖。第一次暂停发生在射前 120 分钟(美国东部标准时间 07:00),持续了 34 分钟;第二次暂停发生在射前 20 分钟(美国东部标准时间 09:14),持续了 32 分钟。自动定序的进展令人满意,地面支持设备与火箭的兼容性也得到了验证。由于这是首次尝试发射这种复杂的火箭,工程师们估计完成正常飞行的可能仅有 30%。发射后,地面支持设备的情况比人们预想的要好。

SA-1 准备事件	日　　期
S-V级实体模型由驳船运抵卡纳维拉尔角	1961 年 05 月 01 日
S-I级实体、S-IV级实体模型及有效载荷由驳船运抵	1961 年 08 月 15 日
S-I在 34 号发射工位的发射座上起竖	1961 年 08 月 20 日
各级火箭的实体模型及有效载荷起竖到运载火箭(S-I级)上	1961 年 08 月 23 日
勤务结构移开以进行射频测试	1961 年 09 月 15 日
燃料测试完成	1961 年 09 月 17 日
液氧加注测试完成	1961 年 10 月 04 日
末次整体测试完成	1961 年 10 月 10 日
发动机万向架检查完成	1961 年 10 月 13 日

SA-1 准备事件	日　　期
模拟飞行测试完成	1961 年 10 月 16 日
重复模拟飞行测试	1961 年 10 月 23 日
RP-1 燃料加注	1961 年 10 月 26 日
射前 10 小时倒计时开始	1961 年 10 月 26 日
发射	1961 年 10 月 27 日

　　点火时序按照 100 毫秒的间隔成对地点燃 H-1 发动机,一旦确认所有发动机运行平稳,周围的牵制臂会脱开。垂直上升 17.89 秒后,火箭开始俯仰转弯从而飞越大西洋。火箭将在 T+49 秒、海拔 3.6 海里的高度达到马赫数为 1 的速度。并在 T+61 秒、海拔 5.9 海里的高度达到 5.28 磅/平方英尺的最大动压。俯仰转弯在 T+110.49 秒结束。中央 4 台发动机在 T+110.1 秒关机,137 英尺/秒^2 的最大加速度出现在 T+110.25 秒;外围 4 台发动机根据燃料耗尽传感器的判断在 T+116.08 秒关机,比预计提早了 1.6 秒。这次试验中,火箭仅仅使用了 83% 的能力,比早先确认的容量少加注了 880 磅燃料。火箭飞行到 T+116.3 秒时达到 5 297 英尺/秒的最大地球固连坐标系速度。飞行中没有尝试进行级间分离。整个火箭划出一条弧线,其峰值高度为 74 海里,对应射程为 90 海里,对应时刻为 T+250 秒。遥测信号在 T+409 秒消失,估计是气动应力导致 S-I 级与 S-Ⅳ 级之间的适配器结构在这一时刻解体,而遥测系统正好安装在这个部位。此刻,火箭已经飞行了 180 海里,并开始从 10.6 海里的高度下降。

　　与早期的火箭相比,S-I 级安装了更多的测量装置,其目的在于详细记录火箭的性能,一旦火箭失利,可以准确判断其失败的原因。尽管这枚火箭没有主动制导,后期飞行试验中还是增加了相关硬件以进行操控。

　　飞行中没有发生可被视为严重系统失败或设计缺陷的重大故障与偏差,而且完成了全部试验目标。试验证明,发动机的推力略微超过了预期,且由于加速度更大,弹道高于预估值。贮箱内推进剂的晃动引发了动力飞行段后期的滚动振荡,好在控制系统通过转动外围发动机能够解决这一问题。本次任务的目标包括:

　　1. 对由 8 台具有 16.5 万磅推力的 H-1 液氧煤油发动机并联的火箭进行飞行试验。成功。

　　2. 对采用并联式推进剂贮箱结构的 S-I 级进行飞行试验。成功。

3. 对 S-I 级的控制系统进行飞行试验。成功。

4. 对发射平台上的 4 个支撑臂和 4 个牵制臂进行飞行试验。成功。

5. 系统飞行试验：

（a）弯曲与抖动。成功。

（b）晃动。成功。

（c）底部加热。成功。

（d）发动机气动扭矩。成功。

（e）箭体气动加热。成功。

SA-1 任务事件	飞行地面时间 （时：分：秒）	日期 （格林尼治时间）	时间 （时：分：秒）
运载火箭切换至内部电源	−000：00：35	1961 年 10 月 27 日	15：05：29
点火指令	−000：00：03.03	1961 年 10 月 27 日	15：06：00
发射时间	000：00：00.00	1961 年 10 月 27 日	15：06：04
推力准许	000：00：00.23	1961 年 10 月 27 日	15：06：04
发射准许	000：00：00.59	1961 年 10 月 27 日	15：06：04
第一次动作	000：00：00.75	1961 年 10 月 27 日	15：06：04
起飞信号（启动程序装置）	000：00：00.89	1961 年 10 月 27 日	15：06：04
（俯仰）倾斜机动开始	000：00：17.89	1961 年 10 月 27 日	15：06：21
达到马赫数为 1	000：00：49.00	1961 年 10 月 27 日	15：06：53
最大动压	000：01：01.00	1961 年 10 月 27 日	15：07：05
倾斜机动结束	000：01：40.19	1961 年 10 月 27 日	15：07：44
S-I 级中心发动机关机	000：01：50.10	1961 年 10 月 27 日	15：07：54
最大加速度	000：01：50.25	1961 年 10 月 27 日	15：07：54
S-I 级外围发动机关机	000：01：56.08	1961 年 10 月 27 日	15：08：00
最大地球固连坐标系速度	000：01：56.3	1961 年 10 月 27 日	15：08：00
二次推力衰减结束	000：01：59.00	1961 年 10 月 27 日	15：08：03
达到顶点	000：04：09.24	1961 年 10 月 27 日	15：10：13
遥测信号消失	000：06：49.35	1961 年 10 月 27 日	15：12：53

完成第一阶段

SA-2 于 1962 年 4 月 25 日、SA-3 于 1962 年 11 月 16 日分别完成了无主动制导条件下的弹道飞行，但在 S-I 级关机后火箭引爆了爆炸装药来模拟第二级的灾难性故障；同时作为"高水项目"的内容，对压舱水在上层大气中弥散的方式进行了研究。在 SA-3 试验中,4 个固体燃料反推火箭被安装到 S-Ⅰ级与 S-Ⅳ级的级间适配器上,并且在 S-Ⅰ级关机后进行了 12 秒的点火测试,从而验证其未来应用的资格。在 1963 年 3 月 28 日的 SA-4 试验中,一个箭载发动机(5 号)通过定时器在 T+100.62 秒关机,以验证单台发动机的失效不会引发导致其他发动机中断工作的不稳定性。这时,已经证实主动制导系统的稳定平台具有构建空间固连坐标系的能力,借此可以精确计算火箭的姿态与弹道。

第二阶段试验

1964 年 1 月 29 日,SA-5 采用第二批次 S-Ⅰ级,升级后的发动机可以输出 1.5×10^6 磅推力;为满足发动机升级后对推进剂的额外需求,贮箱作了延长,而且加大了尾翼以获得更大的稳定性。S-Ⅳ级由 6 台并联的 RL-10 氢燃料发动机提供动力,采用主动制导,并且安装了一台摄像机拍摄级间分离过程,然后将摄像机弹射出去并在海上进行回收。这次运载火箭加上了整流罩。SA-5 也标志着土星Ⅰ的操作转到了 37 号发射工位的 B 发射台[①]上。与之前进行的飞行试验相比,S-Ⅰ级在垂直上升 8 秒后开始进行 3.5 度/秒的滚动,从而在俯仰机动开始前使制导系统对准北偏东 105 度的飞行方位。级间分离毫无意外地顺利执行。为起到"调节"作用,氢燃料已经由 RL-10 发动机排出。在 S-ⅠB 级关机时,将会与 S-Ⅳ级分离,并采用反推火箭对其进行制动;通过点燃第二级上的几个小火箭,在发动机点火前让推进剂沉底。氧化剂耗尽触发 S-Ⅳ级关机,其地球固连坐标系速度比理论值高 88.6 英尺/秒,飞行高度超出 3.3 海里,地表射程超出 10 海里。由于推力矢量不准造成了 11.5 海里的横向偏差。但近地点为 141.6 海里、远地点为 424.3 海里的轨道是可以接受的。这次任务的目标是:

1. 运载火箭进行推进、结构和控制系统飞行试验。成功。

2. S-Ⅳ级首次真实试验。成功。

3. 仪器单元首次飞行试验。成功。

4. S-Ⅰ/S-Ⅳ级进行"单平面"分离。成功。

5. 回收摄像机。成功。

6. 利用 S-Ⅰ级尾翼进行飞行控制。成功。

7. 在 S-Ⅳ级点火前,排放氢气使 RL-10 发动机"冷却"。成功。

---

① 37 号发射工位的 37A 发射台始终没有建造。

8. 由计时器触发分离。成功。

9. 将 3 万 8 千磅送入轨道。成功。

SA-5 任务事件	飞行地面时间 （时：分：秒）	日期 （格林尼治时间）	时间 （时：分：秒）
点火指令	−000：00：02.99	1964 年 01 月 29 日	16：24：58
发射时间	000：00：00.00	1964 年 01 月 29 日	16：25：01
第一次动作	000：00：00.31	1964 年 01 月 29 日	16：25：01
起飞信号（启动程序装置）	000：00：00.41	1964 年 01 月 29 日	16：25：01
滚动机动开始	000：00：08.78	1964 年 01 月 29 日	16：25：09
滚动机动结束	000：00：13.05	1964 年 01 月 29 日	16：25：14
（俯仰）倾斜机动开始	000：00：15.71	1964 年 01 月 29 日	16：25：16
S-Ⅳ级液氢预启动（经 RL-10 发动机排出），并启动各台摄像机	000：01：47.66	1964 年 01 月 29 日	16：26：48
倾斜机动结束	000：02：13.31	1964 年 01 月 29 日	16：27：14
S-Ⅳ级液氧预启动（吹氧口开启）	000：02：19.75	1964 年 01 月 29 日	16：27：20
S-Ⅰ级中心发动机关机	000：02：20.75	1964 年 01 月 29 日	16：27：21
S-Ⅰ级外围发动机关机	000：02：26.73	1964 年 01 月 29 日	16：27：27
S-Ⅳ级正推火箭点火	000：02：27.02	1964 年 01 月 29 日	16：27：28
S-Ⅰ/S-Ⅳ级"单平面"分离	000：02：27.14	1964 年 01 月 29 日	16：27：28
S-Ⅰ级反推火箭点火	000：02：27.16	1964 年 01 月 29 日	16：27：28
S-Ⅳ级点火	000：02：28.84	1964 年 01 月 29 日	16：27：29
抛正推火箭壳体	000：02：47.14	1964 年 01 月 29 日	16：27：48
S-Ⅳ级关机	000：10：30.97	1964 年 01 月 29 日	16：35：31
进入轨道	000：10：39.97	1964 年 01 月 29 日	16：35：40

　　SA-6 任务于 1964 年 5 月 28 日执行,土星 I 运载火箭第一次搭载着阿波罗指令勤务舱的样机（"试验样机"）发射升空,评估运载火箭与飞船之间的结构兼容性。CSM-013(BP-13) 的指令舱配备了乘员舱、侧舱门、前端进出通道、前舱罩、尾部隔热层、通信系统与仪器仪表,以及负责将内部温度保持在适合电子设备正常工作范围的环境控制系统。勤务舱配备了喷气控制系统象限仪座的实体模型,通过一个圆柱形适配器与 S-Ⅳ级的设备单元相连。作为验证飞船与运载火箭兼容性的首次试验飞行,这次任务被赋予了"A-101"的任务代号。

　　尽管由于涡轮泵中有个齿轮的轮齿脱落,造成箭体中一发动机在 T＋116.8 秒时提前关机,但控制系统还是通过将 S-Ⅰ级助推段延长 2.7 秒进行了补救。级间分离 10 秒后,飞船抛掉了发射逃逸系统。这一次,允许制导系统控制 S-Ⅳ 级的关机动作。8 号发动机提前关机时火箭总速度比理论值低 36.5 英尺/秒,S-Ⅰ 级关机时速度比理论值低 328 英尺/秒;但 S-Ⅳ 级能够弥补,在 S-Ⅳ 级关机时,速度比理论值高出 10.2 英尺/秒,只是高度低了 1.3 海里,射程短了 22.5 海里。近地点为 98.4 海里、远地点为 123 海里的轨道受大气阻力衰减,其有效载荷于 6 月 2 日从西太平洋上空再入返回。

SA-6 任务事件	飞行地面时间 (时:分:秒)	日期 (格林尼治时间)	时间 (时:分:秒)
点火指令	−000:00:02.95	1964 年 05 月 28 日	17:00:57
发射时间	000:00:00.00	1964 年 05 月 28 日	17:01:00
第一次动作	000:00:00.17	1964 年 05 月 28 日	17:01:00
起飞信号(启动程序装置)	000:00:00.40	1964 年 05 月 28 日	17:01:00
制导计算机释放	000:00:00.43	1964 年 05 月 28 日	17:01:00
滚动机动开始	000:00:08.40	1964 年 05 月 28 日	17:01:08
滚动机动结束	000:00:12.70	1964 年 05 月 28 日	17:01:12
(俯仰)倾斜机动开始	000:00:15.55	1964 年 05 月 28 日	17:01:15
S-Ⅳ 级液氢预启动(经 RL-10 发动机排出),并启动各台摄像机	000:01:47.01	1964 年 05 月 28 日	17:02:47
8 号发动机提前关机	000:01:57.28	1964 年 05 月 28 日	17:02:57
倾斜终止	000:02:14.55	1964 年 05 月 28 日	17:03:14
S-Ⅳ 级液氧预启动(吹氧口开启)	000:02:21.21	1964 年 05 月 28 日	17:03:21
S-Ⅰ 级中心发动机关机	000:02:23.23	1964 年 05 月 28 日	17:03:23
S-Ⅰ 级外围发动机关机	000:02:29.23	1964 年 05 月 28 日	17:03:29
S-Ⅳ 级正推火箭点火	000:02:29.50	1964 年 05 月 28 日	17:03:29
S-Ⅰ/S-Ⅳ 级"单平面"分离	000:02:29.62	1964 年 05 月 28 日	17:03:29
S-Ⅰ 级反推火箭点火	000:02:29.68	1964 年 05 月 28 日	17:03:29
S-Ⅳ 级点火	000:02:31.31	1964 年 05 月 28 日	17:03:31
抛正推火箭壳体	000:02:41.62	1964 年 05 月 28 日	17:03:41
抛发射逃逸塔	000:02:41.62	1964 年 05 月 28 日	17:03:41
启动 S-Ⅳ 级制导指令	000:02:48.23	1964 年 05 月 28 日	17:03:48
结束 S-Ⅳ 级制导修正	000:10:22.13	1964 年 05 月 28 日	17:11:22
S-Ⅳ 级按照制导指令关机	000:10:24.86	1964 年 05 月 28 日	17:11:24
进入轨道	000:10:34.86	1964 年 05 月 28 日	17:11:34
轨道衰减再入	—	1964 年 06 月 02 日	—

SA-7 任务于 1964 年 9 月 18 日执行,重复了代号为 A-102 的阿波罗试验样机任务。不同之处是放弃了发射逃逸系统,转而采用点燃逃逸和俯仰发动机的方式来验证这种可选方案。这次,被第一级抛掉的几台摄像机比预期降落的地点要远,一场飓风破坏了它们的回收。当摄像机在七周后被海水冲上岸时,其表面已经破败不堪,但胶片依然完好无损。

考虑到可能的失败,一共研制了 10 枚运载火箭,但 7 次飞行就完成了所有目标,因此 NASA 决定在最后 3 艘阿波罗试验样机里装入真正的有效载荷。在轨道上,指令勤务舱的外壳被抛掉,将一对像风琴一样折叠起来的板子展开到 98 英尺长,暴露出整个结构。这对板子上装的探测器可以记录微陨石的撞击,用获取的数据来判断阿波罗飞船的防御措施是否充分。由于飞船上这对像翅膀一样的板子,此次任务被命名为"飞马"。

土星 I 运载火箭飞行试验	发射日期（格林尼治时间）	时间（时：分：秒）	备　　注
SA-1	1961 年 10 月 27 日	15:06:04	S-I 级沿弹道弧线飞行
SA-2	1962 年 04 月 25 日	14:00:34	S-I 级沿弹道弧线飞行
SA-3	1962 年 11 月 16 日	17:45:02	S-I 级沿弹道弧线飞行
SA-4	1963 年 03 月 28 日	20:11:55	S-I 级沿弹道弧线飞行
SA-5	1964 年 01 月 29 日	16:25:01	S-I 级与 S-IV 级进入轨道
SA-6	1964 年 05 月 28 日	17:07:00	S-I 级、S-IV 级和阿波罗飞船试验样机(BP-13)
SA-7	1964 年 09 月 18 日	16:22:43	S-I 级、S-IV 级和阿波罗飞船试验样机(BP-15)
SA-9*	1965 年 02 月 16 日	14:37	S-I 级、S-IV 级和阿波罗飞船试验样机(BP-16)——飞马 1
SA-8*	1965 年 05 月 25 日	07:35:01	S-I 级、S-IV 级和阿波罗飞船试验样机(BP-26)——飞马 2
SA-10	1965 年 07 月 30 日	13:00:00	S-I 级、S-IV 级和阿波罗飞船试验样机(BP-9)——飞马 3

＊　注：SA-8 与 SA-9 没有按照顺序飞行

结论

与预期相反,土星Ⅰ运载火箭获得了空前的 100% 成功纪录。10 次飞行所使用的 80 台一级发动机中,只有一台提前关机,而且火箭在这种情况下成功地补救了其造成的损失。尽管土星Ⅰ运载火箭的研制十分迅速并且成绩斐然,但它还是由于各种变故被取代,并最终被宣布废弃。

土星ⅠB

通过不断改进,并联的 H-1 发动机组能够提供 1.6×10^6 磅推力,S-Ⅰ级演进成 S-ⅠB级。此外,为适应比 S-Ⅳ级更加粗壮、沉重的 S-ⅣB级,星型梁被加大加强。对尾翼进行了重新设计,以适应更长、更重的火箭。通过取消或重新设计某些部件,压缩了原来保守的余量——S-Ⅰ级的经验表明是可行的——以减掉 9 吨的质量,火箭的性能得到了进一步提升。

在亨茨维尔对 SA-1 的第一级进行试验

搭载着上面级的实体模型,1961 年 10 月 27 日 SA-1 从 34 号发射台发射

第一批次最后一发土星 I 火箭是 SA-4

搭载着阿波罗飞船"试验样机",和发射逃逸系统的第二批第一次第一发土星 I 火箭是 SA-6

飞马微陨石有效载荷装在飞船"试验样机"里

A S-201

土星 IB 的首次飞行：弹道上的指令勤务舱
（1966 年 2 月 26 日）

背景

AS-201 是"载人级"土星 IB 运载火箭与阿波罗飞船一系列试验飞行的第一次任务。土星 IB 采用土星 I 火箭第一级的升级版本和新研制的 S-IVB 上面级。土星 I 火箭在 1961 年 10 月 27 日至 1965 年 7 月 30 日期间，成功进行了 10 次发射。在此之前，出于各种目的，已经发射了 10 个阿波罗飞船的"试验样机"与 1 个生产线模型（CSM-002）。本次任务的有效载荷是第一批次飞船（CSM-009），这批飞船既没有安装制导与导航系统，也没有配备 S 频段通信装置，它们用蓄电池取代燃料电池进行供电，并且携带了一个特殊的飞行控制定序器。任务计划是将飞船送入一条更高的弹道，然后飞船勤务推进系统点火，驱动飞船返回大气，测试隔热层。

1966 年 2 月 26 日星期六，格林尼治时间 16：12：01（美国东部标准时间 11：12：01）的起飞时间，AS-201 从佛罗里达州卡纳维拉尔角的 34 号发射工位点火升空，37 分钟后指令舱溅落在南大西洋。

发射准备

发射倒计时始于 1966 年 2 月 20 日星期日，美国东部标准时间 00：00，此时为射前 52 小时 30 分钟。天气原因致使发射日期推后，2 月 22 日 18：30 成为射前 13 小时。到了 2 月 23 日，天气和与航区某个测站之间海底电缆断裂使发射又推迟了 24 小时。接下来，大风、阴云密布、云底过低、阵雨和回收区域的狂浪导致发射日期从 2 月 24 日又向后推延了 24 小时。倒计时于 2 月 25 日 17：15 重启，此时为射前 780 分钟。预留的不影响发射时间的 60 分钟中断并被分成两个 30 分钟使用。第一次使用在射前 266 分钟，为了赶上液氧加注进度。第二次在发射前 90 分钟，为了完成液氢加注，这项工作由于地面支持设备中氢气调节器的问题而延误。3 次计划外的中断和计时重启导致发射时间总计延误 207 分钟。射前 30 分钟要求的一次中断是为了完成飞船准备工作,持续了 78 分钟。射前 35 秒,在加满 S-ⅠB 级气态氮贮箱时,由于一个阀门的故障,不得不在时钟走到射前 4 秒时中断。这一问题被查清后,时钟再次拨回到射前 15 分钟,然后继续倒计时。但是到了发射前 5 分 34 秒,氮气加注问题仍未解决,不得不再次中断。中断 31 分钟后,问题得到最终解决,时钟再次拨回到发射前 15 分钟。火箭最终在美国东部标准时间 11:12:01 射向晴朗的天空,能见度达到 8.65 海里。这是自 1963 年土星Ⅰ火箭发射以来首次使用 34 号发射工位。在起飞后 3 秒,振动导致变电站内的高压保险丝脱落,从而造成水熄火系统失效,火焰与无阻尼振动给发射平台及其附属设施造成了实质性损害。

上升段

点火程序以 100 毫秒的间隔成对点燃 S-ⅠB 级的 8 台 H-1 发动机。火箭的发射方位角为北偏东 100 度。起飞 11.2 秒后,火箭开始俯仰转弯,并开始进行 9.35 秒的滚动,以使其惯性制导系统对准北偏东 105 度的飞行方位角。火箭在 T+64.5 秒时达到马赫数为 1 的飞行速度,并且在 T+70.6 秒通过了最大动压。为了确保火箭级间分离时的稳定状态,俯仰机动于 T+134.39 秒结束。飞行至 T+137.0 秒时,推进剂贮箱的液面传感器被激活。在 T+141.46 秒时,4 台中心发动机关机,比原计划晚 0.89 秒。外围发动机于 T+146.94 秒由燃料耗尽传感器触发关机,也比原计划晚了 0.37 秒。空间固连坐标系速度达到 26.4 英尺/秒,比理论速度快。

接下来的任务是分离 S-ⅣB 级,这是该级的首次飞行。环绕 S-ⅣB 级后部的 3 个固体火箭发动机呈 9.5 度角持续点火 5 秒钟,让残留的液体推进剂沉在这级火箭贮箱的底部;引爆火工品完成级间分离;4 个固体火箭点火令 S-ⅠB 级减速;在"第一次动作"的 0.97 秒时间内,J-2 发动机与圆柱状级间段分离,并且接到指令点火启动。通过缓慢打开主氧化剂阀门,达到 90% 推力所用的时间超出了预期,即在发动机启动指令后的 3.6 秒,而不是 2.9 秒。正推发动机在完成任务后被抛掉。T+172.62 秒,小型固体火箭将飞船顶部的发射逃逸塔带离,数秒后已经录制完 S-ⅣB 级分离的两台安装在级间段的摄像机被抛掉。尽管摄像机上的制动降落伞没能正常展开,还是成功从大西洋上回收了一台摄像机,为分离提供了图像保障。S-ⅣB 级工作了大约 90.68 秒,比计划提前 14.22 秒时,推进剂管理系统激活了一个阀门来调节最初 5.50:1 的混合比。然而,计划的 5.21:1 并没有达到,实际的比例是 5.1:1。这导致了推力的减弱,并迫使该级将工作时间延长了 9.76 秒，以便达到预定的速度与高度值。制导系统于 T＋602.86 秒关闭了 J-2，此时的空间固连坐标系速度比理论值低 1.65 英尺/秒，高度超过正常值 0.40 海里，地表航程超出 16.76 海里，不过航程的超出是发动机延长工作时间造成的。这次发射的弹道达到亚轨道高度。

AS-201 准备事件	日　　期
北美航空公司开始组装 CSM-009	1963 年 10 月
S-IB 级由驳船运抵肯尼迪航天中心，卸船后运入空军机库	1965 年 08 月 14 日
S-IB 级被运至 34 号工位并起竖。该级曾被用作 S-IVB-F 级地面测试的基座，来验证低温推进剂加注系统	1965 年 08 月 18 日
仪器舱泄漏测试期间，由于超压引起 S-IB 级 F1 燃料贮箱的前向隔板意外反转	1965 年 09 月 10 日
S-IVB 级由驳船运抵肯尼迪航天中心，运入空军机库进行检查与修改	1965 年 09 月 19 日
S-IVB-F 级回平	1965 年 09 月 28 日
更换 S-IB 级的 F1 燃料贮箱	1965 年 09 月 29 日
S-IVB 级起竖	1965 年 10 月 01 日
仪器单元由驳船运抵肯尼迪航天中心，卸船后运入空军机库	1965 年 10 月 20 日
NASA 批准 CSM-009 用船运至肯尼迪航天中心	1965 年 10 月 20 日
S-IB 级和 RCA-110A 计算机临时操作系统程序初次供电	1965 年 10 月 21 日
仪器单元起竖	1965 年 10 月 25 日
CM-009 运抵肯尼迪航天中心	1965 年 10 月 25 日
S-IVB 级初次供电	1965 年 10 月 26 日
勤务舱运抵肯尼迪航天中心	1965 年 10 月 27 日
完成运载火箭电气对接	1965 年 11 月 10 日
主用 RCA-110A 地面计算机操作磁带送达	1965 年 11 月 12 日
开始检测制导与控制系统	1965 年 11 月 29 日
飞船起竖	1965 年 12 月 26 日
指令勤务舱/SLA 对接完成	1965 年 12 月 27 日
完成爆熔桥线测试	1965 年 12 月 31 日
完成牵制臂测试	1966 年 01 月 03 日
完成运载火箭/飞船电气对接	1966 年 01 月 18 日
完成飞行就绪检查	1966 年 01 月 21 日

AS-201 准备事件	日　　期
完成插合整体测试	1966 年 01 月 24 日
完成发射逃逸系统对接与推力矢量校准	1966 年 01 月 24 日
完成飞行器飞行电气对接	1966 年 01 月 28 日
完成脱落整体测试	1966 年 02 月 02 日
完成干飞行器倒计时验证测试（CDDT）	1966 年 02 月 08 日
完成湿飞行器倒计时验证测试	1966 年 02 月 09 日
完成飞行就绪测试	1966 年 02 月 12 日
开始加注 RP-1	1966 年 02 月 19 日
射前 52 小时 30 分钟开始发射倒计时	1966 年 02 月 20 日
开始最终倒计时	1966 年 02 月 25 日
起飞	1966 年 02 月 26 日

其间，T＋533 秒 S-IB 级已经坠落在北纬 27.30 度、西经 76.04 度的大西洋海面上，航程为 251 海里。

末助推段

飞船控制程序单元在 T＋663 秒启动。S-IVB 级于 T＋845 秒释放出指令勤务舱，同时将飞船/登月舱适配器的 4 个栅板张开 45 度，确保其可以干净利索地从勤务舱推进系统发动机的钟形罩里抽出。片刻之后，飞船启动位于勤务舱喷气控制系统"四周"的推进器 18 秒以离开。T＋1084 秒，火箭达到弹道的最高点，航程为 2 415.2 海里，高度为 226.1 海里。T＋1181 秒，推进器再次点火，目的是让残留的推进剂沉在贮箱底部。此后 30 秒，勤务舱推进系统启动并工作 184 秒。勤务舱的贮箱可以容纳 18 吨推进剂，但这次仅加注了 3.35 吨。80 秒后，推力室内的压力开始下降，原因是氧化剂贮箱在飞行前的测试中一直在注入氦气；到关机时，压力已经下降了 30%。一旦勤务舱推进系统关机，推进器会再次点火收集残留推进剂，主发动机会再次燃烧 10 秒，期间推力室压力会从 70% 降至 20%。数秒后，推进器开始以 5 度/秒的速率进行 18 秒的俯仰机动，从而实现姿态的 90 度转弯。分离后，指令舱使用自己的推进器继续进行 82.5 度的俯仰机动，然后滚动 180 度从而将其隔热层指向大气再入方向。然而，电源系统的一个故障引起操纵控制失效，导致滚动再入。丢弃的勤务舱被烧毁。S-IVB 级在 T＋1916 秒、航程为 4 677 海里时坠入南大西洋南纬 9.66 度、西经 10.08 度的海面。

AS-201 上升段事件	飞行地面时间（时：分：秒）	高度/海里	航程/海里	地球固连坐标系速度/（英尺/秒）	空间固连坐标系速度/（英尺/秒）	事件持续时间/秒	地心纬度/度（北纬）	经度/度（东经）	空间固连坐标系航迹角/度	空间固连坐标系指向角/度（北偏东）
起飞	000:00:00:37	0.0	0.0	—	—	—	—	—	—	—
达到马赫数为 1	000:01:04.5	4.24	—	—	—	—	—	—	—	—
最大动压	000:01:16.0	6.08	—	—	—	—	—	—	—	—
S-IB 级中心发动机关机	000:02:21.46	28.54	29.14	6 026.05	7 187.75	—	—	—	—	—
S-IB 级外围发动机关机	000:02:26.94	31.34	33.92	6 324.19	7 498.13	—	—	—	—	—
S-IB/S-IVB 级分离	000:02:27.76	—	—	—	—	—	—	—	—	—
S-IVB 级关机	000:10:02.86	141.08	875.96	21 439.86	22 768.63	—	—	—	—	—

回收

从亚轨道上陡峭地再入将使隔热层承受高加热速率,即在相对短的时间里升到很高的温度。然而,由于再入速度比理论值低 782 英尺/秒,而且飞行路径也窄了 0.44 度,加热速率和重力加速度均比理论值低。黑障发生在 T+1 580 秒。最大加热速率出现在 T+1 631 秒。隔热层底部温度的峰值为 2 000℃左右。在 T+1 640 秒时,重力加速度峰值达到 14.3g,低于理论值的 16.0g,但仍然远远大于载人任务时的重力加速度。T+1 695 秒黑障结束。三个制动降落伞于 T+1 840 秒展开,主降落伞随后于 T+1 906 秒打开。T+2 240 秒时,指令舱溅落在南大西洋南纬 8.18 度、西经 11.15 度的海面,比理论航程短 40 海里。指令舱采用尖头向上的漂浮姿态。回收求助信标打开,包括多个高频天线,但没有收到发射信号。由于自动切伞装置失效,降落伞不得不由蛙人切除。指令舱由拳击手号美国军舰在其溅落 2.5 小时后回收,之后交付给位于加利福尼亚州唐尼市的北美航空公司进行飞行后检测。

结论

运载火箭的表现令人满意。尽管完成了飞船所有试验目标,但再入加热速率低于理论值,而且由于电路短路导致一些飞行测量项目出错。为了留出诊断和改进勤务舱推进系统发动机缺陷的时间,AS-202 的计划进行了重新安排,排在 AS-203 之后。AS-203 是 S-ⅣB 级的一次研制飞行,不携带飞船。

任务目标

运载火箭的主要目标:

1. 验证运载火箭与飞船的结构完整性与兼容性,确定发射载荷。特别是:

(a) 验证 S-ⅠB 级动力飞行期间飞行器的结构完整性与兼容性,确定结构载荷和动力学特性。完成。

(b) 验证动力飞行和滑行期间 S-ⅣB 级的结构完整性与兼容性。完成。

2. 验证分离,包括:

(c) S-ⅣB 级与 S-ⅠB 级分离。完成。

（d）指令勤务舱与 S-ⅣB 级/仪器单元/SLA 分离。完成。

3．验证推进、制导与控制系统的操作。特别是：

（e）验证 S-ⅣB 级推进系统，包括程序混合比转换和确定系统性能参数。完成。

（f）验证 S-ⅠB 级推进系统并评估子系统性能参数。完成。

（g）验证运载火箭制导系统，实现制导关机，并评估系统精度。完成。

（h）验证运载火箭在 S-ⅠB 级动力飞行、S-ⅣB 级动力飞行、S-ⅣB 级滑行阶段的控制系统并评估性能参数。完成。

（i）验证运载火箭定序系统。完成。

4．在开环状态下评估航天器突发事件监测系统的性能。完成。

5．验证发射、任务操作和回收所需的任务保障设施。完成。

运载火箭的次要目标：

1．确认运载火箭动力飞行的外部环境。完成。

2．评估运载火箭内部环境。完成。

3．评估 S-ⅣB 级/仪器单元在飞行中的温度调节系统。完成。

4．验证 S-ⅣB 级残留推进剂排出系统是否够用。完成。

飞船的主要目标：

1．验证分离，包括：

（a）在动力飞行阶段，发射逃逸系统和火箭保护罩与飞船分离。完成。

（b）指令勤务舱与 S-ⅣB 级/仪器单元/SLA 分离。完成。

（c）指令舱与勤务舱分离。完成。

2．验证指令舱从低轨道以 28 000 英尺/秒速度再入时，其隔热层的有效性。完成。

3．验证 SPS 发动机的运行状态，包括再次启动。完成。

4．验证环境控制系统的压力与温度控制。完成。

5．验证通信。部分完成。

6．验证指令舱喷气控制系统。完成。

7．验证勤务舱喷气控制系统。完成。

8．验证飞船控制系统。完成。

9．验证着陆系统。完成。

10．验证电源系统。部分完成。

AS-201,第一发土星 ⅠB 火箭载着第一批次飞船 CSM-009 发射升空

任务时序

AS-201 任务事件	飞行地面时间 （时：分：秒）	日期 （格林尼治时间）	时间 （时：分：秒）
制导基准发布	−000：00：05.038	1966 年 02 月 26 日	16：11：55
发射时间	000：00：00.00	1966 年 02 月 26 日	16：12：01
第一次动作	000：00：00.11	1966 年 02 月 26 日	16：12：01
起飞	000：00：00.37	1966 年 02 月 26 日	16：12：01
开始倾斜（俯仰）机动	000：00：11.20	1966 年 02 月 26 日	16：12：12
开始滚动机动	000：00：11.20	1966 年 02 月 26 日	16：12：12
结束滚动机动	000：00：20.55	1966 年 02 月 26 日	16：12：21
达到马赫数为 1	000：01：04.5	1966 年 02 月 26 日	16：13：05
最大动压	000：01：16.0	1966 年 02 月 26 日	16：13：17
停止倾斜机动	000：02：14.39	1966 年 02 月 26 日	16：14：15
激活 S-IB 级推进剂液面传感器（产生关机信号）	000：02：17.00	1966 年 02 月 26 日	16：14：18
S-IB 级中心发动机关机	000：02：21.46	1966 年 02 月 26 日	16：14：22
S-IB 级外围发动机关机	000：02：26.94	1966 年 02 月 26 日	16：14：27
S-IVB 级正推火箭点火	000：02：27.52	1966 年 02 月 26 日	16：14：28
S-IB/S-IVB 级分离	000：02：27.76	1966 年 02 月 26 日	16：14：28
S-IB 级反推火箭点火	000：02：27.81	1966 年 02 月 26 日	16：14：28
S-IVB 级第一次动作	000：02：27.88	1966 年 02 月 26 日	16：14：28
J-2 分离级间段	000：02：28.89	1966 年 02 月 26 日	16：14：29
J-2 点火指令	000：02：29.35	1966 年 02 月 26 日	16：14：30
S-IB 级反推火箭推力达到 90%	000：02：29.40	1966 年 02 月 26 日	16：14：30
正推发动机关机	000：02：31.50	1966 年 02 月 26 日	16：14：32
J-2 推力达 90%	000：02：32.90	1966 年 02 月 26 日	16：14：33
抛正推火箭壳体	000：02：39.77	1966 年 02 月 26 日	16：14：40
抛发射逃逸塔	000：02：52.64	1966 年 02 月 26 日	16：14：53
弹出 S-IB 级胶片摄像机舱	000：02：54.3	1966 年 02 月 26 日	16：14：55
开启迭代制导模式	000：02：56.11	1966 年 02 月 26 日	16：14：57
启动混合比转换	000：04：00.00	1966 年 02 月 26 日	16：16：01
S-IB 级溅落	000：09：13	1966 年 02 月 26 日	16：21：14
S-IVB 级关机	000：10：02.86	1966 年 02 月 26 日	16：22：03
开启飞船控制程序	000：11：03.1	1966 年 02 月 26 日	16：23：04
S-IVB 级/指令勤务舱分离指令	000：14：03.2	1966 年 02 月 26 日	16：26：04
S-IVB 级/指令勤务舱分离完成	000：14：04.95	1966 年 02 月 26 日	16：26：05
启动勤务舱喷气控制系统第一次＋X 平移，拉开距离	000：14：06.7	1966 年 02 月 26 日	16：26：07

AS-201 任务事件	飞行地面时间（时：分：秒）	日期（格林尼治时间）	时间（时：分：秒）
完成勤务舱喷气控制系统第一次＋X 平移	000：14：24.7	1966 年 02 月 26 日	16：26：25
达到最高点	000：18：04.4	1966 年 02 月 26 日	16：30：05
为残留液沉底启动勤务舱喷气控制系统第二次＋X 平移	000：19：41.2	1966 年 02 月 26 日	16：31：42
SPS 第一次点火	000：20：11.2	1966 年 02 月 26 日	16：32：12
完成勤务舱喷气控制系统第二次＋X 平移	000：20：12.2	1966 年 02 月 26 日	16：32：13
SPS 第一次关机	000：23：15.2	1966 年 02 月 26 日	16：35：16
启动勤务舱喷气控制系统第三次＋X 平移	000：23：15.7	1966 年 02 月 26 日	16：35：16
SPS 第二次点火	000：23：30.7	1966 年 02 月 26 日	16：35：31
完成勤务舱喷气控制系统第三次＋X 平移	000：23：40.7	1966 年 02 月 26 日	16：35：41
SPS 第二次关机	000：23：40.7	1966 年 02 月 26 日	16：35：41
勤务舱喷气控制系统开始 5 度/秒的俯仰机动	000：23：44.1	1966 年 02 月 26 日	16：35：45
终止俯仰机动（在 90 度转弯后）	000：24：02.0	1966 年 02 月 26 日	16：36：03
勤务舱/指令舱分离	000：24：15.0	1966 年 02 月 26 日	16：36：16
指令舱开始 5 度/秒的俯仰机动	000：24：22.6	1966 年 02 月 26 日	16：36：23
终止俯仰机动（旋转 82.5 度后）	000：24：39.1	1966 年 02 月 26 日	16：36：40
指令舱开始 5 度/秒的滚动	000：24：39.1	1966 年 02 月 26 日	16：36：40
终止滚动（在滚动 180 度后）	000：25：15.1	1966 年 02 月 26 日	16：37：16
入黑障	000：26：20	1966 年 02 月 26 日	16：38：21
达到最大再入加热速率	000：27：11	1966 年 02 月 26 日	16：39：12
达到最大重力加速度	000：27：20	1966 年 02 月 26 日	16：39：21
出黑障	000：28：15	1966 年 02 月 26 日	16：40：16
制动降落伞打开	000：30：53.9	1966 年 02 月 26 日	16：42：54
主降落伞打开	000：31：45.7	1966 年 02 月 26 日	16：43：46
S-ⅣB 级落地	000：31：56	1966 年 02 月 26 日	16：43：57
溅落	000：37：19.7	1966 年 02 月 26 日	16：49：20

土星 ⅠB 的第二次飞行：评估 S-ⅣB 级
（1966 年 7 月 5 日）

背景

尽管按计划 AS-203 是土星 ⅠB 运载火箭系列飞行试验的第三次，但是当第二次任务延误后，NASA 选择调整顺序先进行 AS-203 任务。目的是评估轨道飞行中仪器单元的性能，评估 S-ⅣB 级姿态控制与持续通风系统，验证 S-ⅣB 级模拟再次点火时的冷却系统，确定推进剂贮箱的热传递特性。由于这次任务不包括阿波罗飞船，因此仪器单元上仅加了一个符合空气动力学要求的整流罩。整流罩内部将进行亚临界低温氮试验。在轨道上，数台电视摄影机将拍摄液氢燃料在近似土星Ⅴ火箭飞行条件下的状态，届时 S-ⅣB 级将作为土星Ⅴ火箭的第三级。

AS-203 于 1966 年 7 月 5 日星期二，格林尼治时间 14：53：17（美国东部夏令时间 10：53：17）的发射时间，从佛罗里达州卡纳维拉尔角 37 号发射工位的 B 发射台点火升空。

发射准备

由于发射准备工作已经由 7 月 4 日一早结束的倒计时验证测试完成，因此决定选择美国东部夏令时间 21：30 开始计时，即射前 11 小时 30 分钟。直到 7 月 5 日 08：45 以前都非常顺利。在射前 15 分钟时，为了完成一些必须在此刻完成的工作，请求了一次中断，并检查了拍摄液氢试验的 2 号电视摄像机的传输故障。经过 12 分 40 秒的延误后，计时重启；但在射前 5 分钟时，为进一步检查摄像机问题再次中断。到决定仅用 1 号摄像机拍摄试验时，已经延误了 88 分钟 37 秒，时钟拨回到射前 15 分钟。射前 3 分钟，为确认百慕大测控站雷达的状态中断了 2 分钟。火箭最终于 10：53：17 发射，比计划晚了大约 113 分钟 17 秒。当时的能见度达到 8.6 海里，微风，风向西北偏西，有少量云。

AS-203 准备事件	日　　期
S-ⅠB 级由驳船运抵肯尼迪航天中心,卸船后送入空军机库	1966 年 04 月 12 日
S-ⅠB 级在 37B 发射工位起竖	1966 年 04 月 18 日
S-ⅠB 级尾翼安装完毕	1966 年 04 月 19 日
S-ⅣB 级起竖	1966 年 04 月 21 日
仪器单元起竖	1966 年 04 月 21 日
整流罩起竖	1966 年 04 月 21 日
飞行器机械与推进检查开始	1966 年 04 月 22 日
运载火箭电气对接完成	1966 年 04 月 23 日
S-ⅠB 级初次供电	1966 年 04 月 25 日
仪器单元初次供电	1966 年 04 月 28 日
S-ⅣB 级初次供电	1966 年 04 月 28 日
运载火箭开关选择器功能测试	1966 年 05 月 02 日
推进剂消散测试完成	1966 年 05 月 25 日
运载火箭全压力测试完成	1966 年 05 月 26 日
运载火箭液氧模拟与故障测试完成	1966 年 06 月 03 日
RP-1 模拟与故障测试完成	1966 年 06 月 06 日
液氧与液氢加注测试完成	1966 年 06 月 07 日
运载火箭飞行定序器爆熔桥线测试完成	1966 年 06 月 09 日
运载火箭定序器故障测试完成	1966 年 06 月 09 日
运载火箭插合整体测试♯1 完成	1966 年 06 月 11 日
运载火箭插合整体测试♯2 完成	1966 年 06 月 13 日
运载火箭脱落整体测试完成	1966 年 06 月 20 日
运载火箭飞行时序测试完成	1966 年 06 月 22 日
飞行就绪测试完成	1966 年 06 月 27 日
RP-1 加注开始	1966 年 06 月 28 日
S-ⅣB 级辅助推进系统加注与点火完成	1966 年 06 月 29 日
倒计时验证测试完成	1966 年 07 月 01 日
发射倒计时于 T—11 小时 30 分钟开始	1966 年 07 月 04 日

上升段

　　飞行器从发射台以北偏东 90 度的方位角发射升空,在 T+12.2 秒开始倾斜,并且启动了 18 秒的滚动以使其惯性制导系统对准北偏东 72 度的飞行方位角。飞行器在 T+51.64 秒时速度达到马赫数为 1,并在 T+70.0

秒经历了最大动压。倾斜机动于 T＋133.9 秒结束，以保证火箭级间分离时的状态稳定。T＋136.3 秒，燃料贮箱里的液面传感器工作。中心发动机关机比预计的时间提前了 1.20 秒，3.44 秒后燃料损耗传感器关闭了外围发动机。飞行高度比理论值高 1.20 海里，空间固连坐标系速度高出 76 英尺/秒。两台拍摄 S-IVB 级分离的摄像机弹射成功，但只找到了其中一台。S-IVB 级的推进剂管理系统以开环模式工作，在整个燃烧期间平均混合比保持在 4.95:1。确定火箭已经达到理想的速度与高度后，制导系统在 T＋433.35 秒发出关机信号，比预计时间早了 2.90 秒。空间固连坐标系速度比理论值低 2.0 英尺/秒，飞行高度高出 0.065 海里，地表航程短了 3.75 海里。不过考虑到这是 S-IVB 级第一次将自身送入轨道，上述指标已经相当令人满意了。其抵达轨道的国际命名是"1966-059A"[①]。

在 T＋271.5 秒达到峰值高度 72.4 海里后，S-IB 级于 T＋584 秒落入大西洋，航程为 437 海里，坐标为北纬 30.46 度、西经 72.52 度。

地球轨道段

入轨期间，液氢由贮箱的挡板与导流板及排出液氧时产生的残留液联合控制。在这一关键时刻成功保持液体沉底，可确保在滑行段连续输送液氢。通过模拟 J-2 再次启动，检验了燃料循环冷却、燃料防旋流网、液氧循环冷却和贮瓶。轨道上液氢压力的上升比预期的高，通过这一事实获得了 S-IVB 级贮箱的热传递特性数据，这将有助于土星 V 任务的规划。遍布全球的地面站用雷达跟踪监视着持续推力引起的轨道参数的变化。

亚临界低温氮试验证明了利用这种系统在无重力环境下存储和转运低温燃料的可行性。该系统可以全程保持压力控制，并且流量的持续减少表明蒸汽从混合物中均匀输出。第一圈对液氢贮箱进行了电视摄像，接着模拟了发动机再次点火。6.3 小时后，在第五圈一开始的时候，飞行器在加勒比海上空再入大气层。

---

① 《地球卫星 RAE（距离、方位、俯仰）表 1957—1986》，vii 和 viii 页。太空研究国际委员会（COSPAR）基于发射年份（前四位数字）和在那一年截止任务时的成功发射次数（后三位数字）给轨道目标命名。不包括亚轨道目标。在这个命名体系中，字母 A 通常代表装有仪器的航天器，B 代表火箭，还有 C，D，E 等等。此次，因为 S-IVB 级是主要目标，所以划入 A 类。

AS-203 上升段事件	飞行地面时间（时：分：秒）	高度/海里	航程/海里	地球固连坐标系速度/（英尺/秒）	空间固连坐标系速度/（英尺/秒）	事件持续时间/秒	地心纬度/度（北纬）	经度/度（东经）	空间固连坐标系航迹角/度	空间固连坐标系指向角/度（北偏东）
起飞	000:00:00.86	0.0	0.0	—	—	—	—	—	—	—
达到马赫数为 1	000:00:51.64	3.60	—	—	—	—	—	—	—	—
最大动压	000:01:10.00	7.12	—	—	—	—	—	—	—	—
S-IB级中心发动机关机	000:02:19.24	33.66	46.18	8 595.9	9 797.7	—	—	—	—	—
S-IB级外围发动机关机	000:02:22.68	35.64	50.69	8 901.9	10 109.9	—	—	—	—	—
S-IB/S-IVB级分离	000:02:23.44	36.08	51.70	10 122.7	—	—	—	—	—	—
S-IVB级关机	000:07:13.35	103.14	721.85	24 202.1	25 539.7	—	—	—	20.18	—
进入地球轨道	000:07:23.348	—	—	25 569.9	—	—	—	—	—	—

AS-203 S-ⅣB 级 轨道演变	空间固连坐标 系速度/（英尺/秒）	远地点/ 海里	近地点/ 海里	轨道周期/ 分钟	倾角/ 度
第一圈开始	25 570	102.2	100.1	88.21	31.982 4
第二圈开始	25 564	108.2	104.2	88.40	31.982 7
第三圈开始	25 557	112.8	106.2	88.56	31.976 1
第四圈开始	25 550	117.1	109.3	88.70	31.986 3

结论

尽管发射前两台电视摄像机中的一台出现故障，但对液氢试验的观察证实了在滑行飞行段持续充气可以提供充足的气垫，从而保证氢燃料沉在贮箱底部，这正是负责月球任务的土星 V 火箭所需要的。模拟再次启动验证了 J-2 发动机的冷却和循环系统。因此 AS-203 是 S-ⅣB 级的一次成功试验。

任务目标

运载火箭的主要目标：

1. 在滑行段评估 S-ⅣB 级液氢连续输送系统。完成。

2. 为模拟发动机再次启动评估 J-2 发动机液氢冷却与循环系统。完成。

3. 在接近无重力环境下确定低温液体/蒸汽的界面和氢推进剂的流体动力学特性。完成。

4. 确定通过贮箱壁传递给液氢的热量，获取构建推进剂热动力学模型所需要的数据。完成。

5. 评估轨道飞行状态下 S-ⅣB 级和仪器单元的检验。完成。

6. 验证 S-ⅣB 级辅助推进系统操作并评估性能参数。完成。

7. 验证 S-ⅣB 级/仪器单元热控系统的充分性。完成。

8. 验证运载火箭制导系统运行状态，验证其可以精确关闭发动机从而确保将有效载荷送入轨道的能力。完成。

9. 验证运载火箭的结构完整性与动力学特性。完成。

10. 验证发射与任务实施所需的任务支持设施与操作。完成。

运载火箭的次要目标：

1. 评估运载火箭动力飞行的外部环境。完成。

2. 验证运载火箭定序系统运行状态。完成。

不携带飞船发射升空，AS-203 是为了在轨道上试验 S-ⅣB 级

3. 在开环状态下评估运载火箭应急检测系统的性能。完成。

4. 评估 S-ⅣB 级/仪器单元/整流罩与 S-ⅠB 级的分离。完成。

5. 验证运载火箭推进系统运行状态并评估系统性能参数。完成。

6. 为载人飞船中心评估亚临界低温氢实验。完成。

任务时序

AS-203 任务事件	飞行地面时间 （时：分：秒）	日期 （格林尼治时间）	时间 （时：分：秒）
制导基准发布	−000:00:04.4	1966 年 07 月 05 日	14:53:12
启动点火时序	−000:00:02.487	1966 年 07 月 05 日	14:53:14
发射时间	000:00:00.00	1966 年 07 月 05 日	14:53:17
第一次动作	000:00:00.63	1966 年 07 月 05 日	14:53:17
起飞	000:00:00.86	1966 年 07 月 05 日	14:53:17
开始倾斜（俯仰）机动	000:00:12.2	1966 年 07 月 05 日	14:53:29
开始滚动机动	000:00:12.2	1966 年 07 月 05 日	14:53:29
结束滚动机动	000:00:30.1	1966 年 07 月 05 日	14:53:47
达到马赫数为 1	000:00:51.64	1966 年 07 月 05 日	14:54:08
最大动压	000:01:10.00	1966 年 07 月 05 日	14:54:27
终止倾斜机动	000:02:13.9	1966 年 07 月 05 日	14:55:30
激活推进剂液面传感器	000:02:16.27	1966 年 07 月 05 日	14:55:33
级间段胶片摄像机开机	000:02:18.63	1966 年 07 月 05 日	14:55:35
S-ⅠB 级中心发动机关机	000:02:19.24	1966 年 07 月 05 日	14:55:36
S-ⅠB 级液氧耗尽关机信号	000:02:20.74	1966 年 07 月 05 日	14:55:37
S-ⅠB 级燃料耗尽关机信号	000:02:21.73	1966 年 07 月 05 日	14:55:38
S-ⅠB 级外围发动机关机	000:02:22.68	1966 年 07 月 05 日	14:55:39
S-ⅣB 级正推发动机点火	000:02:23.23	1966 年 07 月 05 日	14:55:40
S-ⅠB/S-ⅣB 级分离	000:02:23.44	1966 年 07 月 05 日	14:55:40
S-ⅠB 级反推火箭发动机点火	000:02:23.53	1966 年 07 月 05 日	14:55:40
第一次动作	000:02:23.55	1966 年 07 月 05 日	14:55:40
S-ⅠB 级反推火箭发动机达到 90% 推力	000:02:23.59	1966 年 07 月 05 日	14:55:40
J-2 分离级间段	000:02:24.48	1966 年 07 月 05 日	14:55:41
J-2 点火指令	000:02:24.89	1966 年 07 月 05 日	14:55:41
正推发动机关机	000:02:27	1966 年 07 月 05 日	14:55:44
J-2 推力达 90%	000:02:28.21	1966 年 07 月 05 日	14:55:45
抛正推发动机壳体	000:02:25.43	1966 年 07 月 05 日	14:55:42
开启迭代制导模式	000:02:38.49	1966 年 07 月 05 日	14:55:55
弹出 S-ⅠB 级胶片摄像机	000:02:48	1966 年 07 月 05 日	14:56:05

AS-203 任务事件	飞行地面时间 （时：分：秒）	日期 （格林尼治时间）	时间 （时：分：秒）
S-IB 级轨道最高点	000:04:31.5	1966 年 07 月 05 日	14:57:48
S-IVB 级关机	000:07:13.35	1966 年 07 月 05 日	15:00:30
启动 S-IVB 级滑行	000:07:13.43	1966 年 07 月 05 日	15:00:30
入轨	000:07:23.348	1966 年 07 月 05 日	15:00:40
低重力加速度实验开始	000:08:34.71	1966 年 07 月 05 日	15:01:51
S-IB 级落地	000:09:44.0	1966 年 07 月 05 日	15:03:01
S-IVB 级再入	006:21	1966 年 07 月 05 日	21:14

土星ⅠB 的第三次飞行：　测试指令舱隔热层
（1966 年 8 月 25 日）

背景

　　AS-202 是"载人级"土星ⅠB 运载火箭与阿波罗飞船系列飞行试验的第三次。其有效载荷(CSM-011)是拟用于首次载人任务的全功能第一批次飞船,但去掉了座椅、乘员装备和舱体着陆后的通风装置,加装了飞行控制定序器(与 AS-201 使用的不同)、3 个辅助电池、4 台摄像机及多种飞行资质测量设备。勤务舱加注了 10.56 吨推进剂,足以将飞船送入一条能够在太平洋上溅落的高弹道。本次飞行的主要目的是在闭环模式下验证应急检测系统,验证飞船分系统,并且以高的热负荷测试再入时的隔热层。

　　按照计划,AS-202 本该是第二次试验飞行,但由于飞船方面的延误致使其落到了 AS-203 任务的后面。飞行器于 1966 年 8 月 25 日星期四,格林尼治时间 17：15：32(美国东部夏令时间 13：15：32)的发射时间,从佛罗里达州卡纳维拉尔角 34 号发射工位发射升空。

发射准备

　　选择美国东部夏令时间 8 月 24 日 23：30 作为倒计时开始时刻(射前 12 小时),在射前 4 小时和射前 30 分钟安排了 2 次 30 分钟的中断,瞄准的计划发射时间是第二天下午的 12：30。然而,原计划在射前 11 小时 30 分钟进行的应急检测系统测试被推迟了 1 小时,由于 RCA-110A 地面计算机与飞船的连接出现问题,最终只好选择在没有正常数据接口的情况下进行。8 月 25 日 02：25,射前 9 小时 5 分钟时启动了 1 小时中断,原因是这台计算机与运载火箭仪器单元里的数字计算机通信出现了问题。在确定了问题出在 RCA-110A 计算机程序上后,计时于 03：25 重启。可是射前 8 小时 24.5 分钟再次出现问题,导致计时又中断了 40 分钟。随后飓风"菲丝"的逼近,导致位于安提瓜岛上的测控站不得不关闭。为了重建原计划 12：30 的发射时间,在 06:25 时时钟被提前到射前 6 小时 5 分钟。这是通过取消射前 3 小时安排的最终应急检测系统测试,以及让飞船收尾工作与运载火箭加注前操作同步进行做到的。12:10,即射前 20 分钟时,为了解决部署在大西洋的"玫瑰花结胜利者"号通信船计算机更新问题,计时再次中断。直到 12:51 计时才重启,但到射前 3 分钟时,S-IVB 级辅助推进系统显示失去供电,不过这一问题在 4 分钟后就解决了。发射计时于 13:12 重启,到 13:15:32 火箭点火起飞。总的来看,尽管总共出现了 145 分钟的计划外中断,但其中 60 分钟已经计入倒计时,另外 40 分钟通过调快计时流程抢了回来,因此实际上比计划起飞时刻只延误了 45 分钟。发射时温度、湿度适中,地面有弱西南风,尽管能见度大约为 8.6 海里且高空有碎云,但仍能看到积云和阵雨。受飓风"菲丝"的影响,安提瓜站在发射后关闭了 45 分钟。

AS-202 准备事件	日　　期
S-IB 级由驳船运抵肯尼迪航天中心,卸船后送入空军机库	1966 年 02 月 07 日
S-IB 级在 34 号发射工位起竖	1966 年 03 月 04 日
推进检查开始	1966 年 03 月 07 日
S-IVB 级起竖并对接	1966 年 03 月 10 日
仪器单元起竖并对接	1966 年 03 月 11 日
运载火箭加电测试	1966 年 03 月 17 日
运载火箭电气对接测试	1966 年 03 月 21 日
运载火箭选择器功能测试	1966 年 03 月 24 日
运载火箭加电测试	1966 年 03 月 25 日
运载火箭推进剂消散测试	1966 年 04 月 18 日
推进检查结束	1966 年 04 月 19 日
运载火箭飞行程序和爆熔桥线测试	1966 年 04 月 23 日
运载火箭程序故障测试	1966 年 04 月 27 日
运载火箭插合整体测试♯1	1966 年 04 月 29 日
S-IB 级 22％液氧加注测试	1966 年 04 月 30 日
CSM-011 起竖并对接	1966 年 07 月 02 日
运载火箭应急检测系统测试	1966 年 07 月 13 日
运载火箭程序故障测试	1966 年 07 月 14 日
运载火箭插合整体测试♯2	1966 年 07 月 15 日
飞行器电气对接测试	1966 年 07 月 21 日
飞行器应急检测系统测试	1966 年 07 月 21 日
飞行器插合整体测试	1966 年 07 月 23 日
飞行器脱落整体测试	1966 年 07 月 28 日
运载火箭倒计时验证测试完成	1966 年 08 月 08 日

AS-202 准备事件	日　　期
飞行器各系统飞行准备就绪测试	1966 年 08 月 16 日
S-IB 级 RP-1 加注	1966 年 08 月 18 日
S-IVB 级辅助推进系统推进剂加注	1966 年 08 月 21 日
发射倒计时于射前 12 小时开始	1966 年 08 月 24 日
起飞	1966 年 08 月 25 日

上升段

飞行器从发射台以北偏东 100 度的方位角发射升空，T+10.3 秒开始 6 秒滚动，从而将其惯性制导系统对准北偏东 105 度的飞行方位角。T+10.7 秒开始俯仰机动。飞行器发射对发射台的损坏没有预期的严重。T+63.7 秒飞行速度达到马赫数为 1，T+79.5 秒通过最大动压。T+136.52 秒燃料贮箱液面传感器启动。为使飞行器稳定下来为级间分离做好准备，俯仰机动于 T+138.0 秒结束。中心发动机于 T+143.47 秒关机，比预计时间提前了 2.03 秒。3.90 秒后燃料传感器关闭外围发动机，比预计时间提前了 1.27 秒。空间固连坐标系速度达到 68.2 英尺/秒，高于理论值。级间分离正常。发射逃逸塔与指令舱推进器整流罩于 T+168.93 秒同时抛掉。通过闭环操控，S-IVB 级推进剂利用系统在高推力阶段提供的平均燃料混合比为 5.5∶1，飞行至 T+475.72 秒调整为 4.7∶1，比预计时间晚了 24.12 秒。T+588.47 秒的关机时间比预计早了 13.73 秒，可能是后来燃料混合比改变推迟的原因。不过迭代制导产生的空间固连坐标系速度只比理论值高 2 英尺/秒，高度仅仅低了 0.05 海里。地表射程少 21 海里的原因是火箭发动机燃烧时间比预计的短。

S-IB 级在 T+253 秒时达到弹道最高点 60.4 海里，此时射程为 121.4 海里。大约在 T+537 秒，该级在射程为 243.2 海里处坠落，落点为北纬 27.39 度、西经 76.12 度。尽管有一台拍摄级间分离的摄像机失踪，搜索飞机还是在 T+13 分钟发现了其他摄像机的无线电信号，并于 T+26 分钟在预定落区目视到绿色海水染色标志。该位置距离 S-IB 级落点 2 海里。

末助推段

S-IVB 级关机时高度达到 120 海里，并且还在弹道上爬升。飞船于 T+598.7 秒分离，11 秒后勤务推进系统发动机点火，将飞船送入更高的轨道,从而保证其在太平洋上空再入返回。这一过程通过安装在 SLA 上的摄像机可实时观看。当勤务推进系统发动机的喷流喷射到张开的 SLA 板时,S-ⅣB 级产生了扭动,不过辅助推进系统很快起到了稳定作用。勤务推进系统发动机工作 216.7 秒后中断关机,此时飞船已经获得速度增量。为进行热试验,指令勤务舱转了过来,将指令舱顶点指向地球,当飞船飞经位于非洲上空 618 海里的弹道最高点时保持这一姿态。飞船在印度洋上空下降,并且调整船体与速度矢量方向一致。勤务推进系统再次点火 89.2 秒,使飞船加速再入大气层。随后又迅速连续地进行了两次以上的短促点火,进行验证。

同时,S-ⅣB 级完成了共用隔板反转的试验。为了尽量节省质量,推进剂贮箱共用了一个隔板。由于必须应对贮箱之间不同的压力,而且为了避免液氧凝结为固态,还必须将 −172 摄氏度的液氧与 −253 摄氏度的液氢隔离开,隔板的结构设计得相当复杂。通过不断加压直到被摧毁,试验获取了隔板的强度数据。S-ⅣB 级于 T+800 秒到达弹道最高点,高度为 145 海里,航程为 1 543 海里。T+941 秒 S-ⅣB 级的解体并停止发送遥测数据。

回收

飞船于 T+4 188 秒开始为抛掉勤务舱再次定向,并于 T+4 264 秒完成;接着指令舱开始为再入返回定向。与 AS-201 的"滚动"再入不同,这次指令舱控制姿态,其弹道先是"跳"出大气层,然后再飞出一个弧线,再次接近并最终进入大气层。这种弹道形状产生了两个加热速率峰值,这样的设计让隔热层承受了低的加热速率与高的热负荷,即与直接再入相比,虽然温度低一点,但承受的时间更长。从月球返回时将采用一条与之相似的轨道。尽管返回舱表面温度最大值经计算已经达到 2 700 华氏度(1 华氏度 ≈ −17.22 摄氏度,译者注),但舱内温度不会超过 70 华氏度。

格林尼治时间 18:48,经历了 93 分钟的飞行后,指令舱在太平洋溅落,比预定时间晚了 7.5 秒。具体落点位于北纬 16.11 度,东经 168.90 度,维克岛西南 435 海里处。舱体采用顶端向上的漂浮姿态,各降落伞脱开并且回收辅助设备正常展开。由于再入时的航迹角为 −3.53 度,比预计的 −3.48 度陡峭,且 0.28(±0.02)的升阻比也比预计的 0.33(±0.04)低,因此落点比瞄准点近了 205 海里。回收飞机一发现指令舱,蛙人便被投送到现场并为指令舱系上环型浮囊。指令舱由美国军舰"大黄蜂"号在任务开始后大约 10 小时完成回收。

AS-202 上升段事件	飞行地面时间（时：分：秒）	高度/海里	航程/海里	地球固连坐标系 速度/（英尺/秒）	空间固连坐标系 速度/（英尺/秒）	事件持续时间/秒	地心 纬度/度（北纬）	经度/度（东经）	空间固连坐标系 航迹角/度	空间固连坐标系 指向角/度（北偏东）
起飞	—	—	—	—	—	—	—	—	—	—
达到马赫数为 1	000:01:03.69	4.2	—	—	—	—	—	—	—	—
最大动压	000:01:19.5	7.3	—	—	—	—	—	—	—	—
S-ⅠB 级中心发动机关机	000:02:19.57	29.4	27.1	5 952.9	7 096.6	—	—	—	—	—
S-ⅠB 级外围发动机关机	000:02:23.47	31.4	30.4	6 162.5	7 317.6	—	28.40	−80.00	26.43	101.83
S-ⅠB/S-ⅣB 级分离	000:02:24.43	31.9	31.0	—	7 321.6	—	—	—	26.32	—
S-ⅣB 级关机	000:09:48.47	117.3	840.7	20 979.7	22 311.5	—	23.76	−65.88	3.99	111.84

AS-202 末助推段事件	飞行地面时间（时：分：秒）	高度/海里	空间固连坐标系 速度/（英尺/秒）	事件持续时间/秒	地心 纬度/度（北纬）	经度/度（东经）	空间固连坐标系 航迹角/度	空间固连坐标系 指向角/度（北偏东）
指令勤务舱分离	000:09:58.70	120.0	22 297	—	23.28	295.26	3.82	112.35
SPS 首次点火启动	000:10:09.7	122.5	—	—	17.73	307.49	3.58	116.42
SPS 首次点火结束	000:13:46.4	182.7	25 501	216.7	−26.58	26.48	5.71	107.55
峰值高度	000:41:14	617.1	22 664	—	−18.62	112.20	0.00	64.11
SPS 第二次点火启动	001:05:56.1	247.0	25 071	—	−15.92	117.48	−5.84	62.62
SPS 第二次点火结束	001:07:25.3	201.8	27 443	89.2	−15.66	117.95	−7.35	62.48
SPS 第三次点火启动	001:07:34.5	197.2	27 477	—	−15.51	118.18	−7.27	62.41
SPS 第三次点火结束	001:07:38.3	194.9	27 576	3.8	−15.18	118.80	−7.29	62.24
SPS 第四次点火启动	001:07:47.5	189.1	27 624	—	−15.08	119.05	−7.18	62.17
SPS 第四次点火结束	001:07:51.3	186.8	27 719	3.8	−8.15	130.81	−7.19	59.64
指令舱/勤务舱分离	001:11:04.0	94.1	28 315	—	−4.86	136.00	−4.71	59.01
再入边界	001:12:28	65.8	28 512	—	—	—	−3.53	—

结论

在闭环模式下,应急检测系统既用于监控 H-1 发动机的多种故障,又用于监控飞行器的角速率是否过大。发动机故障模式在 T+10.89 秒启动,即飞行器开始俯仰转弯之后,当时箭体正滚动至飞行方位角。角速率模式在 T+134.68 秒受到抑制,发动机故障模式在 T+135.08 秒受到抑制,这些都发生在液面传感器激活之前。如果系统在这期间检测到任务中止因素,将启动发射逃逸系统。逃逸塔内的固体火箭在各种情况下将指令舱带离主火箭的能力,已经通过小乔伊 II 火箭进行的一系列试验得到验证。Q球(装在逃逸塔顶端的传感器,用于测量角速率)于 T+139.77 秒断电,此时 S-IB 级正在关机,逃逸塔在 S-IVB 级点火后不久就会被抛掉。应急检测系统为指令勤务舱监控这一级的性能,一旦需要中止任务,就将指令勤务舱与火箭分离,同时启动勤务推进系统发动机将指令勤务舱带离主火箭,并准备进行"反转"机动,释放指令舱,让其紧急下降。

除了环境控制系统中乙二醇蒸发器出口温度略微超过门限,以及电源系统中燃料电池冷凝器的排气温度一直升到上限,飞船各系统在此次飞行中的运行状况均令人满意。本次任务证明用于地球轨道任务的隔热层达到要求,但还需要进行一次月球返回试验。后续任务计划将考虑采用比预期值更低的指令舱升阻比。土星 IB 运载火箭与第一批次飞船都宣布已经准备好执行首次载人任务。

任务目标

运载火箭的主要目标:

1. 验证 S-IB 级动力飞行期间飞行器的结构完整性与兼容性,并确认结构载荷与动力学特性。

2. 验证 S-IVB 级动力飞行和在轨运行期间飞行器的结构完整性与兼容性。

3. 验证 S-IVB 级/仪器单元/飞船与 S-IB 级分离。

4. 验证指令勤务舱与 S-IVB 级/仪器单元/SLA 分离。

5. 验证 S-IB 级推进系统工作状况,并评估系统性能与参数。

6. 验证 S-IVB 级推进系统工作状况,其中包括推进剂混合比变换,并评估系统性能与参数。

7. 验证运载火箭制导系统工作状况,实现制导关机,并评估系统精度。

8. 验证 S-IB 级动力飞行、S-IVB 级动力飞行和在轨运行期间运载火箭控制系统的工作状况,并评估性能参数。

9. 验证运载火箭时序系统工作状况。

10. 验证 S-ⅠB 级与 S-ⅣB 级靶场安控系统的飞行性能。

11. 在闭环模式下评估飞行器应急检测系统的性能。

12. 验证发射、任务操作和指令舱回收所需要的任务支持设施与操作。

运载火箭的次要目标：

1. 确认运载火箭动力飞行的外部环境。

2. 评估 S-ⅣB 级/仪器单元飞行中的热控系统。

3. 验证 S-ⅣB 级残留推进剂排放的充分性。

4. 评估 S-ⅣB 级共用隔板反转试验。

飞船的主要试验目标：

1. 验证运载火箭与飞船的结构完整性与兼容性,并确认发射载荷,包括:

（a）验证土星ⅠB/指令勤务舱的能力与结构完整性。完成。

（b）确定土星ⅠB 发射环境下 SLA 的结构负载。完成。

2. 验证发射逃逸系统和火箭保护罩与飞船分离、飞船与 S-ⅣB 级/仪器单元/SLA 分离、指令舱与勤务舱分离。完成。

3. 进行多次重启(以 10 秒间隔至少启动 3 次,每次点火不少于 3 秒),验证 SPS 发动机的立管安装模式(要求至少燃烧 198 秒)和能力。完成。

4. 验证制导与导航分系统。完成。

5. 验证环境分系统控制舱内压力和温度的能力。乙二醇蒸发器在 T+480 秒至 T+4 080 秒期间停止工作,允许出口温度超过 75 华氏度。

6. 验证统一 S 频段通信分系统飞船与载人航天网之间下行模式的遥测、模拟话音,以及往返测距模式。由于信号电平比预期的弱,遥测不连续。

7. 验证勤务舱喷气控制系统。完成。

8. 验证指令舱喷气控制系统。完成。

9. 验证稳定与控制分系统。完成。

10. 验证电源系统。燃料电池冷凝器排气温度接近上限。

11. 验证地球着陆系统,包括降落伞分系统和回收辅助装置。完成。

12. 在闭环模式下评估飞行器的应急检测系统。完成。

13. 以约 28 000 英尺/秒的速度再入,在高热负荷下对隔热层进行评估。完成。

14. 验证发射、任务操作和指令舱回收所需的任务支持设施。完成。

土星 IB 运载火箭准备携带第一批次飞船 CSM-011 发射

CSM-011 等待回收

1965 年 5 月 19 日，小乔伊Ⅱ型火箭在 A-003 任务中止试验中爆炸时，发射逃逸系统自启动，挽救了 BP-22 飞船的"试验样机"

飞船的次要试验目标：

1. 验证载人轨道能力最小需求以外的分系统性能，包括：

(a) SPS 长时段（接近 200 秒）工作性能，包括关机参数。完成。

(b) 获取 SPS 燃烧稳定性数据。完成。

任务时序

AS-202 任务事件	飞行地面时间 （时：分：秒）	日期 （格林尼治时间）	时间 （时：分：秒）
制导基准发布	−000:00:04.468	1966 年 08 月 25 日	17:15:27
点火时序指令	−000:00:02.478	1966 年 08 月 25 日	17:15:29
发射时间	000:00:00.00	1966 年 08 月 25 日	17:15:32
第一次动作	000:00:00.73	1966 年 08 月 25 日	17:15:32
起飞	000:00:00.93	1966 年 08 月 25 日	17:15:32
开始滚动机动	000:00:10.30	1966 年 08 月 25 日	17:15:42
开始倾斜（俯仰）机动	000:00:10.70	1966 年 08 月 25 日	17:15:42
激活多发动机关机监控器	000:00:10.89	1966 年 08 月 25 日	17:15:42
完成滚动机动	000:00:16.30	1966 年 08 月 25 日	17:15:48
达到马赫数为 1	000:01:03.69	1966 年 08 月 25 日	17:16:35
最大动压	000:01:19.5	1966 年 08 月 25 日	17:16:51
激活 S-ⅠB 级推进剂液面传感器 （产生关机信号）	000:02:16.52	1966 年 08 月 25 日	17:17:48
终止倾斜	000:02:18.00	1966 年 08 月 25 日	17:17:50
级间段胶片摄像机开机	000:02:19.28	1966 年 08 月 25 日	17:17:51
S-ⅠB 级中心发动机关机	000:02:19.57	1966 年 08 月 25 日	17:17:51
Q 球电源关闭	000:02:19.77	1966 年 08 月 25 日	17:17:51
S-ⅠB 级外围发动机关机。	000:02:23.47	1966 年 08 月 25 日	17:17:55
S-ⅣB 级正推发动机点火	000:02:24.03	1966 年 08 月 25 日	17:17:56
S-ⅠB/S-ⅣB 级分离	000:02:24.23	1966 年 08 月 25 日	17:17:56
第一次动作	000:02:24.33	1966 年 08 月 25 日	17:17:56
J-2 分离级间段	000:02:25.30	1966 年 08 月 25 日	17:17:57
J-2 点火指令	000:02:25.62	1966 年 08 月 25 日	17:17:57
抛正推发动机壳体	000:02:36.22	1966 年 08 月 25 日	17:18:08
抛发射逃逸塔	000:02:48.93	1966 年 08 月 25 日	17:18:20
启动迭代制导模式	000:02:52.40	1966 年 08 月 25 日	17:18:24
S-Ⅰ级弹道最高点	000:04:13.0	1966 年 08 月 25 日	17:19:45
启动混合比转换	000:08:18.15	1966 年 08 月 25 日	17:23:50
S-ⅠB 级落地	000:08:56:8	1966 年 08 月 25 日	17:23:34
S-ⅣB 级关机	000:09:48.47	1966 年 08 月 25 日	17:25:20

续表

AS-202 任务事件	飞行地面时间 （时：分：秒）	日期 （格林尼治时间）	时间 （时：分：秒）
S-ⅣB 级/指令勤务舱分离	000:09:58.70	1966 年 08 月 25 日	17:25:30
勤务舱喷气控制系统＋X 平移	000:10:00.0	1966 年 08 月 25 日	17:25:32
勤务推进系统第一次点火	000:10:09.7	1966 年 08 月 25 日	17:25:41
S-ⅣB 级弹道最高点	000:13:21	1966 年 08 月 25 日	17:28:53
勤务推进系统第一次关机	000:13:46.4	1966 年 08 月 25 日	17:29:18
指令勤务舱弹道最高点	000:41:14	1966 年 08 月 25 日	17:56:46
隔板试验引发 S-ⅣB 级结构 故障	000:15:41.2	1966 年 08 月 25 日	17:31:13
勤务推进系统第二次点火	001:05:56.1	1966 年 08 月 25 日	18:21:28
勤务推进系统第二次关机	001:07:25.3	1966 年 08 月 25 日	18:22:57
勤务推进系统第三次点火	001:07:34.5	1966 年 08 月 25 日	18:23:06
勤务推进系统第三次关机	001:07:38.3	1966 年 08 月 25 日	18:23:10
勤务推进系统第四次点火	001:07:47.5	1966 年 08 月 25 日	18:23:19
勤务推进系统第四次关机	001:07:51.3	1966 年 08 月 25 日	18:23:23
开始机动到分离姿态	001:09:48.2	1966 年 08 月 25 日	18:25:20
勤务舱/指令舱分离	001:11:04.0	1966 年 08 月 25 日	18:26:36
指令舱机动到再入姿态	001:11:12.2	1966 年 08 月 25 日	18:26:44
再入边界（400 000 英尺）	001:12:28.0	1966 年 08 月 25 日	18:28:00
入黑障	001:13:36.0	1966 年 08 月 25 日	18:29:08
出黑障	001:23:28.0	1966 年 08 月 25 日	18:39:00
抛指令舱顶部	001:26:58.3	1966 年 08 月 25 日	18:42:30
制动降落伞展开	001:26:59.9	1966 年 08 月 25 日	18:42:31
主降落伞展开	001:27:48.2	1966 年 08 月 25 日	18:43:20
溅落	001:33:02.2	1966 年 08 月 25 日	18:48:34

阿 波罗 1 号

舱 内 起 火
（1967 年 1 月 27 日）

背景

作为阿波罗计划的首次载人任务，阿波罗 1 号计划于 1967 年 2 月 21 日从佛罗里达州拉纳维拉尔角 34 号发射工位，由第 4 发土星 ⅠB（即 AS-204）火箭发射升空。然而，主乘组却在 1 月 27 日的例行倒计时合练中因指令舱火灾而全部丧生。

乘组包括指令长维吉尔·伊凡·"格斯（Gus）"·格里索姆中校（美国空军），高级驾驶员爱德华·希金斯·怀特二世（美国空军），驾驶员罗杰·布鲁斯·查菲（美国海军）。格里索姆 1959 年入选宇航员团组，曾担任水星-红石 4 号载人飞船（MR-4）——美国第二次也是最后一次亚轨道飞行的驾驶员，以及首次双人飞行——双子座 3 号任务的指令长。格里索姆 1926 年 4 月 3 日出生在印第安纳州的米切尔，阿波罗 1 号火灾发生时 40 岁。他 1950 年获得普渡大学机械工程理学学士学位。这次任务中他的备份乘员是小沃尔特·马蒂·沃利·施艾拉（美国海军），绰号"shi-RAH"（为避免翻译错误，对原文进行了保留，译者注）。怀特曾经是双子座 4 号任务的驾驶员，在那次任务中他成为了美国太空行走第一人。他于 1930 年 11 月 14 日出生在得克萨斯州圣安东尼奥，火灾发生时 36 岁。怀特 1952 年获得美国西点军事学院理学学士学位，1959 年获得密歇根大学航空工程理学硕士学位，1962 年入选宇航员。他的备份乘员是唐·富尔顿·艾西尔（美国空军），绰号"EYES-lee"（为避免翻译错误，对原文进行了保留，译者注）。查菲正在接受他的首次太空飞行训练。他 1935 年 2 月 15 日出生在密歇根州大急流城，阿波罗 1 号火灾时 31 岁。查菲 1957 年获得普渡大学航空工程理学学士学位，1963 年入选宇航员。他的备份乘员是罗尼·沃尔特·坎宁安。

阿波罗 1 号准备事件	日　　期
CM-012 在加利福尼亚州唐尼市的北美航空公司装配	1964 年 08 月
基础结构完工	1965 年 09 月
完成分系统安装及最终集成。完成关键设计评审。开始检查所有分系统,随后是飞船所有分系统综合测试	1966 年 03 月
完成客户验收就绪评审。NASA 颁发飞行许可证书并且授权飞船运往肯尼迪航天中心	1966 年 08 月
肯尼迪航天中心接收指令舱	1966 年 08 月 26 日
CM-012 在高空模拟室与 SM-012 对接。完成校准、分系统和系统认证测试及功能检查	1966 年 09 月
完成第一次联合系统测试	1966 年 10 月 01 日
发布设计认证文件,确认了设计具备飞行条件,等待各开放事项的满意解决方案	1966 年 10 月 07 日
完成了第一次在海平面压力下的载人试验,验证飞船系统整体工作状态	1966 年 10 月 13 日
在用氧模拟的高空压力下完成无人试验,验证飞船系统的工作状态	1966 年 10 月 15 日
完成有乘组参加的载人试验	1966 年 10 月 19 日
启动由备份乘组参加的第二次载人高空试验,但由于飞船环境控制系统的氧气系统调节器发生故障而中断。拆除了调节器并且发现存在设计缺陷	1966 年 10 月 21 日
阿波罗计划总指挥组织认证评审,敲定了大部分前次评审遗留的开放事项	1966 年 12 月 21 日
完成海平面和无人高空试验	1966 年 12 月 28 日
备份飞行乘组完成载人高空试验	1966 年 12 月 30 日
指令舱移出高空模拟室	1967 年 01 月 03 日
飞船在 34 号发射工位与运载火箭对接。完成了各种测试、设备安装和替换	1967 年 01 月 06 日

事故

事故发生在脱落综合测试期间。这次测试的目的是在尽可能接近实际飞行配置的状态下验证飞行器所有系统和操作程序,并在模拟发射中考核系统能力。测试于格林尼治时间 1967 年 1 月 27 日 12:55 开始。在初始系统测试完成后,飞行乘组于 18:00 进入指令舱。指令长注意到在 CM-012 环境控制系统宇航服供氧回路中有一股气味,在提取该系统的氧气样本时,计时于 18:20 暂停。19:42 计时重启,19:45 开始舱门安装并随后向舱内充入纯氧。事后证明该气味与火灾无关。随后又遇到了通信问题,为了查找问题,计时于 22:40 左右中断。问题包括乘组无法关闭实时话筒。计时中断期间,在通信许可的情况下各种最终倒计时功能仍然正常进行。直到 23:20,切换到模拟燃料电池之前的所有最终倒计时功能全部完成,计时在射前 10 分钟中断等待通信问题的解决。接下来的 10 分钟内没有出现看起来与火灾有关的事件。这期间的主要活动是例行的通信故障排除,同时所有其他系统正常运行。从 23:30:14 开始飞船内没有话音传出,直到 23:31:04.7 报告起火。从报告前大约 30 秒的时间里,有迹象表明乘组有动作。证据来自生物医学传感器的数据、指令长的实况话筒、制导与导航系统和环境控制系统。但是没有证据表明是什么动作,或者这一动作是否与起火有关。生物医学数据显示,就在起火报告之前高级驾驶员基本上没有动作,直到大约 23:30:21 才出现了轻微的脉搏和呼吸频率升高。23:30:30 的心电图显示有几秒钟的肌肉活动。23:30:39 记录了同样的情况。数据表明动作加剧,但没有警报类反应的迹象。到 23:30:45 所有的生物医学参数恢复到"平静"水平。大约从 23:30 开始,指令长的实况话筒传出了摩擦和轻敲的噪声,表明有动作发生。这些噪声与之前测试中指令长移动时从实况话筒传出的噪声相同。这些声音在 23:30:58.6 全部消失。乘组任何明显的动作都会导致指令舱轻微晃动,并会被制导与导航系统检测到。然而上述动作并没有被检测到。该系统数据表明 23:30:24 有轻微动作,更加剧烈的动作于 23:30:39 开始,23:30:44 结束。更多的动作于 23:31:00 开始,并一直持续到起火后数据传输中断。乘员宇航服氧气流量的升高也证实了动作的存在。所有宇航服都会有些细微渗漏,渗漏速率与飞船中每一名乘员的位置相关。在脱落综合测试前期乘组注意到,特定动作会导致流速升高,其内在因素并不清楚。这一点从流速数据的记录也得到证实。23:30:24 可以看到流速缓慢上升,并在 23:30:59 达到传感器的上限。23:30:54.8 记录到一个明显的电压变化。除直流总线出现一个 2 伏特的电涌外,测量的其他几个参数也都显示出异常。23:31:04.7 开始,乘组报告指令舱起火,第一次给出紧急情况口头表述。

应急程序要求坐在中间座椅的高级驾驶员在扣紧安全带的情况下,拔掉插销打开舱门。观看指令舱舱门舷窗电视图像的许多目击者都看到了高级驾驶员的手伸向内舱门把手的动作。火灾后发现,高级驾驶员的安全带扣没有打开,说明他采取了标准的开舱门程序。制导与导航系统数据表明,起火后舱内有大量活动。这些活动与乘组在火焰逼近时的动作,或者说采取的标准应急逃逸程序一致。连接指令舱的塔架 A-8 层的工作人员对起火报告做出了反应。发射台指挥长下达了实施乘组出舱程序的命令,技师们冲向包围着舱门的"白屋",乘组应该从那里撤离指令舱。接着在 23:31:19 指令舱爆裂。到 23:31:22.4,即爆裂后约 3 秒,来自指令舱的话音和数据传输全部中断。监视舱门舷窗电视画面的目击者报告说,火焰从指令舱的左边蔓延到右边,很快便覆盖了整个可视区域。火焰和烟雾迅速从爆裂处冒出来,蔓延的火苗穿过进出舱门的通道进入指令舱压力隔层和隔热层之间,进而窜入勤务塔架的 A-8 和 A-7 层。火苗引燃了可燃物,威胁到发射台工作人员,阻碍了救援行动。火焰的爆燃伴随着爆裂声使一些发射台工作人员认为指令舱已经爆炸或马上要爆炸。A-8 层所有工作人员的第一反应就是撤离这一层。随后又迅速折返开始救援。几名工作人员拿着就近的灭火器,沿着摆臂返回到"白屋"展开救援。其他人从勤务塔架的各个地方找来灭火器协助灭火。

指令舱安装了三个舱门。最外层的舱门称作火箭保护罩(BPC)舱门,它是保护罩的一部分,在发射过程中保护着指令舱,并在进入轨道之前被抛掉。中间舱门称作防烧蚀舱门,在 BPC 舱门被抛掉之后,它将成为指令舱的外舱门。内舱门封闭指令舱的压力层,它是宇航员自助出舱时要自行打开的第一道舱门。火灾当天,外舱门或称 BPC 舱门处于关闭状态,但没有完全锁紧,原因是为测试临时安装的线缆导致 BPC 变形。乘组进入后中间舱门和内舱门关闭且锁紧。BPC 舱门虽然没有完全锁紧,但是从舱内打开它仍然需要用一把特制的工具插入舱门,以此作为将舱盖移开的把手。此时的"白屋"内充满了由指令舱内和整个 A-8 层次生火灾生成的浓烈黑烟。有些工作人员找到、戴上并启动了防毒面具,另一些则没有。有些人干脆不带面具前去救援,还有一些人尝试启动防毒面具没有成功。即使工作状态的防毒面具也无法应对现场的浓烟,因为这种面具是设计用于有毒物质而不是浓烟的。"白屋"内的能见度实际上为零。由于视觉观察的范围只有几英尺,因此基本只能通过触摸开展救援。"白屋"内放了一把开舱门工具。看见 BPC 舱门附近的火苗小了一些,找到工具后,发射台指挥长和一名助手就开始打开 BPC 舱门。尽管舱门没有锁紧,但开启过程并不轻松。由于充满浓烟,打开 BPC 舱门的工作人员已经无法呆在"白屋"里。他们冲出屋子将开舱门工具交给其他人。打开三个舱门的过程,总共有五个人参加。为了呼吸到空气,每个人都被迫数次进出"白屋"。打开中舱门比打开 BPC 舱门容易些。打开内舱门插销后,人们试图将它从支架上升起然后再降至指令舱地板。然而舱门无法完全降至地板,只能推到一边。内舱门打开时,一股热浪伴随着大量浓烟从指令舱内扑面而来。发射台指挥长在确认所有舱门都已经打开后，走出"白屋"，沿着摆臂走了几英尺，然后戴上头戴式受话器报告现场的实际情况。从录音带可以确定这次报告的时间是在第一次报告起火后 5 分 27 秒。发射台指挥长估计，他是在内舱门打开后 30 秒内做出的报告。由此可以推断，开启全部舱门包括移开两个外舱门的时间应该在火灾报告后的 5 分钟内，大约在 23:36。

基于尸体解剖报告的医学观点认为，乘员一旦失去意识（大约在第一次宇航服故障 15 秒至 30 秒后）复苏的概率便迅速降低，23:36 确认复苏已不可能。心肌缺氧导致心脏停搏，进而引发脑组织缺氧，最终丧失意识。温度、压力、一氧化碳、二氧化碳和氧气的环境，以及肺部刺激等多种因素迅速变化；这些环境因素叠加在一起迅速超过了单一因素的致命效果。由于无法完整获得乘员们动态生理学和代谢条件的变化情况，乘员们意识丧失和死亡的准确时间也无法确定。指令舱内的能见度极差，尽管舱内灯光还在，但只能称得上昏暗。看不到火，起初也没有看到乘组。移除舱门的工作人员试图找到乘组，但没有成功。与此同时，发射台上的其他工作人员正在扑灭 A-8 层的次生火灾。更让人担心的是竖在指令舱上面的发射逃逸塔，它一旦被下面的火焰点燃将会摧毁更多的发射设施。

起火报告后不久，消防部门就接到了电话。从日志上看，灭火器材和消防人员是在 23:32 出发的。在发射台附近地堡中负责监视测试的医生已经到达脐带塔的底部。消防员到达 A-8 层的精确时间没有记录。打开舱门的工作人员表述一致，即在该层或"白屋"内见到消防员时，各个舱门已经打开。第一批冲到 A-8 层的消防员说所有的舱门都打开了，只是当他们到达时，内舱门仍然在指令舱内。这些描述说明消防员是在 23:36 之后赶到的。通过试验可以估算出从消防站赶往发射架，然后在一层乘电梯上到八层一般需要 7 分钟至 8 分钟。这样估计消防员到达 A-8 层的时间应该在 23:40 之前不久。当消防员到达时，乘组座椅和乘员的位置尽管可以透过烟雾看到，但也很难看清。将高级驾驶员救出指令舱的尝试没有成功。

初步观察和后续检查表明以下几个事实。指令长的座椅（左侧座椅）处于 170 度位置，基本上属于水平放置。脚部束缚和安全带已经松开，进出氧气软管已经连接到宇航服上，电气转接电缆已经与通信电缆断开。指令长瘫躺在舱底隔板或者说指令舱地板上，头盔面罩处于关闭锁紧状态，头在驾驶员头枕的下面，脚在自己的座椅内。在指令舱压力隔层爆裂处 5 英尺外发现了一片他的宇航服碎片。这一点表明他的宇航服在舱体爆裂前（23:31:19.4）已经损坏，因此才会有气流携带着服装碎片飞出爆裂口。高级驾驶员的座椅（中间座椅）处于 96 度的位置上，座椅靠背水平，下部抬起。

解开肩带和腰带的搭扣没有打开，肩带和腰带都已经烧穿。宇航服氧气输出软管仍然连着，但输入软管已经断开。头盔面罩关闭并锁紧，所有电气连接都完好无损。高级驾驶员横躺在指令舱内，正好在舱门出入口的下方。驾驶员的座椅（右侧座椅）处于 264 度位置上，座椅靠背水平，下部垂向底板。所有的束缚带都已经解开，所有的软管和电气连接都处于完好状态，头盔面罩关闭并锁紧。驾驶员瘫软在他的座椅内。

从上述情况看，可以判断指令长可能为躲避起初的火焰而离开了他的座椅。高级驾驶员留在座椅内正在按应急出舱措施，试图打开舱门直至束缚带烧穿。驾驶员留在座椅中保持着通信，等待高级驾驶员按计划打开舱门。指令舱内的压力比外界稍高，由于压力会作用在舱门上，因此内舱门根本打不开。泄压系统无法应对火灾引起的压力升高，因此在舱体爆裂之前内舱门打不开。舱体爆裂后，火势更加猛烈并蔓延开来，伴随而来的是一氧化碳浓度的急剧升高，从而进一步阻碍了出舱。由于内舱门是从"白屋"打开的，且开舱后指令舱内的把手也会处于开启状态，所以内舱门把手是否被乘组搬动过已经无法确认。

消防员到达后，值班的发射台指挥长被换了下来，令他得以处理一下吸入的烟雾。他通过头戴式受话器首先报告说无法描述指令舱内的情况。他试图用这种方式将乘组死亡的事实通知给试验指挥，而避免让更多监听着通信信道的人知道。刚一到达地面，发射台指挥长就通知医生们乘组成员都已经牺牲。三名医生前往"白屋"，并且在消防员到达后不久就赶到了。医生估计他们的到达时间应该是 23:45。三名医生进入"白屋"，确认乘组没能在高温、烟雾和灼烧中幸存。医生们没有携带呼吸装置，而且指令舱内仍然有火苗和烟气。在确认立即抬出乘员已于事无补后，消防员接到指示停止抬出乘员的行动。当指令舱得到充分通风后，医生们带着工具回到"白屋"搬运宇航员。宇航服织物与飞船内部融化的尼龙大面积粘连在一起，使得搬移工作非常困难。由于这个原因，以及事故调查和对指令舱及乘员位置在证据破坏前的拍照记录的需要，搬移工作被叫停。照片拍摄后，搬移工作于格林尼治时间 1 月 28 日 00:30 重新开始。搬出全部乘组花费了近 90 分钟，大约在事故发生后 7.5 小时才完成。

火灾事件列表

火灾最有可能是从左侧设备区的下部前面开始的。该区域位于指令长的左侧，很可能就在其座椅层的下面。起火后，火灾分成三个阶段。第一阶段,温度和舱内压力迅速升高,起火口头报告后 15 秒该阶段结束。23:31:19 指令舱爆裂。在第一阶段内,火焰从起火点沿着杂物绷带迅速蔓延,这种绷带安装在指令舱内用于防止物品在地面测试或飞行时坠落到设备区。与此同时,起火点附近的尼龙搭扣也被点燃。

　　火势直到 23:31:12 时还不猛烈。有观点认为,在第一阶段的早期火势发展缓慢,是因为起火点区域内没有太多的可燃物。压力缓慢升高可能是因为指令舱的铝制结构吸收了大部分热量。一开始火焰垂直上升,到舱顶便四散开。杂物绷带不但是可燃物,为火势的蔓延提供了通道,还是融化尼龙的主要燃烧物。这些燃烧物的散布有助于火势的蔓延。到 23:31:12 时,火焰从起火点爆燃开来。火苗沿着左侧舱壁扩展,像一道火墙,使左侧座椅上的指令长无法触及指令舱与外部空气通风的阀门。尽管打开换气阀是应急出舱程序的第一步,但这一动作已无济于事,因为换气也无法阻止火灾引发的压力骤然升高。估计打开换气阀对于延缓指令舱爆裂的时间不会超过 1 秒。指令舱承受舱内压力的设计值比环境压力高约 13 磅/平方英寸。火灾期间的数据记录表明,这一设计标准在火灾第一阶段末期已经被突破了,舱体爆裂发生在 23:31:19。爆裂点位于指令舱舱壁连接的地板或称尾部隔板,基本上就在起火点的对面。大约在爆裂发生前 3 秒,即 23:31:16.8,最后一次乘员通信开启。通信很快在爆裂后中断,时间是 23:31:21.8。随后在 23:31:22.4 遥测中断。指令舱的爆裂标志着火灾短暂的第二阶段开始。这一阶段的特征是火势最大,其原因是舱内气体从压力层爆裂处冲出导致强制对流。回旋流将燃烧物散布在乘员隔间,造成火势蔓延。这一阶段大约在 23:31:25 结束。从随后的舱体和乘员宇航服检查中发现了火焰从指令舱左侧蔓延到爆裂区的证据。火势强度的证据来自舱底层氧气与冷却系统铝管的燃烧与爆炸。第三阶段的特征是迅速产生的高浓度一氧化碳。指令舱失压和遍布乘员隔间的火焰迅速导致舱内气体严重缺氧,无法支撑继续燃烧。与前两个阶段的燃烧相对无烟不同,这一阶段产生了大量浓烟,而且大量烟尘在冷却后沉积到飞船内部绝大部分区域的表面。由于氧气迅速耗尽,火灾的第三阶段可能持续不超过数秒。估计指令舱内的气体到 23:31:30 已经致命,即第三阶段开始 5 秒后。尽管由于缺氧,指令舱内大部分火焰很快熄灭,但在左侧设备区的环境控制单元,即认为的起火点附近,火焰持续强烈。该区域内已经损坏的氧气和水/乙二醇管线为局部燃烧提供了氧气和燃料,这些火焰融化了舱体尾部隔板,并且烧着了指令舱隔热层内表面的连接部分。

调查

　　事故发生后不久,增派的安全人员便抵达 34 号发射台和已封闭的区域。在证据被破坏之前,拍摄了大量飞船内部和外部的照片。在乘员被抬走后,两名专家进入指令舱,确认各个开关的位置。NASA 与北美航空公司的小组、AS-204 评估委员会成员、有关代表和顾问检查了 CM-012 的外部。拍摄了一系列指令舱的特写立体照片,以记录飞船系统当时的情况。在座椅被移除后,安装了 18 英寸用透明方砖专门制作的假地板,这样可以保证在进入指令舱内部时不会破坏证据。接着对飞船内部进行了详细检查,随后委员会准备并批准了指令舱拆解计划。为了协助委员会展开调查,1967 年 2 月 1 日 CM-014 被运抵肯尼迪航天中心。该指令舱被送到火工品装配厂房,在从 CM-012 拆解选定的部件前,可以在 CM-014 上尝试拆解技术。到了 2 月 7 日,拆解计划开始实施。在移除每个部件后,都对暴露部分进行了拍照记录。在飞船整个拆解的过程中,存档记录被一步一步认真执行。总共拍摄了大约 5 000 张照片。全部接口,像插座、管路接头、部件的物理安装等,在拆解之前、之中、之后都进行了详细的检查与拍照。从指令舱拆下的每一个部件都被加上标签,封入干净的塑料容器内,并在必要的安全保护下运往指定存储地点。2 月 17 日,委员会认定拆解和连线测试已经开展得十分充分,能够确保指令舱在搬移过程中不会出现破坏更深层证据的风险,因此它也被送入火工品装配厂房。随着工作环境的改善,每周 6 天、每天两个 8 小时轮班倒的工作计划可以保证分析和拆解计划的进度。唯一的例外是拆除舱体尾部隔热层、将指令舱搬到更加方便的工作区和拆除乘员隔间的隔热层时,需要连续 3 天、每天三个 8 小时轮班倒。指令舱的拆解工作于 1967 年 3 月 27 日完成。

阿波罗 1 号火灾事件	日期 (格林尼治时间)	时间 (时:分:秒)
向飞船供电后,脱落综合测试开始	1967 年 01 月 27 日	12:55
在系统运行初步验证测试完成后,指令长进入飞船,随后是驾驶员和高级驾驶员	1967 年 01 月 27 日	18:00
当指令长注意到飞船环境控制系统宇航服氧气中有异味后,计时中断。气体采样	1967 年 01 月 27 日	18:20
安装舱门后计时重启	1967 年 01 月 27 日	19:42
舱内充入氧气	1967 年 01 月 27 日	19:45
测试乘组首次提示打开话筒	1967 年 01 月 27 日	22:25

阿波罗 1 号火灾事件	日期 （格林尼治时间）	时间 （时：分：秒）
检测到通信故障后计时中断。中断期间，进行了通信设备允许的多种最终倒计时功能检查	1967 年 01 月 27 日	22:40
从这一时间开始到格林尼治时间大约 23:53，飞行乘组交替更换通信系统有关设备以分离排查通信故障。在排查故障阶段，问题延伸到各个地面站彼此之间和与乘组的通信能力	1967 年 01 月 27 日	22:45
直到切换至模拟燃料电池供电的最终倒计时功能检查完成，计时在射前 10 分钟中断，等待通信故障的解决。在这期间，主要进行了通信故障排查工作，其他所有系统正常运行。	1967 年 01 月 27 日	23:20
舱内压力和电池隔间传感器第一次显示压力升高	1967 年 01 月 27 日	23:21:11
指令长实况话筒传出摩擦和轻敲的噪声，说明有动作发生。这些噪声与之前测试中指令长有动作时实时话筒传出的噪声相似	1967 年 01 月 27 日	23:30
从此时开始直到发出起火报告，飞船内没有话音传出	1967 年 01 月 27 日	23:30:14
高级驾驶员的脉搏和呼吸频率轻微升高	1967 年 01 月 27 日	23:30:21
制导与导航系统的数据表明无法确定乘组活动内容。乘组宇航服氧气流量缓慢上升，说明存在活动。在之前的脱落综合测试中，乘组报告不明运动引起氧气流量升高	1967 年 01 月 27 日	23:30:24
高级驾驶员的心电图表明，他有几秒的肌肉活动	1967 年 01 月 27 日	23:30:30
高级驾驶员其他的心电图数据显示，活动有增加但是不属于警报类型的反应。制导与导航系统检测到更多剧烈的乘员活动	1967 年 01 月 27 日	23:30:39
乘员活动停止	1967 年 01 月 27 日	23:30:44
高级驾驶员的所有生物医学参数返回到"平静"水平	1967 年 01 月 27 日	23:30:45
气体色层谱仪输出的信号有变化	1967 年 01 月 27 日	23:30:50
电压显著瞬变记录	1967 年 01 月 27 日	23:30:54.8
指令长话筒噪声中止	1967 年 01 月 27 日	23:30:58.6
氧气流量达到传感器上限	1967 年 01 月 27 日	23:30:59
注意到异常的飞船移动	1967 年 01 月 27 日	23:31:00
第一次话音传输中断	1967 年 01 月 27 日	23:31:10

阿波罗 1 号火灾事件	日期 （格林尼治时间）	时间 （时∶分∶秒）
火焰从最初起火点爆燃。证据显示，一道火墙沿着左侧舱壁扩展，使左侧座椅中的指令长无法触及换气阀。该阀门负责指令舱与外界大气的交换。一开始火焰垂直上升，到舱顶便四散开。烧蚀融化了尼龙的燃烧物四处散开，助长了火势蔓延。估计打开换气阀可延缓的指令舱爆裂时间不会超过 1 秒	1967 年 01 月 27 日	23∶31∶12
乘员第一次话音报告起火	1967 年 01 月 27 日	23∶31∶04.7
舱压超出传感器量程。其中舱内 17psia（磅/平方英寸绝对值），电池隔间传感器 21psia。舱体爆裂和灼热气体喷出使火灾蔓延到外部	1967 年 01 月 27 日	23∶31∶16
乘员最后一次话音传输开始。话音传输整体混乱。听起来像是∶"他们正在扑灭大火——让我们出去。打开舱门"。或是"我们这儿着起大火——让我们出去。我们都烧着了"。或是"我报告起大火了。我正在离开。"传输以痛苦的喊叫结束，可能是驾驶员的声音	1967 年 01 月 27 日	23∶31∶16.8
指令舱爆裂，火灾第二阶段开始。第一阶段的标志是急速的温度升高和舱压升高。火焰从起火点开始，沿着防止物品坠落到设备区的网状杂物绷带蔓延。同时，起火点附近的尼龙搭扣也被点燃了	1967 年 01 月 27 日	23∶31∶19.4
最后一次话音传输中断	1967 年 01 月 27 日	23∶31∶21.8
飞船全部数据传输中断。电视监视器显示火焰在指令舱内从左向右蔓延，迅速覆盖了整个可视区域。遥测数据丢失致使无法确定随后发生的事件的准确时间	1967 年 01 月 27 日	23∶31∶22.4
第三阶段的特征是大火最猛烈，原因是从压力隔层爆裂处喷出的气体形成了对流。涡流将燃烧物四处扩散，助长了火势。舱体破裂后 5 秒或 6 秒，舱内压力降至大气压	1967 年 01 月 27 日	23∶31∶25

阿波罗 1 号火灾事件	日期 (格林尼治时间)	时间 (时∶分∶秒)
指令舱内气体达到致命程度,特征是迅速生成高浓度的一氧化碳。接着是失压,整个乘员隔间都是火,舱内气体迅速进入缺氧状态,无法支持继续燃烧。浓烟生成,飞船内部大部分表面沉积了大量烟尘。尽管缺氧造成大部分火焰熄灭,但损坏的氧气和水/乙二醇管线为局部火势提供了氧气和燃料,烧蚀了舱体尾部隔板和指令舱隔热层的内层连接处	1967 年 01 月 27 日	23∶31∶30
消防装备和消防员出发	1967 年 01 月 27 日	23∶31∶32
尝试移除各舱门	1967 年 01 月 27 日	23∶31∶32.04
发射台指挥长报告已经开始尝试移除各舱门	1967 年 01 月 27 日	23∶31∶32.34
各舱门打开,两个外舱门移除。乘组复苏已经不可能	1967 年 01 月 27 日	23∶36
发射台指挥长确定所有舱门都已经打开,离开"白屋",沿着摆臂继续前行了几英尺,戴上头戴式受话器报告现场情况	1967 年 01 月 27 日	23∶36∶31
消防员到达 A-8 层。尽管十分困难,但透过烟雾已经能够看到乘组及其座椅。将高级驾驶员搬出指令舱的尝试以失败告终	1967 年 01 月 27 日	23∶40
医生们到达	1967 年 01 月 27 日	23∶43
拍照取证,并开始尝试搬移乘组	1967 年 01 月 28 日	00∶30
大约在事故发生 7.5 小时后,乘组搬移工作完成	1967 年 01 月 28 日	07∶00
CM-014 运抵肯尼迪航天中心,在 CM-012 的部件拆解选定前,协助研究拆解技术	1967 年 02 月 01 日	—
拆解计划全面实施	1967 年 02 月 07 日	—
CM-012 搬到了肯尼迪航天中心的火工品装配厂房,这里可以提供更好的工作环境	1967 年 02 月 17 日	—
指令舱拆解完毕	1967 年 03 月 27 日	—

火灾发生的原因

尽管委员会不能最终确定 AS-204 任务火灾的准确起火源,但可以确认以下 6 种导致火灾的因素:

1. 密封的舱体,用纯氧加压;
2. 舱内分布着大量的可燃物;
3. 飞船供电线路易受损伤;
4. 输送易燃且有腐蚀性冷却剂的铅管易受损伤;
5. 乘组逃生用品准备不足;
6. 救援或医疗辅助品准备不足。

确定了这些因素后,委员会开始解决这些因素是如何产生的这一问题。在深入思考后,委员会得出结论,面对太空旅行的诸多困难,阿波罗工作团队对于与乘组安全相关的某些平常但却相当致命的问题没有给予足够的重视。委员会的调查揭示出在设计、工程、研制和质量控制方面存在大量缺陷。

调查结果直接引发了设计、材料和程序方面的大量改进。两层舱门用单个可以迅速开启的、向外打开的、由铝和纤维玻璃制成的舱门取代。新舱门可以在 7 秒内从内部打开,或者由一名发射台安全员在 10 秒内打开。舱门加装了气动平衡机械装置使其更易开启。第二项重大修改是将发射台上用于射前测试的飞船舱内气体由 100% 纯氧改为 60% 氧与 40% 氮混合成的气体,从而削弱了助燃程度。乘组宇航服循环系统仍然采用 100% 纯氧。发射后,舱内再用纯氧逐步替代 60/40 混合气体,直到舱内大气达到 100% 纯氧,压力达到 5 磅/平方英寸。这种“高氧空气”混合气体是经过各种氧浓度、各种压力下大量点火试验后选中的。其他的改动还有:用不锈钢取代铝质高压氧气管路;水/乙二醇液体管线焊接点镀上防护层;在布线束上加保护罩;设置多个铝制存储盒;换掉织物降低易燃性;为各类可燃材料加装防火收纳盒;机械纽扣代替了钳子上的包布;线路接头增加了防火层;金属开关代替了塑料开关;加装了应急供氧系统,从而将乘员与有毒烟雾隔离开;舱内增配了适当的灭火器和火灾隔离嵌板。34 号发射工位也进行了安全性改造,主要包括:为适应新型可迅速打开的飞船舱门,对“白屋”结构进行了改造;增强灭火装备;应急逃生路线;应急进入飞船;“白屋”中的所有电气设备充入氮气;“白屋”内加装了手持式灌水软管和一台用于抽出烟雾的大型排风扇;耐火涂料;改变了某些结构件的位置,使进入飞船更容易、逃生更快;增加了一套水喷淋系统,为发射逃逸系统(固体推进燃料在极度高温下会被点燃)提供冷却;同时沿着从飞船到地面的逃生路线额外安装了水喷淋系统。

阿波罗 1 号乘组——格里索姆（左）、怀特和查菲——在 34 号发射工位

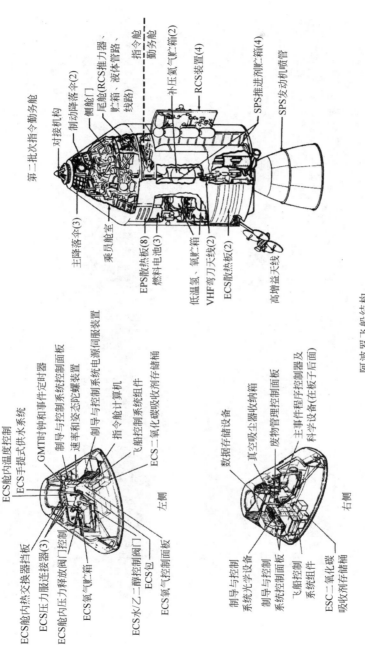

第二批次指令勤务舱

对接机构
制动降落伞(2)
侧舱门
尾舱(RCS推力器、贮箱、液体管路、线路)
指令舱
勤务舱
补压氢气贮箱(2)
RCS装置(4)
SPS推进剂贮箱(4)
SPS发动机喷管

主降落伞(3)
乘员舱室
EPS散热板(8)
燃料电池(3)
低温氢、氧贮箱
VHF弯刀天线(2)
ECS散热板(2)
高增益天线

ECS舱内温度控制

ECS舱内供水系统
ECS手提式供水系统
GMT时钟和事件定时器
制导与控制系统控制面板
速率和姿态陀螺装置
制导与控制系统电源控制同服装置
指令舱计算机
飞船控制系统组件
ECS二氧化碳吸收剂存储桶

ECS舱内热交换器挡板
ECS压力服连接器(3)
ECS舱内压力释放阀门控制
ECS氧气贮箱
ECS水/乙二醇控制阀门
ECS包
ECS氧气控制面板

左侧

数据存储设备
真空吸尘器收纳箱
废物管理控制面板
主事件程序控制器及科学设备(在板子后面)

制导与控制系统光学设备
制导与控制系统控制面板
飞船控制系统组件
ESC二氧化碳吸收剂存储桶

右侧

阿波罗飞船结构

CM-012 飞船运抵 34 号发射工位

被火灾损坏的阿波罗 1 号指令舱外部,格里索姆、怀特和查菲牺牲在里面(上左);通过舱门看到的景象(上右);宇航员的位置,舱门在中间座椅的上方(中左);环境控制单元附近区域,相信起火源在这里(中右);拆解的外部结构(下左);格伦、库珀和杨护送格里索姆的遗体(下右)

土星 Ⅴ 运载火箭首次飞行试验
（1967 年 11 月 9 日）

背景

作为"载人级"土星 Ⅴ 运载火箭计划中一系列 A 类任务的第一发，阿波罗 4 号（AS-501）任务是一次雄心勃勃的"一网打尽"式试验，火箭的三级（S-ⅠC、S-Ⅱ 和 S-ⅣB 级）全都是"真实"的。有效载荷是登月舱试验件（LTA-10R）和 CSM-017。CSM-017 是第一批次指令勤务舱，出于鉴定目的某些部分按照第二批次进行了改进，其中包括绕指令舱到勤务舱隔热层边缘的脐带式管缆，和打算在月球返回条件下测试的带有一个模拟统一乘员舱门的隔热层。从实际情况看，本次任务是无人试验，为了安放电机控制的定序器，去掉了指令舱的某些系统。

阿波罗 4 号飞船于 1967 年 11 月 9 日星期四，格林尼治时间 12：00：01（美国东部标准时间 07：00：01）的发射时间，从肯尼迪航天中心 39 号发射工位 A 发射台起飞升空，8.5 小时后回收了指令舱。

发射准备

AS-501 的发射倒计时被分成两个阶段：从射前 104 小时开始一直到射前 49 小时为"预备计时"，随后是"末段计时"。预备计时从 1967 年 11 月 4 日星期六，美国东部标准时间 12：00 开始。预备计时进展非常顺利，只有 11 月 5 日出现了两个问题，但都不需要中断计时。一个问题是 S-ⅠC 级的 4 号氦控制阀门密封圈因剐蹭需要更换，另一个是发射脐带塔的液压摆臂在加压时出现几处液体渗漏。11 月 6 日清晨，在启动塔架紧急撤离程序时产生了一连串警报，当确认是意外触发后，警报被取消。当日晚些时候，S-ⅣB 级的一个不规则液氧泵的进气传感器和 S-Ⅱ 级的一个液氧压力调节器必须更换,原因包括在飞船进行气动分离操作时出现泄漏。11 月 6 日 22:30,射前 49 小时计时重启,并且一直顺利进行到 11 月 7 日 22:10,随后发现飞船燃料电池低温氢贮箱存在热消耗的潜在问题。11 月 8 日 05:32 决定继续倒计时,不再重新加注氢贮箱。有两次计划的中断,第一次是在射前 6.5 小时中断 6 小时,第二次是在射前 4 小时中断 1.5 小时。11 月 8 日 12:31,在射前 11 小时出现了一次计划外中断。这次中断用掉了 6 个小时计划中断里的 1 小时 59 分钟。主要是为了在运载火箭出现一些小问题后赶上预定计划。有一个问题与飞船液氧压力有关,但分析表明压力很可能在起飞后恢复正常,因此不会阻碍计时。第二次长达 2 个小时的计划外中断发生在 11 月 8 日 17:00,即射前 8.5 小时,为了验证靶场安控指令接收机。计时于 19:00 重启。11 月 8 日 21:00 达到第一个计划的中断点,时钟将中断 2 小时 1 分钟,即 6 小时预留中断的剩余时间。23:01 计时再次重启,并且在 11 月 9 日 01:30 顺利地推进到射前 4 小时第二个计划的中断点。03:00 再次启动后,计时顺利推进到 07:00:01 的发射时刻,比预定计划晚了 1 秒。天空中有四成层积云,云底高 4 500 英尺,能见度为 10 海里。考虑到土星 V 运载火箭史无前例的巨大尺寸,发射场清空了 3 海里半径范围内的所有人员。

阿波罗 4 号准备事件	日　　期
S-ⅣB 级运抵肯尼迪航天中心	1966 年 08 月 14 日
S-ⅣB 转移到飞行器组装厂房(VAB)低段	1966 年 08 月 15 日
仪器单元运抵	1966 年 08 月 25 日
SLA 运抵	1966 年 09 月 09 日
S-ⅠC 级通过驳船运抵肯尼迪航天中心,卸船并被运进飞行器组装厂房转运通道	1966 年 09 月 12 日
S-ⅠC 级在 1 号高段的 1 号移动发射台起竖	1966 年 10 月 27 日
S-Ⅱ级的"线轴"状替代段起竖(替代缺省的 S-Ⅱ级)	1966 年 10 月 31 日
S-ⅣB 级起竖	1966 年 11 月 01 日
仪器单元起竖	1966 年 11 月 02 日
S-ⅠC 级开始供电	1966 年 11 月 07 日
仪器单元总线开始供电	1966 年 11 月 16 日
运载火箭电气对接完成	1966 年 11 月 21 日
设施验证模型起竖(代替缺省的 CSM-017)	1966 年 11 月 28 日
运载火箭应急检测系统测试完成	1966 年 12 月 12 日
时序故障测试完成	1966 年 12 月 16 日
制导与导航系统检测完成	1966 年 12 月 20 日

阿波罗 4 号准备事件	日　　期
勤务舱运抵	1966 年 12 月 21 日
指令舱运抵	1966 年 12 月 24 日
阿波罗飞船 CSM-017 起竖	1967 年 01 月 12 日
S-Ⅱ级通过驳船运抵肯尼迪航天中心,卸船并被转运到飞行器组装厂房低段进行检测	1967 年 01 月 21 日
带运载火箭模拟器的飞船各系统综合测试启动	1967 年 01 月 23 日
运载火箭综合测试♯1 完成	1967 年 01 月 24 日
飞船回平,并被转运到载人航天操作大楼进行测试	1967 年 02 月 13 日
仪器单元回平	1967 年 02 月 13 日
S-ⅣB级回平	1967 年 02 月 14 日
S-ⅣB级开始修改	1967 年 02 月 15 日
S-Ⅱ级替代段回平	1967 年 02 月 15 日
S-Ⅱ级起竖	1967 年 02 月 23 日
仪器单元和 S-ⅣB级起竖	1967 年 02 月 24 日
运载火箭电气对接完成	1967 年 03 月 01 日
动力分配装置测试完成	1967 年 03 月 17 日
运载火箭电气支持设备开始修改	1967 年 03 月 22 日
飞船设备验证飞行器起竖	1967 年 04 月 06 日
运载火箭电气支持设备修改验证完成	1967 年 04 月 08 日
运载火箭综合测试♯2 完成	1967 年 04 月 14 日
进行摆臂兼容性测试	1967 年 05 月 24 日
S-Ⅱ级 LOX(液氧)贮箱结构缺陷排查	1967 年 05 月 25 日
飞船设施验证飞行器回平	1967 年 05 月 26 日
仪器单元回平	1967 年 05 月 27 日
S-ⅣB级回平	1967 年 05 月 27 日
S-Ⅱ级液氧贮箱染色剂渗透检查	1967 年 05 月 28 日
S-Ⅱ级回平	1967 年 06 月 03 日
S-Ⅱ级液氢贮箱检查开始	1967 年 06 月 05 日
飞船舱体泄漏检测完成	1967 年 06 月 12 日
S-Ⅱ级液氢贮箱检查完成	1967 年 06 月 16 日
S-Ⅱ级起竖	1967 年 06 月 18 日
S-ⅣB级起竖	1967 年 06 月 19 日
仪器单元起竖	1967 年 06 月 19 日
飞船起竖	1967 年 06 月 20 日
运载火箭电气对接完成	1967 年 06 月 23 日
运载火箭整体测试♯2 完成	1967 年 07 月 14 日

阿波罗 4 号准备事件	日　　期
飞行器电气对接和应急检测系统测试完成	1967 年 07 月 24 日
飞行器插合整体测试♯1 完成	1967 年 08 月 01 日
空间飞行器脱落整体测试♯2 完成	1967 年 08 月 06 日
飞船火工品安装	1967 年 08 月 07 日
飞行器模拟飞行测试完成	1967 年 08 月 18 日
S-Ⅱ级液氢隔离修改完成	1967 年 08 月 24 日
飞行器转运至 39A 发射工位	1967 年 08 月 26 日
飞船地面支持设备移动勤务架与移动发射台接口测试完成	1967 年 09 月 07 日
液氧和液氢冷流测试完成	1967 年 09 月 20 日
S-ⅠC 级加注火箭推进剂（RP-1）完成，准备启动倒计时验证测试（CDDT）	1967 年 09 月 27 日
预备计时完成后开始 CDDT，由于遇到大量问题一直进行到 10 月 14 日。在这部分测试期间，必须开始更换阿波罗飞船燃料电池	1967 年 09 月 29 日
CDDT 的末段计时部分完成	1967 年 10 月 14 日
飞船燃料电池更换完成	1967 年 10 月 19 日
S-Ⅱ级液氧贮箱抗旋流隔板检测完成	1967 年 10 月 22 日
飞行器飞行准备就绪测试完成	1967 年 10 月 26 日

上升段

在起飞后 10 秒内，为了"避开"发射脐带塔，防止与有可能打开迟缓的摆臂发生碰撞，运载火箭要进行偏航机动。发射台上的发射方位角为北偏东 90 度，火箭一旦离开发射脐带塔，便开始滚动机动，使惯性制导系统对准北偏东 72 度的飞行方位角，接着是俯仰机动。T+61.4 秒速度达到马赫数为 1，T+78.4 秒通过最大动压，此时高度为 37 700 英尺，风速为 50 节。S-ⅠC 级的中心发动机根据计时器于 T+135.52 秒关机。外围发动机根据液氧耗尽情况于 T+150.769 秒关机。级间分离分成两个阶段进行。首先，在 T+151.43 秒，S-ⅠC 级与环形级间段或称"裙边"分离，级间段一直延伸至 S-Ⅱ级的发动机；S-Ⅱ级于 T+152.12 秒点火启动；然后在 T+181.44 秒抛掉级间段。这一过程由后来弹射并回收的胶片摄影机记录下来。这种"双面"分离的设计是为了确保 S-ⅠC 级脱离时不会伤及 S-Ⅱ级的发动机。S-ⅠC 级的遥测信号于 T+410 秒终止，大约此时光学和雷达跟踪设备观测到该级在再入大气层时结构解体并开始燃烧。发射逃逸系统的小型固体火箭发动机在 T+187.13 秒点火，将逃逸塔带离飞船。S-Ⅱ级在 T+519.759 秒关机,并于 T+520.53 秒被抛掉,其再入过程没有被观测到。当 S-ⅣB 级继续向前飞行时,其外围两台固体火箭(比土星ⅠB 的这一级少一个)发动机点火,在主发动机点火前使残留的推进剂下沉,然后两固体火箭也被抛掉。飞行器于 T+675.6 秒进入轨道。此后不久 S-ⅣB 级上的炸毁指令接收机收到百慕大靶场安控官发出的安控解除指令。

发射阶段飞行正常,所有计划内事件均在允许范围内实施完成。在首次动力飞行的绝大部分阶段,高度超过了理论值但地表射程不及理论值。惯性加速度在 S-ⅠC 级飞行段比正常值高,在 S-Ⅱ 级及 S-ⅣB 级第一次点火段比正常值低。S-ⅠC 级、S-Ⅱ 级及 S-ⅣB 级第一次点火段的总点火时间比理论值多出 9.6 秒。其中 S-ⅠC 级比理论值多燃烧了 1.1 秒,S-Ⅱ 级多燃烧了 4.6 秒,S-ⅣB 级第一次点火多燃烧了 6.1 秒。然而 S-ⅣB 级在第一次点火关机时刻的空间固连坐标系速度比理论值仅仅低了 4.07 英尺/秒。更长的点火时间也合理解释了在第一次点火关机时刻地表射程比理论值多出 23.85 海里,此时的高度比理论值高了 0.63 海里。

地面支持装备保持了良好的状态,但发动机勤务平台受到了很大程度的损坏,而发射脐带塔(LUT)层的平台则完全被摧毁。

国际太空研究委员会(COSPAR)将飞船命名为"1967-113A",将 S-ⅣB 级命名为"1967-113B"。

地球轨道段

S-ⅣB 级将自身及有效载荷送入 100 海里高的近圆"停泊轨道"。在滑行期间 S-ⅣB 级的持续排气系统保持着贮箱里残留推进剂的压力,直到发动机再次点火前不久才关闭。003:11:26.6,以纵轴在轨道面内且平行于当地地平线的姿态绕轨飞行约 2 圈后,S-ⅣB 级再次点火,模拟进入地月转移轨道点火,连续了 5 分钟。这样形成了一条椭圆形与大气层交汇的"等待轨道",其远地点达到 9 292 海里。003:26:28.2,飞船与 S-ⅣB 级分离;003:28:06.6,勤务舱推进系统短暂点火,将远地点进一步提高到 9 769 海里(原计划为 9 890 海里)。这验证了在零重力加速度且无正推发动机推动推进剂沉底的情况下发动机的点火能力。接下来为达到指令舱隔热层的热梯度,飞船采取了特定姿态,即指令舱舱门舷窗正对太阳,太阳光线垂直射到乘组舱室外的圆锥表面,这种姿态保持了大约 4.5 小时,目的在于让指令舱及其烧蚀层在再入大气之前经受环向热应力和变形。正如测量数据显示的涂层平衡温度超出了正常值,第二批次飞船热控涂层的确有损坏,其原因是用于抛射发射逃逸塔的固体火箭的废弃物附着到了涂层上。005:46:49.5,

飞船到达远地点。在整个"冷浸"滑行阶段，飞船上一台 70 毫米自动照相机每隔 10.6 秒拍摄一张地球照片，最终拍摄了 715 张优质的高分辨率照片。008:10:54.8，勤务推进系统再次点火，将飞船加速到再入状态，这是月球返回轨道可能产生的最严苛的运行状态，预计达到 34 816 英尺/秒的惯性速度，但由于空间机动是由地面控制的，点火时间比理论值稍长，从而实际速度达到 35 115 英尺/秒。在勤务推进系统关机后大约 2 分钟 27 秒，勤务舱被抛掉，指令舱利用自身的推力器调整到再入姿态。

回收

再入边界出现在 008:29:28.5（按照定义为 400 000 英尺高度），当时的惯性速度为 36 639 英尺/秒，航迹角为 -6.93 度。由于 SPS 第二次点火的时间比计划的长，导致再入边界条件产生变化，速度比预计的高出 210 英尺/秒，再入角低了 0.2 度，不过仍然处于理想的"再入走廊"中。由于再入条件的变化，返回重力加速度的峰值为 7.27g，比预计的 8.3g 略低。这一变化没有影响到制导系统瞄准目标落点，飞船的再入状态良好，符合预定条件。升阻比为 0.365（±0.015），预计值为 0.350，该数值在 0.322 到 0.415 之间都是可以接受的。再入过程中舱内温度仅仅升高了 10 华氏度。降落伞于 008:31:18.6 打开，三顶主伞于 008:32:05.8 打开。美国海军本宁顿号回收船目视到指令舱，当时该船位于西经 172.52 度、北纬 30.10 度夏威夷西北的主回收区。008:37:09.2 指令舱溅落在距"本宁顿"号回收船大约 6 海里至 8 海里处，激起 8 英尺高的海浪，距离瞄准点 10 海里（经事后再入数据重建确定）。20 分钟内，直升机投下的蛙人给指令舱套上了漂浮气囊。溅落后 2.5 小时顶盖（曾经覆盖在降落伞上）被回收，一同回收的还包括三个主伞中的一个。这是阿波罗降落伞第一次被回收以备检查。回收工作总共持续了大约 2 个小时。

飞船被运抵夏威夷，在那里拆解后被空运至加利福尼亚州唐尼市的北美航空公司进行飞行后的检测。

结论

本次任务的主要目标是验证运载火箭与飞船结构和温度完整性，同时验证第二批次飞船在月球返回条件下再入时，其隔热层的充分性。这些目标圆满完成。

飞船各分系统各方面运行状况均令人满意。制导与控制分系统的性能达到或优于预期。制导计算机执行的所有定序和运算正确。环境控制分系统将舱内压力和温度值保持在要求的范围内。热防护分系统经受住了月球返回环境。隔热层的烧蚀在 2.5 毫米至 7.6 毫米。

阿波罗 4 号上升段事件	飞行地面时间（时：分：秒）	高度/海里	航程/海里	地球固连坐标系速度/（英尺/秒）	空间固连坐标系速度/（英尺/秒）	时长/秒	地心纬度/度（北纬）	经度/度（东经）	空间固连坐标系航迹角/度	空间固连坐标系指向角/度（北偏东）
起飞	000:00:00.26	0.0	0.0	—	—	—	—	—	—	—
达到马赫数为 1	000:01:01.4	3.97	—	—	—	—	—	—	—	—
最大动压	000:01:18.4	7.16	—	—	—	—	—	—	—	—
S-ⅠC 中心发动机关机	000:02:15.52	26.80	29.31	—	7 241.47	—	28.75	−80.07	23.275	75.952
S-ⅠC 外围发动机关机	000:02:30.769	34.40	44.62	—	8 831.49	—	28.83	−79.83	20.955	75.293
S-ⅠC/S-Ⅱ 级分离	000:02:31.43	34.75	45.36	7 694.62	8 860.60	—	—	—	20.855	75.287
S-Ⅱ 级发动机关机	000:08:39.759	103.86	797.86	—	22 355.61	367.6	31.72	−65.67	0.642	81.485
S-Ⅱ/S-ⅣB 级分离	000:08:40.53	103.89	800.15	21 060.40	22 363.98	—	—	—	0.632	81.510
S-ⅣB 级第一次点火关机	000:11:05.64	104.00	1 321.95	—	25 556.96	144.9	32.64	−55.53	0.015	87.210
进入地球轨道	000:11:15.6	103.96	—	—	25 562.7	—	32.67	−54.67	0.014	87.65

阿波罗 4 号地球轨道段事件	飞行地面时间（时：分：秒）	空间固连坐标系速度/（英尺/秒）	时长/秒	速度变化/（英尺/秒）	远地点/海里	近地点/海里	周期/分	倾角/度
进入地球轨道	000:11:15.6	25 563	—	—	101.10	99.14	88.20	32.573
S-ⅣB 级第二次点火	003:11:26.57	25 547	—	—	—	—	—	—
S-ⅣB 级第二次关机	003:16:26.27	30 882	299.7	—	9 292	−44	303.1	30.31
S-ⅣB 级/指令勤务舱分离	003:26:28.24	26 233	—	—	—	—	—	—
SPS 第一次点火	003:28:06.6	25 504	—	—	—	—	—	—
SPS 第一次关机	003:28:22.6	25 547	16.0	212.50	9 769	−145	316.6	30.31
SPS 第二次点火	008:10:54.8	28 173	—	—	—	—	—	—
SPS 第二次关机	008:15:35.4	35 115	280.6	4 824.3	—	—	—	—
指令舱/勤务舱分离	008:18:02.6	36 138	—	—	—	—	—	—
再入边界	008:19:28.5	36 545	—	—	—	—	—	—

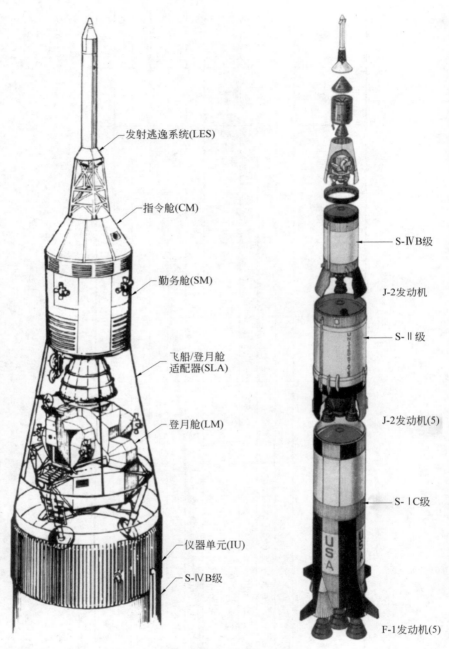

发射逃逸系统(LES)

指令舱(CM)

勤务舱(SM)

飞船/登月舱
适配器(SLA)

登月舱(LM)

仪器单元(IU)

S-ⅣB级

S-ⅣB级

J-2发动机

S-Ⅱ级

J-2发动机(5)

S-ⅠC级

F-1发动机(5)

阿波罗-土星Ⅴ空间飞行器主要结构

在飞行器组装厂房的高段，用于 AS-501 任务的 S-ⅣB 级正安装到 S-ⅠC/S-Ⅱ 级上

将仪器单元安装到 S-ⅣB 级上，技术人员正在工作

正在安装 CSM-017 和 LTA-10R（在适配器里面）

仅剩发射逃逸系统没有安装的 AS-501 空间飞行器

土星 V 运载火箭以完美的开端腾空而起

CM-017 等待回收

任务目标

运载火箭的主要详细目标：

1. 验证运载火箭在整个动力和滑行阶段的结构与温度完整性，确定飞行中结构负荷与动力学特性。完成。

2. 确定飞行中运载火箭的内部环境。完成。

3. 验证射前和发射过程中支持设备与运载火箭和飞船系统的兼容性。完成。

4. 验证 S-Ⅱ级推进系统，并确定飞行中系统性能参数。完成。

5. 验证 S-Ⅱ级推进系统的程序混合比转换、推进剂管理系统，并确定飞行中系统性能参数。完成。

6. 验证 S-ⅣB级推进系统，包括推进剂管理系统，并确定飞行中系统性能参数。完成。

7. 验证 S-ⅠC级、S-Ⅱ级和 S-ⅣB级动力飞行期间运载火箭的制导与控制系统。实现制导关机并评估系统精度。完成。

8. 验证 S-ⅠC级/S-Ⅱ级双面分离。完成。

9. 验证 S-Ⅱ级/S-ⅣB级分离。完成。

10. 验证运载火箭定序系统。完成。

11. 验证运载火箭与飞船的兼容性。完成。

12. 在开环模式且飞船内自动中止电路无效的情况下评估应急检测系统的性能。完成。

13. 验证 S-ⅣB级辅助推进系统在 S-ⅣB级动力飞行和轨道滑行阶段保持姿态控制和完成要求机动的能力。完成。

14. 验证 S-ⅣB级持续排风系统在地球轨道运行期间的充分性。完成。

15. 验证 S-ⅣB级重新启动能力。完成。

16. 验证高轨道任务的发射和操控所必需的任务支持能力。完成。

运载火箭的次要试验详细目标：

1. 确定动力飞行段运载火箭外部环境。完成。

2. 确定主发动机、反推发动机和正推发动机点火期间排气火焰对无线电频率发射与接收系统的衰减影响。完成。

飞船的主要目标：

1. 验证运载火箭与飞船的结构和温度完整性和兼容性。确认发射负载和动力学特性。完成。

2. 验证以下分系统运行状态：指令舱隔热层（第二批次飞船隔热层在月球返回条件下再入的充分性），勤务推进系统（包括无残留液启动），以及被选定的分系统。完成。

3. 在开环模式下评估飞行器应急检测分系统性能。完成。

4. 验证发射、任务实施和指令舱回收所需的任务支持设施与操作。完成。

飞船的强制试验详细目标：

1. M1.1：验证指令勤务舱/SLA/LTA/土星Ⅴ结构相容性，并确定飞船在土星Ⅴ火箭发射状态下的负荷。完成。

2. M1.2：确定 SLA/指令勤务舱结构在土星Ⅴ火箭发射状态下的动力学和热响应。完成。

3. M1.4：确定土星Ⅴ火箭发射状态下飞船附属结构中 SLA 向模拟登月舱施加的力。仅获取了定性数据。

4. M1.5：获取土星Ⅴ火箭发射过程中 SLA/模拟登月舱接口处的声学和热学环境数据。完成。

5. M1.7：确定土星Ⅴ火箭发射状态下登月舱下降段发动机和推进剂贮箱的震动响应。完成。

6. M3.1：评估第二批次热防护系统的热学和结构性能，包括月球返回再入状态下受高热负荷与高加热速率双重作用时冷浸和最大热梯度的影响。完成。

7. M3.2：验证 SPS 无残留液重启。完成。

8. M3.3：确定 SPS 在长时间燃烧过程中的性能。完成。

9. M3.5：验证深空环境下 SM-RCS 热控分系统与发动机热响应的性能。完成。

10. M3.6：验证在模拟的月球返回再入过程中 CM-RCS 各推力器和延伸部分热设计充分性。完成。

11. M3.8：评估在预测的月球返回再入加热条件下，模拟统一乘组舱门间隙与密封模式的热性能。完成。

12. M3.9：验证隔热系统在整个任务过程中的效果。完成。

13. M4：在开环模式下评估飞船应急检测分系统的性能。完成。

飞船的主要试验详细目标：

1. P5.2b：验证飞船与载人航天飞行网（MSFN）之间 S 频段通信的性能。完成。

2. P5.6：测量指令舱到达至少 2 000 海里高度后整个表层和深层的辐

射剂量。完成。

飞船的次要试验详细目标：

1．S1：确定指令舱辐射防护效果。完成。

2．S2：用第二批次 VHF 全向天线验证指令勤务舱通信分系统运行的满意度。完成。

3．S3.1c：验证制导与导航系统在经历土星 V 火箭发射环境后的运行情况。完成。

4．S3.1d1：验证电源系统（EPS）在经历土星 V 火箭发射环境后的运行情况。完成。

5．S3.1d2：验证主制导系统（PGS）在经历土星 V 火箭发射环境后的运行情况。完成。

6．S3.2a：验证制导与导航系统在 S-ⅣB 级分离后处于太空环境中的运行情况。完成。

7．S3.2d1：验证 EPS 在 S-ⅣB 级分离后处于太空环境中的运行情况。完成。

8．S3.2d2：验证 PGS 在 S-ⅣB 级分离后处于太空环境中的运行情况。完成。

9．S3.3a：验证 CM-RCS 在再入和回收过程中的运行情况。完成。

10．S3.3c：验证 G&N/SCS 在再入和回收过程中的运行情况。完成。

11．S3.3d：验证 EPS 在再入和回收过程中的运行情况。完成。

12．S3.3e：验证地球着陆系统（ELS）在再入和回收过程中的运行情况。完成。

13．S5：通过指令勤务舱/ARIA 通信系统获取数据。完成。

14．S6：收集 SPS 长时间燃烧对飞船稳定性影响的数据。完成。

15．S7：获取模拟登月舱表层在发射过程中的温度数据。完成。

任务时间表

阿波罗 4 号任务事件	飞行地面时间 （时：分：秒）	日期 （格林尼治时间）	时间 （时：分：秒）
飞行器自燃式燃料加注完毕，准备开始发射倒计时	—	1967 年 11 月 03 日	—
S-ⅠC 级火箭推进剂（RP-1）加注完毕，准备开始发射倒计时	—	1967 年 11 月 04 日	—

阿波罗 4 号任务事件	飞行地面时间 （时：分：秒）	日期 （格林尼治时间）	时间 （时：分：秒）
运载火箭在射前 104 小时开始预备计时	−104:00:00	1967 年 11 月 04 日	17:00:00
运载火箭在射前 49 小时开始末段计时	−049:00:00	1967 年 11 月 07 日	03:30:00
射前 11 小时开始计划外中断	−011:00:00	1967 年 11 月 08 日	17:31:00
计时重启	−011:00:00	1967 年 11 月 08 日	19:30:00
射前 8.5 小时开始计划外中断	−008:30:00	1967 年 11 月 08 日	22:00:00
计时重启	−008:30:00	1967 年 11 月 09 日	00:00:00
射前 6.5 小时开始计划内中断	−006:30:00	1967 年 11 月 09 日	02:00:00
计时重启	−006:30:00	1967 年 11 月 09 日	04:01:00
射前 4 小时开始计划内中断	−004:00:00	1967 年 11 月 09 日	06:30:00
计时重启	−004:00:00	1967 年 11 月 09 日	08:00:00
制导基准发布	−000:00:17.638	1967 年 11 月 09 日	11:59:43
S-IC 级启动时序指令	−000:00:09	1967 年 11 月 09 日	11:59:52
发射准许	−000:00:00.648	1967 年 11 月 09 日	12:00:00
第一次动作（由地面各摄像机确定）	−000:00:00.48	1967 年 11 月 09 日	12:00:00
发射时间	000:00:00.000	1967 年 11 月 09 日	12:00:01
起飞	000:00:00.263	1967 年 11 月 09 日	12:00:01
偏航机动开始	000:00:01.263	1967 年 11 月 09 日	12:00:02
偏航机动结束	000:00:10.16	1967 年 11 月 09 日	12:00:11
俯仰（倾斜）机动开始	000:00:11.06	1967 年 11 月 09 日	12:00:12
滚动机动开始	000:00:11.06	1967 年 11 月 09 日	12:00:12
滚动机动结束	000:00:31.99	1967 年 11 月 09 日	12:00:32
达到马赫数为 1	000:01:01.4	1967 年 11 月 09 日	12:01:02
最大动压	000:01:18.4	1967 年 11 月 09 日	12:01:19
S-IC 级中心发动机关机	000:02:15.52	1967 年 11 月 09 日	12:02:16
倾斜停止	000:02:25.07	1967 年 11 月 09 日	12:02:26
S-IC 级外围发动机关机	000:02:30.769	1967 年 11 月 09 日	12:02:31
S-IC/S-II 级分离	000:02:31.43	1967 年 11 月 09 日	12:02:32
S-II 级点火指令	000:02:32.12	1967 年 11 月 09 日	12:02:33
S-IC 级间段分离	000:03:01.44	1967 年 11 月 09 日	12:03:02
抛掉发射逃逸系统	000:03:07.13	1967 年 11 月 09 日	12:03:08
启动迭代制导模式	000:03:10.88	1967 年 11 月 09 日	12:03:11

阿波罗 4 号任务事件	飞行地面时间 （时：分：秒）	日期 （格林尼治时间）	时间 （时：分：秒）
S-Ⅱ级发动机混合比转换，启动第二阶段迭代制导模式	000:07:15.69	1967 年 11 月 09 日	12:07:16
S-Ⅱ级关机	000:08:39.759	1967 年 11 月 09 日	12:08:40
S-Ⅱ/S-ⅣB级分离	000:08:40.53	1967 年 11 月 09 日	12:08:41
S-ⅣB第一次点火指令	000:08:40.72	1967 年 11 月 09 日	12:08:41
启动第三阶段迭代制导模式	000:08:47.65	1967 年 11 月 09 日	12:08:48
抛掉 S-ⅣB级正推发动机壳体	000:08:52.53	1967 年 11 月 09 日	12:08:53
启动 $\tilde{\chi}$ 转向	000:10:32.25	1967 年 11 月 09 日	12:10:33
S-ⅣB级第一次关机	000:11:05.64	1967 年 11 月 09 日	12:11:06
开始滑行阶段	000:11:07.15	1967 年 11 月 09 日	12:11:08
进入停泊轨道	000:11:15.6	1967 年 11 月 09 日	12:11:16
启动 S-ⅣB级持续排气实现残留液沉底	000:12:04.8	1967 年 11 月 09 日	12:12:05
停止 S-ⅣB级持续排气	003:05:59.576	1967 年 11 月 09 日	15:06:00
S-ⅣB级第二次点火	003:11:26.57	1967 年 11 月 09 日	15:11:27
启动第四阶段迭代制导	003:11:39.99	1967 年 11 月 09 日	15:11:40
迭代制导模式终止，启动 $\tilde{\chi}$ 转向	003:15:58.18	1967 年 11 月 09 日	15:15:59
S-ⅣB级第二次关机	003:16:26.27	1967 年 11 月 09 日	15:16:27
开始滑行阶段	003:16:27.66	1967 年 11 月 09 日	15:16:28
S-ⅣB级/指令勤务舱分离指令	003:26:26.47	1967 年 11 月 09 日	15:26:27
指令勤务舱释放	003:26:28.244	1967 年 11 月 09 日	15:26:29
SPS 第一次点火	003:28:06.6	1967 年 11 月 09 日	15:28:07
SPS 第一次关机	003:28:22.6	1967 年 11 月 09 日	15:28:23
高远地点	005:46:49.5	1967 年 11 月 09 日	17:46:50
SPS 第二次点火	008:10:54.8	1967 年 11 月 09 日	20:10:55
SPS 第二次关机	008:15:35.4	1967 年 11 月 09 日	20:15:36
指令舱/勤务舱分离	008:18:02.6	1967 年 11 月 09 日	20:18:03
400 000 英尺再入边界	008:19:28.5	1967 年 11 月 09 日	20:19:29
制动降落伞打开	008:31:18.6	1967 年 11 月 09 日	20:31:19
主降落伞打开	008:32:05.8	1967 年 11 月 09 日	20:32:06
溅落	008:37:09.2	1967 年 11 月 09 日	20:37:10
指令舱运抵加利福尼亚州唐尼市	—	1967 年 11 月 15 日	—

阿 波罗 5 号

登月舱无人试验
（1968 年 1 月 22 日）

背景

阿波罗 5 号任务的主要目标是试验登月舱(LM-1)，但这次飞行中不安装落月腿。本次任务还将试验为土星 V 运载火箭配置的仪器单元。火箭于 1968 年 1 月 22 日星期一，格林尼治时间 22:48:08（美国东部标准时间 17:48:08）的发射时间，从佛罗里达州肯尼迪航天中心 37 号发射工位的 B 发射台点火升空。

发射准备

1967 年 1 月 AS-206 运载火箭在 37 号工位的 B 发射台起竖时，原本是计划在 4 月份发射登月舱的。但有效载荷交付日期数次延后，造成无法确定最终的交付时间。为此，NASA 于 3 月 20 日宣布由 1966 年 8 月交付并已经在 34 号工位起竖的 AS-204 火箭发射登月舱，从而使 AS-206 躲过了 1 月 27 日那场烧毁阿波罗 1 号飞船的火灾。于是，AS-206 被卸下来并运回存储间，到 4 月 11 日由 AS-204R（这款早期的火箭已经进行了重新设计）取而代之。由于有效载荷无法运到，格鲁曼公司为了验证设施，用胶合板在发射台上制作了一个登月舱的模样。1967 年 6 月 23 日在上升级和下降级运到后，登月舱于 6 月 27 日被安装上箭。但对其检查后发现仍有大量工作需要进行，为此又不得不在 8 月将其卸下来，以修复上升级中的缺陷。登月舱各级重新安装后，在 9 月又发现了一个缺陷，于是再一次将各级拆卸下来，并将几个硬件送回格鲁曼公司进行检查。10 月，各级重新装配到一起并通过了测试，11 月 19 日登月舱完成了与运载火箭的机械配装，还为 SLA 装上了空气动力学整流罩。飞行器的飞行准备测试一直进行到 12 月末。登月舱是在 1968 年 1 月 18 日格林尼治时间 20:50 倒计时验证测试期间封闭的。程序中存在的问题阻碍了登月舱自燃推进剂的加注,不过测试还是在 1 月 19 日完成了。1 月 21 日,末段计时于射前 10 小时 30 分钟开始。射前 3 小时 30 分钟时,一台遥测计算机被曝出现强制故障,但继续用一台指令计算机在上升段发送指令并且在轨道上提供遥测仍然是十分安全可靠的。射前 2 小时 30 分钟出现一次中断,当时地面支持设备出现故障,无法向调节温度的乙二醇冷却循环回路提供氟利昂。登月舱在射前 42 分钟切换到自己的电源,在延误数小时后,飞行器在太阳落山前不久被发射升空。

阿波罗 5 号准备事件	日　　期
S-IB 级通过驳船运抵肯尼迪航天中心	1966 年 08 月 15 日
S-IVB 级运到	1966 年 08 月 16 日
S-IB 级在 37B 发射工位起竖	1967 年 04 月 07 日
运载火箭 AS-204R 完工	1967 年 04 月 11 日
登月舱上升级和下降级运到	1967 年 06 月 23 日
登月舱各级组装	1967 年 06 月 27 日
登月舱与运载火箭机械装配	1967 年 11 月 19 日
空间飞行器的飞行准备测试完成	1967 年 12 月
登月舱封闭	1968 年 01 月 18 日
倒计时验证测试结束	1968 年 01 月 19 日
发射倒计时开始	1968 年 01 月 21 日
发射	1968 年 01 月 22 日

上升段

航天器以北偏东 90 度的发射方位角点火起飞,9.2 秒后开始俯仰机动,并开始滚动以使其惯性导航系统对准北偏东 72 度的飞行方位角。T+59.8 秒达到马赫数为 1,并在 T+71.5 秒通过最大动压。俯仰机动于 T+135.3 秒结束,以便稳定航天器准备级间分离。S-IB 级于 T+144.3 秒关机,与预计时间相差不到 0.1 秒,高度比理论值高出 0.4 海里,空间固连坐标系速度比理论值高出 10.8 英尺/秒,航程近了 0.011 海里。制导系统于 T+593.3 秒关闭 S-IVB 级,比预计时间提前了 5.1 秒,当时的速度比理论值低了 2.3 英尺/秒,高度高出 0.12 海里,地表航程多了 16.3 海里。轨道近地点为 88 海里,远地点为 120 海里,周期为 88.39 分钟,与赤道的倾角为 31.36 度。

阿波罗5号上升段事件	飞行地面时间（时：分：秒）	高度/海里	航程/海里	地球固连坐标系速度/英尺/秒	空间固连坐标系速度/英尺/秒	时长/秒	地心纬度/度（北纬）	经度/度（东经）	空间固连坐标系航迹角/度	空间固连坐标系指向角/度（北偏东）
起飞	—	0.0	0.0	—	—	—	—	—	—	—
达到马赫数为1	000:00:59.8	4.1	—	—	—	—	—	—	—	—
最大动压	000:01:11.5	—	—	—	—	—	—	—	—	—
S-ⅠB级中心发动机关机	000:02:19.0	32	—	—	7 563	—	28.68	−80.03	28.12	75.78
S-ⅠB级外层发动机关闭	000:02:22.3	34	—	—	7 760	—	28.70	−79.98	27.62	75.71
S-ⅠB/S-ⅣB级分离	000:02:23.5	—	—	—	—	—	—	—	—	—
S-ⅣB级发动机关机	000:09:53.3	88	—	—	25 659	—	31.50	−62.57	−0.01	85.50
进入地球轨道	000:10:03.3	88	—	—	25 684	—	31.56	−61.81	0.0	85.92

地球轨道段

整流罩在进入轨道 35 秒后被抛掉,SLA 的保护罩板在 000:19:53.5 展开。登月舱于 000:53:50 与 S-ⅣB 级分离。通过姿态控制发动机机动离开废弃火箭后,登月舱采用了一种"冷浸"定向,从而让制导系统可以保持发动机的最小工作周期。这一计划需要两次下降推进系统(DPS)机动、一次应急级间分离、两次上升推进系统(APS)机动。在第三圈时,DPS 第一次点火并持续工作 38 秒。节流阀在最初的 26 秒内开到 10%,然后完全打开。第二次机动是让推力曲线模拟一次落月过程,包括五个阶段总计 734 秒。应急级间分离程序将在 DPS 的节流阀完全打开时启动,其中包括 DPS 关机和一次 5 秒的 APS"孔洞点火"。APS 第二次点火将持续大约 445 秒直到推进剂耗尽,这一动作标志着主任务结束。

003:59:42 制导系统启动第一次 DPS 点火,但仅仅 4 秒后就关闭了发动机,原因在于形成的推力没有满足程序控制的速度-时间标准。制导系统一感知到航天器没有按照预期迅速加速,便中止了这一机动。这是一项设计出的内容,因为在载人任务中,这一功能将允许乘组分析情况并决定是否重新启动发动机以便继续完成任务。在正常情况下,发动机应该在燃料箱满压力下开始点火,并且在 4 秒内输出推力。但是这次按照设计的情况,点火在低于正常压力下进行,各贮箱仅部分加压,输出压力要花费 6 秒。因此提前关机是制导与推进系统之间没能协调一致的结果。在给制导系统发了一条禁用指令后,余下任务将由地面进行控制。

在提前关机后,启用了预先设定的备选程序,设计该程序用以完成任务的各项最低需求。006:10:00 自动定序器启动了第二次和第三次 DPS 点火、应急级间分离和第一次 APS 点火程序。由备份控制系统保持对姿态变化率的控制。下降发动机方向控制正确,平稳响应指令将节流阀完全打开。然而,由于三次 DPS 点火的时间太短,超临界氦压力系统的热控方面没能进行充分评估。在应急级间分离过程中,所有系统的运行和飞行器动力学特性都满足了载人飞行要求。在第一次 APS 点火后,重新选择主控制系统控制飞船姿态和速度。不幸的是,由于主系统在应急级间分离过程中被设定为被动状态,其计算机程序无法反映这些活动产生的质量变化。结果,控制发动机点火次数的计算只好依据两级火箭的质量进行,从而造成控制发动机消耗了极其多的推进剂,并最终导致推进剂耗尽。由于过度控制发动机的工作,导致发动机温度超出上限,好在没有引发不良后果。随着推进剂的耗尽,喷气控制系统因多方面压力降低处于异常状态。持续运行导致 3

个故障,但没有对任务造成明显影响。自动定序器在 007:44:13 启动了 APS 的第二次点火,一直运行到 007:50:03 推力衰减。随着控制系统推进剂的耗尽,姿态控制一直依赖从 APS 贮箱中抽调推进剂来维持,这一状态保持到定序器自动关闭了互联阀门;这时,APS 仍然在工作,于是飞行器开始翻转。翻转的速度很快就变得如此之大,以至于阻止了推进剂流入发动机,而且注入氦气引发推力在推进剂耗尽之前就衰减了。推力衰减后跟踪丢了大约 2 分钟,因此结束了这次任务。在这次机动的控制过程中,上升级一直处于相反的指向;轨道仿真表明,此后不久它进入太平洋上空的大气层,溅落点位于离中美洲西海岸 400 英里处。根据跟踪数据推算,S-ⅣB 级将在 15.5 小时后再入。

登月舱机动[*]	点火地面经历时间(时:分:秒)	持续时间/秒	**X 轴**速度变化/(英尺/秒)	**Y 轴**速度变化/(英尺/秒)	**Z 轴**速度变化/(英尺/秒)	总速度变化/(英尺/秒)
第一次 DPS 点火	003:59:41.7	4.0	3.05	−0.49	−1.96	3.66
时序Ⅲ点火	006:10:07.4	186.9	−612.56	−400.66	149.45	747.05
时序Ⅴ点火	007:44:00.3	210.0	1 531.89	−427.55	−359.41	1 630.54

　　[*] 第一次 DPS 点火及时序Ⅲ和时序Ⅴ点火的中断,包括残留液沉底在内,均由 G&N(制导与导航)确定

阿波罗 5 号轨道变化	飞行地面时间(时:分:秒)	空间固连坐标系速度/(英尺/秒)	远地点/海里	近地点/海里	周期/分钟	倾角/度
进入地球轨道	000:10:03.3	25 684	120	88	88.39	31.63
登月舱/S-ⅣB级分离	000:53:55.2	25 458	121	90	88.43	31.63
第一次 DPS 点火后	003:59:45.7	25 490	120	92	88.47	31.64
时序Ⅲ点火后	006:13.14.3	26 319	519	93	96.07	31.48
时序Ⅴ[*]点火后	007:50:03	—	—	—	—	—

　　[*] 上升级在末次点火工作后不久便再入大气层

　　COSPAR 命名登月舱上升级为"1968-007A",下降级为"1968-007B",S-ⅣB级为"1968-007C"。

结论

　　尽管在 DPS 第一次点火提前关机后已切换到备份计划,但登月舱的整体性能达到了载人轨道飞行的全部要求,因此取消了原定的第二次飞行试验。

登月舱(去掉了落月腿)正在吊入其 SLA 基座中

阿波罗 5 号在 37B 发射台准备发射

任务目标

运载火箭的主要目标：

1. 验证运载火箭姿态控制系统执行能力与机动能力。制导与控制系统的性能符合要求。目标完成。

2. 评估运载火箭系统操控充分性，包括制导与控制、电气、机械及仪表。获取了对这些系统进行评估的足够数据。目标完成。

3. 验证 S-IVB 级液氢与液氧贮箱压力升高速率。这些系统的压力控制正常且保持在预设范围内，所以目标完成。

4. 验证整流罩与 S-IVB 级/仪器单元/SLA 分离。这一动作毫无意外地完成了，所以目标完成。

飞船的强制试验详细目标：

1. M13.1：验证 DPS 和 APS 在太空环境下的启动、重启和关机特性。尽管第一次 DPS 点火被中断，而且 DPS 长时间点火没有被验证，但系统的确按照指令完成了备选任务，所以这些系统的验证取得了成功。

2. M13.3：证明推进剂晃动与航天器稳定性和 DPS/APS 性能之间不存在不良的相互作用。尽管没有 DPS 或 APS 点火时的足够数据来精确判断系统的性能，但遥测数据表明发动机性能正常。这样看来，目标仅部分完成。

3. M13.4：证明在 APS 燃烧耗尽过程中，飞行器不存在影响乘组安全的性能恶化。由于航天器姿态的迅速变化致使推进剂晃动，导致正常的耗尽关机模式没有进行。只验证了一次安全耗尽关机，目标仅部分完成。

4. M13.5：验证 DPS 推进剂注入与压力部件工作性能。这些试验标准没有完全满足。

5. M13.6：验证 APS 推进剂注入与压力部件工作性能。由于上升推进剂注入与压力系统运行符合要求，而且有一次长燃烧时段，可认为该系统得到了验证。

6. M13.7：确定燃烧时间对 DPS 和 APS 发动机性能的影响。没有足够稳定状态的数据可以判断 APS 点火期间的流速和间歇性腔体压力振荡。然而，数据表明 APS 发动机性能正常。DPS 长时间点火没有完成。目标仅部分完成。

7. M13.8：验证打开 APS 推进剂连通阀时，APS/RCS 的工作性能。完成。

8. M17.1：验证登月舱上升级和下降级在土星 IB 火箭发射期间，以及 RCS,DPS 和 APS 在地球轨道环境点火过程中的结构完整性。在登月舱任务中获得的负载、温度和振动级别符合要求,但不包括 DPS 长时间燃烧时的数据。由于没有获得这些数据,这一目标只部分完成。

9. M17.2:验证登月舱与 SLA 在土星 IB 火箭发射状态下相互作用的负荷。完成。

10. M17.3:验证上升级与下降级氧化剂贮箱在飞行环境下的动力学反应。完成。

11. M17.4:确定各关键设备区因发射和下降/上升发动机点火引起的振动级别。完成。

12. M17.5:评估隔热层、结构及突出的支架暴露在 DPS,APS 和 RCS 发动机燃烧产生的直接羽流撞击和辐射加热环境下的热和压力反应。没有获得足够的数据用以评估登月舱的热和压力反应。该目标仅部分完成。

13. M20.1:验证下降级和上升级的结构和隔热层能否承受"孔洞点火"异常中止期间由压力和温度积累形成的负荷。完成。

14. M20.2:确定级间分离的动力学参数。完成。

15. M20.3:验证"孔洞点火"异常中止期间的姿态控制。由于在时序 V 点火过程中数字自动驾驶(DAP)不受控制,因此没有获得 DAP 性能数据。分析表明用 PGNCS/DAP 姿态控制足以完成应急级间分离。所以目标仅部分完成。

飞船的主要试验详细目标:

1. P11.1:验证下降发动机万向支架转动对控制信号的响应。下降发动机万向支架的修正动作有效地降低了推进过程中的推力抵消。目标完成。

2. P11.2:验证 PGNCS 推力矢量控制与姿态控制能力,评估 DAP 和惯性测量单元(IMU)在飞行环境下的性能。没能在 DPS 和 APS 发动机点火期间对 PGNCS 性能进行验证。IMU 数据显示,在不考虑某些漂移误差的情况下其飞行性能与起飞前的预判一致。DAP 数据显示某些性能异常。目标仅部分完成。

3. P13.2:验证 DPD 推力对节流控制信号的响应。PGNCS 对 DPS 的节流控制没有实现。从 10% 到节流阀完全打开的节流能力得到验证。所以仅部分完成。

4. P13.9:验证 RCS 的性能和运行特性。完成。

5. P15.1:验证登月舱电源系统性能。完成。

6. P18.1:验证登月舱级间分离过程中火工品工作性能。完成。

飞船的次要试验详细目标：

1. S14.1：验证登月舱环境控制系统部分设备的工作性能。完成。

2. S15.2：评估整流罩分离、SLA 保护罩板展开和登月舱/SLA 分离过程中飞船弹射控制器和火工品装置的性能。完成。

3. S16.1：验证登月舱部分 S 频段通信分系统的性能和与 MSFN（载人空间飞行网）的相容性。完成。

4. S16.2：评估助推和登月舱推进分系统工作期间仪表分系统的性能。完成。

任务时间表

阿波罗 5 号任务事件	飞行地面时间 （时：分：秒）	日期 （格林尼治时间）	时间 （时：分：秒）
自动程序启动	−000：02：44	1968 年 01 月 22 日	22：45：24
运载火箭切换至内部电源	−000：00：58	1968 年 01 月 22 日	22：47：10
制导基准发布（运载火箭）	−000：00：04.96	1968 年 01 月 22 日	22：48：03
S-IB 级点火程序启动	−000：00：03	1968 年 01 月 22 日	22：48：05
发射时间	000：00：00.00	1968 年 01 月 22 日	22：48：08
起飞	000：00：00.4	1968 年 01 月 22 日	22：48：08
制导基准发布（登月舱）	000：00：00.86	1968 年 01 月 22 日	22：48：08
倾斜（俯仰）机动开始	000：00：09.2	1968 年 01 月 22 日	22：48：17
滚动机动开始	000：00：09.2	1968 年 01 月 22 日	22：48：17
滚动机动结束	000：00：37.9	1968 年 01 月 22 日	22：48：45
达到马赫数为 1	000：00：59.8	1968 年 01 月 22 日	22：49：07
最大动压	000：01：11.5	1968 年 01 月 22 日	22：49：19
倾斜机动停止	000：02：15.3	1968 年 01 月 22 日	22：50：23
S-IB 级中心发动机关机	000：02：19.0	1968 年 01 月 22 日	22：50：27
S-IB 级外围发动机关机	000：02：22.3	1968 年 01 月 22 日	22：50：30
S-IB/S-IVB 级分离	000：02：23.5	1968 年 01 月 22 日	22：50：31
S-IB 级反推发动机启动	000：02：24.9	1968 年 01 月 22 日	22：50：32
J-2 点火指令	000：02：24.9	1968 年 01 月 22 日	22：50：32
S-IVB 级关机	000：09：53.3	1968 年 01 月 22 日	22：58：01
进入轨道	000：10：03.3	1968 年 01 月 22 日	22：58：11
抛掉整流罩	000：10：38.5	1968 年 01 月 22 日	22：58：46
SLA 保护罩板打开	000：19：53.5	1968 年 01 月 22 日	23：08：01
主电磁阀打开	000：50：37	1968 年 01 月 22 日	23：38：45
氦引爆管打开	000：50：50	1968 年 01 月 22 日	23：38：58

阿波罗5号任务事件	飞行地面时间（时：分：秒）	日期（格林尼治时间）	时间（时：分：秒）
S-ⅣB级/登月舱分离	000：53：55.2	1968 年 01 月 22 日	23：42：03
开始＋X 平移	000：54：05	1968 年 01 月 22 日	23：42：13
结束＋X 平移	000：54：10	1968 年 01 月 22 日	23：42：18
开始机动到冷浸姿态	000：54：32.3	1968 年 01 月 22 日	23：42：40
开始机动到 DPS 点火姿态	003：55：09.6	1968 年 01 月 23 日	02：43：17
为残留液沉底开始＋X 平移	003：59：33.9	1968 年 01 月 23 日	02：47：41
"发动机开机"离散控制	003：59：41.4	1968 年 01 月 23 日	02：47：49
启动第一次 DPS 点火*	003：59：41.7	1968 年 01 月 23 日	02：47：49
结束＋X 平移	003：59：42	1968 年 01 月 23 日	02：47：50
"发动机关机"离散控制	003：59：45.6	1968 年 01 月 23 日	02：47：53
结束第一次 DPS 点火	003：59：45.7	1968 年 01 月 23 日	02：47：53
开始备选任务	004：25：00	1968 年 01 月 23 日	03：13：08
选择任务程序器时序Ⅲ	004：28：33	1968 年 01 月 23 日	03：16：41
为任务程序器时序Ⅲ启动姿态机动	004：51：31	1968 年 01 月 23 日	03：39：39
选择最小无控制区（为姿态控制）	004：52：00	1968 年 01 月 23 日	03：40：08
上升级电池转备份	006：00：28	1968 年 01 月 23 日	04：48：36
主臂开（火工品总线激活）	006：00：46	1968 年 01 月 23 日	04：48：54
选择备份控制（仅速率阻尼）	006：05：34	1968 年 01 月 23 日	04：53：42
启动时序Ⅲ	006：10：00	1968 年 01 月 23 日	04：58：08
开始＋X 平移	006：10：07.4	1968 年 01 月 23 日	04：58：15
结束＋X 平移	006：10：17.5	1968 年 01 月 23 日	04：58：25
开始＋X 平移	006：10：22.4	1968 年 01 月 23 日	04：58：30
结束＋X 平移	006：10：27.2	1968 年 01 月 23 日	04：58：35
为残留液沉底开始＋X 平移	006：10：33.4	1968 年 01 月 23 日	04：58：41
启动第二次 DPS 点火*	006：10：41.7	1968 年 01 月 23 日	04：58：49
结束＋X 平移	006：10：46.3	1968 年 01 月 23 日	04：58：54
DPS 节流阀完全打开	006：11：07.8	1968 年 01 月 23 日	04：59：15
结束第二次 DPS 点火*	006：11：14.7	1968 年 01 月 23 日	04：59：22
为残留液沉底开始＋X 平移	006：11：38.4	1968 年 01 月 23 日	04：59：46
启动第三次 DPS 点火*	006：11：46.7	1968 年 01 月 23 日	04：59：54
结束＋X 平移	006：11：51.3	1968 年 01 月 23 日	04：59：59
DPS 节流阀完全打开	006：12：12.8	1968 年 01 月 23 日	05：00：20
应急级间段分离（"孔洞点火"）	006：12：14.3	1968 年 01 月 23 日	05：00：22
结束第三次 DPD 点火*	006：12：14.7	1968 年 01 月 23 日	05：00：22

阿波罗 5 号任务事件	飞行地面时间 （时：分：秒）	日期 （格林尼治时间）	时间 （时：分：秒）
启动第一次 APS 点火	006:12:14.7	1968 年 01 月 23 日	05:00:22
结束第一次 APS 点火	006:13.14.3	1968 年 01 月 23 日	05:01:22
选择备份控制（停止任务程序器时序Ⅲ）	006:13:39	1968 年 01 月 23 日	05:01:47
选择主制导（标志着姿态控制开始消耗大量推进剂）	006:14:05	1968 年 01 月 23 日	05:02:13
控制发动机系统 A 路各推进剂阀门关闭	006:17:11	1968 年 01 月 23 日	05:05:19
控制发动机系统 B 路燃料耗尽	006:21:56	1968 年 01 月 23 日	05:10:04
控制发动机系统 B 路氧化剂耗尽	006:22:20	1968 年 01 月 23 日	05:10:28
控制发动机系统 B 路各推进剂阀门关闭	007:10:14	1968 年 01 月 23 日	05:58:22
控制发动机系统 A 路各推进剂阀门打开	007:10:53	1968 年 01 月 23 日	05:59:01
控制发动机推进剂各交叉注入阀门打开	007:12:24	1968 年 01 月 23 日	06:00:32
上升发动机系统 A 路各推进剂互联阀门打开	007:40:59	1968 年 01 月 23 日	06:29:07
上升发动机系统 B 路各推进剂互联阀门打开	007:42:17	1968 年 01 月 23 日	06:30:25
控制发动机系统 B 路各推进剂阀门打开	007:42:59	1968 年 01 月 23 日	06:31:07
启动时序 V	007:43:58	1968 年 01 月 23 日	06:32:06
为残留液沉底启动＋X 平移	007:44:00.3	1968 年 01 月 23 日	06:32:08
启动第二次 APS 点火	007:44:12.7	1968 年 01 月 23 日	06:32:20
APS 超驰控制指令（燃烧至耗尽）	007:44:15	1968 年 01 月 23 日	06:32:23
结束＋X 平移	007:44:17.3	1968 年 01 月 23 日	06:32:25
开始＋X 平移	007:45:11.3	1968 年 01 月 23 日	06:33:19
结束＋X 平移	007:45:27.3	1968 年 01 月 23 日	06:33:35
控制发动机推进剂交叉注入阀门关闭；系统 A 燃料耗尽	007:46:42	1968 年 01 月 23 日	06:34:50
上升发动机系统 A 互联阀门关闭；系统 A 推进剂阀门打开	007:46:43	1968 年 01 月 23 日	06:34:51

续表

阿波罗 5 号任务事件	飞行地面时间 （时：分：秒）	日期 （格林尼治时间）	时间 （时：分：秒）
上升发动机系统 B 互联阀门关闭；系统 B 推进剂阀门打开	007：46：53	1968 年 01 月 23 日	06：35：01
控制发动机系统 A 氧化剂耗尽	007：48：06	1968 年 01 月 23 日	06：36：14
APS 推力衰减	007：50：03	1968 年 01 月 23 日	06：38：11
从上升级收到最后的遥测信号	007：52：10	1968 年 01 月 23 日	06：40：18

* 由于参数采样间隔，这些事件有可能在所列时间之前已经发生

阿波罗 6 号

土星 V 运载火箭第二次试验
（1968 年 4 月 4 日）

背景

阿波罗 6 号任务（AS-502）是计划的一系列"载人级"土星 V 运载火箭 A 类任务中的第二次。有效载荷是月球舱试验件（LTA-2R）和指令勤务舱（CSM-020），后者是第一批次指令勤务舱，但某些地方按照第二批次进行了改进以便验证，其中包括将在月球返回条件下进行测试的带有统一乘组舱门的隔热层。鉴于本次任务不载人，拆除了指令舱上的某些系统，用来放置一个电机控制的定序器。

阿波罗 6 号于 1968 年 4 月 4 日星期四，格林尼治时间 12：00：01（美国东部标准时间 07：00：01）的发射时间，从佛罗里达州肯尼迪航天中心 39 号发射工位的 A 发射台点火升空。指令舱在大约 10 小时后回收。

发射准备

倒计时从射前 24 小时开始，时间是美国东部标准时间 3 月 3 日星期三 01：00：00。一直进行到射前 8 小时都没有出现计划外中断，这时将开始计划内的 6 小时中断。射前仅出现了 4 个重大问题，而且全部在暂停时段解决完毕。按问题出现的时间排序，这些问题包括：几个液氢排气球盖出现裂缝，致使飞行器排气系统直接暴露在大气环境中；S-Ⅱ级的一个发射机出现故障，需要更换；S-ⅠC 级燃料加注系统的一个电子组件必须更换并重新校准；S-ⅠC 级地面支持设备的电力供应必须更换。倒计时在 23：00：00 重启，并且顺利进行到 4 月 4 日 07：00：01 的发射时刻。

阿波罗 6 号准备事件	日　　期
S-ⅣB 级运抵肯尼迪航天中心	1967 年 02 月 21 日
S-ⅠC 级运到	1967 年 03 月 13 日
S-ⅠC 级在 MLP-2 起竖	1967 年 03 月 17 日
仪器单元运到	1967 年 03 月 20 日
带 S-Ⅱ级间隔装置的运载火箭起竖	1967 年 03 月 29 日
带 S-Ⅱ级间隔装置的运载火箭电气接口对接试验	1967 年 05 月 04 日
带 S-Ⅱ级间隔装置的运载火箭制导与控制测试	1967 年 05 月 19 日
S-Ⅱ级运到	1967 年 05 月 24 日
带 S-Ⅱ级间隔装置的运载火箭推进剂消散试验	1967 年 05 月 29 日
带 S-Ⅱ级间隔装置的运载火箭转运测试	1967 年 05 月 29 日
带 S-Ⅱ级间隔装置的运载火箭应急检测系统测试	1967 年 05 月 31 日
带 S-Ⅱ级间隔装置的运载火箭飞行时序与爆炸桥线功能测试	1967 年 06 月 01 日
带 S-Ⅱ级间隔装置的运载火箭时序故障测试	1967 年 06 月 08 日
带 S-Ⅱ级间隔装置的运载火箭插合整体测试♯1	1967 年 06 月 13 日
带 S-Ⅱ级间隔装置的运载火箭回平	1967 年 06 月 29 日
S-Ⅱ级液氢贮箱检查完毕	1967 年 07 月 06 日
带 S-Ⅱ级的运载火箭起竖	1967 年 07 月 13 日
运载火箭电气接口对接试验	1967 年 07 月 24 日
运载火箭开关选择器功能测试	1967 年 07 月 24 日
运载火箭应急检测系统测试	1967 年 08 月 08 日
运载火箭飞行时序爆炸桥线功能测试	1967 年 08 月 10 日
运载火箭电源切换测试	1967 年 08 月 11 日
运载火箭推进剂消散测试	1967 年 08 月 11 日
运载火箭脱落整体测试♯2	1967 年 08 月 30 日
阿波罗飞船起竖	1967 年 12 月 10 日
摆臂兼容性测试	1967 年 12 月 11 日
运载火箭插合整体测试♯1 搁置	1967 年 12 月 21 日
运载火箭联合制导与控制系统测试	1967 年 12 月 27 日
运载火箭脱落整体测试♯2	1967 年 12 月 29 日
运载火箭飞行器组装厂房/MCC-H 接口测试	1968 年 01 月 05 日
运载火箭插合综合测试♯1	1968 年 01 月 16 日
运载火箭脱落综合测试♯2	1968 年 01 月 24 日
摆臂综合测试	1968 年 01 月 29 日
火工品安装	1968 年 02 月 02 日
转运至 39A 发射工位	1968 年 02 月 06 日
飞行器飞行准备就绪测试完成	1968 年 05 月 08 日
S-ⅠC 级 RP-1 加注完毕,准备开始倒计时验证测试(CDDT)	1968 年 05 月 22 日
CDDT 完毕	1968 年 05 月 31 日

上升段

起飞 1.9 秒后,飞行器开始进行 1.25 度/秒的偏航机动,"避开"发射脐带塔,以免与任何打开缓慢的摆臂发生碰撞。T+9.8 秒机动结束。飞行器以北偏东 90 度的发射方位角点火升空,于 T+11.1 秒开始一次 20 秒的滚动机动,使惯性导航系统对准北偏东 72 度的飞行方位角,并同时开始俯仰机动。T+60.0 秒达到马赫数为 1,并于 T+75.2 秒在中等风速下通过最大动压。经过 AS-501 任务后的改造,本次任务中发射台和支持设备仅受到很小的破坏。

从 T+110 秒至 T+140 秒,飞行器承受了波哥振动。其原理是纵向结构模态频率与发动机氧化剂管线频率耦合,产生了共振。最大扰动出现在 5.2 赫兹至 5.5 赫兹。T+125 秒,发动机推力室压力的振荡达到 8 至 10 磅/平方英寸的峰-峰最大值。在指令舱测量到 ±0.6g 的低频振动,超出了设计标准,这将令乘组无法忍受。应急检测系统发出了中止任务的指令;如果该系统发出第二次指令,则会采取强制中止。在 T+133.31 秒至 T+133.68 秒,地面和空中摄像机拍摄到从 SLA 附近有 3 小片和 5 至 6 大片物体脱落下来。在这段时间内,S-IVB 级、仪器单元、SLA,LTA 及指令勤务舱的扭矩、振动和加速度传感器均报出了突变信息。事后分析表明,SLA 四块防护罩板中的一块出现了结构问题,很有可能是拼接板结合部断裂,部分表层脱落。幸运的是,结构件在剩下的动力飞行中承受住了负载。T+141 秒俯仰机动结束,以便稳定航天器进行级间分离。中心发动机于 T+144.72 秒关机,比理论值晚了 0.11 秒,外围发动机于 T+148.21 秒关机,也晚了 0.85 秒。中心发动机由氧化剂液面水平传感器实施关机,而外围发动机由燃料液面水平传感器实施关机,两种关机模式都得到了验证。关机时空间固连坐标系速度高于理论值 23.89 英尺/秒。所有 S-IC 级分系统的表现令人满意,除了在 T+174.25 秒时,分离的火箭级被抛掉后,只有一台胶片摄像机被弹射了出去。其他 3 台摄像机没有被弹射成功,原因是系统电磁阀附近的吹除系统管道损坏,导致氮气瓶内压力不足。其中两台摄像机负责拍摄 S-IC/S-II 级的分离过程,而另一台记录了液氧贮箱的内部情况,被回收的一台也记录了分离过程。于是决定将铝制的吹除管道替换为不锈钢,并且增加结构支撑以减轻管道承受的振动压力。摄影监视显示,S-IC 级在大约 T+397 秒解体,当时的地面航程大约为 330 海里,高度为 15.6 海里。

S-II 级的 5 台 J-2 发动机于 T+150 秒点火,并正常运行了 169 秒。但是到了 T+319 秒时,2 号发动机的液氢流速突然上升而推力下降了大约 23 磅/平方英寸。该发动机在这一状态下持续工作到 T+412.92 秒,此后发动机舱的温度突然升高,发动机关机。3 号发动机虽然没有显示出现故障,但是也在 1.26 秒后关机。事后遥测数据分析表明,2 号发动机通往加力火花点火器(augmented spark igniter, ASI)的燃料管道出现故障。ASI是装在喷管中央的一个小的腔体,为推力室点火产生小型火苗。3 号发动机的熄火原因是 2 号和 3 号发动机液氧前置阀电磁线圈控制线被错误地交叉连接了,因此当仪器单元通知 2 号发动机前置阀关闭时,指令被送到了 3号发动机。结果 2 号发动机因燃料供应被切断而关机,3 号发动机则因氧化剂被切断而关机。尽管损失了两台发动机,S-Ⅱ级仍然能够依靠万向节调控剩余 3 台发动机维持稳定。然而,仪器单元内部的控制器已经被配置成只对偶然发生的单台发动机故障做出反应,而无法应对第二台发动机也熄火的状况。因此控制器仍然试图恢复弹道,就像仍有 4 台完好的发动机那样。当仪器单元开始调整推进剂混合比为 S-Ⅱ级关机做准备时,它也启动了"χ 冻结"(chi-freeze)模式,禁止分离阶段姿态发生变化。正常情况下,这种模式会在 S-Ⅱ级关机前 5 秒开启,但是两台发动机熄火使推进剂消耗量缩减了 40%,所以剩余发动机必须比计划工作更长的时间,才能触发燃料耗尽关机。事实上,在 425.31 秒时,燃烧被延长了 57.81 秒。由于加速度不达标,不但关机时刻 335.52 英尺/秒的空间固连坐标系速度低于正常值,而且延长的 χ 冻结模式也使弹道更加陡峭,从而使关机时刻的高度超出 3.45 海里,落点航程比原计划远了大约 235.86 海里。

前期形成的弹道异常使 S-ⅣB 级面临严峻挑战。该级在 T+577.28秒点火启动,燃烧了 166.52 秒,比正常值多了 28.95 秒。当 S-ⅣB 级发现弹道处于超高、偏慢且航程短的状态时,其俯仰角向下调整了 50 度以降低高度,加速并延长航程。在获得理想高度后,该级才将头部抬至当地地平线以上,克服下降过程中获得的负的径向速度,同时降低正不断增加的水平速度。T+712.3 秒激活末端制导,控制系统将高度约束值设置为零(指 χ 模式),专注于获取理想速度。尽管控制系统让航天器的俯仰角超过了垂直方向,而且逆向航行,但 1 度/秒的变化率意味着在 T+747.04 秒的最终关机时刻角度也只有 65 度。而空间固连坐标系速度也超出了预期,速度比理论值高出 160 英尺/秒,高度比正常值低了 0.42 海里,地表航程多出 269.15海里,飞行航迹角略微偏负。轨道严重偏离了计划的 100 海里圆轨道,其远地点比正常值高 92.63 海里,近地点比正常值低 6.57 海里,偏心率为0.014 1。好在这一轨道并不影响任务的继续进行。①

COSPAR 将飞船命名为"1968-025A",将 S-ⅣB 级命名为"1968-025B"。

---

① 值得注意的是,仪器单元的制导系统完全靠自己完成了这次矫正。

阿波罗 6 号上升段事件	飞行地面时间（时：分：秒）	高度/海里	航程/海里	地球固连坐标系速度/（英尺/秒）	空间固连坐标系速度/（英尺/秒）	时长/秒	地心纬度/度（北纬）	经度/度（东经）	空间固连坐标系航迹角/度	空间固连坐标系指向角/度（北偏东）
起飞	—	—	—	—	—	—	—	—	—	—
达到马赫数为 1	000:01:00.50	3.86	—	—	—	—	—	—	—	—
最大动压	000:01:15.20	6.48	—	—	—	—	—	—	—	—
S- IC 级中心发动机关机	000:02:24.72	30.28	40.70	—	8 598.79	—	28.82	−79.87	20.152	75.131
S- IC 级外围发动机关机	000:02:28.41	32.10	44.90	—	9 080.72	148.4	28.84	−79.78	19.567	75.985
S- IC/S- II 级分离	000:02:29.08	32.44	45.71	—	9 071.98	—	28.843	−79.780	19.530	74.996
S- II 级 2 号发动机关机	000:06:52.92	95.71	503.93	—	16 906.63	—	32.14	−62.18	1.611	78.706
S- II 级 3 号发动机关机	000:06:54.18	—	—	—	—	—	—	—	—	—
S- II 级发动机关机	000:09:36.33	105.34	977.66	—	22 065.85	424.31	—	—	1.600	83.388
S- II/S- IVB 级分离	000:09:37.08	105.43	980.30	—	22 075.62	—	32.144	−62.136	1.597	83.416
S- IVB 级第一次点火关机	000:12:27.04	102.98	1 589.11	—	25 721.29	166.52	32.74	−50.16	−0.40	90.237
进入地球轨道	000:12:37.04	102.69	—	—	25 728.64	—	32.730	—	−0.377	90.67

地球轨道段

　　S-ⅣB 级一旦将自身再次调整到水平方向,便启动了一系列机动动作,并将这些机动在第一个轨道圈次全部完成。它首先滚动 180 度,俯仰降低 20 度,接着又抬高了 20 度并滚动 180 度恢复到原来的姿态。除了液氧在每次俯仰变化时会出现晃动,没有其他值得关注的影响,这表明这些机动性能可为将来航天员进行地标跟踪所用。

　　按照计划,S-ⅣB 级将在第二圈末再次点火约 315 秒,形成一个半径约为 285 110 海里的圆轨道。尽管这次模拟的进入地月转移轨道机动将达到月球距离,但为了不增加在深空中评估制导系统任务的复杂性,故意将远地点的指向偏离了月球。S-ⅣB 级接着进行了大约 155 度的俯仰机动,并在关机 3 分钟后以适合制动点火的姿态与指令勤务舱分离。在 S-ⅣB 级关机 4 分钟 40 秒后,SPS 将开始 254 秒的制动点火,以便进入与大气层交汇且远地点接近 12 000 海里的椭圆轨道。飞船将滑行大约 6 小时,采取"冷浸"隔热层的指向,使其处于类似月球返回时的温度环境。此后在椭圆轨道的下降段,SPS 将重新启动以加速到 36 500 英尺/秒的月球返回速度,惯性飞行航迹角为−6.5 度。接着抛掉勤务舱,令指令舱指向再入返回方向。SPS 关机 4 分钟后指令舱抵达再入边界,并于发射 9 小时 50 分钟后在夏威夷附近的主回收区溅落。

　　尽管为了进入轨道消耗了额外的推进剂,S-ⅣB 级仍然能够进入地月转移轨道。在停泊轨道滑行时,S-ⅣB 级推进剂利用系统中的液氧测量部分出现故障,错误地显示出 100%,这可能是因为液氧贮箱中的金属碎屑造成了内外探头之间的电路短路。好在这一故障没有阻碍发动机的重启。然而,尽管液压系统在入轨燃烧阶段按照预期发挥了作用,但是在第二圈重启准备过程中没能产生液压。第一次点火时的系统温度显示存在低温燃料泄漏,导致液压溶液冷凝和系统堵塞。在尝试重启时,主辅液压泵都形成了空腔,无法输出系统压力。地面测试后来显示,第一次点火时在向发动机加力火花点火器提供燃料的过程中已经出现泄漏。仪器单元感应到发动机没有产生需要的推力,便在 003:13:50.33 取消了点火指令,并推进至下一项程序内容,就像已经完成了点火一样。003:14:10.33 启动了 150 度俯仰机动,15 秒后当地面遥控飞船分离时,S-ⅣB 级仍然在翻滚。SLA 的防护罩板被设计成通过铰链以 40 度/秒的角速度张开,并在 1.3 秒内达到最大张角。分离时,指令勤务舱仍在进行 1.5 度/秒的俯仰机动。这就意味着分离后不久,继续转动下去会有一块防护罩板碰到勤务舱的边缘。随着取消进入地月转移轨道,一项(预先计划好的)备选任务被选中,在这项任务中 SPS 将直接把飞船送入远地点为 12 000 海里的椭圆轨道。然而,这么做将使用大量推进剂,以至于妨碍到 SPS 第二次点火加速到月球返回速度,地面随即中止了这次点火。与此同时,按照计划,飞船调整姿态,使其隔热层在滑行段冷浸 6 小时。在高轨道上时,各类仪表监视着指令舱是否能够有效抵挡范艾伦带的带电粒子辐射。此外,一台 70mm 照相机拍了 370 张地球在日光下的彩色照片。

滞留在停泊轨道的 S-IVB 级遭受了剧烈的空气阻力,于 1968 年 4 月 26 日在印度洋上空再入大气层。

回收

勤务舱在 009:36:56.6 被抛掉,接着指令舱将指向调整到再入方向。009:38:29 指令舱以 32 830 英尺/秒的惯性速度(略低于月球返回速度)、−5.85 度的角度进入大气层。再入时的升阻比为 0.343。各降落伞打开正常,009:57:19.9 舱体溅落在夏威夷以北的太平洋海域。落点坐标为西经 158.0 度、北纬 27.7 度,距美国海军"冲绳"号大约 49 海里处,这一部署位置是根据模拟的月球返回确定的。舱体首次采用顶端朝下的漂浮姿态,但舱体顶部安装的一组气囊充气后很快便直立过来。溅落 26 分钟后,一架固定翼飞机率先到达,并且利用无线电信标确定了舱体位置。溅落 1 小时 46 分钟后,一架直升机抵达落点,投下的蛙人为舱体安装了环形浮囊,该浮囊充气后膨胀到 4 英尺粗。指令舱由溅落后 6 小时抵达的救援船回收。这次任务中没有回收降落伞。

结论

本次任务的目的是验证运载火箭与飞船的兼容性和各自的性能。与之前的任务相比,这次经历了更多的结构性验证活动,但还没有达到使飞行器冒完整性风险的量级。尽管隔热层没有承受如计划中那种程度的热应力,但这在 AS-501 的任务中已经完成了。统一乘组舱门的性能得到充分考核,取得了用于载人任务的资格。

共振曾发生在各类火箭上。大力神 II 型导弹上的共振可接受,但将其改造用于双子座载人任务时曾要求"在设计中不予考虑",仅设置了 0.25g

的上限。然而,飞行器准备期间的一个错误,导致双子座 5 号任务承受了 $0.38g$ 的振荡,以 10 赫兹频率叠加在 $3.3g$ 的加速度上。AS-501 任务的纵向振荡没有超过 $0.1g$。S-IC 级的各发动机应该调整到不同的频率上,以免任意两台或更多的发动机产生共振破坏航天器平衡,但是在 AS-502 中发现有两台发动机无意中调到了相同的频率上,从而造成了严重问题。为了确定波哥振动的原因,将 S-IC 级竖在了亨茨维尔的试验台上。在点火准备过程中,紧挨着 5 台发动机燃烧室上面的液氧管道前置阀出现了阻碍液氧流动的情况,直到倒计时后期液氧才流经主液氧阀门,点火准备就绪。波哥效应导致推进剂流量不稳定,产生的推力波动反过来又加剧了波哥效应。在倒计时的最后几分钟,将前置阀改进为允许氦气注入空腔,气体起到了振动吸收的作用,阻止了飞行中液氧压力的起伏,消除了波哥效应。同时,对一块 SLA 防护罩板结构故障进行了分析,其结论是故障的发生与波哥效应无关,穿越大气层时引起的温度升高增加了蜂巢状材料内部水气的压力,削弱了结构的结合部,导致罩板的一部分破裂。为了解决这一问题,决定在适配器外部加装一层软木皮以吸收水气,并打孔以阻止压力在下层蜂巢状材料上积聚。

在 AS-501 任务成功后,AS-502 任务中 S-II 级和 S-IVB 级的 J-2 发动机出现的问题令人十分诧异。确定问题的起因需要认真分析。显然,为 S-II 级 2 号发动机 ASI 提供燃料的管道有一处泄漏,此后不久这条燃料管就彻底失去作用了。而且,遥测数据显示,S-IVB 级发动机也出现了同样的问题,尽管程度略轻,但在刚刚进入轨道后也发生了故障,无法再次点火。为了复现故障,对 ASI 燃料管道进行了大量试验。在原设计中,为了让管道吸收膨胀和收缩,工作人员将短的管道接成类似波纹状,一种想法是这种波纹管有可能发生共振并产生泄漏。点火试验表明并不存在共振。为提高测试的逼真度,在真空舱内安装了一套装置,然后以与实际使用相同的速率将液氢泵入管道,发现每次试验都有一段波纹管在 100 秒内出现故障。于是认识到发动机在海平面高度点火时,水蒸气已经驻留在低温冷凝的波纹管中,有助于减缓振动;而在飞行过程中,该级在发动机点火之前就已经处于大气层高处,波纹管可以随意产生共振。改进此问题的方法是拆掉波纹管,改用带有转弯的管道来吸收膨胀和收缩,作用与波纹管的相同。

AS-502 任务中出现的这些问题最初加剧了对工程进度的焦虑,但快速的改正避免了大量延误,最终决定取消第三次无人试验飞行。

阿波罗 6 号 地球轨道段事件	飞行地面时间 (时:分:秒)	空间固连坐标系速度/ (英尺/秒)	时长/秒	速度变化/ (英尺/秒)	远地点/海里	近地点/海里	周期/分	倾角/度
进入地球轨道	000:12:37.04	25 728.64	—	—	194.44	93.49	89.84	32.57
轨道末段由 S-ⅣB 级持续排气	003:08:08.47	—	—	—	200	99	90.01	32.63
S-ⅣB 级第二次点火(失败)	003:13:34.69	25 724	—	—	—	—	—	—
S-ⅣB 级/指令勤务舱分离	003:14:27.82	25 743	—	—	—	—	—	—
SPS 第一次点火	003:16:06.2	25 774	—	—	—	—	—	—
SPS 第一次关机*	003:23:27.9	31 630	441.7	5 856	12 019.5	18	384.8	32.58
高远地点	006:28:58	7 403	—	—	—	—	—	—
指令舱/勤务舱分离**	009:36:56.6	32 489	—	—	—	—	—	—
再入边界	009:38:29	32 830	—	—	—	—	—	—

* 注意，SPS 滑行后 18 海里的近地点表明，这是一条与大气层交汇的椭圆轨道

** 再入速度比 AS-501 低，是因为本次任务中 SPS 第二次点火没有实施

准备登月舱试验件 LTA-2R

AS-502 从飞行器组装厂房运出，准备执行阿波罗 6 号任务

履带式运输装置载着 AS-502 经过活动勤务架

阿波罗 6 号发射

抛掉 S-ⅠC 级后，S-Ⅱ级抛掉其保护"裙部"

CM-020 等待回收

任务目标

运载火箭的主要详细目标：

1. 验证运载火箭在动力段和滑行段飞行期间结构及热学完整性。确定飞行过程中的结构负荷和动力学特性。部分完成。在最大动压附近，S-IC级尾翼的振动超出了加速度计的量程，而且运载火箭结构与 S-IC 级发动机之间产生了耦合振动。S-IC/S-II级分离过程中，S-IC 级前向裙部的热和压力环境大于设计值。

2. 确定飞行过程中运载火箭的内部环境。完成。

3. 验证射前和发射过程中支持设备与运载火箭和飞船系统的兼容性。完成。

4. 验证 S-IC 级推进系统，确定飞行过程中系统性能参数。完成，尽管运载火箭结构与 S-IC 级发动机之间产生了耦合振动。

5. 验证 S-II级推进系统，包括程序混合比转换和推进剂管理系统，确定飞行过程中系统性能参数。2 号和 3 号发动机分别在 $T+412.92$ 秒和 $T+414.18$ 秒出现提前关机，而正常的关机时间是 $T+517.69$ 秒。推进剂管理系统工作正常。成功验证程序混合比转换，但实际上发生的时间比正常时间要晚，原因是 2 台发动机提前关机导致的姿态变化扰乱了正常的推进剂液面关系。

6. 验证 S-IC 级、S-II级和 S-IVB 级动力飞行段运载火箭的制导与控制系统；完成了制导关机并评估了系统精度。制导与导航系统的性能从起飞到 S-II级两台发动机提前关机时的 $T+412.92$ 秒符合预期。制导计算成功响应了 S-II级燃烧段推力下降带来的姿态与速度变化。由于两台发动机熄火的干扰，制导发出指令控制 S-IVB 级发动机关机时的飞行航迹角和速度均不理想。所有的轨道机动工作正常。仪器单元发出的 S-IVB 级重新启动指令正确执行，但发动机没有重新点火。由于没有满足加速试验条件，地面发出了发动机关机指令。飞行控制计算机、推力矢量控制器和辅助推进系统完成了助推和轨道滑行段姿态控制和稳定的所有要求。

7. 验证 S-IC/S-II级双面分离。完成。

8. 验证 S-II/S-IVB 级分离。完成。

9. 验证运载火箭定序系统。完成。

10. 验证运载火箭与飞船的兼容性。部分完成。在 $T+110$ 秒至 $T+140$ 秒期间，运载火箭结构与 S-IC 级发动机之间产生了耦合振动，证据来自纵向加速的建立与衰减。而且，在纵向模式和横向模式之间也发生了耦合振动。

11. 在闭环模式下评估应急检测系统性能。运载火箭的这一项目成功完成。

12. 验证 S-ⅣB 级辅助推进系统在 S-ⅣB 级动力飞行和轨道滑行段维持姿态控制并执行所需机动的能力。完成。

13. 验证在轨期间 S-ⅣB 级持续排风系统的充分性。完成。

14. 验证 S-ⅣB 级重新启动能力。没有完成。重新启动的条件基本正常,除了气体产生器的热启动和主推力室没能点燃。重新启动失败的原因是通往加力火花点火器的燃料管道发生故障。

15. 验证发射与入轨后远距离运行的任务支持能力。由于 S-ⅣB 级重新启动失败,没有达到入轨后的远距离。

16. 验证包括推进剂管理系统在内的 S-ⅣB 级推进系统,确定飞行过程中的性能参数。推进系统完成了发动机重启失败前的所有操控要求。从 $T+11\,091$ 秒开始,液氧质量桥路错误地显示液面高度处于 100%。如果真的重新启动,这一错误将导致发动机以 $5.5:1$ 的混合比运转。

运载火箭的次要试验详细目标:

1. 确定运载火箭动力飞行的外部环境。完成。

2. 确定主发动机、反推发动机和正推发动机点火期间排出的火焰对无线电频率发射与接收系统的衰减影响。完成。

飞船的主要目标:

1. 在闭环模式下验证应急检测分系统。完成。

飞船的主要试验详细目标:

1. P3.1:评估第二批次隔热层的热学和结构性能,包括在高热负荷与高加热速率联合作用下(以月球返回再入为典型代表)冷浸和最大热力学梯度的影响。得到成功验证。尽管烧蚀温度超过了阿波罗 4 号任务时飞船的数据,但温度数据仍然在飞行状态设计门限以内。

2. P3.8:评估月球返回再入过程中热烧蚀条件下统一乘组舱门的热学性能。完成。

3. P1.1a:验证指令勤务舱/SLA/LTA/土星 V 火箭的结构兼容性,并确定飞船在土星 V 火箭发射环境下的负荷。仅部分完成。$T+133$ 秒时 SLA 的碎片从火箭上脱落。

4. P1.2:确定土星 V 火箭发射环境下 SLA/指令勤务舱结构的力学和热学响应。完成。但在分离瞬间两个航天器的运动存在短暂的耦合。

5. P1.4:确定土星 V 火箭发射环境下飞船附加结构中 SLA 对模拟登

月舱的施力情况。完成。起飞、最大动压和 S-IC 级推进结束时的负荷均低于登月舱的设计条件。

6. P4：在闭环模式下验证飞船应急检测分系统。由于仪器单元的配电器与指令舱脐带之间的线路断裂，在接近 00：02：13 时三条热线自动中止表明电路中的一条断电。

7. P1.5：获取土星Ⅴ火箭发射期间 SLA/模拟登月舱接口的声学和热学环境数据。起飞、最大动压和 S-IC 级推进结束时的负荷均低于登月舱的设计条件。然而在接近 00：01：50 时（在最大动压和 S-IC 级推进结束之间），LTA-2R 上开始出现近 5 赫兹的轴向和横向加速度，并且持续到 00：02：13，那时一个主要特性参数发生了变化。

8. P1.7：确定土星Ⅴ火箭发射环境下登月舱下降级发动机和各推进剂贮箱的振动响应。LTA-2R 氧化剂贮箱的振动级别在窄频段超出了预期级别。

9. P3.2：验证 SPS 无残留液启动。完成。

10. P3.5：验证勤务舱喷气控制系统中热控分系统的性能，以及发动机在深空环境中的热响应。热控系统将勤务舱-RCS 发动机固定结构和喷管头部温度维持在合适的水平；在冷浸的早期阶段，除 C 侧以外，A，B 和 D 三侧均出现了温度异常。

11. P3.6：验证模拟月球返回再入过程中指令舱喷气控制系统各推力器及其延展部分的热学设计充分性。系统在经历了延长的冷浸阶段后，完全承受住了再入过程的高热负荷。

12. P3.9：验证整个任务中隔热系统的工作状况。整个任务中环境控制系统工作正常，但由于在 00：01：28 丢失了精确数据，无法确定主动制冷何时启动。

13. P5.6：测量位于至少 2 000 海里以上高度时指令舱表层和内部的整体辐射计量。范艾伦带剂量计的两种剂量率测量可在低量程和高量程之间随意切换。

14. P3.3：确定 SPS 在长时间燃烧过程中的性能。完成。

15. P5.2b：验证指令勤务舱/载人航天飞行网 S 频段通信系统的性能。S 频段的遥测性能分析表明，从 00：01：28 到 00：08：20 及椭圆轨道滑行段内遥测信号出现时断时续的问题。

飞船的次要试验详细目标：

1. S4：在位于得克萨斯州休斯顿的任务控制中心，实时确定并显示范艾伦带辐射剂量率和日总剂量。在从远地点下降的过程中，由于干扰问题阻碍了对数据的实时观测，但这些信息经飞行后的数据处理得到了恢复。

2．S3.2：验证 PGS 在 S-IVB 级分离后空间环境中的工作状况。完成。

3．S2：验证指令勤务舱通信分系统使用第二批次 VHF 全向天线的运行满意度。完成。

4．S3.3c：验证 G&N/SCS 在再入和回收过程中的工作状况。完成。

5．S3.1d：验证 PGS 在经历土星 V 火箭发射环境后的工作状况。完成。

6．S6：收集 SPS 长时间燃烧对飞船稳定性影响的数据。SPS 推力矢量控制环的性能符合预期。

7．S3.3a：验证指令舱-RCS 在再入和回收过程中的工作状况。完成。

8．S3.3e：验证地球着陆系统在再入和回收过程中的工作状况。完成。

9．S3.2d：验证 EPS 在 S-IVB 级分离后在空间环境中的工作状况。电源系统在整个任务中工作正常。电路断路器 100 出现故障导致交流总线转入基本负荷。

10．S3.1c：验证 G&N 在经历土星 V 火箭发射环境后的工作状况。从 01：24：00 到 08：16：00 没有获得数据。惯性系统性能优异，与起飞前的预期完全一致。

11．S3.3d：验证电源系统在再入和回收过程中的工作状况。在再入过程中，2 号总线 B 段的电压在勤务舱/指令舱分离前超出 117.5 伏特的正常值，时长 15 分钟。

12．S3.2a：验证 G&N 系统在 S-IVB 级分离后在空间环境中的工作状况。完成。

13．S3.1d：验证 EPS 在经历了土星 V 火箭发射环境后的工作状况。完成。

14．S1：确定指令舱的辐射屏蔽效果。所有仪表工作正常。

15．S7：获取模拟登月舱表层在发射过程中的温度数据。完成。

16．S5：获取经过指令勤务舱/ARIA 通信系统的数据。位于百慕大群岛的 ARIA 以优异的状态支持了任务。

任务时间表

阿波罗 6 号任务事件	飞行地面时间 （时：分：秒）	日期 （格林尼治时间）	时间 （时：分：秒）
射前 24 小时倒计时开始	—	1968 年 04 月 03 日	06：00：00
移动活动勤务架	—	1968 年 04 月 03 日	13：00：00

阿波罗 6 号任务事件	飞行地面时间 （时：分：秒）	日期 （格林尼治时间）	时间 （时：分：秒）
飞船封闭完成	—	1968 年 04 月 03 日	21:30:00
收回阿波罗连接臂	—	1968 年 04 月 03 日	22:00:00
开始计划内的 6 小时中断	—	1968 年 04 月 03 日	22:00:00
重启倒计时	—	1968 年 04 月 04 日	04:00:00
运载火箭低温加注完毕	−000:55:00	1968 年 04 月 04 日	11:05:01
开始末段计时（SC）	−000:45:00	1968 年 04 月 04 日	11:15:01
开始收回摆臂♯3（S-Ⅱ级后部）	−000:26.06.74	1968 年 04 月 04 日	11:33:54
开始收回摆臂♯9（出口）	−000:26:06.40	1968 年 04 月 04 日	11:33:54
飞船切换至内部电源	−000:15:00	1968 年 04 月 04 日	11:45:01
装备发射逃逸系统	−000:10:00	1968 年 04 月 04 日	11:50:01
摘掉 Q 球罩	−000:04:46.57	1968 年 04 月 04 日	11:55:14
开始自动时序	−000:03:07	1968 年 04 月 04 日	11:56:54
运载火箭切换至内部电源	−000:00:50	1968 年 04 月 04 日	11:59:11
开始收回摆臂♯1（S-ⅠC级内贮箱）	−000:00:26.27	1968 年 04 月 04 日	11:59:34
开始收回摆臂♯2（S-ⅠC级前向）	−000:00:21.42	1968 年 04 月 04 日	11:59:39
发布制导基准	−000:00:16.85	1968 年 04 月 04 日	11:59:44
S-ⅠC级发动机开始时序控制	−000:00:08.77	1968 年 04 月 04 日	11:59:52
发射准许	−000:00:00.12	1968 年 04 月 04 日	12:00:00
发射时间	000:00:00	1968 年 04 月 04 日	12:00:01
打开起飞开关的保险	000:00:00.18	1968 年 04 月 04 日	12:00:01
牵制臂释放	000:00:00.36	1968 年 04 月 04 日	12:00:01
第一次动作	000:00:00.38	1968 年 04 月 04 日	12:00:01
起飞	000:00:00.6	1968 年 04 月 04 日	12:00:01
开始收回摆臂♯8（指令舱/勤务舱）	000:00:00.60	1968 年 04 月 04 日	12:00:01
开始收回摆臂♯7（仪器单元/S-ⅣB级前向）	000:00:00.69	1968 年 04 月 04 日	12:00:01
尾部勤务支柱	000:00:00.76	1968 年 04 月 04 日	12:00:01
开始收回摆臂♯4（S-Ⅱ级中部）	000:00:00.83	1968 年 04 月 04 日	12:00:01
开始收回摆臂♯5（S-Ⅱ级前向）	000:00:00.91	1968 年 04 月 04 日	12:00:01
开始收回摆臂♯6（S-ⅣB级后部）	000:00:00.92	1968 年 04 月 04 日	12:00:01
尾翼插头断开	000:00:01.74	1968 年 04 月 04 日	12:00:02
开始偏航机动	000:00:01.9	1968 年 04 月 04 日	12:00:02
完成偏航机动	000:00:09.8	1968 年 04 月 04 日	12:00:10
开始俯仰机动	000:00:11.1	1968 年 04 月 04 日	12:00:12
开始滚动机动	000:00:11.1	1968 年 04 月 04 日	12:00:12
完成滚动机动	000:00:31.1	1968 年 04 月 04 日	12:00:32

阿波罗 6 号任务事件	飞行地面时间（时：分：秒）	日期（格林尼治时间）	时间（时：分：秒）
达到马赫数为 1	000：01：00.50	1968 年 04 月 04 日	12：01：01
最大动压	000：01：15.20	1968 年 04 月 04 日	12：01：16
倾斜机动停止	000：02：20.9	1968 年 04 月 04 日	12：02：21
S-IC 级中心发动机关机	000：02：24.72	1968 年 04 月 04 日	12：02：25
S-IC 级外围发动机关机	000：02：28.41	1968 年 04 月 04 日	12：02：29
S-Ⅱ级正推发动机点火	000：02：28.9	1968 年 04 月 04 日	12：02：29
S-IC/S-Ⅱ级分离指令	000：02：29.08	1968 年 04 月 04 日	12：02：30
S-IC 级反推发动机点火	000：02：29.10	1968 年 04 月 04 日	12：02：30
S-IC/S-Ⅱ级分离	000：02：29.14	1968 年 04 月 04 日	12：02：30
S-Ⅱ级点火指令	000：02：29.76	1968 年 04 月 04 日	12：02：30
S-IC 级摄像机弹出	000：02：54.25	1968 年 04 月 04 日	12：02：55
S-IC 级间段分离	000：02：59.06	1968 年 04 月 04 日	12：03：00
抛掉发射逃逸系统	000：03：04.77	1968 年 04 月 04 日	12：03：05
抛 S-Ⅱ级各摄像机	000：03：06.4	1968 年 04 月 04 日	12：03：07
启动迭代制导模式	000：03：10.85	1968 年 04 月 04 日	12：03：11
S-Ⅱ级 2 号发动机提前关机	000：06：52.92	1968 年 04 月 04 日	12：06：53
S-Ⅱ级 3 号发动机提前关机	000：06：54.18	1968 年 04 月 04 日	12：06：55
停止迭代制导模式	000：06：55.4	1968 年 04 月 04 日	12：06：56
S-Ⅱ级发动机混合比转换,同时启动第二阶段迭代制导模式	000：08：10.76	1968 年 04 月 04 日	12：08：11
停止迭代制导模式,启动 χ 冻结模式	000：08：37.7	1968 年 04 月 04 日	12：08：38
S-Ⅱ级关机	000：09：36.33	1968 年 04 月 04 日	12：09：37
S-ⅣB 级正推发动机点火	000：09：36.98	1968 年 04 月 04 日	12：09：37
S-Ⅱ/S-ⅣB 级分离指令	000：09：37.08	1968 年 04 月 04 日	12：09：38
S-Ⅱ级反推发动机点火	000：09：37.08	1968 年 04 月 04 日	12：09：38
S-Ⅱ/S-ⅣB 级分离开始	000：09：37.13	1968 年 04 月 04 日	12：09：38
S-ⅣB 级第一次点火指令	000：09：37.28	1968 年 04 月 04 日	12：09：38
S-Ⅱ/S-ⅣB 级分离完成	000：09：38.07	1968 年 04 月 04 日	12：09：39
停止 χ 冻结模式	000：09：42.9	1968 年 04 月 04 日	12：09：43
第三阶段迭代制导模式	000：09：44.78	1968 年 04 月 04 日	12：09：45
抛掉 S-ⅣB 级正推发动机壳体	000：09：49.08	1968 年 04 月 04 日	12：09：50
俯仰控制头部抬起姿态	000：10：44.02	1968 年 04 月 04 日	12：10：45
启动 χ̄ 转向	000：11：52.3	1968 年 04 月 04 日	12：11：53
停止迭代制导模式并启动 χ 冻结模式	000：12：25.4	1968 年 04 月 04 日	12：12：26

阿波罗 6 号任务事件	飞行地面时间（时：分：秒）	日期（格林尼治时间）	时间（时：分：秒）
S-ⅣB 级第一次关机	000：12：27.04	1968 年 04 月 04 日	12：12：28
开始滑行阶段	000：12：28.30	1968 年 04 月 04 日	12：12：29
进入停泊轨道	000：12：37.04	1968 年 04 月 04 日	12：12：38
开始机动到当地水平线	000：12：42.30	1968 年 04 月 04 日	12：12：43
为残留液沉底启动 S-ⅣB 级持续排出	000：13：26.25	1968 年 04 月 04 日	12：13：27
开始 180 度滚动	000：13：57.30	1968 年 04 月 04 日	12：13：58
开始向下 20 度俯仰机动	000：53：27.30	1968 年 04 月 04 日	12：53：28
开始向上 20 度俯仰机动	001：31：27.30	1968 年 04 月 04 日	13：31：28
开始 180 度滚动	001：36：27.30	1968 年 04 月 04 日	13：36：28
开始 S-ⅣB 级再次启动时序	003：07：58.73	1968 年 04 月 04 日	15：07：59
停止 S-ⅣB 级持续排出	003：08：08.47	1968 年 04 月 04 日	15：08：09
S-ⅣB 级第二次点火指令	003：13：34.69	1968 年 04 月 04 日	15：13：35
仪器单元取消 S-ⅣB 级第二次点火	003：13：50.33	1968 年 04 月 04 日	15：13：51
开始机动到分离姿态	003：14：10.33	1968 年 04 月 04 日	15：14：11
S-ⅣB 级/指令勤务舱指令（来自地面）	003：14：26.02	1968 年 04 月 04 日	15：14：27
指令勤务舱释放	003：14：27.82	1968 年 04 月 04 日	15：14：28
SPS 第一次点火	003：16：06.2	1968 年 04 月 04 日	15：16：07
SPS 第一次关机	003：23：27.9	1968 年 04 月 04 日	15：23：28
高远地点	006：28：58	1968 年 04 月 04 日	18：28：59
指令舱/勤务舱分离	009：36：56.6	1968 年 04 月 04 日	21：36：57
400 000 英尺再入边界	009：38：29	1968 年 04 月 04 日	21：38：30
黑障开始	009：38：53.2	1968 年 04 月 04 日	21：38：54
黑障结束（根据轨道估算）	009：48：18	1968 年 04 月 04 日	21：48：19
制动降落伞打开	009：51：27.4	1968 年 04 月 04 日	21：51：28
主降落伞打开	009：52：13.4	1968 年 04 月 04 日	21：52：14
溅落	009：57：19.9	1968 年 04 月 04 日	21：57：20

阿 波罗 7 号

第一次载人任务：
在地球轨道试验指令勤务舱
（1968 年 10 月 11—22 日）

背景

阿波罗 1 号火灾后 21 个月，美国准备开始阿波罗计划的载人阶段，即 C 类任务。验证的主要目标是：

- 指令勤务舱与乘组性能；
- 乘组、飞行器和任务支持设施的性能；
- 指令勤务舱交会能力。

乘组成员是指令长小沃尔特·马蒂·施艾拉（美国海军），绰号 "shi-RAH"（为避免翻译错误，对原文进行了保留，译者注），指令舱驾驶员唐·富尔顿·艾西尔（美国空军），绰号"EYES-lee"（为避免翻译错误，对原文进行了保留，译者注），登月舱驾驶员罗尼·沃尔特·坎宁安。施艾拉 1959 年入选第一批宇航员，曾经是第五次（第三次轨道飞行）水星任务（MA-8）的驾驶员和双子座 6-A 任务的指令驾驶员。在阿波罗 7 号任务中，施艾拉将成为第一个进行过 3 次太空飞行的宇航员。施艾拉 1923 年 3 月 12 日出生在新泽西州哈肯萨克市，执行阿波罗 7 号任务时 45 岁。1945 年在美国海军学院获得理学学士学位。这次任务他的备份宇航员是托马斯·帕滕·斯塔福德（美国空军）。艾西尔和坎宁安都是个人第一次太空飞行。艾西尔 1930 年 6 月 23 日出生在俄亥俄州哥伦布市，执行阿波罗 7 号任务时 38 岁。他于 1952 年在美国海军学院获得航天理学学士学位，1960 年在美国空军理工学院获得航天学理学硕士学位。1963 年[①]入选宇

---

① 艾西尔 1987 年 12 月 1 日在日本东京死于心脏病，《休斯顿编年史》1987 年 12 月 3 日第 8 页。

航员。他的备份宇航员是约翰·沃兹·杨(美国海军)。坎宁安1932年3月16日出生在爱荷华州克雷斯顿,执行阿波罗7号任务时36岁。1960年、1961年分别获得洛杉矶加利福尼亚大学物理学学士和硕士学位,1963年入选宇航员。他的备份宇航员是尤金·安德鲁·吉恩·赛尔南(美国海军)。本次任务的飞船通信员(CAPCOM)有斯塔福德、埃文斯(美国海军)、威廉·里德·波格①(美国空军)、斯威格特、杨和赛尔南。支持乘组是斯威格特、埃文斯和波格。飞行主任是格林·S.伦尼(第一班)、尤金·F.克兰兹(第二班)和杰拉德·D.格里芬(第三班)。

由土星IB运载火箭承担阿波罗7号任务,任务代号是AS-205,该任务还有一个代号是东靶场#66。飞船的代号是CSM-101。这将是第二批次飞船的第一次飞行;说明飞船已经具备适应登月舱和其他系统先进性的能力。施艾拉希望将自己的飞船命名为"凤凰",但NASA拒绝了。

发射准备

倒计时在1968年10月6日格林尼治时间19:00开始。其中安排了三次计划内中断。前两次,一次是在射前72小时中断6小时,一次是在射前33小时中断3小时。这样可以留出足够的时间处理飞船出现的任何问题。最后一次中断在射前6小时,为发射乘组提供一段休息时间。时钟在中断6小时后,即10月11日格林尼治时间09:00重启,并顺利推进到射前10分钟,此时开始冷却运载火箭S-IVB级的推力室外壳。进程比预期的慢,如果到了启动自动倒计时时序时还不能达到所需温度,就需要将时钟拨回到射前15分钟。结果,在射前6分钟15秒采取了中断,并且持续了2分45秒。事后分析确定,冷却本应该在没有中断的情况下进行,但这次中断是为了满足温度修正的需求,是可取的。格林尼治时间14:56:30倒计时重启,并且一直进行到点火起飞,没有再出现问题。一个巨大的高压系统聚集在新斯科舍上空,并且在发射时生成了很强的东向表层风。30 000英尺以上的上层风较轻,来自西部的表层风速度是历次土星火箭发射时最高的。区域上空有少量散云。空中有30%的积雨云,云底高2 100英尺,能见度为10法定英里,温度为82.9华氏度,相对湿度为65%,露点为70.0华氏度,大气压为14.765磅/平方英寸。发射场灯杆上距地面59.4英尺高处安装

① 波格代替了爱德华·盖伦·吉文斯,后于1967年6月6日在得克萨斯州皮尔兰死于一场车祸。吉文斯于1966年入选宇航员团组(《休斯顿编年史》,1967年6月8日)。

的风速计测量到自真北起算 90 度方向、风速 19.8 节的风。

阿波罗 7 号准备事件	日　　　期
完成指令舱与勤务舱各系统厂内独立和联合测试	1968 年 03 月 18 日
土星 S-IB 级运抵肯尼迪航天中心	1968 年 03 月 28 日
土星 S-IVB 级运抵肯尼迪航天中心	1968 年 04 月 07 日
土星 IB 仪器单元运抵肯尼迪航天中心	1968 年 04 月 11 日
完成指令舱与勤务舱各系统厂内综合测试	1968 年 04 月 29 日
CM-101 与 SM-101 准备用驳船从厂家运往肯尼迪航天中心	1968 年 05 月 29 日
CM-101 与 SM-101 运抵肯尼迪航天中心	1968 年 05 月 30 日
CM-101 与 SM-101 对接	1968 年 06 月 11 日
CSM-101 联合系统测试完成	1968 年 06 月 19 日
CSM-101 姿态测试完成	1968 年 07 月 29 日
飞行器运送到 34 号发射工位	1968 年 08 月 09 日
CSM-101 整体系统测试完成	1968 年 08 月 27 日
CSM-101 与运载火箭电气对接	1968 年 08 月 20 日
飞行器整体测试完成	1968 年 09 月 04 日
飞行器倒计时验证测试完成	1968 年 09 月 17 日
飞行器飞行准备就绪测试完成	1968 年 09 月 25 日

上升段

阿波罗 7 号于 1968 年 10 月 11 日格林尼治时间 15：02：45（美国东部标准时间 11：02：45）的发射时间从佛罗里达州卡纳维拉尔角 34 号发射工位点火起飞，正好在计划的发射窗口（格林尼治时间 15：00：00 到 19：00：00）中。上升段飞行正常。起飞后不久，火箭开始从北偏东 100 度的发射台方位滚动到北偏东 72 度的飞行方位。上升过程中遭遇的最大风况是在172 000 英尺高度的 81 节风速。在 48 100 英尺高的高动压区，俯仰面风切变达到 0.011 3/秒。高动压区的最大风速为 30.3 节，高度为 44 500 英尺，风向为 309 度。S-IB 级持续提供推力，直至中心发动机于 T＋140.65 秒关机。外围发动机 3.67 秒后关机，此时地球固连坐标系速度达到 6 479.1英尺/秒。关机条件非常接近预期。S-IB 级在 T＋145.79 秒与上面级分离，接着 S-IVB 级在 T＋146.97 秒点火。随后 S-IVB 级在 T＋616.76 秒关机，此时与预定弹道在速度上仅差 2.3 英尺/秒，高度差 0.054 海里。S-IVB级的燃烧时间为 469.79 秒，比预定时间少 1 秒。整个上升过程中所有结构负荷保持在设计容限内。根据理论、翻滚和自由飞行弹道确定出丢弃的S-IB 级的可能落点。假定 S-IB 级在再入过程中仍然保持完整，那么它将落在大西洋上,落点为北纬 29.76 度、西经 75.72 度,距离发射场 265.01 海里。T+626.76 秒(即 S-ⅣB 级关机加上计入发动机尾推力终止和其他瞬时效应的 10 秒)入轨,停泊轨道的远地点和近地点为 152.34 海里×123.03 海里,倾角为 31.608 度,周期为 89.55 分钟,速度为 25 532.2 英尺/秒。远地点和近地点基于半径为 3 442.934 海里的球面地球计算而来。

COSPAR 将进入轨道的飞船命名为"1968-089A",S-ⅣB 级命名为"1968-089B"。

地球轨道段

乘组很快就完全适应了无重力环境。在指令舱内运动或通过窗口观看地球时都没有定向障碍问题。事实上,登月舱驾驶员向所有方向快速摇晃头部来诱发眩晕或运动病的尝试并没有产生效果。然而在任务初期,乘组报告他们在肾脏区域的背部肌肉有一些疼痛感。这些疼痛可以通过对背部的锻炼和极度伸展进行缓解。

与 S-ⅣB 级分离之前,002:30:48.80 开始,由人工接管运载火箭该级姿态控制,持续进行了 2 分 56 秒。乘组练习 S-ⅣB 级/仪器单元轨道姿态控制能力,其中包括通过人工完成俯仰、滚动和偏航机动,测试飞船/运载火箭的闭环控制系统。控制系统反应正常。在试验完成后,乘组将姿态控制切换回运载火箭自动控制系统,该系统重启了正常的姿态时序。002:55:02.40 指令勤务舱/S-ⅣB 级分离时,排放 S-ⅣB 级推进剂将轨道抬高到 170.21 海里×123.01 海里。一个关键的目标是为 S-ⅣB 级建立"安全模式",即通过将推进剂贮箱和各高压瓶的压力降低到一定水平,实施安全的交会并模拟对接机动。这一动作将在几个火箭级上进行。首先,LH_2(液氢)贮箱安全模式是通过执行 3 次预设程序的排放来完成的;然而,由于预设的排放程序没有达到所处轨道条件下贮箱的安全标准,因此增加了 4 次额外的排放。第一次排放发生在 000:10:17,最后一次在 005:11:15 结束。7 次排放总计 3274.1 秒。其次,液氧泵在 001:34:28 启动并持续了 721.00 秒。再次,一台冷氢泵在 001:42:28 和 004:30:16 启动 2 次,分别持续了 2 868.00 秒和 1 199.99 秒。最后,一台火箭级控制球形氢气泵在 003:17:33 启动,但是为了保留控制 LH_2 贮箱排气和保险阀的氢气,在 2 967 秒后由地面遥控终止。最终,安全模式的建立全面完成。在第二圈期间,乘组注意到 S-ⅣB 级上的一块飞船/登月舱适配器保护罩板的展开角度为 25 度,没有达到希望的 45 度。这块板子已经完全打开,但是一条用来防止罩板关闭的保持电缆成为了障碍,使罩板仅部分关闭。于是决定在未来任务中抛掉这些罩板。到第 19 圈时,罩板已经移动到完全打开的位置。

阿波罗 7 号上升段事件	飞行地面时间（时：分：秒）	高度/海里	航程/海里	地球固连坐标系速度/（英尺/秒）	空间固连坐标系速度/（英尺/秒）	时长/秒	地心纬度/度（北纬）	经度/度（东经）	空间固连坐标系航迹角/度	空间固连坐标系指向角/度（北偏东）
起飞	000:00:00.36	0.019	0.000	0.0	1 341.7	—	28.360 8	−80.561 1	0.06	90.01
达到马赫数为 1	000:01:02.15	4.120	0.753	1 039.1	1 960.1	—	28.364 9	−80.547 7	29.63	86.70
最大动压	000:01:15.5	6.567	1.933	1 459.4	2 408.8	—	28.370 8	−80.526 4	31.64	83.65
S-ⅠB 级中心发动机关机	000:02:20.65	30.626	29.184	6 264.7	7 394.5	123.64	28.509 0	−80.034 9	27.09	75.87
S-ⅠB 级外围发动机关机	000:02:24.32	32.678	32.418	6 479.1	7 616.8	147.31	28.525 2	−79.976 5	26.55	75.78
S-ⅠB/S-ⅣB 级分离	000:02:25.59	33.389	33.561	6 472.1	7 612.6	—	28.5310	−79.955 8	26.32	75.79
S-ⅣB 级发动机关机	000:10:16.76	123.167	983.290	24 181.2	25 525.9	469.79	31.363 3	−61.977 7	0.00	85.91
进入地球轨道	000:10:26.76	123.177	1 121.743	24 208.5	25 553.2	—	31.409 1	−61.229 3	0.005	86.32

为了建立与 S-IVB 级交会的条件,从 003:20:09.9 开始,利用勤务舱喷气控制系统进行了 16.3 秒的调相机动,结果进入了 165.2 海里×124.8 海里的轨道。这次调相点火本打算将飞船调整到 S-IVB 级前方 76.5 海里处,但是由于 S-IVB 级的轨道在接下来的 6 圈衰减得比预期快很多,只好在 015:52:00.9 又增加了 17.6 秒的调相机动,以重新建立理想条件。得到的轨道是 164.7 海里×120.8 海里。

014:46,报告指令长患上了严重的感冒,症状从起飞后大约一小时开始出现,他已经服用了两片阿司匹林。第二天,其他两名乘员也出现了感冒症状。这种情况一直持续到任务结束,带来了很大不便,因为在零重力条件下很难清空耳道、鼻腔和鼻窦。尽管采取了医疗措施,但症状仍然存在。023:33,施艾拉取消了计划 20 分钟后开始的第一次电视播送。这次任务是试验新的飞行器,任务控制中心又增加了两次点火和一次尿液排放,这增加了乘组的工作负荷,从而激怒了施艾拉,他宣布"电视直播将延后且没有商量余地"。

为了与 S-IVB 级交汇,需进行两次勤务推进系统点火。第一次点火在 026:24:55.66,进行了 9.36 秒的联合修正机动,获得了想要的 1.32 度角和 8.0 海里高度补偿,这样第二次点火就可以构成与 S-IVB 级的共椭圆轨道。点火后的轨道为 194.1 海里×123.0 海里。在这一过程中,用六分仪来跟踪由于反射阳光而可见的 S-IVB 级。在 028:00:56.47 进行第二次点火,持续了 7.76 秒,这时飞船在 S-IVB 级后方 80 海里、下方 7.8 海里处。点火形成了更圆的 153.6 海里×113.9 海里轨道。两次点火为启动 46 秒的末段交会创造了理想条件。末段交会在 029:16:33 开始,因为轨道偏差较小,比计划提前了 4.5 分钟。在 029:37:48 进行了一次小型的中途修正机动,随后在 029:43:55 开启了长达 708 秒的制动机动,并最终与正在翻转的 S-IVB 级的距离缩短到不足 70 英尺。029:55:43,飞船在 161.0 海里×122.1 海里的轨道上进行了 25 分钟的位置保持,此后勤务舱喷气推进系统进行了 5.4 秒的加速机动,使指令勤务舱离开 S-IVB 级附近。乘组操控指令勤务舱环绕 S-IVB 级机动飞行,对其进行检查并拍照。这项活动验证了如果上升级离开月面后失效,飞船也具备与登月舱(由 S-IVB 级代表)交会的能力。然而,乘组报告说人工控制的制动机动并不让人满意,因为无法获取可靠的备份测距信息,与登月舱真正交会时的情形也一样。在接下来的 24 小时内开展了若干试验:在 041:00 进行了六分仪校准试验;在 049:00 和 050:40 进行了两次姿态控制试验;在 049:50 和 050:30 穿插进行了两次主蒸发器试验。除此之外,乘组还利用六分仪跟踪可见 S-IVB 级完成了交会导航试验,在 044:40 跟踪距离为 160 海里,在 053:20 跟踪距离为 320 海里。乘组后来报告称,S-ⅣB 级在约 1 000 海里的距离时仍然可见。

为了最大限度确保阿波罗 7 号飞船的返回,计划在飞行初期尽可能多地完成主要和次要试验目标。这样到第二天结束时,超过 90% 的项目已经完成。交会雷达转发器试验进行了 3 次。该系统对于完成从月面起飞后登月舱上升级与指令舱的对接至关重要。前两次试验分别在 061:00 和 071:00 开始。第三次试验在第 48 圈内进行,开始于 076:27。当时位于新墨西哥州白沙导弹靶场的地面雷达在 390 海里的距离捕获并锁定了飞船转发器,并跟踪到 415 海里。7 次电视传输的第一次于 071:43 开始。这是第一次从载人的美国飞船上进行实况电视传输。乘组的电视直播以一句"来自高高在上的可爱的阿波罗直播间"作为开始,接着电视镜头指向窗外,当时飞船正飞过新奥尔良上空,随后飞越佛罗里达半岛,人们见证了飞船的轨道运行。电视直播持续了 7 分钟。

任务期间,勤务推进系统进行了 6 次额外点火。第三次在 075:48:00.27(比原计划提前了 16 小时),时长 9.10 秒,由稳定与控制系统控制实施。提前实施这次机动,将近地点降低了 90 海里并调整到北半球,从而提高了勤务舱喷气控制系统的备份离轨能力。产生的轨道是 159.7 海里×89.5 海里。第三次点火后,勤务推进热控系统进行了 3 个小时的冷浸。冷浸稳定了飞船,并将飞船的一侧背向太阳一段时间以降低温度,同时监视冷太空环境的影响。飞船随机、漂移飞行期间的热特性优于预期,因为温度的降低没有预期值低。092:37 到 097:00 进行了一项确定环境控制系统散热器表面涂层是否已经退化的测试,其结果表明测试的散热器板的太阳能吸收率在预定门限内,说明该系统可以进行月球飞行。

第二次电视直播于 095:25 开始,持续了 11 分钟。内容包括参观指令舱,给某些控制进行特写,演示运动装置并尝试展示飞船里水的冷凝。事实上,冷凝是一个与舱内和宇航服电路相关的重要问题。由于从散热器到环境控制单元,再从环境控制单元到惯性测量单元的低温冷却剂管路不是隔离的,可以预见舱内会出现冷凝。每次勤务推进系统完成机动后,在冷却剂管路或船尾隔板的"水洼"中都可以观察到大量的冷凝水。乘组不得不投入大量精力排空冷凝水。代号为 S005 的实验(地表概要摄影)于 098:40 开始,使用的是一台改进的手持哈苏 500C 型 70 毫米静态照相机。实验目标是研究美国境内卡罗莱纳湾的起源、沙漠地区的风蚀、海岸形态和非洲大裂谷的起源。下加利福尼亚半岛、墨西哥其他区域和中东部分地区的近似垂直、高太阳高度角照片对于地质学研究十分有用。对于城市地理学研究来说,新奥尔良和休斯顿的照片比之前其他计划获得的更加有用。海洋学感兴趣的区域,特别是太平洋中的一些岛屿,被第一次拍摄到。除此之外,本次任务首次获得了对智利北部、澳大利亚和其他地区的大范围摄影覆盖。在对陆地和海洋拍摄的 500 张照片中,有近 200 张可用,总的来说,这些照片的颜色与曝光都非常好。当目标进入视野后,需要匆忙改变胶片盒、滤镜和曝光设置,然后再拿稳相机,导致很多照片曝光不当。S006 实验(天气概况摄影)的目的是尽可能多地拍摄 27 类基本天气现象。实验在 099:10 开始,照相机与在 S005 实验中使用的相同。在拍摄到的 500 张照片中,有近 300 张显示了气象学关心的云或其他目标,有近 80 张包含了海洋学关心的特征。考虑到对其他研究的价值,照片的种类包括气象系统、风及其对云的影响、海洋表面、澳大利亚礁盘的水下区域、太平洋环礁、巴哈马与古巴、地形影响、气候带及水文学。海洋学表面特征被呈现得比以往任何一次载人飞行都清晰。1968 年 10 月 17 日和 20 日分别拍摄到的"格拉迪斯"飓风和"格洛里亚"台风的照片,是有史以来最棒的热带风暴景象。这次实验中照片的清晰度分布在一般到极佳的范围内,并再次受到了手持相机稳定性的影响。不管怎样,海洋浪涌可以从近 100 海里高处观测分析了。

第三次电视直播从 119:08 开始,持续了大约 10 分钟。这次主要是演示如何在太空中准备食物,特别是如何用水冲泡一袋果汁干粉。电视直播还演示了排空积聚在低温乙二醇管路上的冷凝水的过程。指令长工位上的各种控制器也被展示出来。在 120:43:00.44 进行了第四次勤务推进系统点火,目的是评估发动机的最小推力。点火仅持续了 0.48 秒,产生了一条 156.7 海里×89.1 海里的轨道。第四次电视直播在 141:11 开始。这次展示了 1 号窗口的沉积物和 2 号窗口用于测量俯仰角的光学位置标记。当摄像机环顾飞船内部时,观众可以看到睡眠区、储物区、头盔袋和加压服软管。施艾拉还通过向一支漂浮着的钢笔吹气控制其运动来演示失重环境。141:27,乘组停止直播,电视传输信号消失。10 月 18 日格林尼治时间 09:30,在环绕地球轨道第 108 圈时,S-ⅣB 级再入大气层,溅落在印度洋,估算的落点为南纬 8.9 度、东经 81.6 度。第五次勤务推进系统点火在计划轨道段的末期将飞船送入最适合离轨机动的位置;考虑到万一需要其他轨道,这个位置可让夏威夷地面站至少跟踪 2 分钟。这次点火开始于 165:00:00.42。为了确保对推进剂计量系统进行验证,燃烧时间比原计划延长了。在速度为 1 691.3 英尺/秒时,这次 66.95 秒的点火产生了本次任务最大的速度变化。在机动进行到一半时,人工接管了推力矢量控制,生成的轨道为 244.2 海里×89.1 海里。未来任务在地月转移和月地转移滑行段，需要让飞船进入一种慢速"烧烤"滚动模式，俗称"自助餐模式"，以保持外部温度均衡。这种机动称为被动热控，在阿波罗 7 号任务中试验了两次。第一次开始于 167:00，第二次开始于 212:00。在 189:04 进行了第五次电视直播，展现了飞船旅行的另一面。直播一开始是展示仪表板，包括姿态推力器开关、显示键盘和低温控制，并以乘组进行军事化"操练"作为结束。展现飞船下方地球景象的尝试没有成功。第六次勤务推进系统机动在第八天实施，开始于 210:07:59.99，这是第二次最小推力机动。当时的远地点是 234.6 海里，近地点是 88.4 海里。这次点火持续了 0.50 秒，由于不希望姿态变化，飞船指向轨道面以外。第六次电视直播始于 213:10，乘组将摄像机对准了窗外，让地面控制人员看到了佛罗里达半岛，然后将镜头转向飞船内部，展示了他们在任务期间长出的胡须。231:08 位于澳大利亚卡纳封的太阳粒子警报网检测到 1B 级太阳耀斑。尽管这次耀斑不会对飞船和乘组造成影响，但为将来检测月球任务期间出现太阳耀斑时使用的系统和程序提供了机会。这一事件后接着进行了第七次勤务推进系统点火，于 239:06:11.97 开始，持续 7.70 秒，将飞船远地点调整到适合再入与回收的经度位置，轨道降低到 229.8 海里×88.5 海里。最后一次电视直播开始于 236:18，持续了约 11 分钟，乘组再次展示了他们的胡须，并且报告在墨西哥湾岸区上空看到几次喷气飞机尾流。

使用地平线和恒星的中段导航程序没有完成，原因是地平线并不清晰而且处于变化状态。用六分仪观测，气辉大约有 3 度宽而且没有明显边界或边线。这个问题似乎与飞船处于低地球轨道有关。然而，对同样的程序使用月球地标和恒星，任务就很容易完成。月球地标几乎与地球地标一样清晰。恒星 10 度至 15 度可见，而且从月球观测时更大。六分仪/恒星计数、恒星检测、恒星/地平线瞄准在整个任务中都被用到；月球地标/恒星瞄准在 147:00 进行了尝试。

回收

最后一天主要进行离轨机动的准备工作。离轨机动由 SPS 第八次点火完成，这次点火于 259:39:16.36 开始，持续 11.79 秒，当时是第 163 圈轨道，正好飞越夏威夷上空。最终轨道的远地点为 225.3 海里，近地点为 88.2 海里，周期为 90.39 分钟，倾角为 29.88 度。由于乘组出现了感冒症状，于是就再入过程中是否应该戴上头盔和手套进行了大量讨论。戴上头盔后，不断增加的重力使黏液从头部向下流，有可能无法正常地清理喉咙和耳朵。而在零重力条件下，这些黏液一直驻留在头部。由于乘组的坚持，再入返回被提前 48 小时进行,并且他们将不戴头盔和手套。259∶43∶33 抛掉勤务舱,指令舱再入之前既有自动也有人工制导方式。指令舱于 259∶53∶26 再入大气层(再入边界的高度为 400 000 英尺),速度为 25 846.4 英尺/秒。事后的轨道重建表明,勤务舱于 260∶03 溅落在大西洋,落点估算为北纬 29 度、西经 72 度。再入过程中的三个目标——指令舱、勤务舱和两舱之间的 12 英尺隔离盘——被同时跟踪测量,且目视可见。1968 年 10 月 22 日格林尼治时间 11∶11∶48,指令舱利用降落伞系统在百慕大东南的大西洋海面成功实施软着陆。本次任务总时长 260∶09∶03。落点距离瞄准点 1.9 海里,距离承担回收任务的美国海军"埃塞克斯"号军舰 7 海里。溅落位置估算为北纬 27.63 度、西经 64.15 度。指令舱呈现为顶端朝下(稳定姿态Ⅱ)的漂浮姿态,不过 13 分钟内便依靠充气气囊浮正系统直立过来,呈顶端朝上(稳定姿态Ⅰ)姿态。但在这一过程中,没有发现回收信标,而且与乘组的话音通信也中断了。三名宇航员由直升机实施了回收,并且在溅落 56 分钟后登上回收船。指令舱在 55 分钟后也被回收。指令舱溅落时的质量估计为 11 409 磅,此次任务的飞行距离估计约 3 953 842 海里。在指令舱回收过程中,"埃塞克斯"号的气象记录是轻度阵雨,云底高 600 英尺,能见度为 2 海里,风速为 16 节,风向为真北 260 度,气温为 74 华氏度,水温为 81 华氏度,浪高 3 英尺且方向为自真北起 260 度。指令舱于 10 月 24 日从"埃塞克斯"号上卸下,运抵位于弗吉尼亚州诺福克市的诺福克海军航空站。随后着陆安全小组于格林尼治时间 14∶00 开始评估和钝化工作。1968 年 10 月 27 日格林尼治时间 01∶30 钝化完成。接着指令舱被空运到加利福尼亚州长滩,随后用卡车运抵加利福尼亚州唐尼市北美罗克韦尔空间分公司,进行飞行后的分析。

结论

阿波罗 7 号任务在各个方面都是成功的。飞船所有系统运行正常,所有试验详细目标除了一个以外全部实现。作为一次工程试验飞行,阿波罗 7 号验证了 S-ⅣB 级轨道安全处理恢复流程,手动和自动姿态控制模式的充分性,并且证明了飞行器各系统能够适应延长的在轨运行。这也是美国载人飞船第一次使用由 65%氧气、35%氮气构成的舱内混合气体。之前所有的飞行都使用的是 100%氧气——这一状态的改变是阿波罗 1 号火灾调查委员会建议的结果。另一个"第一次"是能够为乘组提供冷热饮用水,这是勤务舱燃料电池的副产品,也是月球之旅的一项重要改进。消耗品的使用保持在安全水平,这就使飞船能够为了实现任务目标而增加额外的飞行活动。遭遇的最重大的空气动力学影响是之前没有预料到的现象，一种被称为"近地点施矩"的现象，当飞船到达近地点最低处时，指令勤务舱的旋转最明显。

通过任务后的数据分析可以得出以下结论：

1．阿波罗 7 号任务的成果，加上以往历次任务和地面试验的结果，可以证明指令勤务舱已经具备在地球轨道环境运行的能力，并且做好了在地月转移和月球轨道环境运行的准备。

2．乘组与飞船接口的操控功能和设想，包括流程、物资供应、居住、显示与控制，都是可以接受的。

3．飞船整体的热平衡能力，包括主、被动功能，对于近地轨道环境来说比预期的还要好。

4．各系统在月球任务中所需的承受能力得到了验证。

5．指令勤务舱仅使用光学和船载数据进行交会的能力得到验证；然而，任务得出交会末段极其需要测距信息的结论。

6．导航技术总的来说可以满足月球任务的需要。特别是：

（a）证明了在地球轨道上采用地标跟踪技术的飞船自主导航是可行的。

（b）在现有光学设计和技术条件下，对于低地球轨道来讲利用地平线进行光学测量是不可用的。

（c）尽管排出的液体微粒冷凝后形成的碎片云遮挡了扫描望远镜对恒星的能见度，但碎片云在地球轨道上会很快消散，不会对光学器件的表面造成严重污染。

（d）扫描望远镜获取的恒星观测数据表明，地月空间中如果没有排气遮挡，且飞船采取正确指向保护光学器件不受太阳、地球或月球光线的照射，星座识别完全可以满足平台惯性指向的需要。

（e）利用与太阳夹角小到仅 30 度的阿波罗导航恒星，六分仪的恒星可见度也足以满足在日光下平台重新校准的需要。

7．交会雷达的捕获与跟踪试验验证了其具备指令勤务舱与登月舱交会所需的测距能力。

8．地面支持系统，包括载人航天飞行网和回收部队满足地球轨道任务要求。

阿波罗7号地球轨道段事件	飞行地面时间（时：分：秒）	空间固连坐标系速度/（英尺/秒）	时长/秒	速度变化/（英尺/秒）	远地点/海里	近地点/海里	周期/分	倾角/度
进入地球轨道	000:10:26.76	25 553.2			152.34	123.03	89.55	31.608
指令勤务舱与S-Ⅳ B级分离	002:55:02.40	25 499.5	—		170.21	123.01	89.94	31.640
第一次交会调相点火	003:20:09.9	25 531.7	—		167.0	125.3	89.99	31.61
第一次交会调相关机	003:20:26.2	25 525.0	16.3	5.7	165.2	124.8	89.95	31.62
第二次交会调相点火	015:52:00.9	25 283.1	—		165.1	124.7	89.95	31.62
第二次交会调相关机	015:52:18.5	25 277.4	17.6	7.0	164.7	120.8	89.86	31.62
SPS第一次点火	026:24:55.66	25 289.9	—		164.6	120.6	89.86	31.62
SPS第一次关机	026:25:05.02	25 354.0	9.36	204.1	194.1	123.0	90.57	31.62
SPS第二次点火	028:00:56.47	25 446.5	—		194.1	123.0	90.57	31.62
SPS第二次关机	028:01:04.23	25 357.2	7.76	173.8	153.6	113.9	89.52	31.63
末段启动点火	029:16:33	25 327.1	—		153.6	113.9	89.52	31.63
末段启动关机	029:17:19		46	17.7				
末段定型（制动）	029:43:55		—					
末段结束	029:55:43	25 546.1	708	49.1	154.1	121.6	89.68	31.61
分离点火	030:20:00.0	25 514.1	—		161.0	122.1	89.82	31.61
分离关机	030:20:05.4	25 515.1	5.4	2.0	161.0	122.1	89.82	31.61
SPS第三次点火	075:48:00.27	25 326.1	—		161.0	122.2	89.82	31.61
SPS第三次关机	075:48:09.37	25 273.9	9.10	209.7	159.4	121.3	89.77	31.61
SPS第四次点火	120:43:00.44	25 661.2	—		159.7	89.5	89.17	31.23
SPS第四次关机	120:43:00.92	25 670.6	0.48	12.3	149.4	87.5	88.94	31.25
SPS第五次点火	165:00:00.42	25 519.3	—		156.7	89.1	89.11	31.24
SPS第五次关机	165:01:07.37	25 714.9	66.95	1 691.3	146.5	87.1	88.88	31.25
SPS第六次点火	210:07:59.99	25 354.7	—		244.2	89.1	90.77	30.08
SPS第六次关机	210:08:00.49	25 354.6	0.50	14.2	234.8	88.5	90.59	30.08
SPS第七次点火	239:06:11.97	25 864.6	—		234.6	88.4	90.58	30.07
SPS第七次关机	239:06:19.67	25 866.4	7.70	220.1	228.3	88.4	90.24	30.07
SPS第八次点火（离轨）	259:39:16.36	25 155.3	—		229.8	88.5	90.48	29.87
SPS第八次关机	259:39:28.15	24 966.5	11.79	343.6	225.3	88.2	90.39	29.88

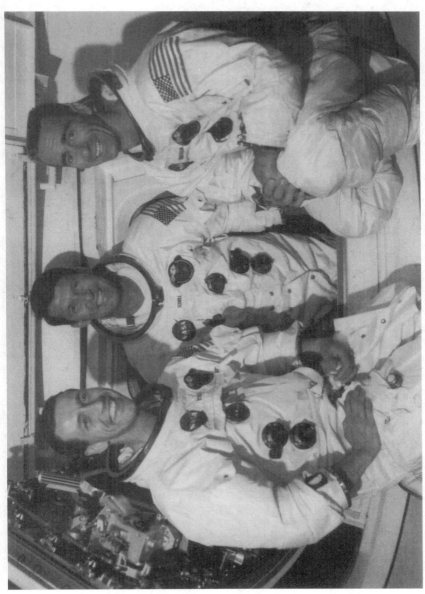

阿波罗 7 号乘组：艾西尔（左）、施艾拉和孜宁安

在 34 号发射工位为阿波罗 7 号任务准备 AS-205

阿波罗 7 号发射升空

阿波罗 7 号任务用尽的 S-ⅣB 级在太空中，其 SLA 保护罩板完全展开

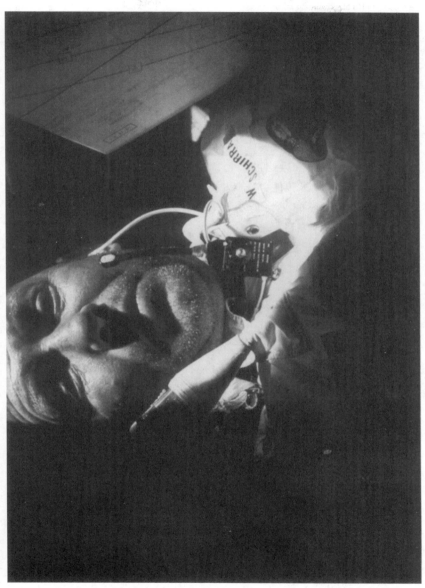

施艾拉在太空

任务目标

运载火箭的主要详细目标：

1. 验证运载火箭姿态控制系统在轨道运行中的充分性。完成。

2. 验证 S-ⅣB 级轨道安全处理恢复能力。完成。

3. 评估 S-ⅣB 级 J-2 发动机加力火花点火器管路改进效果。完成。

运载火箭的次要试验详细目标：

1. 评估 S-ⅣB 级/仪器单元在轨滑行期间的能力。完成。

2. 验证指令勤务舱载人运载火箭轨道姿态控制。完成。

飞船的主要目标：

1. 验证指令勤务舱和乘组的能力。完成。

2. 验证乘组、飞行器和任务支持系统的能力。完成。

3. 验证指令勤务舱的交会能力。完成。

飞船的主要试验详细目标：

1. P1.6：用六分仪进行惯性测量单元校准。完成。

2. P1.7：进行惯性测量单元指向确定和恒星模式日光可见性检查。完成。

3. P1.8：用扫描望远镜陆标跟踪技术进行飞船上的自主导航。完成。

4. P1.10：用六分仪进行目标航天器的光学跟踪。在交会过程中，完成。

5. P1.12：验证制导导航控制系统由自动和人工姿态控制的喷气控制系统机动。部分完成，原因是自动模式在勤务推进系统点火和手动模式之前。尽管验证了所有需要的模式，但变化率都没有检测。

6. P1.13：实施由制导导航控制系统控制勤务推进系统和喷气控制系统速度的机动。在任务中的各种时段，完成。

7. P1.14：评估制导导航控制系统从地球轨道实施再入导航的能力。在再入过程中，完成。

8. P1.15：实施恒星和地平线瞄准以建立地平线模式。没有完成。在两个场合进行了尝试，地平线模糊且处于变化状态，没有确定的边界或边线，无法获取必要的数据。

9. P1.16：在飞行环境下获取惯性测量单元的性能数据。完成，与惯性测量单元校准检测一并进行。还进行了两次脉冲积分摆式加速度计偏差测试。

10. P2.3：监视勤务推进速度变化与再入过程中再入监视系统工作状

态。在第一次勤务推进点火和再入过程中,完成。

11. P2.4：验证稳定控制系统自动和人工姿态控制喷气控制系统机动。完成,除测试高速和自动速率模式外。

12. P2.5：验证指令勤务舱稳定控制系统速度控制能力。完成。

13. P2.6：进行人工接管推力矢量控制。完成。

14. P2.7：获取稳定控制系统在飞行环境中提供适当惯性基准能力的数据。完成,在第四次勤务推进系统点火和 S-IVB 级分离之前的零重力段。在助推段没有获得理想的数据。

15. P2.10：利用扫描望远镜完成陀螺显示耦合器-飞行指向器姿态指示器校准的备份模式,为提速机动做准备。完成,尽管在任务后期飞行指向器姿态指示器中存在问题。

16. P3.14：验证空间环境中勤务推进系统最小推力点火。完成,在第四次和第六次勤务推进点火过程中。

17. P3.15：在太空环境中进行一次勤务推进系统性能点火。完成,在第五次勤务推进点火过程中。

18. P3.16：监视主要和辅助计量系统。完成,在第五次勤务推进点火过程中。

19. P3.20：验证推进剂供应管道热控系统的充分性。完成,通过正常操纵和冷浸试验验证。

20. P4.4：验证环境控制系统的生命保障功能。完成。

21. P4.6：获取飞行环境下废弃物管理系统的运行数据。完成。

22. P4.8：运行辅助冷却剂环路。完成,并且包括每日冗余部件测试。

23. P4.9：验证飞行环境下水管理分系统的运行。完成,在整个任务中,尽管存在氯化过程中的问题及某些硬件问题。

24. P4.10：验证着陆后通风换气电路的运行。完成。

25. P5.8：获取低温气体存储系统有或没有低温风扇时的热分层数据。完成。尽管 3 个分层试验中仅有两个成功完成,第三个试验仅完成了一部分(其余的被取消),但获取了足够的数据。

26. P5.9：验证零重力环境下低温贮箱系统的自动压力控制。完成。

27. P5.10：验证零重力环境下燃料电池水运行。完成。

28. P6.7：验证 S 频段数据上行能力。完成。

29. P6.8：验证在月球停留期间指令勤务舱模拟飞越登月舱交会雷达。完成,在第 48 圈。

30. P7.19：获取环境控制系统主散热器热涂层衰减数据。完成,从格林尼治时间 092:37 到 097:00。

31. P7.20：获取第二批次飞船前向隔热层热保护系统数据。完成，在再入过程中。

32. P20.8：实施指令勤务舱/S-ⅣB级分离和模拟对接。完成。

33. P20.10：验证指令勤务舱/载人航天飞行网 S 频段通信系统性能。完成。

34. P20.11：获取指令勤务舱全部消耗品数据。完成。

35. P20.13：实施指令勤务舱主动与 S-ⅣB级交会。完成。

36. P20.15：在舱内活动时对乘组进行评估。完成。

飞船的次要试验详细目标：

1. S1.11：在发射过程中监视制导导航控制系统并显示。完成。

2. S3.17：获取勤务舱喷气控制分系统脉冲和稳定状态性能数据。完成。

3. S7.24：获取月地飞行过程中采用的自旋模式的初始圆锥角数据。部分完成。完成了 3 次试验中的第一个。俯仰控制模式虽然也完成了，但在发射前没有计划。第三次试验取消了（乘组反对，因为他们希望更多的交叉耦合）。

4. S7.28：获取指令勤务舱振动数据。完成，在主动段、动力飞行段和离轨段。

5. S20.9：通过窗外观测实施指令勤务舱制动点火的人工姿态定向。完成，进行了两次试验。

6. S20.12：由乘组人工控制 S-ⅣB级进行三轴姿态机动。完成。

7. S20.14：验证运载火箭推进剂压力显示足以警告公共隔板反转。完成。

8. S20.16：拍摄任务分离阶段指令舱交会窗口的照片。完成，尽管 4 次计划试验的第二和次第三次被取消。

9. S20.17：获取勤务推进系统关机和喷气控制分系统点火后推进剂晃动阻尼数据。完成，进行了 3 次试验。

10. S20.18：通过指令勤务舱/阿波罗靶场测量飞机通信分系统获取数据。完成。

11. S20.19：验证指令勤务舱与载人航天飞行网之间的 VHF 话音通信。完成，在整个任务和再入返回过程中。

12. S20.20：评估乘组利用光学视觉校准进行对接、交会和正确姿态确认。完成，在整个任务中和与离轨姿态相关的阶段。

13. S7.21：获取飞船/登月舱适配器展开系统运行数据。完成。

实验：

1. S005（概略地表摄影）：拍摄选定陆地和海洋区域的彩色与全色胶片高质量照片。完成。在拍摄的 500 多张照片中，有接近 200 张可用于实验目的。由于聚焦、曝光和滤色镜的问题，比较相同区域的彩色和黑白照片的目标没有实现。

2. S006（概略天气摄影）：拍摄云的高质量照片，以研究地球天气系统的精密结构。完成。特别是拍摄到质量极高的"格拉迪斯"飓风和"格洛里亚"台风的照片。与黑白卫星照片相比，彩色照片可以让气象学家更加准确地判断云的类型。与以往任何载人飞行相比，本次任务中海洋学表面特征也被更加清晰地揭示出来。

3. M006：测定长期太空飞行中出现骨质流失的情况和程度。完成，通过对飞行前后乘员特定骨骼进行 X 射线研究。

4. M011：确定太空环境是否会引发人类血细胞的改变。完成，通过对比飞行前后乘组血样。

5. M023：测试下体负压后的改变，因为有迹象表明长期失重可引发心血管失调。完成，通过飞行前后的医学检查。

飞行过程中新增的试验目标：

1. 绕 Y 轴的俯仰。完成

2. 光学衰减评估。完成。

3. 六分仪/地平线观测。没有完成。为乘组提供了错误流程。

4. 3 种额外的 S 频段通信模式。完成。

任务时间表

阿波罗 7 号任务事件	飞行地面时间 （时：分：秒）	日期 （格林尼治时间）	时间 （时：分：秒）
射前 101 小时倒计时开始	−101:00:00	1968 年 10 月 06 日	19:00:00
射前 72 小时开始计划的 6 小时中断	−072:00:00	1968 年 10 月 08 日	00:00:00
射前 72 小时倒计时重启	−072:00:00	1968 年 10 月 08 日	06:00:00
射前 33 小时开始计划的 3 小时中断	−033:00:00	1968 年 10 月 09 日	21:00:00
射前 33 小时倒计时重启	−033:00:00	1968 年 10 月 10 日	00:00:00
末段计时开始	−018:00:00	1968 年 10 月 10 日	14:30:00

阿波罗 7 号任务事件	飞行地面时间（时：分：秒）	日期（格林尼治时间）	时间（时：分：秒）
射前 6 小时开始计划的 6 小时中断	−006:00:00	1968 年 10 月 11 日	03:00:00
末段计时开始	−006:00:00	1968 年 10 月 11 日	09:00:00
乘组进入	−002:27	1968 年 10 月 11 日	12:35
计划外 2 分钟 45 秒中断用于完成推进剂冷却	−000:06:15	1968 年 10 月 11 日	14:53:45
射前 6 分钟 15 秒重启倒计时	−000:06:15	1968 年 10 月 11 日	14:56:30
制导基准发布	−000:00:04.972	1968 年 10 月 11 日	15:02:40
S-ⅠB 级发动机开机指令	−000:00:02.988	1968 年 10 月 11 日	15:02:42
起飞时间	000:00:00.00	1968 年 10 月 11 日	15:02:45
所有牵制臂释放（第一次动作）（1.21g）	000:00:00.17	1968 年 10 月 11 日	15:02:45
起飞（脐带断开）	000:00:00.36	1968 年 10 月 11 日	15:02:45
俯仰和滚动机动开始	000:00:10.31	1968 年 10 月 11 日	15:02:55
滚动机动结束	000:00:38.46	1968 年 10 月 11 日	15:03:23
达到马赫数为 1	000:01:02.15	1968 年 10 月 11 日	15:03:47
达到最大弯曲力矩（7 546 000 磅力-英寸）	000:01:13.1	1968 年 10 月 11 日	15:03:58
最大动压（665.60 磅/平方英尺）	000:01:15.5	1968 年 10 月 11 日	15:04:00
俯仰机动结束	000:02:14.26	1968 年 10 月 11 日	15:04:59
S-ⅠB 级最大总惯性加速度（4.28g）	000:02:20.10	1968 年 10 月 11 日	15:05:05
S-ⅠB 级中心发动机关机	000:02:20.65	1968 年 10 月 11 日	15:05:05
S-ⅠB 级外围发动机关机	000:02:24.32	1968 年 10 月 11 日	15:05:09
S-ⅠB 级最大地球固连坐标系速度	000:02:24.6	1968 年 10 月 11 日	15:05:09
S-ⅠB/S-ⅣB 级分离指令	000:02:25.59	1968 年 10 月 11 日	15:05:10
S-ⅣB 级发动机点火指令	000:02:26.97	1968 年 10 月 11 日	15:05:12
S-ⅣB 级抛正推发动机壳体	000:02:37.58	1968 年 10 月 11 日	15:05:22
抛发射逃逸塔	000:02:46.54	1968 年 10 月 11 日	15:05:31
启动迭代制导模式	000:02:49.76	1968 年 10 月 11 日	15:04:54
S-ⅠB 级最高点	000:04:19.4	1968 年 10 月 11 日	15:06:54
S-ⅠB 级溅落大西洋（理论值）	000:09:20.2	1968 年 10 月 11 日	15:12:05
S-ⅣB 级发动机关机	000:10:16.76	1968 年 10 月 11 日	15:13:01
S-ⅣB 级最大总惯性加速度（2.56g）	000:10:16.9	1968 年 10 月 11 日	15:12:45

阿波罗 7 号任务事件	飞行地面时间（时：分：秒）	日期（格林尼治时间）	时间（时：分：秒）
S-ⅣB 级安全处理实验——第一次 LH$_2$ 贮箱排放开始	000:10:17.37	1968 年 10 月 11 日	15:13:02
S-ⅣB 级安全处理实验——贮箱钝化阀打开	000:10:17.56	1968 年 10 月 11 日	15:13:02
S-ⅣB 级最大地球固连坐标系速度	000:10:19.3	1968 年 10 月 11 日	15:12:54
进入地球轨道	000:10:26.76	1968 年 10 月 11 日	15:13:11
轨道导航开始	000:10:32.2	1968 年 10 月 11 日	15:13:17
S-ⅣB 级安全处理实验——LOX 贮箱排放开始	000:10:47.17	1968 年 10 月 11 日	15:13:32
S-ⅣB 级安全处理实验——LOX 贮箱排放结束	000:11:17.17	1968 年 10 月 11 日	15:14:02
S-ⅣB 级安全处理恢复实验——第一次 LH$_2$ 贮箱排放结束（由于数据丢失只有近似值）	000:31:17.36	1968 年 10 月 11 日	15:34:02
S-ⅣB 级安全处理实验——第二次 LH$_2$ 贮箱排放开始	000:54:06.95	1968 年 10 月 11 日	15:56:52
S-ⅣB 级安全处理实验——第二次 LH$_2$ 贮箱排放结束	000:59:06.95	1968 年 10 月 11 日	16:01:52
任务控制中心 2 分钟电源故障开始。通信没有中断	001:18:34	1968 年 10 月 11 日	16:21:19
S-ⅣB 级安全处理实验——LOX 排空开始	001:34:28.96	1968 年 10 月 11 日	16:37:14
S-ⅣB 级安全处理实验——LOX 贮箱无推进排放阀门打开（直到任务结束）	001:34:38.95	1968 年 10 月 11 日	16:37:24
S-ⅣB 级安全处理实验——第三次 LH$_2$ 贮箱排放开始	001:34:42.95	1968 年 10 月 11 日	16:37:28
S-ⅣB 级安全处理实验——第一次冷氦排空开始	001:42:28.95	1968 年 10 月 11 日	16:45:14
S-ⅣB 级安全处理实验——第三次 LH$_2$ 贮箱排放结束	001:44:42.95	1968 年 10 月 11 日	16:47:28
S-ⅣB 级安全处理实验——LOX 排空结束	001:46:29.96	1968 年 10 月 11 日	16:49:15
S-ⅣB 级安全处理实验——第一次冷氦排空结束	002:30:16.95	1968 年 10 月 11 日	17:33:02

阿波罗 7 号任务事件	飞行地面时间 （时：分：秒）	日期 （格林尼治时间）	时间 （时：分：秒）
人工接管 S-ⅣB 级姿态控制开始	002:30:48.80	1968 年 10 月 11 日	17:32:45
人工接管——俯仰机动开始	002:31:22	1968 年 10 月 11 日	17:34:07
人工接管——俯仰机动结束	002:32:15	1968 年 10 月 11 日	17:35:00
人工接管——滚动机动开始	002:32:22	1968 年 10 月 11 日	17:35:07
人工接管——滚动机动结束	002:32:51	1968 年 10 月 11 日	17:35:36
人工接管——偏航机动开始	002:33:01	1968 年 10 月 11 日	17:35:46
人工接管——偏航机动结束	002:33:31	1968 年 10 月 11 日	17:36:16
人工接管 S-ⅣB 级姿态控制结束	002:33:44.80	1968 年 10 月 11 日	17:35:45
窗口拍摄	002:45	1968 年 10 月 11 日	12:17
指令勤务舱与 S-ⅣB 级分离	002:55:02.40	1968 年 10 月 11 日	17:57:47
S-ⅣB 级安全处理实验——第四次 LH$_2$ 贮箱排放开始	003:09:14.48	1968 年 10 月 11 日	18:11:59
S-ⅣB 级安全处理实验——第四次 LH$_2$ 贮箱排放结束	003:15:56.11	1968 年 10 月 11 日	18:18:41
S-ⅣB 级安全处理实验——火箭级控制球形氦气泵清空开始	003:17:33.95	1968 年 10 月 11 日	18:20:19
第一次交会调相机动点火	003:20:09.9	1968 年 10 月 11 日	18:22:54
第一次交会调相机动关机	003:20:26.2	1968 年 10 月 11 日	18:23:11
S-ⅣB 级安全处理实验——第五次 LH$_2$ 贮箱排放开始	04:05:47.27	1968 年 10 月 11 日	19:08:32
S-ⅣB 级安全处理实验——火箭级控制球形氦气泵清空结束	004:07:01.27	1968 年 10 月 11 日	19:09:46
S-ⅣB 级安全处理实验——第五次 LH$_2$ 贮箱排放结束	004:10:08.43	1968 年 10 月 11 日	19:12:53
S-ⅣB 级安全处理实验——第二次冷氦排空开始	004:30:16.96	1968 年 10 月 11 日	19:33:02
S-ⅣB 级安全处理实验——第六次 LH$_2$ 贮箱排放开始	004:43:55.85	1968 年 10 月 11 日	19:46:40
S-ⅣB 级安全处理实验——第六次 LH$_2$ 贮箱排放结束	004:49:01.73	1968 年 10 月 11 日	19:51:46
S-ⅣB 级安全处理实验——第二次冷氦排空结束	004:50:16.95	1968 年 10 月 11 日	19:53:02
S-ⅣB 级安全处理实验——第七次 LH$_2$ 贮箱排放开始	005:08:58.99	1968 年 10 月 11 日	20:11:44

续表

阿波罗 7 号任务事件	飞行地面时间 （时∶分∶秒）	日期 （格林尼治时间）	时间 （时∶分∶秒）
S-ⅣB 级安全处理实验——第七次 LH$_2$ 贮箱排放结束	005∶11∶15.43	1968 年 10 月 11 日	20∶14∶00
氢分层试验	013∶28∶00	1968 年 10 月 12 日	04∶30∶45
第二次交会调相机动点火	015∶52∶00.9	1968 年 10 月 12 日	06∶54∶45
第二次交会调相机动关机	015∶52∶18.5	1968 年 10 月 12 日	06∶55∶03
Y-脉冲积分摆式加速度计试验	022∶30	1968 年 10 月 12 日	13∶32
S-ⅣB 级光学跟踪	025∶10	1968 年 10 月 12 日	16∶12
氧分层试验	025∶14∶00	1968 年 10 月 12 日	16∶16∶45
第一次 SPS 点火（NCC/联合修正机动——启动交会时序）	026∶24∶55.66	1968 年 10 月 12 日	17∶27∶40
第一次 SPS 关机	026∶25∶05.02	1968 年 10 月 12 日	17∶27∶50
第二次 SPS 点火（NSR/共椭圆轨道机动）	028∶00∶56.47	1968 年 10 月 12 日	19∶03∶41
第二次 SPS 关机	028∶01∶04.23	1968 年 10 月 12 日	19∶03∶49
S-ⅣB 级光学跟踪	028∶20	1968 年 10 月 12 日	19∶22
末段启动点火	029∶16∶33	1968 年 10 月 12 日	20∶19∶18
末段启动关机	029∶17∶19	1968 年 10 月 12 日	20∶20∶04
中途修正	029∶30∶42	1968 年 10 月 12 日	20∶33∶27
末段定型（制动）	029∶43∶55	1968 年 10 月 12 日	20∶46∶40
末段结束/开始位置保持	029∶55∶43	1968 年 10 月 12 日	20∶58∶28
分离机动点火	030∶20∶00.0	1968 年 10 月 12 日	21∶22∶45
分离机动关机	030∶20∶05.4	1968 年 10 月 12 日	21∶22∶50
六分仪校准试验	041∶00	1968 年 10 月 13 日	08∶02
六分仪跟踪 S-ⅣB 级开始	044∶40	1968 年 10 月 13 日	11∶42
六分仪跟踪 S-ⅣB 级于 160 海里结束	045∶30	1968 年 10 月 13 日	12∶32
姿态保持试验	049∶00	1968 年 10 月 13 日	16∶02
主蒸发器试验	049∶50	1968 年 10 月 13 日	16∶52
主蒸发器试验	050∶30	1968 年 10 月 13 日	17∶32
姿态保持试验	050∶40	1968 年 10 月 13 日	17∶42
六分仪跟踪 S-ⅣB 级开始	052∶10	1968 年 10 月 13 日	19∶12
六分仪跟踪 S-ⅣB 级于 320 海里结束	053∶20	1968 年 10 月 13 日	20∶22
交会雷达转发器试验	061∶00	1968 年 10 月 14 日	04∶02
交会雷达转发器试验	071∶40	1968 年 10 月 14 日	14∶42
第一次电视传输开始	071∶43	1968 年 10 月 14 日	14∶45

阿波罗 7 号任务事件	飞行地面时间 （时：分：秒）	日期 （格林尼治时间）	时间 （时：分：秒）
第一次电视传输结束	071:50	1968 年 10 月 14 日	14:52
第三次 SPS 点火（定位并构建椭圆轨道）	075:48:00.27	1968 年 10 月 14 日	18:50:45
第三次 SPS 关机	075:48:09.37	1968 年 10 月 14 日	18:50:54
交会雷达转发器试验	076:27	1968 年 10 月 14 日	19:29
散热器衰减试验开始	092:37	1968 年 10 月 15 日	11:39
第二次电视传输开始	095:25	1968 年 10 月 15 日	14:27
第二次电视传输结束	095:36	1968 年 10 月 15 日	14:38
散热器表面涂层衰减试验开始	097:00	1968 年 10 月 15 日	16:02
氢分层试验	098:11	1968 年 10 月 15 日	17:13
S005 拍照实验	098:40	1968 年 10 月 15 日	17:42
S006 拍照实验	099:10	1968 年 10 月 15 日	18:12
窗口拍照	101:10	1968 年 10 月 15 日	20:12
第三次电视传输开始	119:08	1968 年 10 月 16 日	14:10
第三次电视传输结束	119:18	1968 年 10 月 16 日	14:20
第四次 SPS 点火（最小推力点火）	120:43:00.44	1968 年 10 月 16 日	15:45:45
第四次 SPS 关机	120:43:00.92	1968 年 10 月 16 日	15:45:45
恒星/地平线观测	124:00	1968 年 10 月 16 日	19:02
氧分层试验	131:52	1968 年 10 月 16 日	02:54
第四次电视传输开始	141:11	1968 年 10 月 17 日	12:13
第四次电视传输结束	141:27	1968 年 10 月 17 日	12:29
月球地标恒星观测	147:00	1968 年 10 月 17 日	18:02
S-ⅣB 级溅落（理论值）	162:27:15	1968 年 10 月 18 日	09:30:00
第五次 SPS 点火（定位并构建椭圆轨道）	165:00:00.42	1968 年 10 月 18 日	12:02:45
第五次 SPS 关机	165:01:07.37	1968 年 10 月 18 日	12:03:52
被动热控试验开始	167:00	1968 年 10 月 18 日	14:02
被动热控试验结束	167:50	1968 年 10 月 18 日	14:52
勤务推进冷浸试验开始	168:00	1968 年 10 月 18 日	15:02
勤务推进冷浸试验结束	171:10	1968 年 10 月 18 日	18:12
第五次电视传输	189:04	1968 年 10 月 19 日	12:06
莫尔斯码应急发报试验开始	190:36:06	1968 年 10 月 19 日	13:38:51
莫尔斯码应急发报试验结束	190:43:01	1968 年 10 月 19 日	13:45:46
氧分层试验	198:27:00	1968 年 10 月 19 日	21:29:45
第六次 SPS 点火（最小推力点火）	210:07:59.99	1968 年 10 月 20 日	09:10:45
第六次关机	210:08:00.49	1968 年 10 月 20 日	09:10:45

续表

阿波罗 7 号任务事件	飞行地面时间 （时：分：秒）	日期 （格林尼治时间）	时间 （时：分：秒）
被动热控试验（俯仰过程）开始	212：00	1968 年 10 月 20 日	11：02
被动热控试验结束	212：50	1968 年 10 月 20 日	11：52
第六次电视传输	213：10	1968 年 10 月 20 日	12：12
恒星/地平线观测	213：30	1968 年 10 月 20 日	12：32
氢分层试验	227：12	1968 年 10 月 21 日	02：14
光学衰减试验开始	228：30	1968 年 10 月 21 日	03：32
位于卡纳封的太阳粒子警报网报告了 1B 级太阳耀斑	231：08	1968 年 10 月 21 日	06：10
第七次电视传输开始	236：18	1968 年 10 月 21 日	11：20
第七次电视传输结束	236：29	1968 年 10 月 21 日	11：31
第七次 SPS 点火（时间异常调整为离轨点火做准备）	239：06：11.97	1968 年 10 月 21 日	14：08：57
第七次 SPS 关机	239：06：19.67	1968 年 10 月 21 日	14：09：04
窗口拍摄	242：30	1968 年 10 月 21 日	17：32
第八次 SPS 点火（离轨点火）	259：39：16.36	1968 年 10 月 22 日	10：42：01
第八次 SPS 关机	259：39：28.15	1968 年 10 月 22 日	10：42：13
指令舱/勤务舱分离	259：43：33.8	1968 年 10 月 22 日	10：46：18
再入	259：53：26	1968 年 10 月 22 日	10：56：11
通信黑障开始	259：54：58	1968 年 10 月 22 日	10：57：43
通信黑障结束	259：59：46	1968 年 10 月 22 日	11：02：31
最大再入重力加速度（3.33g）	260：01：09	1968 年 10 月 22 日	11：03：54
勤务舱坠落在大西洋。回收飞机通过 S 频段与指令舱建立联系	260：03	1968 年 10 月 22 日	11：05
降落伞打开	260：03：23	1968 年 10 月 22 日	11：06：08
主降落伞打开，回收部队通过 VHF 话音与指令舱建立联系	260：04：13	1968 年 10 月 22 日	11：06：58
溅落（顶端朝下姿态）	260：09：03	1968 年 10 月 22 日	11：11：48
气囊开始膨胀	260：18	1968 年 10 月 22 日	11：20
指令舱转换为顶端向上姿态	260：22	1968 年 10 月 22 日	11：24
回收飞机收到 VHF 回收信标信号	260：23	1968 年 10 月 22 日	11：25
再次建立与指令舱的 VHF 话音通信	260：24	1968 年 10 月 22 日	11：26
回收飞机发现指令舱	260：30	1968 年 10 月 22 日	11：32
蛙人到达，环状浮囊展开	260：32	1968 年 10 月 22 日	11：34

阿波罗 7 号任务事件	飞行地面时间 （时：分：秒）	日期 （格林尼治时间）	时间 （时：分：秒）
浮囊充气	260:41	1968 年 10 月 22 日	11:43
指令舱舱门打开	260:45	1968 年 10 月 22 日	11:47
乘组登上回收直升机	260:58	1968 年 10 月 22 日	12:00
回收船到达指令舱附近，乘组登上回收船	261:06	1968 年 10 月 22 日	12:08
指令舱吊装上回收船	262:01	1968 年 10 月 22 日	13:03
乘组离开回收船	285:54	1968 年 10 月 23 日	12:56
乘组抵达佛罗里达州卡纳维拉尔角	288:43	1968 年 10 月 23 日	15:45
指令舱运抵弗吉尼亚州诺福克海军航空站	310:58	1968 年 10 月 24 日	14:00
指令舱钝化完毕	370:28	1968 年 10 月 27 日	01:30

第二次载人任务：
在月球轨道试验指令勤务舱
（1968 年 12 月 21—27 日）

背景

阿波罗 8 号任务是"C 类主要"任务。与阿波罗 7 号任务不同的是，阿波罗 8 号在月球轨道而不是地球轨道进行指令勤务舱载人飞行验证。这是人类第一次冒险抵达月球附近——向登月能力迈出勇敢的一步。

这次任务的代号最初被指定为 AS-503，是一次计划在 1968 年 5 月发射、使用 BP-30 和登月舱试验件 LTA-B 的无人地球轨道任务，即第三次 A 类任务。但是在阿波罗 6 号任务之后，即 4 月 27 日做出决定，如果 CSM-101 成功完成阿波罗 7 号任务，AS-503 将由载人的指令勤务舱和 LM-3 执行 D 类任务。改为载人飞行，需要将 S-Ⅱ级运回密西西比试验场，进行"载人级别"改造。载人飞行的其他试验仍然在肯尼迪航天中心进行。密西西比试验场的各项试验于 5 月 30 日完成，S-Ⅱ级于 6 月 27 日被运回肯尼迪航天中心。经过 6 月 11 日开始的长达 2 个月的试验，确定登月舱无法为计划 12 月初进行的发射做好准备。因此 8 月 19 日决定，用重达 19 900 磅的登月舱试验件替代登月舱安装到飞船/登月舱适配器上，作为质量配重。就在同一天，乘组接到通知进行前往月球的任务训练，官方将任务命名为"阿波罗 8 号"。最早一次与乘组讨论实施月球任务的可行性是在 8 月 10 日，将视 10 月发射的阿波罗 7 号任务的结果，确定本次任务是进行月球轨道、绕月轨道还是地球轨道试验。所有训练立即集中到月球轨道任务上，即上述 3 项任务中最难的一项，而且地面支持准备工作也必须加速进行。9 月 9 日进行了第一次模拟训练，10 月 9 日飞行器被转运到发射场。在 10 月 22 日阿波罗 7 号任务取得成功后，当局决定在 12 月 12 日实施月球轨道任务,此时距计划发射日期只有 5 周。做出这一决定是基于阿波罗 7 号 11 天地球轨道任务期间对飞船性能的全面评估和对月球轨道任务各类相关风险的评估。这些风险包括完全依赖勤务推进发动机驱动飞船从月球轨道返回,而且从月球轨道返回需要 3 天时间,而不是从地球轨道返回时的 30 分钟到 3 个小时。做出这一决定同样还考虑到本次飞行对于 1969 年年底之前实现登月这一目标的价值。本次月球任务的主要收获将包括:实施深空导航、通信与跟踪;深空环境下飞船热响应的更多知识;乘组的实际操控经验——所有这些都将应用于登月任务。

阿波罗 8 号是第一次用三级土星 V 火箭实施的载人任务。飞船采用第二批次指令勤务舱。飞船/登月舱适配器第一次加装了抛防护罩板的机械装置,这些防护罩板用于在未来任务中封闭登月舱。

阿波罗 8 号的主要目标是:

- 在带有指令勤务舱的土星 V 载人任务中,验证乘组、飞行器和任务支持团队联合工作能力。
- 验证正常的和可选备份的月球轨道交会过程的性能。

乘组的成员是指令长弗兰克·弗雷德里克·博尔曼二世(美国空军),指令舱驾驶员小詹姆斯·亚瑟·洛弗尔(美国海军),登月舱驾驶员威廉·艾利森·安德斯(美国空军)。博尔曼 1962 年入选宇航员团队,是双子座 7 号任务的指令驾驶员。博尔曼 1928 年 3 月 14 日出生在印第安纳州加里市,执行阿波罗 8 号任务时 40 岁。他 1950 年在美国军事学院获得理学学士学位,1957 年在加利福尼亚理工学院获得航空工程硕士学位。博尔曼此次任务的备份宇航员是尼尔·奥尔登·阿姆斯特朗。洛弗尔曾经是双子座 7 号任务的驾驶员、双子座 12 号任务的指令驾驶员。他 1928 年 3 月 25 日出生在俄亥俄州克利夫兰,执行阿波罗 8 号任务时 40 岁。他 1952 年在美国海军学院获得理学学士学位,1962 年被选为宇航员。他的备份宇航员是小埃德温·尤金·布兹·奥尔德林(美国空军)。安德斯 1933 年 10 月 17 日出生在中国香港,执行阿波罗 8 号任务时 35 岁,这是他的第一次太空飞行任务。安德斯 1955 年在美国海军学院获得电子工程学士学位,1962 年在美国空军理工学院获得核工程硕士学位,1963 年入选宇航员。他的备份宇航员是小弗雷德·华莱士·海斯。本次任务的飞船通信员是米歇尔·柯林斯(美国空军)、托马斯·肯尼斯·肯·马丁利二世(美国海军)、杰拉尔德·保罗·卡尔(美国海军陆战队)、阿姆斯特朗、奥尔德林、万斯·德沃·布兰德和海斯。支持乘组是布兰德、马丁利和卡尔。飞行主任是克利福德·E.查尔斯沃斯(第一班)、格林·S. 伦尼(第二班)和米尔顿·L. 温德勒(第三班)。

阿波罗 8 号任务的运载火箭是"土星 V"，代号是 AS-503。该任务还有一个代号是东靶场 #170。指令勤务舱代号是 CSM-103。登月舱试验件代号是 LTA-B。因为本次是月球任务，所以飞行器必须在特定的"发射窗口"日期或时段内实施发射，这种窗口每个月只有一次。部分限制条件来自人们希望飞越选定的月面区域时，其光照条件与计划中的第一次登月任务相近。月球轨道倾角、自由返回轨道倾角和飞船推进剂的储备是本次任务考虑的其他主要因素。选定的第一个月球窗口是 1968 年 12 月，发射日期在 12 月 20 日至 27 日，1969 年 1 月作为备份窗口。最终决定在 12 月 21 日进行第一次发射尝试，白天全部是窗口时间。瞄准这一天发射可以让乘组观测到 ALS-1 首次月面着陆的候选地点，届时太阳高度角将在理想的 6.74 度。12 月 21 日的窗口将从格林尼治时间 12:50:22 持续到 17:31:40，发射时刻计划在格林尼治时间 12:51:00。

发射准备

阿波罗 8 号任务倒计时于 1968 年 12 月 16 日格林尼治时间 00:00 开始。最终倒计时程序于 12 月 19 日格林尼治时间 01:51(T−28 小时)开始。此时，飞行器各项功能的运行领先于时钟。倒计时后期发现，向飞船环境控制系统和燃料电池系统提供的液氧被氮气污染了，准备更换液氧。重新检修已经完成，而且贮箱在射前 10 小时已经加压。在射前 9 小时按计划安排的 6 小时中断期间，因液氧贮箱的排空和再次加注而延误的几乎所有倒计时工作都赶上了计划。计时在射前 9 小时重启时，飞行器的各项操作基本上符合时间表。射前 8 小时，S-ⅣB 级液氧加注开始。12 月 21 日格林尼治时间 08:29 低温加注完成，还有 8 分钟就进入计划中的 1 小时中断。格林尼治时间 09:21 倒计时再次重启，时钟设定为射前 3 小时 30 分，乘组在射前 2 小时 53 分进入飞船。一股冷空气前锋在发射前的下午通过发射场区，并在发射时趋于稳定，驻留在迈阿密地区。发射时，地表风来自北方，但在 4 900 英尺高度又变成西风，并在这一地区上空长期保持。空中卷云四成(云底高度没有记录)，能见为 10 法定英里，温度为 59.0 华氏度，相对湿度为 88%，露点为 56%，气压为 14.804 磅/平方英寸，通过发射场距地面 60.0 英尺高灯柱上的风速计测得风速为 18.7 英尺/秒，风向为从真北起算 348 度。

阿波罗 8 号准备事件	日　　期
S-Ⅱ-3 级运抵肯尼迪航天中心	1967 年 12 月 26 日
S-ⅠC-3 级运抵肯尼迪航天中心	1967 年 12 月 27 日
S-ⅠC-3 级在 MLP-1 起竖	1967 年 12 月 30 日
S-ⅣB-503 级运抵肯尼迪航天中心	1967 年 12 月 30 日
土星 Ⅴ 仪器单元 IU-503 运抵肯尼迪航天中心	1968 年 01 月 04 日
试验样机有效载荷(BP-30)运抵肯尼迪航天中心	1968 年 01 月 06 日
登月舱试验件 LTA-B 运抵肯尼迪航天中心	1968 年 01 月 09 日
LTA-B 与飞船/登月舱适配器 SLA-10 对接	1968 年 01 月 19 日
S-Ⅱ-3 级起竖	1968 年 01 月 31 日
S-ⅣB-503 级起竖	1968 年 02 月 01 日
IU-503 起竖	1968 年 02 月 01 日
BP-30 与简化发射逃逸系统起竖	1968 年 02 月 05 日
运载火箭电气对接	1968 年 02 月 12 日
飞行器整体测试♯1 完成(用于无人任务)	1968 年 03 月 11 日
飞行器拉伸试验完成(用于无人任务)	1968 年 03 月 25 日
飞行器整体测试♯2 完成(用于无人任务)	1968 年 04 月 08 日
决定将 BP-30 回平对勤务推进系统裙部进行改进	1968 年 04 月 10 日
C 类任务改为"C 类主要"任务	1968 年 04 月 27 日
LTA-B/SLA-10,IU-503 和 S-ⅣB-503 级回平	1968 年 04 月 28 日
S-Ⅱ-3 级回平	1968 年 04 月 29 日
S-Ⅱ-3 级运往密西西比试验场进行"载人级别"试验	1968 年 05 月 01 日
厂内完成指令舱和勤务舱独立和联合测试	1968 年 06 月 02 日
LM-3 的下降级运抵肯尼迪航天中心	1968 年 06 月 09 日
LM-3 的上升级运抵肯尼迪航天中心	1968 年 06 月 14 日
S-Ⅱ-3 级从密西西比试验场运抵肯尼迪航天中心	1968 年 06 月 27 日
厂内指令舱和勤务舱综合测试完成	1968 年 07 月 21 日
S-Ⅱ-3 级再次起竖	1968 年 07 月 24 日
SM-103 四发动机组运抵肯尼迪航天中心	1968 年 08 月 06 日
CM-103 和 SM-103 准备从工厂装船运至肯尼迪航天中心	1968 年 08 月 11 日
SM-103 运抵肯尼迪航天中心	1968 年 08 月 11 日
CM-103 运抵肯尼迪航天中心	1968 年 08 月 12 日
S-ⅣB-503 级起竖	1968 年 08 月 14 日
IU-503 起竖	1968 年 08 月 15 日
设施验证飞行器起竖	1968 年 08 月 16 日
将 AS-503 命名为"阿波罗 8 号"。决定用 LTA-B/SLA-11A 替代 LM-3	1968 年 08 月 19 日
CM-103 与 SM-103 对接	1968 年 08 月 22 日

续表

阿波罗 8 号准备事件	日　　期
运载火箭电气系统测试完成	1968 年 08 月 23 日
CSM-103 联合系统测试完成	1968 年 09 月 05 日
设施验证飞行器回平	1968 年 09 月 14 日
BP-30 起竖进行勤务臂检查	1968 年 09 月 15 日
SLA-11A 运抵肯尼迪航天中心	1968 年 09 月 18 日
CSM-103 姿态测试完成	1968 年 09 月 22 日
LTA-B 与 SLA-11A 对接	1968 年 09 月 29 日
勤务臂整体测试完成	1968 年 10 月 02 日
BP-30 回平	1968 年 10 月 04 日
CSM-103 运抵飞行器组装厂房	1968 年 10 月 07 日
运载火箭和 MLP-1 转运至 39A 发射工位	1968 年 10 月 09 日
活动勤务架转移至 39A 发射工位	1968 年 10 月 12 日
飞行器关机与故障测试完成	1968 年 10 月 22 日
CSM-103/休斯顿任务控制中心测试完成	1968 年 10 月 29 日
CSM-103 综合系统测试完成	1968 年 11 月 02 日
CSM-103 与运载火箭电气对接	1968 年 11 月 04 日
飞行器电气对接	1968 年 11 月 05 日
飞行器整体测试完成	1968 年 11 月 06 日
飞行器整体测试♯1(插合)完成	1968 年 11 月 07 日
运载火箭/休斯顿任务控制中心测试完成	1968 年 11 月 11 日
发射脐带塔/发射台水系统测试完成	1968 年 11 月 12 日
飞行器飞行准备就绪测试完成	1968 年 11 月 19 日
飞行器自燃燃料加注完成	1968 年 11 月 30 日
S-IC-3 级 RP-1 燃料加注完成	1968 年 12 月 02 日
飞行器倒计时验证测试(湿)完成	1968 年 12 月 10 日
飞行器倒计时验证测试(干)完成	1968 年 12 月 11 日

上升段

　　阿波罗 8 号于 1968 年 12 月 21 日,格林尼治时间 12:51:00(美国东部标准时间 07:51:00)的发射时间从肯尼迪航天中心 39 号工位 A 发射台点火升空,正好处于发射窗口内。上升段飞行正常。起飞后不久,飞行器开始从北偏东 90 度的发射台方位角滚动到北偏东 72.124 度的飞行方位角。上升过程中在 49 900 英尺高度(高动压区)遭遇到最大风况,风速为 114.1 英尺/秒,风向为从真北起算 284 度。各个高度上的组合风切变都处于低量级,最大值是出现在 52 500 英尺高度 0.010 3/秒的俯仰面切变。S-IC 级于 T＋153.82 秒关机,随后与 S-Ⅱ级分离。S-Ⅱ级随后点火并在 T＋524.04 秒关机,接着与 S-ⅣB 级分离。S-ⅣB 级于 T＋528.29 秒点火,并于 T＋684.98 秒实施第一次关机,关机后与计划的轨道仅有＋1.44 英尺/秒的速度偏差和－0.01 海里的高度偏差。S-ⅠC 级于 T＋540.410 秒落入大西洋,落点为北纬 30.204 0 度、西经 74.109 0 度,距离发射场 353.462 海里。S-Ⅱ级于 T＋1 165.106 秒落入大西洋,落点为北纬 31.833 8 度、西经 37.277 4 度,距离发射场 2 245.913 海里。S-ⅠC 级上携带了 4 台可回收的胶片摄影机。其中两台位于级间前部,负责向前拍摄 S-ⅠC/S-Ⅱ级分离和 S-Ⅱ级点火。其他两台安装在 S-ⅠC 级 LOX 贮箱上部,并包含脉冲摄像头用于观测 LOX 贮箱内部。这些脉冲摄像头用光纤束连接,从尾部进入贮箱。直升机于 T＋1 170 秒,在北纬 30.22 度、西经 73.97 度回收了一台 LOX 贮箱上的摄像机。尽管海水和染色剂进入摄像机机身内部造成损坏,但是胶卷提供了有用的数据。其他 3 台摄像机密封舱是否被弹射出来已经无法知晓。S-ⅠC 级上还有两台电视摄像机用于观测推进和控制系统组件。这两台摄像机均提供了高质量的数据。T＋694.98 秒入轨(即 S-ⅣB 级关机加上计入发动机尾推力终止和其他瞬时效应的 10 秒),停泊轨道的远地点和近地点显示为 99.99 海里×99.57 海里,倾角为 32.509 度,周期为 89.19 分钟,速度为 25 567.06 英尺/秒。远地点和近地点基于半径为 3 443.934 海里的球面地球计算而来。

COSPAR 将进入轨道的飞船命名为"1968-118A",将 S-ⅣB 级命名为"1968-118B"。

地球轨道段

000:42:05 抛掉光学罩,乘组在澳大利亚卡纳封测控站上空完成了恒星检测,校准了平台。到第二圈的 001:56:00 时,飞船各系统均做好了进入地月转移轨道的准备。考虑到相关的风险,本次任务设置了三个确认点:发射、地球停泊轨道、指令勤务舱即将制动进入月球轨道前的地月转移滑行轨道。在这些点发现任何问题,计划都将转入备选任务,这样可以为乘组提供最大程度的安全保障,还可以发挥最大的科学与工程效益。如果有原因导致无法完成第三个点,那么指令勤务舱将会继续沿着"自由返回"轨道,绕过月球背面并直接返回地球。飞行中各系统检测完毕后,决定通过 J-2 发动机进行液氧排放,将远地点抬高 6.4 海里,比预计值仅高出 0.7 海里。002:50:37.79 实施持续了 317.72 秒的入地月转移轨道机动(S-ⅣB 级第二次点火)。S-ⅣB 级发动机在 002:55:55.51 关机,并在 10 秒后进入地月转移轨道,当时的速度为 35 505.41 英尺/秒,已经绕地球飞行 1.5 圈,用时 2 小时 44 分钟 30.53 秒。

地月转移段

003:20:59.3，勤务舱喷气控制系统完成一次小的机动，飞船与 S-ⅣB 级分离，高增益天线展开（后面将在 006:33:04 时第一次使用）。在飞船掉头后，乘组观察并拍摄了 S-ⅣB 级的照片，同时还试验了轨道位置保持。003:40:01，勤务舱喷气控制系统实施了 1.1 英尺/秒的机动，以增加飞船与 S-ⅣB 级的距离。距离的增加并没有想象的那么快，于是在 004:45:01 又进行了 1 秒速度为 7.7 英尺/秒的机动。本次任务的一个目标是"借助引力"将 S-ⅣB 级送入太阳轨道。完成这一目标的飞行动作包括持续排放 LH_2、排空 LOX 和辅助推进系统残留液燃烧。004:55:56.02，LH_2 排放阀打开。005:07:55.82 开始，液氧通过 J-2 发动机排放 5 分钟。辅助推进发动机在 005:25:55.85 点火，燃烧至 005:38:34.00 燃料全部耗尽。产生的速度增量使 S-ⅣB 级可以从月球引力边缘擦身而过。距离月球最近的时刻是 069:58:55.2，月球半径是 1 682 海里，当时 S-ⅣB 级在月面北纬 19.2 度、东经 88.0 度上空 681 海里处。飞过月球影响球后相对于地球的速度是 0.79 海里/秒。从月球旁边掠过后轨道参数受到影响，产生的太阳轨道的参数是：远日点和近日点为 79 770 000 海里×74 490 000 海里，半长轴为 77 130 000 海里，倾角为 23.47 度，周期为 340.80 天。进入地月转移轨道的机动非常精确，仅需要进行一次小规模的中途修正就进入了期望的高度为 65 海里的月球轨道。然而，两次机动中的第二次，也就是将飞船从 S-ⅣB 级分离出来的那次，却改变了轨道，因此需要在 010:59:59.2 进行长为 2.4 秒、速度为 20.4 英尺/秒的机动，以达到理想轨道[①]。这次中途修正采用了勤务推进系统将到达月球最近路径的高度从 458.1 海里降低到 66.3 海里。为了进一步提高进入月球轨道的精度，在 060:59:55.9 又增加了一次 11.9 秒、速度为 1.4 英尺/秒的中途修正。在地月转移滑行段，乘组进行了系统检查和导航观测，并且试验了飞船的高增益天线。这副四碟状统一 S 频段系统天线在勤务舱与 S-ⅣB 级分离后从勤务舱上外摆展开。

在美国的载人任务中，阿波罗 8 号是乘组成员第一次经历了中度运动病的任务，其症状与中度晕船初期相同。三名乘员在离开座椅后不久，便因

---

①　010:59:59.2 进行机动的目的是获得 24.8 英尺/秒的速度变化。但是由于推力小于预期，只达到了 20.4 英尺/秒。2.4 秒的燃烧时间是计算机的设定值，但对于发动机性能来说大约短了 0.4 秒。

为身体迅速运动而感到恶心。他们的症状延续了 2 至 24 小时,但没有影响到正常操作。016:00:00,博尔曼从断断续续的睡眠中醒过来后,便出现头痛、恶心、呕吐、腹泻等一系列症状。通过飞行中的诊断判断,可能是患上了病毒性肠胃炎,一种任务前卡纳维拉尔角地区出现的流行性疾病。在任务后的医学报告中,博尔曼称这些症状有可能是在 011:00:00 服用安眠药的不良反应,因为在任务前的药物(速可眠)试验中出现过同类症状。六次实况电视传输中有两次在地月转移飞行中进行。第一次传输于 031:10:36 开始,时长为 23 分钟 37 秒。用广角镜头拍摄到飞船内部更加优质的画面,当时洛弗尔正在准备用餐。然而,长焦镜头曝光过度,地面收到的画面质量很差。此后从静止照相机到电视摄像机都采用了磁带滤波器,改进了后续传输质量。55:02:45 开始的时长为 25 分钟 38 秒的电视传输提供了地球西半球的景象。

055:38:40,乘组意识到他们已经成为旅行到地球引力低于其他星体引力处的第一批人。飞船距离地球 176 250 海里,距离月球 33 800 海里,速度降低到 3 261 英尺/秒。进一步进入月球引力场后,飞船的速度将会提高。069:08:20.4,在月球上方 75.6 海里的高度,勤务推进系统点火将飞船送入月球轨道。246.9 秒的燃烧形成了一条 168.5 海里×60.0 海里的轨道,速度为 5 458 英尺/秒。地月转移滑行段持续了 66 小时 16 分钟 21.79 秒。

月球轨道段

飞船第一次绕过月球背面,通信中断,阿波罗 8 号乘组成为第一批直接看到月球背面的人。经过 4 个小时的导航检查,地面确定了轨道参数,071:40:52 开始对月面进行了 12 分钟的电视直播,随后在 073:35:06.6 实施了 9.6 秒的月球轨道圆化机动,形成 60.7 海里×59.7 海里的轨道。接下来的 12 个小时,乘组在月球轨道上的活动包括拍摄月球正面、背面的照片,并观察着陆区域。原定的拍摄计划是在至少两圈内拍摄垂直与倾斜交叠(立体条带)的照片,拍摄特定机会目标的照片,以及通过飞船六分仪拍摄月面可能的着陆区。交叠拍摄的目的是确定月球背面特征地形的海拔和地理位置。在时间和条件允许的情况下安排对机会目标进行拍照。选定这些目标或是为了拍摄特殊目标的详细特征,或是为了大面积覆盖那些卫星拍照无法覆盖到的区域。主要目的是增进对月球正面一些区域的了解。六分仪照片是为了给地标评估和导航训练提供图像对比。次要目标是对其中一个已经选定的阿波罗着陆区进行拍摄。

阿波罗 8 号拍摄的照片第一次提供了不受地球望远镜照片中大气扰动和卫星照片中电子处理损耗影响、分析月面光照强度和光谱分布的机会。70 毫米照片以极佳的方式拍摄下来，总共获得超过 800 张照片。其中，有 600 张照片高质量地记录了月球表面特征，其余拍摄的是 S-IVB 级分离和排气过程及远距离的地球和月球。超过 700 英尺长的 16 毫米胶片拍摄了 S-IVB 级分离、通过六分仪观察月球地标、月面片段和舱内活动。静止照片提供了大量有关月球环境的信息。除此之外，乘组还进行了很多有价值的观测。在月球轨道段他们最初的评价包括将月球表面颜色描述为"黑与白""绝对没有颜色"或是"灰白色，就像脏的沙滩"。正如预期的一样，乘组可以识别出月球表面阴影区和极亮区的月面特征，但是这些特征在照片中没有很好地表现出来。这些认知加上照片信息使人们对月球表面的特征和现象有了新理解。造成的结果是放宽了登月任务对月球表面光照条件的约束。尤其是月球光照的下限曾被设置为 6 度。阿波罗 8 号乘组在太阳高度角接近 2 度至 3 度时看到了月面细节，并说低的太阳高度角对于月面着陆不会构成问题，但是应该避免着陆区处于长时段阴影区。至于太阳高度角的上限，16 度的上限对于接近落月时的大部分关键着陆段仍能提供极佳的月面特征。经判断，16 度至 20 度之间的太阳高度角对最终降落期间的观测是可以接受的。但是认为超过 20 度的太阳高度角就不适合进行人工着陆机动了。乘组报告称缺乏锐利的颜色边界非常关键。从 60 海里高度上看，视觉反差的缺乏，降低了乘组在落月或月面操作中利用颜色区分地物的可能性。就在日出之前的一个月球轨道圈次中，指令舱驾驶员通过望远镜观测到了据信是黄道光和日冕的现象。在月球黑暗期间的两个连续圈次中，登月舱驾驶员观测到空中有云或是明亮区域；如果观测正确，表明观测到了其中一个麦哲伦云。远距离地球照片突出了全球的气象和地形特征。由于对飞船姿态的严格限制，在地月转移滑行期间没有拍摄到月球照片，大多数高质量光照条件下的月盘照片是在随后月地滑行期间拍摄到的。

乘组一开始遵循月球轨道任务的安排，完成了全部计划内任务。但是由于疲劳，指令长在 084:30 决定取消月球轨道最后 4 小时的所有活动，让乘组休息。在这一时段内的唯一活动是平台校准和准备进入月地转移轨道。085:43:03，圣诞平安夜，有一次计划中的 26 分钟 43 秒的关于月球和地球的电视直播。在这次直播中，乘组朗读了《圣经》创世纪开头的十行诗文,接着祝福观众"晚上好,好运常在,圣诞快乐,愿主赐福你们,赐福美好地球上的所有人"。估计有 64 个国家近 10 亿人听到或看到了实况的朗读和祝福,当天的转播又增加了 30 多个国家的观众。

轨道分析表明,之前并不了解的月球质量密集区或称"质量瘤"确实对轨道产生了扰动。结果,最终的月球轨道变成了 63.6 海里×58.6 海里。在环月飞行了 10 圈,历时 20 小时 10 分钟 13.0 秒后,飞船于 089:19:16.6 由勤务推进系统在 60.2 海里高度实施了 203.7 秒的进入月地转移轨道的机动。进入月地转移轨道时的速度为 8842 英尺/秒。在本次任务中,飞船到达的距地球最远的距离是 203 752.37 海里。

阿波罗 8 号 月球轨道段事件	飞行地面 时间 (时:分:秒)	高度/ 海里	空间固连 坐标系 速度/ (英尺/秒)	时长/ 秒	速度变化/ (英尺/ 秒)	远月点/ 海里	近月点/ 海里
进入月球轨道点火	069:08:20.4	75.6	8 391	—	—	—	—
进入月球轨道关机	069:12:27.3	62.0	5 458	246.9	2 997	168.5	60.0
月球轨道圆化点火	073:35:06.6	59.3	5 479	—	—	—	—
月球轨道圆化关机	073:35:16.2	60.7	5 345	9.6	134.8	60.7	59.7

月地转移段

进入月地转移轨道后,由于月球的遮挡,阿波罗 8 号经历了本次任务中唯一一次严重的通信中断。尽管在 089:28:47 就建立了双向相位锁定,但是双向话音联系和遥测同步分别延迟到 089:33:28 和 089:43:00 才真正建立。数据显示高增益天线捕获很可能从勤务舱反射区一进入视线就开始了,反射区可能导致天线以一个旁瓣进行跟踪。此外,飞船错误地设置成高码速率传输,从而导致 089:29:29 时一条将飞船设置成正常话音并随后重放数据存储设备的指令选择了与接收载波功率不匹配的 S 频段信号合成。

月地转移滑行段的活动包括了用月球和地球地平线进行恒星/地平线导航瞄准观测。在地月转移和月地转移滑行段的大部分时间里,为维持稳定的船体温度,飞船采取每小时一圈的滚动速率进行被动热控。仅在 104:00:00 利用勤务舱喷气控制系统进行了一次 15.0 秒的小规模中途修正,获得了 4.8 英尺/秒的速度变化。106:26 时,乘组一个程序上的错误造成飞船上状态矢量和平台校准丧失；106:45 进行了再次校准。110:16:55 进行了高增益天线自动捕获模式的专门试验。结果表明，天线达到了预期目标。在月地转移滑行段还进行了最后两次电视传输。第五次电视传输于 104:24:04 开始，转播了 9 分钟 31 秒的飞船内部画面。第六次电视传输于 127:45:33 开始，时长 19 分钟 54 秒，重点观测了地球，尤其是西半球。

回收

　　勤务舱于 146:28:48.0 被抛掉。在再入返回过程中没有获得雷达跟踪数据，但是图像信息与预测轨道的高度、纬度、经度和时间等要素都符合得很好。指令舱沿着自动制导再入轨道，在月地转移滑行了 57 小时 23 分钟 32.5 秒后于 146:46:12.8 以 36 221.1 英尺/秒的速度进入大气层（再入边界高度为 400 000 英尺）。再入过程中的空气电离非常耀眼，以至于指令舱内完全沐浴在蓝色冷光之中，犹如白昼一般明亮。到达 180 000 英尺时，如预期的一样，指令舱跃升至 210 000 英尺，然后从那里再次进入下降过程。12 月 27 日格林尼治时间 15:51:42，指令舱在降落伞系统的保护下溅落在太平洋。本次任务历时 147:00:42.0，落点距离瞄准点 1.4 海里，距离美国海军"约克城"号回收船 2.6 海里。溅落位置估计为北纬 8.10 度、西经 165.00 度。由于溅落的冲击，指令舱最初呈现顶端朝下的漂浮姿态，不过充气气囊浮正系统在 6 分钟 3 秒后便将舱体直立过来，成正常漂浮姿态。按照计划，直升机和飞机在飞船上空盘旋飞行，直到当地日出之后，即飞船溅落 43 分钟后，救援人员才展开工作。乘组在黎明时分由直升机回收，并在溅落 88 分钟后登上回收船。飞船在 60 分钟后回收。指令舱溅落时的质量约为 10 977 磅，任务中的飞行距离约为 504 006 海里。回收蛙人展开行动时，"约克城"号上记录的天气状况是：2 000 英尺高空有散云，9 000 英尺为密云，能见度为 10 海里；风速为 19 节，风向为从真北起算 70 度；水温为 82 华氏度；浪高为 6 英尺，方向为从真北起算 110 度。指令舱于 12 月 29 日从"约克城"号运抵夏威夷福特岛。随后着陆安全小组于格林尼治时间 21:00 开始评估和钝化工作，并于 1969 年 1 月 1 日完成。接着指令舱被空运到加利福尼亚州长滩，随后用卡车于 1 月 2 日格林尼治时间 21:00 运抵位于加利福尼亚州唐尼市的北美罗克韦尔空间分公司，进行飞行后的分析。

结论

除了一些小问题,阿波罗 8 号飞船的所有系统均按照预期正常运行,全部主要任务目标均成功实现。整个任务中乘组的表现受到认可。尽管飞船的 3 个舷窗由于密封胶暴露在太空环境中而出现了雾化,以及乘组的早期活动由于疲劳而减少,但接近 90％的拍摄任务得以完成,而且还完成了近 60％的被称作"机会目标"的额外月球拍摄任务。很多之前并不了解的细小的月球特征也被拍摄了下来。这些特征大多位于月球背面,而且这些区域之前仅被卫星从更远的距离以更低的分辨率拍摄过。此外,隔热层系统在地月空间和月球环境中没有出现不利情况,系统运行正常。通过任务后的数据分析可以得出以下结论:

1. 指令勤务舱各系统可以胜任载人月球任务。

2. 在地月和月球轨道飞行期间,所有系统参数和消耗品数量均良好地保持在设计的运行范围内。

3. 被动热控,即垂直于太阳光线低速滚动,是一种可将飞船的关键温度保持在可接受热响应范围内的方式。

4. 证明了为地月转移和月球轨道飞行开发的导航技术完全可以达到进入月球轨道和月地转移轨道所需的制导精度。

5. 不同步的睡眠周期对每位乘员的正常生理周期都产生了不利影响,而且使睡眠处于易受干扰的较差状态。月球轨道滑行段安排的任务活动也没有为乘组提供足够的休息时间。

6. 在月球距离上进行通信和测控跟踪的所有模式都非常成功。第一次参加飞行的高增益天线运行得格外顺利,承受住了超出预期水平的力学结构负荷和振动。

7. 乘组对月球表面的观测显示,"冲刷效应"(表面细节被反向散射遮蔽)远没有预期的那么严重。此外,在低太阳高度角的阴影区内观测到了更细微的月面细节,表明月面着陆时的光照是可以接受的。

8. 为适应阿波罗 8 号从地球轨道任务改为月球轨道任务的变化,任务前期计划、乘组训练和地面支持系统再配置等工作都在比常规大大缩短的时间内完成了。尽管不希望长期如此,但所要求的响应能力,特别是对乘组的要求,展现出一种以往从未验证过的状态。

阿波罗 8 号上升段事件	飞行地面时间 (时：分：秒)	高度/ 海里	航程/ 海里	地球固连坐标系速度/（英尺/秒）	空间固连坐标系速度/（英尺/秒）	时长/秒	地心纬度/度（北纬）	经度/度（东经）	空间固连坐标系航迹角/度	空间固连坐标系指向角/度（北偏东）
起飞	000:00:00.67	0.032	0.000	2.2	1 340.7	—	28.447 0	−80.604 1	0.00	90.00
达到马赫数为 1	000:01:01.45	3.971	1.297	1 076.3	2 078.4	—	28.452 6	−80.580 5	26.79	85.21
最大动压	000:01:18.9	7.252	3.545	1 735.4	2 754.7	—	28.464 5	−80.539 8	29.56	82.43
S-IC 级中心发动机关机 *	000:02:05.93	22.398	22.704	5 060.1	6 213.78	132.52	28.558 1	−80.193 4	24.527	76.572
S-IC 级外围发动机关机	000:02:33.82	35.503	48.306	7 698.0	8 899.77	160.41	28.685 6	−79.730 2	20.699	75.387
S-IC/S-II 级分离 *	000:02:34.47	35.838	49.048	7 727.36	8 930.15	—	28.689 3	−79.716 8	20.60 5	75.384
S-II 级发动机关机	000:08:44.04	103.424	812.267	21 055.6	22 379.1	367.85	31.549 2	−65.389 7	0.646	81.777
S-II /S-IVB 级分离 *	000:08:44.90	103.460	815.159	21 068.14	22 391.60	—	31.556 5	−65.333 8	0.636	81.807
S-IVB 级第一次关机	000:11:24.98	103.324	1 391.631	24 238.3	25 562.43	156.69	32.454 1	−54.056 5	−0.001	88.098
进入地球轨道	000:11:34.98	103.326	1 430.363	24 242.9	25 567.06	—	32.474 1	−53.292 3	0.000 6	88.532

* 只能获得该事件的指令发出时间

阿波罗 8 号地球轨道段事件	飞行地面时间 (时：分：秒)	空间固连坐标系速度/（英尺/秒）	时长/秒	速度变化/（英尺/秒）	远地点/海里	近地点/海里	周期/分	倾角/度
进入地球轨道	000:11:34.98	25 567.06	—	—	99.99	99.57	88.19	32.509
S-IVB 级第二次点火	002:50:37.79	25 558.6	—	—	—	—	—	—
S-IVB 级第二次关机	002:55:55.51	35 532.41	317.72	9 973.81	—	—	—	30.639

阿波罗8号地月转移段事件	飞行地面时间（时：分：秒）	高度/海里	空间固连坐标系速度/（英尺/秒）	时长/秒	速度变化/（英尺/秒）	空间固连坐标系航迹角/度	空间固连坐标系指向角/度（北偏东）
进入地月转移轨道	002:56:05.51	187.221	35 505.41	—	—	7.897	67.494
指令勤务舱与S-IVB级分离	003:20:59.3	3 797.775	24 974.90	—	—	45.110	107.122
中途修正点火	010:59:59.2	52 768.4	8 187	—	—	73.82	120.65
中途修正关机	011:00:01.6	52 771.7	8 172	2.4	20.4	73.75	120.54
中途修正点火	060:59:55.9	21 064.5	4 101	—	—	−84.41	−86.90
中途修正关机	061:00:07.8	21 059.2	4 103	11.9	1.4	−84.41	−87.01

阿波罗 8 号 月地转移轨道段事件	飞行地面时间 （时：分：秒）	高度/ 海里	空间固连 坐标系速度/ （英尺/秒）	时长/ 秒	速度变化/ （英尺/秒）	空间固连 坐标系 航迹角/度	空间固连 坐标系 指向角/度 （北偏东）
进入月地转移轨道点火	089:19:16.6	60.2	5 342	—	—	−0.16	−110.59
进入月地转移轨道关机	089:22:40.3	66.1	8 842	203.7	3 519.0	5.10	−115.00
中途修正点火	104:00:00.00	165 561.5	4 299	—	—	−80.59	52.65
中途修正关机	104:00:15.00	167 552.0	4 298	15.0	4.8	−80.60	52.65

阿波罗 8 号乘组：安德斯（左）、洛弗尔和博尔曼

活动勤务架撤离之前的 AS-503

阿波罗 8 号点火升空

抛掉阿波罗 8 号用尽的 S-ⅣB 及其 SLA，露出登月舱试验件 LTA-B

进入月球轨道后，阿波罗 8 号乘组看到的第一次"地球升起"

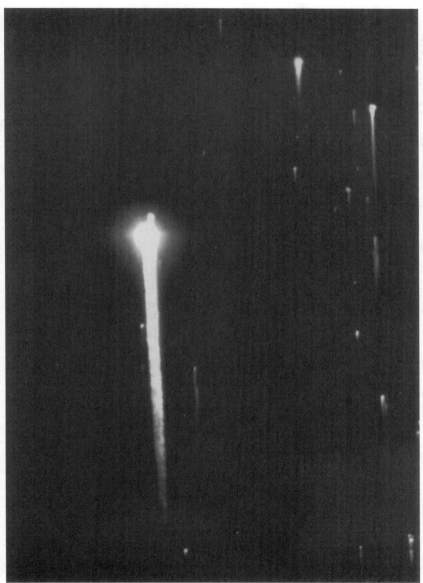

阿波罗 8 号的高速再入被人敫飞机用光学跟踪系统拍摄下来

阿波罗 8 号乘组安全登上回收船

任务目标

运载火箭的主要试验详细目标：

1. 确认 S-IC 级自阿波罗 6 号飞行遭受低频纵向振动（即波哥效应）后所采取的改进措施有效。完成。

2. 确认运载火箭 S-IC 级燃烧过程中的纵向振动环境。完成。

3. 确认自阿波罗 6 号飞行以来 J-2 发动机所做的改进有效。完成。

4. 确认 S-II 级和 S-IVB 级 J-2 发动机工作环境。完成。

5. 验证 S-IVB 级在地球轨道上再次启动的能力。完成。

6. 验证 S-IVB 级氢加热器二次增压系统运行状态。完成。

7. 验证 S-IVB 级在轨安全保障能力。完成。

8. 确认 S-IVB 级/仪器单元/登月舱试验件进入月球"借助引力"轨道的能力。完成。

9. 确认运载火箭进入自由返回式地月转移轨道的能力。完成。

运载火箭的次要试验详细目标：

1. 确认飞船控制与通信系统和地面系统的接口，确认控制与通信系统在深空环境中的运行状态。完成。

飞船的主要目标：

1. 在带有指令勤务舱的载人土星 V 任务中，验证乘组/航天器/任务支持设施的性能。完成。

2. 验证正常和备选月球轨道交会任务各项活动的性能，包括：

（a）土星火箭瞄准进入地月转移轨道的能力。完成。

（b）勤务推进系统长时间点火和中途修正。完成。

（c）进入地月转移轨道前的流程。完成。

（d）进入地月转移轨道。完成。

（e）指令勤务舱在轨导航。完成。

飞船的主要试验详细目标：

1. P1.31：完成由制导与导航控制系统控制的月球返回再入。完成。

2. P1.33：在地月转移和月地转移段实施恒星-月球地平线瞄准。完成，尽管每当望远镜光学系统重新定位时，扫描望远镜的视场都会被似乎是颗粒物的东西遮蔽。

3. P1.34：在地月转移和月地转移段实施恒星-地球地平线瞄准。完成，尽管每当望远镜光学系统重新定位时，扫描望远镜的视场都会被似乎是颗粒物的东西遮蔽。

4．P6.11：在月球轨道任务中利用高增益天线和勤务舱S频段天线，以人工和自动方式完成与载人航天飞行网的捕获、跟踪和通信。完成。

5．P7.31：获取月球轨道任务中被动热控系统的数据。完成。

6．P7.32：获取飞船的力学响应数据。完成。

7．P7.33：验证在零重力环境中抛射飞船/登月舱适配器保护罩板。完成。

8．P20.105：在指令勤务舱满负荷条件下，由勤务推进系统的制导与导航控制系统控制点火进入月球轨道。完成。

9．P20.106：实施由制导与导航控制系统控制勤务推进系统点火进入月地转移轨道。完成。

10．P20.107：获取指令舱乘组月球轨道任务活动流程和时间安排数据。完成。

11．P20.109：验证月球轨道任务中指令勤务舱被动热控模式和有关的通信流程。完成。

12．P20.110：验证月球轨道任务中地面操控对指令勤务舱的支持能力。完成。

13．P20.111：指令勤务舱在月球轨道上实施月球地标跟踪。（这一目标的意图是让飞船在登月任务中具备计算相关位置数据的能力。这种模式与载人航天飞行网状态矢量更新配合使用）。部分完成。除功能性测试外，该目标所有部分都得到了满意的验证。功能测试要求用船载数据确定着陆点位置的误差不确定性。一个程序性错误导致标志设置之间的时间间隔太短，造成数据本身或许正确但可能不具备代表性。由于在任务报告发布时数据分析仍没有完成，船载计算能力的精度无法确定。获取的数据足以确定后续任务不存在约束。这项技术的验证被排入了下一次月球任务。

14．P20.112：完成进入地月转移轨道的准备工作，并监视进入地月转移轨道燃烧过程中运载火箭贮箱压力变化和制导与导航系统控制工作状态。完成。

15．P20.114：实施地月转移和月地转移中途修正。完成，尽管在SPS点火进行中途修正期间，勤务推进系统发动机推力室的压力短暂地从94磅/平方英寸掉到50磅/平方英寸；且在月地转移中途修正末期，再入监视系统速度计的计数通过零。

飞船的次要试验详细目标：

1. S1.27：在发射过程中监视制导、导航与控制系统及其显示。完成。

2. S1.30：获取飞行环境中惯性测量单元的性能数据。完成。

3. S1.32：在地月转移和月地转移段实施恒星-地球地标瞄准导航。部分完成。要求在 50 000 海里以下高度上进行的三组瞄准均未完成。好在其他导航模式的精度足以排除使用恒星-地球地标进行中途修正导航的方式。这一问题对后续任务没有影响。

4. S1.35：在白天进行惯性测量单元校准和恒星模式可视度检测。完成。

5. S3.21：利用勤务推进系统实施进入月球轨道和进入月地转移轨道机动，并监视主要和辅助计量系统运行。完成。

6. S4.5：获取载人月球返回再入条件下第二批次飞船环境控制系统性能数据。完成，尽管 #2 舱风扇发出噪声。

7. S6.10：利用指令勤务舱 S 频段全向天线在月球距离上与载人航天飞行网进行通信。完成。

8. S7.30：验证载人月球返回再入过程中第二批次飞船热防护系统的性能。完成。

9. S20.104：实施指令勤务舱/S-ⅣB 级分离，按照月球任务时间轴实施指令勤务舱调头。完成。

10. S20.108：获取指令勤务舱在月球轨道任务中消耗品的相关数据。完成。

11. S20.115：为操控和科学目的，在月地转移、地月转移和月球轨道段拍摄照片。完成，尽管在整个任务中舱门舷窗和侧舷窗因起雾或结霜而变得模糊。

12. S20.116：获取数据以确定逃逸塔抛射发动机、S-Ⅱ级反推发动机、勤务舱喷气控制系统排气及其他污染源对指令舱各舷窗的影响。完成。在整个任务中舱门舷窗和侧舷窗因起雾或结霜而变得模糊。

飞行中增加的功能性测试：

1. P1.34：通过六分仪进行恒星-地球地平线拍照。完成。

2. P1.34：戴上头盔进行中途导航。完成。

3. P1.34：用长目镜进行导航。完成。

4. P6.11：高增益天线，自动再次捕获。完成。

5. P20.109：被动热控，0.3 度/秒的滚动速率。完成。

任务时间表

阿波罗 8 号任务事件	飞行地面时间 （时：分：秒）	日期 （格林尼治时间）	时间 （时：分：秒）
倒计时开始	−103：00：00	1968 年 12 月 16 日	00：00：00
最终倒计时开始	−028：00：00	1968 年 12 月 20 日	01：51：00
射前 9 小时执行计划的 6 小时中断	−009：00：00	1968 年 12 月 20 日	20：51：00
射前 9 小时倒计时重启	−009：00：00	1968 年 12 月 21 日	02：51：00
射前 3 小时 30 分钟执行计划的 1 小时中断	−003：30：00	1968 年 12 月 21 日	08：21：00
射前 3 小时 30 分钟倒计时重启	−003：30：00	1968 年 12 月 21 日	09：21：00
乘组进入	−002：53	1968 年 12 月 21 日	09：58
发布制导基准	−000：00：16.970	1968 年 12 月 21 日	12：50：43
S-IC 级发动机开机指令	−000：00：08.89	1968 年 12 月 21 日	12：50：51
S-IC 级发动机点火（♯5）	−000：00：06.585	1968 年 12 月 21 日	12：50：53
所有 S-IC 级发动机推力正常	−000：00：01.387	1968 年 12 月 21 日	12：50：58
发射时间	000：00：00.00	1968 年 12 月 21 日	12：51：00
所有牵制臂释放	000：00：00.27	1968 年 12 月 21 日	12：51：00
第一次动作（1.16g）	000：00：00.33	1968 年 12 月 21 日	12：51：00
起飞（脐带断开）	000：00：00.67	1968 年 12 月 21 日	12：51：00
避发射塔架偏航机动开始	000：00：01.76	1968 年 12 月 21 日	12：51：01
偏航机动结束	000：00：09.72	1968 年 12 月 21 日	12：51：09
俯仰和滚动机动开始	000：00：12.11	1968 年 12 月 21 日	12：51：12
滚动机动结束	000：00：31.52	1968 年 12 月 21 日	12：51：31
达到马赫数为 1	000：01：01.48	1968 年 12 月 21 日	12：52：01
达到最大弯曲力矩（60 000 000 磅力-英寸）	000：01：14.7	1968 年 12 月 21 日	12：52：14
最大动压（776.938 磅/平方英尺）	000：01：18.9	1968 年 12 月 21 日	12：52：18
S-IC 级中心发动机关机指令	000：02：05.93	1968 年 12 月 21 日	12：53：05
俯仰机动结束	000：02：25.50	1968 年 12 月 21 日	12：53：25
S-IC 级外围发动机关机	000：02：33.82	1968 年 12 月 21 日	12：53：33
S-IC 级最大总惯性加速度（3.96g）	000：02：33.92	1968 年 12 月 21 日	12：53：33
S-IC 级最大地球固连坐标系速度；S-IC/S-II 分离指令	000：02：34.47	1968 年 12 月 21 日	12：53：34
S-II 级发动机开机指令	000：02：35.19	1968 年 12 月 21 日	12：53：35

续表

阿波罗 8 号任务事件	飞行地面时间 （时：分：秒）	日期 （格林尼治时间）	时间 （时：分：秒）
S-Ⅱ级点火	000：02：36.19	1968 年 12 月 21 日	12：53：36
抛 S-Ⅱ级后级间段	000：03：04.47	1968 年 12 月 21 日	12：54：04
抛发射逃逸塔	000：03：08.6	1968 年 12 月 21 日	12：54：08
启动迭代制导模式	000：03：16.22	1968 年 12 月 21 日	12：54：16
S-ⅠC级最高点	000：04：26.54	1968 年 12 月 21 日	12：55：26
S-Ⅱ级发动机关机	000：08：44.04	1968 年 12 月 21 日	12：59：44
S-Ⅱ级最大总惯性加速度（1.86g）	000：08：44.14	1968 年 12 月 21 日	12：59：44
S-Ⅱ级最大地球固连坐标系速度；S-Ⅱ/S-ⅣB级分离指令	000：08：44.90	1968 年 12 月 21 日	12：59：44
S-ⅣB级第一次燃烧开机指令	000：08：45.00	1968 年 12 月 21 日	12：59：45
S-ⅣB级第一次燃烧点火	000：08：48.29	1968 年 12 月 21 日	12：59：48
抛 S-ⅣB级正推发动机壳体	000：08：56.8	1968 年 12 月 21 日	12：59：56
S-ⅠC级落地（理论值）	000：09：00.41	1968 年 12 月 21 日	13：00：00
S-Ⅱ级最高点	000：09：20.34	1968 年 12 月 21 日	13：00：20
S-ⅣB级第一次燃烧关机	000：11：24.98	1968 年 12 月 21 日	13：02：25
S-ⅣB级第一次燃烧最大总惯性加速度（0.72g）	000：11：25.08	1968 年 12 月 21 日	13：02：25
S-ⅣB级第一次燃烧最大地球固连坐标系速度	000：11：25.50	1968 年 12 月 21 日	13：02：25
进入地球轨道	000：11：34.98	1968 年 12 月 21 日	13：02：35
开始机动到当地水平姿态	000：11：45.19	1968 年 12 月 21 日	13：02：45
开始在轨导航	000：13：05.19	1968 年 12 月 21 日	13：04：05
S-Ⅱ级落地（理论值）	000：19：25.106	1968 年 12 月 21 日	13：10：25
抛光学罩	000：42：05	1968 年 12 月 21 日	13：33：05
飞船所有系统许可进入地月转移轨道	001：56：00	1968 年 12 月 21 日	14：47：00
飞船通信员（柯林斯）：“很好，阿波罗 8 号，你们将进入地月转移轨道”	002：27：22	1968 年 12 月 21 日	15：18：22
S-ⅣB级第二次燃烧重启准备	002：40：59.54	1968 年 12 月 21 日	15：31：59
S-ⅣB级第二次燃烧重启指令	002：50：29.51	1968 年 12 月 21 日	15：41：29
S-ⅣB级第二次燃烧点火	002：50：37.79	1968 年 12 月 21 日	15：41：37
S-ⅣB级第二次燃烧关机	002：55：55.51	1968 年 12 月 21 日	15：46：55
S-ⅣB级第二次燃烧最大总惯性加速度（1.55g）	002：55：55.61	1968 年 12 月 21 日	15：46：55

阿波罗 8 号任务事件	飞行地面时间（时：分：秒）	日期（格林尼治时间）	时间（时：分：秒）
S-ⅣB 级 LH$_2$ 贮箱插销释放阀门打开	002:55:55.91	1968 年 12 月 21 日	15:46:55
S-ⅣB 级第二次燃烧最大地球固连坐标系速度	002:55:56.00	1968 年 12 月 21 日	15:46:56
S-ⅣB 级 LH$_2$ 贮箱 CVS 阀门打开/S-ⅣB 级安全处理开始	002:55:56.19	1968 年 12 月 21 日	15:46:56
打开 S-ⅣB 级 LOX 贮箱无推进排放阀门	002:55:56.42	1968 年 12 月 21 日	15:46:56
进入地月转移轨道	002:56:05.51	1968 年 12 月 21 日	15:47:05
开始机动到当地水平姿态和在轨导航	002:56:15.77	1968 年 12 月 21 日	15:47:15
S-ⅣB 级 LOX 贮箱无推进排放阀门关闭	002:58:26.39	1968 年 12 月 21 日	15:49:26
S-ⅣB 级 LH$_2$ 贮箱 CVS 阀门和贮箱释放阀门关闭	003:10:55.71	1968 年 12 月 21 日	16:01:55
开始位置转换和对接姿态机动	003:10:58.40	1968 年 12 月 21 日	16:01:58
指令勤务舱与 S-ⅣB/LTA 分离程序开始,高增益天线展开	003:20:56.3	1968 年 12 月 21 日	16:11:56
指令勤务舱与 S-ⅣB 级分离	003:20:59.3	1968 年 12 月 21 日	16:11:59
指令勤务舱第一次规避 S-ⅣB 级机动（RCS）	003:40:01	1968 年 12 月 21 日	16:31:01
S-ⅣB 级 LH$_2$ 贮箱插销释放阀门打开	003:55:56.16	1968 年 12 月 21 日	16:46:56
S-ⅣB 级 LH$_2$ 贮箱插销释放阀门关闭	004:10:55.77	1968 年 12 月 21 日	17:01:55
最后一次报告 VHF 上行链路接收	004:39:54	1968 年 12 月 21 日	17:30:54
S-ⅣB 级启动借助月球引力姿态机动	004:44:56.63	1968 年 12 月 21 日	17:35:56
指令勤务舱第二次规避 S-ⅣB 级机动（RCS）	004:45:01	1968 年 12 月 21 日	17:36:01
最后一次报告 VHF 下行链路接收	004:48	1968 年 12 月 21 日	17:39
S-ⅣB 级借助月球引力机动——LH$_2$ 贮箱 CVS 排气阀门打开指令	004:55:56.02	1968 年 12 月 21 日	17:46:56

阿波罗 8 号任务事件	飞行地面时间 （时：分：秒）	日期 （格林尼治时间）	时间 （时：分：秒）
S-ⅣB 级借助月球引力机动——LOX 排空开始	005:07:55.82	1968 年 12 月 21 日	17:58:55
S-ⅣB 级借助月球引力机动——施加速度改变	005:07:56.03	1968 年 12 月 21 日	17:58:56
S-ⅣB 级启动气瓶排空开始	005:08:25.82	1968 年 12 月 21 日	17:59:25
S-ⅣB 级启动气瓶排空结束	005:10:55.83	1968 年 12 月 21 日	18:01:55
S-ⅣB 级气压球排空开始	005:12:25.83	1968 年 12 月 21 日	18:03:25
S-ⅣB 级 LOX 贮箱排空结束	005:12:55.82	1968 年 12 月 21 日	18:03:55
S-ⅣB 级借助月球引力机动——LOX 贮箱排空结束	005:12:56.03	1968 年 12 月 21 日	18:03:56
S-ⅣB 级 LOX 贮箱无推进排放阀门打开	005:12:59.0	1968 年 12 月 21 日	18:03:59
S-ⅣB 级 LH_2 贮箱插销释放阀门打开	005:13:01.23	1968 年 12 月 21 日	18:04:01
S-ⅣB 级冷氦排空开始	005:13:03.6	1968 年 12 月 21 日	18:04:03
S-ⅣB 级借助月球引力机动——APS 点火	005:25:55.85	1968 年 12 月 21 日	18:16:55
S-ⅣB 级借助月球引力机动——APS 关机	005:38:08.56	1968 年 12 月 21 日	18:29:08
S-ⅣB 级借助月球引力机动——APS 耗尽	005:38:34.00	1968 年 12 月 21 日	18:29:34
S-ⅣB 级冷氦排空结束	006:03:03.5	1968 年 12 月 21 日	18:54:03
S-ⅣB 级气压球排空结束	006:11:05.88	1968 年 12 月 21 日	19:02:05
高增益天线第一次使用	006:33:04	1968 年 12 月 21 日	19:24:04
中途修正点火	010:59:59.2	1968 年 12 月 21 日	23:50:59
中途修正关机	011:00:01.6	1968 年 12 月 21 日	23:51:01
由于错误的指令序列导致任务操作计算机和备份计算机数据处理中断 10 分钟	011:51:00	1968 年 12 月 22 日	00:42:00
S 频段模式试验开始	012:03:01	1968 年 12 月 22 日	00:54:01
第一次电视传输开始	031:10:36	1968 年 12 月 22 日	20:01:36
第一次电视传输结束	031:24:13	1968 年 12 月 22 日	20:15:13
第二次电视传输开始	055:02:45	1968 年 12 月 23 日	19:53:45
第二次电视传输结束	055:28:23	1968 年 12 月 23 日	20:19:23
等势球面	055:38	1968 年 12 月 23 日	20:29
中途修正点火	060:59:55.9	1968 年 12 月 24 日	01:50:55

阿波罗 8 号任务事件	飞行地面时间 (时:分:秒)	日期 (格林尼治时间)	时间 (时:分:秒)
中途修正关机	061:00:07.8	1968 年 12 月 24 日	01:51:07
飞船通信员(卡尔):"阿波罗 8 号,这里是休斯顿,现在是 68:04,你们将进入月球轨道"	068:04:07	1968 年 12 月 24 日	08:55:07
飞船通信员:"阿波罗,这里是休斯顿,1 分钟后信号消失,所有系统正常"	068:57:06	1968 年 12 月 24 日	09:48:00
飞船通信员:"旅途平安,兄弟们"	068:57:19	1968 年 12 月 24 日	09:48:19
登月舱驾驶员(安德斯):"非常感谢,你们所有人"	068:57:24	1968 年 12 月 24 日	09:48:24
指令舱驾驶员(洛弗尔):"我们在另一侧与你们再见"	068:57:26	1968 年 12 月 24 日	09:48:26
飞船通信员:"阿波罗 8 号,还有 10 秒钟,你们一路平安"	068:57:54	1968 年 12 月 24 日	09:48:54
指令长(博尔曼):"收到"	068:58:00	1968 年 12 月 24 日	09:49:00
进入月球轨道点火	069:08:20.4	1968 年 12 月 24 日	09:59:20
进入月球轨道关机	069:12:27.3	1968 年 12 月 24 日	10:03:27
飞船通信员:"阿波罗 8 号,这里是休斯顿,结束"	069:33:44	1968 年 12 月 24 日	10:24:44
指令舱驾驶员:"继续,休斯顿,这里是阿波罗 8 号,燃烧结束……"	069:33:52	1968 年 12 月 24 日	10:24:52
飞船通信员:"阿波罗 8 号,这里是休斯顿,收到……很高兴听到你们的声音"	069:34:07	1968 年 12 月 24 日	10:25:07
S-ⅣB 级最接近月面	069:58:55.2	1968 年 12 月 24 日	10:49:55
控制点瞄准	071:00	1968 年 12 月 24 日	11:51
16 毫米摄像机开始拍摄	071:10	1968 年 12 月 24 日	12:01
第三次电视传输开始	071:40:52	1968 年 12 月 24 日	12:31:52
第三次电视传输结束	071:52:52	1968 年 12 月 24 日	12:43:52
模拟着陆点瞄准	071:55	1968 年 12 月 24 日	12:46
16 毫米摄像机停止拍摄	072:20	1968 年 12 月 24 日	13:11
月球轨道圆化点火	073:35:06.6	1968 年 12 月 24 日	14:26:06
月球轨道圆化关机	073:35:16.2	1968 年 12 月 24 日	14:26:16
拍摄训练	074:00	1968 年 12 月 24 日	14:51
指令勤务舱地标跟踪与拍摄	074:15	1968 年 12 月 24 日	15:06
立体拍摄开始	075:20	1968 年 12 月 24 日	16:11

续表

阿波罗 8 号任务事件	飞行地面时间 （时：分：秒）	日期 （格林尼治时间）	时间 （时：分：秒）
立体拍摄结束	076:00	1968 年 12 月 24 日	16:51
地标光照条件评估	076:15	1968 年 12 月 24 日	17:06
控制点瞄准	077:20	1968 年 12 月 24 日	18:11
模拟着陆点瞄准	078:00	1968 年 12 月 24 日	18:51
控制点瞄准	079:20	1968 年 12 月 24 日	20:11
模拟着陆点瞄准	080:00	1968 年 12 月 24 日	20:51
控制点瞄准	081:20	1968 年 12 月 24 日	22:11
模拟着陆点瞄准	082:00	1968 年 12 月 24 日	22:51
第四次电视传输开始	085:43:03	1968 年 12 月 25 日	02:34:03
登月舱驾驶员："现在我们正在迎接月球上的日出，我们身后地球上所有的人们，阿波罗乘组非常愿意向你们传递一个信息。起初……（开始阅读《圣经》）"	086:06:56	1968 年 12 月 25 日	02:57:56
指令舱驾驶员："上帝召唤着光明的一天……"	086:07:29	1968 年 12 月 25 日	02:58:29
指令长："这里是阿波罗 8 号乘组，我们就要结束这个美好的夜晚了，好运常在，圣诞快乐，上帝赐福你们，赐福美好地球上的所有人们。"	086:08:36	1968 年 12 月 25 日	02:59:36
第四次电视传输结束	086:09:46	1968 年 12 月 25 日	03:00:46
进入月地转移轨道姿态机动	087:15	1968 年 12 月 25 日	04:06
飞船通信员（马丁利）："好的，阿波罗 8 号，你们要进入月地转移轨道了"	088:03:36	1968 年 12 月 24 日 （此处原著疑有误，应为 25 日，译者注）	04:54:36
进入月地转移轨道点火	089:19:16.6	1968 年 12 月 25 日	06:10:16
进入月地转移轨道关机	089:22:40.3	1968 年 12 月 25 日	06:13:40
建立双向通信相位锁定，但没有话音和遥测	089:28:47	1968 年 12 月 25 日	06:19:47
建立双向话音同步	089:33:28	1968 年 12 月 25 日	06:24:28
指令舱驾驶员："休斯顿，阿波罗 8 号，结束"	089:34:16	1968 年 12 月 25 日	06:25:16
飞船通信员："你好，阿波罗 8 号，声音洪亮、清晰"	089:34:19	1968 年 12 月 25 日	06:25:19

阿波罗8号任务事件	飞行地面时间 （时：分：秒）	日期 （格林尼治时间）	时间 （时：分：秒）
指令舱驾驶员："收到。现在通知，这里有一位圣诞老人"	089:34:25	1968年12月25日	06:25:25
飞船通信员："那是当然，要知道你们就是最棒的圣诞老人"	089:34:31	1968年12月25日	06:25:31
双向遥测同步建立	089:43:00	1968年12月25日	06:34:00
中途修正点火	104:00:00	1968年12月25日	20:51:00
中途修正关机	104:00:15	1968年12月25日	20:51:15
第五次电视传输开始	104:24:04	1968年12月25日	21:15:04
第五次电视传输结束	104:33:35	1968年12月25日	21:24:35
由于乘组失误，造成船载状态矢量和平台校准数据损坏	106:26	1968年12月25日	23:17
状态矢量和平台校准数据修正	106:45	1968年12月25日	23:36
高增益天线自动捕获试验	110:16:55	1968年12月26日	03:07:55
第六次电视传输开始	127:45:33	1968年12月26日	20:36:33
第六次电视传输结束	128:05:27	1968年12月26日	20:56:27
在月地转移滑行段地面第一次收到地面的VHF信号	142:16:00	1968年12月27日	11:07:00
指令舱/勤务舱分离	146:28:48.0	1968年12月27日	15:19:48
再入	146:46:12.8	1968年12月27日	15:37:12
通信黑障开始	146:46:37	1968年12月27日	15:37:37
最大再入重力加速度(6.84g)	146:47:38.4	1968年12月27日	15:38:38
回收飞机收到来自指令舱的定向搜寻信号，并通过视频建立与指令舱的联系	146:49	1968年12月27日	15:40
回收船在270海里处通过雷达与指令舱建立联系	146:50	1968年12月27日	15:41
回收船在109海里处通过雷达与指令舱建立联系	146:51	1968年12月27日	15:42
通信黑障结束	146:51:42.0	1968年12月27日	15:42:42
回收船在60海里处通过雷达发现指令舱	146:52	1968年12月27日	15:43
制动降落伞打开	146:54:47.8	1968年12月27日	15:45:47
主降落伞打开	146:55:38.9	1968年12月27日	15:46:38
回收直升机与指令舱建立话音联系。回收飞机通过回收信标信号与指令舱建立联系	146:56:01	1968年12月27日	15:47

续表

阿波罗 8 号任务事件	飞行地面时间 （时∶分∶秒）	日期 （格林尼治时间）	时间 （时∶分∶秒）
回收船观测到指令舱闪光灯	146∶57∶05	1968 年 12 月 27 日	15∶48∶05
溅落	147∶00∶42.0	1968 年 12 月 27 日	15∶51∶42
指令舱处于顶端朝下姿态，话音中断	147∶00∶50	1968 年 12 月 27 日	15∶51∶50
指令舱转为顶端向上姿态	147∶07∶45	1968 年 12 月 27 日	15∶58∶45
蛙人到达指令舱	147∶44	1968 年 12 月 27 日	16∶35
环形气囊开始膨胀	148∶07	1968 年 12 月 27 日	16∶58
指令舱舱门打开	148∶12	1968 年 12 月 27 日	17∶03
乘组进入救生筏	148∶15	1968 年 12 月 27 日	17∶06
乘组登上回收直升机	148∶23	1968 年 12 月 27 日	17∶14
乘组登上回收船	148∶29	1968 年 12 月 27 日	17∶20
回收船到达指令舱	149∶22	1968 年 12 月 27 日	18∶13
指令舱吊装上回收船	149∶29	1968 年 12 月 27 日	18∶20
指令舱在夏威夷福特岛开始钝化	200∶09	1968 年 12 月 29 日	21∶00
指令舱钝化完毕	—	1969 年 01 月 01 日	
指令舱运抵加利福尼亚州唐尼市合同商的厂房	296∶09	1969 年 01 月 02 日	21∶00

第三次载人任务：
在地球轨道上试验登月舱
（1969 年 3 月 3—13 日）

背景

阿波罗 9 号是 D 类任务，是一次在地球轨道上进行的登月舱载人飞行验证。这是未来将宇航员送上月球的"月球渡船"的第一次载人试验。登月舱的第一次无人飞行由 1968 年 1 月 22 日的阿波罗 5 号任务完成。阿波罗 9 号任务中的许多登月舱试验将超出登月所要求的条件。为确保能在阿波罗 9 号任务万一提前结束的情况下完成主要目标，在任务的前半段计划让乘组完成比阿波罗 7 号或 8 号更多的工作。

这次任务的主要目标是：

- 在带有指令勤务舱和登月舱的载人任务中验证乘组、飞行器和任务支持设施的性能；
- 验证登月舱乘组的能力；
- 验证正常和备选月球轨道交会任务中各项活动的性能；
- 评估指令勤务舱和登月舱消耗品。

为了实现这些目标，将在三个不同的驾驶阶段对登月舱进行评估，这些阶段均要对多个系统进行多次激活与关闭，这也是这次任务特有的情况。

乘组的成员是指令长詹姆斯·奥尔顿·麦克迪维特（美国空军），指令舱驾驶员大卫·伦道夫·斯科特（美国空军），登月舱驾驶员拉塞尔·路易斯·"鲁斯提（Rusty）"·施韦卡特。麦克迪维特 1962 年入选宇航员团队，是双子座 4 号任务的指令驾驶员。他 1929 年 6 月 10 日出生在伊利诺伊州芝加哥，执行阿波罗 9 号任务时 39 岁。麦克迪维特 1959 年在密歇根大学获得航空工程学士学位。他在本次任务中的备份宇航员是小查尔斯·彼得·康拉德(美国海军)。斯科特曾经是双子座 8 号的驾驶员。1932 年 6 月 6 日出生在得克萨斯州圣安东尼，执行阿波罗 9 号任务时 36 岁。他 1954 年在美国军事学院获得学士学位，1962 年在麻省理工学院获得航空航天硕士学位。1963 年入选宇航员。他的备份宇航员是小理查德·弗朗西斯·戈登(美国海军)。施韦卡特不是军人，这是他的第一次太空飞行。1935 年 10 月 25 日出生在新泽西州尼普顿，执行阿波罗 9 号任务时 33 岁。1956 年和 1963 年先后在麻省理工学院获得航空工程学士学位和航空航天硕士学位。他的备份宇航员是艾伦·拉维恩·比恩(美国海军)。本次任务的飞船通信员是斯图尔特·艾伦·鲁萨(美国空军)、罗纳德·埃尔温·埃文斯(美国海军)、阿尔弗雷德·梅里尔·沃登(美国空军)、康拉德、戈登和比恩。支持乘组是杰克·罗伯特·洛斯马(美国海军陆战队)、埃德加·迪恩·米切尔(美国海军/理学博士)和沃登。飞行主任是尤金·F.克兰兹(第一班)、杰拉德·D.格里芬(第二班)和 M.P.彼得·弗兰克三世(第三班)。

阿波罗 9 号任务的运载火箭是"土星 V"，代号 AS-504。该任务还有一个代号是东靶场♯9025。指令勤务舱代号是 CSM-104，还有个绰号"橡皮糖"。这个名字来自于指令舱运输时的形象：运输过程中，它一直用蓝色材料包裹，就像一块包着的橡皮糖。登月舱的代号是 LM-3，它也有一个绰号"蜘蛛"，来自它像蜘蛛一样的外形。

发射准备

最初计划在 1969 年 2 月 28 日实施发射，最终倒计时定于 2 月 27 日格林尼治时间 03：00：00(射前 28 小时)开始。然而，当射前 16 小时进行的 3 小时计划中断进行到 1.5 小时的时候，倒计时被调整回射前 42 小时，以便让乘组从轻度病毒性呼吸道感染中恢复过来。倒计时在 3 月 1 日格林尼治时间 07：30：00 重启。墨西哥湾卡纳维拉尔角西南的一股低压扰动是多云气象条件的主要成因。到发射时，空中层积云七成(云底 3500 英尺)，高层云十成(云底 9000 英尺)，温度为 67.3 华氏度，相对湿度为 61%，大气压力为 14.642 磅/平方英寸。通过发射场灯柱上距地面 60.0 英尺高的风速计测得风速为 13.4 节，风向为从真北起算 160 度。

阿波罗 9 号准备事件	日　　期
LM-3 厂内综合测试	1968 年 01 月 31 日
S-Ⅱ-4 级运抵肯尼迪航天中心	1968 年 05 月 15 日

阿波罗 9 号准备事件	日　　期
LM-3 厂内最终工程评估验收测试	1968 年 05 月 17 日
LM-3 下降级准备从厂内用船运往肯尼迪航天中心	1968 年 06 月 04 日
LM-3 下降级运抵肯尼迪航天中心	1968 年 06 月 09 日
LM-3 上升级准备从厂内用船运往肯尼迪航天中心	1968 年 06 月 12 日
LM-3 上升级运抵肯尼迪航天中心	1968 年 06 月 14 日
LM-3 各级对接	1968 年 06 月 30 日
LM-3 各系统联合测试完成	1968 年 07 月 01 日
指令舱与勤务舱各系统厂内独立和联合测试完成	1968 年 07 月 20 日
LM-3 再次被指定用于阿波罗 9 号	1968 年 08 月 19 日
指令舱与勤务舱各系统厂内综合测试完成	1968 年 08 月 31 日
S-ⅣB-504 级运抵肯尼迪航天中心	1968 年 09 月 12 日
LM-3 高空测试完成	1968 年 09 月 27 日
S-ⅠC-4 级运抵肯尼迪航天中心	1968 年 09 月 30 日
土星 V 仪器单元 IU-504 运抵肯尼迪航天中心	1968 年 09 月 30 日
CM-104 和 SM-104 准备从厂内用船运往肯尼迪航天中心	1968 年 10 月 05 日
CM-104 和 SM-104 运抵肯尼迪航天中心	1968 年 10 月 05 日
CM-104 和 SM-104 对接	1968 年 10 月 08 日
CSM-104 各系统联合测试完成	1968 年 10 月 24 日
CSM-104 高空测试完成	1968 年 11 月 18 日
CSM-104 与飞行器对接	1968 年 12 月 03 日
CSM-104 转运至飞行器组装厂房	1968 年 12 月 03 日
LM-3 各系统联合测试完成	1968 年 12 月 07 日
CSM-104 各系统综合测试完成	1968 年 12 月 11 日
CSM-104 与运载火箭电气对接	1968 年 12 月 26 日
飞行器整体测试完成	1968 年 12 月 27 日
飞行器与 MLP-2 转运至 39A 发射工位	1969 年 01 月 03 日
飞行器飞行准备就绪测试完成	1969 年 01 月 18 日
LM-3 飞行准备就绪测试完成	1969 年 01 月 19 日
飞行器倒计时验证测试(湿)完成	1969 年 02 月 11 日
飞行器倒计时验证测试(干)完成	1969 年 02 月 12 日
最终倒计时启动	1969 年 02 月 26 日
由于乘组生病,最终倒计时中断	1969 年 02 月 27 日
乘组体检合格后,最终倒计时重启	1969 年 03 月 01 日

上升段

阿波罗 9 号于 1969 年 3 月 3 日格林尼治时间 16：00：00（美国东部标准时间 11：00：00）的发射时间，从肯尼迪航天中心 39 号工位 A 发射台点火升空，正好处于一直持续到格林尼治时间 19：15：00 的发射窗口之中。起飞后 T＋13.3 秒至 T＋33.0 秒，航天器从北偏东 90 度的发射台方位角滚动到北偏东 72 度的飞行方位角。在上升过程中，飞行器在高度 38 480 英尺时遭遇了最大风况，风速为 148.1 节，风向为从真北起算 264 度。最大风切变为 0.025 4/秒，高度为 48 160 英尺。S-ⅠC 级于 T＋162.76 秒关机，随后 S-ⅠC 级与 S-Ⅱ 级分离，S-Ⅱ 级点火。S-Ⅱ 级在 T＋536.22 秒关机，随后与 S-ⅣB 级分离，S-ⅣB 级于 T＋540.82 秒点火。S-ⅣB 级于 T＋664.66 秒实施第一次关机，比预定弹道速度高了 2.86 英尺/秒，高度低了 0.17 海里。T＋536.436 秒 S-ⅠC 级坠落在大西洋，落点位置为北纬 30.183 度、西经 74.238 度，距离发射场 346.64 海里。T＋1 225.346 秒 S-Ⅱ 级坠落在大西洋，落点位置为北纬 31.462 度、西经 34.041 度，距离发射场 2 413.2 海里。T＋674.66 秒入轨（即 S-ⅣB 级关机时间加上计入发动机尾推力终止和其他瞬时效应的 10 秒），停泊轨道远地点和近地点分别是 100.74 海里×99.68 海里，倾角为 32.552 度，周期为 88.20 分钟，速度为 25 569.78 英尺/秒。远地点和近地点基于半径为 3 443.934 海里的球面地球计算而来。

COSPAR 将进入轨道的指令勤务舱命名为"1969-018A"，S-ⅣB 级命名为"1969-018B"。在登月舱从飞船分离后，登月舱上升级将被命名为"1969-018C"，而下降级为"1969-018D"。

地球轨道段

飞船入轨后进行了检查，随后指令勤务舱于 002：41：16.0 与 S-ⅣB 级分离。接着 S-ⅣB 级抛掉用来安放登月舱并为其屏蔽发射时严苛环境的 SLA 保护罩板。然后指令舱掉头，使装有对接探头的顶端正对登月舱，然后在 003：01：59.3 与登月舱完成对接。指令长和登月舱驾驶员随即开始为最终进入登月舱做准备。他们首先给两个航天器之间的通道加压，之后在指令舱驾驶员的协助下打开指令舱舱门，检查对接环上的各个插销以确认密封良好。然后他们接上脐带电缆，该电缆为对接上指令舱的登月舱供电。最后重新关闭了舱门。

004：08：09 时，首次使用的弹射机械装置将对接好的飞船从 S-ⅣB 级弹射出去。紧接着是分离机动，S-ⅣB 级于 004：45：55.54 再次点火，并燃烧了

62.06 秒。关机 10 秒后,该级进入了 1 671.58 海里×105.75 海里的中间滑行轨道。在这条轨道上发动机可以在一圈内,即下次点火前完全冷却下来。轨道周期为 119.22 分钟,倾角为 32.032 度,入轨速度为 27 753.61 英尺/秒。005:59:01.07,乘组实施了勤务推进系统八次点火中的第一次,点火机动持续了 5.23 秒,将指令勤务舱/登月舱的轨道抬高到 127.6 海里×111.3 海里,为即将进行的交会优化地面跟踪可视条件。S-ⅣB 级的第三次也是最后一次点火于 006:07:19.26 实施,点火持续了 242.06 秒,验证了该级在 80 分钟滑行后的重新启动能力,同时在"超出规范"条件下试验了发动机的性能。关机 10 秒后 S-ⅣB 级进入逃逸轨道,速度为 31 619.85 英尺/秒。S-ⅣB 级的性能因为多个异常问题而未达到预期,其中包括 LH₂ 和 LOX 排空失败。由于发动机各阀门丧失气动控制能力,未能完成通过发动机排空 LH_2。在第三次点火期间,由于发动机丧失气动控制能力也导致 LOX 排空无法实施。不过,LOX 贮箱利用无推进排气系统令人满意地实现了安全处理。第三次点火将 S-ⅣB 级送入了一条太阳轨道,其远日点和近日点分别为 80 280 052 海里×69 417 732 海里,倾角为 24.390 度,偏心率为 0.072 56,周期为 325.8 天。

　　乘组第二天的活动是进行各系统检查,进行俯仰、滚动和偏航机动,以及在与登月舱对接过程中实施第二、第三和第四次勤务推进系统点火。第二次点火在 022:12:04.07 开始,持续了 110.29 秒,将轨道抬高到 192.5 海里×110.7 海里。第三次点火在 025:17:39.27 开始,持续了 279.88 秒,将轨道抬高到 274.9 海里×112.6 海里,并且让飞船处于日照区,这样在任务后期就可以用喷气控制系统实施控制,而且为交会活动提供了更好的救援位置。在两次点火工作之间,还进行了对接状态下飞船振动响应测量试验,从而为优化这一模式下的自动驾驶提供数据。第四次点火在 028:24:41.37 开始,这是一次 27.87 秒的调相机动,将飞船头部指向东方,并且将飞船送入更加理想的位置以便后续的光照、制动和对接。

　　第三天 043:15,登月舱驾驶员进入登月舱,激活并检查各个系统。指令长随后于 044:05 进入。登月舱着陆腿于 045:00 展开。大约在 045:52,指令长报告登月舱驾驶员有两次感到恶心,而且乘组的工作落后于计划。由于这些原因,舱外活动被严格限制在一个白天圈次内进行,仅包括打开指令舱和登月舱舱门。同时还决定让登月舱驾驶员始终保持与环境控制系统软管的连接。在对两个航天器进行通信检查后,046:28 开始在登月舱内进行时长 5 分钟的电视传输。摄像机对准仪表显示和登月舱内部其他有特点的区域和乘组。图像质量很好,但是声音效果并不令人满意。登月舱下降发动机在对接状态下于 49:41:34.46 点火，并持续工作了 371.51 秒。由数字自动驾驶进行的姿态控制和手动控制下降发动机节流阀打开至全部推力这两项功能均得到验证。乘组于 050:15 开始向指令舱转移，并在 051:00 关掉登月舱各系统。第五次勤务推进系统点火于 054:26:12.27 开始，时长 43.26 秒，为登月舱主动交会进行轨道圆化。产生的轨道为 131.0 海里×125.9 海里，相比交会所需的 130 海里理想圆轨道来说还算可以接受。

　　舱外活动在本次任务的第四天进行。原计划是登月舱驾驶员从登月舱出来，从太空中移动到指令舱并打开其舱门，然后再返回登月舱。然而因为登月舱驾驶员在前一天出现几次恶心的情况，而且交会准备还有很多工作要做，所以这一计划从 2 小时 15 分钟压缩到 39 分钟。072:45 登月舱减压，072:46 前舱门打开。072:59:02 登月舱驾驶员出舱前往舱外平台，脚前脸朝上，073:07 出舱完毕。他背着提供通信和氧气的舱外活动装备背包。该背包还为宇航服提供用于身体降温的循环水。他与登月舱的唯一连接是一条 25 英尺长的尼龙绳，用来防止其飘入太空。为了安全起见，他将脚插入"金色限位器"，即一组安装在舱门外表面的镀金限位环，也被宇航员称作"前走廊"，以此保持在登月舱舱外的姿态。与此同时，指令舱驾驶员依托指令勤务舱生命保障系统对指令舱进行减压，于 073:02:00 打开了指令舱侧舱门。他从舱门探出半个身子进行观察、拍照，并从指令舱侧壁取回热试样。由于试样丢失，他又在 073:26 取回了勤务舱热试样。登月舱驾驶员于 073:39 取回了登月舱热试样。大约 3 分钟后，他开始进行时间压缩了的转移活动，验证利用舱外转移扶手控制身体姿态的能力。而最初计划的利用扶手双手交替从登月舱向指令舱转移没有进行。在这段时间里，登月舱驾驶员还对指令舱驾驶员的活动和两个航天器的外观完成了 16 毫米和 70 毫米拍摄。登月舱驾驶员于 073:45 开始返回登月舱，073:46:03 完成。随后登月舱前舱门关闭、锁紧，登月舱加压到 073:53。指令舱驾驶员已经关闭并锁紧了指令舱舱门，该项工作于 073:49:23 完成。指令舱加压到 074:02:00。074:58:03 收到了登月舱内部的第一幅电视画面，直到 075:13:13 传输信号中断。这次传输的话音和图像质量都很好，比前几天的传输质量明显提高。指令长 075:15 回到指令舱，随后登月舱驾驶员于 076:55 返回。

　　第五天，登月舱驾驶员在 088:05 进入登月舱，指令长跟着于 088:55 进入。他们开始为登月舱第一次独立飞行和主动交会进行准备。092:22，指令勤务舱机动到惯性分离姿态。092:38 尝试了分离，但捕获插销没有立即释放。092:39:36 才真正脱离，登月舱沿着轴滚动，这样可以让指令舱驾驶员进行目测检查。093:02:54 利用勤务舱喷气控制系统实施了一次小型分离机动,45分钟后将登月舱移动到指令勤务舱后面2海里处。登月舱与指令勤务舱之间的最大距离是98海里,是在共椭圆序列启动与恒定高度差机动之间的半程时达到的。在这次机动期间,登月舱发动机一直平稳运行到节流阀打开20%,但在20%时出现了"突突"的噪声。指令长关闭了节流阀并等待结果。几秒钟后,"突突"声停止。他在关机前将速度提高到40%,没有出现其他问题。登月舱内的乘员随后检查了各个系统,并再次将下降发动机点火至10%,发动机运行平稳。093:47:35.4,登月舱在没有制导控制的情况下,利用下降推进系统实施了第一次交会调相机动。这次机动将登月舱送入了一条与指令勤务舱接近等周期的轨道,其远地点、近地点高度分别在指令勤务舱上、下12.2海里。根据计算结果仅在登月舱需要放弃任务时才进行的第二次机动没有实施。第二次机动的计划时间是094:57:53。095:39:08.06进行了第三次交会机动,登月舱轨道变更为138.9海里×133.9海里。096:16:06.54启动了共椭圆序列,在喷气控制系统开始输出推力后,下降级立即被抛掉。这次机动将登月舱置于指令勤务舱下方10海里、后方82海里处。下降级在3月22日格林尼治时间03:45才离开地球轨道,坠落在东非海岸外的印度洋上。上升级轨道为116海里×111海里。指令勤务舱喷气控制系统启动共椭圆序列后,交会雷达跟踪状态重新建立,但是指令舱没能捕获到已经发生故障的上升级跟踪光信号。096:58:15.0第一次利用上升级发动机实施了恒定高度差机动。末段启动的船载解决方案于097:57:59点火实施,为上升级构建了一条126海里×113海里的轨道。在末段启动后的10分钟和22分钟分别进行了两次小规模中途修正。098:30:03开始末段制动,接着进行位置保持、编队飞行、拍照,并在099:02:26对接。对接后登月舱乘组于101:00回到指令勤务舱。101:22:45.0上升级被抛掉,然后上升发动机于101:53:15.4点火,持续362.3秒,直至氧化剂耗尽。上升级的最终轨道为3 760.9海里×126.6海里,预期轨道寿命为5年。事实上,上升级于1981年10月23日再入大气层。第六次勤务推进系统机动于123:25:06.97点火,时长1.43秒。这次机动被推迟一圈进行,原因是要求在推进剂沉底点火之前进行的喷气控制平移出现编程错误。原计划在121:48:00进行的机动是一次降低近地点的轨道修正制动机动,从而增强喷气控制系统在出现意外情况时的离轨能力。

在本次任务的最后四天里,乘组对美国南部、墨西哥、巴西和非洲进行了地球资源和多光谱地形摄影实验,代号为S065。其目的是确定在轨道上进行的可见光和近红外区域多波段摄影在多大程度上能用于地球资源管理。另一个目的是在轨道上利用4组不同的胶片和滤镜同步拍摄照片,帮助确定未来的多光谱摄影系统,实验效果非常好。照片的质量和主题内容都超越了以往任何一次轨道任务的拍摄成果，而且有助于天空实验室计划的设计。如此高质量的结果首先得益于时间的充足（在四天内，乘组可以等待云层覆盖的消散）；其次是 33.6 度的轨道倾角，可以对一些以前从未拍摄过的区域进行垂直或近似垂直的观测；第三是喷气控制系统携带了充足的推进剂，使乘组可以在任何需要的时候调整飞船指向；第四是飞船的舷窗没有被污染；再有就是载人飞船中心的科学支持室一直在提供帮助和评估。乘组还通过瞄准木星（第一次利用一颗行星）进行了一次惯性测量单元校准，还进行了一系列日光条件下的恒星瞄准、地标瞄准和恒星六分仪瞄准。在两个连续圈次内，乘组分别于 192:43 和 194:13 对 1965 年 7 月 30 日发射的、位于 100 海里外的飞马 3 号卫星进行了跟踪观测。当飞越夏威夷上空时，乘组从 222:38:40 至 222:45:40 对登月舱上升级进行了观察。

　　勤务推进系统在 169:30:00.36 实施了第七次点火，时长 24.90 秒。将轨道抬高到 253.2 海里×100.7 海里，为正常离轨点建立了理想条件。即使勤务推进系统离轨失败，喷气控制系统仍然可以在远地点实施离轨机动，并使指令舱在主回收区附近着陆。飞船在完成 151 圈轨道飞行后，于 240:31:14.84 进行了第八次勤务推进点火，时长 11.74 秒，完成了离轨机动。这一动作比预定计划推迟了一圈执行，原因是计划回收区的天气不理想。

回收

　　勤务舱于 240:36:03.8 被抛掉，指令舱沿着主制导系统控制的路径再入。指令舱于 240:44:10.2 进入大气层（再入边界高度为 400 000 英尺），再入速度为 25 894 英尺/秒。3 月 13 日格林尼治时间 17:00:54，指令舱在降落伞系统的保护下溅落在大西洋。本次任务时长 241:00:54。落点位置估计为北纬 23.22 度、西经 67.98 度，大约距离瞄准点 2.7 海里，距离美国海军"瓜达康纳尔"号回收船 3 海里。尽管勤务舱在再入过程中没有完整地保存下来，雷达跟踪数据仍然预报了它的落点，位置在大西洋，估计在北纬 22.0 度、西经 65.3 度，比指令舱远了大约 175 海里。溅落后，指令舱呈现顶端朝上的漂浮姿态。乘组由直升机回收，并在溅落 49 分钟后登上回收船。指令舱在 83 分钟后回收，其溅落时的估算质量是 11 094 磅，任务中的飞行距离估计为 3 664 820 海里。在回收指令舱过程中，"瓜达康纳尔"号上的天气记录是在 2 000 英尺高有散云，9 000 英尺为碎云，能见度为 10 海里；风速为 9 节，风向为从真北起算 200 度；气温为 79 华氏度；水温为 76 华氏度；浪高为 7 英尺；方向为从真北起算 340 度。3 月 14 日格林尼治时间 15:00 乘组搭乘直升机离开"瓜达康纳尔"号，并于格林尼治时间 16:30 抵达巴哈马的伊柳塞拉岛。在那里他们转乘飞机前往休斯敦。指令舱由"瓜达康纳尔"号于 3 月 16 日运抵弗吉尼亚州诺福克市的诺福克海军航空站。随后着陆安全小组于格林尼治时间 16：00 开始评估和钝化工作。3 月 19 日钝化工作完成。接着指令舱被空运到加利福尼亚州长滩,随后用卡车于 3 月 21 日运抵加利福尼亚州唐尼市的北美罗克韦尔空间分公司,进行飞行后的分析。

结论

通过对数据进行任务后的分析得出以下结论：

1. 两个航天器上负责交会的设备和程序达到了登月任务所需的交会操控精度。指令舱驾驶员及时完成了镜像机动所需的指令勤务舱计算和准备工作。

2. 两个航天器对接过程中的功能性操作得到验证。同时发现,恰当的光照条件对于辅助对接校准十分必要。

3. 在整个舱外活动期间,舱外活动装备的所有系统性能优异。本次任务,加上对小型设计改动进行的附加质量试验,均获得了令人满意的结果,证明了舱外活动装备完全能够承担月面任务。

4. 舱外活动范围表明了在应急情况下乘组舱外转移的实用性。两个航天器的舱内减压和加压均得到了验证。

5. 登月舱大部分系统的性能都达到了执行登月任务的要求,除了可控天线没有工作,以及着陆雷达无法在地球环境中进行全面评估,没有异常问题对本次任务造成负面影响。乘组与航天器接口的概念和实用功能,包括流程、物资供应、约束条件、显示和控制,都达到了载人登月舱的功能要求。两个航天器接口的正确性在对接和脱离过程中得到了确认。

6. 登月舱的物资消耗完全处于预计范围内,这说明登月舱物资配备有足够的余量完成登月任务。

7. 指令舱饮用水中的气体影响了食物的正常再水化,进而影响了食物的味道和口感。登月舱的供水可以接受。

8. 指令勤务舱在轨导航能力,即采用偏航控制技术进行地标跟踪得到验证,足以完成任务。指令舱扫描望远镜的恒星可视阈值在对接模式中完全没有明确建立,因此在地月转移飞行中如果无意中丢失惯性参照系,或许将要求平台利用太阳、月球和行星进行定向。

9. 包括载人航天网在内的任务支持系统足以为两个航天器同时提供地面控制。

阿波罗9号上升段事件	飞行地面时间（时：分：秒）	高度/海里	航程/海里	地球固连坐标系速度/（英尺/秒）	空间固连坐标系速度/（英尺/秒）	时长/秒	地心纬度/度（北纬）	经度/度（东经）	空间固连坐标系航迹角/度	空间固连坐标系指向角/度（北偏东）
起飞	000:00:00.67	0.032	000.0	1.8	1 340.7	—	28.447 0	−80.604 1	0.08	90.00
达到马赫数为1	000:01:08.2	4.243	1.383	1 088.4	2 100.7	—	28.454 5	−80.579 4	26.35	84.50
最大动压	000:01:25.5	7.429	3.789	1 737.7	2 783.2	—	28.466 6	−80.536 9	28.08	81.87
S-IC级中心发动机关机*	000:02:14.34	22.459	24.602	5 154.1	6 329.49	140.64	28.572 0	−80.160 2	22.576 6	76.420
S-IC级外围发动机关机	000:02:42.76	34.808	51.596	7 793.3	9 013.71	169.06	28.707 1	−79.671 8	18.539 4	75.335
S-IC/S-II级分离*	000:02:43.45	35.144	52.410	7 837.89	9 059.28	—	28.711 1	−79.657 1	18.449	75.337
S-II级发动机关机	000:08:56.22	100.735	830.505	21 431.9	22 753.54	371.06	31.626 1	−65.042 2	0.9177	81.872
S-II/S-IVB级分离*	000:08:57.18	100.794	833.794	21 440.5	22 762.27	—	31.634 3	−64.978 6	0.906	81.907
S-IVB级发动机第一次关机	000:11:04.66	103.156	1 296.775	24 240.6	25 563.98	123.84	32.426 6	−55.929 3	−0.006 6	86.979
进入地球轨道	000:11:14.66	103.154	1 335.515	24 246.39	25 569.78	—	32.459 9	−55.165 8	−0.005 8	87.412

* 只能获得该事件的指令发出时间

阿波罗9号地球轨道段事件	飞行地面时间（时：分：秒）	空间固连坐标系速度/（英尺/秒）	时长/秒	速度变化/（英尺/秒）	远地点/海里	近地点/海里	周期/分	倾角/度
进入地球轨道	000:11:14.66	25 569.78	—	—	100.74	99.68	88.20	32.552
指令勤务舱与S-IVB级分离	002:41:16.0	25 553	—	—	—	—	—	—
指令勤务舱/登月舱从S-IVB级弹射出去	004:08:09	25 565.3	—	—	—	—	—	—
S-IVB级第二次点火重启*	004:45:55.54	25 556.1	—	—	—	—	—	—
S-IVB级第二次点火关机	004:46:57.60	27 742.03	62.06	—	—	—	—	32.303
S-IVB级进入中间轨道	004:47:07.60	27 753.61	—	—	1 671.58	105.75	119.22	32.302
SPS第一次点火	005:59:01.07	25 549.8	—	—	—	—	—	—
SPS第一次关机	005:59:06.30	25 583.8	5.23	36.6	127.6	111.3	88.8	32.56
S-IVB级第三次点火重启*	006:07:19.26	20 766.0	—	—	—	—	—	—
S-IVB级第三次点火关机	006:11:21.32	31 589.17	242.06	—	—	—	—	33.824
S-IVB级进入地球逃逸轨道	006:11:31.32	31 619.85	—	—	—	—	—	33.825
SPS第二次点火	022:12:04.07	25 588.2	—	31.8	—	—	—	—
SPS第二次关机	022:13:54.36	25 701.7	110.29	850.5	192.5	110.7	90.0	33.46
SPS第三次点火	025:17:39.27	25 692.4	—	—	—	—	—	—
SPS第三次关机	025:22:19.15	25 794.3	279.88	2 567.9	274.9	112.6	91.6	33.82
SPS第四次点火	028:24:41.37	25 807.7	—	—	—	—	—	—
SPS第四次关机	028:25:09.24	25 798.9	27.87	300.5	275.0	112.4	91.6	33.82
DPS对接点火	049:41:34.46	25 832.7	—	—	—	—	—	—
DPS对接关机	049:47:45.97	25 783.0	371.51	1737.5	274.6	112.1	91.5	33.97
SPS第五次点火	054:26:12.27	25 700.8	—	—	—	—	—	—
SPS第五次关机	054:26:55.53	25 473.2	43.26	572.5	131.0	125.9	89.2	33.61

续表

阿波罗 9 号地球轨道段事件	飞行地面时间（时：分：秒）	空间固连坐标系速度/（英尺/秒）	时长/秒	速度变化/（英尺/秒）	远地点/海里	近地点/海里	周期/分	倾角/度
指令勤务舱/登月舱分离点火	093:02:54	25 480.5	—	—	—	—	—	—
指令勤务舱/登月舱分离关机	093:03:03.5	25 480.5	9.5	—	127	122	—	—
登月舱下降调相点火	093:47:35.4	25 518.9	—	—	—	—	—	—
登月舱下降调相关机	093:47:54.4	25 518.2	19.0	—	137	112	—	—
登月舱下降调相点火	095:39:08.06	25 412.6	—	—	—	—	—	—
登月舱下降调相关机	095:39:30.43	25 453.0	22.37	—	138.9	133.9	—	—
登月舱共椭圆机动程序点火	096:16:06.54	25 452.0	—	—	—	—	—	—
登月舱共椭圆机动程序关机	096:16:38.25	25 412.0	31.71	—	138	113	—	—
登月舱恒定高度差机动点火	096:58:15.0	25 592.0	—	—	—	—	—	—
登月舱恒定高度差机动关机	096:58:17.9	25 550.6	2.9	—	116	111	—	—
登月舱末段启动点火	097:57:59	25 540.8	—	—	—	—	—	—
登月舱末段启动关机	097:58:36.6	25 560.5	37.6	—	126	113	—	—
登月舱上升发动机耗尽点火	101:53:15.4	25 480.3	—	—	—	—	—	—
登月舱上升发动机耗尽关机	101:59:17.7	29 415.4	362.3	5 373.4	3 760.9	126.6	165.3	28.95
SPS 第六次点火	123:25:06.97	25 522.2	—	—	—	—	—	—
SPS 第六次关机	123:25:08.40	25 489.0	1.43	33.7	123.1	108.5	88.7	33.62
SPS 第七次点火	169:39:00.36	25 589.6	—	—	—	—	—	—
SPS 第七次关机	169:39:25.26	25 825.9	24.90	650.1	253.2	100.7	90.9	33.51
SPS 第八次点火	240:31:14.84	25 318.4	—	—	—	—	—	—
SPS 第八次关机	240:31:26.58	25 142.8	11.74	322.7	240.0	−4.2	88.8	33.52

* 只能获得该事件的发令时间

阿波罗 9 号任务乘组：麦克迪维特（左）、斯科特和施韦卡特

阿波罗 9 号任务准备：CSM-104（上）和 LM-3

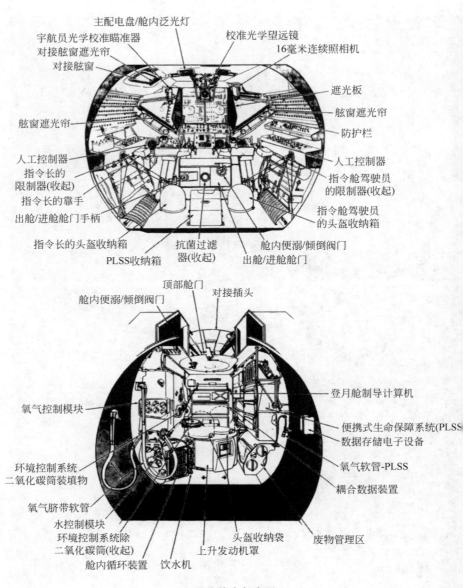

主配电盘/舱内泛光灯

校准光学望远镜

宇航员光学校准瞄准器

16毫米连续照相机

对接舱窗遮光帘

对接舱窗

遮光板

舱窗遮光帘

舷窗遮光帘

防护栏

人工控制器

人工控制器

指令长的
限制器(收起)

指令舱驾驶员
的限制器(收起)

指令长的靠手

指令舱驾驶员
的头盔收纳箱

出舱/进舱舱门手柄

指令长的头盔收纳箱

抗菌过滤
器(收起)

舱内便溺/倾倒阀门

PLSS收纳箱

出舱/进舱舱门

顶部舱门

对接插头

舱内便溺/倾倒阀门

登月舱制导计算机

氧气控制模块

便携式生命保障系统(PLSS)
数据存储电子设备

氧气软管-PLSS

环境控制系统
二氧化碳筒装填物

耦合数据装置

氧气脐带软管

水控制模块

废物管理区

环境控制系统除
二氧化碳筒(收起)

头盔收纳袋

上升发动机罩

舱内循环装置

饮水机

登月舱内部布局

施韦卡特和麦克迪维特（前）在登月舱模拟器里

阿波罗 9 号发射

阿波罗 9 号用尽的 S-IVB 级与其 SLA 保护罩板被抛掉后，露出 LM-3

施韦卡特站在 LM-3 的"前廊"测试月球宇航服

斯科特站在指令勤务舱"橡皮糖"的舱门处

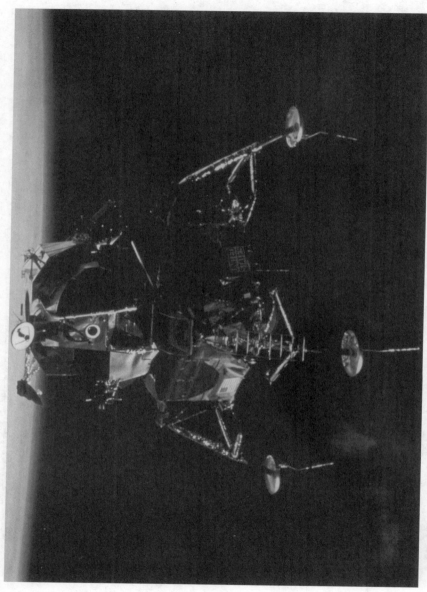

分离后的 LM-3("蝴蛛"),着陆腿被展开

从独立任务折返后，"蜘蛛"露出其上升级发动机供检查

任务目标

运载火箭的主要详细目标：

1. 验证 S-ⅣB 级/仪器单元在调头、对接和抛登月舱机动过程中的控制能力。完成。

运载火箭的次要目标：

1. 验证 S-ⅣB 级重启动能力。完成。

2. 确认 J-2 发动机改进的正确性。完成。

3. 确认 S-Ⅱ 级中 J-2 发动机环境满足要求。完成。

4. 确认运载火箭在 S-ⅠC 级点火期间纵向振动环境满足要求。完成。

5. 验证氦加热器二次增压系统运行情况。完成。

6. 排放 S-ⅣB 级残留的大量推进剂，验证 S-ⅣB 级排空和安全性能。部分完成。S-ⅣB 级足够安全，但是由于发动机氦控制调节器不能产生压力导致推进剂没有排空。

7. 确认 S-ⅠC 级的改进措施克服了低频纵向振动。完成。

8. 验证 80 分钟重启能力。部分完成。完成了试验性启动，并实现了计划中的 S-ⅣB 级第三次点火。然而存在以下问题：燃烧不稳定，一个燃气发生器在点火时出现爆燃，同时对振动的控制导致启动时性能降低，燃烧过程性能有损失，发动机氦控制调节器不能产生压力。

9. 验证双重二次增压能力。完成。

10. 验证氦加热器重启能力。完成。

11. 在深空环境中确认航天器指令和通信系统/地面系统之间的接口与运行。完成。

飞船的主要目标：

1. 在带有指令勤务舱和登月舱的载人土星 V 任务中，验证乘组/飞行器/任务支持设施的性能。完成。

2. 验证登月舱/乘组性能。完成。

3. 验证正常和备选月球轨道交会任务中各项活动的性能满足要求，包括：

a. 调头、对接和取出登月舱。完成。

b. 乘组在舱内和舱外转移。完成。

c. 舱外能力。完成。

d. 勤务推进系统和下降推进系统点火。完成。

e. 登月舱主动交会与对接。完成。

4．评估指令勤务舱和登月舱的消耗品。完成。

飞船的强制试验详细目标：

1．M11.6：执行一次中等时段下降推进系统点火，其中包括指令勤务舱和登月舱对接状态下人工控制节流阀；并执行一次短时段下降推进系统点火，登月舱处于脱离状态且下降推进系统贮箱有大约一半的推进剂。完成，在第一次和第二次下降推进系统点火期间，对主制导导航控制系统/数字自动俯仰性能进行了监视，并且确认其性能可以接受。

2．M13.11：执行一次长时段上升推进系统点火。完成，上升推进系统在延长期燃烧至耗尽。

3．M13.12：执行一次长时段下降推进系统点火并获取数据，从而确定在点火过程中推进剂振荡、航天器发动机振动与下降推进系统的性能之间不存在不利的相互作用。完成，获取了处于对接状态的下降推进系统点火和交会过程数据。

4．M14：验证登月舱活动期间环境控制系统的性能。完成，尽管系统中出现了一些细小问题。

5．M15.3：确定登月舱电源分系统在主、备模式下的性能。完成，尽管电池出现了某些问题。

6．M16.7：在下降推进系统工作期间操控着陆雷达。完成。

7．M17.9：展开登月舱着陆腿并获取下降推进系统工作期间着陆腿的温度数据。完成。

8．M17.17：确认飞船暴露在自然环境和推进系统工作产生的热环境中时，被动热分系统（隔热层，羽流保护，上升级和下降级底部隔热层，以及热控涂层）具有足够的热控能力。完成，在对接状态下的下降推进系统工作、舱外活动和交会后检查期间，获取了登月舱环境和热效应数据。

9．M17.18：验证土星 V 运载火箭发射期间和下降推进系统和上升推进系统在轨工作期间登月舱的结构完整性。完成。

飞船的主要试验详细目标：

1．P1.23：在指令勤务舱与登月舱对接状态下，验证第二批次飞船在勤务推进系统推力输出过程中指令勤务舱姿态控制的效能。完成，在第一、第二和第三次勤务推进点火期间。

2．P1.24：在对接时使用六分仪进行惯性测量单元校准。完成。

3．P1.25：对接时在日照状态下进行惯性测量单元和星图能见度检查。完成，尽管反射光妨碍了某些试验，但还是对可见的星图进行了多次日间瞄准。

4. P2.9：在人工推力矢量控制接管制导导航控制系统的情况下，启动勤务推进系统对接点火。完成，在第三次勤务推进系统点火期间。

5. P7.29：获取抛逃逸塔发动机、S-Ⅱ级反推火箭和勤务舱喷气控制系统耗尽对指令勤务舱的影响数据。完成。在进入地球轨道、登月舱/指令勤务舱弹射后，在调整后的舱外活动阶段和交会后的检查期间，获取了飞船排气影响数据。只是调整后的舱外活动仅取回了部分热试样。

6. P11.5：使用校准光学望远镜进行登月舱惯性测量单元校准，并校正粗光学校准瞄准器。完成。在登月舱活动期间采集了各种时段登月舱飞行中惯性测量单元的校准数据。

7. P11.7：在主制导导航控制系统的自动和人工控制下，验证喷气控制系统平移和登月舱两级的姿态控制能力。完成。

8. P11.10：获取数据以确认惯性测量单元在飞行环境中的性能。完成，在整个任务中获取了登月舱主制导导航控制系统和勤务舱制导导航控制系统惯性测量单元的性能数据。

9. P11.14：在主制导导航控制系统/数字自动驾驶的控制下，实施一次长时段上升推进点火。完成。

10. P12.2：验证应急制导系统校正能力，并获取飞行环境中应急制导系统性能数据。完成，在对接状态下的下降推进系统点火和交会调相点火过程中。

11. P12.3：使用自动和人工应急制导系统/控制电气的部分控制模式，验证整个登月舱的喷气控制系统平移和姿态控制能力。完成。

12. P12.4：在应急制导系统/控制电气部分控制下，实施一次带有全重下降级的下降推进系统点火。完成。

13. P16.4：在指令勤务舱与登月舱之间的多种距离上，验证指令勤务舱交会雷达转发器的跟踪能力。完成。

14. P16.6：进行登月雷达自检。完成。

15. P16.19：获取两个时段的交会雷达日冕影响数据。其一是未对接时登月舱－X平移喷气控制系统发动机点火期间，其二是对接时登月舱－X平移喷气控制系统发动机点火期间。部分完成。虽然获取了数据，但交会雷达未能锁定目标。

16. P20.21：验证登月舱/载人航天网S频段通信分系统实际效能。完成，尽管存在间歇性不匹配。

17. P20.22：验证登月舱/指令勤务舱/载人航天网/舱外活动S频段和VHF通信实际效能。完成，尽管有零星故障。

18．P20.24：验证指令勤务舱与 S-ⅣB 级/SLA/登月舱的对接能力。完成。

19．P20.25：验证登月舱分离及指令勤务舱/登月舱从 SLA 上弹射的能力。完成。

20．P20.26：验证在月面下降前登月舱与指令勤务舱脱离的技术。完成。

21．P20.27：实施登月舱主动与指令勤务舱交会的能力。指令勤务舱处于被动状态。完成。

22．P20.28：验证登月舱主动与指令勤务舱对接的能力。指令勤务舱处于被动状态。完成。

23．P20.29：在飞行过程中实施一次登月舱与指令勤务舱的火工品分离。完成。

24．P20.31：在地球轨道任务中验证任务支持设施的性能。完成。

25．P20.33：执行指令勤务舱主动与登月舱交会所需的准备流程。完成，在登月舱模拟下降过程中，指令勤务舱始终保持回收模式。

26．P20.34：验证乘组将自己和设备从指令勤务舱转移到登月舱并返回的能力。完成，乘组在指定的时间内成功完成了转移。

27．P20.35：验证舱外转移和获取舱外活动数据。完成，尽管在任务过程中修改了活动程序。

飞船的次要试验详细目标：

1．S1.26：用扫描望远镜地标跟踪技术进行在轨导航。完成。

2．S13.10：实施无人条件下上升推进系统的耗尽点火。完成。

3．S20.32：评估单人登月舱操作能力，获取乘组机动性、乘组布局和推进排气的数据。完成。

4．S20.37：获取下降推进羽流对宇航员目视观测的影响数据。完成，在两次点火过程中，下降推进系统均未影响乘组的能见度。

5．S20.120：获取指令勤务舱、登月舱和便携式生命保障系统的电磁兼容性数据。完成，指令勤务舱、登月舱和便携式生命保障系统对任何传导型或辐射型电磁干扰均符合电磁兼容性要求。

飞行中增加的功能性测试：

1．在指令舱和登月舱内不穿航天服进行转移。完成。

2．不穿航天服清理通道。完成。

3．在日光下进行指令舱平台校准。完成。

4．利用一颗行星（木星）进行指令舱平台校准。完成。

5．数字自动驾驶进行轨道加速、俯仰和滚动。完成。

6. 稳定与控制系统的备份陀螺显示耦合器校准。完成。

7. 在舷窗状况恶化情况下拍摄。完成。

8. 卫星跟踪,地面指令输入。完成。

9. 指令勤务舱高增益 S 频段天线再捕获试验。完成。

10. 在±10 度、±20 度、±25 度三个无控制作用区被动热控循环达到 0.1 度/秒。完成。

实验:

1. S-065:用 4 个不同的胶片/滤镜组合,对选定的陆地和海洋区域进行选择性同步多光谱拍照。完成。

任务时间表

阿波罗 9 号任务事件	飞行地面时间 (时:分:秒)	日期 (格林尼治时间)	时间 (时:分:秒)
最终倒计时开始	−028:00:00	1969 年 02 月 27 日	03:00:00
射前 16 小时开始计划的 3 小时中断	−016:00:00	1969 年 02 月 27 日	15:00:00
由于乘组健康原因,决定将倒计时拨回射前 42 小时	−016:00:00	1969 年 02 月 27 日	15:30:00
射前 42 小时倒计时重启	−042:00:00	1969 年 03 月 01 日	07:30:00
射前 28 小时开始计划的 5 小时 30 分钟中断	−028:00:00	1969 年 03 月 01 日	21:30:00
射前 28 小时倒计时重启	−028:00:00	1969 年 03 月 02 日	03:00:00
射前 16 小时开始计划的 3 小时中断	−016:00:00	1969 年 03 月 02 日	15:00:00
射前 16 小时倒计时重启	−016:00:00	1969 年 03 月 02 日	18:00:00
射前 9 小时开始计划的 6 小时中断	−009:00:00	1969 年 03 月 03 日	01:00:00
射前 9 小时倒计时重启	−009:00:00	1969 年 03 月 03 日	07:00:00
制导基准发布	−000:00:16.97	1969 年 03 月 03 日	15:59:43
S-ⅠC 级发动机开机指令	−000:00:08.9	1969 年 03 月 03 日	15:59:51
S-ⅠC 级发动机点火(♯5)	−000:00:06.3	1969 年 03 月 03 日	15:59:53
所有 S-ⅠC 级发动机推力正常	−000:00:01.3	1969 年 03 月 03 日	15:59:58
起飞时间	000:00:00.00	1969 年 03 月 03 日	16:00:00
所有牵制臂释放(第一次动作)(1.10g)	000:00:00.26	1969 年 03 月 03 日	16:00:00
起飞(脐带断开)	000:00:00.67	1969 年 03 月 03 日	16:00:00
避开塔架偏航机动开始	000:00:01.7	1969 年 03 月 03 日	16:00:01

阿波罗 9 号任务事件	飞行地面时间 （时：分：秒）	日期 （格林尼治时间）	时间 （时：分：秒）
偏航机动结束	000：00：09.7	1969 年 03 月 03 日	16：00：09
俯仰和滚动机动开始	000：00：13.3	1969 年 03 月 03 日	16：00：13
滚动机动结束	000：00：33.0	1969 年 03 月 03 日	16：00：33
达到马赫数为 1	000：01：08.2	1969 年 03 月 03 日	16：01：08
达到最大弯曲力矩（86 000 000 磅力-英寸）	000：01：19.4	1969 年 03 月 03 日	16：01：19
最大动压（630.73 磅/平方英尺）	000：01：25.5	1969 年 03 月 03 日	16：01：25
S-IC 级中心发动机关机指令	000：02：14.34	1969 年 03 月 03 日	16：02：14
俯仰机动结束	000：02：38.0	1969 年 03 月 03 日	16：02：38
S-IC 级各外围发动机关机	000：02：42.76	1969 年 03 月 03 日	16：02：42
S-IC 级最大总惯性加速度（3.85g）	000：02：42.84	1969 年 03 月 03 日	16：02：42
S-IC/S-II 级分离指令和 S-IC 级最大地球固连坐标系速度	000：02：43.45	1969 年 03 月 03 日	16：02：43
S-II 级发动机开机指令	000：02：44.17	1969 年 03 月 03 日	16：02：44
S-II 级点火	000：02：45.16	1969 年 03 月 03 日	16：02：45
抛掉 S-II 级后级间段	000：03：13.5	1969 年 03 月 03 日	16：03：13
抛掉发射逃逸塔	000：03：18.3	1969 年 03 月 03 日	16：03：18
启动迭代制导模式	000：03：24.6	1969 年 03 月 03 日	16：03：24
S-IC 级最高点	000：04：26.03	1969 年 03 月 03 日	16：04：26
S-II 级发动机关机	000：08：56.22	1969 年 03 月 03 日	16：08：56
S-II 级最大总惯性加速度（2.00g）	000：08：56.31	1969 年 03 月 03 日	16：08：56
S-IC 级落地（理论值）	000：08：56.436	1969 年 03 月 03 日	16：08：56
S-II 级最大地球固连坐标系速度	000：08：56.45	1969 年 03 月 03 日	16：08：56
S-II/S-IVB 级分离指令	000：08：57.18	1969 年 03 月 03 日	16：08：57
S-IVB 级第一次点火开机指令	000：08：57.28	1969 年 03 月 03 日	16：08：57
S-IVB 级第一次点火	000：09：00.82	1969 年 03 月 03 日	16：09：00
抛掉 S-IVB 级正推发动机壳体	000：09：09.0	1969 年 03 月 03 日	16：09：09
S-II 级最高点	000：09：53.58	1969 年 03 月 03 日	16：09：53
S-IVB 级第一次点火关机	000：11：04.66	1969 年 03 月 03 日	16：11：04
S-IVB 级第一次点火最大总惯性加速度（0.80g）	000：11：04.74	1969 年 03 月 03 日	16：11：04
进入地球轨道，S-IVB 级第一次点火最大地球固连坐标系速度	000：11：14.66	1969 年 03 月 03 日	16：11：14
开始机动到当地水平姿态	000：11：24.9	1969 年 03 月 03 日	16：11：24
在轨导航开始	000：12：47.7	1969 年 03 月 03 日	16：12：47
S-II 级落地（理论值）	000：20：25.346	1969 年 03 月 03 日	16：20：25

阿波罗 9 号任务事件	飞行地面时间 （时：分：秒）	日期 （格林尼治时间）	时间 （时：分：秒）
调头机动和对接姿态建立	002:34:01.0	1969 年 03 月 03 日	18:34:01
指令勤务舱与 S-ⅣB 级分离（指令）	002:41:16.0	1969 年 03 月 03 日	18:41:16
编队飞行,指令勤务舱与登月舱/ S-ⅣB 对接	003:01:59.3	1969 年 03 月 03 日	19:01:59
指令勤务舱/登月舱从 S-ⅣB 级弹 射出去	004:08:09	1969 年 03 月 03 日	20:08:09
开始机动到当地水平姿态	004:25:05.1	1969 年 03 月 03 日	20:25:05
S-ⅣB 级第二次点火重启准备	004:36:17.24	1969 年 03 月 03 日	20:36:17
S-ⅣB 级第二次点火重启指令	004:45:47.20	1969 年 03 月 03 日	20:45:47
S-ⅣB 级第二次点火（目的是进入 中间轨道）	004:45:55.54	1969 年 03 月 03 日	20:45:55
S-ⅣB 级第二次点火关机	004:46:57.60	1969 年 03 月 03 日	20:46:57
S-ⅣB 级第二次点火最大总惯性加 速度(1.24g)	004:46:57.68	1969 年 03 月 03 日	20:46:57
S-ⅣB 级第二次点火最大地球固连 坐标系速度	004:46:58.20	1969 年 03 月 03 日	20:46:58
S-ⅣB 级进入中间轨道	004:47:07.60	1969 年 03 月 03 日	20:47:07
在轨导航开始	004:47:14.2	1969 年 03 月 03 日	20:47:14
开始机动到当地水平姿态	004:47:18.6	1969 年 03 月 03 日	20:47:18
SPS 第一次点火	005:59:01.07	1969 年 03 月 03 日	21:59:01
SPS 第一次关机	005:59:06.30	1969 年 03 月 03 日	21:59:06
动力飞行导航开始	005:59:39.0	1969 年 03 月 03 日	21:59:39
S-ⅣB 级第三次点火重启准备	005:59:40.98	1969 年 03 月 03 日	21:59:41
S-ⅣB 级第三次点火重启指令	006:06:27.35	1969 年 03 月 03 日	22:06:27
S-ⅣB 级第三次点火（地球逃逸轨 道）	006:07:19.26	1969 年 03 月 03 日	22:07:19
S-ⅣB 级第三次点火最大总惯性加 速度(1.69g)	006:08:53.00	1969 年 03 月 03 日	22:08:53
S-ⅣB 级第三次点火关机	006:11:21.32	1969 年 03 月 03 日	22:11:21
S-ⅣB 级启动安全程序	006:11:21.92	1969 年 03 月 03 日	22:11:21
S-ⅣB 级第三次点火最大地球固连 坐标系速度	006:11:23.50	1969 年 03 月 03 日	22:11:23
S-ⅣB 级进入地球逃逸轨道	006:11:31.32	1969 年 03 月 03 日	22:11:31
在轨导航开始	006:11:38.0	1969 年 03 月 03 日	22:11:38
开始机动到当地水平姿态	006:11:42.0	1969 年 03 月 03 日	22:11:42

阿波罗 9 号任务事件	飞行地面时间 （时：分：秒）	日期 （格林尼治时间）	时间 （时：分：秒）
S-ⅣB 级安全处理——开始排空 LOX 贮箱（由于在第三次点火期间丧失发动机气动控制而未完成）	006：12：15.5	1969 年 03 月 03 日	22：12：15
S-ⅣB 级安全处理——LOX NPV 阀门插销打开到 LOX 贮箱安全位置	006：24：02	1969 年 03 月 03 日	22：24：02
S-ⅣB 级进入安全处理——开始排空 LH₂ 贮箱（由于丧失各发动机阀门的气动控制而未完成）	006：24：11.3	1969 年 03 月 03 日	22：24：11
S-ⅣB 级进入安全处理——APS 耗尽燃烧点火	007：34：04.6	1969 年 03 月 03 日	23：34：04
S-ⅣB 级进入安全处理——APS 耗尽燃烧关机	007：41：53	1969 年 03 月 03 日	23：41：53
SPS 第二次点火	022：12：04.07	1969 年 03 月 04 日	14：12：04
SPS 第二次关机	022：13：54.36	1969 年 03 月 04 日	14：13：54
SPS 第三次点火	025：17：39.27	1969 年 03 月 04 日	17：17：39
SPS 第三次关机	025：22：19.15	1969 年 03 月 04 日	17：22：19
SPS 第四次点火	028：24：41.37	1969 年 03 月 04 日	20：24：41
SPS 第四次关机	028：25：09.24	1969 年 03 月 04 日	20：25：09
穿好压力服	041：00	1969 年 03 月 05 日	09：00
登月舱驾驶员进入登月舱	043：15	1969 年 03 月 05 日	11：15
登月舱转内部供电	043：40	1969 年 03 月 05 日	11：40
登月舱各系统启动	043：45	1969 年 03 月 05 日	11：45
指令长进入登月舱	044：04	1969 年 03 月 05 日	12：04
着陆腿展开	045：00	1969 年 03 月 05 日	13：00
准备便携生命保障系统	045：05	1969 年 03 月 05 日	13：05
指令长要求就登月舱驾驶员病情进行私下通信	045：39：05	1969 年 03 月 05 日	13：39：05
飞船通信员答复已经准备好接收指令长私下通信	045：51：56	1969 年 03 月 05 日	13：51：56
电视传输（近 5 分钟）	046：28	1969 年 03 月 05 日	14：28
着陆雷达和交会雷达自检	048：15	1969 年 03 月 05 日	16：15
DPS 对接点火	049：41：34.46	1969 年 03 月 05 日	17：41：34
DPS 对接关机	049：47：45.97	1969 年 03 月 05 日	17：47：46
着陆雷达自检	050：00	1969 年 03 月 05 日	18：00

续表

阿波罗 9 号任务事件	飞行地面时间 （时：分：秒）	日期 （格林尼治时间）	时间 （时：分：秒）
开始转移到指令舱	050:15	1969 年 03 月 05 日	18:15
登月舱各系统关闭	051:00	1969 年 03 月 05 日	19:00
SPS 第五次点火	054:26:12.27	1969 年 03 月 05 日	22:26:12
SPS 第五次关机	054:26:55.53	1969 年 03 月 05 日	22:26:55
脱掉压力服	055:00	1969 年 03 月 05 日	23:00
穿好压力服	068:15	1969 年 03 月 06 日	12:15
开始转移至登月舱	069:45	1969 年 03 月 06 日	13:45
登月舱各系统启动	070:00	1969 年 03 月 06 日	14:00
指令长判断登月舱驾驶员身体状况良好	071:53	1969 年 03 月 06 日	15:53
登月舱减压	072:45	1969 年 03 月 06 日	16:45
登月舱前向舱门打开	072:46	1969 年 03 月 06 日	16:46
指令舱减压	072:59	1969 年 03 月 06 日	16:59
登月舱驾驶员开始出舱	072:59:02	1969 年 03 月 06 日	16:59:02
指令舱侧舱门打开	073:02:00	1969 年 03 月 06 日	17:02:00
指令长报告登月舱驾驶员的一只脚从登月舱前向舱门伸出。登月舱驾驶员放下舱外活动面罩	073:04	1969 年 03 月 06 日	17:04
登月舱驾驶员完全出舱。进入脚限制器。指令长拍摄登月舱驾驶员的活动	073:07	1969 年 03 月 06 日	17:07
指令长将 70 毫米照相机递给登月舱驾驶员，登月舱驾驶员开始拍照	073:10	1969 年 03 月 06 日	17:10
登月舱驾驶员结束 70 毫米相机拍照并将相机交还指令长，指令舱驾驶员用 16 毫米照相机拍摄登月舱	073:20	1969 年 03 月 06 日	17:20
指令长将 16 毫米照相机递给登月舱驾驶员，登月舱驾驶员拍摄了指令舱驾驶员的活动	073:23	1969 年 03 月 06 日	17:23
指令舱驾驶员回收了勤务舱热试样	073:26	1969 年 03 月 06 日	17:26
登月舱驾驶员将 16 毫米照相机递给指令长	073:34	1969 年 03 月 06 日	17:34
登月舱驾驶员的 16 毫米照相机故障。登月舱驾驶员评估了扶手，回收了登月舱热试样，并将其递给指令长	073:39	1969 年 03 月 06 日	17:39

续表

阿波罗 9 号任务事件	飞行地面时间 （时：分：秒）	日期 （格林尼治时间）	时间 （时：分：秒）
登月舱驾驶员开始评估扶手	073:42	1969 年 03 月 06 日	17:42
登月舱驾驶员开始进舱	073:45	1969 年 03 月 06 日	17:45
登月舱驾驶员进舱完毕	073:46:03	1969 年 03 月 06 日	17:46:03
登月舱舱门关闭	073:48	1969 年 03 月 06 日	17:48
报告指令舱侧舱门关闭并锁紧	073:49:23	1969 年 03 月 06 日	17:49:23
报告登月舱舱门锁紧	073:49:56	1969 年 03 月 06 日	17:49:56
登月舱恢复加压至 3.0 磅/平方英寸	073:53	1969 年 03 月 06 日	17:53
指令舱恢复加压开始	073:55	1969 年 03 月 06 日	17:55
指令舱恢复加压至 2.7 磅/平方英寸	074:02:00	1969 年 03 月 06 日	18:02:00
电视传输开始	074:58:03	1969 年 03 月 06 日	18:58:03
电视传输结束	075:13:13	1969 年 03 月 06 日	19:13:13
指令长进入指令舱	075:15	1969 年 03 月 06 日	19:15
登月舱驾驶员进入指令舱	076:55	1969 年 03 月 06 日	20:55
脱掉压力服	077:15	1969 年 03 月 06 日	21:15
登月舱驾驶员进入登月舱，打开地月转移总线连接电路断路器	078:09	1969 年 03 月 06 日	22:09
穿好压力服	086:00	1969 年 03 月 07 日	06:00
登月舱驾驶员进入登月舱	088:05	1969 年 03 月 07 日	08:05
登月舱各系统启动	088:15	1969 年 03 月 07 日	08:15
指令长进入登月舱	088:55	1969 年 03 月 07 日	08:55
检查登月舱各系统	089:05	1969 年 03 月 07 日	09:05
交会雷达转发器试验	091:00	1969 年 03 月 07 日	11:00
着陆雷达自检	091:55	1969 年 03 月 07 日	11:55
交会雷达转发器试验	092:05	1969 年 03 月 07 日	12:05
机动到脱离姿态	092:22	1969 年 03 月 07 日	12:22
脱离尝试没有成功，捕获插销没有释放	092:38	1969 年 03 月 07 日	12:38
报告指令勤务舱/登月舱脱离	092:39:36	1969 年 03 月 07 日	12:39:36
编队飞行与拍照	092:45	1969 年 03 月 07 日	12:45
指令勤务舱/登月舱分离机动点火	093:02:54	1969 年 03 月 07 日	13:02:54
指令勤务舱/登月舱分离机动关机	093:03:03.5	1969 年 03 月 07 日	13:03:03
登月舱下降推进调相机动点火	093:47:35.4	1969 年 03 月 07 日	13:47:35

阿波罗 9 号任务事件	飞行地面时间 （时：分：秒）	日期 （格林尼治时间）	时间 （时：分：秒）
登月舱下降推进调相机动关机	093:47:54.4	1969 年 03 月 07 日	13:47:54
着陆雷达自检	094:15	1969 年 03 月 07 日	14:15
交会雷达开	095:10	1969 年 03 月 07 日	15:10
登月舱下降推进入轨机动点火	095:39:08.06	1969 年 03 月 07 日	15:39:08
登月舱下降推进入轨机动关机	095:39:30.43	1969 年 03 月 07 日	15:39:30
飞船通信员报告"级间分离各项工作准备就绪"	095:58:15	1969 年 03 月 07 日	15:58:15
登月舱共椭圆序列启动机动点火，接近抛掉登月舱下降级时间	096:16:06.54	1969 年 03 月 07 日	16:16:06
登月舱共椭圆序列启动机动关机	096:16:38.25	1969 年 03 月 07 日	16:16:38
指令长报告登月舱"级间分离正常"	096:33:11	1969 年 03 月 07 日	16:33:11
登月舱恒定高度差点火	096:58:15.0	1969 年 03 月 07 日	16:58:15
登月舱恒定高度差关机	096:58:17.9	1969 年 03 月 07 日	16:58:17
登月舱末段启动点火	097:57:59	1969 年 03 月 07 日	17:57:59
登月舱末段启动关机	097:58:36.6	1969 年 03 月 07 日	17:58:36
RCS 第一次中途修正点火	098:25:19.66	1969 年 03 月 07 日	18:25:19
RCS 第一次中途修正关机	098:25:23.57	1969 年 03 月 07 日	18:25:23
末段制动	098:30:03	1969 年 03 月 07 日	18:30:03
位置保持	098:30:51.2	1969 年 03 月 07 日	18:30:51
编队飞行与拍摄	098:40	1969 年 03 月 07 日	18:40
指令勤务舱/登月舱对接	099:02:26	1969 年 03 月 07 日	19:02:26
指令长进入指令舱	100:35	1969 年 03 月 07 日	20:35
抛掉登月舱准备	100:40	1969 年 03 月 07 日	20:40
登月舱驾驶员进入指令舱	101:00	1969 年 03 月 07 日	21:00
抛掉登月舱上升级	101:22:45.0	1969 年 03 月 07 日	21:22:45
抛射后指令勤务舱分离机动	101:32:44	1969 年 03 月 07 日	21:32:44
登月舱上升级发动机耗尽点火	101:53:15.4	1969 年 03 月 07 日	21:53:15
登月舱上升级发动机耗尽	101:59:17.7	1969 年 03 月 07 日	21:59:17
脱掉压力服	102:00	1969 年 03 月 07 日	22:00
SPS 第六次点火	123:25:06.97	1969 年 03 月 08 日	19:25:07
SPS 第六次关机	123:25:08.40	1969 年 03 月 08 日	19:25:08
S-065 拍照实验	124:10	1969 年 03 月 08 日	20:10
指令勤务舱地标跟踪	125:30	1969 年 03 月 08 日	21:30
指令勤务舱地标跟踪	143:00	1969 年 03 月 09 日	15:00
S-065 拍照实验	146:00	1969 年 03 月 09 日	18:00

续表

阿波罗 9 号任务事件	飞行地面时间 （时：分：秒）	日期 （格林尼治时间）	时间 （时：分：秒）
S-065 拍照实验	147:30	1969 年 03 月 09 日	19:30
机会目标拍照	149:00	1969 年 03 月 09 日	21:00
机会目标拍照	150:10	1969 年 03 月 09 日	22:10
SPS 第七次点火	169:39:00.36	1969 年 03 月 10 日	17:39:00
SPS 第七次关机	169:39:25.26	1969 年 03 月 10 日	17:39:25
16 毫米相机拍照	171:10	1969 年 03 月 10 日	19:10
S-065 拍照实验	171:20	1969 年 03 月 10 日	19:20
S-065 拍照实验	171:50	1969 年 03 月 10 日	19:50
机会目标拍照	173:10	1969 年 03 月 10 日	21:10
S-065 拍照实验	190:40	1969 年 03 月 11 日	14:40
S-065 拍照实验	192:10	1969 年 03 月 11 日	16:10
跟踪飞马 3 号卫星开始	192:43	1969 年 03 月 11 日	16:43
跟踪飞马 3 号卫星结束	192:44	1969 年 03 月 11 日	16:44
高增益天线试验	193:10	1969 年 03 月 11 日	17:10
高增益天线试验	193:40	1969 年 03 月 11 日	17:40
机会目标拍照	193:50	1969 年 03 月 11 日	17:50
跟踪飞马 3 号卫星开始	194:13	1969 年 03 月 11 日	18:13
跟踪飞马 3 号卫星结束	194:15	1969 年 03 月 11 日	18:15
指令勤务舱地标跟踪	195:10	1969 年 03 月 11 日	19:10
机会目标拍照	195:30	1969 年 03 月 11 日	19:30
机会目标拍照	213:25	1969 年 03 月 12 日	13:25
尝试观测下降级	213:50	1969 年 03 月 12 日	13:50
机会目标拍照	215:00	1969 年 03 月 12 日	15:00
S-065 拍照实验	215:10	1969 年 03 月 12 日	15:10
机会目标拍照	215:30	1969 年 03 月 12 日	15:30
S-065 拍照实验	216:10	1969 年 03 月 12 日	16:10
机会目标拍照	216:20	1969 年 03 月 12 日	16:20
S-065 拍照实验	216:40	1969 年 03 月 12 日	16:40
机会目标拍照	217:00	1969 年 03 月 12 日	17:00
指令勤务舱地标跟踪	217:50	1969 年 03 月 12 日	17:50
被动热控评估	218:30	1969 年 03 月 12 日	18:30
被动热控评估	222:00	1969 年 03 月 12 日	22:00
光学跟踪上升级开始	222:38:40	1969 年 03 月 12 日	22:38:40
光学跟踪上升级结束	222:45:40	1969 年 03 月 12 日	22:45:40
SPS 第八次点火（离轨）	240:31:14.84	1969 年 03 月 13 日	16:31:14
SPS 第八次关机	240:31:26.58	1969 年 03 月 13 日	16:31:26

阿波罗 9 号任务事件	飞行地面时间 （时：分：秒）	日期 （格林尼治时间）	时间 （时：分：秒）
指令舱/勤务舱分离	240:36:03.8	1969 年 03 月 13 日	16:36:03
再入	240:44:10.2	1969 年 03 月 13 日	16:44:10
通信黑障开始	240:47:01	1969 年 03 月 13 日	16:47:01
通信黑障结束	240:50:43	1969 年 03 月 13 日	16:50:43
回收飞机的雷达发现指令舱	240:51	1969 年 03 月 13 日	16:51
制动降落伞打开	240:55:07.8	1969 年 03 月 13 日	16:55:07
主降落伞打开	240:55:59.0	1969 年 03 月 13 日	16:55:59
回收飞机发现指令舱的回收信标信号，回收直升机建立与指令舱的 VHF 话音通信链路	240:57	1969 年 03 月 13 日	16:57
回收直升机目视观测到指令舱	240:58	1969 年 03 月 13 日	16:58
溅落（顶端朝上）	241:00:54	1969 年 03 月 13 日	17:00:54
蛙人到达，浮囊展开	241:07	1969 年 03 月 13 日	17:07
浮囊充气	241:14	1969 年 03 月 13 日	17:14
指令舱舱门打开	241:27	1969 年 03 月 13 日	17:27
乘组登上回收直升机	241:45	1969 年 03 月 13 日	17:45
乘组登上回收船	241:49:33	1969 年 03 月 13 日	17:49:33
指令舱吊装上回收船	243:13	1969 年 03 月 13 日	19:13
乘组离开回收船	263:00	1969 年 03 月 14 日	15:00
乘组到达巴哈马的伊柳塞拉岛	264:30	1969 年 03 月 14 日	16:30
指令舱在弗吉尼亚州诺福克海军航空站开始钝化	312:00	1969 年 03 月 16 日	16:00
指令舱运抵加利福尼亚州唐尼市合同商的厂房	—	1969 年 03 月 21 日	—
登月舱下降级再入	443:45	1969 年 03 月 22 日	03:45
登月舱上升级再入	—	1981 年 10 月 23 日	—

第四次载人任务:
在月球轨道上试验登月舱
(1969 年 5 月 18—26 日)

背景

阿波罗 10 号是 F 类任务,是在月球轨道上进行的登月舱载人飞行验证,也是第一次载人登月的彩排。

这次任务的主要目标是:

- 在由指令勤务舱和登月舱实施的载人月球轨道任务中验证乘组、飞行器和任务支持设施的性能;
- 在地月空间和月球环境中评估登月舱性能。

除此之外,还要尝试对阿波罗着陆点-2(ALS-2)进行视觉观测和立体条带摄影,ALS-2 是第一次登月任务的主要候选着陆点。

这也是第一次全部 3 名乘组成员之前均参加过太空飞行的任务。乘组成员是指令长托马斯·帕滕·斯塔福德(美国空军),指令舱驾驶员约翰·沃兹·杨(美国海军),登月舱驾驶员尤金·安德鲁·吉恩·赛尔南(美国海军)。斯塔福德于 1962 年入选宇航员团队,本次任务是他的第三次太空飞行。他曾经是双子座 6-A 任务的驾驶员,双子座 9-A 任务的指令驾驶员。1930 年 9 月 17 日出生在俄克拉荷马州韦瑟福德,执行阿波罗 10 号任务时 38 岁。1952 年在美国海军学院获得理学学士学位。他的备份宇航员是小勒罗伊·戈登·库珀(美国空军)。本次任务也是杨的第三次太空飞行,他曾经是双子座 3 号的驾驶员和双子座 10 号的指令驾驶员。1930 年 9 月 24 日出生在加利福尼亚州圣弗朗西斯科,执行阿波罗 10 号任务时 38 岁。1952 年在佐治亚理工学院获得航空工程学士学位,1962 年入选宇航员。他的备份宇航员是艾西尔(美国空军),绰号"EYES-lee"(为避免翻译错误,对原文进行了保留)。赛尔南曾经是双子座 9-A 任务的驾驶员。1934 年

3月14日出生在伊利诺伊州芝加哥,执行阿波罗10号任务时35岁。1956年在普渡大学获得电子工程学士学位,1963年在美国海军研究生院获得航空工程硕士学位,同年入选宇航员。他的备份宇航员是埃德加·迪安·米切尔(美国海军)。飞船通信员是小查尔斯·莫斯·杜克(美国空军)、乔·亨利·恩格尔(美国空军)、杰克·罗伯特·洛斯马(美国海军陆战队)、布鲁斯·麦坎得利斯二世(美国海军)。支持乘组包括恩格尔、詹姆斯·本森·欧文(美国空军)和杜克。飞行主任是格林·S.伦尼和杰拉德·D.格里芬(第一班),米尔顿·L.温德勒(第二班)和M.P.彼得·弗兰克(第三班)。

阿波罗10号的运载火箭是"土星V",代号AS-505。该任务的另一个代号是东靶场♯920。指令勤务舱的代号是CSM-106,它还有个绰号是"查理·布朗"。登月舱的代号是LM-4,绰号"史努比"。两个绰号均来自当时流行的由查尔斯·L.舒尔茨画的连环漫画《花生》。为了契合这次任务,猎兔犬"史努比"的传统"一战"形象做了改变,其飞行护目镜和围巾被换成了太空头盔。在载人飞船中心,"史努比"是质量性能的象征。

发射准备

最终倒计时定为1969年5月17日格林尼治时间01:00:00,没有出现计划外中断。射前8小时出现了主LOX补充泵故障,其原因是燃料泵发动机启动电路保险丝熔断。发现故障和更换保险丝造成LOX加注延误了50分钟,最后LOX补加在射前4小时22分钟完成。耽误的时间由射前3小时30分钟安排的1小时计划中断补偿了回来。新英格兰海岸外大西洋上空的一个高压槽形成了东南向的地表风,并将湿气吹入卡纳维拉尔角地区,造成阴云密布。发射时,天空中积云四成(云底高2 200英尺),高积云两成(云底高11 000英尺),卷云十成(云底高无记录),温度为80.1华氏度,相对湿度为75%,大气压力为14.779磅/平方英寸。通过发射场灯柱上距地面60.0英尺高的风速计测得风速为19.0节,风向为从真北起算142度。

阿波罗10号准备事件	日　期
LM-4厂内综合测试	1968年05月25日
完成指令舱与勤务舱各系统厂内独立和联合测试	1968年09月08日
LM-4厂内最终工程评估验收测试	1968年10月02日
LM-4下降级准备从厂内用船运往肯尼迪航天中心	1968年10月09日
LM-4下降级运抵肯尼迪航天中心	1968年10月11日
LM-4上升级准备从厂内用船运往肯尼迪航天中心	1968年10月12日
LM-4上升级运抵肯尼迪航天中心	1968年10月16日
指令舱与勤务舱各系统厂内综合测试	1968年10月19日
LM-4各级对接	1968年11月02日

续表

阿波罗 10 号准备事件	日　期
完成 LM-4 各系统联合测试	1968 年 11 月 06 日
CM-106 和 SM-106 准备从厂内用船运往肯尼迪航天中心	1968 年 11 月 23 日
CM-106 和 SM-106 运抵肯尼迪航天中心	1968 年 11 月 24 日
CM-106 和 SM-106 对接	1968 年 11 月 26 日
S-IC-5 级运抵肯尼迪航天中心	1968 年 11 月 27 日
S-Ⅱ-5 级运抵肯尼迪航天中心	1968 年 12 月 03 日
S-ⅣB-505 级运抵肯尼迪航天中心	1968 年 12 月 03 日
LM-4 高空测试完成	1968 年 12 月 06 日
土星 V 仪器单元 IU-505 运抵肯尼迪航天中心	1968 年 12 月 15 日
CSM-106 各系统联合测试完成	1968 年 12 月 16 日
运载火箭起竖	1968 年 12 月 30 日
CSM-106 高空测试完成	1969 年 01 月 17 日
运载火箭推进剂消散/故障综合测试完成	1969 年 02 月 03 日
CSM-106 转运至飞行器组装厂房	1969 年 02 月 06 日
飞船起竖	1969 年 02 月 06 日
LM-4 各系统联合测试完成	1969 年 02 月 10 日
CSM-106 各系统综合测试完成	1969 年 02 月 13 日
CSM-106 与运载火箭电气对接	1969 年 02 月 27 日
飞行器整体测试完成	1969 年 03 月 03 日
飞行器整体测试＃1(插合)完成	1969 年 04 月 05 日
飞行器与 MLP-3 转运至 39B 发射工位	1969 年 05 月 11 日
LM-4 飞行准备就绪测试完成	1969 年 06 月 27 日
应急逃逸测试完成	1969 年 07 月 28 日
飞行器飞行准备就绪测试完成	1969 年 04 月 19 日
飞行器自燃燃料加注完成	1969 年 04 月 25 日
S-IC-5 级 RP-1 燃料加注完成	1969 年 05 月 02 日
飞行器倒计时验证测试(湿)完成	1969 年 05 月 05 日
飞行器倒计时验证测试(干)完成	1969 年 05 月 06 日

上升段

　　阿波罗 10 号于 1969 年 5 月 18 日格林尼治时间 16:49:00(美国东部标准时间 12:49:00)的发射时间从肯尼迪航天中心 39 号工位 B 发射台点火升空,这次发射标志着 B 发射台第一次启用。为了充分利用 ALS-2 所在位置 11 度的太阳高度角,发射窗口延长到格林尼治时间 21:09。起飞后 T+13.05 秒至 T+32.3 秒,飞行器从北偏东 90 度的发射台方位角滚动到北偏东 72.028 度的飞行方位角。在上升过程中航天器在 46 520 英尺高度遭遇最大风况,风速为 82.6 节,风向为从真北起算 270 度。最大风切变为 0.020 3/秒,高度为 50 200 英尺。S-IC 级于 T+161.63 秒关机,接着 S-IC

级与 S-Ⅱ级分离, S-Ⅱ级点火。S-Ⅱ级在 T+552.64 秒关机, 然后与 S-ⅣB 级分离。S-ⅣB 级于 T+556.81 秒点火。S-ⅣB 级第一次关机是在 T+703.76 秒, 比预定轨道速度低了 0.23 英尺/秒, 高度低了 0.08 海里。T+539.12 秒 S-IC 级坠落在大西洋, 落点位置北纬 30.188 度、西经 74.207 度, 距离发射场 348.80 海里。T+1 217.89 秒 S-Ⅱ级坠落在大西洋, 落点位置北纬 31.522 度、西经 34.512 度, 距离发射场 2 389.29 海里。T+713.76 秒入轨(即 S-ⅣB 级关机时间加上计入发动机尾推力终止和其他瞬时效应的 10 秒), 停泊轨道远地点和近地点分别是 100.32 海里 × 99.71 海里, 倾角为 32.546 度, 周期为 88.20 分钟, 速度为 25 567.88 英尺/秒。远地点和近地点基于半径为 3 443.934 海里的球面地球计算而来。

COSPAR 将进入轨道的指令勤务舱命名为"1969-043A", 将 S-ⅣB 级命名为"1969-043B"。当登月舱在月球与指令勤务舱脱离后, 登月舱将被命名为"1969-043C"。

地球轨道段

各系统完成飞行中检查后, 飞行器于 002:33:27.52 实施了 343.08 秒的进入地月转移轨道机动(S-ⅣB 级第二次点火)。S-ⅣB 级发动机于 2:39:10.58 关机并于 10 秒后进入地月转移轨道。此时已经绕地球轨道飞行 1.5 圈, 耗时 2 小时 27 分 16.82 秒, 速度达到 35 562.96 英尺/秒。

地月转移段

指令勤务舱于 003:02:42.4 与 S-ⅣB 级分离。随后指令勤务舱掉头并与登月舱在 003:17:36.0 对接。对接后的飞船于 003:56:25.7 被弹射出去, 并于 004:39:09.8 实施了分离机动。整个过程分两段向地球进行了电视传输, 第一次从 003:06:00 开始, 时长 22 分钟, 第二次从 003:56:00 开始, 时长 13 分钟 25 秒。地月转移滑行期间其他的电视传输如下:

阿波罗 10 号地月转移电视传输飞行地面时间(时:分:秒)	持续时间(分:秒)	内　　容
005:06:34	13:15	地球景象和飞船内部场景
007:11:27	24:00	地球景象和飞船内部场景
027:06:48	27:43	地球景象和飞船内部场景
048:00:51	14:39	地球景象和飞船内部场景(录像)
048:24:00	03:51	地球景象和飞船内部场景(录像)
049:54:00	04:49	地球景象
053:35:30	25:00	地球景象和飞船内部场景
072:37:26	17:16	地球景象和飞船内部场景

地面发送了一条利用残余推进剂的推进系统排气的指令，目的是让 S-ⅣB 级从月球旁边掠过。时间是 5 月 21 日格林尼治时间 23:40，任务进行到 078:51:03.6 时 S-ⅣB 级距月球最近，距离为 1680 海里。经过月球影响球后，产生的太阳轨道远日点和近日点分别为 82 160 000 海里 × 73 330 000 海里，倾角为 23.46 度，周期为 344.88 天。而飞船按照预定计划，于 026:32:56.8 进行了一次时长为 7.1 秒、速度变化量为 49.2 英尺/秒的中途修正，将轨道调整到与 7 月份的登月轨道一致。这次机动非常精确，因而取消了另外两次计划的中途修正。在整个地月转移滑行段，除了一次必要的特殊姿态外，飞船一直采用被动热控技术保持合理温度。075:55:54.0 在月球上空 95.1 海里处，勤务推进系统发动机持续点火 356.1 秒，将飞船送入 170.0 海里 × 60.2 海里的月球轨道。地月转移滑行段耗时 73 小时 22 分钟 29.5 秒。

月球轨道段

经过两圈的测控跟踪和地面上传更新数据，080:25:08.1 实施了 13.9 秒的机动，将轨道圆化为 61.0 海里 × 59.2 海里。080:44:40 开始进行计划中的月球表面彩色电视传输，时长 29 分钟 9 秒，乘组描述了他们下方的月球特征。月球场景的画面质量非常好。登月舱驾驶员于 081:55 进入登月舱，并展开了 2 小时的"内务管理"活动和几次登月舱通信试验。由于时间有限，在完成登月舱中继通信后试验便停止了。试验结果令人非常满意，剩下的试验将在任务后期进行。095:02，指令长和登月舱驾驶员进入登月舱，并启动各相关系统，他们发现登月舱已经偏离指令舱轴线 3.5 度。他们担心在这种状态下将两个航天器分开，会折断某些插销的销钉，有可能妨碍再次对接。但任务控制岗报告，只要偏离角度不大于 6 度，就不会有问题。于是在 098:29:20，按计划进行了脱离，并从 098:13:00 开始连续进行了 20 分钟 10 秒的电视传输。在此期间登月舱着陆腿展开，全部系统检查完毕。

指令勤务舱喷气控制系统于 098:47:17.4 实施了 8.3 秒的机动，将指令勤务舱推离到距登月舱 30 英尺处。此时，指令勤务舱处于 62.9 海里 × 57.7 海里的轨道上。在该点启动了轨道位置保持，指令舱驾驶员同时对登月舱进行目视检查。接着用指令勤务舱喷气控制系统实施了脱离机动，方向直接指向月球中心。这次机动使指令勤务舱在进入下降轨道时与登月舱分开约 2 海里。099:46:01.6 登月舱下降推进系统点火，时长 27.4 秒，将登月舱送入 60.9 海里 × 8.5 海里的下降轨道，其最低点位于 ALS-2 月面着陆点东侧 15 度。在这一过程中，拍摄了大量月面照片。期间某些相机发生了故障。尽管通信困难，乘组还是设法对他们观测到的内容进行了持续描述。1 小时后,登月舱从月面着陆点低空掠过。这次掠过备受瞩目,因为在此期间要测试着陆雷达,目测着陆区光照情况,进行立体条带摄影,并用下降发动机实施调相机动。100:41:43 时测量到轨道的最低点,距月面47 400 英尺(7.8 海里)。登月舱在 100:58:25.93 用下降推进系统实施了第二次调相机动,时长 39.95 秒,建立起与登月过程中动力上升关机点一致的前置角,并将登月舱轨道抬高到 190.1 海里×12.1 海里。在准备与指令勤务舱交会的过程中,登月舱于 102:44:49 开始缓慢偏航翻滚,然后停住。102:45:12,登月舱开始快速滚动,并伴随小幅俯仰和偏航机动。然后上升级在 102:45:16.9 与下降级分离,高度为 31.4 海里,这一动作在 8 秒后结束。上升级发动机在 102:55:02.13 点火 15.55 秒,将上升级送入 46.5 海里×11.0 海里的轨道。下降级则留在了低轨道上,但"质量瘤"带来的摄动将导致其轨道不断衰减,直至坠落在月面。分析表明,不规则运动的起因是人为错误。级间分离时,登月舱应急制导系统的控制模式无意中回到了"自动"模式,而不是留在"姿态保持"模式。而在"自动"模式下,应急制导系统驱使登月舱去捕获指令勤务舱,这样就与原先设定的姿态时序不一致。指令长改用人工控制重新建立了正确的姿态。在轨道低点,登月舱上升推进系统及时实施了入轨机动。这次点火建立了登月任务中标准的登月舱进入轨道(45 海里×11.2 海里)。登月舱在这条轨道上滑行了大约 1 小时。末段机动大约在月暗区的中点进行,按照计划人工操作实施制动完成末段定型。交会模拟的是登月舱从月面正常上升后的交会。103:45:55.3 开始共椭圆序列启动机动,时长 27.3 秒,将飞船送入 48.7 海里×40.7 海里的轨道。随后在 104:43:53.28 实施了恒定高度差机动,时长 1.65 秒,将近月点抬高到42.1 海里。105:22:55.58 实施的末段启动机动,时长 16.50 秒,将轨道抬高到 58.3 海里×46.8 海里。对接在 106:22:02 完成,高度为 54.7 海里,此时已经进行了 8 小时 10 分钟 5 秒的月球轨道飞行。对接完成后,登月舱乘组将曝光过的胶片盒转移到指令舱。登月舱上升级在 108:24:36 被抛掉。108:43:23.3 进行的分离机动持续了 6.5 秒,将登月舱轨道抬高到64.0 海里×56.3 海里。随后在 108:52:05.5(抛掉上升级后大约一圈)通过远程控制实施了上升发动机耗尽式点火,时长 249.0 秒。这次点火是按照计划好的指令进行的,使用登月舱上升发动机解保装置,目的是将登月舱送入太阳轨道。通信一直保持到登月舱上升级电池耗尽,时间大约在120:00。上升级电池在登月舱被抛掉后又持续工作了大约 12 小时。

在进入月地转移轨道之前,从 132:07:12 开始向地面传输月面和飞船内部景象,时长 24 分钟 12 秒。在休息一段时间后,乘组开始进行地标跟踪和拍摄练习。在余下的月球轨道操作阶段,进行了 18 次地标瞄准,拍摄了大量的立体和倾斜照片。由于乘组的疲劳，取消了两次计划中的电视传输。137:39:13.7 进入月地转移轨道，当时的速度是 8987.2 英尺/每秒，高度是56.5 海里，发动机持续工作了 164.8 秒。飞船绕月球轨道运行 31 圈，用时61 小时 37 分钟 23.6 秒。

月地转移段

月地转移段的活动包括多次恒星-地球水平导航瞄准和 168:00 进行的指令勤务舱 S 频段高增益反射率试验。在返回途中进行了 6 次电视传输。

阿波罗 10 号月地转移电视传输 飞行地面时间（时：分：秒）	持续时间 （分：秒）	内　　　　容
137:50:51	43:03	进入月地转移轨道后的月球景象
139:30:16	06:55	进入月地转移轨道后的月球景象
147:23:00	11:25	逐渐远离的月球景象和飞船内部场景
152:29:19	29:05	地球、月球景象和飞船内部场景
173:27:17	10:22	地球景象和飞船内部场景
186:51:49	11:53	地球景象和飞船内部场景

在地月转移滑行段采用的被动热控技术和导航程序也应用到了返回途中。在指令舱/勤务舱分离前 3 小时，即 188:49:58.0 进行了唯一一次中途修正，点火时长为 6.7 秒，速度变量为 2.2 英尺/秒。

回收

勤务舱于 191:33:26 被抛掉，指令舱沿正常轨道再入返回。经过 54 小时 3 分钟 40.9 秒[①]的月地转移轨道滑行后，指令舱于 191:48:54.5 再入地球大气层（再入边界高度为 400 000 英尺），再入速度为 36 314 英尺/秒。勤务舱坠入太平洋，估计的落点为南纬 19.4 度、西经 173.37 度。5 月 26 日格林尼治时间 16:52:23，指令舱在降落伞系统的保护下在太平洋海域实施了软着陆。本次任务时长 192:03:23。落点位置估计为南纬 15.07 度、西经164.65 度，大约距离瞄准点 1.3 海里，距离美国海军"普林斯顿"号回收船2.9 海里。溅落后，指令舱呈顶端朝上的漂浮姿态。乘组由直升机回收，并在溅落 39 分钟后登上回收船。指令舱在 57 分钟后回收，其溅落时估算质量是 10 901 磅，任务中的飞行距离约为 721 250 海里。在指令舱回收过程

---

①《吉尼斯世界记录》记载阿波罗 10 号保持了人类最快行进速度的记录：1969 年 5 月 26 日在 400 000 英尺高度（再入），速度为 24 791 法定英里/小时。但是阿波罗 10 号任务报告记载的最大再入速度为 36 397 英尺/秒，或是 24 816 法定英里/小时。

中,"普林斯顿"号上的天气记录是在 2 000 英尺有一成云,7 000 英尺有两成云,能见度为 10 海里,风速为 5 节,风向为从真北起算 100 度,水温为 85 华氏度,浪高为 3 英尺,气温没有记录。指令舱于 5 月 31 日从"普林斯顿"号卸船到夏威夷福特岛。随后着陆安全小组于格林尼治时间 18:00 开始评估和钝化工作,并于 6 月 3 日格林尼治时间 05:56 完成。接着指令舱被空运到加利福尼亚州长滩,到达时间是 6 月 4 日格林尼治时间 10:15。当天又用卡车将其运往加利福尼亚州唐尼市的北美罗克韦尔空间分公司,进行飞行后的分析。指令勤务舱和登月舱的所有系统均表现出色。尽管出现了一些问题,但大多数都是小问题,而且没有影响任务目标的实现。在月球轨道的 61 小时内获取了宝贵的月球引力数据。飞船各系统的性能令人满意,所有任务目标全部完成。除了用于话音和遥测通信的登月舱可转动天线和中继模式以外,其他所有试验详细目标均圆满完成。

结论

阿波罗 10 号任务为实施登月提供了结论性数据和最终的环境评估。通过任务后数据分析得出以下结论:

1. 指令勤务舱和登月舱的各个系统已经具备执行载人登月任务的实际条件。

2. 乘组活动时间表中与登月过程相关的部分得到验证,并且证明乘组关键任务,包括登月舱检查、初期下降和交会都是实用且可行的,而且没有不合理的工作安排。

3. 登月舱 S 频段的通信能力,无论是使用可转动天线还是使用全向天线,均达到在地月距离上进行通信的要求。

4. 在月球环境下,在下降推进点火过程中,着陆雷达的运行能力在所有经历过的高度上得到满意验证。

5. 在月球环境下,登月舱交会雷达的测距能力得到验证,而且结果令人满意。第一次使用的指令舱上的 VHF 测距信息与雷达测距和测速数据基本一致。

6. 在交会过程中登月舱应急制导系统控制上升推进系统机动和为飞船导航的能力得到验证。

7. 任务控制中心和载人航天网在下降和交会操作期间,在地月距离对两个航天器进行控制与监视的能力得到充分验证,完全胜任登月任务。

8. 月球引力势模型的计算能力比阿波罗 8 号任务时的有了大幅提高,对月球轨道上两个航天器的轨道确定和预报精度显著提高。通过重建阿波罗 8 号和 10 号任务轨道并进行联合分析,可以期待月球引力势模型足以支持月面下降与上升任务。

阿波罗10号上升段事件	飞行地面时间（时：分：秒）	高度/海里	航程/海里	地球固连坐标系速度/（英尺/秒）	空间固连坐标系速度/（英尺/秒）	时长/秒	地心纬度/度（北纬）	经度/度（东经）	空间固连坐标系航迹角/度	空间固连坐标系指向角/度（北偏东）
起飞	000:00:00.58	0.035	0.000	1.3	1 340.4	—	28.465 8	−80.620 9	0.06	90.00
达到马赫数为1	000:01:06.8	4.244	1.037	1 057.9	2 028.6	—	28.471 4	−80.602 3	27.82	85.03
最大动压	000:01:22.6	7.137	2.893	1 623.4	2 645.8	—	28.481 3	−80.569 0	28.83	82.23
S-IC级中心发动机关机*	000:02:15.16	23.430	25.009	5 299.0	6 473.20	141.56	28.596 7	−80.157 7	22.807	76.461
S-IC级外围发动机关机	000:02:41.63	35.247	50.419	7 810.2	9 028.58	168.03	28.718 2	−79.709 0	18.946	75.538
S-IC/S-II级分离*	000:02:42.31	35.580	51.223	7 833.4	9 052.79	—	28.722 2	−79.694 3	18.848	75.538
S-II级中心发动机关机	000:07:40.61	96.710	599.079	17 310.1	18 630.15	296.56	30.957 9	−09.494 1	1.029	79.585
S-II级外围发动机关机	000:09:12.64	101.204	883.670	21 309.9	22 632.02	388.59	31.750 5	−04.022 2	0.741	82.458
S-II/S-IVB级分离	000:09:13.50	101.247	886.634	21 317.8	22 639.93	—	31.757 4	−03.964 7	0.730	82.490
S-IVB级发动机第一次关机*	000:11:43.76	103.385	1 430.977	24 238.8	25 562.40	146.95	32.515 0	−53.292 0	−0.006 4	88.497
进入地球轨道	000:11:53.76	103.334	1 469.790	24 244.3	25 567.88	—	32.530 3	−52.526 0	−0.004 9	89.933

* 只能获得该事件的发令时间

阿波罗10号地球轨道段事件	飞行地面时间（时：分：秒）	空间固连坐标系速度/（英尺/秒）	时长/秒	速度变化/（英尺/秒）	远地点/海里	近地点/海里	周期/分	倾角/度
进入地球轨道	000:11:53.76	25 567.88	—	—	100.32	99.71	88.20	32.546
S-IVB级第二次燃烧点火	002:33:27.52	25 561.4	—	—				
S-IVB级第二次燃烧关机	002:39:10.58	35 585.83	343.06	—				31.701

阿波罗 10 号 地月转移轨道段事件	飞行地面时间 （时：分：秒）	高度/ 海里	空间固连 坐标系速度/ （英尺/秒）	时长/ 秒	速度变化/ （英尺/秒）	空间固连 坐标系 航迹角/ 度	空间固连 坐标系指向角 /度（北偏东）
进入地月转移轨道	002:39:20.58	179.920	35 562.96	—	—	7.379	61.065
指令勤务舱与 S-ⅣB 级分离 （点火）	003:02:42.4	3 502.626	25 548.72	—	—	43.928	67.467
指令勤务舱 SPS 躲避机动 点火	004:39:09.8	17 938.5	14 220.2	—	—	65.150	91.21
指令勤务舱 SPS 躲避机动 关机	004:39:12.7	17 944.7	14 203.7	2.9	18.8	65.100	91.22
中途修正点火	026:32:56.8	110 150.2	5 094.4	—	—	77.300	108.36
中途修正关机	026:33:03.9	110 155.9	5 110.0	7.1	49.2	77.800	108.92

阿波罗 10 号月球轨道段事件	飞行地面时间（时：分：秒）	高度/海里	空间固连坐标系速度/（英尺/秒）	时长/秒	速度变化/（英尺/秒）	远月点/海里	近月点/海里
进入月球轨道点火	075:55:54.0	95.1	8 232.3	—	—	—	—
进入月球轨道关机	076:01:50.1	61.2	5 471.9	356.1	2 982.4	170.0	60.2
月球轨道圆化点火	080:25:08.1	60.4	5 484.7	—	—	—	—
月球轨道圆化关机	080:25:22.0	59.3	5 348.9	13.9	139.0	61.0	59.2
指令勤务舱/登月舱脱离	098:11:57	58.1	5 357.8	—	—	—	—
指令勤务舱/登月舱分离点火	098:47:17.4	59.2	5 352.2	—	—	—	—
指令勤务舱/登月舱分离关机	098:47:25.7	59.2	5 352.1	8.3	2.5	62.9	57.7
登月舱进入下降轨道点火	099:46:01.6	61.6	5 339.6	—	—	—	—
登月舱进入下降轨道关机	099:46:29.0	61.2	5 271.2	27.4	71.3	60.9	8.5
登月舱到达距月面最近距离	100:41:43	7.8	—	—	—	—	—
登月舱调相点火	100:58:25.93	17.7	5 212.4	—	—	—	—
登月舱调相关机	100:59:05.88	19.0	5 672.9	39.95	176.0	190.1	12.1
登月舱上升级/下降级分离	102:45:16.9	31.4	5 605.6	—	—	—	—
登月舱进入上升轨道点火	102:55:02.13	11.6	5 705.2	—	—	—	—
登月舱进入上升轨道关机	102:55:17.68	11.7	5 520.6	15.55	220.9	46.5	11.0

续表

阿波罗10号月球轨道阶段事件	飞行地面时间（时：分：秒）	高度/海里	空间固连坐标系速度/（英尺/秒）	时长/秒	速度变化/（英尺/秒）	远月点/海里	近月点/海里
登月舱共椭圆序列启动点火	103:45:55.3	44.7	5 335.5	—	—	—	—
登月舱共椭圆序列启动关机	103:46:22.6	44.6	5 381.7	27.3	45.3	48.7	40.7
登月舱恒定高度差点火	104:43:53.28	44.3	5 394.7	—	—	—	—
登月舱恒定高度差关机	104:43:54.93	43.8	5 394.9	1.65	3.0	48.8	42.1
登月舱末段启动点火	105:22:55.58	48.4	5 369.2	—	—	—	—
登月舱末段启动关机	105:23:12.08	47.0	5 396.7	16.50	24.1	58.3	46.8
登月舱第一次中途修正	105:37:56	—	—	—	1.27	—	—
登月舱第二次中途修正	105:52:56	—	—	—	1.84	—	—
登月舱制动	106:05:49	—	—	—	31.6	63.3	56.4
指令勤务舱/登月舱对接	106:22:02	54.7	5 365.9	—	—	—	—
登月舱分离点火	108:43:23.3	57.3	5 352.3	—	—	—	—
登月舱分离关机	108:43:29.8	57.6	5 352.1	6.5	2.1	64.0	56.3
登月舱上升推进系统点火	108:52:05.5	59.1	5 343.0	—	—	—	—
登月舱上升推进系统耗尽	108:56:14.5	89.7	9 056.4	249.0	4 600.0	2 211.6	56.2

阿波罗 10 号 月地转移轨道段事件	飞行地面时间 （时：分：秒）	高度/ 海里	空间固连 坐标系速度/ （英尺/秒）	时长/ 秒	速度变化/ （英尺/秒）	空间固连 坐标系 航迹角/ 度	空间固连 坐标系指 向角/ 度（北偏东）
进入月地转移轨道点火	137:36:28.9	56.0	5 362.7	—	—	−0.44	−73.60
进入月地转移轨道关机	137:39:13.7	56.5	8 987.2	164.8	3 680.3	2.53	−76.68
中途修正点火	188:49:58.0	25 570.4	12 540.0	—	—	−69.65	119.34
中途修正关机	188:50:04.7	25 557.4	12 543.5	6.7	2.2	−69.64	119.34

阿波罗 10 号任务乘组：赛尔南（左）、杨和斯塔福德

俯瞰 AS-505

阿波罗 10 号发射

阿波罗 10 号指令勤务舱"查理·布朗"在月球轨道上

在登月舱低空掠过 ALS-2 期间，地标马斯马林基环形山就在登月舱航迹的右侧

在登月舱低空掠过 ALS-2 期间，莫尔特克环形山形"美国 1 号高速公路"就在登月舱航迹的左侧

任务目标

运载火箭的目标：

1. 验证运载火箭将飞船送入特定的地月转移轨道的能力。完成。

2. 验证运载火箭保持特定姿态进行调头、对接和飞船弹射机动的能力。完成。

3. 验证 S-ⅣB 级推进剂排空和安全处理的能力。完成。

4. 证实 J-2 发动机改进内容有效。完成。

5. 确认 J-2 发动机在 S-Ⅱ级和 S-ⅣB 级中的工作环境满足要求。完成。

6. 确认运载火箭在 S-ⅠC 级点火期间的纵向振动环境满足要求。完成。

7. 证实 S-ⅠC 级采取的改进措施能够抑制低频纵向振动。完成。

8. 确认运载火箭在 S-Ⅱ级点火期间的纵向振动环境满足要求。完成。

9. 验证 S-Ⅱ级中心发动机提前关机能够抑制低频纵向振动。完成。

飞船的主要目标：

1. 验证乘组/飞行器/任务支持设施的性能在带有指令勤务舱和登月舱的载人登月任务中满足要求。完成。

2. 评估登月舱在地月空间和月球环境中的性能。完成。

飞船的主要试验详细目标：

1. P11.15：在主制导导航控制系统/下降推进系统脱离后完成下降轨道进入和大推力机动。完成。

2. P16.10：在地月距离上，用可转动 S 频段天线与载人航天网进行人工和自动捕获、跟踪及通信。完成，尽管在月球轨道的第 13 圈出现了一些问题。

3. P16.14：在距月面最近和下降推进系统点火期间操控着陆雷达。完成。

4. P20.66：为登月任务月球轨道段获取指令舱乘组和登月舱乘组的工作流程和时间安排数据。完成。

5. P20.78：以登月舱为主动航天器模拟登月任务交会机动。完成。

6. P20.91：携带登月舱的指令勤务舱在月球轨道上进行月球地标跟踪。完成。

7. P20.121：指令勤务舱在月球轨道上进行月球地标跟踪。完成。

飞船的次要试验详细目标：

1. S1.39：在月地转移段实施恒星—月球地标瞄准。完成。

2. S6.9：在对接状态下，用指令勤务舱 S 频段高增益天线进行反射率试验。没有完成，在对接后取消。由于可转动天线跟踪模式没有正常开启，因此 S 频段通信链路没有建立；然而在异常级间分离过程中通过操作可转动天线验证了天线在高速率下的跟踪能力。

3. S7.26：在月球轨道任务期间获取被动热控系统的数据。完成。

4. S11.17：获取飞行环境中相关数据，以确认惯性测量单元性能。完成。

5. S12.6：获取飞行环境中应急制导系统的性能数据。完成。

6. S12.8：采用自动和人工应急制导系统/控制电子系统进行控制，验证登月舱喷气控制系统的平移和姿态控制能力。完成。

7. S12.9：在无人应急制导系统控制下实施上升推进系统点火。完成。

8. S12.10：评估应急制导系统完成登月舱主动交会机动的能力。完成。

9. S13.13：实施长时段无人上升推进系统点火。完成。

10. S13.14：在备用状态下和所有下降推进系统发动机点火工作期间，获取超临界氦系统的压力数据。完成。

11. S16.12：在地月距离使用登月舱 S 频段全向天线与载人航天网进行通信。完成，尽管在月球轨道第 13 圈出现了一些问题。

12. S16.15：获取最大距离附近交会雷达性能和能力数据。完成。

13. S16.17：验证登月舱、指令勤务舱/载人航天网在地月距离上的通信。完成，尽管程序错误引发了一些问题。

14. S20.46：在 S-IVB 级实施进入地月转移轨道点火后，实施指令勤务舱调头、对接和指令勤务舱/登月舱弹射。完成。

15. S20.77：在登月舱主动交会过程中获取 VHF 测距能力数据。完成。

16. S20.79：验证月球轨道任务中指令勤务舱/登月舱被动热控模式效能。完成。

17. S20.80：验证对指令勤务舱/登月舱轨道任务的操作支持能力。完成，尽管出现了一些通信故障。

18. S20.82：监视月球轨道运行期间主制导导航控制系统/应急制导系统的性能。完成。

19. S20.83：获取在月球轨道模拟的登月任务的登月舱消耗品数据，以便确定登月任务所必需的消耗品。完成。

20. S20.86：获取月面光照和反差情况对乘组在月球轨道上进行视觉观察影响的数据。完成。

21. S20.95：实施地月转移中途修正。完成，在四次计划的中途修正中仅需要进行一次。

22. S20.117：由勤务推进系统/制导导航控制系统控制点火，指令勤务舱/登月舱在对接状态下实施进入月球轨道机动。完成。

任务时间表

阿波罗 10 号任务事件	飞行地面时间（时：分：秒）	日期（格林尼治时间）	时间（时：分：秒）
最终倒计时开始	−028：00：00	1969 年 05 月 17 日	01：00：00
射前 3 小时 30 分钟开始计划的 1 小时中断	−003：30：00	1969 年 05 月 18 日	12：19：00
射前 3 小时 30 分钟倒计时重启	−003：30：00	1969 年 05 月 18 日	13：19：00
制导基准发布	−000：00：16.978	1969 年 05 月 18 日	16：48：43
S-ⅠC 级发动机开机指令	−000：00：08.9	1969 年 05 月 18 日	16：48：51
S-ⅠC 级发动机点火（♯5）	−000：00：06.4	1969 年 05 月 18 日	16：48：53
所有 S-ⅠC 级发动机推力正常	−000：00：01.6	1969 年 05 月 18 日	16：48：58
发射时间	000：00：00.00	1969 年 05 月 18 日	16：49：00
所有牵制臂释放（第一次动作）（1.06g）	000：00：00.25	1969 年 05 月 18 日	16：49：00
起飞（脐带断开）	000：00：00.58	1969 年 05 月 18 日	16：49：00
避塔架偏航机动开始	000：00：01.6	1969 年 05 月 18 日	16：49：01
偏航机动结束	000：00：10.0	1969 年 05 月 18 日	16：49：10
俯仰和滚动机动开始	000：00：13.05	1969 年 05 月 18 日	16：49：13
滚动机动结束	000：00：32.3	1969 年 05 月 18 日	16：49：32
达到马赫数为 1	000：01：06.8	1969 年 05 月 18 日	16：50：06
最大动压（694.232 磅/平方英尺）	000：01：22.6	1969 年 05 月 18 日	16：50：22
达到最大弯曲力矩（88 000 000 磅力-英寸）	000：01：24.6	1969 年 05 月 18 日	16：50：24
S-ⅠC 级中心发动机关机指令	000：02：15.16	1969 年 05 月 18 日	16：51：15
俯仰机动结束	000：02：38.7	1969 年 05 月 18 日	16：51：38
S-ⅠC 级外围发动机关机	000：02：41.63	1969 年 05 月 18 日	16：51：41
S-ⅠC 级最大总惯性加速度（3.92g）	000：02：41.71	1969 年 05 月 18 日	16：51：41
S-ⅠC 级最大地球固连坐标系速度	000：02：41.96	1969 年 05 月 18 日	16：51：41
S-ⅠC/S-Ⅱ 级分离指令	000：02：42.31	1969 年 05 月 18 日	16：51：42
S-Ⅱ 级发动机开机指令	000：02：43.05	1969 年 05 月 18 日	16：51：43
S-Ⅱ 级点火	000：02：44.05	1969 年 05 月 18 日	16：51：44
抛 S-Ⅱ 级后级间段	000：03：12.3	1969 年 05 月 18 日	16：52：12

阿波罗 10 号任务事件	飞行地面时间 （时：分：秒）	日期 （格林尼治时间）	时间 （时：分：秒）
抛发射逃逸塔	000：03：17.8	1969 年 05 月 18 日	16：52：17
迭代制导模式启动	000：03：22.9	1969 年 05 月 18 日	16：52：22
S-ⅠC 级最高点	000：04：26.87	1969 年 05 月 18 日	16：53：26
S-Ⅱ级中心发动机关机	000：07：40.61	1969 年 05 月 18 日	16：56：40
S-Ⅱ级最大总惯性加速度(1.82g)	000：07：40.69	1969 年 05 月 18 日	16：56：40
S-ⅠC 级落地（理论值）	000：08：59.12	1969 年 05 月 18 日	16：57：59
S-Ⅱ级外围发动机关机	000：09：12.64	1969 年 05 月 18 日	16：58：12
S-Ⅱ级最大地球固连坐标系速度，S-Ⅱ/S-ⅣB 级分离指令	000：09：13.50	1969 年 05 月 18 日	16：58：13
S-ⅣB 级第一次点火开机指令	000：09：13.60	1969 年 05 月 18 日	16：58：13
S-ⅣB 级第一次点火	000：09：16.81	1969 年 05 月 18 日	16：58：16
抛 S-ⅣB 级正推发动机壳体	000：09：25.4	1969 年 05 月 18 日	16：58：25
S-Ⅱ级最高点	000：09：57.21	1969 年 05 月 18 日	16：58：57
S-ⅣB 级第一次点火关机指令	000：11：43.76	1969 年 05 月 18 日	17：00：43
S-ⅣB 级第一次点火最大地球固连坐标系速度和最大总惯性加速度(0.70g)	000：11：43.84	1969 年 05 月 18 日	17：00：43
进入地球轨道	000：11：53.76	1969 年 05 月 18 日	17：00：53
机动到当地水平姿态开始，在轨导航开始	000：12：04.1	1969 年 05 月 18 日	17：01：04
S-Ⅱ级落地（理论值）	000：20：17.89	1969 年 05 月 18 日	17：09：17
S-ⅣB 级第二次点火重启准备	002：23：49.26	1969 年 05 月 18 日	19：12：49
S-ⅣB 级第二次点火重启指令	002：33：19.20	1969 年 05 月 18 日	19：22：19
S-ⅣB 级第二次点火启动	002：33：27.52	1969 年 05 月 18 日	19：22：27
S-ⅣB 级第二次点火关机	002：39：10.58	1969 年 05 月 18 日	19：28：10
S-ⅣB 级第二次点火最大总惯性加速度(1.49g)	002：39：10.66	1969 年 05 月 18 日	19：28：10
S-ⅣB 级第二次点火最大地球固连坐标系速度，启动 S-ⅣB 级安全处理流程	002：39：11.30	1969 年 05 月 18 日	19：28：11
进入地月转移轨道	002：39：20.58	1969 年 05 月 18 日	19：28：20
在轨导航开始	002：39：29.6	1969 年 05 月 18 日	19：28：29
指令勤务舱与 S-ⅣB 级分离（点火）	003：02：42.4	1969 年 05 月 18 日	19：51：42
指令勤务舱与 S-ⅣB 级分离（关机）	003：02：45.7	1969 年 05 月 18 日	19：51：45

阿波罗 10 号任务事件	飞行地面时间 （时：分：秒）	日期 （格林尼治时间）	时间 （时：分：秒）
电视传输开始	003:06:00	1969 年 05 月 18 日	19:55:00
指令勤务舱与登月舱/S-ⅣB对接	003:17:36.0	1969 年 05 月 18 日	20:06:36
电视传输结束	003:28:00	1969 年 05 月 18 日	20:17:00
电视传输开始	003:56:00	1969 年 05 月 18 日	20:45:00
指令勤务舱/登月舱从 S-ⅣB 弹射出去	003:56:25.7	1969 年 05 月 18 日	20:45:25
电视传输结束	004:09:25	1969 年 05 月 18 日	20:58:25
指令勤务舱 SPS 脱离机动点火	004:39:09.8	1969 年 05 月 18 日	21:28:09
指令勤务舱 SPS 脱离机动关机	004:39:12.7	1969 年 05 月 18 日	21:28:12
开始机动到 S-ⅣB 级借助月球引力姿态	004:42:15.8	1969 年 05 月 18 日	21:31:15
S-ⅣB 级借助月球引力机动——APS 点火	004:45:36.4	1969 年 05 月 18 日	21:34:36
S-ⅣB 级前置实验——LOX 前置开始	004:48:21.3	1969 年 05 月 18 日	21:37:21
S-ⅣB 级前置实验——LOX 前置结束	004:48:30.3	1969 年 05 月 18 日	21:37:30
S-ⅣB 级前置实验——LH$_2$ 前置开始	004:50:09.9	1969 年 05 月 18 日	21:39:09
S-ⅣB 级借助月球引力机动——APS 关机	004:50:17.0	1969 年 05 月 18 日	21:39:17
S-ⅣB 级前置实验——LH$_2$ 前置结束	004:50:58.8	1969 年 05 月 18 日	21:39:58
S-ⅣB 级安全处理——LH$_2$ 贮箱CVS 打开	004:51:36.1	1969 年 05 月 18 日	21:40:36
S-ⅣB 级借助月球引力机动——LOX 排空开始	004:54:15.79	1969 年 05 月 18 日	21:43:15
S-ⅣB 级借助月球引力机动——LOX 排空结束	004:59:16.00	1969 年 05 月 18 日	21:48:16
电视传输开始	005:06:34	1969 年 05 月 18 日	21:55:34
S-ⅣB 级安全处理——LH$_2$ 贮箱NPV 阀门打开	005:16:09.8	1969 年 05 月 18 日	22:05:09
电视传输结束	005:19:49	1969 年 05 月 18 日	22:08:49
S-ⅣB 级借助月球引力机动——APS 点火	005:28:55.8	1969 年 05 月 18 日	22:17:55

阿波罗 10 号任务事件	飞行地面时间 （时：分：秒）	日期 （格林尼治时间）	时间 （时：分：秒）
S-ⅣB 级借助月球引力机动——APS 关机	005：29：04.9	1969 年 05 月 18 日	22：18：04
电视传输开始	007：11：27	1969 年 05 月 19 日	00：00：27
电视传输结束	007：35：27	1969 年 05 月 19 日	00：24：27
中途修正点火	026：32：56.8	1969 年 05 月 19 日	19：21：56
中途修正关机	026：33：03.9	1969 年 05 月 19 日	19：22：03
电视传输开始	027：00：48	1969 年 05 月 19 日	19：49：48
电视传输结束	027：28：31	1969 年 05 月 19 日	20：17：31
高增益天线重新捕获试验	028：50	1969 年 05 月 19 日	21：39
电视传输开始（录像）	048：00：51	1969 年 05 月 20 日	16：49：51
电视传输结束	048：15：30	1969 年 05 月 20 日	17：04：30
电视传输开始（录像）	048：24：00	1969 年 05 月 20 日	17：13：00
电视传输结束	048：27：51	1969 年 05 月 20 日	17：16：51
电视传输开始	049：54：00	1969 年 05 月 20 日	18：43：00
电视传输结束	049：58：49	1969 年 05 月 20 日	18：47：49
电视传输开始	053：35：30	1969 年 05 月 20 日	22：24：30
电视传输结束	054：00：30	1969 年 05 月 20 日	22：49：30
等势球面	061：50：50	1969 年 05 月 21 日	06：39：50
电视传输开始	072：37：26	1969 年 05 月 21 日	17：26：26
电视传输结束	072：54：42	1969 年 05 月 21 日	17：43：42
进入月球轨道点火	075：55：54.0	1969 年 05 月 21 日	20：44：54
进入月球轨道关机	076：01：50.1	1969 年 05 月 21 日	20：50：50
月面观察	076：30	1969 年 05 月 21 日	21：19
S-ⅣB 级距离月面最近	078：51：03.6	1969 年 05 月 21 日	23：40：03
月球轨道圆化点火	080：25：08.1	1969 年 05 月 22 日	01：14：08
月球轨道圆化关机	080：25：22.0	1969 年 05 月 22 日	01：14：22
电视传输开始	080：44：40	1969 年 05 月 22 日	01：33：40
月面观察	080：50	1969 年 05 月 22 日	01：39
电视传输结束	081：13：49	1969 年 05 月 22 日	02：02：49
登月舱加压	081：30	1969 年 05 月 22 日	02：19
转登月舱供电，各系统检查	081：55	1969 年 05 月 22 日	02：44
转登月舱供电，各系统测试	082：40	1969 年 05 月 22 日	03：29
转移到指令舱，舱门和通道封闭	084：30	1969 年 05 月 22 日	05：19
指令长和登月舱驾驶员进入登月舱启动各系统	095：02	1969 年 05 月 22 日	15：51
着陆腿展开	098：00	1969 年 05 月 22 日	18：49

阿波罗 10 号任务事件	飞行地面时间 （时：分：秒）	日期 （格林尼治时间）	时间 （时：分：秒）
指令勤务舱/登月舱脱离	098:11:57	1969 年 05 月 22 日	19:00:57
电视传输开始	098:29:20	1969 年 05 月 22 日	19:18:20
指令勤务舱/登月舱分离机动点火	098:47:17.4	1969 年 05 月 22 日	19:36:17
指令勤务舱/登月舱分离机动关机	098:47:25.7	1969 年 05 月 22 日	19:36:25
电视传输结束	098:49:30	1969 年 05 月 22 日	19:38:30
指令勤务舱交会雷达转发器异常	098:51:54	1969 年 05 月 22 日	19:40:54
登月舱系统检测	099:00	1969 年 05 月 22 日	19:49
进入下降轨道点火（DPS）	099:46:01.6	1969 年 05 月 22 日	20:35:01
进入下降轨道关机	099:46:29.0	1969 年 05 月 22 日	20:35:29
登月舱调整指向进行着陆雷达试验	100:32:00	1969 年 05 月 22 日	21:21:00
登月舱捕获雷达波束	100:32:22	1969 年 05 月 22 日	21:21:22
登月舱近月面活动	100:40	1969 年 05 月 22 日	21:29
登月舱距月面最近	100:41:43	1969 年 05 月 22 日	21:30:43
调相机动点火	100:58:25.93	1969 年 05 月 22 日	21:47:25
调相机动关机	100:59:05.88	1969 年 05 月 22 日	21:48:05
登月舱异常动作开始	102:44:49	1969 年 05 月 22 日	23:33:49
登月舱快速滚动	102:45:12	1969 年 05 月 22 日	23:34:12
登月舱上升级/下降级分离	102:45:16.9	1969 年 05 月 22 日	23:34:16
登月舱上升级异常动作得到控制	102:45:25	1969 年 05 月 22 日	23:34:25
进入上升轨道点火	102:55:02.13	1969 年 05 月 22 日	23:44:02
进入上升轨道关机	102:55:17.68	1969 年 05 月 22 日	23:44:17
共椭圆序列启动点火	103:45:55.3	1969 年 05 月 23 日	00:34:55
共椭圆序列启动关机	103:46:22.6	1969 年 05 月 23 日	00:35:22
恒定高度差机动点火	104:43:53.28	1969 年 05 月 23 日	01:32:53
恒定高度差机动关机	104:43:54.93	1969 年 05 月 23 日	01:32:54
末段启动点火	105:22:55.58	1969 年 05 月 23 日	02:11:55
末段启动关机	105:23:12.08	1969 年 05 月 23 日	02:12:12
中途修正（月球轨道）	105:37:56	1969 年 05 月 23 日	02:26:56
中途修正（月球轨道）	105:52:56	1969 年 05 月 23 日	02:41:56
制动机动	106:05:49	1969 年 05 月 23 日	02:54:49
指令勤务舱/登月舱对接	106:22:02	1969 年 05 月 23 日	03:11:02
指令长和登月舱驾驶员进入指令舱	106:42	1969 年 05 月 23 日	03:31

续表

阿波罗 10 号任务事件	地面经历时间 （时：分：秒）	日期 （格林尼治时间）	时间 （时：分：秒）
登月舱封存活动开始	107:20	1969 年 05 月 23 日	04:09
抛掉登月舱上升级	108:24:36	1969 年 05 月 23 日	05:13:36
登月舱分离机动点火	108:43:23.3	1969 年 05 月 23 日	05:32:23
登月舱分离机动关机	108:43:29.8	1969 年 05 月 23 日	05:32:29
登月舱上升推进系统点火	108:52:05.5	1969 年 05 月 23 日	05:41:05
登月舱上升推进系统耗尽	108:56.14.5	1969 年 05 月 23 日	05:45:14
晨昏线-晨昏线条带拍摄	119:20	1969 年 05 月 23 日	16:09
在轨导航与地标跟踪	124:30	1969 年 05 月 23 日	21:19
在轨导航与地标跟踪	128:00	1969 年 05 月 24 日	00:49
电视传输开始	132:07:12	1969 年 05 月 24 日	04:56:12
电视传输结束	132:31:24	1969 年 05 月 24 日	05:20:24
机会目标拍摄	133:00	1969 年 05 月 24 日	05:49
机会目标和条带拍摄	134:40	1969 年 05 月 24 日	07:29
进入月地转移轨道点火（SPS）	137:36:28.9	1969 年 05 月 24 日	10:25:28
进入月地转移轨道关机	137:39:13.7	1969 年 05 月 24 日	10:28:13
电视传输开始	137:50:51	1969 年 05 月 24 日	10:39:51
电视传输结束	138:33:54	1969 年 05 月 24 日	11:22:54
电视传输开始	139:30:16	1969 年 05 月 24 日	12:19:16
电视传输结束	139:37:11	1969 年 05 月 24 日	12:26:11
电视传输开始	147:23:00	1969 年 05 月 24 日	20:12:00
电视传输结束	147:34:25	1969 年 05 月 24 日	20:23:25
电视传输开始	152:29:19	1969 年 05 月 25 日	01:18:19
电视传输结束	152:58:24	1969 年 05 月 25 日	01:47:24
指令勤务舱 S 频段高增益反射率试验	168:00	1969 年 05 月 25 日	16:49
电视传输开始	173:27:17	1969 年 05 月 25 日	22:16:17
电视传输结束	173:37:39	1969 年 05 月 25 日	22:26:39
电视传输开始	186:51:49	1969 年 05 月 26 日	11:40:49
电视传输结束	187:03:42	1969 年 05 月 26 日	11:52:42
中途修正点火	188:49:58.0	1969 年 05 月 26 日	13:38:58
中途修正关机	188:50:04.7	1969 年 05 月 26 日	13:39:04
机动到再入姿态	189:40	1969 年 05 月 26 日	14:29
指令舱/勤务舱分离	191:33:26	1969 年 05 月 26 日	16:22:26
再入	191:48:54.5	1969 年 05 月 26 日	16:37:54
通信黑障开始	191:49:12	1969 年 05 月 26 日	16:38:12

阿波罗 10 号任务事件	飞行地面时间 (时：分：秒)	日期 (格林尼治时间)	时间 (时：分：秒)
最大再入重力加速度(6.78g)	191：50：14	1969 年 05 月 26 日	16：39：14
回收部队目视指令舱	191：51	1969 年 05 月 26 日	16：40
回收船雷达发现指令舱	191：52	1969 年 05 月 26 日	16：41
通信黑障结束	191：53：40	1969 年 05 月 26 日	16：42：40
制动降落伞打开	191：57：18.0	1969 年 05 月 26 日	16：46：18
主降落伞打开	191：58：05	1969 年 05 月 26 日	16：47：05
溅落(顶端朝上)	192：03：23	1969 年 05 月 26 日	16：52：23
浮囊充气	192：21	1969 年 05 月 26 日	17：10
指令舱舱门打开	192：28	1969 年 05 月 26 日	17：17
乘组进入救生筏	192：31	1969 年 05 月 26 日	17：20
乘组登上回收直升机	192：37	1969 年 05 月 26 日	17：26
乘组登上回收船	192：42	1969 年 05 月 26 日	17：31
指令舱吊装上回收船	193：39	1969 年 05 月 26 日	18：28
指令舱到达夏威夷福特岛	—	1969 年 05 月 31 日	—
指令舱钝化开始	313：11	1969 年 05 月 31 日	18：00
指令舱钝化结束	353：07	1969 年 06 月 03 日	05：56
指令舱运抵加利福尼亚州长滩	381：26	1969 年 06 月 04 日	10：15
指令舱运抵加利福尼亚州唐尼市 合同商的厂房		1969 年 06 月 04 日	—

第五次载人任务: 第一次登月
（1969 年 7 月 16—24 日）

背景

作为 G 类任务,阿波罗 11 号任务是一次载人登月验证任务。阿波罗计划的主要目标是人类登上月球并安全返回地球。

这是美国第二次全部由参加过太空飞行的宇航员完成的任务（第一次是阿波罗 10 号任务）[①]。这次历史性任务的乘员包括指令长尼尔·奥尔登·阿姆斯特朗,指令舱驾驶员小米歇尔·柯林斯（美国空军）,登月舱驾驶员小埃德温·尤金·布兹·奥尔德林（美国空军）。阿姆斯特朗于 1962 年被选拔为宇航员,他担任双子座 8 号指令驾驶员时,是第一位以平民身份指挥美国太空任务的宇航员,那次任务的特点是第一次在太空完成两个航天器的对接。而阿波罗 11 号又使他成为第一位以平民身份指挥过两次太空任务的宇航员。阿姆斯特朗 1930 年 8 月 5 日出生在俄亥俄州沃帕科内塔,执行阿波罗 11 号任务时 38 岁。1955 年在普渡大学获得航空工程学士学位,1970 年完成阿波罗任务之后,在南加州大学获得航空航天工程硕士学位。他的备份宇航员是小詹姆斯·亚瑟·洛弗尔（美国海军）。柯林斯曾经是双子座 10 号的驾驶员。1930 年 10 月 31 日出生在意大利罗马,执行阿波罗 11 号任务时 38 岁。1952 年在美国军事学院获得理学学士学位,1963 年入选宇航员。他的备份宇航员是威廉·艾利森·安德斯（美国空军）。奥尔德林曾经是双子座 12 号的驾驶员。1930 年 1 月 20 日出生在新泽西州蒙特克莱,执行阿波罗 11 号任务时 39 岁。1951 年在美国军事学院获得机械工程学士学位,1963 年在麻省理工学院获得宇航科学博士学位。1963 年

---

① 这样的乘组构成直到几乎 20 年后的航天飞机 STS-26 任务时才再次出现。

入选宇航员。奥尔德林荣耀地成为第一位在太空飞行的博士。他的备份宇航员是小弗雷德·华莱士·海斯。这次任务的飞船通信员是小查尔斯·莫斯·杜克(美国空军)、罗纳德·埃尔文·埃文斯(美国海军)、布鲁斯·麦坎得利斯二世(美国海军)、洛弗尔、安德斯、托马斯·肯尼斯·肯·马丁利二世(美国空军)、海斯、唐·莱斯利·林德博士、小欧文·凯·加里奥特博士和哈里森·哈根·杰克·施密特博士。支持乘组包括马丁利、埃文斯、威廉·里德·波格(美国空军)和小约翰·伦纳德·杰克·斯威格特。飞行主任是克利福德·E.查尔斯沃斯和杰拉德·D.格里芬(第一班),尤金·F.克兰兹(第二班)和格林·S.伦尼(第三班)。

阿波罗 11 号的运载火箭是"土星 V",代号 AS-506。任务还有一个代号是东靶场♯5307。指令勤务舱的代号是 CSM-107,绰号"哥伦比亚"。登月舱的代号是 LM-5,绰号"鹰"。

着陆点

NASA 于 1959 年 12 月开始实施漫游者计划,它是月球勘察的旗舰项目。前两次太空飞行是在 1961 年的 8 月和 11 月进行的,本来打算在深空测试探测器的各个基础系统,但由于阿金纳火箭发射失败,其运送的有效载荷滞留在了"停泊"轨道上。尽管如此,JPL 仍然决定继续发射第二批探测器,其撞向月球的过程将被一台电视摄像机记录下来。在撞击月面前的一刹那,探测器将弹出一个带有月震仪的球形防撞"硬着陆"舱。不幸的是,搭载漫游者 3 号的阿金纳火箭表现过度,使探测器在距月球 20 000 海里处滑了过去,没能进入月球轨道。下一发阿金纳火箭使漫游者 4 号精准撞向月球,但是随后出现的电子故障使探测器几乎报废。漫游者 5 号从月球旁420 海里擦身而过,也因为电源故障无法使用。截至 1962 年 12 月,该计划最好的结果也仅仅是将一个已经报废的探测器撞向了月球,因此该计划面临着被取消的危险。在对探测器组装过程进行评估后,NASA 重新确定了计划的目标:下一批探测器只安装电视摄像机,其唯一的目标就是获取尽可能近的月球表面画面,从而判断月面是否能够支持住飞船。

目标位置受到飞行动力学条件的限制。电视最初的摄像机视角将与最佳的望远镜画面匹配。为了让连续拍摄的图像能够重叠,探测器将以近乎垂直的角度撞向月球。"实时"观看探测器下降的最后时刻很刺激,但分析起来非常辛苦。胶片不但会被重放,以便在不同的尺寸下研究月面特征;还会通过从后向前倒放将景物"拉远",从而将细节放入更广阔的背景进行研究。计划要求对月球西半球的一个目标进行跳水式撞击,但是阿波罗飞船的动力学约束条件更倾向于选择月球东部区域。漫游者 6 号的电视系统因发射时被电弧损坏无法使用，但问题一直没有暴露，直到探测器接近目标静海时才发现系统不能工作。1964 年 7 月 31 日当漫游者 7 号撞向云海附近的一片区域时，该计划突然走运。最后的图像显示出仅有几英尺远的月面细节，其分辨率比当时最好的望远镜高出 1 000 倍。月面相当松软且起伏不平，并不像科幻小说中描写的那样呈锯齿状。尽管自动探测器很容易就被岩石或是环形山困住，但月面明显是一个非常开放的空间，阿波罗乘组应该能够机动到安全位置。一组不高的山脊表明月海曾经是熔岩流。巨石的存在表明月面很有可能支撑起飞船。1964 年 8 月 31 日，国际天文联合会为纪念漫游者 7 号的成功，将其到访的地方重新命名为"知海"。1965 年 2 月，漫游者 8 号采用一条贴近月面的轨道，从西面进入，飞越了静海中心的高地。这条轨道虽然提高了对月面的覆盖范围，但有可能弄脏最后几帧画面。在勘察了两个月海后，NASA 将最后一次任务的选择权交给了科学家。科学家们考虑了哥白尼、开普勒和阿里斯塔克环形山，最终选定了阿尔芬斯，一个直径为 60 海里的环形山，其中心有一座山峰，底部平坦且布满了多条令人好奇的小溪和若干像火山一样的"暗晕"环形山。1965 年 3 月 24 日，漫游者 9 号落入该环形山，而且电视报道第一次交给了商业电视网，电视画面上打着"来自月球的实况"。

漫游者计划回答了有关月球表面最关切的问题：月面看上去好像能够支持飞船的重量。JPL 曾希望恢复"硬着陆"月震仪项目，并增加一系列后续飞行计划，但 1963 年 12 月其资金被否决了。原本打算作为研究月球主要方式的漫游者计划已经落后月球任务难以置信的发展步伐。

通过漫游者计划，JPL 初步掌握了深空任务航天器研制技术。1960 年 5 月，JPL 接受了一项更具冒险性的计划，研制两个相互关联的航天器，一个进入月球轨道进行测绘，而另一个登陆月球。不幸的是，用于将两个新型探测器送往月球的动力强劲的半人马座运载火箭的研制进度一再拖延。肯尼迪总统宣布的阿波罗计划的时间表已经临近，NASA 取消了 JPL 的测绘探测器计划，并责令兰利研究中心研制一个能够搭乘大力神-阿金纳火箭的轻型轨道器。这个新型探测器将不再测绘全月图，而是专门绘制可能的阿波罗着陆区。这个计划于 1963 年启动，并且起了一个缺乏想象力的名字——月球轨道器计划。尽管漫游者探测器已经证实了自己，但显然研制轨道器绝不是加上一台发动机将漫游者探测器送入月球轨道那么简单。JPL 研制的电视摄像机用来记录 20 分钟跳水式撞击的影像很理想，但撞击会导致探测器报废，因此只能在最后几秒提供所需的高分辨图像，而且那时的视场极为有限。为了从 35 海里的高度用同样的分辨率对广大区域进行勘察,月球轨道器将在胶片曝光后对其扫描并传回地球。而且,由于轨道器必须是轻型的,无法对相机进行太空辐射防护,同时胶片速度要非常慢,这就要求相机必须能够对其运动进行补偿。采用了双镜头系统,用广角镜头为窄视场镜头提供观测环境。显然,胶片数量是一个限制因素——实际上,相机能够为每个镜头提供 212 帧胶片——好在 NASA 能够使用柯达公司为军用侦察卫星生产的一款相机。1963 年 12 月,在取消漫游者后续计划的同时,NASA 将月球轨道器计划的合同给了波音公司,转移了预算。与漫游者探测器一样,月球轨道器将采用三轴稳定模式,但探测器自身布局与携带的有效载荷紧密相关,尽管它打算要使用大量的现成产品,但轨道器的研制依然十分艰难。预算批准了五个实用探测器和一个工程试验备用星。按照预期,三次成功的飞行就足以勘察为阿波罗飞船首次着陆列出的所有地点,即当时 NASA 所能考虑到的地点。为了实现这一目标,兰利研究中心设计了 3 个互有交叉的飞行计划,分别命名为"A""B"和"C"。

探测器采用椭圆轨道,近月点在月球正面,高度 33 海里,选定的轨道面使探测器可以在低太阳高度角度下进行拍摄,以突出月面地形。由于轨道面在空间固定,随着月球转动就造成近月点向西经方向移动,10 天后近月点将穿过月球赤道区域,到达候选着陆区,每当出现理想的照明条件就拍摄。而且,由于着陆区分布在 160 海里宽的条带上,所以必需让轨道与月球赤道构成一定夹角,才能使探测器从着陆区周边区域飞过。最终决定采用 11 度轨道倾角,第一个探测器轨道的近月点在赤道南侧,第二个在赤道北侧,第三个根据需要倾斜以填补空隙并对最感兴趣的区域进行后续观测。1966 年 8 月 10 日,月球轨道器 1 号发射,并于 8 月 14 日进入月球轨道。在其测绘模式下,每次宽视场拍摄要连拍 4 个窄帧,目的是对月面区域提供连续覆盖,但运动补偿方面存在的问题令拼接画面模糊。尽管飞行控制人员考虑抬高近地点以减少模糊,并以 80 英尺的分辨率对整个阿波罗任务区域进行测绘,但最终决定仍保持近月面轨道并对计划的区域进行中分辨率拍摄。8 月 29 日,月球轨道器 1 号拍摄了目标列表中第九个潜在月面着陆区,完成了主要任务。该探测器进行了两个多月的遥测传输,因而能够对其各系统的性能衰减进行评估。随后它脱离轨道,为后续探测器腾出位置,继任者于 11 月 18 日开始工作。除了观察剩下的 11 个候选着陆区,月球轨道器 2 号还对大量次要区域进行了拍摄。这些区域对于阿波罗计划的实施者来说没有直接利益,拍摄它们完全出于科学兴趣。11 月 26 日拍摄工作结束。除了完成自己的目标外，它还拍摄了下一发探测器任务中最理想区域的高分辨率照片。该区域为 A3（现在称为 2P-6），是最有可能的着陆区。在新的区域中，人们认为 2P-2 适于着陆，2P-4 因为过于崎岖不平而被否决。利用所有备选区域的影像数据，美国地质勘探局（USGS）为阿波罗计划的策划者们制作了地形图。月球轨道器 3 号从不同角度对最具可能性的区域进行了拍摄，这样有助于对地形进行详细、立体的研究。此外它还绘制了多条接近路线。该计划的目标用前三个探测器就完成了，NASA 将剩下的探测器留给了科学家。他们为后续探测器选择了近似极轨的轨道，而且抬升了高度，为了对月球实施整体测绘。

在仅仅一年的时间里，几个月球轨道器不但完成了对首次阿波罗登月可能的着陆区进行勘察的任务目标，还第一次发回了月球背面的清晰图像，同时极大地增进了人类对月球正面区域地质情况的了解，为后续任务确定了比可能访问的还要多的特色区域。月球轨道器计划取得了显著成果。探测器在完成拍摄任务后，甚至还对月球内部进行了探查。虽然第一个探测器在后继者到达之前已经离轨，但是可以注意到它的轨道发生了摄动，这就意味着月球的引力场并不均匀。接下来，它的后继者一直工作到姿态控制推进剂几乎耗尽才进行离轨机动。两个探测器一个沿月球赤道轨道运行，另一个沿着月球极轨轨道运行，这样就充分绘制出了月球引力场的细节，从而发现月海冲积盆地正是最强的引力源。"质量瘤"（发现超常的质量集中在这些盆地中）的发现是这一探测计划的意外收获。

由于月表特性直接影响阿波罗着陆器的设计，1962 年 10 月阿波罗计划的策划者表示，JPL 研发"软着陆"飞行器的优先级应高于轨道测绘器，后者的结果只是具有使用价值，但受半人马座火箭研制进度拖延的影响，该任务直到 1966 年都无法启动。策划者遇到了与阿波罗计划相同的困境：首次任务应该瞄准哪个区域？安全性的要求迫使他们选择了月海区域。事实上，这与弄清阿波罗着陆区月面特征的目标完全一致。当勘测者 1 号在 1966 年 5 月 30 日发射时，JPL 的"老手"们或许还在怀疑那些困扰漫游者的初期问题是否会重演。但是勘测者探测器已经安全地着陆在弗拉姆斯蒂德环形山，这个环形山的边缘已经被月海风暴洋侵蚀。和漫游者探测器相同，勘测者探测器携带的唯一设备是一台电视摄像机。它传回的第一幅画面是探测器的着陆支脚接触到月面。接着摄像机拍摄了大量的独立画面，并最终拼接出了一幅全景图像。着陆区内有大量的小型环形山和岩石，但整体平坦，地平线毫无特色。着陆区呈现一种由岩浆流淌形成的地貌。探测器持续拍摄并发送不同光照条件下的月面全景照片，日落后进入两个星期的"月夜"休眠状态。令人惊讶的是，探测器不但在日出之后正常苏醒，而且在这一年里的每个"早晨"都会醒来。尽管首次尝试取得了成功,但勘测者2号却让人们受到打击,它在前往月球途中进行轨道修正时出现翻滚并最终失败。1967年4月20日,勘测者3号成功着陆于风暴洋的一个直径为660英尺的环形山里,跳了几次才停下来。环形山里布满了更小的环形山,其中一个坑内有大块的岩石,这表明覆盖在月表的"风化层"并没有数百英尺厚。除了一个摄像机外,该着陆器还有一个带铲子的机械臂,用于测量松散月表物质的机械特性、挖沟探测月表下面,并滚动岩石测定其侵蚀的程度。与坚持了很久的勘测者1号相比,勘测者3号只挺过了一个月夜。而勘测者4号在计划着陆的前几分钟就失联了。对西部月海进行了两次成功采样,并在两次前往中部月海失败后,发射了勘测者5号对东部月海进行采样。该探测器在静海着陆,落点距离A3大约14海里。A3已经通过了月球轨道器的勘察,并成为为数不多的几个早期阿波罗计划着陆区。勘测者5号同样落在了环形山里,这次的着陆位置有20度的坡度。带铲子的机械臂被测量仪器取代,用来研究风化层的化学成分。在完成一次采样研究后,探测器的推进器采取"脉冲式"点火,沿山坡向下跳了一小段距离,对月面风化层进行第二次采样。研究结果表明,月壤中含有钙、硅、氧、铝、镁等元素。这种成分与玄武岩十分相似,但铁和钛的含量较高,表明与地球上的同类岩层略有不同。为了弥补前两次失败任务的空白,勘测者6号被送往中央湾,并于1967年11月10日成功着陆。化学分析的结果表明这里属于富含铁的玄武岩。由于阿波罗着陆区域的月海与其极为相似,NASA决定将最后一个探测器交由科学家们使用,而他们决定将其送往南部高地具有明亮放射状线条的第谷环形山。勘测者7号探测器于1968年1月10日成功落月。通过压缩裕度,JPL将机械臂和化学分析仪都装上了探测器。这种配置后来被证明十分有效,在盒子样的设备出现故障后(阿尔法射线散射化学分析仪未能完全展开,译者注),要不是机械臂能够为其提供一定的自由度,这次探测的科学研究工作将大打折扣。探测器不再"跳"着采集不同的风化层样本,而是用机械臂将化学分析仪放到了一块由机械臂自己挖出的月壤上面进行检测,看其与月面表层是否一样,然后机械臂又将化学分析仪放到一块岩石上进行检测。没有人知道第谷环形山存在了多长时间,但先进的射线化学分析仪显示它是"最近"才形成的。根据大量的元素数据,有人提出月球高地属于富含铝的玄武岩。但是美国地质勘探局太空地质学分部的E. M. 休梅克认为,第谷喷射物中主要的岩石是钙长辉长岩。

月球轨道器系列探测器的目标是为阿波罗飞船勘察可能的着陆点。由于摄影胶片的数量不足以支撑搜寻着陆点,只能在望远镜研究的基础上对貌似合适的区域进行重点勘察。阿波罗着陆点选择委员会对首次登月可能的着陆点进行了超过两年的研究。最初的 30 个候选着陆点位于月球正面，在子午线左右 45 度、赤道上下 5 度范围内。又根据下面一些原则将候选区压缩到 3 个：

- 平坦度：环形山和大岩石较少；
- 接近路径：不存在会导致登月舱着陆雷达产生错误高度信号的高大的山峰、悬崖或深的环形山；
- 推进剂需求：飞船推进剂消耗量最低；
- 重新启动：如果倒计时出现延误，能够有效地重启发射准备；
- 自由返回：着陆点位于采取自由返回式地月转移轨道的飞船可以抵达的区域；
- 坡度：接近路径和着陆区域的坡度小于 2 度。

首先，飞行动力学小组坚持着陆点应大体位于月球子午线的东侧，以便在发射不得不推迟几天时，能在更靠西部的区域选出一到两个合适的备份落点。对一个给定的着陆点来说，发射窗口每月只会出现一次。人们认为推迟几天前往第二个着陆点，要比为理想着陆点再次出现等上一个月要好。为此主着陆点只能选在月球的东半球。而且着陆时间必需选在着陆点当地太阳刚刚升起后，因为只有太阳在地平线上较低的位置，才能投射出足够的阴影凸显出月表地貌。由于月球自转周期与其围绕地球公转的轨道周期"一致"，它每个月恰好自转一圈，太阳在月空中以每 24 小时跨越月球经度 12 度的速度运行，发射每推迟一天就要求备份着陆点在月球经度上间隔 12 度，这样着陆时的光照条件才能一致。另一方面，主着陆点不能过于偏向东部，这会造成在最后一次穿过月球边缘后，在启动动力下降之前，没有足够的时间进行导航检测。其次，着陆点必须选在距月球赤道纬度不超过 5 度的狭长条带内。原因是着陆点纬度越高，其轨道的推进剂效率越低，而首次着陆时节约推进剂是优先选项。此外，不仅在最后下降阶段所有着陆点必须平坦，以减少规避障碍物的机动，而且接近路径的地形也必须平坦，以降低落月雷达任务的复杂度。这些安全性约束条件将首次着陆点限定在赤道上某个东部的月海，主着陆点要么在静海要么在丰富海，备份着陆点在月球子午线上，替补着陆点在月球西半球。丰富海由于太偏东部，无法为最后的导航更新提供充裕的时间，因此阿波罗 11 号的着陆点选在静海，那里有两个着陆点。安排阿波罗 8 号在最佳光照条件下对最东部的着陆点 ALS-1（月球轨道器计划中称之为 2P-2）进行观测。阿波罗 10 号低空飞越 ALS-2（最初称作为 A3，然后称作 2P-6）时，报告称其总的来讲适合，但"着陆椭圆"远端的地势不平坦。

确定登月任务的发射窗口需要考虑很多约束条件。这些条件包括发射时的光照条件、发射平台方位角、进入地月转移轨道的几何、着陆点的太阳高度角、地球溅落时的光照条件、月球着陆点的数量和位置。月面着陆时间由着陆点的位置和可接受的太阳高度角范围共同决定。太阳高度角的范围为 5 度至 14 度，入射方向自东向西。在这些条件下，环形山的阴影有助于乘组辨识各种地形特征。当太阳高度角与飞船下降角接近，其平均值为 16 度时，视觉分辨率会因"冲蚀"现象降低。"冲蚀"现象是指反向反射光线过强，削弱了对比度。不希望太阳高度角大于飞行航迹角，因为这样不容易看到阴影，除非太阳离下降轨道面很远。提前一天对着陆进行规划就可以排除过高的太阳高度角（超过 18 度），且不低于 5 度。由于月面太阳光线入射角每小时大约变化 0.5 度，由太阳高度角限制条件确定出一个 16 小时的周期，每 29.5 天出现一次。在指定着陆点着陆时可尝试遵循这个周期。在一个月球月内，地球发射窗口的数量等于候选着陆点的数量。发射时间主要由发射平台方位角允许的变化范围和飞船到达时月球的位置决定。必须将飞船发射到一个包括月球和飞船到达时对应点在内的轨道平面。发射平台方位角的变化范围是 34 度，其对应的发射时段是 4 小时 30 分钟。这个时段被称为"每日发射窗口"，在这个时段内发射，只要发射方向在要求的范围内，就能拦截到月球。每天会有两个发射窗口，一个是从太平洋附近的地球轨道进入地月转移轨道，而另一个是从大西洋附近。通常太平洋上空的入轨机会因在白天发射而更受青睐。

发射准备

最终倒计时于射前 28 小时，即 7 月 14 日格林尼治时间 21∶00∶00 开始。两次计划中断是唯一启动的中断，分别是射前 9 小时中断了 11 小时和射前 3 小时 30 分钟中断了 1 小时 32 分钟。发射台终端连接室的通信故障造成 S-Ⅱ 级 LH$_2$ 加注开始时间延误了 25 分钟。但失去的时间在射前 3 小时 30 分钟的计划中断内被赶了回来。北卡罗来纳海岸外大西洋上空的一个高压槽，伴随着墨西哥湾东北部弱低压槽，共同形成了轻度的地表南风，同时将湿气带入卡纳维拉尔角地区。这些条件促成了多云天气，并且在发射时可以观察到远距离的雷暴。天空中积云一成（云底高 2 400 英尺），高积云两成（云底高 15 000 英尺），卷层云九成（云底高无记录），温度为 84.9 华氏度，相对湿度为 73%，大气压力为 14.798 磅/平方英寸。通过发射场灯柱上距地面 60.0 英尺高的风速计测得风速为 6.4 节，风向为从真北起算 175 度。

阿波罗 11 号准备事件	日　　期
指令舱与勤务舱各系统厂内独立和联合测试完成	1968 年 10 月 12 日
LM-5 厂内综合测试	1968 年 10 月 21 日
指令舱与勤务舱各系统厂内综合测试完成	1968 年 12 月 06 日
LM-5 厂内最终工程评估验收测试	1968 年 12 月 13 日
LM-5 上升级准备用船从厂内运往肯尼迪航天中心	1969 年 01 月 07 日
LM-5 上升级运抵肯尼迪航天中心	1969 年 01 月 08 日
飞船/登月舱适配器 SLA-14 运抵肯尼迪航天中心	1969 年 01 月 10 日
LM-5 下降级准备用船从厂内运往肯尼迪航天中心	1969 年 01 月 11 日
LM-5 下降级运抵肯尼迪航天中心	1969 年 01 月 12 日
CSM-107 四推进器组运抵肯尼迪航天中心	1969 年 01 月 15 日
S-ⅣB-506 级运抵肯尼迪航天中心	1969 年 01 月 19 日
CM-107 和 SM-107 准备用船从厂内运往肯尼迪航天中心	1969 年 01 月 22 日
CM-107 和 SM-107 运抵肯尼迪航天中心	1969 年 01 月 23 日
CM-107 和 SM-107 对接	1969 年 01 月 29 日
S-Ⅱ-6 级运抵肯尼迪航天中心	1969 年 02 月 06 日
LM-6 各级对接	1969 年 02 月 14 日
CSM-107 各系统联合测试完成	1969 年 02 月 17 日
LM-5 各系统联合测试完成	1969 年 02 月 17 日
S-ⅠC-6 级运抵肯尼迪航天中心	1969 年 02 月 20 日
S-ⅠC-6 级起竖	1969 年 02 月 21 日
土星 Ⅴ 仪器单元 IU-506 运抵肯尼迪航天中心	1969 年 02 月 27 日
S-Ⅱ-6 级起竖	1969 年 03 月 04 日
S-ⅣB-506 级起竖	1969 年 03 月 05 日
IU-506 起竖	1969 年 03 月 05 日
CSM-107 与主乘组的高空测试完成	1969 年 03 月 18 日
LM-5 与主乘组的高空测试完成	1969 年 03 月 21 日
CSM-107 高空测试完成	1969 年 03 月 24 日
LM-5 高空测试完成	1969 年 03 月 25 日
运载火箭推进剂消散/故障综合测试完成	1969 年 03 月 27 日
CSM-107 转运至飞行器组装厂房	1969 年 04 月 14 日
飞船起竖	1969 年 04 月 14 日
LM-5 各系统联合测试完成	1969 年 04 月 18 日
CSM-107 各系统综合测试完成	1969 年 04 月 22 日
CSM-107 与运载火箭电气对接	1969 年 05 月 05 日
飞行器整体测试完成	1969 年 05 月 06 日
飞行器整体测试＃1(插合)完成	1969 年 05 月 14 日
飞行器与 MLP-1 转运至 39A 发射工位	1969 年 05 月 20 日
活动勤务架转移至 39A 发射工位	1969 年 05 月 22 日
LM-5 飞行准备就绪测试完成	1969 年 06 月 02 日

续表

阿波罗 11 号准备事件	日　　期
飞行器飞行准备就绪测试完成	1969 年 06 月 06 日
S-ⅠC-6 级 RP-1 燃料加注完成	1969 年 06 月 25 日
飞行器倒计时验证测试(湿)完成	1969 年 07 月 02 日
飞行器倒计时验证测试(干)完成	1969 年 07 月 03 日

上升段

阿波罗 11 号于 1969 年 7 月 16 日,格林尼治时间 13:32:00(美国东部标准时间 09:32:00)的发射时间,从肯尼迪航天中心 39 号工位 A 发射台点火升空。为了在计划的着陆时间达到 10.8 度的月面太阳高度角,从而取得良好的光照条件,发射窗口延长到格林尼治时间 17:54:00。起飞后 T+13.2 秒至 T+31.1 秒,飞行器从北偏东 90 度的发射台方位角滚动到北偏东 72.058 度的飞行方位角。在上升过程中飞行器在高度 37 400 英尺时遭遇了最大风况,风速为 18.7 节,风向为从真北起算 297 度。最大风切变为 0.007 7/秒,高度为 48 490 英尺。S-ⅠC 级于 T+161.63 秒关机,随后 S-ⅠC 级与 S-Ⅱ级分离、S-Ⅱ级点火。S-Ⅱ级于 T+548.22 秒关机,然后与 S-ⅣB 级分离,S-ⅣB 级于 T+552.2 秒点火。S-ⅣB 级于 T+699.33 秒实施第一次关机,比预定轨道速度低了 0.6 英尺/秒,高度仅仅低了 0.1 海里。T+543.70 秒 S-ⅠC 级坠落在大西洋,落点位置为北纬 30.212 度、西经 74.038 度,距离发射场 357.1 海里。T+1213.7 秒 S-Ⅱ级坠落在大西洋,落点位置北纬 31.535 度、西经 34.844 度,距离发射场 2371.8 海里。T+709.33 秒入轨(即 S-ⅣB 级关机时间加上计入发动机尾推力终止和其他瞬时效应的 10 秒),停泊轨道远地点和近地点分别为 100.4 海里 × 98.9 海里,倾角为 32.521 度,周期为 88.18 分钟,速度为 25 567.8 英尺/秒。远地点和近地点基于半径为 3 443.934 海里的球面地球计算而来。

COSPAR 将进入轨道的指令勤务舱命名为"1969-059A",将 S-ⅣB 级命名为"1969-059B"。在月球脱离后,登月舱的上升级命名为"1969-059C",将登月舱的下降级命名为"1969-059D"。

地球轨道段

各系统完成飞行中检查后,飞船于 002:44:16.20 实施了 346.83 秒的进入地月转移轨道机动(S-ⅣB 级第二次点火)。002:50:03.03 S-ⅣB 级发动机关机并于 10 秒后进入地月转移轨道。此时飞船已经绕地球轨道飞行 1.5 圈,耗时 2 小时 38 分钟 23.73 秒,速度达到 35 545.6 英尺/秒。

阿波罗 11 号上升段事件	飞行地面时间（时：分：秒）	高度/海里	航程/海里	地球固连坐标系速度/（英尺/秒）	空间固连坐标系速度/（英尺/秒）	时长/秒	地心纬度/度（北纬）	经度/度（东经）	空间固连坐标系航迹角/度	空间固连坐标系指向角/度（北偏东）
起飞	000:00:00.63	0.032	0.000	1.5	1 340.7	—	28.447 0	−80.604 1	0.06	90.00
达到马赫数为 1	000:01:06.3	4.236	1.044	1 054.1	2 023.9	—	28.452 3	−80.585 3	27.88	85.32
最大动压	000:01:23.0	7.326	3.012	1 653.4	2 671.9	—	28.462 4	−80.549 9	29.23	82.41
S-IC 级中心发动机关机*	000:02:15.2	23.761	25.067	5 320.8	6 492.8	141.6	28.573 9	−81.151 7	22.957	76.315
S-IC 级外围发动机关机	000:02:41.63	35.701	50.529	7 851.9	9 068.6	168.03	28.700 7	−79.690 8	19.114	75.439
S-IC/S-II 级分离	000:02:42.30	36.029	51.323	7 882.9	9 100.6	—	28.704 6	−79.676 4	19.020	75.436
S-II 级中心发动机关机*	000:07:40.62	97.280	601.678	17 404.8	18 725.5	296.62	30.951 3	−69.430 9	0.897	79.646
S-II 级外围发动机关机	000:09:08.22	101.142	873.886	21 368.2	22 690.8	384.22	31.708 9	−64.198 3	0.619	82.396
S-II/S-IVB 级分离*	000:09:09.00	101.175	876.550	21 377.0	22 699.6	—	31.715 2	−64.146 7	0.611	82.426
S-IVB 级 B 发动机第一次关机	000:11:39.33	103.202	1 421.959	24 237.6	25 561.6	147.13	32.486 5	−53.458 8	0.011	88.414
进入地球轨道	000:11:49.33	103.176	1 460.697	24 243.9	25 567.9	—	32.502 7	−52.649 1	0.012	88.848

* 只能获得该事件的发令时间

阿波罗 11 号地球轨道段事件	飞行地面时间（时：分：秒）	空间固连坐标系速度/（英尺/秒）	时长/秒	速度变化/（英尺/秒）	远地点/海里	近地点/海里	周期/分	倾角/度
进入地球轨道	000:11:49.33	25 567.8	—	—	100.4	98.9	88.18	32.521
S-IVB 级第二次点火启动	002:44:16.20	25 560.2	—	—	—	—	—	—
S-IVB 级第二次点火关机	002:50:03.03	35 568.3	346.83	10 008.1	—	—	—	31.386

地月转移段

指令勤务舱于 003：15：23.0 与 S-ⅣB 级分离，随后指令勤务舱掉头并与登月舱（仍然在 S-ⅣB 级上，译者注）在 003：24：03.7 对接。对接后的飞船于 004：17：03.0 从 S-ⅣB 级弹射出去，又于 004：40：01.72 实施了 2.93 秒的分离机动。地面发送了一条残留推进剂推进排气指令，其目的是让 S-ⅣB 级从月球旁边掠过，进入太阳轨道。S-ⅣB 级于 078：42 到达距离月球最近点，距月面 1825 海里，在该点月球的半径为 2763 海里。经过月球影响球后 S-ⅣB 级进入太阳轨道参数的远日点和近日点分别为 82 000 000 海里×72 520 000 海里，半长轴为 77 260 000 海里，对黄道的倾角为 0.383 6 度，周期为 342 天。和与月球交会时相比，相对地球的速度提高了 0.367 海里/秒。

从 010：32 开始进行了一次 16 分钟计划外的电视传输，由位于加利福尼亚州的戈尔德斯顿测控站记录了下来，并于 011：26 开始通过磁带回放向休斯顿传送。进入地月转移轨道后的轨道参数近乎完美。飞船仅在 026：44：58.64 进行了一次 3.13 秒的中途修正，速度提高了 20.9 英尺/秒。在余下的自由姿态飞行阶段内，采取被动热控，即一种类似转动烤架的机动模式，让飞船的温度保持在合理范围内。030：28 时又进行了一次计划外的电视传输，时长 50 分钟。随后在 033：59 进行了一次 36 分钟的计划内电视传输。乘组在 055：08 开始了 96 分钟的彩色电视传输。图像分辨率和整体质量超常的好。电视传输的内容涵盖指令舱和登月舱的内部场景、飞船外部景象和地球。传送了许多精彩的画面，包括乘组完成探头和锥管的移开、打开飞船通道舱门、进行登月舱舱内管理、设备测试等。在电视传输末尾，指令长和登月舱驾驶员于 055：30 进入登月舱，开始初步检查并为进入月球轨道后马上开始的各系统检测做准备。他们于 057：55 回到指令舱。

075：49：50.37 在月球上空 86.7 海里处，勤务推进系统发动机点火 357.53 秒，将飞船送入 169.7 海里×60.0 海里的月球轨道。地月转移滑行段历时 73 小时 5 分钟 34.83 秒。

月球轨道和月面段

在月球轨道的第二圈，按照计划在 078：20 完成了一次实况彩色电视传输，展示了月球表面的壮观景象和前往 2 号阿波罗着陆点的接近路径。在经过两圈飞行和一次导航更新后，勤务推进系统实施了第二次制动点火。080：11：36.75 实施了 16.88 秒的机动，将轨道圆化为 66.1 海里×54.5 海里。接着指令长和登月舱驾驶员进入登月舱，进行了大约 2 个小时各种各样的舱内管理工作、话音与遥测测试和氧气净化系统检查。登月舱的各系统功能和消耗品检查顺利完成。此外对两台摄像机进行了检查并确认状态良好。随后两人返回了指令勤务舱。095:20 他们再次进入登月舱，对登月舱各个系统进行了全面检测，为下降做准备。100:12:00 登月舱与指令勤务舱在月面上空 62.9 海里高度分离。随后指令勤务舱的喷气控制系统按照计划在 100:39:52.9 实施了 9 秒的分离机动，将方向调整为指向月球中心。登月舱下降发动机在 101:36:14.0 点火工作了 30.0 秒，完成入下降轨道机动，将登月舱送入 58.5 海里×7.8 海里的轨道。

102:33:05.01 启动动力下降发动机点火，持续工作长达 756.39 秒。点火的时间与计划的一致，但动力下降启动的位置比预计位置远了 4 海里，结果导致着陆点也远了 4 海里。由于计算机过载，5 次警报中的第一次出现在 102:38:22。但地面控制中心认为这一问题不影响任务安全，决定继续实施下降。乘组在 102:41:53 对登月舱的操纵性能进行了检查，并在 10 秒后切换到自动导航模式。102:42:19 着陆雷达切换到"低量程标度"模式，因为此时登月舱已经低于 2 500 英尺高度。最后一次警报出现在 102:42:58，随后燃料储量低的红线指示灯在 102:44:28 点亮。此时距离月面着陆仅剩 72 秒。在最后的接近过程中，指令长发现飞船对准的着陆点正好在一个大环形山的中心，但那里看起来极其不平坦，散落着直径为 5 至 10 英尺的巨石，有些石块甚至更大。接下来，指令长切换到人工姿态控制，并且由人工控制向前飞行了 1 100 英尺，越过了崎岖不平的区域。登月舱于 102:45:39.9（1969 年 7 月 20 日格林尼治时间 20:17:39，东美国部标准时间 16:17:39）成功降落到月球上。发动机在 1.5 秒后关机。落点位于静海，月面坐标为北纬 0.674 08 度、东经 23.472 97 度，在着陆椭圆中心西侧 22 500 英尺处。到发动机关机时，剩下的燃料可供发动机再工作大约 45 秒[①]。

在抵达月面最初的两个小时里，乘组对各个系统进行了检查，并将各种控制系统设置为月面驻留模式，还吃了着陆后的第一顿饭。在进行探索月球表面的舱外活动之前预留了休息时间，但是看起来没有必要。在穿上背部便携式生命保障和氧气净化系统后，指令长做好了出舱准备。109:07:33 登月舱前舱门打开，109:19:16 指令长出舱。当指令长走下登月舱舱梯时，他打开了下降级的模块化设备存放装置（MESA）。登月舱上的一台摄像机提供了指令长走下舱梯时着陆腿和舱梯的实况电视画面。109:24:15（7 月 21 日格林尼治时间 02:56:15，美国东部标准时间 22:56:15）他的左靴子最先接

---

① 根据阿波罗 11 号任务报告（MSC-00171），任务后的分析表明飞船在月面着陆时还有可供发动机工作 45 秒的燃料，并不像某些资料中记载的只有 7 秒的燃料那么少。

触到月面,当时他说出了那句名言,"这是个人的一小步,却是人类的一大步。"指令长对登月舱外部进行了简单的检查,他看到着陆腿的垫脚陷入月面只有 3 英寸或 4 英寸,登月舱垫脚撑杆的塌陷很小。他报告说,自己的靴子嵌入细微、粉末状月面物质中的深度只有大约 1/8 英寸,而且这些物质很容易在他的航天服上覆盖了薄薄的一层。下降发动机的喷射没有在月面形成冲击坑,可以看到发动机的钟形喷管距离月面还有大约 12 英尺。指令长还报告说,登月舱的阴影里相当黑暗,在那里他很难看清自己脚下。接着他在登月舱舷梯附近随机地收集了一些月壤样本,并报告说尽管松散的物质形成了松软的表面,但是当他向下挖到 6 英寸或 8 英寸时,就碰到了非常坚硬且结合紧密的物质。

109:37:57 登月舱驾驶员出舱,109:43:16 他从舷梯走到月面,整个过程都被指令长拍摄记录了下来。当两个人都到达月面后,他们展示了装在舷梯后面支撑结构上的一块牌子,并且向全世界的电视观众宣读了上面的内容。牌子上写着:

来自行星地球的人类

第一次踏上月球

公元 1969 年 7 月

我们为全人类的和平而来。

牌子上还有三名阿波罗宇航员和理查德·M.尼克松总统的签名。接下来,指令长从下降级上摘下了电视摄像机,并拍摄了现场的全景,然后将它放在三角架上,支在一个能看到后续各项舱外月面活动的位置。登月舱驾驶员按计划在登月舱北侧正对阳光的月面开展太阳风构成实验。110:09:43 他们在一根 8 英尺长的铝棍上竖起了一面 3 英尺宽 5 英尺长的美国国旗,用一根横杆将国旗展开。110:16:30 他们接到了来自白宫的电话,尼克松总统向他们的成就表示祝贺,并表达了他本人的祝福。

在环境评估期间,登月舱驾驶员说,他必须小心自己的重心以保持平衡。他发现登月舱的阴影对于背包的温度几乎没有影响。他还感到自己的灵活性比预期的要好,而且可以非常轻松地在月面移动。两名乘员都说在月面活动期间的机动性超出了所有预期。此外个人新陈代谢速率也远低于任务前的估计。

指令长收集了大量样本,包括各类月面物质和岩石块,将其放入样本返回容器内。接着乘组检查了登月舱,确认四推进器组、支架、裙板和天线处于良好状态。他们在登月舱南侧放置了无源月震实验装置(PSEP)和激光测距反射镜。PSEP 获得了出色的数据,它探测到了乘组在月面行走及后来他们在登月舱内活动的数据。随后两人又采集了更多的样本,包括两个岩心样本和大约 20 磅的分散选取的物质。登月舱驾驶员必须使出很大的力量才能将岩心采样管插入月面以下 6 英寸至 8 英寸。太阳风实验装置在月面暴露 1 小时 17 分钟后被回收并放入月球样本容器中。111:23 开始将各个月球样本容器搬回登月舱。111:39:13 乘组回到登月舱并关闭了舱门，结束了人类对月球的第一次探索。乘组的舱外活动共耗时 2 小时 31 分钟 40 秒，总的行走距离大约为 3 300 英尺，收集样本总质量为 47.51 磅（21.55 千克，官方总质量由休斯顿的月球接收实验室最终确定）。月面行走的最远点距离登月舱 200 英尺，当时指令长在舱外活动快要结束时探访了一个直径为 108 英尺的环形山。

　　上升级发动机在 124:22:00.79（7 月 21 日格林尼治时间 17:54:00）点火起飞。登月舱在月球表面驻留了 21 小时 36 分钟 20.9 秒。起飞 434.88 秒后，于 124:29:15.67 进入 48.0 海里×9.4 海里的轨道。为了在 3.5 小时后与指令勤务舱对接，上升级进行了数次交会机动。125:19:35 开始的共椭圆序列机动持续了 47.0 秒，将轨道抬高到 49.3 海里×45.7 海里。126:17:49.6 实施的恒定高度差机动持续了 17.8 秒，又将轨道降低到 47.4 海里×42.1 海里。127:03:51.8 进行的末段启动机动时长 22.7 秒，将上升级送入 61.7 海里×43.7 海里的轨道。127:46:09.8 实施的末段机动持续了 28.4 秒，将轨道定型在 63.0 海里×56.5 海里，并于 128:03:00.0 完成上升级与指令勤务舱的对接。此时两个航天器已经分开 27 小时 51 分钟。在登月舱机动到对接姿态的过程中，为避免阳光直射前窗，平台无意间造成万向节锁死，导致登月舱出现了一次短暂的计划外滚动。之后迅速进行了恢复，用应急制导系统控制姿态完成了对接。在乘组和样本转移到指令勤务舱后，上升级于 130:09:31.2 在月面上空 61.6 海里的高度被抛掉，指令勤务舱准备进入月地转移轨道。130:30:01.0 实施了 7.2 秒的分离机动，拉开了指令勤务舱与上升级的距离，机动后的轨道为 62.7 海里×54.0 海里。"质量瘤"的引力摄动会使上升级最终坠毁到月球。

造访曾经飞越过的环形山时，阿姆斯特朗向登月舱的方向拍了一张全景照片

135:23:42.28 在月面上空 52.4 海里处实施了进入月地转移轨道机动,时长 151.41 秒。135:26:13.69,在月球轨道上运行 30 圈,历时 59 小时 30 分钟 25.79 秒后,指令勤务舱正常进入月地转移轨道,速度为 8 589.0 英尺/秒。

月地转移段

与地月转移飞行一样,月地转移段也只需要一次中途修正,机动开始时间是 150:29:57.4,时长 10 秒,速度变化为 4.8 英尺/秒。在大部分月地转移滑行期间实施被动热控。155:36 开始进行 18 分钟的电视传输,具有特色的内容是用食物和水演示失重效应,此外也简要展示了月球和地球的景象。177:32 进行了最后一次彩色电视传输。在 12.5 分钟的电视传输中,乘组中的每个人向本次任务中做出贡献的所有人表达了谢意。

回收

由于计划回收区天气恶劣,溅落点沿返回轨道向前延伸了 215 海里。新回收区的天气非常理想,能见度为 12 海里,浪高为 3 英尺,风速为 16 节。勤务舱在 194:49:12.7 被抛掉。指令舱采用了自动返回模式,于 195:03:05.7 进入大气层(再入边界高度为 400 000 英尺),再入速度为 36 194.4 英尺/秒。此时已经完成了 59 小时 36 分钟 52.0 秒的月地转移滑行。在降落伞系统的作用下指令舱于 7 月 24 日格林尼治时间 16:50:35 在太平洋海域安全溅落。本次任务历时 195:18:35。溅落点位置估计为北纬 13.30 度、西经 169.15 度,距离瞄准点 1.7 海里,距离美国海军“大黄蜂”号回收船 13 海里。指令舱呈现顶端朝下的漂浮姿态,但在充气浮囊直立系统的帮助下在 7 分钟 40 秒后成功地恢复了正常的漂浮姿态。溅落后,乘组穿上了生物隔离服,从舱内出来进入橡皮艇。在橡皮艇中用碘溶液对乘组进行了擦洗,以防沾染“月球细菌”。接着乘组由直升机转运到主回收船,这时距离溅落已经过去 63 分钟。指令舱在 125 分钟后回收,其溅落时估算质量是 10 873.0 磅,任务中飞行距离约为 828 743 海里。两个月球样本容器被立即从指令舱取出,并于 7 月 25 日空运至休斯顿月球接收实验室,中途经停约翰逊岛。乘组、回收医生及回收技师中的一人进入“大黄蜂”号上的移动隔离设施。7 月 27 日格林尼治时间 00:15 指令舱和移动隔离设施运抵夏威夷。移动隔离设施被装上 C-141 运输机空运至休斯顿,到达时间是 7 月 28 日格林尼治时间 06:00。乘组在 4 个小时后到达月球接收实验室。7 月 27 日格林尼治时间 02:05 指令舱火工品安全处理完成,然后指令舱被送到福特岛钝化。接着指令舱被送到夏威夷希坎姆空军基地,然后由 C-133 运输机于 7 月 30 日格林尼治时间 23：17 空运至休斯敦。8 月 10 日指令舱和乘组解除了隔离。8 月 14 日指令舱运抵加利福尼亚州唐尼市的北美罗克韦尔空间分公司，进行飞行后分析。指令舱各个系统都满足要求。

随着阿波罗 11 号任务的成功，美国在 60 年代结束前将人送上月球再安全返回地球的国家目标得以实现。

结论

阿波罗 11 号任务，包括载人登月和月面探索，以熟练、精准和相对容易的方式实现了。前四次任务中飞船优异的性能加上对整个计划中各个方面的严密策划，确保安全、高效地完成了本次任务。经事后数据分析得出以下结论：

1. 前期任务训练的成效通过乘组成功实施登月的熟练和精准得以体现。在此基础上，人工控制机动到理想着陆点得到了令人满意的结果。

2. 事先设计好的技术，包括下降轨道的制导、导航和控制技术，均非常有效。着陆雷达的性能满足所有预期，为下降提供了所需信息。

3. 舱外活动服的设计充分满足了乘组实施各种计划内活动的需要。在这种宇航服内乘组较快适应了月球 1/6g 的引力环境，并且在月面活动不费力。

4. 月面起飞前双人射前检查和倒计时都得到了完美的计划和实施。

5. 登月任务各阶段的活动时间安排都在乘组的能力范围内。

6. 月球接收实验室成功完成了从隔离登陆飞船到解除乘组、飞船和月球样本隔离的工作，没有出现任何严重违反隔离的事情。

7. 没有从乘组或飞船上发现地外微生物。

8. 与之前载人任务所经历的一样，硬件问题对乘组、乘组安全或任务目标没有造成严重影响。

9. 任务控制中心和载人航天网对飞行的各个阶段，包括任务的下降、月面活动和上升阶段，进行了充分的控制和监视。

7 月 25 日，样本回收容器运抵月球接收实验室。预检小组在真空环境下对月球样本进行了处理。这样做不但保护了样本免受地球大气污染，也保护了地球免受任何"太空虫"的入侵。"太空虫"若真能生活在饱受辐射的月面环境，那么一定有很强的生命力。尽管被污染的几率非常低，但在"第一次接触"的情况下不能留有任何可能造成污染的机会。一旦月球物质被编目完成，月球样本将送到全球 150 名首席研究人员的手中进行研究。研究发现大块的岩石是富含镁和铁的（即镁铁质）玄武岩，同位素年代测定显示它们是在 38.4 亿年到 35.7 亿年前结晶而成的,其结构与富含钛的地球玄武岩惊人的相似。这表明月球经历了与地球不同的热环境,较轻的含铝矿物质逐渐浮到月面,而较重的矿物质则沉入内部,此后又被喷射到月面。一种全新的含钛矿物质被命名为"阿姆阿尔柯尔矿石(armalcolite)",以表达对三名宇航员(他们姓氏的前几个字母)的敬意。钛解释了月海是黑色的原因;缺少氧化铁则说明熔岩是在还原环境(是指无氧环境)中形成的。最令人震惊的事实是样本中完全没有含水的矿物质。月球玄武岩中缺少像钠一样的活泼金属。低碱(即指贫钠)熔岩的黏稠度应该极低,这就解释了为什么它可以流到很远却很少在熔岩流前端形成"正地形"(高于邻近地区的地形,译者注)。月球是 46 亿年前从太阳星云中吸积形成的,因此盆地是在第一个 10 亿年期间形成的。就静海来说,我们今天看到的黑色平原是在数亿年间由多次火山活动形成的。在月球诞生后玄武岩长时间遭受挤压,这一点意味着月海并不像某些人推测的那样是雨海盆地形成时的"冲击融物"。就所有月海都是同时形成的这一观点来说,引起麻烦的另一个事实是确认了两种类型的玄武岩,这就意味着要么存在多个熔岩储层,要么有一个承受了很长时间化学演化的单一来源。暴露在月面的岩石一直承受着机械侵蚀。"月壤"中的大多数碎片是粉碎后的玄武岩。几乎没有陨石物质。这与"园艺"过程基本一致,大型冲击将基石抛向月面,随后较小的冲击不断对其产生磨损,形成持续的风化。很多离散的月面样本都证实了是统一风化的结果。这种"风化角砾岩"都是由松软的月面物质受撞击压缩后形成的。在一个明显是新形成的环形山内发现了"玻璃样物质",这种物质正是风化物经高速撞击后融化而成的。

然而有一种较小的风化残余物在特性上显示出惊人的不同。在对曾在南部高地登陆的勘测者 7 号的数据进行分析的基础上,休梅克推测静海 4% 的风化物中可能含有浅色岩石的细小碎片。事实证明其推测是对的。浅色岩石是斜长石。尽管斜长石在地壳中是最常见的矿物质之一,但地球上的斜长石富含钠,而月球上的变种却是贫钠而富含钙,因此称其为"钙质斜长石"。一些足够纯净的碎片被称为"斜长岩"(斜长石含量大于 90% 的岩石被称为斜长岩),但大部分被铁镁质矿物质冲淡了,因此更适合称为"斜长辉长岩"(就像勘测者 7 号研究的样本)。休梅克关于在月海风化层中寻找高地物质的理论基于大多数近期形成的高地环形山喷射放射性物质。至于高地,现在已弄清原始月壳是由斜长岩岩石组成的。尽管如此,地质学家渴望寻找高地中"浅色平原"的碎片,但是没有证据显示它们存在于静海的风化层中。

阿波罗 11 号 地月转移轨道段事件	飞行地面时间 （时：分：秒）	高度/ 海里	空间固连 坐标系速度/ （英尺/秒）	时长/ 秒	速度变化/ （英尺/秒）	空间固连 坐标系 航迹角/度	空间固连 坐标系 指向角/ 度（北偏东）
进入地月转移轨道	002:50:13.03	180.581	35 545.6	—	—	7.367	60.073
指令勤务舱与 S-ⅣB 级分离	003:15:23.0	3 815.190	24 962.5	—	—	45.148	93.758
指令勤务舱与登月舱/S-ⅣB 级对接	003:24:03.7	5 317.6	22 662.5	—	—	44.94	99.57
指令勤务舱/登月舱脱离机动点火	004:40:01.72	16 620.8	14 680.0	—	—	64.30	113.73
指令勤务舱/登月舱脱离机动关机	004:40:04.65	16 627.3	14 663.0	2.93	19.7	64.25	113.74
中途修正点火	026:44:58.64	109 475.3	5 025.0	—	—	77.05	120.88
中途修正关机	026:45:01.77	109 477.2	5 010.0	3.13	20.9	76.88	120.87

阿波罗11号月球轨道段事件	飞行地面时间（时：分：秒）	高度/海里	空间固连坐标系速度/（英尺/秒）	时长/秒	速度变化/（英尺/秒）	远月点/海里	近月点/海里
进入月球轨道点火	075:49:50.37	86.7	8 250.0	—	—	—	—
进入月球轨道关机	075:55:47.90	60.1	5 479.0	357.53	2917.5	169.7	60.0
月球轨道圆化点火	080:11:36.75	61.8	5 477.3	—	—	—	—
月球轨道圆化关机	080:11:53.63	61.6	5 338.3	16.88	158.8	66.1	54.5
指令勤务舱/登月舱脱离	100:12:00	62.9	5 333.8	—	—	—	—
指令勤务舱/登月舱分离点火	100:39:52.9	62.7	5 332.7	—	—	—	—
指令勤务舱/登月舱分离关机	100:40:01.9	62.5	5 332.2	9.0	2.7	63.7	56.0
登月舱进入下降轨道点火	101:36:14.0	56.4	5 364.9	—	—	—	—
登月舱进入下降轨道关机	101:36:44.0	57.8	5 284.9	30.0	76.4	64.3	55.6
登月舱动力下降点火	102:33:05.01	6.4	5 564.9	756.39	—	58.5	7.8
登月舱动力下降关机	102:45:41.40	—	—	—	—	—	—
登月舱月面起飞点火	124:22:00.79	—	—	—	—	—	—
登月舱进入月轨道关机	124:29:15.67	10.0	5 537.9	434.88	6 070.1	48.0	9.4
登月舱共椭圆序列启动点火	125:19:35.0	47.4	5 328.1	—	—	—	—
登月舱共椭圆序列启动关机	125:20:22.0	48.4	5 376.6	47.0	51.5	49.3	45.7

续表

阿波罗 11 号 月球轨道段事件	飞行地面时间（时：分：秒）	高度/海里	空间固连坐标系速度/（英尺/秒）	时长/秒	速度变化/（英尺/秒）	远月点/海里	近月点/海里
登月舱恒定高度差点火	126:17:49.6	—	—	—	—	—	—
登月舱恒定高度差关机	126:18:07.4	—	—	17.8	19.9	47.4	42.1
登月舱末段启动点火	127:03:51.8	44.1	5 391.5	—	—	—	—
登月舱末段启动关机	127:04:14.5	44.0	5 413.2	22.7	25.3	61.7	43.7
登月舱第一次中途修正	127:18:30.8	—	—	—	1.0	—	—
登月舱第二次中途修正	127:33:30.8	—	—	—	1.5	—	—
登月舱末段定型点火	127:46:09.8	7.6	5 339.7	—	—	—	—
登月舱末段定型关机	127:46:38.2	—	—	28.4	31.4	63.0	56.5
登月舱开始制动	127:36:57.3	—	—	—	—	—	—
登月舱开始位置保持	127:52:05.3	—	—	—	—	—	—
指令勤务舱/登月舱对接	128:03:00.0	60.6	5 341.5	—	—	—	—
抛掉登月舱/登月舱上升级	130:09:31.2	61.6	5 335.9	—	—	—	—
指令勤务舱/登月舱最终分离点火	130:30:01.0	62.7	5 330.1	—	—	—	—
指令勤务舱/登月舱最终分离关机	130:30:08.1	62.7	5 326.9	7.2	2.2	62.7	54.0

阿波罗11号 月地转移轨道段事件	飞行地面时间 (时：分：秒)	高度/ 海里	空间固连 坐标系速度/ (英尺/秒)	时长/ 秒	速度变化/ (英尺/秒)	空间固连 坐标系 航迹角/ 度	空间固连 坐标系指向角/ 度（北偏东）
进入月地转移轨道点火	135：23：42.28	52.4	5 376.0	—	—	−0.03	−62.77
进入月地转移轨道关机	135：26：13.69	58.1	8 589.0	151.41	3 279.0	5.13	−62.60
中途修正点火	150：29：57.4	169 087.2	4 075.0	—	—	−80.34	129.30
中途修正关机	150：30：07.4	169 080.6	4 074.0	10.0	4.8	−80.41	129.30
指令舱/勤务舱分离	194：49：12.7	1 778.3	29 615.5	—	—	−35.26	69.27

阿波罗 11 号乘组的标准像：阿姆斯特朗（左）、柯林斯和奥尔德林

阿姆斯特朗和奥尔德林在登月舱模拟器里

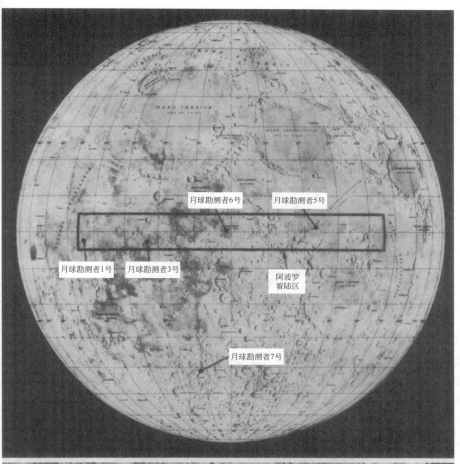

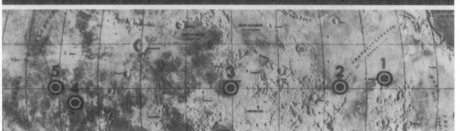

月球勘测者探测器落月点、阿波罗长方形着陆区域和 5 个候选的阿波罗着陆点，其中
ALS-2 最佳

AS-506 从飞行器组装厂房运出

从塔顶看阿波罗 11 号发射

阿波罗 11 号向上爬升，与其巨大的排气羽流相比，360 英尺长的火箭也显得十分矮小

查尔斯·W.马修斯（左）、沃纳·冯·布劳恩、乔治·E.穆勒和塞缪尔·C.菲利普斯观看阿波罗 11 号发射

着陆点

菱斑响尾蛇

马斯基林环形山

响尾蛇

布特丘

美国1号高速公路
莫尔特克环形山

在当地日出时斜着观察 ALS-2 着陆点，阿波罗 11 号在进入月球轨道后不久拍摄

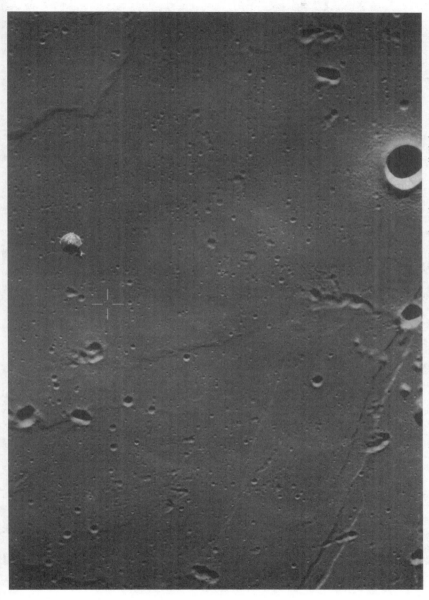

分离后不久（指令勤务舱还未离开），从登月舱垂直观察 ALS-2 着陆点

奥尔德林走下梯子，与阿姆斯特朗都到了月球表面

奥尔德林拍下了他的脚印

尽管是"为了全人类",但让人登上月球是美利坚合众国的成就

一张罕见的阿姆斯特朗在月球上的照片，照片中他正在模块化设备存放装置旁工作

奥尔德林从登月舱舱门下早期阿波罗月面实验装置（EASEP）

奥尔德林与展开的早期阿波罗月面实验装置

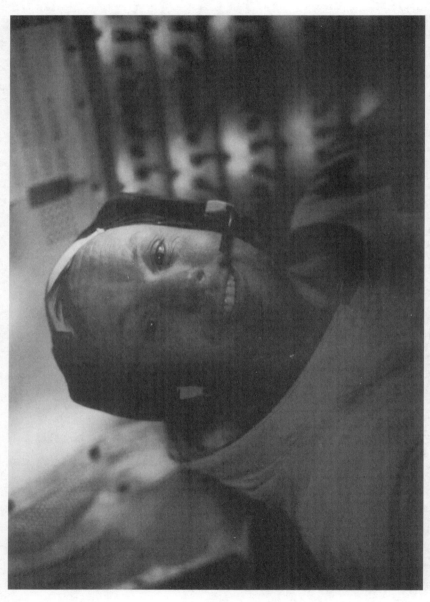

月球漫步后的阿姆斯特朗在登月舱里

穿着生物隔离服的阿波罗 11 号乘组走下回收直升机

在美国海军"大黄蜂"号军舰的移动隔离设施里,阿波罗 11 号乘组与尼克松总统交谈

在纽约为阿波罗 11 号乘组举行的"彩带"游行

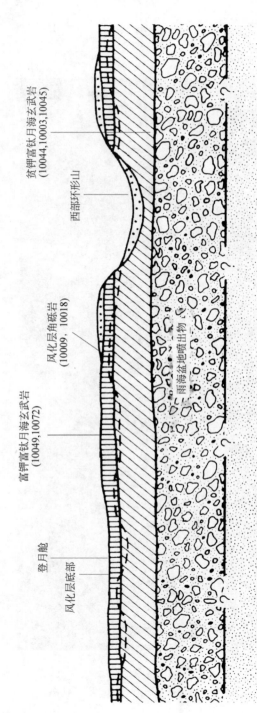

贫钾富钛月海玄武岩
(10044,10003,10045)

西部环形山

风化层角砾岩
(10009，10018)

富钾富钛月海玄武岩
(10049,10072)

登月舱

风化层底部

雨海盆地喷出物

雨海前的巨大风化层·澄海/酒海喷出物+本地岩屑

阿波罗 11 号着陆点的东-西横断面示意图显示，主盆地原有喷出物上至少覆盖了两层玄武岩熔岩流（经 D. W. 贝蒂和 A. L. 艾着修改，"阿波罗 11 号着陆点的地质学和岩石学"第 11 届月球和行星科学会议会议录，1980）。雨海喷出物的存在是推断出的。数字指采集的样本编号，这些样本代表着被推断存在的各个地质单元。风化层的底部（虚线）深入到贫钾富钛的玄武岩月海。"登月舱"指登月舱着陆点（感谢月球和行星研究所及剑桥大学出版社）

当研究的初步结论于 1970 年 1 月在休斯顿举办的首届月球科学会议上发表时，与会者指出，如果非月海风化碎片真的是高地岩石，那么与 3.4 克/立方厘米的月球平均密度相比，其 2.9 克/立方厘米的密度意味着在月球吸积过程中，撞击产生的热量形成了一片非常深的"岩浆海"。"岩浆海"中较重的铁镁质矿物质下沉形成了月球地幔，而较轻的富含斜长石的矿物质浮到表面，冷却后形成了固态外壳。这是对月球历史演变提出的一个重大见解。

任务目标

运载火箭的目标：

1. 以北偏东 72 度至 108 度可变的飞行方位角实施发射，将 S-ⅣB 级/仪器单元/飞船送入地球圆形停泊轨道。完成。

2. 在第二或第三圈重启 S-ⅣB 级，将 S-ⅣB 级/仪器单元/飞船送入计划的地月转移轨道。完成。

3. 在位置调转、对接和弹射机动过程中为 S-ⅣB 级/仪器单元/飞船提供所需的姿态控制。完成。

4. 在运载火箭与飞船最终分离后，使用 S-ⅣB 级残留推进剂和辅助推进系统，对 S-ⅣB 级进行安全处理，并降低下列事件发生的可能性，按优先级排序：

（a）S-ⅣB 级/仪器单元与飞船再次接触。完成。

（b）S-ⅣB 级/仪器单元坠落到地球。完成。

（c）S-ⅣB 级/仪器单元坠落到月球。完成。

飞船的主要目标：

1. 实施载人登月并返回。完成。

飞船的次要目标：

1. 实施月球地质学检查和采样。

（a）随机采集样本。完成。

（b）月球表面特性。完成。

（c）采集大量样本。完成。

（d）月球环境能见度。完成。

2. 获取数据，评估宇航员及其设备在月面环境中的能力与局限性。

（a）各种月面舱外操作。完成。

（b）着舱外活动服进行月面操作。完成。

（c）登月舱的着陆效果。完成。

(d) 登月舱着陆位置。部分完成。登月舱乘组在下降过程中无法观察月球特征。指令舱驾驶员因此无法利用六分仪定位登月舱。直到月面驻留末期,才通过登月舱交会雷达跟踪数据确定了登月舱的位置,任务后用下降成像数据对该位置进行了确认。

(e) 评估月球物质沾染。完成。

(f) 电视报道。完成。

(g) 图片报道。完成。

- 从指令舱远距离拍摄。
- 从月球轨道拍摄月球测绘照片。
- 登月舱着陆位置。
- 在下降、月面驻留和上升过程中连续拍照。
- 通过登月舱舷窗拍摄静态照片。
- 在月面拍摄静态照片。
- 拍摄立体的特写照片。

实验：

1. S-031：无源月震实验。完成。

2. S-059：月球野外地质探测。部分完成。尽管获取了两个岩心采样管样本和 15 磅其他月球样本,但由于时间有限,没能按照原先计划的程度进行详细记录。此外,也没有时间用两个特制的容器采集月球环境样本或气体分析样本。好在用常规返回样本容器中的其他样本也有可能得到希望的结果。

3. S-078：激光测距反射器实验。完成。

4. S-080：太阳风构成。完成

5. S-151：宇宙射线检测。完成。

6. M-151：驾驶员描述功能。完成。

任务时间表

阿波罗 11 号任务事件	飞行地面时间 （时：分：秒）	日期 （格林尼治时间）	时间 （时：分：秒）
最终倒计时开始	−028:00:00	1969 年 07 月 14 日	21:00:00
射前 9 小时开始计划的 11 小时中断	−009:00:00	1969 年 07 月 15 日	16:00:00
射前 9 小时倒计时重启	−009:00:00	1969 年 07 月 16 日	03:00:00
射前 3 小时 30 分钟开始计划的 1 小时 32 分钟中断	−003:30:00	1969 年 07 月 16 日	08:30:00

续表

阿波罗 11 号任务事件	飞行地面时间 （时：分：秒）	日期 （格林尼治时间）	时间 （时：分：秒）
射前 3 小时 30 分钟倒计时重启	−003:30:00	1969 年 07 月 16 日	10:02:00
制导基准发布	−000:00:16.968	1969 年 07 月 16 日	13:31:43
S-IC 级发动机开机指令	−000:00:08.9	1969 年 07 月 16 日	13:31:51
S-IC 级发动机点火（♯5）	−000:00:06.4	1969 年 07 月 16 日	13:31:53
所有 S-IC 级发动机推力正常	−000:00:01.6	1969 年 07 月 16 日	13:31:58
发射时间	000:00:00.00	1969 年 07 月 16 日	13:32:00
所有牵制臂释放（第一次动作）	000:00:00.3	1969 年 07 月 16 日	13:32:00
起飞（脐带断开）(1.07g)	000:00:00.63	1969 年 07 月 16 日	13:32:00
避塔架偏航机动开始	000:00:01.7	1969 年 07 月 16 日	13:32:01
偏航机动结束	000:00:09.7	1969 年 07 月 16 日	13:32:09
俯仰和滚动机动开始	000:00:13.2	1969 年 07 月 16 日	13:32:13
滚动机动结束	000:00:31.1	1969 年 07 月 16 日	13:32:31
达到马赫数为 1	000:01:06.3	1969 年 07 月 16 日	13:33:06
最大动压(735.17 磅/平方英尺)	000:01:23.0	1969 年 07 月 16 日	13:33:23
达到最大弯曲力矩(33 200 000 磅力-英寸)	000:01:31.5	1969 年 07 月 16 日	13:33:31
S-IC 级中心发动机关机指令	000:02:15.2	1969 年 07 月 16 日	13:34:15
俯仰机动结束	000:02:40.0	1969 年 07 月 16 日	13:34:40
S-IC 级各外围发动机关机	000:02:41.63	1969 年 07 月 16 日	13:34:41
S-IC 级最大总惯性加速度(3.94g)	000:02:41.71	1969 年 07 月 16 日	13:34:41
S-IC 级最大地球固连坐标系速 度,S-IC/S-II 级分离指令	000:02:42.30	1969 年 07 月 16 日	13:34:42
S-II 级发动机开机指令	000:02:43.04	1969 年 07 月 16 日	13:34:43
S-II 级点火	000:02:44.0	1969 年 07 月 16 日	13:34:44
抛 S-II 级后级间段	000:03:12.3	1969 年 07 月 16 日	13:35:12
抛发射逃逸塔	000:03:17.9	1969 年 07 月 16 日	13:35:17
迭代制导模式启动	000:03:24.1	1969 年 07 月 16 日	13:35:24
S-IC 级最高点	000:04:29.1	1969 年 07 月 16 日	13:36:29
S-II 级中心发动机关机	000:07:40.62	1969 年 07 月 16 日	13:39:40
S-II 级最大总惯性加速度(1.82g)	000:07:40.70	1969 年 07 月 16 日	13:39:40
S-IC 级落地(理论值)	000:09:03.7	1969 年 07 月 16 日	13:41:03
S-II 级外围发动机关机	000:09:08.22	1969 年 07 月 16 日	13:41:08
S-II 级最大地球固连坐标系速 度,S-II/S-IVB 级分离指令	000:09:09.00	1969 年 07 月 16 日	13:41:09
S-IVB 级第一次点火开机指令	000:09:09.20	1969 年 07 月 16 日	13:41:09
S-IVB 级第一次点火启动	000:09:12.20	1969 年 07 月 16 日	13:41:12

阿波罗 11 号任务事件	飞行地面时间 （时：分：秒）	日期 （格林尼治时间）	时间 （时：分：秒）
抛 S-IVB 级正推发动机壳体	000：09：21.0	1969 年 07 月 16 日	13：41：21
S-II 级最高点	000：09：47.0	1969 年 07 月 16 日	13：41：47
S-IVB 级第一次点火关机	000：11：39.33	1969 年 07 月 16 日	13：43：39
S-IVB 级第一次点火最大总惯性加速度(0.69g)	000：11：39.41	1969 年 07 月 16 日	13：43：39
进入地球轨道，S-IVB 级第一次点火最大地球固连坐标系速度	000：11：49.33	1969 年 07 月 16 日	13：43：49
开始机动到当地水平姿态	000：11：59.3	1969 年 07 月 16 日	13：43：59
开始在轨导航	000：13：21.1	1969 年 07 月 16 日	13：45：21
S-II 级落地(理论值)	000：20：13.7	1969 年 07 月 16 日	13：52：13
S-IVB 级第二次点火重启准备	002：34：38.2	1969 年 07 月 16 日	16：06：38
S-IVB 级第二次点火重启指令	002：44：08.2	1969 年 07 月 16 日	16：16：08
S-IVB 级第二次点火启动(STDV 打开)	002：44：16.2	1969 年 07 月 16 日	16：16：16
S-IVB 级第二次点火关机	002：50：03.03	1969 年 07 月 16 日	16：22：03
S-IVB 级第二次点火最大总惯性加速度(1.45g)	002：50：03.11	1969 年 07 月 16 日	16：22：03
S-IVB 级第二次点火最大地球固连坐标系速度	002：50：03.5	1969 年 07 月 16 日	16：22：03
S-IVB 级安全处理程序启动	002：50：03.8	1969 年 07 月 16 日	16：22：03
进入地月转移轨道	002：50：13.03	1969 年 07 月 16 日	16：22：13
开始机动到当地水平姿态	002：50：23.0	1969 年 07 月 16 日	16：22：23
开始在轨导航	002：50：23.9	1969 年 07 月 16 日	16：22：23
开始调头并机动到对接姿态	003：05：03.9	1969 年 07 月 16 日	16：37：03
指令勤务舱与 S-IVB 级分离	003：15：23.0	1969 年 07 月 16 日	16：47：23
指令勤务舱分离机动点火	003：17：04.6	1969 年 07 月 16 日	16：49：04
指令勤务舱分离机动关机	003：17：11.7	1969 年 07 月 16 日	16：49：11
指令勤务舱与登月舱/S-IVB 级对接	003：24：03.7	1969 年 07 月 16 日	16：56：03
指令勤务舱/登月舱从 S-IVB 级弹射出去	004：17：03.0	1969 年 07 月 16 日	17：49：03
指令勤务舱从 S-IVB 级脱离机动点火	004：40：01.72	1969 年 07 月 16 日	18：12：01
指令勤务舱从 S-IVB 级脱离机动关机	004：40：04.65	1969 年 07 月 16 日	18：12：04

阿波罗 11 号任务事件	飞行地面时间 （时：分：秒）	日期 （格林尼治时间）	时间 （时：分：秒）
S-ⅣB 级机动到借助月球引力姿态点火	004:41:07.6	1969 年 07 月 16 日	18:13:07
S-ⅣB 级借助月球引力机动——LH₂ 贮箱 CVS 打开	004:51:07.7	1969 年 07 月 16 日	18:23:07
S-ⅣB 级借助月球引力机动——LOX 排空开始	005:03:07.6	1969 年 07 月 16 日	18:35:07
S-ⅣB 级借助月球引力机动——LOX 排空结束	005:04:55.8	1969 年 07 月 16 日	18:36:55
S-ⅣB 级借助月球引力机动——APS 点火	005:37:47.6	1969 年 07 月 16 日	19:09:47
S-ⅣB 级借助月球引力机动——APS 关机	005:42:27.8	1969 年 07 月 16 日	19:14:27
S-ⅣB 级机动到通信姿态启动	005:42:48.8	1969 年 07 月 16 日	19:14:48
电视传输开始（由戈尔德斯顿测控站接收存储，011:26 发往休斯顿）	010:32	1969 年 07 月 17 日	00:04
电视传输结束	010:48	1969 年 07 月 17 日	00:20
中途修正点火	026:44:58.64	1969 年 07 月 17 日	16:16:58
中途修正关机	026:45:01.77	1969 年 07 月 17 日	16:17:01
电视传输开始	030:28	1969 年 07 月 17 日	20:00
电视传输结束	031:18	1969 年 07 月 17 日	20:50
电视传输开始	033:59	1969 年 07 月 17 日	23:31
电视传输结束	034:35	1969 年 07 月 18 日	00:07
电视传输开始	055:08	1969 年 07 月 18 日	20:40
指令长和登月舱驾驶员进入登月舱开始初次检查	055:30	1969 年 07 月 18 日	21:02
电视传输结束	056:44	1969 年 07 月 18 日	22:16
指令长和登月舱驾驶员进入登月舱进行下降前的工作	057:27	1969 年 07 月 18 日	23:27
等势球面	061:39:55	1969 年 07 月 19 日	03:11:55
进入月球轨道点火	075:49:50.37	1969 年 07 月 19 日	17:21:50
进入月球轨道关机	075:55:47.90	1969 年 07 月 19 日	17:27:47
观察阿利斯塔克斯区域的光照条件，月球瞬间事件第一次被太空中的观测者观察到	077:13	1969 年 07 月 19 日	18:45
电视传输开始	078:20	1969 年 07 月 19 日	19:52

阿波罗 11 号任务事件	飞行地面时间 （时：分：秒）	日期 （格林尼治时间）	时间 （时：分：秒）
S-ⅣB 级距离月面最近点	078:42	1969 年 07 月 19 日	20:14
电视传输结束	079:00	1969 年 07 月 19 日	20:32
月球轨道圆化点火	080:11:36.75	1969 年 07 月 19 日	21:43:36
月球轨道圆化关机	080:11:53.63	1969 年 07 月 19 日	21:43:53
登月舱驾驶员进入登月舱首次启动电源并检查各系统	081:10	1969 年 07 月 19 日	22:42
登月舱驾驶员进入指令舱	083:35	1969 年 07 月 20 日	01:07
指令长和登月舱驾驶员进入登月舱进行下降前的最后准备工作	095:20	1969 年 07 月 20 日	12:52
登月舱驾驶员进入指令舱	097:00	1969 年 07 月 20 日	14:32
登月舱驾驶员进入登月舱	097:30	1969 年 07 月 20 日	15:02
登月舱系统各项检查开始	097:45	1969 年 07 月 20 日	15:17
登月舱系统各项检查结束	100:00	1969 年 07 月 20 日	17:32
指令勤务舱/登月舱脱离	100:12:00.0	1969 年 07 月 20 日	17:44:00
指令勤务舱/登月舱分离机动点火	100:39:52.9	1969 年 07 月 20 日	18:11:52
指令勤务舱/登月舱分离机动关机	100:40:01.9	1969 年 07 月 20 日	18:12:01
登月舱进入下降轨道点火（LM SPS）	101:36:14	1969 年 07 月 20 日	19:08:14
登月舱进入下降轨道关机	101:36:44	1969 年 07 月 20 日	19:08:44
登月舱获取数据	102:17:17	1969 年 07 月 20 日	19:49:17
登月舱着陆雷达开	102:20:53	1969 年 07 月 20 日	19:52:53
登月舱应急制导与主制导取得一致	102:24:40	1969 年 07 月 20 日	19:56:40
登月舱偏航机动以改善通信效果	102:27:32	1969 年 07 月 20 日	19:59:32
登月舱高度 50 000 英尺	102:32:55	1969 年 07 月 20 日	20:04:55
登月舱推进剂沉底点火开始	102:32:58	1969 年 07 月 20 日	20:04:58
登月舱动力下降发动机点火	102:33:05.01	1969 年 07 月 20 日	20:05:05
登月舱固定节流阀位置	102:33:31	1969 年 07 月 20 日	20:05:31
登月舱面朝上机动完成	102:37:59	1969 年 07 月 20 日	20:09:59
登月舱 1202 报警	102:38:22	1969 年 07 月 20 日	20:10:22
登月舱雷达更新使能	102:38:45	1969 年 07 月 20 日	20:10:45
登月舱高度低于 30 000 英尺，速度低于 2 000 英尺/秒（着陆雷达速度更新开始）	102:38:50	1969 年 07 月 20 日	20:10:50

续表

阿波罗 11 号任务事件	飞行地面时间（时：分：秒）	日期（格林尼治时间）	时间（时：分：秒）
登月舱 1202 报警	102：39：02	1969 年 07 月 20 日	20：11：02
登月舱节流阀恢复	102：39：31	1969 年 07 月 20 日	20：11：31
登月舱进入接近段	102：41：32	1969 年 07 月 20 日	20：13：32
登月舱着陆雷达天线调整到 2 号位置	102：41：37	1969 年 07 月 20 日	20：13：37
登月舱选择姿态保持模式（检查登月舱人工操纵性能）	102：41：53	1969 年 07 月 20 日	20：13：53
登月舱自动制导使能	102：42：03	1969 年 07 月 20 日	20：14：03
登月舱 1201 报警	102：42：18	1969 年 07 月 20 日	20：14：18
登月舱着陆雷达切换到低刻度	102：42：19	1969 年 07 月 20 日	20：14：19
登月舱 1202 报警	102：42：43	1969 年 07 月 20 日	20：14：43
登月舱 1202 报警	102：42：58	1969 年 07 月 20 日	20：14：58
登月舱着陆点重新规划	102：43：09	1969 年 07 月 20 日	20：15：09
登月舱高度保持	102：43：13	1969 年 07 月 20 日	20：15：13
登月舱应急制导姿态更新	102：43：20	1969 年 07 月 20 日	20：15：20
登月舱进入下降着陆段速度	102：43：22	1969 年 07 月 20 日	20：15：22
登月舱着陆雷达数据差	102：44：11	1969 年 07 月 20 日	20：16：11
登月舱着陆雷达数据好	102：44：21	1969 年 07 月 20 日	20：16：21
登月舱燃料储量低指示灯亮	102：44：28	1969 年 07 月 20 日	20：16：28
登月舱着陆雷达数据差	102：44：59	1969 年 07 月 20 日	20：16：59
登月舱着陆雷达数据好	102：45：03	1969 年 07 月 20 日	20：17：03
第一次看到下降发动机吹起的月尘	102：44：35	1969 年 07 月 20 日	20：16：35
登月舱月面着陆	102：45：39.9	1969 年 07 月 20 日	20：17：39
登月舱动力下降发动机关机	102：45：41.40	1969 年 07 月 20 日	20：17：41
在第一次休息前决定进行 EVA	104：40：00	1969 年 07 月 20 日	22：12：00
为开始 EVA 做准备	106：11：00	1969 年 07 月 20 日	23：43：00
开始 EVA（舱门打开）	109：07：33	1969 年 07 月 21 日	02：39：33
指令长完全出舱站在前廊	109：19：16	1969 年 07 月 21 日	02：51：16
展开模块化设备存储装置（指令长）	109：21：18	1969 年 07 月 21 日	02：53：18
第一次收到清晰的电视图像	109：22：00	1969 年 07 月 21 日	02：54：00
指令长踏上舷梯（开始报告，然后停顿倾听）	109：23：28	1969 年 07 月 21 日	02：55：28
指令长在舷梯底部并描述月面"就像是一片粉末"	109：23：38	1969 年 07 月 21 日	02：55：38

阿波罗 11 号任务事件	飞行地面时间 （时：分：秒）	日期 （格林尼治时间）	时间 （时：分：秒）
踏上月面的第一步（指令长）"这是个人的一小步，却是人类的一大步。"	109:24:15	1969 年 07 月 21 日	02:56:15
指令长开始对月面进行检查和描述，评估机动性并描述登月舱下降发动机性能	109:24:48	1969 年 07 月 21 日	02:56:48
指令长结束月面检查，登月舱驾驶员开始向下递送摄像机	109:26:54	1969 年 07 月 21 日	02:58:54
摄像机被安装在 RCU 支架上，LEC 存储在登月舱着陆腿备份撑杆上	109:30:23	1969 年 07 月 21 日	03:02:23
月面拍照（指令长）	109:30:53	1969 年 07 月 21 日	03:02:53
随机采集样本开始（指令长）	109:33:58	1969 年 07 月 21 日	03:05:58
随机采集样本结束（指令长）	109:37:08	1969 年 07 月 21 日	03:09:08
登月舱驾驶员开始出登月舱	109:39:57	1969 年 07 月 21 日	03:11:57
登月舱驾驶员站在舷梯顶部。指令长拍摄了他走下舷梯的过程	109:41:56	1969 年 07 月 21 日	03:13:56
登月舱驾驶员到达月面	109:43:16	1969 年 07 月 21 日	03:15:16
开始检查月面，并检查着陆对月面和登月舱的影响（指令长、登月舱驾驶员）	109:43:47	1969 年 07 月 21 日	03:15:47
从模块化设备存放装置里逐个取出	109:49:06	1969 年 07 月 21 日	03:21:06
调整电视摄像机焦距（指令长）	109:51:35	1969 年 07 月 21 日	03:23:35
展示牌子（指令长）	109:52:19	1969 年 07 月 21 日	03:24:19
宣读牌子上的内容（指令长）	109:52:40	1969 年 07 月 21 日	03:24:40
电视摄像机重新开机。开始拍摄电视全景（指令长）	109:59:28	1969 年 07 月 21 日	03:31:28
电视摄像机放在最终拍摄位置上（指令长）	110:02:53	1969 年 07 月 21 日	03:34:53
展开太阳风组成实验（登月舱驾驶员）	110:03:20	1969 年 07 月 21 日	03:35:20
展开国旗（指令长、登月舱驾驶员）	110:09:43	1969 年 07 月 21 日	03:41:43

阿波罗 11 号任务事件	飞行地面时间（时：分：秒）	日期（格林尼治时间）	时间（时：分：秒）
开始月面机动性评估（登月舱驾驶员）	110：13：15	1969 年 07 月 21 日	03：45：15
结束月面机动性评估（登月舱驾驶员）	110：16：02	1969 年 07 月 21 日	03：48：02
总统从白宫发来消息，指令长给予了答复	110：16：30	1969 年 07 月 21 日	03：48：30
总统发消息和指令长应答结束	110：18：21	1969 年 07 月 21 日	03：50：21
评估用脚踢后月壤的运动轨迹（登月舱驾驶员），开始采集大量月球样本（指令长）	110：20：06	1969 年 07 月 21 日	03：52：06
评估在日光条件下月面的能见度（登月舱驾驶员）	110：10：24	1969 年 07 月 21 日	03：42：24
在登月服内评估日光下和阴影区的热效应（登月舱驾驶员）	110：25：09	1969 年 07 月 21 日	03：57：09
评估月面阴影与色彩（登月舱驾驶员）	110：28：22	1969 年 07 月 21 日	04：00：22
登月舱着陆腿检查和拍照（登月舱驾驶员）	110：34：13	1969 年 07 月 21 日	04：06：13
大规模采样完成（指令长）	110：35：36	1969 年 07 月 21 日	04：07：36
登月舱着陆腿检查和拍照（指令长、登月舱驾驶员）	110：46：36	1969 年 07 月 21 日	04：18：36
打开科学设备舱门	110：53：38	1969 年 07 月 21 日	04：25：38
展开无源月震仪	110：55：42	1969 年 07 月 21 日	04：27：42
展开月球测距发射器（指令长）	111：03：57	1969 年 07 月 21 日	04：35：57
地球上第一次收到无源月震实验数据	111：08：39	1969 年 07 月 21 日	04.40.39
开始收集已经记录的样本（指令长、登月舱驾驶员）	111：11	1969 年 07 月 21 日	04：43
太阳风组成实验取回（登月舱驾驶员）	111：20	1969 年 07 月 21 日	04：52
登月舱驾驶员进入登月舱	111：29：39	1969 年 07 月 21 日	05：01：39
报告转移样本容器完成	111：35：51	1969 年 07 月 21 日	05：07：51
在登月舱驾驶员的协助和注视下，指令长进入登月舱	111：37：32	1969 年 07 月 21 日	05：09：32
EVA 结束（舱门关闭）	111：39：13	1969 年 07 月 21 日	05：11：13
抛登月舱设备	114：05	1969 年 07 月 21 日	07：37

阿波罗 11 号任务事件	飞行地面时间 （时：分：秒）	日期 （格林尼治时间）	时间 （时：分：秒）
登月舱月面起飞点火（LM APS）	124:22:00.79	1969 年 07 月 21 日	17:54:00
登月舱入月球轨道关机	124:29:15.67	1969 年 07 月 21 日	18:01:15
共椭圆序列启动点火	125:19:35	1969 年 07 月 21 日	18:51:35
共椭圆序列启动关机	125:20:22	1969 年 07 月 21 日	18:52:22
恒定高度差机动点火	126:17:49.6	1969 年 07 月 21 日	19:49:49
恒定高度差机动关机	126:18:29.2	1969 年 07 月 21 日	19:50:29
末段启动点火	127:03:51.8	1969 年 07 月 21 日	20:35:51
末段启动关机	127:04:14.5	1969 年 07 月 21 日	20:36:14
登月舱第一次中途修正	127:18:30.8	1969 年 07 月 21 日	20:50:30
登月舱第二次中途修正	127:33:30.8	1969 年 07 月 21 日	21:05:30
开始制动	127:36:57.3	1969 年 07 月 21 日	21:08:57
末段定型点火	127:46:09.8	1969 年 07 月 21 日	21:18:09
末段定型关机	127:46:38.2	1969 年 07 月 21 日	21:18:38
位置保持开始	127:52:05.3	1969 年 07 月 21 日	21:24:05
指令勤务舱/登月舱对接	128:03:00	1969 年 07 月 21 日	21:35:00
指令长进入指令舱	129:20	1969 年 07 月 21 日	22:52
登月舱驾驶员进入指令舱	129:45	1969 年 07 月 21 日	23:17
抛掉登月舱上升级	130:09:31.2	1969 年 07 月 21 日	23:41:31
指令勤务舱/登月舱最后一次分离点火	130:30:01.0	1969 年 07 月 22 日	00:02:01
指令勤务舱/登月舱最后一次分离关机	130:30:08.2	1969 年 07 月 22 日	00:02:08
进入月地转移轨道点火（SPS）	135:23:42.28	1969 年 07 月 22 日	04:55:42
进入月地转移轨道关机	135:26:13.69	1969 年 07 月 22 日	04:58:13
中途修正点火	150:29:57.4	1969 年 07 月 22 日	20:01:57
中途修正关机	150:30:07.4	1969 年 07 月 22 日	20:02:07
电视传输开始	155:36	1969 年 07 月 23 日	01:08
电视传输结束	155:54	1969 年 07 月 23 日	01:26
电视传输开始	177:10	1969 年 07 月 23 日	22:42
电视传输结束	177:13	1969 年 07 月 23 日	22:45
电视传输开始	177:32	1969 年 07 月 23 日	23:04
电视传输结束	177:44	1969 年 07 月 23 日	23:16
指令舱/勤务舱分离	194:49:12.7	1969 年 07 月 24 日	16:21:12
再入	195:03:05.7	1969 年 07 月 24 日	16:35:05
制动降落伞打开	195:12:06.9	1969 年 07 月 24 日	16:44:06
回收飞机看到指令舱	195:07	1969 年 07 月 24 日	16:39

续表

阿波罗 11 号任务事件	飞行地面时间 （时：分：秒）	日期 （格林尼治时间）	时间 （时：分：秒）
回收船船载雷达发现指令舱	195:08	1969 年 07 月 24 日	16:40
建立 VHF 话音链路，发现回收信标	195:14	1969 年 07 月 24 日	16:46
溅落（顶端朝下）	195:18:35	1969 年 07 月 24 日	16:50:35
指令舱恢复顶端朝上姿态	195:26:15	1969 年 07 月 24 日	16:58:15
环形浮囊充气	195:32	1969 年 07 月 24 日	17:04
舱门打开让乘组出舱	195:49	1969 年 07 月 24 日	17:21
乘组出舱	195:57	1969 年 07 月 24 日	17:29
乘组登上回收船	196:21	1969 年 07 月 24 日	17:53
乘组进入移动隔离设施	196:26	1969 年 07 月 24 日	17:58
指令舱从水中起吊	198:18	1969 年 07 月 24 日	19:50
指令舱进入隔离设施	198:26	1969 年 07 月 24 日	19:58
指令舱舱门再次打开	198:33	1969 年 07 月 24 日	20:05
从指令舱中取出样本返回容器 1 号和 2 号	200:28	1969 年 07 月 24 日	22:00
从移动隔离设施取出容器 1 号	202:00	1969 年 07 月 24 日	23:32
从移动隔离设施取出容器 2 号	202:33	1969 年 07 月 25 日	00:05
容器 2 号和胶片空运至约翰逊岛	207:43	1969 年 07 月 25 日	05:15
容器 1 号空运至夏威夷希坎姆空军基地	214:13	1969 年 07 月 25 日	11:45
容器 2 号和胶片运抵得克萨斯州休斯顿	218:43	1969 年 07 月 25 日	16:15
容器 1 号、胶片和生物样本运抵休斯顿	225:41	1969 年 07 月 25 日	23:13
指令舱钝化和舱门安全保护	229:28	1969 年 07 月 26 日	03:00
移动隔离设施安全保护	231:03	1969 年 07 月 26 日	04:35
移动隔离设施和指令舱卸载	250:43	1969 年 07 月 27 日	00:15
完成指令舱火工品安全处理	252:33	1969 年 07 月 27 日	02:05
移动隔离设施运抵休斯顿埃林顿空军基地	280:28	1969 年 07 月 28 日	06:00
乘组进入休斯顿月球接收实验室	284:28	1969 年 07 月 28 日	10:00
指令舱运抵月球接收实验室	345:45	1969 年 07 月 30 日	23:17
无源月震实验关闭	430:26:46	1969 年 08 月 03 日	11:58:46
乘组隔离解除	—	1969 年 08 月 10 日	—

阿波罗 11 号任务事件	飞行地面时间 （时：分：秒）	日期 （格林尼治时间）	时间 （时：分：秒）
指令舱运抵加利福尼亚州唐尼市合同商的厂房	—	1969 年 08 月 14 日	—
地面控制早期阿波罗月面实验装置关闭	—	1969 年 08 月 17 日	—

阿 波罗 12 号

第六次载人任务： 第二次登月
（1969 年 11 月 14—24 日）

背景

作为一系列 H 类任务的第一次，阿波罗 12 号任务要对精确载人登月进行验证并对月球进行系统性探索。这是第二次在月球着陆。

这次任务的主要目标包括：

- 进行月球检查、勘测和月海区域采样；
- 展开阿波罗月面实验装置（ALSEP）；
- 开发定点着陆技术；
- 进一步提高人类在月球环境下的工作能力；
- 对候选探索区域进行拍照。

本次任务的乘组全部由海军军官组成，他们是指令长小查尔斯·彼得·康拉德（美国海军），指令舱驾驶员小理查德·弗朗西斯·戈登（美国海军），登月舱驾驶员艾伦·拉维恩·比恩（美国海军）。康拉德[①] 1962 年入选宇航员，这是他的第三次太空飞行。他曾经是双子座 5 号的驾驶员和双子座 11 号的指令驾驶员。1930 年 6 月 2 日出生在宾夕法尼亚州的费城，执行阿波罗 12 号任务时 39 岁。1953 年在普林斯顿大学获得航空工程学士学位。他的备份宇航员是大卫·伦道夫·斯科特（美国空军）。戈登曾经是双子座 11 号的驾驶员。1929 年 10 月 5 日出生在华盛顿州西雅图，执行阿波罗 12 号任务时 40 岁。1951 年在华盛顿大学获得化学学士学位，1963年入选宇航员。他的备份宇航员是阿尔弗雷德·梅里尔·沃登（美国空

---

① 康拉德于 1999 年 7 月 8 日在加利福尼亚州欧佳镇去世，死因是在一次摩托车事故中伤重不治。

军)。比恩是第一次执行太空飞行任务。1932 年 3 月 15 日出生在得克萨斯州惠勒,执行阿波罗 12 号任务时 37 岁。1955 年在得克萨斯大学获得航空工程学士学位,1963 年入选宇航员。他的备份宇航员是詹姆斯·本森·欧文(美国空军)。本次任务的飞船通信员是杰拉尔德·保罗·卡尔(美国海军陆战队)、爱华德·乔治·吉布森博士、保罗·约瑟夫·韦茨(美国海军)、唐·莱斯利·利德博士、斯科特·沃登和欧文。本次任务中还有四名平民担任备份飞船通信员,他们是迪基·K. 沃伦、詹姆斯·O. 里皮、詹姆斯·L. 刘易斯和迈克尔·R. 沃什。支持乘组的成员包括卡尔、韦茨和吉布森。飞行主任是杰拉德·D. 格里芬(第一班),M. P. 彼得·弗兰克(第二班),克利福德·E. 查尔斯沃斯(第三班)和米尔顿·L. 温德勒(第四班)。

阿波罗 12 号的运载火箭是"土星 V",代号 AS-507。任务还有一个代号是东靶场♯2793。指令勤务舱的代号是 CSM-108,绰号"扬基快船"。登月舱的代号是 LM-6,绰号"无畏"。

着陆点

阿波罗 11 号已经证明登月舱的登月能力,但在实际任务中偏离了目标还是有些尴尬。在几百码指定区域内精确着陆的能力是对特定地理目标实施探索的先决条件。对此飞行动力学小组采用了一种简单的方法来修正"质量瘤"带来的摄动:给主制导导航和控制系统装订一个"不同"的着陆点作为指向目标,但在摄动的作用下飞船将去往真正的目标。工程师们坚信这个方法一定能发挥作用,因此他们缩小了目标椭圆的尺寸。此外,还决定将两个备份着陆点减少到一个。在第一次登月时有 5 个主着陆点进入了名单。东部位于静海的 ALS-1 和 ALS-2 着陆点由位于中央湾的 ALS-3 备份,一旦出现发射延迟则选择位于风暴洋的 ALS-4 和 ALS-5 作为着陆点。本来将阿波罗 12 号飞船派往上述任何一个着陆点都是顺理成章的,但初期登月的约束条件决定了选择开放区域为着陆点,而且地理学家也十分渴望采集一个比较大的环形山的喷出物。事实上,早在阿波罗 11 号任务前,着陆点的选择者们已经为不测情况开出了一张环形山名单。原则上讲,重新审视第一次着陆时因"不方便"靠近环形山而被放弃的着陆点应该是件简单的事。尽管 ALS-5 附近有一些精确的着陆点可供选择,而且它们相当平坦。但有人认为,位于依巴谷大型环形山的一处着陆点没有足够的资料。而弗拉·毛罗环形山北侧的圆丘状地形对着陆的要求太高也不合适。随后放宽了选择条件，ALS-6 才再次入围。ALS-6 位于弗拉姆斯蒂德环形山，一个几乎完全由风暴洋的熔岩流冲击而成的大环形山。而且 ALS-6 距离勘测者 1 号曾经着陆的地方不远，这一事实促使飞行动力学小组选择这里作为目标着陆点，因为降落在与另一个飞行器步行可及的范围内，可以充分验证着陆的精度。问题是 ALS-6 过于偏西，无法找到合适的备份着陆点。不过在风暴洋东部有另一个探测器勘测者 3 号，可以很容易在西部找到备份着陆点。月球轨道器着陆点的选择者们曾经将勘测者 3 号的着陆点命名为"3P-9"，根据他们保守的标准，该地点曾因过于崎岖而被剔除出阿波罗飞船的着陆点，但现在又将其重新命名为"ALS-7"。

　　除了为第一次阿波罗飞船的着陆遴选出最平坦的区域外，月球轨道器还拍摄了很多"有特点"的地区。然而这一计划一直致力于为第一次着陆确定宽阔的着陆点，以至于对很多要求高的区域的勘察太粗略而无法得到确认。所以很明显，如果阿波罗计划打算放宽飞行动力学约束条件，那么早期的任务将不得不为后续任务重新勘察"区域外"的着陆点。一旦精确定点着陆得到验证，那么将会按照"特点"而不是"区域"选择目标着陆点。阿波罗12 号的任务就是要打开这道门。为阿波罗 12 号飞船选择的 ALS-7 将重新勘察弗拉·毛罗环形山、笛卡儿区域和戴维峡谷，这些区域正好是一串环形山，有人认为它们是沿着地理裂隙分布的几个火山口。

发射准备

　　最终倒计时在射前 28 小时，即 1969 年 11 月 13 日格林尼治时间 02:00:00 开始。计划内的中断有两次，分别是射前 9 小时中断 9 小时 22 分钟和射前 3 小时 30 分钟中断 1 小时。然而，11 月 12 日在加注低温燃料电池反应物时，指令勤务舱的 LH_2 2 号贮箱发生泄漏。于是只好排空贮箱并用 CSM-109（属于阿波罗 13 号飞船）的贮箱进行更换。接着在 11 月 13 日射前 17 时（格林尼治时间 12:00:00）出现了一次计划外中断，重新为指令勤务舱加注低温燃料。6 个小时后加注完成，倒计时于格林尼治时间 19:00:00 再次启动。发射前 9 小时的计划内中断相应压缩了 6 个小时，从而避免了发射推迟。一股冷空气的前锋缓慢地向南移动，穿过佛罗里达中部地区。这股前锋造成了发射时刻发射台上空的阵雨和多云天气。天空中层积云十成（云底高 2 100 英尺），温度为 68.0 华氏度，相对湿度为 92%，大气压力为 14.621 磅/平方英寸。通过发射场灯柱上距地面 60.0 英尺高的风速计测得风速为 13.2 节,风向为从真北起算 280 度。

阿波罗 12 号准备事件	日　　期
LM-6 厂内综合测试	1968 年 12 月 31 日
指令舱与勤务舱各系统厂内独立和联合测试完成	1969 年 01 月 20 日
指令舱与勤务舱各系统厂内综合测试完成	1969 年 02 月 03 日
LM-6 厂内最终工程评估验收测试	1969 年 02 月 18 日
S-ⅣB-507 级运抵肯尼迪航天中心	1969 年 03 月 10 日
LM-6 下降级准备用船从厂内运往肯尼迪航天中心	1969 年 03 月 22 日
LM-6 上升级准备用船从厂内运往肯尼迪航天中心	1969 年 03 月 23 日
LM-6 各级运抵肯尼迪航天中心	1969 年 03 月 24 日
CM-108 和 SM-108 准备用船从厂内运往肯尼迪航天中心	1969 年 03 月 27 日
CM-108 和 SM-108 运抵肯尼迪航天中心	1969 年 03 月 28 日
CM-108 和 SM-108 对接	1969 年 04 月 02 日
CSM-108 各系统联合测试完成	1969 年 04 月 21 日
S-Ⅱ-7 级运抵肯尼迪航天中心	1969 年 04 月 21 日
LM-6 各级对接	1969 年 04 月 28 日
LM-6 各系统联合测试完成	1969 年 05 月 01 日
S-ⅠC-7 级运抵肯尼迪航天中心	1969 年 05 月 03 日
飞船/登月舱适配器 SLA-15 运抵肯尼迪航天中心	1969 年 05 月 06 日
S-ⅠC-7 级在 MLP-2 起竖	1969 年 05 月 07 日
土星Ⅴ火箭仪器单元 IU-507 运抵肯尼迪航天中心	1969 年 05 月 08 日
S-Ⅱ-7 级起竖	1969 年 05 月 21 日
S-ⅣB-507 级和 IU-507 起竖	1969 年 05 月 22 日
CSM-108 与主乘组高空测试完成	1969 年 06 月 07 日
CSM-108 高空测试完成	1969 年 06 月 09 日
CSM-108 与备份乘组高空测试完成	1969 年 06 月 10 日
运载火箭推进剂消散/故障综合测试完成	1969 年 06 月 12 日
LM-6 与备份乘组高空测试完成	1969 年 06 月 13 日
LM-6 与主乘组高空测试完成	1969 年 06 月 16 日
飞船转运至飞行器组装厂房	1969 年 06 月 20 日
LM-6 着陆腿安装	1969 年 06 月 22 日
LM-6 与 SLA-15 对接	1969 年 06 月 23 日
CSM-108 与 SLA-15 对接	1969 年 06 月 27 日

阿波罗 12 号准备事件	日　　期
CSM-108 转运至飞行器组装厂房	1969 年 06 月 30 日
飞船起竖	1969 年 07 月 01 日
LM-6 各系统联合测试完成	1969 年 07 月 05 日
CSM-108 各系统综合测试完成	1969 年 07 月 07 日
CSM-108 与运载火箭电气对接	1969 年 07 月 16 日
飞行器综合测试完成	1969 年 07 月 17 日
飞行器综合	1969 年 08 月 17 日
飞行器综合测试♯1(插合)完成	1969 年 08 月 21 日
飞行器与 MLP-2 转运至 39A 发射工位	1969 年 09 月 08 日
移动勤务架转运至 39A 发射工位	1969 年 09 月 10 日
LM-6 飞行准备就绪测试完成	1969 年 09 月 18 日
飞行器飞行准备就绪测试完成	1969 年 09 月 30 日
S-IC-7 级 RP-1 燃料加注完成	1969 年 10 月 20 日
飞行器倒计时验证测试(湿)完成	1969 年 10 月 28 日
飞行器倒计时验证测试(干)完成	1969 年 10 月 29 日

上升段

阿波罗 12 号于 1969 年 11 月 14 日,格林尼治时间 16:22:00(美国东部标准时间 11:22:00)的发射时间从肯尼迪航天中心 39 号工位 A 发射台点火升空。为了在计划的着陆时间使月面太阳高度角达到 5.1 度,从而取得良好的光照条件,发射窗口延长到格林尼治时间 19:26:00。

阿波罗 12 号任务是土星 V 运载火箭第一次在暴风雨中发射升空。这一决定未遵守载人航天飞行中心发射任务规则 1-404 款,即:

"当火箭飞行路径经过积雨云(雷暴)时,运载火箭不能发射。"

设定这一规则是因为土星 V 运载火箭的设计未考虑发射过程中承受雷暴环境。

起飞后 T+12.8 秒至 T+32.3 秒,航天器从北偏东 90 度的发射台方位角滚动到北偏东 72.029 度的飞行方位角。飞行至 T+36.5 秒,飞行器显示有大量的电子干扰,随后在 T+52 秒又一次出现电子干扰。乘组报告称,在他们看来飞船被闪电击中,而且勤务舱的燃料电池已经断路,飞船上的所有直流供电都中断了。在那一刻大量的指示灯被点亮。地面摄像机的录像、遥测数据及各发射计算机在事后都证实了火箭确实被闪电击中。但在第二次电子干扰期间,运载火箭上却没有察觉到影响。大气电荷因素加上运载火箭没有足够的电容能存储产生上述影响的能量这一事实,表明第一次放电是由火箭引发的,而第二次扰动很可能是由于一次较弱的闪电放电引发的。运载火箭的硬件和软件都没有受到严重影响,任务仍然按照计划继续进行。由于闪电是自诱导的,而且火箭没有穿越层积云,因此认为并没有违反 1-404 规则。在上升过程中航天器在高度为 46 670 英尺时遭遇了最大风况,风速为 92.5 节,风向为从真北起算 245 度。最大风切变为 0.018 3/秒,高度为 46 750 英尺。S-ⅠC 级于 T+161.74 秒关机,随后 S-ⅠC 级与 S-Ⅱ 级分离、S-Ⅱ 级点火。S-Ⅱ 级在 T+552.34 秒关机,随后与 S-ⅣB 级分离,S-ⅣB 级于 T+556.60 秒点火。S-ⅣB 级于 T+693.91 秒实施第一次关机,比预定轨道速度低了 1.9 英尺/秒,高度超出 0.2 海里。T+554.5 秒 S-ⅠC 级坠落在大西洋,落点位置为北纬 30.273 度、西经 73.895 度,距离发射场 365.2 海里。T+1221.6 秒 S-Ⅱ 级坠落在大西洋,落点位置为北纬 31.456 度、西经 34.214 度,距离发射场 2 404.4 海里。T+703.91 秒入轨(即 S-ⅣB 级关机时间加上计入发动机尾推力终止和其他瞬时效应的 10 秒),停泊轨道远地点和近地点分别为 100.1 海里×97.8 海里,倾角为 32.540 度,周期为 88.16 分钟,速度为 25 565.9 英尺/秒。远地点和近地点基于半径为 3 443.934 海里的球面地球计算而来。

COSPAR 将进入轨道的指令勤务舱命名为"1969-099A",将 S-ⅣB 级命名为"1969-099B"。在月球轨道脱离后,将登月舱上升级命名为"1969-099C",将下降级命名为"1969-099D"。

地球轨道段

各系统完成飞行中的检查后,又因火箭两次被闪电击中而进行了专门的检查。002:47:22.80 实施了 341.14 秒的进入地月转移轨道机动(S-ⅣB 级第二次点火)。002:53:03.94,S-ⅣB 级发动机关机并于 10 秒后进入地月转移轨道。此时已经完成了 1.5 个地球轨道圈次的飞行,耗时 2 小时 41 分钟 30.03 秒,速度达到 35 389.9 英尺/秒。

地月转移段

之前的阿波罗月球任务采用自由返回式地月转移滑行轨道,这种轨道可以在飞船喷气控制系统速度修正的能力范围内实现地球再入;与之不同,阿波罗 12 号任务则采用了一种"混合"自由返回轨道,从而使任务计划更加灵活。该轨道可以在白天发射,将飞船送到位于西部月海的计划着陆点,并且为勤务推进系统留有更多的性能余量。同时也对这种混合轨道进行了约束,从而可以在进入月球轨道失败后利用下降推进系统安全返回。指令勤务舱于 003:18:04.9 从 S-ⅣB 级分离出来,随后指令勤务舱掉头,接着与登月舱(仍然在 S-ⅣB 级上,译者注)在 003:26:53.3 完成对接。从 003:25 到 004:28 对对接过程进行了清晰的电视传输。对接后的飞船组合体于 004:13:00.9 从 S-ⅣB 级弹射出去。S-ⅣB 级辅助推进系统于 004:26:40 实施了分离机动,这一过程也进行了电视传输。地面发送了一条残留推进剂推进排气指令,目的是让 S-ⅣB 级从月球旁边掠过进入太阳轨道;但由于正推发动机工作时间过长,S-ⅣB 级突破了距离月球最近距离,使其未能借助月球引力获得足够的能量以逃离地月系统,而是最终进入了一条环绕地球和月球的椭圆轨道。不过避免 S-ⅣB 级与飞船碰撞或是避免 S-ⅣB 级坠落在地球/月球的目的还是达到了。085:48,S-ⅣB 级距月球最近,距月面 3 082 海里。

为了确认发射时遭到的瞬时电击不会影响登月舱各个系统,指令长和登月舱驾驶员比预定计划提前进入登月舱,进行舱室管理和各个系统的检查,时间是 007:20。检查表明登月舱各系统状态正常。在地月转移滑行段,按要求在 30:52:44.36 进行了一次中途修正,发动机点火工作 9.19 秒,速度增量为 61.8 英尺/秒。飞船进入了理想的混合、非自由返回式环月轨道。030:18 开始的高质量电视传输持续了 47 分钟,覆盖了这次点火的准备过程。062:52 再次进行了 52 分钟的优质彩色电视传输,内容包括指令舱、舱内转移、登月舱内部和简短的地球和月球的画面。083:25:23.6,在月球上空 83.91 海里处,勤务推进系统点火并持续工作 352.25 秒,将飞船送入 170.20 海里×61.66 海里的月球轨道。地月转移滑行段耗时 80 小时 38 分钟 1.67 秒。

月球轨道和月面段

在月球轨道的第一圈,从 084:00 开始,地面收到了长达 33 分钟的月球表面优质电视画面。就在向地球发送清晰电视画面的同时,乘组对月球特征进行了出色的描述。两圈之后,飞船在 087:48:48.08 实施了 16.91 秒的机动,将轨道圆化为 66.10 海里×54.59 海里。在接下来的一圈,登月舱乘组进入登月舱,进行了各种各样的舱室管理和通信检查。104:20 指令长进入登月舱,接着 105:00 登月舱驾驶员也进入了登月舱,两人开展下降到月面的准备工作。在 107:54:02.3 登月舱与指令勤务舱在月面上空 63.02 海里的高度脱离。随后在 108:24:36.8 实施了 14.4 秒的分离机动。109:23:39.9,持续了 29.0 秒的进入下降轨道机动将登月舱送入 61.53 海里×8.70 海里的轨道。110:20:38.1,在 7.96 海里的高度启动动力下降,持续 717.0 秒。登月舱于 110:32:36.2(1969 年 11 月 19 日格林尼治时间 06:54:36)着陆,着陆点月面坐标为南纬 3.012 39 度、西经 23.421 57 度,距离勘测者 3 号[①]落点只有 535 英尺。注意到着陆灯的照明情况,指令长在着陆前 1.1 秒关闭了发动机。到关机时,发动机大约还剩下 103 秒的工作时间。在指令勤务舱的下一圈,指令长报告称目视到飞船从他们的头顶飞过。再下一圈,指令舱驾驶员报告看到了勘测者 3 号仍然停在它着陆的环形山内,登月舱就在它的西北方。

着陆后 3 小时,登月舱乘组开始进行出舱准备。115:10:35 指令长开始出舱门。站在门廊处,他拉出电缆,展开模块化设备存放装置。该装置自动激活了一台彩色电视摄像机,这样地球上就可以看到他的活动。在到达月面之前,指令长报告称看到了勘测者 3 号,并说登月舱降落在距离环形山边缘大约 25 英尺处。他于 115:22:22 踏上月面,并且说月面非常松软,走路时靴子会陷入月壤中。登月舱驾驶员于 115:51:50 踏上月面。电视摄像机从登月舱支架上取下来不久,便因为镜头对准了太阳造成传输中断。氢氧化锂罐和随机采集的月球样本按照计划转移到登月舱。展开 S 频段可装配天线和太阳风组成实验装置。116:19:31 在月面插上了美国国旗。从存储桶中取出放射性同位素温差发电机燃料单元时遇到了一点儿麻烦,阿波罗月面实验装置的移动、搬运和展开都非常顺利,其展开的位置距离登月舱大约 600 英尺至 700 英尺。无源月震仪探测到宇航员走回登月舱时的脚步震动,并且将数据传回了地球。返回途中,宇航员采集了一管岩心样本和其他月面样本。他们于 119:06:36 进入登月舱并关闭了舱门。第一次舱外活动持续了 3 小时 56 分钟 3 秒,乘组行走的总长度大约 3 300 英尺,收集了总质量为 36.82 磅的月球样本。

119:47:13.23,指令勤务舱实施了 18.23 秒的变轨道面机动,进入 62.50

---

① COSPAR 为勘测者 3 号赋予的代号是 1967-035A,NORAD 分配的代号是 02756。勘测者 3 号于 1967 年 4 月 20 日在风暴洋着陆。

海里×57.60 海里的新轨道。

在休息了 7 个小时后,于 131:32:45 进行了第二次舱外活动。乘组首先切断了电缆,然后将已经不能工作的登月舱电视摄像机放入设备转运袋,以便带回地球进行问题分析。指令长随后走到阿波罗月面实验装置旁,查看月球大气探测器的水准。当他走近测量设备时,探测器记录到了较高的大气数据,这是由其宇航服排出的气体造成的。宇航员在月面的运动同样被无源月震仪和月面磁力仪记录了下来。指令长还让一个葡萄柚大小的石块沿着海德环形山滚落下去,距无源月震仪大约 300 英尺至 400 英尺远,但月震仪的四轴向都没有明显响应。在前往勘测者 3 号的途中,乘组拍摄了非常理想的全景照片和立体照片,采集了岩心样本(两个单管长度的岩心和一个两倍管长的岩心)、8 英寸深的沟里样本、月球环境样本,还有各类岩石、泥土和"玻璃状"样本。他们报告称大块岩石的各个面都包裹着细细的月尘,这种颗粒细小的表层物质似乎比他们从深处挖出的物质更轻。到达勘测者 3 号后,他们对其拍照并拆下了几个部件,包括挖掘铲和摄像机。他们报告称勘测者 3 号支脚的痕迹仍然可以看到,整个探测器外表呈现棕褐色。玻璃部分没有破碎,有点歪斜地待在框架里,因此也就没有进行回收。返回后,乘组取回了太阳风组成实验装置,该装置已经暴露在月面环境中 18 小时 42 分钟。阿波罗月面近景摄像机用于在最后几分钟月面活动期间拍摄登月舱附近的立体画面。在重新回到登月舱之前,乘组相互清除了宇航服上的月尘。登月舱驾驶员于 135:08 进入登月舱,他将月球样本、勘测者 3 号的部件及其他仪器搬回登月舱。指令长于 135:20 返回登月舱。135:22:00 乘组进舱完毕,结束了人类对月球的第二次探索。136:55 抛掉了消耗性设备,舱内再次加压。第二次舱外活动持续了 3 小时 49 分钟 15 秒。步行距离大约 4 300 英尺,采集样本 38.80 磅。两次舱外活动中移动和便携式生命保障系统的运行都非常好。在登月舱外的时间总计 7 小时 45 分钟 18 秒,两次步行总长大约 7 600 英尺,采集月球样本共计 75.73 磅(根据休斯顿月球接收实验室确定的官方公制总质量为 34.35 千克)。距离登月舱的最远点达到 1 350 英尺。在月面驻留期间,指令舱驾驶员完成了 S-158 月球多光谱照相实验。此外,还对弗拉·毛罗构造和笛卡儿环形山两个未来可能的着陆点进行了拍摄。

142:03:47.78 上升级发动机点火升空。登月舱在月面驻留了 31 小时 31 分钟 11.6 秒。发动机工作了 434 秒,比计划多了 1.2 秒。上升级于 142:10:59.9 进入 51.93 海里×9.21 海里的轨道。为了在 3.5 小时后进行对接,实施了数次交会机动。143:01:51.0 启动了共椭圆序列点火,时长41.1 秒,将轨道抬高到 51.49 海里×41.76 海里。144:00:02.6 进行了恒定高度差机动,耗时 13.0 秒,将轨道压低到 44.4 海里×40.4 海里。末段启动机动于 144:36:26 开始,时长 26.0 秒,将上升级送入 60.2 海里×43.8 海里的轨道。最后,上升级在 145:19:29.3 开始点火机动,耗时 38.0 秒,定型到 62.3 海里×58.3 海里的轨道。145:36:20.2 上升级在月面上空58.14 海里完成与指令舱的对接。两个航天器此时已经分开 37 小时 42 分钟 17.9 秒。在交会过程的最后阶段,指令勤务舱向地球进行了 24 分钟的高质量电视传输。在乘组和月球样本都转移到指令勤务舱后,上升级于147:59:31.6 被抛掉,指令勤务舱开始准备进入月地转移轨道,148:04:30.9实施了 5.4 秒的脱离机动,将指令勤务舱与上升级分开,指令勤务舱进入62.0 海里×57.5 海里的轨道。然后遥控上升级进行机动以撞向月球表面。149:28:14.8 上升级在月面上空 57.62 海里处实施离轨机动,时长 82.1秒。这次点火耗尽了上升级的推进剂,令其在 149:55:17.7 坠落到月球。估算出的落点月球坐标为南纬 3.42 度、西经 19.67 度,在阿波罗 12 号着陆点的东南偏东方向约 39 海里,距瞄准点 5 海里。在月球轨道的最后几圈,对月球轨道进行了大量地标跟踪和拍照。特别是用 500 毫米长焦镜头拍摄并获取了后续任务使用的测绘和训练数据。

在进入月地转移轨道之前,指令勤务舱于 159:04:45.47 实施了 19.25秒的变轨道面机动,进入了 64.66 海里×56.81 海里的轨道。接着于172:27:16.81 在月面上空 63.60 海里处实施了 130.22 秒的机动,172:29:27.13指令勤务舱进入月地转移轨道,速度为 8 350.4 英尺/秒。此时指令勤务舱已经在月球轨道运行了 45 圈,历时 88 小时 58 分钟 11.52 秒。进入月地转移轨道 20 分钟后开始电视传输,逐步远去的月球和飞船内部的高质量电视传输持续了 38 分钟。

月地转移段

188:27:15.8 进行了一次小规模的中途修正,点火时长 4.4 秒,速度增量为 2.0 英尺/秒。这次修正比预定计划推迟了 1 小时进行,为的是让乘组得到额外的休息时间。最后的电视传输包括飞船内部场景,并安排了科学家和新闻媒体人员与乘组进行问答式对话。这次电视传输在 224:07 开始,持续了将近 37 分钟。241:21:59.7 进行了最后一次中途修正,时长 5.7秒,速度增量为 2.4 英尺/秒。

回收

　　勤务舱在 244:07:20.1 被抛掉，指令舱于 244:22:19.09 进入大气层（再入边界高度 400 000 英尺），再入速度为 36 116.6 英尺/秒。此时已经完成了 71 小时 52 分钟 52.0 秒的月地转移滑行。在与指令舱分离后，勤务舱喷气控制系统实施了耗尽点火，但是地面雷达没有捕获到勤务舱，而且无论是乘组还是地面回收人员也都没有看到勤务舱。人们判断勤务舱在耗尽点火过程中没能保持住稳定状态，进而没能获得跳出地球大气层所需的速度，也就无法进入预定的高远地点轨道，所以它很可能在被探测到之前就坠毁了。回收区的海况很差，指令舱乘伞下降时非常颠簸，最终溅落在太平洋海域，溅落时间是 1969 年 11 月 24 日格林尼治时间 20:58:25。着陆冲击力大约 15g，巨大的冲击不但造成防热层的一部分松脱，还导致 16 毫米连续拍摄像机从支架上掉了下来，砸到了登月舱驾驶员的右眼。本次任务时长 244:36:25。估算的落点位置为南纬 15.78 度、西经 165.15 度，距离瞄准点约 2.0 海里，距离美国海军"大黄蜂"号回收船 3.91 海里。指令舱呈现顶端朝下的漂浮姿态，但通过充气浮球直立系统的帮助在 4 分钟 26 秒后成功恢复了正常的漂浮姿态。生物隔离预防措施与阿波罗 11 号任务相似。乘组由直升机回收，并在溅落 60 分钟后登上回收船。乘组登船后立即进入移动隔离设施。指令舱在 48 分钟后回收，其溅落时估算质量是 11 050.2 磅，任务中飞行距离约 828 134 海里。移动隔离设施于 11 月 29 日格林尼治时间 02:18 从"大黄蜂"号上卸到夏威夷，之后又卸下了指令舱。移动隔离设施随后被装上 C-141 运输机空运至得克萨斯州休斯顿埃林顿空军基地，到达时间是格林尼治时间 11:50。乘组在两个小时后进入月球接收实验室。指令舱被送到夏威夷希坎姆空军基地钝化。指令舱于 12 月 1 日格林尼治时间 14:15 完成钝化工作，随后由 C-133 运输机空运至埃林顿空军基地，并在 12 月 2 日格林尼治时间 19:30 运抵月球接收实验室。12 月 10 日乘组解除隔离。此后不久指令舱也解除了隔离，并于 1970 年 1 月 11 日指令舱运抵加利福尼亚州唐尼市的北美罗克韦尔空间分公司，进行飞行后的分析。

结论

　　阿波罗 12 号任务验证了实施精确落月的能力，这是未来进行月面探索必不可少的技术。飞船、乘组和地面支持系统的优异性能创造出丰富的科学信息。经事后数据分析得出以下结论：

1. 有效的乘组训练、任务计划和地面实时导航实现了在前期勘测者探测器着陆点附近精确着陆，而且着陆轨迹符合预期。

2. 采用混合非自由返回式地月转移轨道方案，验证了将来在更高月球纬度实施着陆所必须的额外机动能力。

3. 扩展月面科学探索有关的时间安排和新陈代谢负荷没有超出乘组和便携式生命保障系统的能力范围。

4. 首次展开了一套阿波罗月面实验装置，尽管存在一些操作异常，但还是传回了很多研究领域的大量有价值的科学数据。

任务前对着陆点环形山形态学的研究发现，坑内有一层相对薄的 6 英尺风化层。所以正如预期的一样，大多数环形山都有被挖掘出的基岩。在阿波罗 11 号任务中采集的月球样本中，角砾岩和玄武岩在数量上相当，本次任务中采集的 34 块岩石中只有两块属于角砾岩，其余的都是结晶体。这种结晶岩更粗糙，而且比静海的样本具有更加多样的构造。和上次一样，这次样本的挥发物含量低，但不同的是钛含量也很低。因此，重新考虑后，静海的玄武岩富含钛似乎不寻常。这些化学成分的差异证明了月海并不同源。的确，在风暴洋着陆点已经确认了四种玄武岩（根据地球上类似岩石的特性将它们分为橄榄石玄武岩、辉石玄武岩、钛铁矿玄武岩和长石质玄武岩），这一事实说明该地区有过数次不同的熔岩流。然而，结晶时段集中在一个非常狭窄的窗口期。视觉上能够分辨出的不同熔岩流的拼接，加上化学成分在不长的时间区间里的变化，都说明喷发的物质来自不同区域岩石的部分熔化，而不是月幔深处一个单一熔岩池的连续喷发。初步的结论虽然比较模糊，但显然一些有关早期月球历史的意义深远的线索已经被发现。首次年代测量的结果是 27 亿（±2 亿）年，这意味着静海与风暴洋之间的喷发相隔整整 10 亿年。面对如此长的火山活动间隔，对"月海是同时形成"这一提法的最尖锐的批评者也大吃一惊。第二次测量的结果将年代增加到 34 亿年，但将数据融合后最终确定为 32 亿年。这 5 亿年的跨度说明月幔的运动过程是内生的而且井然有序。月球绝对不是一个未进化的天体，即月球不是在吸积形成后不久由一次巨型撞击导致熔岩四溅形成的；它是一个具有不同月壳的行星天体。

保罗·W. 加斯特是位于纽约市帕利塞兹的拉蒙特-多尔蒂地质观测站的地球化学家，他从阿波罗 12 号采集的玄武岩中得到了惊人的发现，即月球玄武岩中富含钾、磷及多种"地球上稀有的"元素。他将这些化学元素的符号连在一起，创造出"KREEP"这个词。在尝试离析这种物质后，他发现这并不是一种独特的矿物质。那么"KREEP"这个词也就不能代表一类新的岩石。它成为一个形容词，所以将阿波罗 12 号的玄武岩描述为"KREEPy"（意为：富含钾、磷及某些稀有元素的，译者注）似乎更加准确。加斯特采用"速成科学"的方式对此进行解释，他说这些添加剂有可能是从古代月壳中挑选出的，一些科学家坚信它们是构成月海的"基础物质"。他甚至预言这种物质很可能与假定存在的浅色调玄武岩有关，人们认为这种岩石在月球高地普遍存在。然而，"KREEPy"玄武岩被发现含有大量的放射性元素，尤其是钍和铀，而放射性加热会阻止月壳冷却到足以抑制火山活动，所以可以确信这种物质不可能是月壳的典型成分。这个秘密直到后续任务带回了其他的同类岩石才得以揭开。

与指令勤务舱分离后，登月舱上升级从容地撞向了月球。它在着陆区东南偏东 42 海里处坠毁。阿波罗月面实验装置记录到月壳发出了近 1 个小时的"嗡嗡"声，而且月震波形与地球的信号完全不同。在 1970 年 1 月召开的第一次月球科学会议上，加里·莱瑟姆——无源月震实验的首席研究员——就阿波罗 11 号的研究成果和阿波罗 12 号的早期数据做了报告。一开始很难区分月震和撞击，但上升级的坠毁为系统提供了校准数据。由此发现，令人惊讶的是记录到的 150 个震动事件中几乎没有真正的月震。似乎月壳一直到 18 海里深处都是角砾岩。随着更多数据的累积，两种震动模式的差异更加明显。尽管震动事件发生的频率大约是每天一次，但当月球到达近地点时会大量出现，因为地球引力的潮汐力会扰动月球内部从而触发震动事件，而且撞击的次数比预期的要少。测量仪器非常敏感，足以探测到半径 200 海里范围内葡萄柚大小的流星的撞击。平均下来，每个月只有一次这样的撞击发生，而且显然，月球上任何地方没有一次撞击能与上升级坠毁相当。为了探测月壳的结构，后续的任务中决定用 S-ⅣB 级撞击月球。

任务目标

运载火箭的目标：

1. 在北偏东 72 度至 96 度飞行方位角范围内发射，并将 S-ⅣB 级/仪器单元/飞船送入地球圆形停泊轨道。完成。

2. 在第二或第三圈再次启动 S-ⅣB 级，将 S-ⅣB 级/仪器单元/飞船送入计划的地月转移轨道面。完成。

3. 为 S-ⅣB 级/仪器单元/飞船在位置调转、对接和弹射机动提供所需的姿态控制。完成。

4. 在指令勤务舱/登月舱从 S-ⅣB 级/仪器单元弹射出去后，使用 S-ⅣB 级辅助推进系统进行躲避机动。完成。

阿波罗 12 号上升段事件	飞行地面时间（时：分：秒）	高度/海里	航程/海里	地球固连坐标系速度/（英尺/秒）	空间固连坐标系速度/（英尺/秒）	时长/秒	地心纬度/度（北纬）	经度/度（东经）	空间固连坐标系航迹角/度	空间固连坐标系指向角/度（北偏东）
起飞	000:00:00.68	0.032	0.000	0.0	1 340.7		28.447 0	−80.604 1	0.07	90.00
第一次被闪电击中	000:00:36.5	1.053	0.062	387.9	1 445.7		28.446 9	−80.603 0	15.40	89.29
第二次被闪电击中	000:00:52	2.374	0.399	692.1	1 690.4		28.448 7	−80.596 8	22.74	87.32
达到马赫数为 1	000:01:06.1	4.215	1.228	1 067.6	2 057.7		28.453 2	−80.582 0	27.13	84.84
最大动压	000:01:21.1	6.934	3.019	1 601.4	2 617.3		28.462 7	−80.549 8	29.02	82.10
S-IC 级中心发动机关机	000:02:15.24	24.158	25.441	5 334.5	6 494.4	141.7	28.579 4	−80.146 3	23.944	76.115
S-IC 级外围发动机关机	000:02:41.74	36.773	50.616	7 821.4	9 024.5	168.2	28.706 9	−79.691 3	20.513	75.231
S-IC/S-II 级分离	000:02:42.4	37.118	51.338	7 850.3	9 054.2		28.710 7	−79.677 3	20.430	75.228
S-II 级中心发动机关机	000:07:40.75	100.463	599.172	17 453.5	18 775.3	297.55	30.959 9	−69.482 7	0.502	79.632
S-II 级外围发动机关机	000:09:12.34	102.801	884.711	21 508.8	22 831.7	389.14	31.750 8	−63.991 4	0.442	82.501
S-II/S-IVB 级分离	000:09:13.20	102.827	887.667	21 517.8	22 840.7		31.757 6	−63.934 1	0.432	82.533
S-IVB 级发动机第一次关机	000:11:33.91	103.093	1 399.874	24 236.6	25 560.2	137.31	32.493 3	−53.8956	−0.015	88.146
进入地球轨道	000:11:43.91	103.086	1 438.608	24 242.3	25 565.9		32.512 8	−53.131 1	−0.014	88.580

阿波罗 12 号地球轨道段事件	飞行地面时间（时：分：秒）	空间固连坐标系速度/（英尺/秒）	时长/秒	速度变化/（英尺/秒）	近地点/海里	远地点/海里	周期/分	倾角/度
进入地球轨道	000:11:43.91	25 565.9			97.8	100.1	88.16	32.540
S-IVB 级第二次点火启动	002:47:22.80	25 555.4						
S-IVB 级第二次点火关机	002:53:03.94	35 419.3	341.14	10 515				30.360

阿波罗 12 号地月转移轨道段事件	飞行地面时间（时：分：秒）	高度/海里	空间固连坐标系速度/（英尺/秒）	时长/秒	速度变化/（英尺/秒）	空间固连坐标系航迹角/度	空间固连坐标系指向角/度（北偏东）
进入地月转移轨道	002:53:13.94	199.023	35 389.8	—	—	8.584	63.902
指令勤务舱从 S-ⅣB 级分离	003:18:04.9	3 819.258	24 865.5	—	—	45.092	100.194
指令勤务舱与登月舱/S-ⅣB 级对接	003:26:53.3	5 337.7	22 534	—	—	49.896	105.29
指令勤务舱/登月舱从 S-ⅣB 级弹射出去	004:13:00.9	12 506.3	16 451.1	—	—	60.941	114.52
S-ⅣB 级-APS 分离机动	004:29:21.4	—	—	80.0	9.5	—	—
中途修正点火	030:52:44.36	116 929.1	4 317.4	—	—	75.833	120.80
中途修正关机	030:52:53.55	116 935.4	4 297.5	9.19	61.8	76.597	120.05

阿波罗12号 月球轨道段事件	飞行地面时间（时:分:秒）	高度/海里	空间固连坐标系速度/（英尺/秒）	时长/秒	速度变化/（英尺/秒）	远月点/海里	近月点/海里
进入月球轨道点火	083:25:23.36	83.91	8 173.6	—	—	—	64.94
进入月球轨道关机	083:31:15.61	62.91	5 470.1	352.25	2 889.5	170.20	61.66
月球轨道圆化点火	087:48:48.08	62.79	5 470.6	—	—	170.37	61.42
月球轨道圆化关机	087:49:04.99	62.74	5 331.4	16.91	165.2	66.10	54.59
指令勤务舱登月舱脱离	107:54:02.3	63.02	5 329.0	—	—	63.08	56.91
指令勤务舱登月舱分离点火	108:24:36.8	59.22	5 350.0	—	—	63.91	56.99
指令勤务舱登月舱分离关机	108:24:51.2	59.15	5 350.5	14.4	2.4	64.06	56.58
登月舱进入下降轨道点火	109:23:39.9	60.52	5 343.0	—	—	63.27	57.25
登月舱进入下降轨道关机	109:24:08.9	61.52	5 268.0	29.0	72.4	61.53	8.70
登月舱动力下降点火	110:20:38.1	7.96	5 566.4	—	—	62.30	7.96
登月舱动力下降关机	110:32:35.1	—	—	717.0	—	—	—
指令勤务舱轨道面变更点火	119:47:13.23	62.20	5 333.5	—	—	62.50	57.61
指令勤务舱轨道面变更关机	119:47:31.46	62.20	5 683.4	18.23	349.9	62.50	57.60
登月舱月面起飞点火	142:03:47.78	—	—	—	—	—	—
登月舱进入轨道	142:10:59.9	9.97	5 542.5	—	—	51.93	9.21
登月舱上升级关机	142:11:01.78	—	—	434	6057	—	—
登月舱共椭圆序列启动点火	143:01:51.0	51.46	5 310.3	—	—	52.51	9.94
登月舱共椭圆序列启动关机	143:02:32.1	51.48	5 354.9	41.1	45	51.49	41.76
登月舱恒定高度差点火	144:00:02.6	—	—	—	—	—	—

续表

阿波罗 12 号 月球轨道段事件	飞行地面时间（时：分：秒）	高度/海里	空间固连坐标系速度/（英尺/秒）	时长/秒	速度变化/（英尺/秒）	远月点/海里	近月点/海里
登月舱恒定高度差关机	144:00:15.6	—	—	13.0	13.8	44.40	40.40
登月舱末段启动点火	144:36:26	44.50	5 382.5	—	—	44.73	40.91
登月舱末段启动关机	144:36:52	—		26.0	29	60.20	43.80
登月舱第一次中途修正	144:51:29	—		—	—		
登月舱第二次中途修正	145:06:29	—		—	—		
登月舱末段定型点火	145:19:29.3	—		—	—		
登月舱末段定型关机	145:20:07.3	—		38.0	40	62.30	58.30
指令勤务舱/登月舱对接	145:36:20.2	58.14	5 357.1	—	—	63.43	58.04
抛掉登月舱上升级	147:59:31.6	—		—	—		
指令勤务舱/登月舱分离点火	148:04:30.9	59.94	5 347.4	—	—	64.66	59.08
指令勤务舱/登月舱分离关机	148:04:36.3	—		5.4	1.0	62.00	57.50
登月舱上升级离轨点火	149:28:14.8	57.62	5 361.8	—	—	63.52	57.94
登月舱上升级离轨关机*	149:29:36.9	57.42	5 176.8	82.1	196.2	57.59	−63.15
指令勤务舱变轨道面点火	159:04:45.47	58.70	5 353.2	—	—	64.23	56.58
指令勤务舱变轨道面关机	159:05:04.72	58.90	5 353.0	19.25	381.8	64.66	56.81

* 近月点数值为负说明上升级进入了与月面相交的轨道

阿波罗 12 号 月地转移轨道段事件	飞行地面时间 （时：分：秒）	高度/ 海里	空间固连 坐标系速度/ （英尺/秒）	时长/ 秒	速度变化/ （英尺/秒）	空间固连 坐标系 航迹角/度	空间固连 坐标系 指向角/ 度（北偏东）
进入月地转移轨道点火	172:27:16.81	63.6	5 322.9	—	—	−0.202	−115.73
进入月地转移轨道关机	172:29:27.13	66.0	8 350.4	130.32	3 042.0	2.718	−116.45
中途修正点火	188:27:15.8	180 031.2	3 035.6	—	—	−78.444	91.35
中途修正关机	188:27:20.2	180 029.0	3 036.0	4.4	2.0	−78.404	91.36
中途修正点火	241:21:59.7	25 059.0	12 082.9	—	—	−68.547	96.00
中途修正关机	241:22:05.4	25 048.3	12 084.7	5.7	2.4	−68.547	96.01
指令舱/勤务舱分离	244:07:20.1	1 949.5	29 029.1	—	—	−36.454	98.17

阿波罗 12 号乘组：康拉德（左）、戈登和比恩

阿波罗 12 号在暴雨中点火升空

康拉德走下舷梯

比恩走下舷梯

比恩将阿波罗月面实验装置装到支架上

比恩展开阿波罗月面实验装置

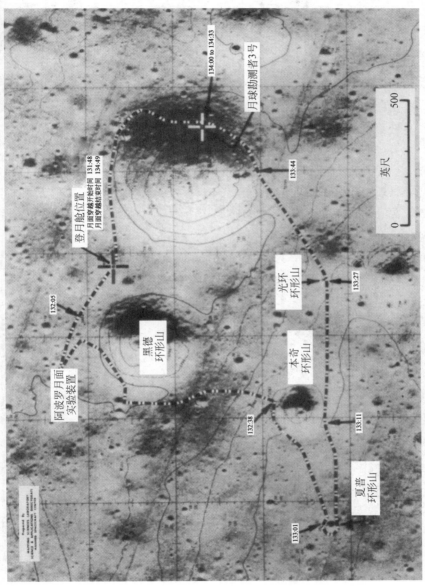

康拉德和比恩远距离穿越的路线（感谢美国地质勘探局）

穿越途中比恩用手动工具架采集样本

康拉德在勘测者 3 号探测器旁，登月舱在环形山边缘外

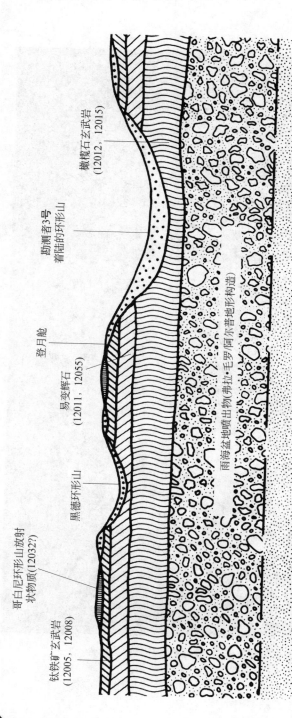

阿波罗 12 号着陆点的东-西横断面示意图显示，几个玄武岩熔岩流覆盖在主盆地的原有喷出物上（经 J. M. 罗兹修改，"阿波罗 12 号月海玄武岩的化学成分：岩浆类型和分馏过程"，SP-469，NASA，1984）。雨海喷出物的存在是推断出的，雨海前的巨大风化层在其下面。数字指采集的样本编号，这些样本不代表着陆点着陆所推断存在的各个地质单元。"登月舱"指登月舱着陆点（感谢月球和行星研究所及剑桥大学出版社）。

勘测者3号着陆的环形山

登月舱

橄榄石玄武岩
(12012, 12015)

易变辉石
(12011, 12055)

黑德环形山

哥白尼环形山放射状物质(12032?)

钛铁矿玄武岩
(12005, 12008)

雨海盆地喷出物(弗拉·毛罗/阿尔普地形构造)

雨海前的巨大风化层(12013?)

5. 使用 S-IVB 级残余推进剂和辅助推进系统,借助月球引力将用尽的 S-IVB 级和仪器单元送入太阳轨道。没有完成,S-IVB 级/仪器单元没能进入太阳轨道。

6. 排放和清空所有剩余的气体和液体,对 S-IVB 级/仪器单元进行安全处理。完成。

飞船的主要目标:

1. 实施月球地质学检查与勘测,并在月海区域采样。完成。

2. 展开阿波罗月面实验装置与月震事件记录装置。完成。

(a) S-031:无源月震实验。

(b) S-034:月球表面磁力计实验。

(c) S-035:太阳风光谱仪实验。

(d) S-036:超热离子探测器实验。

(e) S-058:冷负离子测量仪实验。

3. 研究与定点着陆能力有关的技术。完成。

4. 进一步开发人类在月球环境中工作的能力。完成。

5. 拍摄候选探索区域的照片。完成。

飞船的详细目标:

1. 随机采集样本。完成。

2. 月球表面舱外活动。完成。

3. 为便携式生命保障系统再次充电。完成。

4. 选择性的样本采集。完成。

5. 拍摄候选探索区域的照片。

(a) 在两个圈次内对飞越的 3 个区域进行全区 70 毫米相机立体拍摄,并在第一圈内同时用六分仪顺序拍摄 16 毫米照片。部分完成。第一圈 70 毫米相机拍摄和同时进行的 16 毫米六分仪顺序拍摄完成。但必需进行的重复高分辨率拍摄时间不足,没能完成第二圈的立体拍摄。

(b) 在接下来的两个连续轨道圈次内,对包括三个着陆点在内的一连串 4 个地标进行了地标跟踪测量,包括拍摄立体照片。部分完成。完成了第一系列的拍摄。但没有足够的时间进行重复高分辨率拍摄,没能完成第二系列的拍摄。现场决策赋予地标跟踪更高的优先级,因此对与弗拉·毛罗和笛卡儿两个地区有关的地标进行了跟踪,并在第二圈完成了大约四分之一的立体拍摄工作量。

(c) 用 500 毫米镜头拍摄高分辨率照片,以及其他的高分辨率倾斜照片。部分完成。由于乘组的错误,第一组照片拍摄了赫歇尔地区而不是拉朗德地区。由于相机故障,第一次对弗拉·毛罗和笛卡儿地区的高分辨率照片拍摄尝试失败。在第二次尝试中,拍摄到了弗拉·毛罗环形山和笛卡儿略微偏东的区域。

6. 月球表面特性。完成。

7. 月球环境可视性。完成。

8. 登月舱着陆位置。完成。

9. 全程拍照。完成。

10. 电视拍摄。

(a)乘员下降到月球表面的过程。完成。

(b)登月舱的外观。没有完成,摄像机从存贮箱中刚一取出就损坏了。

(c)登月舱附近的月面。没有完成,摄像机从存贮箱中刚一取出就损坏了。

(d)远处地形特征的全景。没有完成,摄像机从存贮箱中刚一取出就损坏了。

(e)舱外活动期间的一个乘员。没有完成,摄像机从存贮箱中刚一取出就损坏了。

11. 调查勘测者3号。完成。

12. 月面测量参考点更新。完成。

实验

1. S-059:月球野外地质。完成。

2. S-080:太阳风构成。完成。

3. S-158:月球多光谱拍摄。完成。

4. T-029:驾驶员描述功能。完成。

5. M-515:月尘探测器。完成。

任务时间表

阿波罗 12 号任务事件	飞行地面时间 (时:分:秒)	日期 (格林尼治时间)	时间 (时:分:秒)
倒计时开始	−098:00:00	1969 年 11 月 09 日	00:00:00
射前 66 小时开始计划内的 12 小时中断	−066:00:00	1969 年 11 月 10 日	07:00:00
射前 66 小时倒计时重启	−066:00:00	1969 年 11 月 10 日	20:00:00
射前 48 小时开始计划内的 16 小时中断	−048:00:00	1969 年 11 月 11 日	08:00:00

续表

阿波罗 12 号任务事件	飞行地面时间（时：分：秒）	日期（格林尼治时间）	时间（时：分：秒）
射前 48 小时倒计时重启	−048:00:00	1969 年 11 月 12 日	00:00:00
最终倒计时开始	−028:00:00	1969 年 11 月 13 日	02:00:00
射前 17 小时开始计划外的 6 小时中断，替换发生泄漏的指令勤务舱 LH_2 2 号贮箱	−017:00:00	1969 年 11 月 13 日	13:00:00
射前 17 小时倒计时重启	−017:00:00	1969 年 11 月 13 日	19:00:00
射前 9 小时开始计划内的 9 小时 22 分钟中断（为了避免发射延误，压缩了 6 个小时）	−009:00:00	1969 年 11 月 14 日	03:00:00
射前 9 小时倒计时重启	−009:00:00	1969 年 11 月 14 日	06:22:00
射前 3 小时 30 分钟开始计划内的 1 小时中断	−003:30:00	1969 年 11 月 14 日	11:52:00
射前 3 小时 30 分钟倒计时重启	−003:30:00	1969 年 11 月 14 日	12:52:00
制导基准发布	−000:00:16.968	1969 年 11 月 14 日	16:21:43
S-IC 级发动机开机指令	−000:00:08.9	1969 年 11 月 14 日	16:21:51
S-IC 级发动机点火（♯5）	−000:00:06.5	1969 年 11 月 14 日	16:21:53
所有 S-IC 级发动机推力正常	−000:00:01.4	1969 年 11 月 14 日	16:21:58
发射时间	000:00:00.00	1969 年 11 月 14 日	16:22:00
所有牵制臂释放（第一次动作）（1.09g）	000:00:00.25	1969 年 11 月 14 日	16:22:00
起飞（脐带脱落）	000:00:00.68	1969 年 11 月 14 日	16:22:00
避发射塔架偏航机动开始	000:00:02.4	1969 年 11 月 14 日	16:22:02
偏航机动结束	000:00:10.2	1969 年 11 月 14 日	16:22:10
俯仰和滚动机动开始	000:00:12.8	1969 年 11 月 14 日	16:22:12
滚动机动结束	000:00:32.3	1969 年 11 月 14 日	16:22:32
第一次电子干扰（闪电）	000:00:36.5	1969 年 11 月 14 日	16:22:36
第二次电子干扰（闪电）	000:00:52	1969 年 11 月 14 日	16:22:52
达到马赫数为 1	000:01:06.1	1969 年 11 月 14 日	16:23:06
达到最大弯曲力矩（37 000 000 磅力-英寸）	000:01:17.5	1969 年 11 月 14 日	16:23:17
最大动压（682.95 磅/平方英尺）	000:01:21.1	1969 年 11 月 14 日	16:23:21
S-IC 级中心发动机关机指令	000:02:15.24	1969 年 11 月 14 日	16:24:15
燃料电池恢复向总线供电	000:02:22	1969 年 11 月 14 日	16:24:22
俯仰机动结束	000:02:38.1	1969 年 11 月 14 日	16:24:38
S-IC 级外围发动机关机	000:02:41.74	1969 年 11 月 14 日	16:24:41

阿波罗 12 号任务事件	飞行地面时间 （时：分：秒）	日期 （格林尼治时间）	时间 （时：分：秒）
S-ⅠC 级最大总惯性加速度 （3.91g）	000：02：41.82	1969 年 11 月 14 日	16：24：41
S-ⅠC 级最大地球固连坐标系 速度	000：02：42.18	1969 年 11 月 14 日	16：24：42
S-ⅠC/S-Ⅱ 级分离指令	000：02：42.4	1969 年 11 月 14 日	16：24：42
S-Ⅱ 级发动机开机指令	000：02：43.17	1969 年 11 月 14 日	16：24：43
S-Ⅱ 级点火	000：02：43.2	1969 年 11 月 14 日	16：24：43
抛 S-Ⅱ 级后级间段	000：03：12.4	1969 年 11 月 14 日	16：25：12
抛发射逃逸塔	000：03：17.9	1969 年 11 月 14 日	16：25：17
迭代制导模式启动	000：03：22.5	1969 年 11 月 14 日	16：25：22
S-ⅠC 级最高点	000：04：35.6	1969 年 11 月 14 日	16：26：35
S-Ⅱ 级中心发动机关机	000：07：40.75	1969 年 11 月 14 日	16：29：40
S-Ⅱ 级最大总惯性加速度（1.83g）	000：07：40.83	1969 年 11 月 14 日	16：29：40
S-Ⅱ 级外围发动机关机	000：09：12.34	1969 年 11 月 14 日	16：31：12
S-Ⅱ 级最大地球固连坐标系速 度，S-Ⅱ/S-ⅣB 级分离指令	000：09：13.20	1969 年 11 月 14 日	16：31：13
S-ⅣB 级第一次点火开机指令	000：09：13.30	1969 年 11 月 14 日	16：31：13
S-ⅠC 级落地（理论值）	000：09：14.5	1969 年 11 月 14 日	16：31：14
S-ⅣB 级第一次点火启动	000：09：16.60	1969 年 11 月 14 日	16：31：16
抛 S-ⅣB 级正推发动机壳体	000：09：25.1	1969 年 11 月 14 日	16：31：25
S-Ⅱ 级最高点	000：09：41.7	1969 年 11 月 14 日	16：31：41
S-ⅣB 级第一次点火关机	000：11：33.91	1969 年 11 月 14 日	16：33：33
S-ⅣB 级第一次点火最大总惯性 加速度（0.69g）	000：11：33.99	1969 年 11 月 14 日	16：33：34
进入地球轨道，S-ⅣB 级第一次 点火最大地球固连坐标系速度	000：11：43.91	1969 年 11 月 14 日	16：33：43
机动到当地水平姿态开始	000：11：54.2	1969 年 11 月 14 日	16：33：54
在轨导航开始	000：13：15.1	1969 年 11 月 14 日	16：35：15
S-Ⅱ 级落地（理论值）	000：20：21.6	1969 年 11 月 14 日	16：42：21
S-ⅣB 级第二次点火重启准备	002：37：44.50	1969 年 11 月 14 日	18：59：44
S-ⅣB 级第二次点火重启指令	002：47：15.10	1969 年 11 月 14 日	19：09：15
S-ⅣB 级第二次点火启动	002：47：22.80	1969 年 11 月 14 日	19：09：22
S-ⅣB 级第二次点火关机	002：53：03.94	1969 年 11 月 14 日	19：15：03
S-ⅣB 级第二次点火最大总惯性 加速度（1.48g）	002：53：04.02	1969 年 11 月 14 日	19：15：04

续表

阿波罗 12 号任务事件	飞行地面时间 （时：分：秒）	日期 （格林尼治时间）	时间 （时：分：秒）
S-ⅣB 级第二次点火最大地球固连坐标系速度	002:53:04.32	1969 年 11 月 14 日	19:15:04
S-ⅣB 级安全处理程序开始	002:53:04.6	1969 年 11 月 14 日	19:15:04
进入地月转移轨道	002:53:13.94	1969 年 11 月 14 日	19:15:13
机动到当地水平姿态开始，在轨导航开始	002:53:24.4	1969 年 11 月 14 日	19:15:24
第一次 LH$_2$ 贮箱 CVS 打开	002:54:20	1969 年 11 月 14 日	19:16:20
冷氦排空开始	002:54:55	1969 年 11 月 14 日	19:16:55
第一次 LOX 贮箱 NPV 阀门关闭	002:57:05	1969 年 11 月 14 日	19:19:05
第二次 LH$_2$ 贮箱栓阀打开	003:04:00	1969 年 11 月 14 日	19:26:00
第一次 LH$_2$ 贮箱栓阀关闭	003:08:03.9	1969 年 11 月 14 日	19:30:03
调头和对接姿态机动开始	003:08:05.0	1969 年 11 月 14 日	19:30:05
冷氦排空完毕	003:08:30	1969 年 11 月 14 日	19:30:30
第一次 LH$_2$ 贮箱 CVS 关闭	003:09:05	1969 年 11 月 14 日	19:31:05
指令勤务舱与 S-ⅣB 级分离	003:18:04.9	1969 年 11 月 14 日	19:40:04
电视传输开始	003:25	1969 年 11 月 14 日	19:47
指令勤务舱与登月舱/S-ⅣB 级对接	003:26:53.3	1969 年 11 月 14 日	19:48:53
发动机启动贮箱排空开始	003:53:04.9	1969 年 11 月 14 日	20:15:04
外围二次加压氦排空开始	003:53:05	1969 年 11 月 14 日	20:15:05
冷氦排空开始	003:54:00	1969 年 11 月 14 日	20:16:00
外围二次加压氦排空结束	003:54:07	1969 年 11 月 14 日	20:16:07
发动机启动贮箱排空结束	003:55:34.9	1969 年 11 月 14 日	20:17:34
第二次 LH$_2$ 贮箱栓阀关闭	003:56:35	1969 年 11 月 14 日	20:18:35
冷氦排空结束	004:08:35	1969 年 11 月 14 日	20:30:35
指令勤务舱/登月舱从 S-ⅣB 级弹射出去	004:13:00.9	1969 年 11 月 14 日	20:35:00
从 S-ⅣB 级燃烧区域观察并拍摄两次排放开始	004:19:20	1969 年 11 月 14 日	20:41:20
机动到躲避姿态开始	004:20:00	1969 年 11 月 14 日	20:42:00
机动到躲避姿态结束	004:23:20	1969 年 11 月 14 日	20:45:20
第一次 APS 躲避机动点火/S-ⅣB 级控制氦排空开始	004:26:40	1969 年 11 月 14 日	20:48:40
观察并拍摄 S-ⅣB 级排放结束	004:26:40	1969 年 11 月 14 日	20:48:40
冷氦排空开始	004:26:41.2	1969 年 11 月 14 日	20:48:41

阿波罗 12 号任务事件	飞行地面时间 （时：分：秒）	日期 （格林尼治时间）	时间 （时：分：秒）
电视传输结束	004:28	1969 年 11 月 14 日	20:50
第一次 APS 躲避机动关机	004:28:00	1969 年 11 月 14 日	20:50:00
S-ⅣB 级 APS 残留液躲避机动开始	004:28:01.4	1969 年 11 月 14 日	20:50:01
S-ⅣB 级 APS 残留液躲避机动结束	004:29:21.4	1969 年 11 月 14 日	20:51:21
S-ⅣB 级借助月球引力机动——推进 LH_2 排放（CVS）	004:36:20.4	1969 年 11 月 14 日	20:58:20
为进入太阳轨道，S-ⅣB 级机动到借助月球引力姿态启动	004:36:21.0	1969 年 11 月 14 日	20:58:21
S-ⅣB 级借助月球引力机动——LOX 排空打开	004:48:00.2	1969 年 11 月 14 日	21:10:00
S-ⅣB 级借助月球引力机动——LOX 排空结束	004:48:58.2	1969 年 11 月 14 日	21:10:58
第二次 LOX 贮箱 NPV 阀门打开	004:49:00	1969 年 11 月 14 日	21:11:00
第三次 LH_2 栓阀打开	004:50:07.2	1969 年 11 月 14 日	21:12:07
冷氦排空结束	004:50:50	1969 年 11 月 14 日	21:12:50
发动机控制氦排空开始	004:58:00	1969 年 11 月 14 日	21:20:00
发动机控制氦排空停止	005:05:30	1969 年 11 月 14 日	21:27:30
S-ⅣB 级借助月球引力机动——APS 正推发动机点火（计划内）	005:23:20.4	1969 年 11 月 14 日	21:45:20
级控制氦排空停止	005:26:40	1969 年 11 月 14 日	21:48:40
S-ⅣB 级借助月球引力机动——APS 正推发动机关机	005:28:20.4	1969 年 11 月 14 日	21:50:20
地面控制 APS 点火	005:29:10	1969 年 11 月 14 日	21:51:00
S-ⅣB 级借助月球引力机动——APS 正推发动机点火（计划外）	005:29:13.2	1969 年 11 月 14 日	21:51:13
地面控制 APS 关机	005:33:40	1969 年 11 月 14 日	21:55:40
S-ⅣB 级借助月球引力机动——APS 正推发动机关机	005:33:43.2	1969 年 11 月 14 日	21:55:43
S-ⅣB 级机动到通信姿态开始	005:36:37.0	1969 年 11 月 14 日	21:58:37
登月舱驾驶员进入登月舱	007:20	1969 年 11 月 14 日	23:42
登月舱检查	007:30	1969 年 11 月 14 日	23:52
登月舱驾驶员进入指令舱	008:10	1969 年 11 月 15 日	00:32
登月舱驾驶员进入登月舱	010:40	1969 年 11 月 15 日	03:02

阿波罗 12 号任务事件	飞行地面时间 （时：分：秒）	日期 （格林尼治时间）	时间 （时：分：秒）
登月舱驾驶员进入指令舱	010：50	1969 年 11 月 15 日	03：12
电视传输开始	030：18	1969 年 11 月 15 日	22：40
中途修正点火	030：52：44.36	1969 年 11 月 15 日	23：14：44
中途修正关机	030：52：53.55	1969 年 11 月 15 日	23：14：53
电视传输结束	031：05	1969 年 11 月 15 日	23：27
电视传输开始	062：52	1969 年 11 月 17 日	07：14
登月舱驾驶员进入登月舱	063：10	1969 年 11 月 17 日	07：32
登月舱驾驶员进入指令舱	063：45	1969 年 11 月 17 日	08：07
电视传输结束	063：48	1969 年 11 月 17 日	08：10
等势球面	068：30：00	1969 年 11 月 17 日	12：52：00
交会雷达转发器激活并自检	079：35	1969 年 11 月 17 日	23：57
为进入月球轨道机动进行系统检查	082：00	1969 年 11 月 18 日	02：22
进入月球轨道点火	083：25：23.36	1969 年 11 月 18 日	03：47：23
进入月球轨道关机	083：31：15.61	1969 年 11 月 18 日	03：53：15
电视传输开始	084：00	1969 年 11 月 18 日	04：22
电视传输结束	084：33	1969 年 11 月 18 日	04：55
S-ⅣB 级距离月面最近	085：48	1969 年 11 月 18 日	06：10
为月球轨道圆化机动进行系统检查	086：30	1969 年 11 月 18 日	06：52
月球轨道圆化点火	087：48：48.08	1969 年 11 月 18 日	08：10：48
月球轨道圆化关机	087：49：04.99	1969 年 11 月 18 日	08：11：05
登月舱驾驶员进入登月舱	089：20	1969 年 11 月 18 日	09：42
登月舱激活并检测	089：45	1969 年 11 月 18 日	10：07
登月舱关闭,登月舱驾驶员回到指令舱	090：30	1969 年 11 月 18 日	10：52
登月舱驾驶员进入登月舱	103：45	1969 年 11 月 19 日	00：07
登月舱系统检查	104：04	1969 年 11 月 19 日	00：26
指令长进入登月舱	104：20	1969 年 11 月 19 日	00：42
登月舱系统检查	104：30	1969 年 11 月 19 日	00：52
登月舱驾驶员进入指令舱	104：40	1969 年 11 月 19 日	01：02
登月舱驾驶员进入登月舱,系统检查	105：00	1969 年 11 月 19 日	01：22
电视传输开始	107：50	1969 年 11 月 19 日	04：12
指令勤务舱/登月舱脱离	107：54：02.3	1969 年 11 月 19 日	04：16：02

阿波罗 12 号任务事件	飞行地面时间 （时：分：秒）	日期 （格林尼治时间）	时间 （时：分：秒）
指令勤务舱/登月舱分离机动点火	108：24：36.8	1969 年 11 月 19 日	04：46：36
指令勤务舱/登月舱分离机动关机	108：24：51.2	1969 年 11 月 19 日	04：46：51
电视传输结束	108：30	1969 年 11 月 19 日	04：52
登月舱进入下降轨道点火（DPS）	109：23：39.9	1969 年 11 月 19 日	05：45：39
登月舱进入下降轨道关机	109：24：08.9	1969 年 11 月 19 日	05：46：08
登月舱动力下降发动机点火	110：20：38.1	1969 年 11 月 19 日	06：42：38
登月舱节流阀开	110：21：05	1969 年 11 月 19 日	06：43：05
登月舱着陆点修正启动	110：22：03	1969 年 11 月 19 日	06：44：03
登月舱着陆点修正进入	110：22：27	1969 年 11 月 19 日	06：44：27
登月舱着陆雷达姿态锁定	110：24：00	1969 年 11 月 19 日	06：46：00
登月舱着陆雷达速度锁定	110：24：04	1969 年 11 月 19 日	06：46：04
登月舱"允许着陆雷达更新"进入	110：24：09	1969 年 11 月 19 日	06：46：09
登月舱状态矢量更新许可	110：24：25	1969 年 11 月 19 日	06：46：25
登月舱"允许着陆雷达更新"退出	110：24：31	1969 年 11 月 19 日	06：46：31
登月舱应急制导系统高度更新	110：26：08	1969 年 11 月 19 日	06：48：08
登月舱速度更新开始	110：26：24	1969 年 11 月 19 日	06：48：24
登月舱 X 轴翻转禁止	110：26：39	1969 年 11 月 19 日	06：48：39
登月舱节流阀恢复	110：27：01	1969 年 11 月 19 日	06：49：01
登月舱应急制导系统高度更新	110：27：26	1969 年 11 月 19 日	06：49：26
登月舱进入接近段	110：29：11	1969 年 11 月 19 日	06：51：11
登月舱着陆点指示器开启	110：29：14	1969 年 11 月 19 日	06：51：14
登月舱着陆雷达天线调整到 2 号位置	110：29：18	1969 年 11 月 19 日	06：51：18
登月舱应急制导系统高度更新	110：29：20	1969 年 11 月 19 日	06：51：20
登月舱重新指定落点靠右	110：29：44	1969 年 11 月 19 日	06：51：44
登月舱着陆雷达切换到低量程标度	110：29：47	1969 年 11 月 19 日	06：51：47
登月舱重新指定落点延长	110：30：02	1969 年 11 月 19 日	06：52：02
登月舱重新选定落点延长	110：30：06	1969 年 11 月 19 日	06：52：06
登月舱重新指定落点靠右	110：30：12	1969 年 11 月 19 日	06：52：12
登月舱重新选定落点缩短	110：30：30	1969 年 11 月 19 日	06：52：30
登月舱重新指定落点靠右	110：30：42	1969 年 11 月 18 日（此处原著疑有误，应为 19 日，译者注）	06：52：42

阿波罗 12 号任务事件	飞行地面时间 （时：分：秒）	日期 （格林尼治时间）	时间 （时：分：秒）
登月舱选用姿态保持模式	110：30：46	1969 年 11 月 19 日	06：52：46
登月舱进入下降着陆段速度	110：30：50	1969 年 11 月 19 日	06：52：50
登月舱着陆雷达数据丢弃	110：31：18	1969 年 11 月 19 日	06：53：18
登月舱着陆雷达数据恢复	110：31：24	1969 年 11 月 19 日	06：53：24
登月舱着陆雷达数据丢弃	110：31：27	1969 年 11 月 19 日	06：53：27
登月舱着陆雷达数据恢复	110：31：37	1969 年 11 月 19 日	06：53：37
第一次拍摄到下降发动机扬起月尘	110：31：44	1969 年 11 月 19 日	06：53：44
登月舱 2 号贮箱燃料储量低指示灯提前点亮	110：31：59.6	1969 年 11 月 19 日	06：53：59
登月舱着陆雷达数据丢失	110：32：00	1969 年 11 月 19 日	06：54：00
登月舱着陆雷达数据恢复	110：32：04	1969 年 11 月 19 日	06：54：04
月尘完全遮蔽了着陆点	110：32：11	1969 年 11 月 19 日	06：54：11
登月舱动力下降发动机关机	110：32：35.1	1969 年 11 月 19 日	06：54：35
登月舱月面着陆	110：32：36.2	1969 年 11 月 19 日	06：54：36
第一次 EVA 开始（出舱时间）	115：10：35	1969 年 11 月 19 日	11：32：35
指令长到达月面。熟悉环境	115：22：22	1969 年 11 月 19 日	11：44：22
随机采集样本（指令长），拍摄指令长的活动（登月舱驾驶员）	115：25：41	1969 年 11 月 19 日	11：47：41
传递设备包（登月舱驾驶员向指令长）	115：38：53	1969 年 11 月 19 日	12：00：53
随机采样点拍照（指令长）	115：46：57	1969 年 11 月 19 日	12：08：57
登月舱驾驶员出舱	115：49：41	1969 年 11 月 19 日	12：11：41
登月舱驾驶员到达月面	115：51：50	1969 年 11 月 19 日	12：13：50
S 频段天线展开（指令长）	116：09：38	1969 年 11 月 19 日	12：31：38
太阳风组成实验展开（登月舱驾驶员）	116：13：17	1969 年 11 月 19 日	12：35：17
美国国旗展开（指令长）	116：19：31	1969 年 11 月 19 日	12：41：31
全景拍摄完成（指令长）	116：25：51	1969 年 11 月 19 日	12：47：51
登月舱检查完成（登月舱驾驶员）	116：31：46	1969 年 11 月 19 日	12：53：46
卸载实验箱（指令长、登月舱驾驶员）	116：32	1969 年 11 月 19 日	12：54
转运实验箱（指令长、登月舱驾驶员）	116：52	1969 年 11 月 19 日	13：14
展开实验箱（指令长），并将其激活（登月舱驾驶员）	117：01	1969 年 11 月 19 日	13：23

阿波罗 12 号任务事件	飞行地面时间 （时：分：秒）	日期 （格林尼治时间）	时间 （时：分：秒）
开始返回（指令长、登月舱驾驶员）	118:00	1969 年 11 月 19 日	14:22
采样容器打包开始（指令长）	118:27	1969 年 11 月 19 日	14:49
岩心管样本采集（登月舱驾驶员）	118:35	1969 年 11 月 19 日	14:57
登月舱驾驶员爬上舷梯准备进舱	118:50:46	1969 年 11 月 19 日	15:12:46
登月舱驾驶员进舱	118:52:18	1969 年 11 月 19 日	15:14:18
设备转移包进舱（指令长递给登月舱驾驶员）	118:56:19	1969 年 11 月 19 日	15:18:19
样本回收容器进舱（指令长递给登月舱驾驶员）	118:58:30	1969 年 11 月 19 日	15:20:30
指令长踏上支架脚垫	119:02:11	1969 年 11 月 19 日	15:24:11
指令长进舱	119:05:17	1969 年 11 月 19 日	15:27:17
第一次 EVA 结束（舱门关闭）	119:06:38	1969 年 11 月 19 日	15:28:38
指令勤务舱轨道面变更点火（SPS）	119:47:13.23	1969 年 11 月 19 日	16:09:13
指令勤务舱轨道面变更关机	119:47:31.46	1969 年 11 月 19 日	16:09:31
对第一次 EVA 进行报告	120:45	1969 年 11 月 19 日	17:07
第二次 EVA 开始（出舱）	131:32:45	1969 年 11 月 20 日	03:54:45
登月舱驾驶员对指令长下降到月面进行安全监视	131:35	1969 年 11 月 20 日	03:57
指令长踏上月面	131:37	1969 年 11 月 20 日	03:59
指令长转运设备包	131:39	1969 年 11 月 20 日	04:01
指令长准备徒步穿越，登月舱驾驶员出舱	131:44	1969 年 11 月 20 日	04:06
登月舱驾驶员对照图表拍照	131:49	1969 年 11 月 20 日	04:11
初次地质穿越开始（指令长）	132:00	1969 年 11 月 20 日	04:22
初次地质穿越开始（登月舱驾驶员）	132:11	1969 年 11 月 20 日	04:33
岩心管样本采集（指令长）	133:23	1969 年 11 月 20 日	05:45
最后一次地质穿越开始（指令长）	133:36	1969 年 11 月 20 日	05:58
检查勘测者探测器（指令长、登月舱驾驶员）	133:53	1969 年 11 月 20 日	06:15
样本容器打包并拍摄近景照片（登月舱驾驶员）	134:46	1969 年 11 月 20 日	07:08
回收太阳风组成实验装置	134:55	1969 年 11 月 20 日	07:17

阿波罗 12 号任务事件	飞行地面时间 （时∶分∶秒）	日期 （格林尼治时间）	时间 （时∶分∶秒）
进舱（登月舱驾驶员）	135∶08	1969 年 11 月 20 日	07∶30
传递设备（指令长递给登月舱驾驶员）	135∶11	1969 年 11 月 20 日	07∶33
开始进舱（指令长）	135∶20	1969 年 11 月 20 日	07∶42
第二次 EVA 结束（进舱完毕）	135∶22∶00	1969 年 11 月 20 日	07∶44∶00
抛掉登月舱设备	136∶55	1969 年 11 月 20 日	09∶17
对第二次 EVA 进行简短报告	138∶20	1969 年 11 月 20 日	10∶42
登月舱月面起飞点火（LM APS）	142∶03∶47.78	1969 年 11 月 20 日	14∶25∶47
登月舱上升级进入月球轨道	142∶10∶59.9	1969 年 11 月 20 日	14∶32∶59
登月舱上升级关机	142∶11∶01.78	1969 年 11 月 20 日	14∶33∶01
登月舱 RCS 修正点火（由于上升期间超时燃烧）关机	142∶11∶51.78	1969 年 11 月 20 日	14∶33∶51
登月舱共椭圆序列启动点火	143∶01∶51.0	1969 年 11 月 20 日	15∶23∶51
登月舱共椭圆序列启动关机	143∶02∶32.1	1969 年 11 月 20 日	15∶24∶32
登月舱恒定高度差机动点火	144∶00∶02.6	1969 年 11 月 20 日	16∶22∶02
登月舱恒定高度差机动关机	144∶00∶15.6	1969 年 11 月 20 日	16∶22∶15
登月舱末段启动点火	144∶36∶26	1969 年 11 月 20 日	16∶58∶26
登月舱末段启动关机	144∶36∶52	1969 年 11 月 20 日	16∶58∶52
登月舱第一次中途修正	144∶51∶29	1969 年 11 月 20 日	17∶13∶29
登月舱第二次中途修正	145∶06∶29	1969 年 11 月 20 日	17∶28∶29
末段定型点火	145∶19∶29.3	1969 年 11 月 20 日	17∶41∶29
末段定型关机	145∶20∶07.3	1969 年 11 月 20 日	17∶42∶07
指令勤务舱/登月舱对接	145∶36∶20.2	1969 年 11 月 20 日	17∶58∶20
指令长进入指令舱	147∶05	1969 年 11 月 20 日	19∶27
登月舱驾驶员进入指令舱	147∶20	1969 年 11 月 20 日	19∶42
抛掉登月舱上升级	147∶59∶31.6	1969 年 11 月 20 日	20∶21∶31
登月舱上升级分离机动点火	148∶04∶30.9	1969 年 11 月 20 日	20∶26∶30
登月舱上升级分离机动关机	148∶04∶36.3	1969 年 11 月 20 日	20∶26∶36
登月舱上升级离轨点火	149∶28∶14.8	1969 年 11 月 20 日	21∶50∶14
登月舱上升级离轨关机	149∶29∶36.9	1969 年 11 月 20 日	21∶51∶36
登月舱上升级坠落在月面	149∶55∶17.7	1969 年 11 月 20 日	22∶17∶17
指令勤务舱月球轨道面变更点火	159∶04∶45.47	1969 年 11 月 21 日	07∶26∶45
指令勤务舱月球轨道面变更关机	159∶05∶04.72	1969 年 11 月 21 日	07∶27∶04
指令勤务舱地标跟踪与拍摄	160∶15	1969 年 11 月 21 日	08∶37
指令勤务舱地标跟踪与拍摄	165∶05	1969 年 11 月 21 日	13∶27

阿波罗 12 号任务事件	飞行地面时间 （时：分：秒）	日期 （格林尼治时间）	时间 （时：分：秒）
指令勤务舱地标跟踪与拍摄	166:50	1969 年 11 月 21 日	15:12
指令勤务舱地标跟踪与拍摄	171:20	1969 年 11 月 21 日	19:42
进入月地转移轨道点火（SPS）	172:27:16.81	1969 年 11 月 21 日	20:49:16
进入月地转移轨道关机	172:29:27.13	1969 年 11 月 21 日	20:51:27
电视传输开始	172:45	1969 年 11 月 21 日	21:07
电视传输结束	173:23	1969 年 11 月 21 日	21:45
中途修正点火	188:27:15.8	1969 年 11 月 22 日	12:49:15
中途修正关机	188:27:20.2	1969 年 11 月 22 日	12:49:20
高增益天线实验开始	191:15	1969 年 11 月 22 日	15:37
高增益天线实验结束	194:00	1969 年 11 月 22 日	18:22
高增益天线实验开始	214:00	1969 年 11 月 23 日	14:22
高增益天线实验结束	216:40	1969 年 11 月 23 日	17:02
电视传输开始	224:07	1969 年 11 月 24 日	00:29
电视传输结束	224:44	1969 年 11 月 24 日	01:06
中途修正点火	241:21:59.7	1969 年 11 月 24 日	17:43:59
中途修正关机	241:22:05.4	1969 年 11 月 24 日	17:44:05
指令舱/勤务舱分离	244:07:20.1	1969 年 11 月 24 日	20:29:20
再入	244:22:19.09	1969 年 11 月 24 日	20:44:19
回收船船载雷达发现指令舱	244:24	1969 年 11 月 24 日	20:46
救援飞机 S 频段雷达发现指令舱	244:28	1969 年 11 月 24 日	20:50
制动降落伞打开	244:30:39.7	1969 年 11 月 24 日	20:52:39
回收部队发现了指令舱 VHF 回收信标信号	244:31	1969 年 11 月 24 日	20:53
主降落伞打开	244:31:30.2	1969 年 11 月 24 日	20:53:30
飞机和回收船与指令舱建立 VHF 话音通信链路	244:32	1969 年 11 月 24 日	20:54
溅落（顶端朝下）	244:36:25	1969 年 11 月 24 日	20:58:25
指令舱恢复顶端朝上姿态	244:40:51	1969 年 11 月 24 日	21:02:51
蛙人到达指令舱	244:46	1969 年 11 月 24 日	21:08
环形浮囊充气	244:53	1969 年 11 月 24 日	21:15
舱门打开传递口罩	245:14	1969 年 11 月 24 日	21:36
舱门打开乘组出舱	245:18	1969 年 11 月 24 日	21:40
乘组登上回收船	245:36	1969 年 11 月 24 日	21:58
乘组进入移动隔离设施	245:44	1969 年 11 月 24 日	22:06
指令舱从水中起吊	246:24	1969 年 11 月 24 日	22:46
指令舱进入隔离设施	247:53	1969 年 11 月 25 日	00:15

阿波罗 12 号任务事件	飞行地面时间（时：分：秒）	日期（格林尼治时间）	时间（时：分：秒）
指令舱舱门打开	248:18	1969 年 11 月 25 日	00:40
从指令舱中取出样本回收容器 1 号和 2 号	249:30	1969 年 11 月 25 日	01:52
从移动隔离设施中取出回收容器 1 号	250:52	1969 年 11 月 25 日	03:14
回收容器 1 号，保持恒温将回收容器 1 号用船运输，并将胶片空运至萨摩亚	254:18	1969 年 11 月 25 日	06:40
从移动隔离设施中取出回收容器 2 号	255:49	1969 年 11 月 25 日	08:11
回收容器 2 号，剩下的生物样本和胶片空运至萨摩亚	259:08	1969 年 11 月 25 日	11:30
回收容器 1 号，保持恒温将回收容器 1 号用船运输，并将胶片空运至得克萨斯州休斯顿	268:23	1969 年 11 月 25 日	20:45
指令舱舱门安全处理和钝化	270:01	1969 年 11 月 25 日	22:23
移动隔离设施在经过转运通道后进行安全处理	271:08	1969 年 11 月 25 日	23:30
回收容器 2 号，剩下的生物样本和胶片空运抵休斯顿。	276:26	1969 年 11 月 26 日	04:48
移动隔离设施和指令舱卸载到夏威夷	345:56	1969 年 11 月 29 日	02:18
指令舱火工品安全处理完成	352:18	1969 年 11 月 29 日	08:40
移动隔离设施运抵休斯顿埃林顿空军基地	355:28	1969 年 11 月 29 日	11:50
乘组进入休斯顿月球接收实验室	357:28	1969 年 11 月 29 日	13:50
指令舱燃料和氧化剂在夏威夷希坎姆空军基地完成钝化	405:53	1969 年 12 月 01 日	14:15
指令舱运抵月球接收实验室	435:08	1969 年 12 月 02 日	19:30
乘组隔离解除	—	1969 年 12 月 12 日	—
指令舱运抵加利福尼亚州唐尼市合同商的厂房	—	1969 年 01 月 11 日	—
地面控制阿波罗月面实验装置中心站关闭	—	1969 年 09 月 30 日	—

阿 波罗 13 号

第七次载人任务：飞行途中任务中止
（1970 年 4 月 11—17 日）

背景

　　阿波罗 13 号任务是 H 类任务，将在月球进行精确着陆并对月球进行系统探索。但是由于勤务舱两个贮箱储存的氧气完全丧失，不得不在地月转移飞行阶段中止了任务。

　　这次任务的主要目标包括：

- 进行月球学检查、勘测，以及在预先选定的落点采集月球物质；
- 展开并激活阿波罗月面实验装置；
- 进一步开发人类在月球环境下的工作能力；
- 获取备选探索区域的照片。

　　本次任务乘组的成员是指令长小詹姆斯·亚瑟·洛弗尔（美国海军），指令舱驾驶员小约翰·伦纳德·杰克·斯威格特，绰号"SWY-girt"（为避免翻译错误，对原文进行了保留，译者注），登月舱驾驶员小弗雷德·华莱士·海斯。斯威格特本来是备份的指令舱驾驶员，但原主选指令舱驾驶员托马斯·肯尼斯·肯·马丁利二世（美国海军）接触了一名患有风疹（德国麻疹）的备份乘员[①]，在计划发射日期前 8 天的任务前身体检查中发现他对这种疾病没有免疫力。结果在 4 月 10 日，即发射前一天，指定由斯威格特替代马丁利。此时斯威格特已经与主选乘组进行了数天的密集训练。洛弗尔1962 年入选宇航员，这是他的第四次太空飞行和第二次月球之旅，他是达到这一纪录的第一人。他曾经是双子座 7 号的驾驶员、双子座 12 号的指令驾驶员，以及首次前往月球的载人任务阿波罗 8 号的指令舱驾驶员。

---

　　①　小查尔斯·莫斯·杜克（美国空军）。

1928 年 3 月 25 日出生在俄亥俄州克利夫兰,执行阿波罗 13 号任务时 42 岁。1952 年在美国海军学院获得学士学位。他在该次任务中的备份宇航员是约翰·沃兹·杨(美国海军)。原指令舱驾驶员马丁利本来将执行他的第一次太空飞行任务。马丁利 1936 年 3 月 17 日出生在伊利诺伊州芝加哥,执行阿波罗 13 号任务时 34 岁。1958 年在奥本大学获得航空工程学士学位,1966 年入选宇航员。斯威格特①是第一次执行太空飞行任务。1931 年 8 月 30 日出生在科罗拉多州丹佛市,执行阿波罗 13 号任务时 38 岁。1953 年在科罗拉多大学获得机械工程学士学位,1965 年在伦斯勒理工学院获得航空学硕士学位,1967 年在哈佛大学获得工商管理硕士学位。1966 年入选宇航员。海斯也是第一次执行太空飞行任务。1933 年 11 月 14 日出生在密西西比州比洛克西,执行阿波罗 13 号任务时 36 岁。1959 年在俄克拉荷马大学获得航空工程学士学位,1966 年入选宇航员。他的备份宇航员是小查尔斯·莫斯·杜克(美国空军)。本次任务的飞船通信员是约瑟夫·彼得·科文(美国海军/MD/MC)、文斯·德沃·布兰德、杰克·罗伯特·洛斯马(美国海军陆战队)、杨和马丁利。支持乘组的成员包括洛斯马、布兰德和威廉·里德·波格(美国空军)。飞行主任是米尔顿·L.温德勒(第一班),杰拉德·D.格里芬(第二班),尤金·F.克兰兹(第三班)和格林·S.伦尼(第四班)。

　　阿波罗 13 号任务的运载火箭是"土星 V",代号 AS-508。任务的另一个代号是东靶场♯3381。指令勤务舱的代号是 CSM-109,绰号"奥德赛"。登月舱的代号是 LM-7,绰号"宝瓶座"。

着陆点

　　在阿波罗 12 号完成精确着陆后,飞行动力学小组信心十足地将目标椭圆进一步缩小,从而使下一次任务可以瞄准起伏地形中范围更小的区域。由于倾斜轨道比赤道轨道要花费更多的推进剂,为了不受制于赤道带上的狭窄区域,推进剂的裕度被放宽。而且,本次任务取消了备份着陆点。这样一来,如果发射延迟超过 3 天,就只能在太阳高度角不太理想的条件下着陆了。约束条件的放宽并没有"开放"整个月球,高纬度着陆点仍不在可选范围内,但这次放宽增加了一定的自由度。目标椭圆压缩加上约束条件减少,

---

　　① 斯威格特于 1982 年 12 月 27 日在华盛顿特区去世,死因是骨髓癌症治疗的并发症,在即将宣誓就职美国众议院议员前一周离世。同年 11 月 2 日他被选入科罗拉多州新的第六届国会选区,并获得 64% 的选票。

使人们可以更加自由地选择着陆点,进而将更多令人感兴趣的地区纳入选择范围。一些地质学家提议在依巴谷或肯索里努斯这样的大型环形山内着陆,但舆论一致认为应该选择弗拉·毛罗环形山北部的地区。1962 年 E. M. 舒梅克和 R. J. 海克曼发表了雨海盆地的地层学研究成果。为了将这张地图的范围扩展到整个月球正面,R. E. 埃格尔顿决定将外围的圆丘状地形视为雨海的喷出物,并命名为"弗拉·毛罗"地形构造。这种构造是一种单一的地形,但是它以许多独立的地块分布在盆地周边。事实上,如果加在一起,它是月球正面最大的不同寻常的地层构造单元。当代对月球早期历史的认识是基于这样的基础——雨海喷出物散落在周围数千英里内,刻画出沟渠和丛林地形。确定雨海的年代是工作日程中最重要的项目,因为由此可以"确定"很多其他地质结构。这不仅仅是研究月球的问题。月球的盆地表明,早期的太阳系是一个不断变化的环境。如果月球经历了这种"狂轰滥炸",那么地球也很难幸免。研究月球会使我们更深入地了解自己行星的早期历史。由于地壳板块构造的循环运动,地球这一阶段的记录正在消失。相比之下,月球由于内在的稳定性,月表形貌几乎数十亿年没有变化。当前的任务就是在圆丘状地形中找到一个环形山,这个环形山要有一条清晰的方便登月舱从东接近的路径,并且在一英里左右的范围内可以找到带有清晰边界的着陆点。最终选定弗拉·毛罗环形山北侧 22 海里处一块直径为 1 200 英尺的洼地。这是那种之前在选择"安全"着陆点时曾排除过的地形,着陆点选择者们面临着一项艰巨任务,即仅仅用目前拥有的 4 张高分辨率照片来确认这块区域可以着陆,这几张照片是月球轨道器 3 号出于"科学兴趣"拍摄的。不过这片区域刚好处于风暴洋的东侧,当阿波罗 12 号飞过时,区域内的日照条件很好,使飞船得以拍摄到额外的照片。1969 年 12 月 10 日,弗拉·毛罗地区被最终确定为阿波罗 13 号飞船的着陆点。这个"钻孔"一样的环形山因其形状被命名为"圆锥"。距环形山西侧 1 000 码一片相对平整的区域是着陆的最佳地形,但这里距离圆锥环形山碎片区的边缘实在太近了,为了使目标便于下降时的计算,特意将着陆点放到距离环形山两倍这么远。圆锥环形山对地质学研究目标至关重要,因此将着陆点放至距环形山步行距离以外没有任何优势。该着陆点完全符合 H 类任务标准的单一特征要求。它在地层学上应该与月球正面的大范围特征有关,而对其进行采样需要以径向方式穿越喷出物覆盖层。按照 H 类任务的要求,阿波罗月面实验装置应该在着陆后的 4 小时内展开。这样第二天宇航员们才能专心开展长途步行探索。

发射准备

最终倒计时在射前 28 小时,即 1970 年 4 月 10 日格林尼治时间 05:00:00 开始。计划内的中断有两次,分别是射前 9 小时中断 9 小时 13 分钟和射前 3 小时 30 分钟中断 1 小时。火箭发射时,一股冷空气前锋从北大西洋中的一个低压槽延伸过来,穿过佛罗里达州北部,沿着墨西哥湾沿岸,一直到路易斯安那州南部的低压区形成稳定气团。位于佛罗里达州北部的锋面强度很弱,但位墨西哥湾和路易斯安那州西北的锋面强度正逐步增强。肯尼迪航天中心区域的地表风风力不强且一直在变化。大部分时间对流层较低部分的风力较弱,到下午早些时候,来自海面的微风使地表风转为东南偏东方向。天空中高积云四成(云底高 19 000 英尺),卷层云十成(云底高 26 000 英尺),温度为 75.9 华氏度,相对湿度为 57%,大气压力为 14.676 磅/平方英寸。通过发射场灯柱上距地面 60.0 英尺高的风速计测得风速为 12.2 节,风向为从真北起算 105 度。

阿波罗 13 号准备事件	日　　期
指令舱与勤务舱各系统厂内独立和联合测试完成	1969 年 03 月 16 日
指令舱与勤务舱各系统厂内综合测试完成	1969 年 04 月 08 日
LM-7 厂内最终工程评估验收测试	1969 年 05 月 18 日
LM-7 厂内综合测试	1969 年 05 月 18 日
S-ⅣB-508 级运抵肯尼迪航天中心	1969 年 06 月 13 日
S-ⅠC-8 级运抵肯尼迪航天中心	1969 年 06 月 16 日
S-ⅠC-8 级在 MLP♯3 起竖	1969 年 06 月 18 日
LM-7 上升级准备用船从厂内运往肯尼迪航天中心	1969 年 06 月 24 日
CM-109 和 SM-109 准备用船从厂内运往肯尼迪航天中心	1969 年 06 月 25 日
LM-7 下降级准备用船从厂内运往肯尼迪航天中心	1969 年 06 月 25 日
CM-109 和 SM-109 运抵肯尼迪航天中心	1969 年 06 月 26 日
LM-7 上升级运抵肯尼迪航天中心	1969 年 06 月 27 日
LM-7 下降级运抵肯尼迪航天中心	1969 年 06 月 28 日
S-Ⅱ-8 级运抵肯尼迪航天中心	1969 年 06 月 29 日
CM-109 和 SM-109 对接	1969 年 06 月 30 日
CSM-109 各系统联合测试完成	1969 年 07 月 07 日
土星 Ⅴ 火箭仪器单元 IU-508 运抵肯尼迪航天中心	1969 年 07 月 07 日
LM-7 各级对接	1969 年 07 月 15 日
S-Ⅱ-8 级起竖	1969 年 07 月 17 日
飞船/登月舱适配器 SLA-16 运抵肯尼迪航天中心	1969 年 07 月 18 日
LM-7 各系统联合测试完成	1969 年 07 月 22 日

阿波罗 13 号准备事件	日　　　期
S-ⅣB-508 级起竖	1969 年 07 月 31 日
IU-508 起竖	1969 年 08 月 01 日
运载火箭各电子系统测试完成	1969 年 08 月 29 日
CSM-109 高空测试完成	1969 年 09 月 12 日
LM-7 高空测试完成	1969 年 09 月 20 日
运载火箭推进剂发散/故障总体测试完成	1969 年 10 月 21 日
运载火箭勤务臂总体测试完成	1969 年 12 月 04 日
CSM-109 转运到飞行器组装厂房	1969 年 12 月 09 日
飞船起竖	1969 年 12 月 10 日
飞行器与 MLP-3 转运至 39A 发射工位	1969 年 12 月 15 日
CSM-109 各系统综合测试完成	1970 年 01 月 05 日
LM-7 各系统联合测试完成	1970 年 01 月 05 日
CSM-109 与运载火箭电气对接	1970 年 01 月 18 日
飞行器总体测试♯1(插合)完成	1970 年 01 月 20 日
LM-7 飞行准备就绪测试完成	1970 年 02 月 24 日
飞行器飞行准备就绪测试完成	1970 年 02 月 26 日
S-ⅠC-8 级 RP-1 燃料加注完成	1970 年 03 月 16 日
航天器倒计时验证测试(湿)完成	1970 年 03 月 25 日
航天器倒计时验证测试(干)完成	1970 年 03 月 26 日

上升段

阿波罗 13 号于 1970 年 4 月 11 日,格林尼治时间 19:13:00(美国东部标准时间 14:13:00)的起飞时间从肯尼迪航天中心 39 号工位 A 发射台点火升空。为了在计划的着陆时间充分利用月面 10.0 度太阳高度角的良好光照条件,发射窗口延长到格林尼治时间 22:36:00。起飞后 T+12.6 秒至 T+32.1 秒,飞行器从北偏东 90 度的发射台方位角滚动到北偏东 72.043 度的飞行方位角。上升过程中在 44 540 英尺高度遭遇最大风况,风速为 108.13 节,风向为从真北起算 252 度。最大风切变为 0.016 6/秒,高度为 50 610 英尺。S-ⅠC 级于 T+163.6 秒关机,随后 S-ⅠC 级与 S-Ⅱ级分离,S-Ⅱ级点火。由于推进与结构系统出现大幅振荡,即所谓的波哥效应,导致 S-Ⅱ级中心发动机于 T+330.64 秒关机,比计划提前了 132 秒,与预定轨道存在相当大的偏差。关机时的高度比预计低 10.7 海里,速度比预计低 5 685.3 英尺/秒。其余的 S-Ⅱ级发动机比计划多工作了 34 秒,在 T+592.64 秒关机。在 S-Ⅱ级与 S-ⅣB 级分离后,S-ⅣB 级于 T+596.90 秒点火,比计划多燃烧了 9 秒。S-ⅣB 级于 T+749.83 秒第一次关机,与预定轨道比,速度仅低了 1.9 英尺/秒,高度超出 0.2 海里。T+546.9 秒 S-ⅠC 级坠落在大西洋,落点位置为北纬 30.177 度、西经 74.605 度,距离发射场 355.3 海里。T+1 258.1 秒 S-Ⅱ 级坠落在大西洋,落点位置为北纬 32.320 度、西经 33.289 度,距离发射场 2 452.6 海里。尽管 S-Ⅱ 级中心发动机提前关机,飞船仍然在 T+759.83 秒入轨(即 S-ⅣB 级关机时间加上计入发动机尾推力终止和其他瞬时效应的 10 秒),停泊轨道的远地点和近地点分别为 100.3 海里×99.3 海里,周期为 88.19 分钟,倾角为 32.547 度,速度为 25 566.1 英尺/秒。远地点和近地点基于半径为 3 443.934 海里的球面地球计算而来。

COSPAR 将进入轨道的指令勤务舱命名为"1970-029A",将 S-ⅣB 级命名为"1970-029B"。登月舱在与指令勤务舱分离后和再入地球之前,被命名为"1970-029C"。

地球轨道段

入轨后,对运载火箭和飞船各系统进行了验证,准备进入地月转移轨道。电视传输于 001:35 开始,持续了 5.5 分钟。002:35:46.30 实施了 350.85 秒的进入地月转移轨道机动(S-ⅣB 级第二次点火)。S-ⅣB 级发动机于 002:41:37.15 关机,并于 10 秒后进入地月转移轨道。此时已经完成了 1.5 个地球轨道圈次的飞行,耗时 2 小时 29 分钟 7.3 秒,速度达到 35 538.4 英尺/秒。

地月转移段

指令勤务舱于 003:06:38.9 从 S-ⅣB 级分离出来,电视传输于 003:09 开始,持续了 72 分钟,内容包括对接、弹射和指令舱内外的景象。003:19:08.8,指令勤务舱掉头并与登月舱(仍然在 S-ⅣB 级上,译者注)对接。对接后的飞船于 004:01:00.8 从 S-ⅣB 级弹射出去。S-ⅣB 级辅助推进系统于 004:18:00.6 实施分离机动,时长 80.2 秒。在之前的月球任务中,地面通过指令控制 S-ⅣB 级借助月球引力进入太阳轨道。但是在阿波罗 13 号任务中,S-ⅣB 级则瞄准撞向月球,撞击产生的震动将由阿波罗 12 号放置的月震观测站测量,并通过遥测传回地球进行研究。005:59:59.5,S-ⅣB 级点火 217.2 秒,进行撞击月球机动。077:56:40.0,S-ⅣB 级撞击月面。震动信号持续了 3 小时 20 分钟。由于信号太强,不得不降低阿波罗 12 号月震仪的增益,以保证数据记录在量程范围内。超热离子探测器记录到撞击时的离子数量从零跳到 2 500,然后又回到零。理论上讲,撞击把月球表面的粒子送上了 200 000 英尺的高空,在那里这些粒子被太阳光电离了。撞击点的月球坐标是南纬 2.75 度、西经 27.86 度,距离瞄准点大约为 35.4 海里,距离阿波罗 12 号的月震仪大约为 73 海里。撞击时刻 S-IVB 级的质量为 29 599 磅,飞行速度为 8 465 英尺/秒。

在地月转移滑行的早期段拍摄了地球的照片,旨在为大气风的研究提供支持。第二次中途修正机动准备和实施过程的高质量电视传输于 030:13 开始,持续了 49 分钟。030:40:49.65 开始的 3.49 秒中途修正将飞船距离月球的最近点降低到 60 海里。在这次中途修正之前,飞船已经进入自由返回轨道。在这条轨道上,不需要大的机动,飞船就可以绕过月球直接返回地球。

任务中止

在飞行的前 46 小时,遥测数据和乘组的观察都表明 2 号氧气贮箱状态正常。046:40:02 乘组例行打开各氧气贮箱的风扇。仅仅 3 秒内,2 号氧气贮箱的储量便从总储量 82% 的正常读数一下子变成超出量程 100% 的明显故障状态。通过对储量测量仪的电路进行分析,发现错误的读数有可能是因为储量测量仪的电路短路或断路,还有储量测量仪电路板之间的电路短路。接下来的事件表明故障很可能就是短路。047:54:50 和 051:07:44,又两次启动了各贮箱内的风扇,都没有异常现象。储量测量仪仍然显示超出量程。在休息了一段时间后,053:27 指令长和登月舱驾驶员分别进入登月舱进行飞行中的检查。电视传输于 055:14 开始,055:46 结束,内容是飞船内部的景象。随后乘组返回指令舱,并于 055:50 关闭了登月舱舱门。055:52:31,指令舱预警与告警系统发出警报,提醒乘组 1 号低温液氢贮箱压力低。之前该贮箱在飞行中也出现过几次压力下降到正常工作范围低点的现象。055:52:58 飞行控制人员要求乘组打开低温系统的风扇和加热器。指令舱驾驶员于 055:53:06 告知收到了启动风扇的通知,数据显示 2 号氧气贮箱各风扇电机在 055:53:2 接通电流,随后稳定控制系统出现瞬态功率。

大约 90 秒后,即 055:54:53.555,飞船遥测几乎完全中断了 1.8 秒。在数据丢失期间,预警与告警系统通知乘组,直流主总线 B 处于低电压状态。几乎同时,一声伴随着剧烈震动的巨响表明飞船出问题了。当乘组听到巨响并收到直流主总线 B 电压低的主警报时,指令长在指令舱下部的设备区,正收纳刚用完的电视摄像机。登月舱驾驶员在指令勤务舱和登月舱之间的通道内,正返回指令勤务舱。指令舱驾驶员在左手的座椅中,正在监视飞船的状态。因为主警报显示电压低，指令舱驾驶员便移动到右侧的座椅，在那里可以看到指令勤务舱的电压显示。055：56：10 他报告各电压"看起来正常"，还报告几秒钟前听到了"相当清楚的巨响"。这时，直流主总线 B 恢复正常，3 号燃料电池在此后的 90 秒内没有出现故障。他还报告称 2 号氧气贮箱储量出现波动，接着指针回到了储量超出量程的位置。

　　056：09：07 指令长报告说，"我们正在向太空中……排放什么东西……"，接着在 056：09：58 登月舱驾驶员报告 1 号燃料电池掉线了。还不到半个小时，他又报告 3 号燃料电池也掉线了。当 1 号和 3 号燃料电池的输出读数显示为零时，地面控制人员还无法确定这些电池是如何与它们各自的总线断开的，否则它们的功能应当正常。人们的注意力始终集中在电路问题上。故障发生 5 分钟后，控制人员要求乘组将 3 号燃料电池连接到直流主总线 B 上，这样可以了解配置的状态。当确认 1 号和 3 号燃料电池不能起作用后，地面指导乘组采取紧急断电措施，降低剩余燃料电池的负载。058：00 关闭了 2 号燃料电池，10 分钟后关闭了指令舱计算机和平台的电源。发现 1 号氧气贮箱的压力正在迅速降低，地面控制人员马上通知乘组将电源切换到 2 号氧贮箱。这一动作完成后，发现 2 号氧气贮箱已经损坏了，事态的极端严重情况已经明朗。此后又进行了几次尝试，希望保住 1 号氧贮箱中剩余的氧气，但压力始终在下降。故障发生 90 分钟后，已经明显无法阻止 1 号氧贮箱的泄漏，必须马上启用登月舱作为后续任务的"救生船"。氧气的损失导致了 3 个燃料电池无法工作。剩下的指令舱电池，通常情况下只在再入返回过程中使用，成为唯一的电力来源。稳压罐和二次加压袋中的氧气（用于指令舱排出后再次充氧）成为仅存的氧气。登月舱成为唯一具备充足的电力和氧气、可以保证乘组安全返回地球的舱段，因此决定中止阿波罗 13 号任务。058：40，登月舱启动，惯性制导基准从指令勤务舱的制导系统转移到登月舱制导系统，随后关闭了指令勤务舱各系统。

　　任务剩下的工作主要有两项：一是计划并实施必要的机动，使飞船返回地球；二是管理消耗品的使用，以便原本为两名宇航员短期登月任务设计的登月舱能够保障三名宇航员，并在需要时用来实际控制飞行器。需要考虑和设计几个机动方案，必须将飞船送入自由返回轨道，而且必须完成任何需要的中途修正。正常情况下，这些任务都是由勤务舱的勤务推进系统承担的，但是勤务舱的发动机需要大量的供电，而且考虑到故障发生后勤务舱的结构和条件都不确定，所以决定使用登月舱的下降发动机来完成任务。061：29：43.49 登月舱下降发动机点火工作了 34.23 秒，使飞船机动到自由返回轨道。然后飞船绕过月球背面，077：08：35 至 077：33：10 飞船与地面测控站的联系完全中断,长达 24 分钟 35 秒[①]。地面飞行控制人员计算出最短的实际返回时间是返回到大西洋,整个任务时长 133 小时;最长的实际返回时间是返回到印度洋,时长 152 小时。由于回收力量全都部署在太平洋,因此选择了在太平洋溅落的返回轨道,任务时长为 142:40。

飞船组合体绕过月球背面后,于 079:27:38.95 利用登月舱下降推进系统进行了 263.82 秒的进入月地转移轨道机动,以 860.5 英尺/秒的速度加速返回地球。为了弥补这次机动的制导误差,利用下降推进系统在 105:18:42.0 实施了一次 14.0 秒的中途修正,速度变量为 7.8 英尺/秒,使飞船回到事先计划的再入飞行航迹角的范围内。在月地转移滑行段内,飞船组合体采用了被动热控模式。

最关键的消耗品有四种。第一种是水,用来为工作中的指令勤务舱和登月舱各系统降温;第二种是指令勤务舱和登月舱的电源,指令勤务舱的电池负责再入返回阶段,而登月舱的电池负责任务的其他需要;第三种是登月舱供乘员呼吸的氧气;第四种是氢氧化锂(LiOH)过滤罐,用来滤除飞船舱内气体中的二氧化碳。这些消耗品,尤其是水和氢氧化锂过滤罐的储量,在故障后不久就处于最低限度,但是登月舱的电源一旦关闭,就可以保存电力并减少热量的生成,进而又降低了用水量,情况将得到大幅改善。休斯顿的工程师们迅速找到了一种方法,让乘组利用船载物品制作了一个装置,从而将指令舱中的氢氧化锂过滤罐用到登月舱的空气清洁系统中。到飞船溅落时,各种消耗品仍然可以再支持多个小时。

指令舱要以史无前例的断电状态完成再入,需要几个新的程序才能实现。对指令舱短暂加电,用以评估各关键系统的运行能力。而且,指令舱的再入电池通过脐带连接器连到登月舱,在指令舱断电后由登月舱为其充电。再入前大约 6 小时,被动热控模式停止,并用登月舱喷气控制系统实施最后一次中途修正,轻微地调整了飞行航迹角,确保指向精度。137:40:13.00 实施了 21.5 秒的点火机动,速度变量为 3.2 英尺/秒。不到半小时,在 138:01:48.0 抛掉了勤务舱,此时乘组才有机会观察并拍摄氧贮箱故障造成的损害。乘组观察了勤务舱报告说,S 频段高增益天线附近的一整块板已经不存在了,氧贮箱支架上的燃料电池已经倾斜了,高增益天线损坏,

---

① 月球遮蔽时间的数据来源并不清楚,但阿波罗 13 号的任务实施报告的第Ⅲ-26 页中的数据似乎更准确。1992 年吉尼斯世界记录的第 118 页记载着,阿波罗 13 号飞船保持着距离地球最近的飞行记录:248 655 法定英里,时间是 1970 年 4 月 15 日英国夏令时 01:21,当时在月球上空 158 英里处。该数据相当于 216 075 海里,时间是 1970 年 4 月 15 日格林尼治时间 00:21(美国东部标准时间 4 月 14 日,19:21),在月球上空 137 海里。

大量的碎片暴露出来。为了尽可能少地使用指令舱电源，登月舱一直被保留到 141:30:00.2，即再入前大约 70 分钟时。脱离时，通道内正常的压力提供了两舱分离所需的力量，将两舱分开。其他事件均与正常任务相同。

回收

指令舱于 142:40:45.7 以 36 210.6 英尺/秒的速度再入地球大气层（再入边界高度为 400 000 英尺），此时已经完成了 63 小时 8 分钟 42.9 秒的月地转移滑行。登月舱的一些部分在再入过程中残存了下来，弹道数据表明它们溅落在萨摩亚与新西兰之间的开放海域中。在降落伞系统的保护下，指令舱于 4 月 17 日格林尼治时间 18:07:41 溅落在太平洋海域。本次任务历时 142 小时 54 分钟 41 秒。落点位置为南纬 21.63 度、西经 165.37 度，距离瞄准点 1.0 海里，距离美国海军"硫磺岛"号回收船 3.5 海里。指令舱呈现顶端朝上的漂浮姿态。乘组由直升机回收，并在溅落后 45 分钟登上回收船。指令舱在 43 分钟后回收。估计指令舱溅落时的质量为 11 132.9 磅，任务中飞行距离约为 541 103 海里。4 月 18 日格林尼治时间 18:20 乘组乘飞机离开"硫磺岛"号回收船，并于 4 月 20 日格林尼治时间 03:30 抵达休斯敦。"硫磺岛"号搭载着指令舱于 4 月 24 日格林尼治时间 19:30 到达夏威夷。4 月 26 日完成钝化工作后，指令舱于 4 月 27 日格林尼治时间 14:00 运抵位于加利福尼亚州唐尼市的北美罗克韦尔空间分公司，进行飞行后的分析。

结论

阿波罗 13 号任务的事故几乎是一场灾难，完全是依靠乘组和地面支持人员的杰出表现和登月舱各系统的优异性能，飞船才能安全返回。

经事后数据分析得出以下结论：

1. 勤务舱主要氧气来源的全部丧失导致任务中止。氧气丧失是由开关的设计与任务前程序不一致造成的，加上任务前不符合规定的贮箱排出过程，引发两个冗余贮箱中的一个在飞行中短路并迅速氧化。氧化又导致相关氧气贮箱的压力完整性被破坏，直至余下的所有贮箱也难逃厄运。

2. 第一次证明了备份乘组的设置是有意义的。发射前三天，备份指令舱驾驶员替代了主指令舱驾驶员。原因是主驾驶员接触到风疹（德国麻疹）病毒而且其自身属于易发病体质。

3. 登月舱各系统性能的应急运行能力得到验证。登月舱各系统为乘组提供了超出设计寿命一倍时间的支持。

4. 任务前乘组训练的有效性，尤其是与地面人员的配合，通过乘组处理紧急情况时的技能和准确性得到体现。

5. 尽管本次任务没有完全成功，但还是进行了绕月飞行，其中完成了 3 项计划内的实验（闪电现象、拍摄地球和 S-IVB 级撞击月球），并且获取了与登月舱能力相关的多项数据。

事故调查

1970 年 4 月 17 日，NASA 局长托马斯·O. 佩因成立了阿波罗 13 号任务评估委员会，任命 NASA 兰利研究中心主任埃德加·M. 科特赖特为委员会主席。科特赖特带领 8 名委员会成员集中工作了近两个月，于 6 月 15 日提交了最终报告。刚刚执行完阿波罗 11 号任务的指令长阿姆斯特朗是委员会中唯一一名宇航员。阿波罗 8 号任务的登月舱驾驶员，担任国家航空航天委员会执行秘书的安德森是 3 名观察员中的一员。

有充分的证据表明，电弧引发的电路短路是事故的起因。在勤务舱氧贮箱的风扇打开后大约 2.7 秒，飞船的电路系统记录到一次 11.1 安培的电流尖脉冲，同时还出现了电压下降。此后燃料电池输出的电流立即减少，对风扇的供电也一并中断了。当时飞船的电源没有其他变化。各贮箱加热器的电源没有打开（储量测量和温度传感器是耗电非常低的设备）。13 秒后记录的第二个异常事件是 2 号氧贮箱压力开始升高。这个时间间隙存在的原因很可能是当时的燃烧程度较低。所有这些都指向最大的可能性，即由风扇电机或其线路发生电弧放电导致的短路引发了故障。电路短路产生的能量有可能达到 10 焦尔至 20 焦耳。调查进行的测试表明，这一能量完全可以点燃贮箱内采用的特氟龙（杜邦公司生产的氟聚合物，译者注）。发射前在肯尼迪航天中心进行的异常加注操作期间，贮箱内的电线极有可能已经损坏，进一步证实了事故是由电路引发的推测。

获取的数据并不足以准确确定 2 号氧贮箱是以何种方式丧失完整性的。不过，获取的信息、事后分析加上调查中进行的各种测试都表明，很有可能是压力容器内的燃烧最终导致局部过热和压力容器密闭性的破坏。就在储量探头的顶端，也就是铬镍铁合金导管所在的位置，用特氟龙隔绝的电线通过这里进入到压力容器中。燃烧很可能沿着电线绝缘层蔓延到所有电线汇聚的地方，探测器顶端的金属被点燃后使火势加剧，进而造成导管或密封部位，或者是二者一同变得脆弱并且损坏。该点的损坏会导致贮箱圆顶压力迅速上升，圆顶部位安装了保险片，可以承受约 75 磅/平方英寸的压力。一旦保险片或整个圆顶破裂，必然导致氧气和燃烧产物释放到 4 号区域。此时记录到的飞船加速度很可能就是由这些气体释放造成的。接着释放出的氧气开始造成 4 号区域氧气支架位置的压力上升。如果压力容器壁上出现的孔洞足够大并且形成的速度足够快，那么仅逃逸出的氧气就完全能够将 4 号区域的面板吹掉。而且，还很可能是这些逃逸的氧气伴随着迈拉（杜邦公司生产的一种坚韧聚酯类高分子材料，译者注）和卡普顿（杜邦公司生产的聚酰亚胺薄膜材料，译者注）（这两种物质在氧气支架区域和贮箱圆顶中被大量用作隔热材料）的燃烧产物，它们进一步增强了氧气造成的压力。勤务舱多个位置都记录到温度的轻微上升，这说明贮箱外部很可能也发生了燃烧。被吹掉的面板撞到了高增益天线，从而造成来自飞船的通信出现了 1.8 秒的中断。

问题是如何发生的

下面列出了导致事故的各种因素：

- 在安装和验收测试后，分配给阿波罗 13 号飞船的 2 号氧贮箱在看似安全的条件下用船从比奇飞机公司运到北美罗克韦尔公司。
- 然而现在发现，在贮箱的加热器上安装两个温度调节保护开关是不够的，而且它们在肯尼迪航天中心进行的地面测试中还损坏了。
- 此外，贮箱的一条装配加注管很可能松了，而且有可能在后续处理期间被移动了位置，包括在主合同商的厂房中意外受到猛烈震动。
- 就其本身而言，错位的加注管并不是非常严重的问题，但它导致在肯尼迪航天中心使用了临时的排出流程，而这几乎必然导致意外发生。
- 尽管在验收测试期间比奇公司在排出贮箱时没有遇到任何问题，但是在肯尼迪航天中心不大可能用正常的流程排出氧贮箱。测试与分析表明，问题正是错位的加注管出现气体泄漏导致的。
- 在肯尼迪航天中心进行的特殊排出流程需要延长贮箱加热器运行和压力循环的时间。这些流程在此之前并未采用过，而且贮箱也没有在这种条件下进行过质量测试。不过流程并没有违反肯尼迪航天中心管控加热器操作的规范。
- 飞行前在评审这些流程时，NASA 的官员、北美罗克韦尔公司和比奇公司都没有认识到过热可能会造成损伤。这些官员中的很多人不知道延长了加热器的运行时间。无论如何，只要温度调节开关数量充足就可以保护好贮箱。
- 有几个因素造成了加热器安装过程中温度调节开关数量的不足。

从北美罗克韦尔公司到比奇公司,其 1962 年贮箱和加热器安装原始规范中均要求使用 28 伏特直流电,这个规范也用于飞船。到了 1965 年,北美罗克韦尔公司发布了一份修订后的规范,其中规定加热器必须使用 65 伏特直流电源为贮箱加压,这就是肯尼迪航天中心减少加压时间使用的电源。比奇公司为第二批次贮箱订购了一批开关,但没有按照 65 伏特直流电源来更改开关说明书。

- NASA、北美罗克韦尔公司或比奇公司在评审文件时都没有发现温度调节开关的问题,而且测试也没有发现这些开关与肯尼迪航天中心的地面支持设备不兼容,因为无论质量检查还是验收测试都没有要求这些开关在应当承受的负载下做周期测试。这是所有参与方都有责任的一次严重疏忽。

- 在贮箱加压过程中,温度调节开关之所以能够适应 65 伏特的直流电,是因为它们处于低温和关闭状态。从未要求打开这些开关,直到排出操作时才打开。在排出操作中,这些打开的开关达到温度上限时,由于产生的电弧作用,被焊接成永久关闭状态,失去了温度调节保护开关的作用。

- 如果对开关操作进行检测,通过观察氧贮箱加热器控制面板上的加热器电流读数,在肯尼迪航天中心应该能够检查出温度调节开关的故障。尽管当时没有认识到这一点,但是贮箱温度读数显示加热器已经到达温度极限,开关就应该打开了。

- 后续的测试显示,在加热器连续工作 8 小时过程中,温度调节开关的故障有可能导致加热器管子的温度达到 1 000 华氏度左右。测试中这样加热时,严重损坏了加热器附近风扇电机电线的特氟龙绝缘层。从那一刻起,包括在发射台期间,当充入氧气和加电时,2 号氧贮箱都处于危险状态。

- 然而,直到任务进行到将近 56 小时时,风扇电机的电线才有可能由于风扇的扰动发生了移动,由电弧触发短路并点燃了绝缘材料。氧贮箱因燃烧而过热,并引发电线管路故障。故障就发生在管路进入贮箱的地方,可能在贮箱内部的部分。

- 随后发生了高压氧气的迅速喷射,喷射有可能被贮箱周围空间中绝缘材料的燃烧加剧。由此导致勤务舱 4 号区域外围面板被吹落,造成 1 号氧贮箱高压系统泄漏,撞伤了高增益天线,还造成了其他各种复杂损伤。最终任务被中止。

阿波罗13号上升段事件	飞行地面时间 (时：分：秒)	高度/海里	航程/海里	地球固连坐标系速度/(英尺/秒)	空间固连坐标系速度/(英尺/秒)	时长/秒	地心纬度/度(北纬)	经度/度(东经)	空间固连坐标系航迹角/度	空间固连坐标系指向角/度(北偏东)
起飞	000:00:00.61	0.032	0.000	0.9	1 340.7	—	—	—	0.04	90.00
达到马赫数为 1	000:01:08.4	4.394	1.310	1 095.2	2 087.5	—	—	—	27.34	85.14
最大动压	000:01:21.3	6.727	2.829	1 550.6	2 566.2	—	—	—	28.98	82.96
S-IC 级中心发动机关机*	000:02:15.18	23.464	24.266	5 162.8	6 328.2	141.9	28.567 7	−80.165 4	23.612	76.609
S-IC 级外围发动机关机	000:02:43.6	36.392	50.991	7 787.3	9 002.5	170.3	28.698 9	−79.681 0	19.480	75.696
S-IC/S-II 级分离*	000:02:44.3	36.739	51.815	7 820.8	9 036.3	—	28.702 9	−79.666 0	19.383	75.693
S-II 级完成中心发动机 ＃5 关机*	000:05:30.64	86.183	298.100	11 566.6	12 859.6	164.64	29.816 7	−75.143 3	4.158	76.956
S-II 级外围发动机关机*	000:07:42.6	97.450	580.109	15 583.8	16 904.3	132.00	30.878 5	−69.840 9	0.77	79.40
S-II/S-IVB 级分离*	000:09:52.64	102.112	964.578	21 288.0	22 610.8	426.64	31.913 3	−62.437 4	0.657	83.348
S-IVB 级发动机第一次关机	000:09:53.50	102.150	967.505	21 301.6	22 624.5	—	31.919 3	−62.380 5	0.650	83.380
S-IVB 级发动机第一次关机	000:12:29.83	103.469	1 533.571	24 236.4	25 560.4	152.93	32.524 1	−51.255 2	0.004	89.713
进入地球轨道	000:12:39.83	103.472	1 572.300	24 242.1	25 566.1	—	32.524 9	−50.490 2	0.005	90.148

* 该事件仅能获得指令舱时间

阿波罗 13 号地球轨道段事件	飞行地面时间（时：分：秒）	空间固连坐标系速度/（英尺/秒）	时长/秒	速度变化/（英尺/秒）	远地点海里	近地点/海里	周期/分	倾角/度
进入地球轨道	000:12:39.83	25 566.1	—	—	100.3	99.3	88.19	32.547
S-ⅣB 级第二次点火启动	002:35:46.30	25 573.2	—	—	—	—	—	—
S-ⅣB 级第二次点火关机	002:41:37.15	35 562.6	350.85	10 039.0	—	—	—	31.818

阿波罗 13 号 地月转移轨道段事件	飞行地面时间 （时：分：秒）	高度／ 海里	空间固连 坐标系速度／ （英尺／秒）	时长／ 秒	速度变化／ （英尺／秒）	空间固连 坐标系航迹 角／度	空间固连 坐标系指 向角／度 （北偏东）
进入地月转移轨道	002:41:47.15	182.445	35 538.4	—	—	7.635	59.318
指令勤务舱与 S-ⅣB 级分离	003:06:38.9	3 778.582	25 029.2	—	—	45.030	72.315
指令勤务舱与登月舱／S-ⅣB 级对接	003:19:08.8	5 934.90	21 881.4	—	—	51.507	79.351
指令勤务舱／登月舱从 S-ⅣB 级弹射出去	004:01:00.8	12 455.83	16 619.0	—	—	61.092	91.491
中途修正点火（CM SPS）	030:40:49.65	121 381.93	4 682.5	—	—	77.464	112.843
中途修正关机	030:40:53.14	121 385.43	4 685.6	3.49	23.2	77.743	112.751
中途修正点火（LM DPS）	061:29:43.49	188 371.38	3 065.8	—	—	79.364	115.464
中途修正关机	061:30:17.72	188 393.19	3 093.2	34.23	37.8	79.934	116.54

阿波罗 13 号月地转移轨道段事件	飞行地面时间（时：分：秒）	高度/海里	空间固连坐标系速度/（英尺/秒）	时长/秒	速度变化/（英尺/秒）	空间固连坐标系航迹角/度	空间固连坐标系指向角/度（北偏东）
进入月地转移轨道点火（LM DPS）	079:27:38.95	5 465.26	4 547.7	—	—	72.645	−116.308
进入月地转移轨道关机（LM DPS）	079:32:02.77	5 658.68	5 020.2	263.82	860.5	64.784	−117.886
中途修正点火（LM DPS）	105:18:28.0	152 224.32	4 457.8	—	—	−79.673	114.134
中途修正关机	105:18:42.0	152 215.52	4 456.6	14.0	7.8	−79.765	114.242
中途修正点火（LM RCS）	137:39:51.5	37 808.58	10 109.1	—	—	−72.369	118.663
中途修正关机	137:40:13.0	37 776.05	10 114.6	21.5	3.2	−72.373	118.660
勤务舱分离	138:01:48.0	35 694.93	10 405.9	—	—	−71.941	118.824
抛掉登月舱	141:30:00.2	11 257.48	17 465.9	—	—	−60.548	120.621

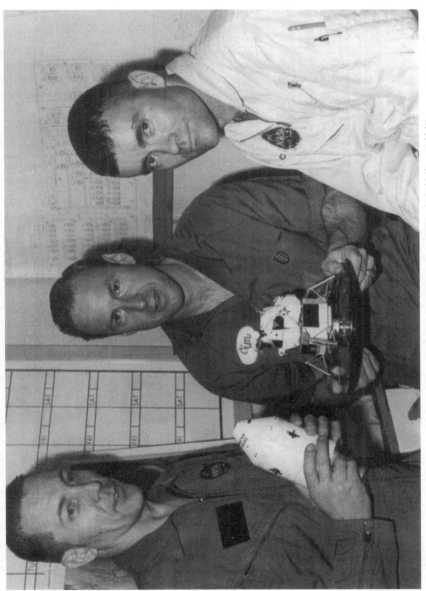

阿波罗 13 号任务乘组：斯威格特（左）、洛弗尔和海斯，在发射前一天拍摄

AS-508 从飞行器组装厂房运出

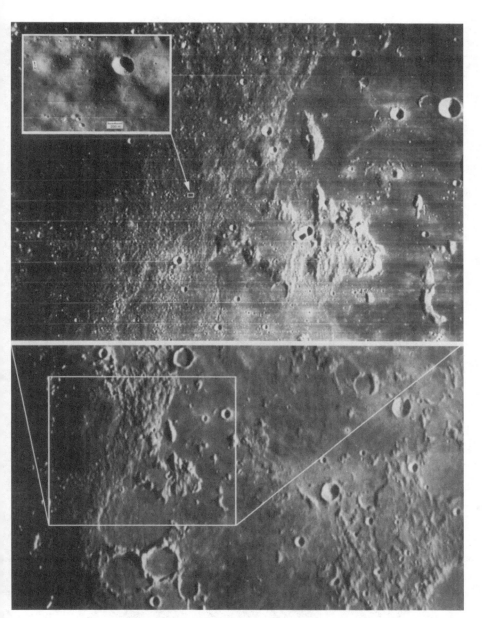

目标就在多圆丘弗拉·毛罗地形构造中一个小环形山的西边

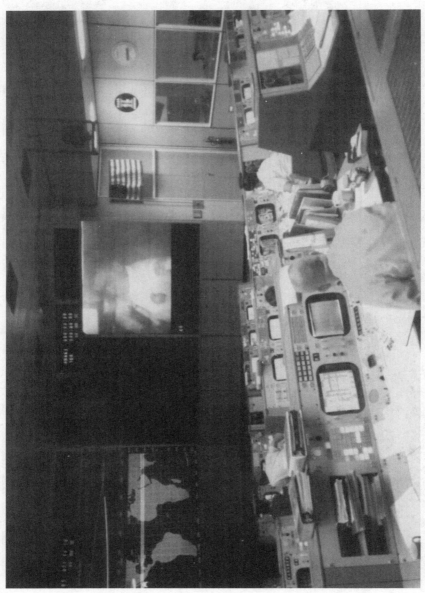

克兰兹（最突出的位置）在观看阿波罗 13 号最后的电视传输

在危机过程中，宇航员们都围绕在飞船通信员操作台周围

勤务舱被弹射出去后,受损的整个外表清晰可见

阿波罗 13 号乘组走下回收直升机

任务控制人员庆祝阿波罗 13 号返回

回收指令舱

任务目标

运载火箭的目标：

1. 以北偏东 72 度至 96 度的飞行方位角发射，将 S-ⅣB 级/仪器单元/飞船送入预定的圆形地球停泊轨道。完成，尽管 S-Ⅱ级中心发动机提前关机。

2. 在第二或第三圈再次启动 S-ⅣB 级，将 S-ⅣB 级/仪器单元/飞船送入预定的地月转移轨道。完成。

3. 为 S-ⅣB 级/仪器单元/飞船在调头、对接和弹射期间提供所需的姿态控制。完成。

4. 在指令勤务舱/登月舱从 S-ⅣB 级/仪器单元弹射出去后，实施规避机动。完成。

5. 尝试让 S-ⅣB 级/仪器单元撞向月球表面，落点控制在以月球坐标南纬 3 度、西经 30 度为中心，半径为 189 海里（350 千米）范围内。完成。

6. 测定真实的撞击点，位置误差不超过 2.7 海里（5.0 千米），时间误差不超过 1 秒。完成。

7. 排放和倾倒剩余的气体和推进剂，对 S-ⅣB 级/仪器单元进行安全处理。完成。

飞船的主要目标：

1. 在预先选定的弗拉·毛罗地形构造区实施月球检查、勘测和月球物质采样。没有进行。

2. 展开并激活阿波罗月面实验装置。没有进行。

3. 进一步开发人类在月球环境下的工作能力。没有进行。

4. 拍摄备选探测区域的照片。没有进行。

飞船的详细目标：

1. 电视覆盖。故障发生后没有进行。

2. 随机采集月球样本。没有进行。

3. 选择性地采集月球样本。没有进行。

4. 着陆精度提高技术。没有进行。

5. 拍摄候选探测区域的照片。没有进行。

6. 舱外通信系统性能。没有进行。

7. S-200：月壤力学特性。没有进行。

8. 暗光照条件下拍摄。没有进行。

9. 月球参考点更新。没有进行。

10. 指令勤务舱轨道科学拍摄。故障发生后没有按照计划进行。

11. 月地转移轨道拍摄。故障发生后没有按照计划进行。

12. EMU 水消耗量测量。没有进行。

13. 热涂层退化。没有进行。

实验

1. ALSEP Ⅲ：阿波罗月面实验装置。没有进行。

（a）S-031：无源月震实验。

（b）S-037：热流实验。

（c）S-038：带电粒子月球环境实验。

（d）S-058：冷阴极离子测量实验。

（e）M-515：月尘检测。

2. S-059：月球野外地质。没有进行。

3. S-080：太阳风构成。没有进行。

4. S-164：S 频段转发器使用。没有进行。

5. S-170：下行收发分置雷达对月球观测。没有进行。

6. S-178：从月球轨道观察对日照。没有进行。

7. S-184：拍摄月面特写。没有进行。

8. T-029：驾驶员描述功能。完成。

任务时间表

阿波罗 13 号任务事件	飞行地面时间 （时：分：秒）	日期 （格林尼治时间）	时间 （时：分：秒）
射前 28 小时最终倒计时开始	−028:00:00	1970 年 04 月 10 日	05:00:00
射前 9 小时开始计划内的 9 小时 13 分钟中断	−009:00:00	1970 年 04 月 11 日	00:00:00
射前 9 小时倒计时重启	−009:00:00	1970 年 04 月 11 日	09:13:00
射前 3 小时 30 分钟开始计划内的 1 小时中断	−003:30:00	1970 年 04 月 11 日	14:43:00
射前 3 小时 30 分钟倒计时重启	−003:30:00	1970 年 04 月 11 日	15:43:00
制导基准发布	−000:00:16.961	1970 年 04 月 11 日	19:12:43
S-IC 级发动机开机指令	−000:00:08.9	1970 年 04 月 11 日	19:12:51
S-IC 级发动机点火（＃5）	−000:00:06.7	1970 年 04 月 11 日	19:12:53
所有 S-IC 级发动机推力正常	−000:00:01.4	1970 年 04 月 11 日	19:12:58
发射时间	−000:00:00.00	1970 年 04 月 11 日	19:13:00
所有牵制臂释放（第一次动作）（1.06g）	000:00:00.3	1970 年 04 月 11 日	19:13:00

阿波罗 13 号任务事件	飞行地面时间 (时：分：秒)	日期 (格林尼治时间)	时间 (时：分：秒)
起飞（脐带断开）	000：00：00.61	1970 年 04 月 11 日	19：13：00
避发射塔架偏航机动开始	000：00：02.3	1970 年 04 月 11 日	19：13：02
偏航机动结束	000：00：10.0	1970 年 04 月 11 日	19：13：10
俯仰和滚动机动开始	000：00：12.6	1970 年 04 月 11 日	19：13：12
滚动机动结束	000：00：32.1	1970 年 04 月 11 日	19：13：32
达到马赫数为 1	000：01：08.4	1970 年 04 月 11 日	19：14：08
达到最大弯曲力矩(69 000 000 磅力-英寸)	000：01：16	1970 年 04 月 11 日	19：14：16
最大动压(651.63 磅/平方英尺)	000：01：21.3	1970 年 04 月 11 日	19：14：21
S-ⅠC 级中心发动机关机指令	000：02：15.18	1970 年 04 月 11 日	19：15：15
俯仰机动结束	000：02：43.3	1970 年 04 月 11 日	19：15：43
S-ⅠC 级各外围发动机关机	000：02：43.60	1970 年 04 月 11 日	19：15：43
S-ⅠC 级最大总惯性加速度(3.83g)	000：02：43.70	1970 年 04 月 11 日	19：15：43
S-ⅠC 级最大地球固连坐标系速度	000：02：44.10	1970 年 04 月 11 日	19：15：44
S-ⅠC/S-Ⅱ级分离指令	000：02：44.3	1970 年 04 月 11 日	19：15：44
S-Ⅱ级发动机开机指令	000：02：45.0	1970 年 04 月 11 日	19：15：45
S-Ⅱ级点火	000：02：46.0	1970 年 04 月 11 日	19：15：46
抛 S-Ⅱ级后级间段	000：03：14.3	1970 年 04 月 11 日	19：16：14
发射逃逸塔抛掉	000：03：21.0	1970 年 04 月 11 日	19：16：21
迭代制导模式启动	000：03：24.5	1970 年 04 月 11 日	19：16：24
S-ⅠC 级最高点	000：04：31.7	1970 年 04 月 11 日	19：17：31
S-Ⅱ级中心(或内侧)发动机关机(S-Ⅱ级发动机♯5 关机提前了 132.36 秒)	000：05：30.64	1970 年 04 月 11 日	19：18：30
指令舱驾驶员(斯威格特)："内侧"	000：05：32	1970 年 04 月 11 日	19：20
飞船通信信员(乔·科文)："我们确认内侧关闭"	000：05：36	1970 年 04 月 11 日	19：24
指令长(洛弗尔)："那不应该发生"	000：05：38	1970 年 04 月 11 日	19：26
指令舱驾驶员："不，那是 7：42。早了 2 分钟。"斯威格特的意思是发动机关机应该在飞行中的 7 分 42 秒，而不是 5 分 30 秒	000：05：40	1970 年 04 月 11 日	19：28

阿波罗 13 号任务事件	飞行地面时间（时：分：秒）	日期（格林尼治时间）	时间（时：分：秒）
S-Ⅱ级发出中心发动机关机完成指令	000:07:42.6	1970 年 04 月 11 日	19:20:42
S-Ⅱ级最大总惯性加速度(1.66g)	000:08:57.00	1970 年 04 月 11 日	19:21:57
S-ⅠC 级落地（理论值）	000:09:06.9	1970 年 04 月 11 日	19:22:06
S-Ⅱ级外围发动机关机（比预定时间晚了 34.53 秒）	000:09:52.64	1970 年 04 月 11 日	19:22:52
S-Ⅱ级最大地球固连坐标系速度,S-Ⅱ/S-ⅣB 级分离指令	000:09:53.50	1970 年 04 月 11 日	19:22:53
S-ⅣB 级第一次点火开机指令	000:09:53.60	1970 年 04 月 11 日	19:22:53
S-ⅣB 级第一次点火启动	000:09:56.90	1970 年 04 月 11 日	19:22:56
抛 S-ⅣB 级正推发动机壳体	000:10:05.4	1970 年 04 月 11 日	19:23:05
S-Ⅱ级最高点	000:10:32.2	1970 年 04 月 11 日	19:23:32
S-ⅣB 级第一次点火关机（比预定时间晚了 9 秒）	000:12:29.83	1970 年 04 月 11 日	19:25:29
S-ⅣB 级第一次点火最大总惯性加速度(0.68g)	000:12:30.00	1970 年 04 月 11 日	19:25:30
S-ⅣB 级第一次点火最大地球固连坐标系速度	000:12:30.50	1970 年 04 月 11 日	19:25:30
进入地球轨道	000:12:39.83	1970 年 04 月 11 日	19:25:39
机动到当地水平姿态开始	000:12:50.1	1970 年 04 月 11 日	19:25:50
在轨导航开始	000:14:10.4	1970 年 04 月 11 日	19:27:10
S-Ⅱ级落地（理论值）	000:20:58.1	1970 年 04 月 11 日	19:33:58
电视传输开始	001:37	1970 年 04 月 11 日	20:50
电视传输结束	001:43	1970 年 04 月 11 日	20:56
S-ⅣB 级第二次点火重启准备	002:26:08.10	1970 年 04 月 11 日	21:39:08
S-ⅣB 级第二次点火重启指令	002:35:38.10	1970 年 04 月 11 日	21:48:38
S-ⅣB 级第二次点火启动	002:35:46.30	1970 年 04 月 11 日	21:48:46
S-ⅣB 级第二次点火关机	002:41:37.15	1970 年 04 月 11 日	21:54:37
S-ⅣB 级第二次点火最大总惯性加速度(1.44g)	002:41:37.23	1970 年 04 月 11 日	21:54:37
S-ⅣB 级第二次点火最大地球固连坐标系速度	002:41:37.80	1970 年 04 月 11 日	21:54:37
S-ⅣB 级安全程序开始	002:41:37.9	1970 年 04 月 11 日	21:54:37
进入地月转移轨道	002:41:47.15	1970 年 04 月 11 日	21:54:47
机动到当地水平姿态开始,在轨导航开始	002:44:08	1970 年 04 月 11 日	21:57:08

阿波罗 13 号任务事件	飞行地面时间 （时：分：秒）	日期 （格林尼治时间）	时间 （时：分：秒）
调头和对接姿态机动开始	002:56:38.3	1970 年 04 月 11 日	22:09:38
指令勤务舱从 S-ⅣB 级分离	003:06:38.9	1970 年 04 月 11 日	22:19:38
电视传输开始	003:09	1970 年 04 月 11 日	22:22
指令勤务舱与登月舱/S-ⅣB 级对接	003:19:08.8	1970 年 04 月 11 日	22:32:08
指令勤务舱/登月舱从 S-ⅣB 级弹射出去	004:01:00.8	1970 年 04 月 11 日	23:14:00
S-ⅣB 级机动到规避 APS 点火姿态	004:09:00	1970 年 04 月 11 日	23:22:00
S-ⅣB 级 APS 规避机动点火	004:18:00.6	1970 年 04 月 11 日	23:31:00
S-ⅣB 级 APS 规避机动关机	004:19:20.8	1970 年 04 月 11 日	23:32:20
电视传输结束	004:20	1970 年 04 月 11 日	23:33
S-ⅣB 级机动到 LOX 排空姿态启动	004:27:40.0	1970 年 04 月 11 日	23:40:40
S-ⅣB 级月球撞击机动——CVS 排放打开	004:34:39.4	1970 年 04 月 11 日	23:47:39
S-ⅣB 级月球撞击机动——LOX 排空开始	004:39:19.4	1970 年 04 月 11 日	23:52:19
S-ⅣB 级月球撞击机动——CVS 排放结束	004:39:39.4	1970 年 04 月 11 日	23:52:39
S-ⅣB 级月球撞击机动——LOX 排空结束	004:40:07.4	1970 年 04 月 11 日	23:53:07
机动到 S-ⅣB APS 最终点火姿态启动	005:48:07.8	1970 年 04 月 12 日	01:01:07
S-ⅣB 级月球撞击机动——APS 点火	005:59:59.5	1970 年 04 月 12 日	01:12:59
S-ⅣB 级月球撞击机动——APS 关机	006:03:36.7	1970 年 04 月 12 日	01:16:36
拍摄地球天气开始	007:17:14	1970 年 04 月 12 日	02:30:14
尝试被动热控失败	007:43:02	1970 年 04 月 12 日	02:56:02
拍摄地球天气结束	011:17:19	1970 年 04 月 12 日	06:30:19
由运载火箭数字计算机启动 S-ⅣB 级第二次调头机动(计划外)启动	013:42:33	1970 年 04 月 12 日	08:55:33
计划外 S-ⅣB 级速度提高 5 英尺/秒,以调整月球撞击弹道,使其更接近目标点	019:29:10	1970 年 04 月 12 日	14:42:10
电视传输开始	030:13	1970 年 04 月 13 日	01:26

阿波罗 13 号任务事件	飞行地面时间（时：分：秒）	日期（格林尼治时间）	时间（时：分：秒）
中途修正点火（SPS）——转入混合非自由返回轨道	030:40:49.65	1970 年 04 月 13 日	01:53:49
中途修正关机	030:40:53.14	1970 年 04 月 13 日	01:53:53
电视传输结束	031:02	1970 年 04 月 13 日	02:15
拍摄班尼特彗星	031:50	1970 年 04 月 13 日	03:03
尝试被动热控失败	032:21:49	1970 年 04 月 13 日	03:34:49
乘组打开 2 号氧贮箱各风扇（例行程序）	046:40:02	1970 年 04 月 13 日	17:15
低温 2 号氧贮箱储量测量显示"超出量程"，突破 100% 的范围（可能是由电路短路造成）。第一次显示出现问题	046:40:05	1970 年 04 月 13 日	17:18:05
低温 2 号氧贮箱储量测量探头短路	046:40:08	1970 年 04 月 13 日	17:21:08
2 号氧贮箱各风扇再次开启，没有明显的异常现象。储量测量仍然显示"超出量程"	047:54:50	1970 年 04 月 13 日	19:03:50
2 号氧贮箱各风扇再次开启，没有明显的异常现象。储量测量仍然显示"超出量程"	051:07:44	1970 年 04 月 13 日	22:57:44
指令长和登月舱驾驶员准备进入登月舱开展飞行中检查	053:27	1970 年 04 月 14 日	00:40
登月舱驾驶员进入登月舱	054:20	1970 年 04 月 14 日	01:33
指令长进入登月舱	054:25	1970 年 04 月 14 日	01:38
登月舱系统检查	054:40	1970 年 04 月 14 日	01:53
电视传输开始	055:14	1970 年 04 月 14 日	02:27
指令长和登月舱驾驶员进入登月舱	055:30	1970 年 04 月 14 日	02:43
电视传输结束	055:46:30	1970 年 04 月 14 日	02:59:30
通道舱门关闭	055:50	1970 年 04 月 14 日	03:03
因 1 号贮箱液氢压力低触发主预警与告警系统，4 秒后警报关闭	055:52:31	1970 年 04 月 14 日	03:05:31
飞船通信员（杰克·洛斯马）："13 号，我们给你增加了一个项目，你们有时间时，最好能搅动一下低温贮箱。还有，我有搅棒……"	055:52:58	1970 年 04 月 14 日	03:05:58

阿波罗 13 号任务事件	飞行地面时间 （时：分：秒）	日期 （格林尼治时间）	时间 （时：分：秒）
指令舱驾驶员（斯威格特）："好的。"	055:53:06	1970 年 04 月 14 日	03:06:06
飞船通信员："……观察一下班尼特彗星,如果你们需要的话。"	055:53:07	1970 年 04 月 14 日	03:06:07
指令舱驾驶员："好的,待命。"	055:53:12	1970 年 04 月 14 日	03:06:12
1 号氧贮箱风扇打开	055:53:18	1970 年 04 月 14 日	03:06:18
因正常的去层化作用,1 号氧贮箱压力下降了 8 磅/平方英寸。飞船电流提高了 1 安培	055:53:19	1970 年 04 月 14 日	03:06:19
2 号氧贮箱风扇打开。稳定控制系统的电扰动表明出现瞬时电流	055:53:20	1970 年 04 月 14 日	03:06:20
2 号氧贮箱压力下降了 4 磅/平方英寸	055:53:21	1970 年 04 月 14 日	03:06:21
2 号贮箱电路短路(稳定控制系统电扰动表明出现了瞬时电流)	055:53:22.718	1970 年 04 月 14 日	03:06:22
2 号交流总线电压下降了 1.2 伏特	055:53:22.757	1970 年 04 月 14 日	03:06:22
3 号燃料电池的电路中记录到一次 11.1 安培的电流尖脉冲,接着电流下降,电压升高,一个风扇电机断电的典型表现,说明电机电路断开了	055:53:22.772	1970 年 04 月 14 日	03:06:22
2 号氧贮箱压力开始上升,持续了 24 秒	055:53:36	1970 年 04 月 14 日	03:06:36
2 号交流总线电压下降 11 伏特,是一个例子	055:53:38.057	1970 年 04 月 14 日	03:06:38
稳定控制系统电扰动表明出现了瞬时电流	055:53:38.085	1970 年 04 月 14 日	03:06:38
3 号燃料电池的电路中记录到一次 22.9 安培的电流尖脉冲,接着电流下降,电压升高,这是风扇电机断电的典型表现,说明另一个电机电路断开了	055:53:41.172	1970 年 04 月 14 日	03:06:41
稳定控制系统电扰动表明出现了瞬时电流	055:53:41.192	1970 年 04 月 14 日	03:06:41

阿波罗 13 号任务事件	飞行地面时间 （时：分：秒）	日期 （格林尼治时间）	时间 （时：分：秒）
2 号氧贮箱压力在升高到 953.8 磅/平方英寸（绝对值）时结束	055：54：00	1970 年 04 月 14 日	03：07：00
2 号氧贮箱压力开始再次上升	055：54：15	1970 年 04 月 14 日	03：07：15
2 号氧贮箱储量从满刻度（046：40 已经出现故障）开始下降，2 秒后读数显示为 75.3％。这表明短路的测量电路有可能自我修正	055：54：30	1970 年 04 月 14 日	03：07：30
2 号氧贮箱温度开始迅速上升	055：54：31	1970 年 04 月 14 日	03：07：31
所有三个燃料电池的氧流量开始下降	055：54：43	1970 年 04 月 14 日	03：07：43
2 号氧贮箱压力达到最大值 1 008.3 磅/平方英寸（绝对值）	055：54：45	1970 年 04 月 14 日	03：07：45
2 号氧贮箱温度升高了 40 华氏度（无效读数）	055：54：48	1970 年 04 月 14 日	03：07：48
2 号氧贮箱储量显示跳到"超出量程"，接着开始下降，直到遥测数据丧失，表明传感器出现故障	055：54：51	1970 年 04 月 14 日	03：07：51
2 号氧贮箱温度读数为 −151.3 华氏度，这是最后的有效显示	055：54：52	1970 年 04 月 14 日	03：07：52
2 号氧贮箱温度突然低于量程下限，表明传感器出现故障	055：54：52.703	1970 年 04 月 14 日	03：07：52
失去遥测数据前 2 号氧贮箱最后的遥测压力值为 995.7 磅/平方英寸（绝对值）	055：54：52.763	1970 年 04 月 14 日	03：07：52
加速度计突然显示 X,Y,Z 三个轴上有运动	055：54：53.182	1970 年 04 月 14 日	03：07：53
船体上安装的滚动、俯仰和偏航速率陀螺显示有 1/4 秒的低量级运动	055：54：53.220	1970 年 04 月 14 日	03：07：53
1 号氧贮箱压力下降了 4.2 磅/平方英寸	055：54：53.323	1970 年 04 月 14 日	03：07：53
燃料电池总电流升高了 2.8 安培	055：54：53.5	1970 年 04 月 14 日	03：07：53
指令舱上 X,Y,Z 三个方向上的加速度读数为 $1.17g,0.65g,0.65g$	055：54：53.542	1970 年 04 月 14 日	03：07：53

阿波罗 13 号任务事件	飞行地面时间 (时:分:秒)	日期 (格林尼治时间)	时间 (时:分:秒)
遥测数据丢失 1.8 秒,主直流总线 B 电压低触发主预警与告警系统			
警报在 6 秒内关闭。表明在这段时间内 2 号低温氧贮箱失去压力,面板脱离。正是在这个时间乘组听到一声巨响	055:54:53.555	1970 年 04 月 14 日	03:07:53
1 号燃料电池氮压力低于量程下限,表明传感器出现故障	055:54:54.741	1970 年 04 月 14 日	03:07:54
遥测恢复	055:54:55.35	1970 年 04 月 14 日	03:07:55
勤务推进系统发动机阀门温度在 7 秒内升高了 1.65 华氏度。主直流总线 A 电压下降了 0.9 伏特,达到 28.5 伏特。主直流总线 B 电压下降了 0.9 伏特,达到 29.0 伏特。燃料电池总电流达到 15 安培,高于遥测数据丢失前的最终值。高电流持续了 19 秒。在遥测恢复后 2 号氧贮箱温度读数超出量程上限,表明有可能是传感器出现故障。在遥测恢复后 2 号氧贮箱压力读数低于量程下限,表明一条管路破裂,一个贮箱压力低于 19 磅/平方英寸(绝对值),或者是一个传感器出现故障。1 号氧贮箱压力读数从 781.9 磅/平方英寸(绝对值)开始稳步下降。压力下降的时长超过了 130 分钟,直至无法再支撑 2 号燃料电池运行	055:54:56	1970 年 04 月 14 日	03:07:56
在遥测恢复后 2 号氧贮箱储量读数超出量程上限,表明传感器出现故障	055:54:57	1970 年 04 月 14 日	03:07:57
喷气控制系统氦贮箱 C 的温度在 36 秒内升高了 1.66 华氏度	055:54:59	1970 年 04 月 14 日	03:07:59

阿波罗 13 号任务事件	飞行地面时间 （时：分：秒）	日期 （格林尼治时间）	时间 （时：分：秒）
向 1 号和 3 号燃料电池供氧的氧流速在连续下降 7 秒后达到零值	055:55:01	1970 年 04 月 14 日	03:08:01
勤务舱 3 号区域氧化剂贮箱的表面温度在 15 秒内升高了 3.8 华氏度。勤务推进系统氦贮箱温度在 32 秒内升高了 3.8 华氏度	055:55:02	1970 年 04 月 14 日	03:08:02
主直流总线 A 电压恢复到 29.0 伏特。主直流总线 B 电压恢复到 28.8 伏特	055:55:09	1970 年 04 月 14 日	03:08:09
指令舱驾驶员：“好的，休斯顿，我们这出了问题。”	055:55:20	1970 年 04 月 14 日	03:08:20
飞船通信员：“这里是休斯顿，请重复一遍。”	055:55:28	1970 年 04 月 14 日	03:08:28
指令长：“休斯顿，我们遇到了问题，主总线 B 电压低。”	055:55:35	1970 年 04 月 14 日	03:08:35
飞船通信员：“收到，主总线 B 电压低。”	055:55:42	1970 年 04 月 14 日	03:08:42
2 号氧贮箱温度开始稳步下降，持续了 59 秒，表明传感器出现故障	055:55:49	1970 年 04 月 14 日	03:08:49
登月舱驾驶员（海斯）：“好的，就现在，休斯顿，电压看起来正常了。我们刚听到一声巨响，还有预警与告警。而且我记得，之前主总线 B 曾出现过一次电流尖峰。”	055:56:10	1970 年 04 月 14 日	03:09:10
飞船通信员：“收到，弗雷德。”	055:56:30	1970 年 04 月 14 日	03:09:30
在低于量程下限之前，2 号氧贮箱储量有 69 秒变得反复无常，表明传感器出现故障	055:56:38	1970 年 04 月 14 日	03:09:38
登月舱驾驶员：“在这期间，我们开始继续工作，并再次扣紧了通道。”	055:56:54	1970 年 04 月 14 日	03:09:54

阿波罗 13 号任务事件	飞行地面时间 （时：分：秒）	日期 （格林尼治时间）	时间 （时：分：秒）
登月舱驾驶员："刚才的震动一定波及传感器了，看现在，2 号氧贮箱的储量，储量指示在 20% 到 60% 之间振荡。现在超出量程上限了。"	055:57:04	1970 年 04 月 14 日	03:10:04
主直流总线 B 电压过低触发了主预警与告警系统，警报 6 秒后关闭	055:57:39	1970 年 04 月 14 日	03:10:39
主直流总线 B 电压低于 26.25 伏特并持续快速下降	055:57:40	1970 年 04 月 14 日	03:10:40
指令长："好的，我们正关注勤务舱喷气控制系统 1 号氨箱。我们的 B 报警了，D 报警了，2 号氨箱，D 报警了，而且第二推进剂，A 和 C 报警了。"交流总线在 2 秒内发生了故障	055:57:44	1970 年 04 月 14 日	03:10:44
3 号燃料电池故障	055:57:45	1970 年 04 月 14 日	03:10:45
燃料电池电流开始下降	055:57:59	1970 年 04 月 14 日	03:10:59
2 号交流总线复位触发了主预警与告警	055:58:02	1970 年 04 月 14 日	03:11:02
主直流总线 A 电压过低触发了主预警与告警	055:58:06	1970 年 04 月 14 日	03:11:06
主直流总线 A 电压低于 26.25 伏特，并且在几秒后又下降到 25.5 伏特	055:58:07	1970 年 04 月 14 日	03:11:07
登月舱驾驶员："2 号交流总线的读数在来回摆动。"	055:58:07	1970 年 04 月 14 日	03:11:07
登月舱驾驶员："是的，现在显示我们的主总线 A 电压也低了。读数大约是 25.5 伏特。主总线 B 的读数现在来回摆动。"	055:58:25	1970 年 04 月 14 日	03:11:25
向 2 号燃料电池供应的氢流量过高触发了主预警与告警	056:00:06	1970 年 04 月 14 日	03:13:06
指令长："……在我看来，看舱外，我们正在排放着什么东西。我们正向太空中排放着什么东西。"	056:09:07	1970 年 04 月 14 日	03:22:07

阿波罗 13 号任务事件	飞行地面时间 （时：分：秒）	日期 （格林尼治时间）	时间 （时：分：秒）
登月舱驾驶员报告 1 号燃料电池掉线	056：09：58	1970 年 04 月 14 日	03：22：58
应急电源关闭	056：33：49	1970 年 04 月 14 日	03：46：49
登月舱驾驶员报告 3 号燃料电池掉线	056：34：46	1970 年 04 月 14 日	03：47：46
指令长和登月舱驾驶员进入登月舱	057：43	1970 年 04 月 14 日	04：56
2 号燃料电池关闭	058：00	1970 年 04 月 14 日	05：13
指令舱计算机和平台电源关闭	058：10	1970 年 04 月 14 日	05：23
指令勤务舱各系统电源关闭，登月舱各系统加电	058：40	1970 年 04 月 14 日	05：53：00
中途修正点火进入自由返回轨道（登月舱下降推进系统）	061：29：43.49	1970 年 04 月 14 日	08：42：43
中途修正关机	061：30：17.72	1970 年 04 月 14 日	08：43：17
登月舱各系统电源关闭	062：50	1970 年 04 月 14 日	10：03
进入月球背面	077：08：35	1970 年 04 月 15 日	00：21：35
飞出月球背面	077：33：10	1970 年 04 月 15 日	00：46：10
S-ⅣB 级撞击到月球表面	077：56：40.0	1970 年 04 月 15 日	01：09：40
登月舱各系统加电	078：00	1970 年 04 月 15 日	01：13
应急制导系统对准主制导系统	078：10	1970 年 04 月 15 日	01：23
进入月地转移轨道点火（登月舱下降推进系统）	079：27：38.95	1970 年 04 月 15 日	02：40：39
进入月地转移轨道关机	079：32：02.77	1970 年 04 月 15 日	02：45：02
登月舱各系统电源关闭	082：10	1970 年 04 月 15 日	05：23
登月舱电子系统明显出现短路，伴随着下降级附近"砰"的重击声，看到在登月舱下降级 1 号和 2 号电池组区域观察到有持续几分钟的排放	097：13：53	1970 年 04 月 15 日	20：26：53
登月舱调整为中途修正	100：00	1970 年 04 月 15 日	23：13
指令勤务舱电源配置以建立遥测链路	101：20	1970 年 04 月 16 日	00：33
指令舱加电	101：53	1970 年 04 月 16 日	01：06
登月舱各系统加电	104：50	1970 年 04 月 16 日	04：03
中途修正点火（登月舱下降推进系统）	105：18：28.0	1970 年 04 月 16 日	04：31：28

阿波罗 13 号任务事件	飞行地面时间 （时：分：秒）	日期 （格林尼治时间）	时间 （时：分：秒）
中途修正关机	105：18：42.0	1970 年 04 月 16 日	04：31：42
开始被动热控	105：20	1970 年 04 月 16 日	04：33
登月舱各系统掉电	105：50	1970 年 04 月 16 日	05：03
登月舱电源转移至指令勤务舱	112：05	1970 年 04 月 16 日	11：18
A 电池充电开始	112：20	1970 年 04 月 16 日	11：33
A 电池充电结束，B 电池充电 开始	126：10	1970 年 04 月 17 日	01：23
B 电池充电结束	128：10	1970 年 04 月 17 日	03：23
登月舱各系统加电	133：35	1970 年 04 月 17 日	08：48
平台校准	134：40	1970 年 04 月 17 日	09：53
准备进行中途修正	136：30	1970 年 04 月 17 日	11：43
中途修正点火（登月舱喷气控制 系统）	137：39：51.5	1970 年 04 月 17 日	12：52：51
中途修正关机	137：40：13.0	1970 年 04 月 17 日	12：53：13
勤务舱分离	138：01：48.0	1970 年 04 月 17 日	13：14：48
拍摄勤务舱	138：15	1970 年 04 月 17 日	13：28
指令舱加电	140：10	1970 年 04 月 17 日	15：23
平台校准	140：40	1970 年 04 月 17 日	15：53
登月舱机动到分离姿态	140：50	1970 年 04 月 17 日	16.03
抛掉登月舱	141：30：00.2	1970 年 04 月 17 日	16：43：00
再入	142：40：45.7	1970 年 04 月 17 日	17：53：45
回收飞机 S 频段雷达发现指 令舱	142：48	1970 年 04 月 17 日	18：01
回收直升机看到指令舱	142：49	1970 年 04 月 17 日	18：02
回收船看到指令舱，回收直升机 与指令舱建立话音通信链路	142：50	1970 年 04 月 17 日	18：03
溅落（顶端朝上）	142：54：41	1970 年 04 月 17 日	18：07：41
蛙人开始回收主降落伞	142：56	1970 年 04 月 17 日	18：09
第一名蛙人到达指令舱	143：03	1970 年 04 月 17 日	18：16
环形浮囊充气	143：11	1970 年 04 月 17 日	18：24
救生衣递送给蛙人队长	143：18	1970 年 04 月 17 日	18：31
舱门打开以便乘组出舱	143：19	1970 年 04 月 17 日	18：32
乘组出舱	143：22	1970 年 04 月 17 日	18：35
乘组登上直升机	143：29	1970 年 04 月 17 日	18：42
乘组登上回收船	143：40	1970 年 04 月 17 日	18：53

续表

阿波罗 13 号任务事件	飞行地面时间 （时：分：秒）	日期 （格林尼治时间）	时间 （时：分：秒）
指令舱起吊上船	144:23	1970 年 04 月 17 日	19:36
乘组离开回收船，前往萨摩亚，之后是夏威夷	167:07	1970 年 04 月 18 日	18:20
乘组到达夏威夷	199:22	1970 年 04 月 19 日	02:35
乘组到达得克萨斯州休斯顿埃林顿空军基地	224:17	1970 年 04 月 20 日	03:30
回收船到达夏威夷	312:17	1970 年 04 月 24 日	19:30
指令舱火工品安全处理结束	343:22	1970 年 04 月 26 日	02:35
燃料和氧化剂钝化结束	360:15	1970 年 04 月 26 日	19:28
指令舱运抵加利福尼亚州唐尼市合同商的厂房	378:47	1970 年 04 月 27 日	14:00

阿 波罗 14 号

第八次载人任务：第三次登月
（1971 年 1 月 31—2 月 9 日）

背景

阿波罗 14 号任务是 H 类任务,将实施精确载人登月并对月球进行系统探索。考虑到弗拉·毛罗地形构造十分重要,原本安排阿波罗 13 号任务对其进行采样,但不幸的是飞船没能在月球着陆,因此这项任务又分配给了阿波罗 14 号。阿波罗 14 号任务实现了第三次成功登月。

这次任务的主要目标包括：

- 进行月球学检查、勘测和预选区域采样；
- 展开并启动阿波罗月面实验装置；
- 拓展人类在月球环境下工作的能力；
- 拍摄备选探索区域的照片。

尽管阿波罗 14 号任务的主要目标与阿波罗 13 号相同,但人们希望本次任务能够获取比前次任务更多的月球物质和科学数据。为了扩展月面探索范围并收集更多的月球物质,本次任务新增了一辆折叠式双轮手推车,称作“模块化设备运输车(MET)”,用于运载各种工具、像机、便携式磁力计和月球样本。对阿波罗 13 号飞船低温氧贮箱故障原因的调查促成了阿波罗 14 号飞船指令勤务舱低温氧存储和电源系统的三项重大改进。对氧贮箱的内部结构进行了改进,增加了第三个氧贮箱,同时安装了备份电池。这些改变用于所有后续飞船中。

任务乘组的成员有指令长小艾伦·巴特利特·谢泼德（美国海军）,指令舱驾驶员斯图尔特·艾伦·鲁萨（美国空军）,登月舱驾驶员埃德加·迪恩·米切尔中校（美国海军）。谢泼德[①]是 1959 年首批入选的宇航员,他在

---

① 谢泼德于 1998 年 7 月 21 日在加利福尼亚州蒙特雷社区医院因白血病去世。

最早的水星亚轨道任务（MR-3）中成为第一位进入太空的美国人。随后他被诊断出耳部疾病，即梅尼埃病，这直接导致了海军禁止他单独飞行并迫使 NASA 只能让他承担地面任务。于是他担任了宇航员办公室主任一职。1969 年谢泼德接受了实验性手术，病情得到治愈。他在 5 月份恢复到正常状态，并在 8 月份被指派为阿波罗 14 号任务的指令长。谢泼德 1923 年 11 月 18 日出生在新罕布什尔州的东德里，在 47 岁时成为在月面行走过的年龄最大的人。1944 年在美国海军学院获得学士学位。他此次任务的备份宇航员是尤金·安德鲁·吉恩（Gene）·赛尔南上尉（美国海军）。鲁萨和米切尔都是第一次执行太空飞行任务。鲁萨[①]于 1933 年 8 月 16 日出生在科罗拉多州杜兰戈，执行阿波罗 14 号任务时 37 岁。1960 年在科罗拉多大学获得航空工程学士学位，1966 年入选宇航员。他的备份宇航员是罗纳德·埃尔文·埃文斯中校（美国海军）。米切尔于 1930 年 9 月 17 日出生在得克萨斯州赫里福德，执行阿波罗 14 号任务时 40 岁。1952 年在卡内基理工学院获得工业管理学士学位，1961 年又在美国海军研究生院获得航空工程学士学位，1964 年在麻省理工学院获得航空与航天理学博士学位。1966 年入选宇航员。他的备份宇航员是乔·亨利·恩格尔（美国空军）。本次任务的飞船通信员是查尔斯·戈登·富勒顿（美国空军），布鲁斯·麦坎得利斯二世（美国海军），小弗雷德·华莱士·海斯和埃文斯。支持乘组是麦坎得利斯，威廉·里德·波格（美国空军），富勒顿，和菲利普·凯尼恩·查普曼理学博士。飞行主任是 M. P. 彼得·弗兰克和格林·S. 伦尼（第一班），米尔顿·L. 温德勒（第二班），吉拉德·D. 格里芬（第三班）和格林·S. 伦尼（第四班）。

　　阿波罗 14 号的运载火箭是"土星 V"，代号 AS-509。任务还有一个代号是东靶场♯7194。指令勤务舱的代号是 CSM-110，绰号"基蒂霍克"。登月舱的代号是 LM-8，绰号"天蝎座 α 星"。

发射准备

　　最终倒计时在射前 28 小时，即 1971 年 1 月 30 日格林尼治时间 06：00：00 开始。计划内的中断有两次，分别是射前 9 小时中断 9 小时 23 分钟和射前 3 小时 30 分钟中断 1 小时。发射时，一股冷空气的前沿延伸到佛罗里达州北部。在发射的整个早晨其前沿的南部有零星阵雨，好在直到计划发射之

---

　　① 鲁萨于 1994 年 12 月 12 日在华盛顿特区因胰腺炎并发症去世（NASA 总部发布的 94-210 号文件）。

前阵雨都没有波及发射区。在计划发射时间之前约 30 分钟,一团浓积云夹带着阵雨沿着奥兰多到梅里特岛发射区(MILA)北部一线移动。这种天气和闪电的威胁导致在射前 8 分钟实施了必要的 40 分钟 2 秒的中断,直到阵雨离开发射设施足够远的距离才继续进行。尽管发射前出现了阵雨,但发射时刻发射台上并没有下雨,只是火箭起飞后确实穿越了云层。卡纳维拉尔角地区的地表风是非常微弱的西风。天空中积云七成(云底高 4 000 英尺),高积云两成(云底高 8 000 英尺),温度为 71.1 华氏度,相对湿度为86%,大气压力为 14.652 磅/平方英寸。通过发射场灯柱上距地面 60.0 英尺高的风速计测得风速为 9.7 节,风向为从真北起算 255 度。在 530 英尺高度时风速达到 16.5 节,风向为从真北起算 275 度。由于天气过程造成的延误要求飞行方位角从北偏东 70.067 度改变到北偏东 75.558 度。

阿波罗 14 号准备事件	日　　期
指令舱与勤务舱各系统厂内独立和联合测试完成	1969 年 04 月 02 日
指令舱与勤务舱各系统厂内综合测试完成	1969 年 05 月 07 日
LM-8 厂内最终工程评估验收测试	1969 年 08 月 25 日
LM-8 厂内综合测试	1969 年 08 月 25 日
LM-8 上升级准备用船从厂内运往肯尼迪航天中心	1969 年 11 月 08 日
LM-8 下降级准备用船从厂内运往肯尼迪航天中心	1969 年 11 月 13 日
CM-110 和 SM-110 准备用船从厂内运往肯尼迪航天中心	1969 年 11 月 17 日
CM-110 和 SM-110 运抵肯尼迪航天中心	1969 年 11 月 19 日
CM-110 和 SM-110 对接	1969 年 11 月 24 日
LM-8 上升级运抵肯尼迪航天中心	1969 年 11 月 24 日
LM-8 下降级运抵肯尼迪航天中心	1969 年 11 月 24 日
S-ⅠC-9 级运抵肯尼迪航天中心	1970 年 01 月 11 日
S-ⅠC-9 级在 MLP-2 起竖	1970 年 01 月 14 日
LM-8 各级对接	1970 年 01 月 20 日
S-ⅣB-509 级运抵肯尼迪航天中心	1970 年 01 月 20 日
S-Ⅱ-9 级运抵肯尼迪航天中心	1970 年 01 月 21 日
LM-8 各系统联合测试完成	1970 年 01 月 22 日
CSM-110 各系统联合测试完成	1970 年 02 月 02 日
飞船/登月舱适配器 SLA-17 运抵肯尼迪航天中心	1970 年 03 月 31 日
土星 V 仪器单元 IU-509 运抵肯尼迪航天中心	1970 年 05 月 06 日
S-Ⅱ-9 级起竖	1970 年 05 月 12 日
S-ⅣB-509 级起竖	1970 年 05 月 13 日
IU-509 起竖	1970 年 05 月 14 日
运载火箭电气系统测试完成	1970 年 06 月 04 日

阿波罗 14 号准备事件	日　　期
LM-8 高空测试完成	1970 年 06 月 22 日
运载火箭推进剂发散/故障整体测试完成	1970 年 07 月 07 日
CSM-110 高空测试完成	1970 年 09 月 01 日
运载火箭勤务臂综合测试完成	1970 年 10 月 21 日
CSM-110 运至飞行器组装厂房	1970 年 11 月 04 日
飞船起竖	1970 年 11 月 04 日
飞行器和 MLP-2 转运至 39A 发射工位	1970 年 11 月 09 日
LM-8 各系统联合测试测试完成	1970 年 11 月 16 日
CSM-110 各系统综合测试完成	1970 年 11 月 18 日
CSM-110 与运载火箭电气对接	1970 年 12 月 13 日
LM-8 飞行准备就绪测试完成	1970 年 12 月 14 日
飞行器整体测试♯1(插合)完成	1970 年 12 月 14 日
飞行器飞行准备就绪测试完成	1970 年 12 月 19 日
S-ⅠC-9 级 RP-1 燃料加注完成	1971 年 01 月 08 日
飞行器倒计时验证测试(湿)完成	1971 年 01 月 18 日
飞行器倒计时验证测试(干)完成	1971 年 01 月 19 日

上升段

阿波罗 14 号于 1971 年 1 月 31 日,格林尼治时间 21:03:02(美国东部标准时间 16:03:02)的发射时间,从肯尼迪航天中心 39 号工位 A 发射台点火升空。为了在计划的着陆时间利用 10.3 度的月面太阳高度角取得良好的光照条件,发射窗口延长到格林尼治时间 20:23:00。起飞后 T+12.81 秒至 T+28.00 秒,飞行器从北偏东 90 度的发射台方位角滚动到北偏东 75.558 度的飞行方位角。上升过程中在高度为 43 270 英尺时遭遇了最大风况,风速为 102.6 节,风向为从真北起算 255 度。最大风切变为 0.0201/秒,高度为 43 720 英尺。S-ⅠC 级于 T+164.10 秒关机,随后 S-ⅠC 级与 S-Ⅱ级分离,S-Ⅱ级点火。S-Ⅱ级在 T+559.05 秒关机,接下来与 S-ⅣB 级分离。S-ⅣB 级于 T+563.4 秒点火,于 T+700.56 秒实施第一次关机,比预定轨道速度低了 2.6 英尺/秒,高度与计划完全一致。T+710.56 秒入轨(即 S-ⅣB 级关机时间加上计入发动机尾推力终止和其他瞬时效应的 10 秒),停泊轨道远地点和近地点分别为 100.1 海里×98.9 海里,倾角为 31.120 度,周期为 88.18 分钟,速度为 25 565.8 英尺/秒。远地点和近地点基于半径为 3 443.934 海里的球面地球计算而来。

COSPAR 将进入轨道的指令勤务舱命名为"1971-008A",将 S-ⅣB 级命名为"1971-008B"。登月舱在月球轨道从指令勤务舱脱离后，其上升级将被命名为"1971-008C"，下降级被命名为"1971-008D"。

地球轨道段

各系统完成飞行中的检查后，飞船于 002:28:32.40 实施了 350.84 秒的进入地月转移轨道机动（S-ⅣB 级第二次点火）。002:34:23.24 S-ⅣB 级发动机关机并于 10 秒后进入地月转移轨道。此时已经完成了 1.5 个地球轨道圈次的飞行，耗时 2 小时 22 分钟 42.68 秒，速度达到 35 511.6 英尺/秒。

地月转移段

指令勤务舱于 003:02:29.4 从 S-ⅣB 级分离出来，随后顺利完成掉头。不过指令勤务舱与登月舱进行了六次对接尝试才在 004:56:56.7 成功对接。对接后的飞船组合体于 005:47:14.4 从 S-ⅣB 级弹射出去，这次弹射机动耗时 6.9 秒。S-ⅣB 级于 006:04:01.7 实施了 80.2 秒的规避机动。对接探头在飞行检查中一切正常，因此推断捕获插销装置在前五次对接尝试中一定没有处于锁定状态。和阿波罗 13 号任务一样，S-ⅣB 级的任务是撞向月球指定区域，提供月震数据。为了实现这一目标，S-ⅣB 级辅助推进系统于 008:59:59.0 实施了 252.2 秒的月球撞击机动。082:37:53.4，S-ⅣB 级撞击到月面。撞击点位于南纬 8.09 度、西经 26.02 度，距离目标点 159 海里，在阿波罗 12 号月震仪西南 94 海里。月震仪在撞击后 37 秒记录到震动，对震动的响应持续了 3 个多小时。撞击时刻 S-ⅣB 级的质量为 30 836 磅，速度为 8 333 英尺/秒。

地月转移阶段的活动包括恒星和地球地平线校准瞄准，这是在为即将在月地转移滑行期间实施的地月导航做准备性训练，还包括在暗光条件下对地球的摄影。飞船在 030:36:07.91 进行了 10.19 秒的中途修正。060:30 指令长和登月舱驾驶员转移到登月舱内，进行了 2 小时的舱室整理和各系统检查。在这一阶段，乘组拍摄了从指令舱排放的废水照片，为天空实验室计划中将要进行的粒子污染研究收集数据。第二次中途修正于 076:58:11.98 实施，耗时 0.65 秒。这次修正后，飞船进入了最终轨道，该轨道足以确保飞船进入月球轨道。054:53:36 更新了船载时间，补偿了发射倒计时期间因天气原因造成的延误。补偿将船载任务时间增加了 40 分钟 2.9 秒，这可以使指令舱驾驶员在月球轨道飞行时不再需要大量更改飞行日志。081:56:40.70，在距月面 87.4 海里高处，启动勤务推进系统点火工作 370.84 秒，进入 169.0 海里×58.1 海里的月球轨道。地月转移滑行段总共持续了 79 小时 28 分钟 18.30 秒。

阿波罗 14 号上升段事件	飞行地面时间（时：分：秒）	高度/海里	航程/海里	地球固连坐标系速度/（英尺/秒）	空间固连坐标系速度/（英尺/秒）	时长/秒	地心纬度/度（北纬）	经度/度（东经）	空间固连坐标系航迹角/度	空间固连坐标系指向角/度（北偏东）
起飞	000:00:00.57	0.060	0.000	1.1	1 340.7	—	28.447 0	−80.604 1	0.05	90.00
达到马赫数为 1	000:01:08.0	4.337	1.379	1 077.0	2 082.4	—	28.452 1	−80.578 7	26.80	86.06
最大动压	000:01:21.0	6.649	2.886	1 524.6	2 540.5	—	28.458 0	−80.550 9	28.77	84.61
S-IC 级中心发动机关机	000:02:15.14	23.202	24.169	5 103.0	6 283.6	141.6	28.544 1	−80.159 8	23.554	79.228
S-IC 级外围发动机关机	000:02:44.10	36.317	51.132	7 741.7	8 972.5	170.6	28.651 6	−79.663 4	19.584	78.468
S-IC/S-II 级分离	000:02:44.8	36.663	51.947	7 773.0	9 004.8	—	28.654 8	−79.648 4	19.489	78.468
S-II 级中心发动机关机	000:07:43.09	98.091	594.709	17 212.7	18 554.4	296.59	30.334 7	−69.442 5	0.829	82.809
S-II 级外围发动机关机	000:09:19.05	101.556	890.920	21 562.5	22 905.8	392.55	30.861 1	−63.744 4	0.621	85.784
S-II/S-IVB 级分离	000:09:20.00	101.596	894.194	21 573.8	22 917.2	—	30.865 4	−63.681 0	0.612	85.818
S-IVB 级发动机第一次关机	000:11:40.56	103.091	1 406.287	24 215.6	25 559.9	137.16	31.097 8	−53.734 9	−0.004	91.245
进入地球轨道	000:11:50.56	103.086	1 444.989	24 221.6	25 565.8	—	31.080 6	−52.982 6	−0.003	91.656

阿波罗 14 号地球轨道段事件	飞行地面时间（时：分：秒）	空间固连坐标系速度/（英尺/秒）	时长/秒	速度变化/（英尺/秒）	远地点/海里	近地点/海里	周期/分	倾角/度
进入地球轨道	000:11:50.56	25 565.8	—	—	100.1	98.9	88.18	31.120
S-IVB 级第二次点火启动	002:28:32.40	25 579.0	—	—	—	—	—	—
S-IVB 级第二次点火关机	002:34:23.24	35 535.5	350.84	10 366.5	—	—	—	30.835

阿波罗14号地月转移轨道段事件	飞行地面时间（时：分：秒）	高度/海里	空间固连坐标系速度/（英尺/秒）	时长/秒	速度变化/（英尺/秒）	空间固连坐标系航迹角/度	空间固连坐标系指向角/度（北偏东）
进入地月转移轨道	002:34:33.24	179.544	35 511.6	—	—	7.480	65.583
指令勤务舱从S-IVB级分离	003:02:29.4	4 289.341	24 102.3	—	—	46.810	65.369
指令勤务舱与登月舱/S-IVB级对接	004:56:56.7	20 603.4	13 204.1	—	—	66.31	84.77
指令勤务舱/登月舱弹射点火	005:47:14.4	26 299.6	11 723.5	—	—	68.54	87.76
指令勤务舱/登月舱弹射关机	005:47:21.3	—	—	6.9	0.8	—	—
中途修正点火	030:36:07.91	118 515	4 437.9	—	—	76.47	1 011.98
中途修正关机	030:36:18.10	118 522.1	4 367.2	10.19	71.1	76.95	102.23
中途修正点火	076:58:11.98	11 900.3	3 711.4	—	—	−80.1	295.57
中途修正关机	076:58:12.63	11 899.7	3 713.1	0.65	3.5	−80.1	295.65

月球轨道和月面段

飞船勤务推进系统于 086:10:52.97 实施了 20.81 秒的机动,将飞船送入 58.8 海里×9.1 海里的下降轨道,为登月舱分离做好了准备。在之前的任务中,都是由登月舱下降推进系统实施进入下降轨道的机动。由于本次任务的着陆区比之前的任何一个都更加崎岖不平,所以登月舱推进剂需要保留更大的裕度①。指令长和登月舱驾驶员于 101:20 进入登月舱,进行系统检查并为登月舱分离做准备。勤务舱喷气控制系统点火工作了 2.7 秒,于 103:47:41.6 将指令舱与登月舱分离开来,并使指令舱进入 60.2 海里×7.8 海里的轨道。随后指令勤务舱于 105:11:46.11 进行了 4.02 秒的轨道圆化机动,将轨道调整为 63.9 海里×56.0 海里。在飞船分离后并在动力下降前,地面工作人员在计算机输入信道中检测到一条中止指令,然而乘组并没有按下任务中止开关。故障明显与中止开关没有关系,为了防止任务意外中止,马上开发了一个应急程序。按照这个程序,登月舱于 108:02:26.52 在月面上空 7.8 海里处成功实施了 764.61 秒的动力下降机动。着陆雷达首次开机大约 6 分钟后,雷达系统切换到低量程标度,使各跟踪器集中在窄频段工作模式。采用这种低量程标度的问题在于,直到下降段的后期才有可能获得雷达数据,而且阻止登月舱在月面着陆,只能通过人工的方式反复控制断路器开合来进行修正。108:15:09.3 登月舱左侧支脚接触到月面,接着其余的支脚于 108:15:11.4(2 月 5 日格林尼治时间 09:18:13)也落到月面上。着陆点的月球坐标为南纬 3.645 30 度、西经 17.471 36 度,位于圆锥环形山西侧 0.6 海里,比为其前任阿波罗 13 号选择的着陆点距离目标更近一些。② 到发动机关机时,剩余的燃烧时间还有大约 68 秒。

着陆后 2 小时开始为最初阶段的月面探索做准备,113:39:11 登月舱开始泄压。由于在 EVA 准备过程中 PLSS 的通信时断时续,造成首次 EVA 推迟了 49 分钟开始。据信故障的原因是登月舱的配置有问题。更换了一个音频电路断路器后故障排除了。指令长于 113:47 出舱。8 分钟后登月舱驾驶员也跟着出舱了。他们的第一项任务是随机收集月球样本。在第一次舱外活动期间,乘组展开了电视摄像机、S 频段天线和太阳风实验装置;展开并装载了模块化设备;采集了样本;并拍摄了全景照片、设备和乘

---

① 如果阿波罗 13 号任务没有在到达月球轨道之前中止,那么阿波罗 13 号将是第一个采用这种机动方式的任务。

② 事实上,落点距离预定目标点不到 150 英尺,这是整个阿波罗计划中着陆精度最高的一次。

员活动。115:46 他们开始走向阿波罗月面实验装置放置点,该点位于登月舱西侧大约 500 英尺。他们还在其西侧 100 英尺处放置了激光测距后向反射器。116:47:58 地球收到了阿波罗月面实验装置发回的第一批数据。在布置实验装置箱体的过程中遇到了一些问题,包括:超热离子探测器中的博伊德螺栓打开困难;超热离子探测器和低温阴极离子测量仪之间的电缆过于僵硬,由此导致低温阴极离子测量仪掉落到月面;中心站发射强度低;超热离子探测实验中出现了干扰数据;5 个有源月震实验的"起震装置"触发器无法启动。尽管这一阶段的通信正常,但是在 EVA 的后期电视画面的清晰度逐步降低。乘组一回到登月舱,舱内便在 118:27:01 开始迅速加压。首次舱外活动持续了 4 小时 47 分钟 50 秒。月面步行距离大约 3 300 英尺;采集样本 45.19 磅。在月面活动期间,指令勤务舱在 117:29:33.17 进行了 18.50 秒的变轨道面机动,将轨道调整到 62.1 海里×57.7 海里。

第二次舱外活动于 131:08:13 开始舱内泄压,比计划提前了 27 分钟。指令长于 131:13 出舱,登月舱驾驶员在 7 分钟后出舱。为徒步前往圆锥环形山地区,位于着陆点东北偏东大约 1 400 英尺远的一处较低的边缘,乘组使用了两轮模块化设备运输车。乘组在穿越斜坡时费了很大的劲,比预定时间落后了 30 分钟。因此他们只走到了距离环形山边缘 50 英尺的地方。不过实现了到达该环形山附近的任务目标。沿途进行了拍照,采集了各种样本,并进行了地形描述。在环形山边缘附近一个方块形的地方采集了岩石和月壤样本。在返回途中,乘组还在两个地点用磁力计进行了磁场测量。此外还挖了一个估计有 1.5 英尺深的沟,并从中采集了一些样本。但采集三倍深度岩芯样本的尝试没能成功,仅采集了其他可装箱的样本。返回登月舱后,在进舱之前乘组调整了阿波罗月面实验装置中心站的天线指向,以提高载人航天网地面站信号接收的强度。调整后的信号强度增加了近 0.5 分贝,从而能用 30 英尺的天线接收数据。进入登月舱前,指令长在月面上放了一个高尔夫球。随后他将一个"六号铁杆"(高尔夫专业球杆,译者注)的头装在随机样本采集器的手柄上,然后试图挥杆击球,但击打到了月壤上,球几乎没有动。第二次挥杆也只是将球向右侧打出了几英尺远。于是他又放下一个球,这次将高尔夫球打到了一个大约 50 英尺远的环形山内。登月舱驾驶员随后将太阳风实验装置上的一根杆子也抛到了这个环形山内。第二次舱外活动持续了 4 小时 34 分钟 41 秒,步行距离大约 9 800 英尺,采集样本 49.16 磅。乘组返回登月舱后,舱体于 135:42:54 开始加压,由此结束了人类对月球的第三次探索。乘组在登月舱外活动的总时间为 9 小时 22 分钟 31 秒,月面行走的总长度在 13 100 英尺以上,采集的月球样本总质量为 93.21 磅(42.28 千克,此数值为休斯顿月球接收实验室测定的官方公制数据）。步行最远点距离登月舱 4 770 英尺。

当登月乘组在月面工作时，指令舱驾驶员完成了获取用于科学分析和未来任务规划数据的任务。这些任务包括拍摄位于月球中部高地的候选着陆点、高太阳高度角光照条件下的月球表面、天空中的"对日照"（原文Gegenschein 是德语，意为反光，指的是夜空中黄道上与太阳正背的方向出现的微弱光斑，译者注）和莫尔顿点区域及各种各样暗弱的天文现象。

上升级发动机于 141:45:40（2 月 6 日格林尼治时间 18:48:42）点火，上升级从月面起飞。登月舱在月面驻留了 33 小时 30 分钟 29 秒。上升级发动机持续工作了 432.1 秒，将上升级直接送入 51.7 海里×8.5 海里的轨道，这是在登月计划中首次采用直接进入月球轨道的方式进行交会。不过在 141:56:49.4 还是根据需要实施了 12.1 秒的微调，将轨道调整到51.2 海里×8.4 海里。142:30:51.1 进行了 3.6 秒的最终段点火，接着又进行了两次小规模的中途修正，将上升级送入了 60.1 海里×46.0 海里的轨道。上升级于 143:13:29.1 实施了 26.7 秒的机动，将轨道最终确定在61.5 海里×58.2 海里，并在 143:32:50.5 完成了与指令勤务舱的对接，高度为 58.6 海里。此时两个飞船已经分离了 39 小时 45 分钟 8.9 秒。在对接的制动段，遥测数据显示应急制导系统出现故障，但是飞船上并没有出现预警与告警信号。对飞船上所有断路器和开关都检查了一遍，仍没能改进这种状况。虽然探头/锥管在对接过程中没有出现问题，但还是将探头带回了地面以便展开事后分析。在交会对接过程中，电视画面的质量始终很好，清晰地展示了对接机动的过程。在乘组和月球样本都转移到指令舱后，上升级于 145:44:58.0 被抛掉，指令勤务舱准备进入月地转移轨道。145:49:42.5指令舱实施了 15.8 秒的规避机动，拉开与上升级的距离，并进了入 63.4 海里×56.8 海里的轨道。接着遥控上升级撞向月球。上升级在 57.2 海里的高度上点火 76.2 秒，将推进剂耗尽，并于 147:42:23.7 撞击到月面。撞击点的月球坐标是南纬 3.42 度、西经 19.67 度，在阿波罗 14 号飞船着陆点西侧大约 36 海里处，距离阿波罗 12 号着陆点 62 海里，距理论瞄准点 7 海里。

在前几次任务中，粘在设备上的月尘被带回了地球，且制造了不少麻烦。阿波罗 14 号任务采用了专门的月尘控制程序，从而大幅减少了舱内的月尘。148:36:02.30 指令勤务舱实施了 149.23 秒的机动，于 148:38:31.53以 8 505 英尺/秒的速度进入了月地转移轨道，此时已在月球轨道上绕飞 34圈，历时 66 小时 35 分钟 39.99 秒。

月地转移段

在月地转移滑行段，飞船于 165:34:56.69 使用勤务舱喷气控制系统实施了一次 3.00 秒的中途修正,速度增量为 0.5 英尺/秒。此外,进行了一次专门的流量实验,目的是对氧气系统进行评估以便后续任务规划舱外活动;以及一次导航训练,模拟在没有地面控制支持的情况下,仅凭船载制导与导航系统返回地球。科学研究内容包括电视转播了电泳分离验证实验、热流与热传递和零重力环境下复合金属的铸造过程。

回收

勤务舱在 215:32:42.2 被抛掉,指令舱沿着正常的轨道再入。在完成了 67 小时 9 分钟 13.8 秒的月地转移滑行后,指令舱于 215:47:45.3 以 36 170.2 英尺/秒的速度再入大气层(再入边界高度为 400 000 英尺)。降落伞系统成功打开,指令舱于 2 月 9 日格林尼治时间 21:05:00 溅落在太平洋洋面上。本次任务时长 216:01:58.1。落点位置估计为南纬 27.02 度、西经 172.67 度,距离瞄准点 0.6 海里,距离美国海军"新奥尔良"号回收船 3.8 海里。勤务舱应该也进入了大气层,落在指令舱西南大约 650 海里,雷达和目视都没能发现它的再入或溅落。指令舱呈现顶端朝上的漂浮姿态。乘组由直升机回收,并在溅落后 48 分钟登上回收船。指令舱在 76 分钟后回收,估算其溅落时质量是 11 481.2 磅,估算任务中的飞行距离约为 1 000 279 海里。乘组在"新奥尔良"号上一直待在移动隔离设施内,直到 2 月 11 日格林尼治时间 17:46 才乘飞机离开回收船前往萨摩亚的帕哥帕哥岛。在 C-141 运输机内他们进入第二个移动隔离设施,于 2 月 12 日格林尼治时间 09:34 抵达位于休斯顿的埃林顿空军基地,中途在加利福尼亚州的诺顿空军基地短暂停留补充燃油。2 月 12 日格林尼治时间 11:35 进入月球接收实验室。2 月 17 日格林尼治时间 21:30,指令舱和第一个移动隔离设施由"新奥尔良"号运抵夏威夷并卸船。接着第一个移动隔离设施被空运至休斯顿,到达时间为 2 月 18 日格林尼治时间 07:40。指令舱被运往夏威夷的希坎姆空军基地进行钝化。钝化完成后,指令舱于 2 月 19 日格林尼治时间 23:00 由 C-133 运输机运往埃林顿空军基地,到达时间为 2 月 22 日格林尼治时间 21:45。乘组和医学支持人员于 2 月 27 日解除隔离,而指令舱和月球样本直到 4 月 4 日才解除隔离。对三个着陆点的探索表明不存在月球微生物,认为在未来任务中完全可以不再继续隔离程序。

结论

阿波罗 14 号任务实现了人类第三次成功登月,参与任务的各个单元都表现出了优异的性能,而且取得了丰厚的科学信息。除了一些打算拍摄的照片没有拍到之外,任务的全部目标和实验项目都获得了圆满成功。

经事后数据分析得出以下结论:

1. 对造成阿波罗 13 号任务失利的低温氧系统硬件进行了改进,在安全限度内能满足未来任务所有系统的要求,包括出舱活动在内。

2. 这次任务中,通过飞行乘组诊断并解决很可能导致任务中止的硬件问题和故障,再次明确显示出载人航天飞行的优势。

3. 导航是最困难的月面任务,因为很难发现和识别微小的地形特征,在太阳上升和下降的方向能见度会降低,而且无法判断距离。

4. 本次任务是阿波罗计划中第一次验证月球直接上升轨道交会。与前期任务相比,这种交会将月面上升对接时间缩短了近 2 个小时,压缩幅度巨大。

5. 在前期任务中,粘到设备上的月尘被带回地球,给两个航天器都造成了不少麻烦。本次任务启用了专门的月尘控制程序和设备,有效降低了月尘粘连的程度。

6. 在本次任务的月地转移滑行段,成功验证了没有天地通信条件下的船载导航能力,证明其精度完全满足未来任务中飞船偶尔自主导航运行模式的需要。

7. 飞行器验证了穿越顶部高达 10 000 英尺的积云,验证了这种气象状况将作为避免触发闪电的安全发射限制条件。起飞时的云层条件处于安全限制门限的边缘,但在整个发射阶段没有触发闪电的记录。

阿波罗 14 号任务总共带回了 42 千克左右的月球物质,其中包括 33 块岩石。由于弗拉·毛罗地区的岩石是破碎的原有物质的合成物,因此对这些岩石的分析要比以往任务更加复杂。研究的目标之一就是确定这些碎片融为一体的年代,以便确定带来这次震动的撞击的年代。然而岩石融化时,用于测量形成年代的同位素“时钟”被“归零”,这就使得年代的确定非常复杂。对于月海玄武岩来说这不是什么问题,但对角砾岩的分析需要确定各个碎片的年代。研究中很快发现,这些样本主要集中在两个年代范围内,一个形成区间在 39.6 亿年到 38.7 亿年,另一个则是 38.5 亿年到 38.2 亿年。因此可以推断这些角砾岩形成于 38.4 亿年前,是由雨海撞击时溅落的喷出物形成的。这一时间成为由阿波罗 14 号任务“标定过的真实数据”。来自一些碎片的更早的时间则提供了岩石形成的年代,这些岩石正是被那次撞击打碎的。尽管主要研究目标达到了,但还遗留了不少次要问题没有解决。曾希望来自圆锥环形山边缘的样本能够刻画弗拉·毛罗地形构造区的地质基本特征,预期是火山岩。起初,几个令人好奇的样本似乎的确是古代火山的产物,但结果表明它们不过是另一类角砾岩的最新实例。"破碎角砾岩"一词是指破碎岩石的碎屑被包裹在粉末状岩石的基质里。随着更多的月球样本研究,人们发现有些时候在角砾岩中可以找到矿物质的碎片,这表明并不是所有的碎片都是石屑。而且,由于角砾岩碎片能在撞击中结合到一起,就有可能出现"角砾岩的角砾岩",即一块角砾岩中存在先前角砾岩的碎片,从而又引入了"单岩石"和"双岩石"两词来描述这一复杂的历史过程。

一些最初被认为是古代玄武岩的样本,在研究后发现属于另一种角砾岩,即碎屑被包裹在撞击产生的熔化物里(它与玄武岩非常相似,只是角砾岩是由固态岩石融化混合而成的,而玄武岩是均匀同质的)。尽管岩石融化时非常猛烈,但形成的角砾岩中包含着非常脆弱的晶体,这些晶体只能是由喷发物中逃逸出来的富含矿物质的气体扩散凝结而成。这一结晶过程与地球上火山喷发的硫磺的结晶过程十分相似,只是月球上的气体是由喷发物自身生成的,而不是由喷发物下面的垫层物质生成的。这些晶体中有一些是金属铁,表明这些碎石在沉积时仍然处于高温状态,即使在凝结过程中仍有熔化状态。有若干碎片属于火成岩。其中一个玄武岩碎屑有 39.6 亿年之久,是所有采集到的样本中年代最老的。这说明在盆地填充时期之前就有火山活动,而且这些早期的岩浆要比黑色月海含有更加丰富的铝,由此出现了"非月海"玄武岩一词。弗拉·毛罗地区撞击熔化的角砾岩令人好奇的一点是它们是"KREEPy"的,即这种岩石富含地球稀有元素。当这种物质从风暴洋采集的月球样本中第一次被发现时,人们只是简单地认为它们代表古代月壳,但其放射性将这种猜想排除掉了。对弗拉·毛罗地区的月球样本进行分析,发现它们曾经是从岩浆海中凝固而成的辉长岩。在结晶过程中,某种元素是被接受还是被拒绝取决于这种元素是否符合晶体结构的规律,不符合的元素就会"不兼容"。因为微量元素并不倾向于参与矿化活动,因此当那些兼容的元素被萃取时,这些微量元素会保留在熔化物中,其结果是它们逐渐变得更加集中了。深层的放射性有助于保持这种集中的熔岩池,直到最终凝固时将这些微量元素锁定在岩石内。生成雨海盆地的撞击将这些足够深的物质挖掘出来,并散布到月球表面。

当弗拉·毛罗地区指派给阿波罗 13 号任务时,它对于 H 类任务的确非常理想,但最终却变得难以应对,难的不是寻找着陆点,而是这块"平原"令人诧异的起伏不平的自然特性。尽管重新确定了阿波罗 14 号任务的着陆点,使其更接近圆锥环形山,但从飞船跋涉到山脊再返回,往返一次需要长途跋涉 10 000 英尺。如果洛弗尔和海斯真的在更远的地方着陆,他们也不可能走到那个山脊。尽管谢泼德和米切尔到达了最高处,但他们还是没有走到环形山那里。导航非常困难,但最根本的限制条件是时间不够。到圆锥环形山的边缘还需要一个小时,这就足以确定乘组没有时间到达那里。便携式生命保障系统最长能够工作 7 个小时,其中包括出舱前的时间和进舱后为解决问题留出的 2 小时余量,而且任务规则要求乘组必须返回登月舱而不是花一小时左右的时间采集着陆点的样本。所以实际上,为了保证留有足够的余量,在圆锥环形山边缘工作的时间被压缩了。阿波罗 14 号任务表明 H 类任务安排得过于紧张,无法到达为后续任务提出的多个目标点。"探索需要"超出了运输系统的能力,这一天到来的比预想的还要早。在往返采样地点上花费这么多宝贵的时间真的很不实际。此次任务也证实了一辆车的重要性,它不但可以缩短行进的时间从而增加采集样本的时间,而且能搭载更多的工具和岩石样本,所有这些都将有效提高一次月球任务总的产出。尽管到访弗拉·毛罗地形构造完成了本次任务的主要目标,但也清楚地表明,徒步行进无法探索月球。

任务目标

运载火箭的目标:

1. 以北偏东 72 度至 96 度的飞行方位角实施发射,将 S-ⅣB 级/仪器单元/飞船送入计划中的圆形地球停泊轨道。完成。

2. 在第二或第三圈再次启动 S-ⅣB 级,将 S-ⅣB 级/仪器单元/飞船送入计划中的地月转移轨道。完成。

3. 为 S-ⅣB 级/仪器单元/飞船在调头、对接和弹射机动期间提供所需的姿态控制。完成。

4. 在指令勤务舱/登月舱从 S-ⅣB 级/仪器单元弹射出去后实施规避机动。完成。

5. 尝试将 S-ⅣB 级/仪器单元撞向月球,撞击区位于月球坐标南纬 1.585 度、西经 33.25 度的 189 海里范围内。完成。

6. 测定真实的撞击点,位置误差不超过 2.7 海里(5.0 千米),时间误差不超过 1 秒。完成。

7. 排放和倾倒剩余的气体和推进剂,在运载火箭/飞船最终分离后对 S-ⅣB 级/仪器单元进行安全处理。完成。

8. 验证安装在 S-Ⅱ 级中心发动机上的液氧供应管路汇集系统运行效果。完成。

飞船的主要目标:

1. 实施月球检查与勘测,并在预选的弗拉·毛罗地形构造区内采样。

完成。

2. 展开并激活阿波罗月面实验装置。完成。

3. 拓展人类在月球环境下的工作能力。完成。

4. 拍摄候选探索区域的照片。完成。

飞船的详细目标：

1. 随机采集月球样本。完成。

2. 拍摄候选探索区域的照片。部分完成。在低高度掠过时（第四圈），Hiflex月球地形相机发生故障，没有拍摄到笛卡儿-凯利地区的可用照片。在立体条带照片拍摄的圈次，S频段高增益天线的故障导致没有获得相机快门打开的数据。

3. 确定高太阳高度角时的能见度。部分完成。为了再次拍摄笛卡儿地区的照片，最后四组观测任务被取消；然而已采集到足够的数据，证明了能见度分析模型可用于阿波罗任务规划。

4. 评估模块化设备运输车（手推车，译者注）。完成。

5. 更新月球参考点。完成。

6. 指令勤务舱开展轨道科学摄影。部分完成。月球地质学相机故障，带有500毫米镜头的哈苏70毫米相机被替代。照片拍摄得很好，只是分辨率大幅低于月球地质学相机。

7. 评估舱外活动的限制条件。完成。

8. 指令勤务舱氧流速。完成。

9. 月地转移过程中拍摄月球。部分完成，拍到了高质量的月球表面照片，但由于相机故障没能拍摄到月球地质学照片。

10. 热涂层退化。完成。

11. 微光摄影。完成。

飞行中增加的详细目标：

1. 拍摄S-ⅣB级。没有完成。任务后分析时，没在胶片中看到S-ⅣB级。

2. 拍摄指令勤务舱的水泵。部分完成。尽管在水泵的照片中看到了一些水滴颗粒，但是没有看到乘组描绘的"暴风雪"。

实验：

1. ALSEP Ⅳ：阿波罗月面实验装置。

（a）S-031：月球无源月震学。完成。

（b）S-033：月球有源月震学。完成。

（c）S-036：超热离子探测器。完成。

（d）S-038：带电粒子月球环境。完成。

（e）S-058：冷阴极离子测量。完成。

（f）M-515：月尘检测仪。完成。

2. S-059：月球地质调查。完成。

3. S-078：激光测距后向反射器。完成。

4. S-080：太阳风构成。完成。

5. S-164：S 频段转发器。完成。

6. S-170：下行链路双基地雷达对月球观测。完成。

7. S-176：阿波罗窗口陨石实验。完成。

8. S-178：月从球轨道上拍摄对日照。完成。

9. S-198：便携式磁力计。完成。

10. S-200：月壤力学特性。完成。

11. M-078：骨盐测量。完成。

飞行中的验证实验：

1. 电泳分离（马歇尔航天飞行中心）。完成。

2. 热流动与热传递（马歇尔航天飞行中心）。完成。

3. 液体转移（刘易斯研究中心）。完成。

4. 复合铸造（马歇尔航天飞行中心）。完成。

操作实验：

1. 由载人飞船中心负责：

（a）月球引力测量（使用登月舱主制导系统）。完成。

（b）氢激光实验（戈达德航天飞行中心负责的网络和统一 S 频段调查研究）。完成。

2. 由国防部负责：

（a）教堂钟声（国防部的保密实验）。结果保密。

（b）雷达表层跟踪。结果保密。

（c）导弹对电离层扰动。结果保密。

（d）导弹噪声的声学测量。结果保密。

（e）陆军声学实验。结果保密。

（f）长焦距光学系统。结果保密。

阿波罗14号 月球轨道段事件	飞行地面时间（时：分：秒）	高度/海里	空间固连坐标系速度/（英尺/秒）	时长/秒	速度变化/（英尺/秒）	远月点/海里	近月点/海里
进入月球轨道点火	081:56:40.70	87.4	8 061.4	—	—	—	—
进入月球轨道关机	082:02:51.54	64.2	5 458.5	370.84	3 022.4	169.0	58.1
进入月球下降轨道点火	086:10:52.97	59.2	5 484.8	—	—	—	—
进入月球下降轨道关机	086:11:13.78	59	5 279.5	20.81	205.7	58.8	9.1
指令勤务舱/登月舱脱离/分离点火	103:47:41.6	30.5	5 435.8	—	—	—	—
指令勤务舱/登月舱脱离/分离关机	103:47:44.3	—	—	2.7	0.8	—	—
指令勤务舱轨道圆化点火	105:11:46.11	60.5	5 271.3	—	—	60.2	7.8
指令勤务舱轨道圆化关机	105:11:50.13	60.3	5 342.1	4.02	77.2	63.9	56.0
登月舱动力下降点火	108:02:26.52	7.8	5 565.6	—	—	—	—
登月舱动力下降关机	108:15:11.13	—	—	764.61	—	—	—
指令勤务舱轨道变轨点火	117:29:33.17	62.1	5 333.1	—	—	—	—
指令勤务舱轨道变轨关机	117:29:51.67	62.1	5 333.3	18.50	370.5	62.1	57.7
登月舱月面起飞点火	141:45:40	—	—	—	—	—	—
月球上升轨道关机	141:52:52.1	—	5 548.5	432.1	6 066.1	51.7	8.5
登月舱微调点火	141:56:49.4	11.1	—	—	—	—	—

续表

阿波罗 14 号 月球轨道段事件	飞行地面时间 （时：分：秒）	高度/海里	空间固连坐标系速度（英尺/秒）	时长/秒	速度变化/（英尺/秒）	远月点/海里	近月点/海里
登月舱微调关机	141:57:01.5	—	—	12.1	10.3	51.2	8.4
登月舱末段启动点火	142:30:51.1	44.8	5 396.6	—	—	—	—
登月舱末段启动关机	142:30:54.7	—	—	3.6	88.5	60.1	46.0
登月舱末段成形点火	143:13:29.1	58.8	5 365.5	—	—	—	—
登月舱末段成形关机	143:13:55.8	—	—	26.7	32	61.5	58.2
指令勤务舱/登月舱对接	143:32:50.5	58.6	5 353.5	—	—	—	—
抛掉登月舱上升级	145:44:58.0	59.9	5 344.6	—	—	—	—
指令勤务舱/登月舱最终分离点火	145:49:42.5	60.6	5 341.7	—	—	—	—
指令勤务舱/登月舱最终分离关机	145:49:58.3	—	—	15.8	3.4	63.4	56.8
登月舱上升级离轨点火	147:14:16.9	57.2	5 358.7	—	—	—	—
登月舱上升级燃料耗尽*	147:15:33.1	57.2	5 177	76.2	186.1	56.7	−59.8

* 近月点为负值说明上升级位于一条与月面相交的轨道上

阿波罗 14 号 月地转移轨道段事件	飞行地面时间 （时：分：秒）	高度/ 海里	空间固连 坐标系速度/ （英尺/秒）	时长/ 秒	速度变化/ （英尺/秒）	空间固连 坐标系 航迹角/ 度	空间固连 坐标系指 向角/度 （北偏东）
进入月地转移轨道点火	148:36:02.30	60.9	5 340.6	—	—	−0.17	260.81
进入月地转移轨道关机	148:38:31:53	66.5	8 505	149.23	3 460.6	5.29	266.89
中途修正点火	165:34:56.69	176 713.8	3 593.2	—	—	−79.61	124.88
中途修正关机	165:34:59.69	—	—	3.00	0.5	—	—
指令勤务舱/勤务舱分离	215:32:42.2	1 965	29 050.8	—	—	−36.62	117.11

阿波罗 14 号乘组：鲁萨（左）、谢波德和米切尔

阿波罗 14 号发射

在推着模块化运输车徒步穿越期间，谢泼德在使用岩心采样管采样

尽管宇航员没有意识到，图片下缘的岩石标志着圆锥环形山的边缘

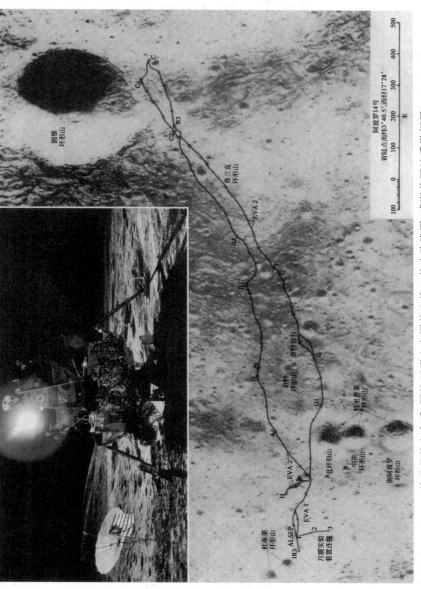

从登月舱向东看，圆锥环形山在图的上缘。徒步路线图（感谢美国地质勘探局）

461

弗拉·毛罗地形构造—崎岖不平的部分

弗拉·毛罗地形构造—崎岖不平的部分

弗拉·毛罗地形构造—平坦的部分

以雨海纪前的巨大风化层为基底，雨海盆地
喷出物的复杂混合物苏长质，KREEPy）

圆锥环形山

白色岩石——岩化的圆锥
环形山喷出物(14063，14064)

原来月海的玄武岩成
为碎片(14053)

弗拉·毛罗复矿碎屑岩(14321)
撞击熔化(14310)

风化的角砾岩
(14005，14318)

登月舱

雨海纪前的巨大风化层(玄武岩，富KREEP)

阿波罗14号着陆点的东南-西北横断面示意图显示出弗拉·毛罗地形构造"平坦的"和"崎岖不平的"部分之间的接触区。弗拉·毛罗地形构造"平坦的"部分产生的复杂的角砾岩(经 G. A. 斯旺等人修改，弗拉·毛罗地区阿波罗14号着陆点的地质情况)，专业论文 No. 800，美国地质勘探局，1977）。数字是特别采集的样本编号。这些样本代表着被推断存在的各个地质单元。"登月舱"指登月着陆点（感谢月球和行星研究所及剑桥大学出版社）

任务时间表

阿波罗 14 号任务事件	飞行地面时间 （时：分：秒）	日期 （格林尼治时间）	时间 （时：分：秒）
最终倒计时开始	−028:00:00	1971 年 01 月 30 日	06:00:00
射前 9 小时开始计划内 9 小时 23 分钟中断	−009:00:00	1971 年 01 月 31 日	01:00:00
射前 9 小时倒计时重启	−009:00:00	1971 年 01 月 31 日	10:23:00
射前 3 小时 30 分钟开始计划内 1 小时中断	−003:30:00	1971 年 01 月 31 日	15:53:00
射前 3 小时 30 分钟倒计时重启	−003:30:00	1971 年 01 月 31 日	16:53:00
射前 8 分钟因天气原因开始计划外的 40 分钟 2 秒中断	−000:08:00	1971 年 01 月 31 日	20:15:00
射前 8 分钟倒计时重启	−000:08:00	1971 年 01 月 31 日	20:55:02
制导基准发布	−000:00:16.960	1971 年 01 月 31 日	21:02:45
S-IC 级发动机开机指令	−000:00:08.9	1971 年 01 月 31 日	21:02:53
S-IC 级发动机点火（♯5）	−000:00:06.5	1971 年 01 月 31 日	21:02:55
所有 S-IC 级发动机推力正常	−000:00:01.6	1971 年 01 月 31 日	21:03:00
发射时间	000:00:00.0	1971 年 01 月 31 日	21:03:02
所有牵制臂释放（第一次动作）（1.05g）	000:00:00.2	1971 年 01 月 31 日	21:03:02
起飞（脐带断开）	000:00:00.57	1971 年 01 月 31 日	21:03:02
避发射塔塔架偏航机动开始	000:00:01.958	1971 年 01 月 31 日	21:03:04
偏航机动结束	000:00:09.896	1971 年 01 月 31 日	21:03:11
俯仰和滚动机动开始	000:00:12.814	1971 年 01 月 31 日	21:03:14
滚动机动结束	000:00:28.000	1971 年 01 月 31 日	21:03:30
达到马赫数为 1	000:01:08.0	1971 年 01 月 31 日	21:04:10
最大弯曲力矩（116 000 000 磅力-英寸）	000:01:16	1971 年 01 月 31 日	21:04:18
最大动压（655.80 磅/平方英尺）	000:01:21.0	1971 年 01 月 31 日	21:04:23
S-IC 级中心发动机关机指令	000:02:15.14	1971 年 01 月 31 日	21:05:17
俯仰机动结束	000:02:44.088	1971 年 01 月 31 日	21:05:46
S-IC 级各外围发动机关机	000:02:44.10	1971 年 01 月 31 日	21:05:46
S-IC 级最大总惯性加速度（3.82g）	000:02:44.18	1971 年 01 月 31 日	21:05:46
S-IC 级最大地球固连坐标系速度	000:02:44.59	1971 年 01 月 31 日	21:05:46
S-IC/S-II 级分离指令	000:02:44.8	1971 年 01 月 31 日	21:05:46
S-II 级发动机开机指令	000:02:45.5	1971 年 01 月 31 日	21:05:47

阿波罗 14 号任务事件	飞行地面时间 （时：分：秒）	日期 （格林尼治时间）	时间 （时：分：秒）
S-Ⅱ级点火	000：02：46.5	1971 年 01 月 31 日	21：05：48
抛 S-Ⅱ级后级间段	000：03：14.8	1971 年 01 月 31 日	21：06：16
发射逃逸塔抛掉	000：03：20.7	1971 年 01 月 31 日	21：06：22
迭代制导模式启动	000：03：25.912	1971 年 01 月 31 日	21：06：27
S-ⅠC 级最高点	000：04：31.8	1971 年 01 月 31 日	21：07：33
S-Ⅱ级中心发动机关机	000：07：43.09	1971 年 01 月 31 日	21：10：45
S-Ⅱ级最大总惯性加速度(1.81g)	000：07：43.17	1971 年 01 月 31 日	21：10：45
S-ⅠC 级落地(理论值)	000：09：06.2	1971 年 01 月 31 日	21：12：08
S-Ⅱ级外围发动机关机	000：09：19.05	1971 年 01 月 31 日	21：12：21
S-Ⅱ/S-ⅣB 分离指令	000：09：20.00	1971 年 01 月 31 日	21：12：22
S-Ⅱ级最大地球固连坐标系速度	000：09：20.07	1971 年 01 月 31 日	21：12：22
S-ⅣB 级第一次点火开机指令	000：09：20.1	1971 年 01 月 31 日	21：12：22
S-ⅣB 级第一次点火启动	000：09：23.4	1971 年 01 月 31 日	21：12：25
抛 S-ⅣB 级正推发动机壳体	000：09：31.8	1971 年 01 月 31 日	21：12：33
S-Ⅱ级最高点	000：10：00.2	1971 年 01 月 31 日	21：13：02
S-ⅣB 级第一次点火关机指令	000：11：40.56	1971 年 01 月 31 日	21：14：42
S-ⅣB 级最大总惯性加速度 (0.67g)	000：11：40.66	1971 年 01 月 31 日	21：14：42
进入地球轨道，S-ⅣB 级第一次 点火最大地球固连坐标系速度	000：11：50.56	1971 年 01 月 31 日	21：14：52
机动到当地水平姿态开始	000：12：02.092	1971 年 01 月 31 日	21：15：04
在轨导航开始	000：13：22.323	1971 年 01 月 31 日	21：16：24
S-Ⅱ级落地(理论值)	000：20：46.3	1971 年 01 月 31 日	21：23：48
S-ⅣB 级第二次点火重启准备	002：18：54.20	1971 年 01 月 31 日	23：21：56
S-ⅣB 级第二次点火重启指令	002：28：24.10	1971 年 01 月 31 日	23：31：26
S-ⅣB 级第二次点火启动	002：28：32.40	1971 年 01 月 31 日	23：31：34
S-ⅣB 级第二次点火关机	002：34：23.24	1971 年 01 月 31 日	23：37：25
S-ⅣB 级第二次点火最大总惯性 加速度(1.45g)	002：34：23.34	1971 年 01 月 31 日	23：37：25
S-ⅣB 级第二次点火最大地球固 连坐标系速度	002：34：23.67	1971 年 01 月 31 日	23：37：25
S-ⅣB 级安全处理流程开始	002：34：23.9	1971 年 01 月 31 日	23：37：25
进入地月转移轨道	002：34：33.24	1971 年 01 月 31 日	23：37：35
在轨导航开始	002：36：54.841	1971 年 01 月 31 日	23：39：56
机动到当地水平姿态开始	002：36：55.064	1971 年 01 月 31 日	23：39：57
调头和机动到对接姿态开始	002：51：04.339	1971 年 01 月 31 日	23：54：06

阿波罗 14 号任务事件	飞行地面时间 （时：分：秒）	日期 （格林尼治时间）	时间 （时：分：秒）
调头和机动到对接姿态结束	002：55：23.37	1971 年 01 月 31 日	23：58：25
指令勤务舱从 S-ⅣB 级分离	003：02：29.4	1971 年 02 月 01 日	00：05：31
电视传输开始	003：05	1971 年 02 月 01 日	00：08
第一次对接尝试-第一次接触	003：13：53.7	1971 年 02 月 01 日	00：16：55
第一次对接尝试-第二次接触	003：14：01.5	1971 年 02 月 01 日	00：17：03
第一次对接尝试-第三次接触	003：14：04.45	1971 年 02 月 01 日	00：17：06
第一次对接尝试-第四次接触	003：14：09.0	1971 年 02 月 01 日	00：17：11
第二次对接尝试	003：14：43.7	1971 年 02 月 01 日	00：17：45
第三次对接尝试	003：16：43.4	1971 年 02 月 01 日	00：19：45
第四次对接尝试	003：23：41.7	1971 年 02 月 01 日	00：26：43
第五次对接尝试	004：32：29.3	1971 年 02 月 01 日	01：35：31
第六次对接尝试	004：56：44.9	1971 年 02 月 01 日	01：59：46
指令勤务舱与登月舱/S-ⅣB 级对接（首次扳动对接插销）	004：56：56.7	1971 年 02 月 01 日	01：59：58
电视传输结束	005：00	1971 年 02 月 01 日	02：03
指令勤务舱/登月舱从 S-ⅣB 级弹射出去（RCS 点火）	005：47：14.4	1971 年 02 月 01 日	02：50：16
指令勤务舱/登月舱从 S-ⅣB 级弹射出去（RCS 关机）	005：47：21.3	1971 年 02 月 01 日	02：50：23
机动到 S-ⅣB 级 APS 规避点火姿态开始	005：55：30	1971 年 02 月 01 日	02：58：32
S-ⅣB 级 APS 规避机动点火	006：04：01.7	1971 年 02 月 01 日	03：07：03
S-ⅣB 级 APS 规避机动关机	006：05：21.9	1971 年 02 月 01 日	03：08：23
机动到 S-ⅣB 级 LOX 排空姿态开始	006：13：43.0	1971 年 02 月 01 日	03：16：45
S-ⅣB 级撞击月球机动——为命中月球而进行的改变速度的 CVS 排放开始	006：20：40.5	1971 年 02 月 01 日	03：23：42
S-ⅣB 级撞击月球机动——LOX 排空开始	006：25：20.5	1971 年 02 月 01 日	03：28：22
S-ⅣB 级撞击月球机动——为命中月球而进行的改变速度的 CVS 排放开始	006：25：40.5	1971 年 02 月 01 日	03：28：42
S-ⅣB 级撞击月球机动——LOX 排空结束	006：26：08.5	1971 年 02 月 01 日	03：29：10

阿波罗 14 号任务事件	飞行地面时间 （时：分：秒）	日期 （格林尼治时间）	时间 （时：分：秒）
机动到 S-ⅣB 级 APS 最后一次点火姿态开始	008:43:41.0	1971 年 02 月 01 日	05:46:43
S-ⅣB 级撞击月球机动——APS 点火	008:59:59.0	1971 年 02 月 01 日	06:03:01
S-ⅣB 级撞击月球机动——APS 关机	009:04:11.2	1971 年 02 月 01 日	06:07:13
电视传输开始	011:00	1971 年 02 月 01 日	08:03
舱门、探头和锥孔被取下带回用于检查	011:30	1971 年 02 月 01 日	08:33
电视传输结束	012:12	1971 年 02 月 01 日	09:15:02
中途修正点火（SPS）	030:36:07.91	1971 年 02 月 02 日	03:39:09
中途修正关机	030:36:18.10	1971 年 02 月 02 日	03:39:20
地球暗侧的微光摄影	031:00	1971 年 02 月 02 日	04:03
拍摄 S-ⅣB 级	034:00	1971 年 02 月 02 日	07:03
月球地质相机没有装好，进行检查	034:15	1971 年 02 月 02 日	07:18
双基地雷达频率检查	052:00	1971 年 02 月 03 日	01:03
任务时钟更新（增加了 000:040:02.9）	054:53:36	1971 年 02 月 03 日	03:56:38
登月舱加压开始	059:50	1971 年 02 月 03 日	08:53
电视传输开始	060:05	1971 年 02 月 03 日	09:08
准备进登月舱	060:10	1971 年 02 月 03 日	09:13
指令长和登月舱驾驶员进入登月舱	060:30	1971 年 02 月 03 日	09:33
电视传输结束	060:42	1971 年 02 月 03 日	09:45
登月舱系统检查	061:40	1971 年 02 月 03 日	10:43
拍摄水泵	061:50	1971 年 02 月 03 日	10:53
指令长和登月舱驾驶员进入指令舱	062:20	1971 年 02 月 03 日	11:23
等势球面	066:09:01	1971 年 02 月 03 日	15:12:03
登月舱加压	075:20	1971 年 02 月 04 日	00:23
中途修正点火（SPS）	076:58:11.98	1971 年 02 月 04 日	02:01:14
中途修正关机	076:58:12.63	1971 年 02 月 04 日	02:01:14
登月舱上升级电池测试开始	078:20	1971 年 02 月 04 日	03:23
登月舱上升级电池测试结束	080:20	1971 年 02 月 04 日	05:23
进入月球轨道点火（SPS）	081:56:40.70	1971 年 02 月 04 日	06:59:42
进入月球轨道关机	082:02:51.54	1971 年 02 月 04 日	07:05:53

阿波罗 14 号任务事件	飞行地面时间 （时：分：秒）	日期 （格林尼治时间）	时间 （时：分：秒）
S-ⅣB 级撞击到月面	082:37:53.4	1971 年 02 月 04 日	07:40:55
指令勤务舱地标跟踪	085:10	1971 年 02 月 04 日	10:13
进入下降轨道点火（SPS）	086:10:52.97	1971 年 02 月 04 日	11:13:55
进入下降轨道关机	086:11:13.78	1971 年 02 月 04 日	11:14:15
指令勤务舱地标跟踪	087:10	1971 年 02 月 04 日	12:13
拍摄笛卡儿地区	088:50	1971 年 02 月 04 日	13:53
登月舱加压	101:05	1971 年 02 月 05 日	02:08
对接通道打开，指令长和登月舱驾驶员进入登月舱	101:20	1971 年 02 月 05 日	02:23
登月舱激活及系统检查	101:30	1971 年 02 月 05 日	02:33
指令勤务舱/登月舱脱离和分离点火（SM RCS）	103:47:41.6	1971 年 02 月 05 日	04:50:43
指令勤务舱/登月舱脱离和分离关机	103:47:44.3	1971 年 02 月 05 日	04:50:46
指令勤务舱地标跟踪	104:20	1971 年 02 月 05 日	05:23
观测登月舱着陆点	104:30	1971 年 02 月 05 日	05:33
指令勤务舱轨道圆化点火（SPS）	105:11:46.11	1971 年 02 月 05 日	06:14:48
指令勤务舱轨道圆化关机	105:11:50.13	1971 年 02 月 05 日	06:14:52
检查登月舱下降推进系统和着陆雷达	105:40	1971 年 02 月 05 日	06:43
指令勤务舱地标跟踪	106:20	1971 年 02 月 05 日	07:23
指令勤务舱在轨科学摄影	107:50	1971 年 02 月 05 日	08:53
登月舱着陆雷达开机	107:51:18.66	1971 年 02 月 05 日	08:54:20
登月舱着陆雷达错误地显示了"数据良好"	107:52:46.66	1971 年 02 月 05 日	08:55:48
登月舱着陆雷达设置为低量程标度	107:57:34.66	1971 年 02 月 05 日	09:00:36
登月舱绕过中止指令的程序启动	107:58:13.80	1971 年 02 月 05 日	09:01:15
登月舱正推发动机启动	108:02:19.12	1971 年 02 月 05 日	09:05:21
登月舱动力下降发动机点火（DPS）	108:02:26.52	1971 年 02 月 05 日	09:05:28
登月舱人工将节流阀打开至全开位置	108:02:53.80	1971 年 02 月 05 日	09:05:55
登月舱人工更新目标（着陆点）	108:04:49.80	1971 年 02 月 05 日	09:07:51
登月舱节流阀关闭	108:08:47.68	1971 年 02 月 05 日	09:11:49
登月舱着陆雷达设置为高量程标度	108:08:50.66	1971 年 02 月 05 日	09:11:52

阿波罗 14 号任务事件	飞行地面时间 （时：分：秒）	日期 （格林尼治时间）	时间 （时：分：秒）
登月舱着陆雷达速度数据良好	108：09：10.66	1971 年 02 月 05 日	09：12：12
登月舱着陆雷达测距数据良好	108：09：12.66	1971 年 02 月 05 日	09：12：14
登月舱高度更新许可	108：09：35.80	1971 年 02 月 05 日	09：12：37
登月舱选定接近段程序	108：11：09.80	1971 年 02 月 05 日	09：14：11
登月舱程序转弯开始	108：11：10.42	1971 年 02 月 05 日	09：14：12
登月舱着陆雷达调整许可	108：11：51.56	1971 年 02 月 05 日	09：14：53
登月舱雷达天线到 2 号位置	108：11：52.66	1971 年 02 月 05 日	09：14：54
登月舱选择了姿态保持模式	108：13：07.86	1971 年 02 月 05 日	09：16：09
登月舱选定着陆段程序	108：13：09.80	1971 年 02 月 05 日	09：16：11
登月舱月球着陆(左垫脚触地)	108：15：09.30	1971 年 02 月 05 日	09：98：11
登月舱动力下降发动机关机	108：15：11.13	1971 年 02 月 05 日	09：18：13
登月舱右、前和后垫脚触地	108：15：11.40	1971 年 02 月 05 日	09：18：13
指令勤务舱地标跟踪	109：30	1971 年 02 月 05 日	10：33
登月舱月面导航	110：00	1971 年 02 月 05 日	11：03
指令勤务舱拍摄对日照	110：40	1971 年 02 月 05 日	11：43
指令勤务舱后向零相位观测	111：20	1971 年 02 月 05 日	12：23
指令勤务舱前向零相位观测	112：20	1971 年 02 月 05 日	13：23
指令勤务舱拍摄黄道光	112：50	1971 年 02 月 05 日	13：53
第一次舱外活动开始（登月舱舱泄压开始）	113：39：11	1971 年 02 月 05 日	14：42：13
指令长开始出舱，登月舱驾驶员开始出舱前的准备	113：47	1971 年 02 月 05 日	14：50
第一次舱外活动电视传输开始	113：50	1971 年 02 月 05 日	14：53
指令长到达月球表面，熟悉环境，卸载模块化设备运输车，布置电视摄像机(指令长)	113：51	1971 年 02 月 05 日	14：54
登月舱驾驶员出舱	113：55	1971 年 02 月 05 日	14：58
熟悉环境，随机采样（登月舱驾驶员）	113：57	1971 年 02 月 05 日	15：00
指令勤务舱跟踪已经着陆的登月舱	114：10	1971 年 02 月 05 日	15：13
S 频段天线开始展开(指令长)	114：12	1971 年 02 月 05 日	15：15
太阳风构成实验装置展开（登月舱驾驶员）	114：13	1971 年 02 月 05 日	15：16
激光测距后向反射器开始卸载（登月舱驾驶员）	114：14	1971 年 02 月 05 日	15：17

阿波罗 14 号任务事件	飞行地面时间（时：分：秒）	日期（格林尼治时间）	时间（时：分：秒）
转移消耗品（指令长）	114：22	1971 年 02 月 05 日	15：25
登月舱驾驶员进舱	114：23	1971 年 02 月 05 日	15：26
S 频段天线转动（登月舱驾驶员）	114：25	1971 年 02 月 05 日	15：28
登月舱驾驶员出舱	114：37	1971 年 02 月 05 日	15：40
安装摄像机（登月舱驾驶员）	114：39	1971 年 02 月 05 日	15：42
展开美国国旗并拍照	114：41	1971 年 02 月 05 日	15：44
登月舱和着陆点检查（指令长），开始走向电视摄像机（登月舱驾驶员）	114：47	1971 年 02 月 05 日	15：50
拍摄全景画面（登月舱驾驶员）	114：50	1971 年 02 月 05 日	15：53
模块化设备运输车展开（登月舱驾驶员），指令勤务舱地标跟踪	115：00	1971 年 02 月 05 日	16：03
摄像机转向拍摄科学设备区（指令长）	115：05	1971 年 02 月 05 日	16：08
试验装置卸载开始（指令长和登月舱驾驶员）	115：08	1971 年 02 月 05 日	16：11
固定电视摄像机位（指令长）	115：22	1971 年 02 月 05 日	16：25
模块化设备运输车（指令长）	115：25	1971 年 02 月 05 日	16：28
步行到实验装置进行布置（指令长，登月舱驾驶员）	115：46	1971 年 02 月 05 日	16：49
实验装置系统相互连接，起震装置和月震检波器卸载开始（登月舱驾驶员）	116：03	1971 年 02 月 05 日	17：06
实验装置系统相互连接，被动月震实验装置卸载，激光测距后向反射器展开	116：04	1971 年 02 月 05 日	17：07
迫击炮卸载（登月舱驾驶员）	116：26	1971 年 02 月 05 日	17：29
带电粒子月球环境实验展开（指令长）	116：30	1971 年 02 月 05 日	17：33
超热离子探测器实验装置卸载并展开（登月舱驾驶员）	116：34	1971 年 02 月 05 日	17：37
展开实验装置天线、被动月震实验装置和激光测距后向反射器，采集月球样本（指令长）	116：35	1971 年 02 月 05 日	17：38
从指令勤务舱对银河进行研究拍照	116：40	1971 年 02 月 05 日	17：43

阿波罗14号任务事件	飞行地面时间（时：分：秒）	日期（格林尼治时间）	时间（时：分：秒）
透度计工作（登月舱驾驶员）	116:45	1971年02月05日	17:48
月震检波仪开始展开（登月舱驾驶员）	116:47	1971年02月05日	17:50
地球上第一次收到阿波罗月面实验装置数据	116:47:58	1971年02月05日	17:51:00
起震装置工作（登月舱驾驶员）	117:02	1971年02月05日	18:05
指令勤务舱变轨道面点火（SPS）	117:29:33.17	1971年02月05日	18:32:35
指令勤务舱变轨道面关机	117:29:51.67	1971年02月05日	18:32:53
迫击炮装填开始（登月舱驾驶员）	117:37	1971年02月05日	18:40
开始徒步返回（指令长）	117:38	1971年02月05日	18:41
开始徒步返回（登月舱驾驶员）	117:42	1971年02月05日	18:45
舱外活动收尾（登月舱驾驶员）	117:54	1971年02月05日	18:57
收集月球样本（指令长）	118:00	1971年02月05日	19:03
舱外活动结束（指令长）	118:03	1971年02月05日	19:06
指令勤务舱地球辉光拍摄	118:10	1971年02月05日	19:13
登月舱驾驶员进舱	118:15	1971年02月05日	19:18
舱外活动结束（登月舱驾驶员）	118:18	1971年02月05日	19:21
指令长进舱	118:19	1971年02月05日	19:22
第一次电视传输结束	118:20	1971年02月05日	19:23
第一次舱外活动结束（舱内开始加压）	118:27:01	1971年02月05日	19:30:03
VHF双基地雷达实验开始	119:10	1971年02月05日	20:13
指令勤务舱轨道科学拍摄	129:30	1971年02月06日	06:33
S频段双基地雷达实验开始	129:45	1971年02月06日	06:48
VHF和S频段双基地雷达实验结束	130:20	1971年02月06日	07:23
第二次舱外活动开始（舱内泄压开始）	131:08:13	1971年02月06日	08:11:15
指令长出舱	131:13	1971年02月06日	08:16
熟悉环境并搬移设备转移袋（指令长）。登月舱驾驶员出舱。指令勤务舱垂直和轨道科学拍摄	131:20	1971年02月06日	08:23
开始准备模块化设备运输车（登月舱驾驶员）	131:21	1971年02月06日	08:24
开始装载模块化设备运输车（指令长）	131:28	1971年02月06日	08:31
卸载月球便携磁力计（指令长）	131:38	1971年02月06日	08:41

阿波罗 14 号任务事件	飞行地面时间 （时：分：秒）	日期 （格林尼治时间）	时间 （时：分：秒）
卸载月球便携磁力计（登月舱驾驶员）	131:39	1971 年 02 月 06 日	08:42
第二次舱外活动电视传输开始	131:40	1971 年 02 月 06 日	08:43
评估模块化设备运输车车辙（指令长）	131:43	1971 年 02 月 06 日	08:46
操作月球便携式磁力计（登月舱驾驶员）	131:44	1971 年 02 月 06 日	08:47
从登月舱走向 A 站点（指令长）	131:46	1971 年 02 月 06 日	08:49
从登月舱走向 A 站点（登月舱驾驶员）	131:48	1971 年 02 月 06 日	08:51
A 站点工作（指令长/登月舱驾驶员）	131:54	1971 年 02 月 06 日	08:57
指令勤务舱银河研究拍摄	132:25	1971 年 02 月 06 日	09:28
从 A 站点走向 B 站点（指令长/登月舱驾驶员）	132:26	1971 年 02 月 06 日	09:29
B 站点工作（指令长/登月舱驾驶员）	132:34	1971 年 02 月 06 日	09:37
指令勤务舱拍摄月球天平动	132:35	1971 年 02 月 06 日	09:38
从 B 站点走向德尔塔站（指令长/登月舱驾驶员）	132:39	1971 年 02 月 06 日	09:42
德尔塔站工作（指令长/登月舱驾驶员）	132:42	1971 年 02 月 06 日	09:45
从德尔塔站走向 B1 站点（登月舱驾驶员）	132:44	1971 年 02 月 06 日	09:47
从德尔塔站走向 B1 站点（指令长/登月舱驾驶员）	132:45	1971 年 02 月 06 日	09:48
B1 站点工作（指令长/登月舱驾驶员）	132:48	1971 年 02 月 06 日	09:51
从 B1 站点走向 B2 站点（指令长/登月舱驾驶员）	132:52	1971 年 02 月 06 日	09:55
B2 站点工作（指令长/登月舱驾驶员）	132:57	1971 年 02 月 06 日	10:00
从 B2 站点走向 B3 站点（指令长/登月舱驾驶员）	133:00	1971 年 02 月 06 日	10:03
B3 站点工作（指令长/登月舱驾驶员）	133:14	1971 年 02 月 06 日	10:17

阿波罗 14 号任务事件	飞行地面时间 （时：分：秒）	日期 （格林尼治时间）	时间 （时：分：秒）
从 B2 站点（原文似有误，应该是 B3 站点，译者注）走向 C 主站点（指令长/登月舱驾驶员）	133:16	1971 年 02 月 06 日	10:19
C 主站点工作（指令长/登月舱驾驶员）	133:22	1971 年 02 月 06 日	10:25
从 C 主站点走向 C1 站点（指令长/登月舱驾驶员）	133:38	1971 年 02 月 06 日	10:41
C1 站点工作（指令长/登月舱驾驶员）	133:40	1971 年 02 月 06 日	10:43
从 C1 站点走向 C2 站点（指令长/登月舱驾驶员）	133:46	1971 年 02 月 06 日	10:49
C2 站点工作（指令长/登月舱驾驶员）	133:52	1971 年 02 月 06 日	10:55
从 C2 站点走向 E 站点（指令长/登月舱驾驶员）	133:54	1971 年 02 月 06 日	10:57
E 站点工作（指令长/登月舱驾驶员）	134:00	1971 年 02 月 06 日	11:03
从 E 站点走向 F 站点（指令长/登月舱驾驶员）	134:02	1971 年 02 月 06 日	11:05
F 站点工作（指令长/登月舱驾驶员）	134:06	1971 年 02 月 06 日	11:09
从 F 站点走向 G 站点（指令长/登月舱驾驶员）	134:09	1971 年 02 月 06 日	11:12
G 站点工作（指令长/登月舱驾驶员）	134:11	1971 年 02 月 06 日	11:14
从 G 站点走向 G1 站点（指令长/登月舱驾驶员）	134:47	1971 年 02 月 06 日	11:50
G1 站点工作（指令长/登月舱驾驶员）	134:49	1971 年 02 月 06 日	11:52
从 G1 站点走向登月舱（指令长/登月舱驾驶员）	134:52	1971 年 02 月 06 日	11:55
舱外活动收尾（指令长）	134:55	1971 年 02 月 06 日	11:58
舱外活动收尾（登月舱驾驶员）	134:57	1971 年 02 月 06 日	12:00
太阳风构成实验装置取回	135:13	1971 年 02 月 06 日	12:16
指令勤务舱随机拍摄笛卡儿地区	135:20	1971 年 02 月 06 日	12:23
舱外活动结束（登月舱驾驶员）	135:25	1971 年 02 月 06 日	12:28

阿波罗 14 号任务事件	飞行地面时间（时：分：秒）	日期（格林尼治时间）	时间（时：分：秒）
舱外活动结束（指令长）。登月舱恢复加压之前的舱外活动后作业（登月舱驾驶员）	135：35	1971 年 02 月 06 日	12：38
登月舱恢复加压之前的舱外活动后作业（指令长）	135：41	1971 年 02 月 06 日	12：44
第二次舱外活动结束（舱内恢复加压开始）	135：42：54	1971 年 02 月 06 日	12：45：56
登月舱舱内泄压，抛掉设备，舱内再次加压	136：40	1971 年 02 月 06 日	13：43
指令勤务舱地标跟踪开始	137：10	1971 年 02 月 06 日	14：13
指令勤务舱地标跟踪结束	137：55	1971 年 02 月 06 日	14：58
交会雷达激活并自检	138：40	1971 年 02 月 06 日	15：43
指令勤务舱后向零相位观测和在轨科学拍摄	139：00	1971 年 02 月 06 日	16：03
指令勤务舱前向零相位观测	139：55	1971 年 02 月 06 日	16：58
登月舱月面起飞点火（LM APS）	141：45：40	1971 年 02 月 06 日	18：48：42
月球上升轨道关机	141：52：52.1	1971 年 02 月 06 日	18：55：54
微调点火（LM RCS）	141：56：49.4	1971 年 02 月 06 日	18：59：51
微调关机	141：57：01.5	1971 年 02 月 06 日	19：00：03
末段启动点火	142：30：51.1	1971 年 02 月 06 日	19：33：53
末段启动关机	142：30：54.7	1971 年 02 月 06 日	19：33：56
登月舱第一次中途修正	142：45	1971 年 02 月 06 日	19：48
登月舱第二次中途修正	143：00	1971 年 02 月 06 日	20：03
末段定型点火	143：13：29.1	1971 年 02 月 06 日	20：16：31
末段定型关机	143：13：55.8	1971 年 02 月 06 日	20：16：57
电视传输开始	143：15	1971 年 02 月 06 日	20：18
电视传输结束	143：20	1971 年 02 月 06 日	20：23
电视传输开始	143：28	1971 年 02 月 06 日	20：31
指令勤务舱/登月舱对接	143：32：50.5	1971 年 02 月 06 日	20：35：52
电视传输结束	143：35	1971 年 02 月 06 日	20：38
设备和样本转移到指令舱	144：00	1971 年 02 月 06 日	21：03
抛掉登月舱上升级	145：44：58.0	1971 年 02 月 06 日	22：48：00
指令勤务舱/登月舱最终分离点火（SM RCS）	145：49：42.5	1971 年 02 月 06 日	22：52：44
指令勤务舱/登月舱最终分离关机	145：49：58.3	1971 年 02 月 06 日	22：53：00

阿波罗 14 号任务事件	飞行地面时间 （时：分：秒）	日期 （格林尼治时间）	时间 （时：分：秒）
污染控制	146:20	1971 年 02 月 06 日	23:23
登月舱上升级离轨点火（LM RCS）	147:14:16.9	1971 年 02 月 07 日	00:17:18
登月舱上升级燃料耗尽	147:15:33.1	1971 年 02 月 07 日	00:18:35
登月舱上升级撞击到月面	147:42:23.7	1971 年 02 月 07 日	00:45:25
拍摄阿波罗 12 号登月舱撞击点，阿波罗 13 号、14 号 S-ⅣB 级撞击点	147:45	1971 年 02 月 07 日	00:48
进入月地转移轨道点火（SPS）	148:36:02.30	1971 年 02 月 07 日	01:39:04
进入月地转移轨道关机	148:38:31.53	1971 年 02 月 07 日	01:41:33
拍摄月球	148:55	1971 年 02 月 07 日	01:58
月地导航开始	163:30	1971 年 02 月 07 日	16:33
月地导航结束	164:20	1971 年 02 月 07 日	17:23
中途修正点火（SM RCS）	165:34:56.69	1971 年 02 月 07 日	18:37:58
中途修正关机	165:34:59.69	1971 年 02 月 07 日	18:38:01
月地导航开始	165:40	1971 年 02 月 07 日	18:43
月地导航结束	166:50	1971 年 02 月 07 日	19:53
氧流速试验姿态开始	167:25	1971 年 02 月 07 日	20:28
氧流速试验开始	167:50	1971 年 02 月 07 日	20:53
氧流速试验结束	169:00	1971 年 02 月 07 日	22:03
氧流速试验姿态结束	170:40	1971 年 02 月 07 日	23:43
污染控制	171:20	1971 年 02 月 08 日	00:23
电视传输开始	171:30	1971 年 02 月 08 日	00:33
飞行中验证开始	171:50	1971 年 02 月 08 日	00:53
飞行中验证结束	172:09	1971 年 02 月 08 日	01:12
电视传输结束	172:20	1971 年 02 月 08 日	01:23
闪光灯实验开始	190:50	1971 年 02 月 08 日	19:53
闪光灯实验结束	191:50	1971 年 02 月 08 日	20:53
电视传输开始	194:29	1971 年 02 月 08 日	23:32
电视传输结束	194:52	1971 年 02 月 08 日	23:55
地球暗侧微光拍摄	197:44	1971 年 02 月 09 日	02:47
指令舱/勤务舱分离	215:32:42.2	1971 年 02 月 09 日	20:35:44
再入	215:47:45.3	1971 年 02 月 09 日	20:50:47
进通信黑障	215:48:02	1971 年 02 月 09 日	20:51:04
出通信黑障	215:51:19	1971 年 02 月 09 日	20:54:21
救援部队 S 频段雷达发现指令舱	215:52	1971 年 02 月 09 日	20:55

阿波罗 14 号任务事件	飞行地面时间 （时：分：秒）	日期 （格林尼治时间）	时间 （时：分：秒）
回收船船载雷达发现指令舱	215:53	1971 年 02 月 09 日	20:56
降落伞展开	215:56:08	1971 年 02 月 09 日	20:59:10
回收直升机看到指令舱	215:57	1971 年 02 月 09 日	21:00
回收船与指令舱建立话音链路	215:58	1971 年 02 月 09 日	21:01
溅落（顶端朝上）	216:01:58.1	1971 年 02 月 09 日	21:05:00
回收直升机收到指令舱的 VHF 信标信号	216:04	1971 年 02 月 09 日	21:07
蛙人到达指令舱	216:09	1971 年 02 月 09 日	21:12
环形浮囊充气	216:17	1971 年 02 月 09 日	21:20
消除污染蛙人到达	216:24	1971 年 02 月 09 日	21:27
舱门打开乘组出舱	216:37	1971 年 02 月 09 日	21:40
乘组进入救生筏	216:38	1971 年 02 月 09 日	21:41
乘组登上直升机	216:45	1971 年 02 月 09 日	21:48
乘组登上回收船	216:50	1971 年 02 月 09 日	21:53
乘组进入移动隔离设施	217:00	1971 年 02 月 09 日	22:03
指令舱从水中起吊到回收船	218:06	1971 年 02 月 09 日	23:09
第一批样本从回收船空运出发	246:52	1971 年 02 月 11 日	03:55
乘组离开回收船	260:43	1971 年 02 月 11 日	17:46
第一批样本空运至得克萨斯州休斯顿	263:54	1971 年 02 月 11 日	20:57
乘组抵达休斯顿埃林顿空军基地	276:31	1971 年 02 月 12 日	09:34
乘组进入休斯顿的月球接收实验室	278:32	1971 年 02 月 12 日	11:35
移动隔离设施和指令舱卸载到夏威夷	408:27	1971 年 02 月 17 日	21:30
移动隔离设施运抵休斯顿	418:37	1971 年 02 月 18 日	07:40
指令舱喷气控制系统钝化完成	457:57	1971 年 02 月 19 日	23:00
指令舱运抵休斯顿	528:42	1971 年 02 月 22 日	21:45
指令舱运抵月球接收实验室	530:27	1971 年 02 月 22 日	23:30
乘组解除隔离	—	1971 年 02 月 27 日	
月球样本解除隔离	—	1971 年 04 月 04 日	
指令舱运抵加利福尼亚州唐尼市合同商的厂房	—	1971 年 04 月 08 日	
通过地面指令关闭了阿波罗月面实验装置中心站	—	1977 年 09 月 30 日	—

第九次载人任务: 第四次登月
(1971 年 7 月 26—8 月 7 日)

背景

阿波罗 15 号任务是一系列 J 类任务的第一次,包括在月面和月球轨道上对月球进行扩展科学研究。这次任务计划在月球上进行更长时间、更大范围的探索;为了获取比前期阿波罗任务更多的科学数据,还将携带更多的测量仪器。本次任务对阿波罗飞船的基础硬件进行了较大程度的改进和增强。最显著的是在勤务舱的一个隔间里增加了一个仪器舱,用于在月球轨道上开展科学研究。本次任务还将在月球轨道上部署一颗子卫星。其他硬件方面的变化还包括对登月舱进行了改进,能容纳更多的有效载荷,能在月面驻留更长时间,此外还新增了一辆月球漫游车(LRV)。该车计划在本次任务和此后的两次任务中使用。月球漫游车采用四轮轻型设计,可以大幅扩展月面探索范围。它主要由驱动、乘员座位、导航、动力和热控五个系统组成。辅助设备包括带有高、低增益天线的月球通信中继单元,地面控制电视摄像机,胶片式电影摄影机,科学设备,宇航员工具和若干月球样本存储袋。月球漫游车的长为 122 英寸,高为 44.8 英寸,轴距为 90 英寸,胎面宽度为 72 英寸。该车由两个 36 伏特电池提供动力,尽管一个就足以为全车供电。月球漫游车在地球上的质量为 462 磅,有效载荷能力达到 1 080 磅,其中包括两名宇航员和他们的生命保障设备(大约 800 磅)、通信设备(100 磅)、科学设备和摄影装置(120 磅)和月球样本(60 磅)。在飞往月球的途中,月球漫游车折叠成一块平板,收纳在下降级的一象限区。着陆后,宇航员手动展开月球车,准备车载设备并做好启动准备。该车的设计指标是在月球白昼可以工作 78 小时,可以在登月舱 5 海里的范围内活动,能够累计行进 35 海里。

本次任务的主要目标包括：

- 进行月球学检查、勘测，采集月球预选区域的物质和月面特征物样本；
- 安放和激活月面实验装置；
- 评估阿波罗飞船新增设备的功效，包括用于扩展月面驻留时间、提高舱外作业和月面机动能力的设备；
- 在月球轨道上实施飞行过程中的实验和拍摄任务。

任务乘组的三名乘员都来自空军，他们是指令长大卫·伦道夫·斯科特（美国空军），指令舱驾驶员阿尔弗雷德·梅里尔·沃登，绰号"WARD-in"（为避免翻译错误，对原文进行了保留，译者注）（美国空军），登月舱驾驶员詹姆斯·本森·欧文（美国空军）。斯科特 1963 年入选宇航员，他曾是双子座 8 号任务的驾驶员，这次任务是他首次在太空完成两艘飞船的对接；他还是阿波罗 9 号任务的指令舱驾驶员，这次任务完成了登月舱的首次飞行试验。斯科特 1932 年 6 月 6 日出生在得克萨斯州圣安东尼，执行阿波罗 15 号任务时 39 岁。1954 年在美国军事学院获得学士学位，1962 年在麻省理工学院获得航空与航天硕士学位。他此次任务的备份宇航员是小理查德·弗朗西斯·戈登（美国海军）。沃登和欧文都是第一次执行太空飞行任务。沃登 1932 年 2 月 7 日出生在密歇根州杰克逊，执行阿波罗 15 号任务时 39 岁。1955 年在美国军事学院获得军事科学学士学位，1963 年在密歇根大学获得了航空与航天工程硕士学位和仪器工程硕士学位，1966 年入选宇航员。他的备份宇航员是万斯·德沃·布兰德。欧文[①]于 1930 年 3 月 17 日出生在宾夕法尼亚州匹兹堡，执行阿波罗 15 号任务时 41 岁。1951 年在美国海军学院获得海军科学学士学位，1957 年又在密歇根大学获得航空工程硕士学位和仪器工程硕士学位，1966 年入选宇航员。他的备份宇航员是哈里森·哈根·杰克·施密特博士。本次任务的飞船通信员是约瑟夫·帕西瓦尔·艾伦四世博士，查尔斯·戈登·富勒顿（美国空军），卡尔·戈登·海因兹博士，埃德加·迪安·米切尔（美国海军/科学博士），罗伯特·艾伦·里德利·帕克博士，施密特，谢泼德（美国海军），戈登和布兰德。支持乘组是海因兹、艾伦和帕克。飞行主任是杰拉德·D.格里芬（第一班），米尔顿·L.温德勒（第二班），格林·S.伦尼和尤金·F.克兰兹（第三班）。

---

① 欧文有心脏病史，1991 年 8 月 8 日他因突发心脏病在科罗拉多州格林伍德的斯普林斯去世。

阿波罗 15 号的运载火箭是"土星Ⅴ",代号 AS-510。任务还有一个代号是东靶场♯7744。指令勤务舱代号是 CSM-112,绰号"奋进"。登月舱代号是 LM-10,绰号"猎鹰"。

月面着陆点

在对东、西部月海和弗拉·毛罗地形构造进行采样后,地质学家渴望对高地进行探索,但是没有一个有特点的地区接受过充分的调查,能够确认具备飞船着陆的条件。好在并不缺少备选着陆点。除了类似火山的马利厄斯山和戴维峡谷之外,澄海地区还有一系列被"黑色覆盖着的"山脊和沟谷。阿波罗 14 号任务最初打算到澄海地区进行采样,后来改为了弗拉·毛罗地区。阿波罗 15 号起初仍计划作为 H 类任务,但 1970 年 9 月 2 日对其进行了重新规划,将其作为首发先进的 J 类任务。那么,的确需要选择一个具有"多个特征"的着陆点,以充分利用月球漫游车所带来的大幅提高的月面探索能力。最理想的着陆点是一个新的竞争者——哈德利峡谷,位于雨海盆地东部边缘。月球上有两种类型的峡谷——直线状和弯曲状,哈德利峡谷的地形是弯曲状中最有特点的一个。它的起点位于亚平宁山脉朝向盆地一面的一个弓状缺口,向北发展为一个长达 60 海里的放射状的、外围破碎的体系,走向与月海沿岸相平行。在哈德利德尔塔山(哈德利山南部的一座山峰)的山脚下,哈德利峡谷横穿腐沼的入海口,然后渐渐消失。

哈得利-亚平宁地区有望为阿波罗计划研究雨海盆地的形成提供丰富的材料,而对雨海盆地形成的研究,又是月球地层学研究的基础。但是在这里着陆,就意味着飞船要从亚平宁山脉上空很近的地方穿过,而这里的几座山峰都是附近地区最高的。越过山脉后飞船要进行一次俯冲下降,其下降轨道的陡度是此前任务的两倍。然后在位于山丘和峡谷之间的一个山谷中着陆,没有能够显著偏离理想接近路径的余地。在着陆点选择条件放宽之前是不可能到访这一区域的。因此,为了进行确认,着陆点本身及自东向西接近着陆点的路径都必须有高分辨率影像记录。然而,哈得利-亚平宁地区仅被月球轨道器作为"科学目标"拍摄过,66 英尺的分辨率几乎无法接受。受地形局限的哈得利-亚平宁地区对科学家有极大的吸引力。利用月海平原(曾经淹没了雨海盆地边缘一系列山脉的山谷)上的一条峡谷,使阿波罗 15 号成为了首个"多目标"任务。对于研究资源如此丰富的地点,之前的任务即便到访也是一种浪费,毕竟只有在月球漫游车的支持下才能真正探索这里潜在的价值。

发射准备

　　最终倒计时在射前 28 小时，即 1971 年 7 月 24 日格林尼治时间 23：00：00 开始。计划内的中断有两次，分别是射前 9 小时中断 9 小时 34 分钟和射前 3 小时 30 分钟中断 1 小时。发射时，来自百慕大群岛的高压气团穿过佛罗里达州中部向西扩展，形成一个高压脊，促成了卡纳维拉尔角发射区天气晴朗。天空中卷云七成（云底高 25 000 英尺），温度为 85.6 华氏度，相对湿度为 68％，大气压力为 14.788 磅/平方英寸。通过发射场灯柱上距地面 60.0 英尺高的风速计测得风速为 9.9 节，风向为从真北起算 156 度。530 英尺高度时风速达到 10.5 节，风向为从真北起算 158 度。

阿波罗 15 号准备事件	日　　期
指令舱与勤务舱各系统厂内独立和联合测试完成	1969 年 11 月 05 日
S-Ⅱ-10 级运抵肯尼迪航天中心	1970 年 05 月 18 日
S-ⅣB-510 级运抵肯尼迪航天中心	1970 年 06 月 13 日
土星 V 仪器单元 IU-510 运抵肯尼迪航天中心	1970 年 06 月 26 日
S-ⅠC-10 级运抵肯尼迪航天中心	1970 年 07 月 06 日
S-ⅠC-10 级在 MLP-3 起竖	1970 年 07 月 08 日
飞船/登月舱适配器 SLA-19 运抵肯尼迪航天中心	1970 年 07 月 08 日
S-Ⅱ-10 级起竖	1970 年 09 月 15 日
S-ⅣB-510 级起竖	1970 年 09 月 16 日
IU-510 起竖	1970 年 09 月 17 日
LM-10 厂内最终工程评估验收测试	1970 年 09 月 21 日
LM-10 厂内综合测试	1970 年 09 月 21 日
LM-10 运抵肯尼迪航天中心,发射电气系统测试完成	1970 年 11 月 17 日
运载火箭各电系统测试完成	1970 年 11 月 17 日
指令舱与勤务舱各系统厂内综合测试完成	1970 年 11 月 24 日
CM-112 和 SM-112 准备用船从厂内运往肯尼迪航天中心	1971 年 01 月 11 日
CM-112 和 SM-112 运抵肯尼迪航天中心	1971 年 01 月 14 日
CM-112 和 SM-112 对接	1971 年 01 月 18 日
LM-10 各级对接	1971 年 02 月 09 日
LM-10 各系统联合测试完成	1971 年 02 月 12 日
CSM-112 各系统联合测试完成	1971 年 03 月 08 日
LRV-1 运抵肯尼迪航天中心	1971 年 03 月 15 日
LM-10 高空测试完成	1971 年 04 月 06 日
CSM-112 高空测试完成	1971 年 04 月 09 日
运载火箭推进剂发散/故障整体测试完成	1971 年 04 月 15 日
运载火箭勤务臂整体测试完成	1971 年 04 月 27 日

阿波罗 15 号准备事件	日　　　期
安装 LRV-1	1971 年 04 月 28 日
CSM-112 运至飞行器组装厂房	1971 年 05 月 08 日
飞船起竖	1971 年 05 月 08 日
运载火箭和 MLP-3 转运至 39A 发射工位	1971 年 05 月 11 日
LM-10 各系统联合测试完成	1971 年 05 月 17 日
CSM-112 各系统综合测试完成	1971 年 05 月 18 日
CSM-112 与运载火箭电气对接	1971 年 06 月 07 日
飞行器整体测试＃1（插合）完成	1971 年 06 月 09 日
LM-10 飞行准备就绪测试完成	1971 年 06 月 10 日
飞行器飞行准备就绪测试完成	1971 年 06 月 22 日
S-ⅠC-10 级 RP-1 燃料加注完成	1971 年 07 月 06 日
航天器倒计时验证测试（湿）完成	1971 年 07 月 13 日
航天器倒计时验证测试（干）完成	1971 年 07 月 14 日

上升段

　　阿波罗 15 号于 1971 年 7 月 26 日,格林尼治时间 13:34:00(美国东部标准时间 09:34:00)的发射时间从肯尼迪航天中心 39 号工位 A 发射台点火升空。为了在计划的着陆时间充分利用月面 12.0 度的太阳高度角取得良好的光照条件,发射窗口延长到格林尼治时间 16:11:00。起飞后 T+12.21 秒至 T+23.02 秒,航天器从北偏东 90 度的发射台方位角滚动到北偏东 80.088 度的飞行方位角。在上升过程中,航天器在高度为 45 110 英尺时遭遇了最大风况,风速为 36.2 节,风向为从真北起算 63 度。最大风切变为 0.011 0/秒,高度为 36 830 英尺。S-ⅠC 级于 T+159.56 秒关机,随后 S-ⅠC 级与 S-Ⅱ级分离、S-Ⅱ级点火。S-Ⅱ级在 T+549.05 秒关机,接下来与 S-ⅣB 级分离。S-ⅣB 级于 T+553.20 秒点火。S-ⅣB 级于 T+694.67 秒实施第一次关机,与预定轨道相比,速度低了 2.0 英尺/秒,高度超出 0.4 海里。T+704.67 秒入轨(即 S-ⅣB 级关机时间加上计入发动机尾推力终止和其他瞬时效应的 10 秒),停泊轨道的远地点和近地点分别为 91.5 海里×89.6 海里,倾角为 29.679 度,周期为 87.84 分钟,速度为 25 602.6 英尺/秒。远地点和近地点基于半径为 3 443.934 海里的球面地球计算而来。

　　COSPAR 将进入轨道的指令勤务舱命名为"1971-063A",将 S-ⅣB 级命名为"1971-063B"。登月舱在月球轨道从指令勤务舱脱离后,将登月舱上升级命名为"1971-063C",将下降级命名为"1971-063E",将子卫星命名为

"1971-063D"。

地球轨道段

完成飞行中各系统检查后，飞船于 002:50:02.90 实施了 350.71 秒的进入地月转移轨道机动（S-IVB 级第二次点火）。002:55:53.61 S-IVB 级发动机关机并于 10 秒后以 35 579.1 英尺/秒的速度进入地月转移轨道。此时已经完成 1.5 个地球轨道圈次的飞行，耗时 2 小时 44 分 18.94 秒。

地月转移段

指令勤务舱于 003:22:27.2 从 S-IVB 级分离出来，随后掉头，并于 003:33:49.5 完成与登月舱的对接。船载彩色电视摄像机拍摄了这次对接过程。对接后的飞船组合体于 004:18:01.2 从 S-IVB 级弹射出去。接着 S-IVB 级于 004:40:01.8 实施了 80.2 秒的分离机动。S-IVB 级各燃料贮箱于 005:46:00.7 开始排放，其辅助推进系统点火工作了 241.2 秒，令 S-IVB 级瞄准撞向月球。010:00:01，S-IVB 级又进行了 71 秒机动，比计划时间晚了大约 30 分钟。后面一次点火为地面提供了额外的跟踪时间，以补偿由于液氧和液氢贮箱排放对轨道造成的摄动。S-IVB 级于 079:24:42.9 撞击到月面，撞击点月球坐标为南纬 1.51 度、西经 11.81 度，距离目标点 83 海里，距离阿波罗 12 号月震仪 192 海里，距离阿波罗 14 号月震仪 99 海里。撞击时刻 S-IVB 级的质量为 30 880 磅，速度达到 8 465 英尺/秒。

为了确保飞船正确进入月球轨道，指令勤务舱在地月转移飞行过程中实施了两次小规模的中途修正。第一次在 028:40:22.0 进行了 0.8 秒机动，速度增量为 5.3 英尺/秒。第二次中途修正用勤务推进系统的 A 路实施，以便更好地分析明显存在的间歇性短路。由于在下游短路时动力仍能够送达阀门，A 路可以在后续点火中采用人工模式进行令人满意的操作。冗余的 B 路系统状态正常，可以用于自动启动和关机。033:56，指令长和登月舱驾驶员进入登月舱进行检查，比计划提前了 50 分钟。登月舱通信系统在 034:21 至 034:45 之间实施了检查，即使在加利福尼亚州戈尔德斯顿测控站下行话音备份检查初始阶段配置不正确的情况下，仍收到了高质量的话音和数据。大约 15 分钟后，下行链路载波失锁 90 秒，好在还有其他测控站也在跟踪飞船，从而将数据丢失的时间压缩到仅仅数秒。指令勤务舱和登月舱内部的电视画面从 034:55 传输到 035:46。摄像机工作正常，但画面质量不稳定，有人看到了闪电。在登月舱的检查中，乘组发现测距/测速仪外层的玻璃罩碎了，丧失了起保护作用的氦气屏障。经后续地面试验验证,这个没有保护层的仪器在飞船内部大气环境下仍然能在余下的任务中使用。乘组于 056:26 再次进入登月舱并进行了舱内整理,比计划提前了 1.5 小时。乘组用真空吸尘器清扫了登月舱内部,去除了测距/测速仪表面的碎玻璃。登月舱的检查按计划完成。根据第一次中途修正的试验数据,决定除进入月球轨道和进入月地转移轨道两项机动外,由勤务推进系统实施的其他所有机动均由 B 路完成。进入月球轨道和进入月地转移轨道的机动任务将由 A、B 两路共同实施,采用修改后的程序将允许 B 路自动启动和关机。利用这一推进系统于 073:31:14.81 进行了第二次中途修正,点火工作时间 0.91 秒,速度增量为 5.4 英尺/秒。074:06:47.1 抛掉了科学仪器舱的舱门。登月舱驾驶员拍摄到了抛掉的舱门,并看着它在太空中慢悠悠地晃动着离开了指令勤务舱并最终进入了环绕太阳的轨道。

078:31:46.70,飞船在距月面 86.7 海里处启动了勤务推进系统,点火工作了 398.36 秒,将飞船送入 170.1 海里×57.7 海里的月球轨道。地月转移滑行段总共持续了 75 小时 42 分钟 21.45 秒。在点火工作过程中,A 路比计划提前 32 秒关机,目的是为 B 路今后单独工作获取性能数据。

月球轨道和月面段

飞船勤务推进系统于 082:39:49.09 实施了 24.53 秒的机动,将飞船送入 58.5 海里×9.6 海里的下降轨道,为登月舱分离做好了准备。095:56:44.70 实施了 30.40 秒的轨道修正机动,将轨道调整为 60.3 海里×8.8 海里。在环绕月球的第 12 圈期间,大约在 100:40,在月球背面,指令勤务舱/登月舱脱离并启动了分离机动,但没有成功。乘组和地面控制人员判断是由于探针装置的指令勤务舱/登月舱脐带松脱或没有连接好。于是指令舱驾驶员进入通道检查情况,证实脐带插头松脱。在重新连接好插头并调整飞船姿态后,脱离与分离机动于 100:39:16.2 在月面上空 7.4 海里处成功实施,比计划晚了将近 25 分钟。SPS 于 101:38:58.98 实施了 3.67 秒的轨道圆化机动,将指令勤务舱的轨道调整为 65.2 海里×54.8 海里,准备获取科学数据。登月舱于 104:30:09.4 在月面上空 5.8 海里处成功实施了 739.2 秒的动力下降机动,于 104:42:29.3(7 月 30 日格林尼治时间 22:16:29)比预定计划提前约 0.7 秒着陆。着陆点的月球坐标为南纬 26.132 22 度、东经 3.633 86 度。该点在哈德利峡谷的东部边缘,在计划着陆点西北 1 800 英尺处。发动机关机时还剩余 103 秒的点火工作时间。

106:42:49,即飞船着陆大约 2 个小时后,登月舱舱内泄压完成,指令长打开了登月舱顶部舱门,描述了着陆点周围的地质特征。这次"直立出舱"(SEVA)过程持续了 33 分钟 7 秒,指令长拍摄了一系列全景照片。

阿波罗 15 号上升段事件

阿波罗 15 号上升段事件	飞行地面时间（时：分：秒）	高度/海里	航程/海里	地球固连坐标系速度/（英尺/秒）	空间固连坐标系速度/（英尺/秒）	时长/秒	地心纬度/度（北纬）	经度/度（东经）	空间固连坐标系航迹角/度	空间固连坐标系指向角/度（北偏东）
起飞	000:00:00.58	0.060	0.000	1.5	1 340.7	—	28.447 0	−80.604 1	0.07	90.00
达到马赫数为 1	000:01:05.0	4.224	1.004	1 052.0	2 028.1	—	28.449 7	−80.585 4	27.86	87.36
最大动压	000:01:22.0	7.401	2.970	1 661.1	2 681.3	—	28.455 5	−80.584 7	29.80	85.77
S-IC 级中心发动机关机*	000:02:15.96	25.271	25.987	5 518.4	6 708.5	142.46	28.520 3	−80.119 0	24.217	82.494
S-IC 级外围发动机关机	000:02:39.56	36.947	48.610	7 811.3	9 043.3	166.06	28.582 4	−79.696 1	21.266	82.129
S-IC/S-II 级分离*	000:02:41.2	37.830	596.012	7 827.6	9 062.2	—	28.587 6	−79.660 5	21.021	82.144
S-II 级外围发动机关机*	000:09:09.06	95.184	874.532	21 588.4	22 949.6	386.06	29.681 0	−63.990 1	0.059	89.863
S-II/S-IVB 级分离*	000:09:10.1	95.187	878.126	21 601.2	22 962.5	—	29.681 1	−63.922 1	0.047	89.900
S-IVB 级发动机第一次关机	000:11:34:67	93.215	1 406.808	24 236.4	25 596.7	141.47	29.268 8	−53.818 3	0.013	95.149
进入地球轨道	000:11:44.67	93.215	1 445.652	24 242.4	25 602.6	—	29.205 2	−53.080 7	0.015	95.531

* 这类事件仅获得了指令发出时间

阿波罗 15 号地球轨道段事件

阿波罗 15 号地球轨道段事件	飞行地面时间（时：分：秒）	空间固连坐标系速度/（英尺/秒）	时长/秒	速度变化/（英尺/秒）	远地点/海里	近地点/海里	周期/分	倾角/度
进入地球轨道	000:11:44.67	25 602.6	—	—	91.5	89.6	87.84	29.679
S-IVB 级第二次点火启动	002:50:02.90	25 597.1	—	—	—	—	—	—
S-IVB 级第二次点火关机	002:55:53.61	35 603.0	350.71	10 414.7	—	—	—	—

阿波罗 15 号 地月转移轨道段事件	飞行地面时间（时：分：秒）	高度/海里	空间固连坐标系速度/（英尺/秒）	时长/秒	速度变化/（英尺/秒）	空间固连坐标系航迹角/度	空间固连坐标系指向角/度（北偏东）
进入地月转移轨道	002:56:03.61	173.679	35 579.1	—	—	7.430	73.173
指令勤务舱从 S-ⅣB 级分离	003:22:27.2	4 028.139	24 586.6	—	—	46.015	112.493
指令勤务舱与登月舱/S-ⅣB级对接	003:33:49.5	5 985.4	21 811.0	—	—	51.66	115.86
指令勤务舱/登月舱从S-ⅣB级弹射出去	004:18:01.2	12 826.9	16 402.2	—	—	61.45	119.20
中途修正点火	028:40:22.0	114 783.2	4 849.8	—	—	77.22	116.83
中途修正关机	028:40:22.8	114 784.0	4 845.6	0.8	5.3	77.18	116.76
中途修正点火	073:31:14.81	12 618.4	3 963.1	—	—	-81.08	-139.68
中途修正关机	073:31:15.72	12 617.7	3 966.8	0.91	5.4	-81.10	-140.00

　　首次月面舱外活动于 119:39:17 开始舱内泄压。指令长从舷梯走下来时，还展开了模块化设备存放装置。装置里的电视摄像机被激活，拍摄了指令长走下剩余舷梯到达月面的清晰画面。接着登月舱驾驶员也出舱到达月面。随后指令长从模块化设备存放装置上取下电视摄像机，将其安装到三脚架上，而登月舱驾驶员在这段时间内随机采集样本。120:18:31，他们卸下月球漫游车并于 13 分钟后成功展开。随后他们取出第三套阿波罗月面实验装置和其他设备，并且将月球漫游车设置好，做好月面运行准备。在展开和检查月球漫游车的过程中遇到了一些问题，但都被及时解决了。在检查月球漫游车时，发现其前轮转向装置不能工作。另外，月球漫游车的 2 号电池的电流/电压计没有读数。在经过简单处理后，决定在第一次舱外活动（EVA-1）时只使用后轮的转向装置。乘组于 121:44:55 驾车出发前往肘形环形山，在那里他们采集、记录了样本，并对月面特征进行了热情洋溢的、含有大量信息的报道。地面控制中心对各个停顿点的电视传输都进行了控制。在圣乔治环形山附近进行了额外的采样和拍照，乘组利用月球漫游车的导航系统返回了登月舱。接着他们又前往选定的阿波罗月面实验装置放置点，位于登月舱西北偏西 360 英尺处。在那里，乘组按照计划展开了各个实验装置，但第二个热流实验探头没能够安放到位，因为在月面的钻孔工作比预期困难很多，最终没能钻出探头放置孔。126:11:59 乘组进入登月舱，舱内开始加压。第一次舱外活动持续了 6 小时 32 分钟 42 秒，由于指令长的耗氧量高出预期，他们比计划提前 27 分钟结束舱外活动。月球漫游车行进了 5.6 海里，行进时间为 1 小时 2 分钟，停车时间为 1 小时 14 分钟，采集样本 31.97 磅。

　　在第一次和第二次舱外活动之间，乘组花了 16 个小时留在登月舱内。第二阶段于 142:14:28 开始舱内泄压。乘组出舱后检查了月球漫游车，为再次出发做好准备。在这次检查期间，他们反复开启电路断路器，发现前轮的转向装置完全恢复了正常。143:10:43 乘组出发，一路向南驶向亚平宁山脉的前端。这次的路径在前一次的东侧。乘组在马刺环形山和沿山脉前端山脚的几处做了停留，返回途中又在沙丘环形山停留了一次。电视传输的质量非常棒。返回时他们紧沿来时的路线行进，采集并记录了样本，其中采集了岩芯样本和一个综合样本，同时拍摄了大量的照片。

　　148:32:17 乘组返回了登月舱，此后又前往了阿波罗月面实验装置放置点。在那里登月舱驾驶员进行了多项月壤力学实验，而指令长为热流实验钻出了第二个孔并将探头放入其中。尽管他钻出了很深的岩芯样本，但拔出采样管却非常困难，以至于不得不留它在那里过夜。他们随后回到登月舱并展示了美国国旗。样本容器和胶片被放入登月舱。149:27:02 乘组进入登月舱并开始加压。第二次舱外活动持续了 7 小时 12 分钟 14 秒。月球漫游车的行进距离为 6.7 海里,行进时间为 1 小时 23 分钟,停车时间为 2 小时 34 分钟,采集了 79.94 磅样本。

乘组在登月舱内驻留了约 14 个小时,163:18:14 舱内开始为第三次舱外活动泄压。由于之前各项月面工作的累计延时,造成这次活动比计划推迟了 1 小时 45 分钟开始。这一延迟加上拔出并拆解热流实验岩芯管的时间,导致前往北部复合地形的任务被取消。164:09:00 在阿波罗月面实验装置放置点进行了第一次停留,目的是收回第二次出舱活动时钻取的岩芯样本,乘组取出了两段岩芯样本并放入月球漫游车,但钻头与剩余的四段无法分离,只能留到下次收回。第三次地质旅程一直向西行进,在陡坡环形山、里姆环形山和轮环形山附近的"梯田"处做了逗留。这次采集了大量样本和一个两倍长度的岩芯样本;拍摄了哈德利峡谷西侧峭壁的照片,在那里可以看到暴露在外的层状结构。返程一直向东边的登月舱行进,166:43:40 到达阿波罗月面实验装置放置点,并取回剩下的几段深层岩芯样本。将其又分离出了一段,剩下的三段连在一起带回。在采集样本时,指令长被一块石头绊倒,不过爬起时没有遇到困难。在返回到登月舱后,乘组把月球漫游车上的东西卸了下来,并于 167:35:24 把月球漫游车停好,以便让地面控制月球漫游车上的电视摄像机拍摄登月舱的上升级。指令长为月球漫游车选了一个比预定地点更接近登月舱的位置,为的是利用这里更高的地势更好地拍摄飞船的上升过程。乘组进入登月舱后,舱内于 168:08:04 加压,人类对月面的第四次探索就此完成。第三阶段舱外活动持续了 4 小时 49 分钟 50 秒。月球漫游车的行进距离为 2.7 海里,行驶时间为 35 分钟,停车时间为 1 小时 22 分钟,采集月球样本 60.19 磅。

本次任务中,在登月舱外的活动时间累计 18 小时 34 分钟 46 秒,月球漫游车行进的总的距离大约为 15.1 海里,行驶时间为 3 小时 0 分钟,舱外活动过程中停车时间累计 5 小时 10 分钟,采集月球样本总计 170.44 磅(77.31 千克,此数值为休斯顿月球接收实验室测定的官方公制数据),到达距登月舱最远点的距离为 16 470 英尺。

当登月舱在月面驻留时,指令舱驾驶员完成了 34 圈的环月飞行,进行了科学仪器舱实验,并用相机拍摄了感兴趣的月面区域和月球环境。这期间完成的科学任务包括:拍摄太阳光照射下的月球表面;收集 X 射线和伽马射线数据,用于绘制月球表面化学物质大体分布图,并用于确定月球沿着飞船航迹的几何形状;目视观察月球地形,协助确定形成地质特征的过程;以及获取月球大气数据。此外使用全景和测绘相机拍摄了大量高分辨率照片。指令勤务舱于 165:11:32.74 实施了 18.31 秒的变轨道面机动,进入 64.5 海里×53.6 海里的轨道。

上升级发动机于 171:37:23.2(8 月 2 日格林尼治时间 17:11:23)点火,飞船从月面起飞。此时登月舱已在月面驻留 66 小时 54 分钟 53.9 秒。上升级发动机持续工作了 431.0 秒,将飞船送入 42.5 海里×9.0 海里的初始月球轨道。对接将在大约 2 小时后进行,在此之前按照要求还要进行几次交会机动。172:29:40.0 实施了 2.6 秒的末段启动机动,将上升级送入 64.4 海里×38.7 海里的轨道。上升级与指令勤务舱于 173:36:25.5 在月面上空 57 海里的高度完成对接。此时,两个飞船已经分离了 72 小时 57 分钟 9.3 秒。在乘组和月球样本都转移到指令舱后,上升级于 179:30:01.4 被抛掉,指令勤务舱准备进入月地转移轨道。由于很难验证飞船之间通道的密封性和宇航员的压力服是否处于完整状态,只好将抛掉上升级的动作推迟了一个月球轨道圈次才实施。181:04:19.8,在月面上空 61.5 海里的高度,上升级发动机实施了耗尽式点火,推动上升级撞向月球,点火 83.0 秒后燃料耗尽。上升级于 181:29:37.0 撞击到月面,撞击点的月球坐标是北纬 26.36 度、东经 0.25 度,距理论瞄准点 12.7 海里,在阿波罗 15 号飞船着陆点西侧 50 海里处。阿波罗 12 号、14 号和 15 号放置的月震仪都记录到了这次撞击。

为了在月球轨道释放子卫星,指令勤务舱在 221:20:48.02 实施了 3.42 秒的轨道成形机动,将轨道变成 76.0 海里×55.1 海里。222:39:29.1,在第 74 圈,子卫星从科学仪器舱由弹簧弹射出去,进入 76.3 海里×55.1 海里的轨道,相对月球赤道的轨道倾角为−28.7 度。子卫星上安装的设备用于测量等离子体和能量粒子的流量,矢量磁场,以及子卫星自身速度。其中通过测量子卫星速度可以测定月球引力异常。所有系统工作正常。

指令勤务舱于 223:48:45.84 在月面上空 67.6 海里高度点火 140.90 秒,于 223:51:06.74 以 8 272.4 英尺/秒的速度进入月地转移轨道。此时指令勤务舱已经在月球轨道上运行了 74 圈,历时 145 小时 12 分钟 41.68 秒。

月地转移段

指令舱驾驶员于 241:57:12 开始进行月地转移滑行段舱外活动。电视传输全程覆盖 39 分钟 7 秒的舱外活动。舱外活动期间,指令舱驾驶员从科学仪器舱回收了全景和测绘相机内的胶卷盒。指令舱驾驶员总共三次前往科学仪器舱。前两次取回了胶卷盒。第三次观察并报告了各个设备的基本情况,其中重点检查了测绘相机。他报告称在测绘相机伸展位置没有发现伸/缩机构发生故障的原因,并且也没有看到全色摄像机速度/高度传感器发生故障的原因。他还报告了质谱仪吊杆没有完全收回。242:36:19 舱外活动结束。这将本次任务总的舱外活动时间延长到 19 小时 46 分钟 59 秒。

飞船于 291:56:49.91 实施了一次 22.30 秒的中途修正,速度增量为 5.6 英尺/秒,使指令勤务舱进入正确的返回地球的轨道。

阿波罗15号月球轨道段事件	飞行地面时间（时：分：秒）	高度/海里	空间固连坐标系速度/（英尺/秒）	时长/秒	速度变化/（英尺/秒）	远月点/海里	近月点/海里
进入月球轨道点火	078:31:46.70	86.7	8 188.6	—	—	—	—
进入月球轨道关机	078:38:25.06	74.1	5 407.5	398.36	3 000.1	170.1	57.7
进入下降轨道点火	082:39:49.09	55.3	5 491.7	—	—	—	—
进入下降轨道关机	082:40:13.62	54.9	5 285	24.53	213.9	58.5	9.6
下降轨道修正点火	095:56:44.70	56.4	5 276.9	—	—	—	—
下降轨道修正关机	095:57:15.10	50.1	5 314.8	30.40	3.2	60.3	8.8
登月舱脱离与分离	100:39:16.2	7.4	5 553.6	—	—	—	—
指令勤务舱轨道圆化点火	101:38:58.98	57.1	5 276.5	—	—	—	—
指令勤务舱轨道圆化关机	101:39:02.65	55.8	5 352.3	3.67	68.3	65.2	54.8
登月舱动力下降点火	104:30:09.4	5.8	5 560.2	—	—	—	—
登月舱动力下降关机	104:42:28.6	—	—	739.2	6813	—	—
指令勤务舱变轨道面点火	165:11:32.74	61.8	5 318.1	—	—	—	—
指令勤务舱变轨道面关机	165:11:51.05	62	5 318.8	18.31	330.6	64.5	53.6
登月舱月面起飞点火	171:37:23.2	54.8	5 357.1	—	—	—	—

续表

阿波罗 15 号 月球轨道段事件	飞行地面时间 （时：分：秒）	高度/ 海里	空间固连 坐标系速度/ （英尺/秒）	时长/ 秒	速度变化/ （英尺/秒）	远月点/ 海里	近月点/ 海里
登月舱上升轨道关机	171:44:34.2	—	—	431.0	6 059	42.5	9.0
登月舱末段启动点火	172:29:40.0	34.2	5 368.8	—	—	—	—
登月舱末段启动关机	172:29:42.6	—	5 345.8	2.6	72.7	64.4	38.7
指令勤务舱/登月舱对接	173:36:25.5	57	5 345.8	—	—	—	—
抛掉登月舱上升级	179:30:01.4	57.5	5 342.1	—	—	—	—
指令勤务舱与登月舱分离	179:50	—	—	—	2	—	—
登月舱上升级离轨点火	181:04:19.8	61.5	5 318.9	—	—	—	—
登月舱上升级离轨关机	181:05:42.8	61.8	5 196.0	83.0	200.3	—	—
指令勤务舱轨道成形机动点火	221:20:48.02	53.6	5 362.9	—	—	—	—
指令勤务舱轨道成形机动关机	221:20:51.44	53.7	5 379.2	3.42	66.4	76.0	54.3
释放子卫星	222:39:29.1	62.6	5 331.6	—	—	76.3	55.1

阿波罗15号 月地转移轨道段事件	飞行地面时间 （时：分：秒）	高度/ 海里	空间固连 坐标系速度/ （英尺/秒）	时长/ 秒	速度变化/ （英尺/秒）	空间固连 坐标系航迹 角/（度）	空间固连 坐标系指 向角/度 （北偏东）
进入月地转移轨道点火	223:48:45.84	67.6	5 305.9	—	—	0.52	−128.90
进入月地转移轨道关机	223:51:06.74	71.8	8 272.4	140.90	3 046.8	4.43	−129.08
中途修正点火	291:56:49.91	25 190.3	11 994.6	—	—	−68.47	103.11
中途修正关机	291:57:12.21	25 149.3	12 002.4	22.30	5.6	−68.49	103.09
指令舱/勤务舱分离	294:43:55.2	1 951.8	29 001.7	—	—	−36.44	56.65

回收

　　勤务舱于 294:43:55.2 被抛掉,指令舱沿正常轨道于 294:58:54.7 以 36 096.4 英尺/秒的速度再入地球大气层(再入边界高度为 400 000 英尺)。此时已经完成了 71 小时 7 分钟 48 秒的月地转移滑行。降落伞系统展开,其中两个主伞正常打开,而另一个没有打开。指令舱于 8 月 7 日格林尼治时间 20:45:53 在太平洋溅落。本次任务历时 295:11:53.0。落点位置估计为北纬 26.13 度、西经 158.13 度,距离瞄准点约 1.0 海里,距离美国海军"冲绳"号回收船 5 海里。由于降落伞故障造成指令舱以阿波罗计划中最快的返回速度着陆,从进入大气层到溅落只用了 778.3 秒。指令舱在海面上呈现顶端朝上的漂浮姿态。乘组由直升机回收,并在溅落后 39 分钟登船。指令舱在 55 分钟后回收,其溅落时的质量估计为 11 731 磅,任务中飞行距离估计为 1 107 945 海里。

结论

　　本次任务完成了所有主要目标,为科学家提供了大量关于月球及其特征的全新信息。证实了阿波罗飞船不但是人类前往月球的运输工具,还是出色的实用科学设施。根据事后数据分析得出以下结论:

　　1. 阿波罗 15 号飞船证实了增加的消耗品和各类科学仪器使指令勤务舱在采集科学数据方面更加有效。实时数据传输使科学家得以参与乘组的计划和决策,实现了科学成果的最大化。

　　2. 本次任务证明了改进后的运载火箭、飞船和生命保障系统能够成功地运输更多的有效载荷,并且安全可靠地延长了月面驻留时间。

　　3. 改进后的舱外宇航服和便携式生命保障系统具有更大的灵活性,延长了月面舱外活动的时间。

　　4. 由地面控制的移动电视摄像机使地球上的科学家和操作人员能够实时参与到月面舱外活动中。

　　5. 特别是验证了新增的月球漫游车能够极大地增加月面的运载能力和探索范围。

　　6. 月球通信中继单元为月球漫游车在月面行进途中和更大的范围提供连续的通信支持。

　　7. 通过采用更陡峭的着陆轨道,着陆点的能见度得以改善。

　　8. 阿波罗 15 号任务证明了乘组可以更大程度地作为科学观测者和研究人员进行操作,并且更多地依赖地面支持团队进行系统监控。

9. 人类特有的观察和创造性思考能力,如多项任务通过乘组的补充和随机应变,大幅增加了获取的科学数据,进一步证明了载人太空飞行的意义。

10. 本次任务中还发现,为了最大程度地取得任务成功,乘组应当接受实际飞行装备或具有同等真实度装备的训练。

作为第一次"多目标任务",地质目标按优先级排序为:

1)在哈德利德尔塔山山脚下对亚平宁山脉进行采样;

2)在哈德利峡谷边缘采样;

3)对造就月海平原的南部环形山群进行采样;

4)调查北部复合地形可能的火山属性。

亚平宁山脉

在地球上,造山运动(山脉形成)是板块构造运动的结果,经历数百万年的时间才形成了山脉。相比之下,月球表面的地形是由撞击形成的,而且环绕撞击盆地的山脉瞬间便形成了,这是因为撞击打碎了月壳,形成一组辐射状的周缘断层,每个山脉都是独立的断层。亚平宁山脉形成了雨海盆地的东南边缘,山脉面向盆地的陡峭山坡就是亚平宁山脉的前沿。要了解这个山脉的重要性,首先要考虑它的位置处于雨海和澄海盆地之间。对月球可以采用地层分析法进行研究,这种方法是基于地质学的叠加原理。记录显示,在雨海事件之前,亚平宁山脉所处的地区是与弗拉·毛罗地质构造相当的澄海中的一部分。澄海的喷出物沉积在澄海之前的月壳上,并且当雨海盆地的形成在这里造成断层后,其下层的月壳岩石冲出了这一覆盖层。很有可能在山顶仍有大量的此类物质,而更多的则滚落山坡,堆积在山谷里。在撞击环形山的构造中,最深层的物质被挖掘出来留在了环形山的边缘。当盆地形成时,也会有半熔融的物质从月壳的深处被挖掘上来,形成"基浪",这些物质覆盖了亚平宁山脉。弗拉·毛罗地区的岩石揭示了雨海盆地形成于38.5亿年前,但弗拉·毛罗地形构造只能代表月壳喷出物。人们期望在亚平宁断层侧面的巨大环形山上能发现这层覆盖物下远古月壳的样本,或证明从山顶滚落的卵石是澄海的喷出物。这些都使得亚平宁山脉前沿成为阿波罗15号任务的主要地质目标。

直径为6 000英尺的圣乔治环形山的边缘位于哈德利德尔塔山北侧,在那里发现了惊人的清晰的喷出物。这个环形山是在断层被逆冲后形成的,但要早于相邻山谷的腐沼湾区。原本希望能够找到几块被挖掘上来的断层碎片,可是这些碎片已经破碎并被持续进行的"园艺"作用混入到风化层中。被采集的巨型圆石显然是外来物，毕竟在山脉周围稍远的地方，一直向东开放的一侧似乎很少见到巨型石块。由于缺乏合适的样本，乘组在到达正常折返点之前缩短了行程，以便将精力集中到马刺环形山。在那里乘组发现了他们一直寻找的目标，媒体根据形状将之戏称为"创世之石"。尽管这块岩石是早期寻找的斜长岩，它形成于猛烈震动，其再次结晶的时间是在(41.5±1)亿年前，但它很可能就是由岩浆海形成的月壳的碎片。大多数岩石都是角砾岩的事实并不令人失望，因为大多数岩石中都含有粗粒长石岩的碎片。这些岩石的结构比阿波罗 14 号任务带回的"双石"角砾岩要简单得多，这一事实证明弗拉·毛罗地形构造是由撞击形成的浅层月壳物质，而覆盖亚平宁山脉前沿的同质"基浪"则来自月球的更深处。在哈德利德尔塔山较低的一侧发现了一块"绿色巨圆石"，在这块岩石的表面覆盖着一层由冲击冷却的岩浆形成的微滴，这些岩浆都是从"火泉"喷射出来的。回想一下，很明显那些微滴是在盆地周围的喷口附近凝结而成，因为山峰下的断层下面的裂缝为深层岩浆池到达月面提供了路径。可以想见，火泉是由岩浆上涌形成的，因为当岩浆池中的物质上涌钻出月壳时，会在熔化状态下释放出挥发物，而这些挥发物又会因裂缝的压力而发生爆破，薄雾状的熔岩覆盖在月面物质上，慢慢冷却下来。这种物质呈现绿色是因为含有硅酸盐，表明月幔熔岩池中含有橄榄石和辉石，同时也证明了火泉中的物质上涌速度之快，以至于没有时间发生化学反应。尽管只有 33 亿年的历史，但这些富含镁的火山碎屑岩却是迄今在月球上找到的最原始的火成岩样本。

峡谷和平原

对蜿蜒的峡谷进行研究时，摄影地质学家曾经利用月球轨道器拍摄的影像对峡谷的地形和地层结构进行分析。他们发现这些峡谷是挤进原先的地形的，而不是简单地"落在"上面；加之蜿蜒路径上的转弯处，其内、外缘的弧线并没有相同的半径，说明它们并不是受到拉伸应力而形成的。它们与地球上的河道很相似，人们猜测峡谷是被流动的熔岩开凿出来的。显然，如果这些峡谷是熔岩的通道，而且它们的规模比地球上的还要大，则表明其源头一定有相当庞大的熔岩喷涌而出。地球上的熔岩流往往沿着已经成形的山谷流淌，不会流得太远，并且还会阻塞通道。相比之下，哈德利峡谷则是被熔岩流"挖掘"出的 60 海里长、4 000 英尺宽、1 000 英尺深的峡谷。地球上的熔岩流速较慢，如果只有很薄的一层，其热能会传导给周围的岩石从而迅速凝固。但月球上喷涌而出的熔岩规模巨大，而且流速湍急，不但自身不容易冷却，还会熔化通道内壁的岩石，将内壁冲刷干净，最终"挖掘"出一条峡谷。

　　平原到峡谷之间是一个缓坡,在风化作用下,峡谷最边缘处从相对平原的 16 英尺深,被侵蚀到几乎已经与平原平齐。沿峡谷边缘地带,不论是岩石的数量还是岩石的尺寸,与平原相比都增加了许多。岩石数量和尺寸的增加是风化层逐渐变薄的结果。不断变薄的风化层使得越来越小的环形山能够穿透风化层,将基岩挖掘出来。然而,小型撞击的能量只能将基岩撞碎,因此在这条过渡带上各个小型环形山边缘找到的岩石往往都是基岩中的原生石。沿着边缘,可以看到破碎的露出地面的岩层,基本上仍然保留在原地,其化学成分的变化毫无疑问是对地层的记录。峡谷对面岩壁上的层理基本上保持水平,说明那里后来没有承受过重大的构造力。露出地面的岩层破碎得很厉害,大量的石块掉下并滚落到坡底。大多数石块在靠近底部的斜坡上堆积成岩石堆。有些大石块落在峡谷的底部,看上去非常显眼。圣乔治环形山的坑壁上没有露出地面的岩层,说明峡谷的这一面是被冲刷过的而不是被月海填充形成的。的确,在与峡谷相连的肘形环形山以下的峡谷壁上的证据显示,月海填充物覆盖了一产生便滑落山底的澄海喷出物。沿峡谷东壁的山脊接近肘形环形山。转弯处峡谷此岸在外边缘,表明这个"山肩"是汹涌的熔岩在转弯处溢出边缘形成的。哈德利山上这一"高地熔岩"的证据证明了沿着峡谷奔流而下的大量熔岩曾经淹没了整个平原,然后又退去,在环绕湾区的山上仅留下一层薄薄的浮渣。很明显,这次岩浆洪流的痕迹比当前平原的高度还高了 250 英尺。然而,这很可能包含了这样一个事实,即这块平原在形成后便稳定地保留了下来。泛滥的岩浆有可能沿着一条沟,顺着哈德利德尔塔山的山脚,又绕过斯旺山脉的山脚向东流去。这条沟在肘形环形山附近消失了,其边缘与肘形环形山周边连成了一体。如果这条沟是新近凝固的平原收缩和退缩的结果,那么它仍然存在的事实表明在亿万年时间里,几乎没有发生过山体滑坡。然而,月球漫游车能够没有困难地驶过这条沟的事实表明,有刚好足够多的填充物将这条沟填平了。

　　地层分析揭示出不同特征的相对年代(举例来说,显然这条峡谷出现在腐沼平原之后,因为它切断了腐沼平原),但无法确定绝对的年代。那些热衷于"近期火山活动"的人从"这条峡谷有可能是最近的产物"的结论中得到满足。现在所需要的就是"岩石的形成明显与峡谷有关"这样一个小小的"基础事实"。结果证明,产生这些开凿出峡谷的熔岩的喷口其年代都很古老,在 33 亿年至 34 亿年之间。这里大多数岩石富含辉石,但最边缘一些颜色更暗的物质富含橄榄石,说明就在喷口干涸前喷发出了一种化学成分完全不同的岩浆。平原上数英里外的沙丘环形山显示出熔岩流的水平变化。这个环形山穿透的基岩层约为 300 英尺深(尽管其凹陷处没有那么深,但应该是从那个深度挖出的岩石),而且在其边缘有不少玄武岩石块。月海中既有喷出玄武岩也有浅成玄武岩(即岩浆在较浅的深度结晶)。在每个着陆点都发现了富含辉石的玄武岩,说明这种物质分布得十分广泛。但富含橄榄石的玄武岩只在峡谷的边缘地带被发现,表明最晚的这次喷发仅溢出到峡谷边缘。由于时间不够,乘组没能前往北部复合地形去探查假定存在的火成碎屑沉积物。

阿波罗 15 号月震仪与阿波罗 12 号和 14 号留下的月震仪共同构成了一个三站网络,从而可以对震源开展三角测量。大多数月震活动只有里氏 1 级或 2 级,这在地球上会被当作频繁运动的地壳持续发出的隆隆声而被忽视掉。但月球上是一片死寂,这一级别的月震已经是重大事件。这也说明月壳和外层月幔是相对冷却的。事实上,月球的月幔几乎不再可塑。其结果是,月幔中没有对流存在,因此也就没有构造作用能使月壳变形。阿波罗 12 号和 14 号月震仪收集的数据表明月海有 14 海里厚,而它覆盖在约 22 海里厚的钙长辉长岩上。一开始以为它的外层是玄武岩,但事实上只有一层很薄的玄武岩覆盖在一层厚厚的密度很大的角砾岩物质上面。

热流实验的目的是测量风化层的温度和热属性,以测定月球内部热量泄漏的速率。尽管传感器只放置到理想的 8 英尺至 10 英尺深度的一半,但获取的数据却让我们对月球"热引擎"的当前状态有了惊人的认识。正是因为热流实验受到了高度关注,才允许钻孔工作的时间占用了造访北部复合地形的时间。数据显示,在阳光照射下,位于北部中纬度实验地点风化层表面温度上升到 380 开。在月球白昼期间,太阳辐射热流净流入月球表面。日落时温度下降到 100 开,到了月球夜间,热量辐射向太空被损失掉,月面冷却下来。由于月面风化层细粉状颗粒之间的辐射传输效率与绝对温度的立方成正比,因此与夜间热量泄漏相比,白昼期间热量更容易传入月面下,在 1.5 英尺深的地方温度保持恒定的 220 开。在受"白天"影响的表层的下面,由于热量向外泄漏的结果,风化层的温度会随着深度的增加而升高,在 3 英尺的深度温度又高出 40 开。来之不易的 8 英尺长的深度岩心样本已经是最深的风化层样本了。用 X 射线显示出沿样本长度月壤的密度和鹅卵石的集中度。尽管样本顶端的 18 英寸完全是"园艺"作用的结果,但余下的样本有着精细的分层,至少 42 层甚至可能多达 58 层的层次仍然保留沉积时的状态。这种分层结构很大程度上简化了为各层确定年代的任务。顶端没有分层的物质有 4 亿年历史,表明在这段时期内哈德利平原上的地质活动仅局限于上层的 1.5 英尺风化层。而与此同时期的地球，大陆已经分裂，并且漂移了数千英里，然后当这些大陆板块再次碰撞时隆起了山脉。

从目前进行的几次任务中得出的结论是，雨海纪盆地形成于 38 亿年前，1 亿年后熔岩吞噬了静海这片区域，5 亿年后又覆盖了风暴洋。峡谷边缘玄武岩的历史揭示出雨海东部在这以后仍有地质活动。这标志着人类对月球早期历史的了解与几年前相比取得了重大进展。当然，其中很多内容曾经被预测出；问题仍有很多，挑战已经变成从"谷壳"中取出"麦粒"。

任务目标

运载火箭的目标：

1. 以北偏东 80 度至 100 度的飞行方位角实施发射，将 S-IVB 级/仪器单元/飞船送入计划的地球圆形停泊轨道。完成。

2. 在第二或第三圈再次启动 S-IVB 级，将 S-IVB 级/仪器单元/飞船送入计划的地月转移轨道面。完成。

3. 为 S-IVB 级/仪器单元/飞船在调头、对接和弹射机动期间提供所需的姿态控制。完成。

4. 在指令勤务舱/登月舱从 S-IVB 级/仪器单元弹射出去后，指令勤务舱实施规避机动。完成。

5. 尝试将 S-IVB 级/仪器单元撞向以月球坐标南纬 3.65 度、西经 7.58 度为圆心，半径为 189 海里（350 千米）范围内。完成。

6. 测定真实的撞击点，位置误差不超过 2.7 海里（5.0 千米），时间误差不超过 1 秒。完成。

7. 排放和倾倒剩余的气体和推进剂，对 S-IVB 级/仪器单元进行安全处理。完成。

飞船的主要目标：

1. 实施月球检查与勘测，并在预选的哈德利-亚平宁地区采集各种物质和月面特征的样本。完成。

2. 安放并激活月球表面实验装置。完成。

3. 评估用于延长月面驻留时间、提高舱外活动能力和月面机动性的设备的性能。完成。

4. 在月球轨道上实施飞行实验和拍摄任务。完成。

飞船的详细目标：

1. 评估月球漫游车。完成。

2. 利用月球通信中继单元进行舱外活动通信，由地面控制电视摄像系统。完成。

3. 在月球表面评估舱外活动服。完成。

4. 登月舱着陆性能评估。完成。

5. 勤务舱在轨拍摄任务。完成。

6. 指令舱拍摄任务。完成。

7. 科学仪器舱热数据。完成。

8. 在舱外活动期间检查科学仪器舱。完成。

9. 对抛掉科学仪器舱舱门进行评估。完成。

10. 登月舱下降发动机性能。完成。

11. 从月球轨道进行视觉观察。完成。

12. 视觉光闪现象。完成。

实验：

1. 随机样本采集。完成。

2. ALSEP Ⅴ：阿波罗月面实验装置。

（a）S-031：无源月震。完成。

（b）S-034：月面磁力计。完成。

（c）S-035：太阳风谱仪。完成。

（d）S-036：超热离子探测器。完成。

（e）S-037：热流。部分完成。

（f）S-058：冷负离子测量。完成。

3. S-059：月球地质学调查。完成。

4. S-078：激光测距后向反射器。完成。

5. S-080：太阳风构成。完成。

6. S-160：伽马射线谱仪。完成。

7. S-161：X 射线荧光。完成。

8. S-162：阿尔法粒子谱仪。完成。

9. S-164：S 频段转发器(指令勤务舱和登月舱)。完成。

10. S-165：质谱仪。完成。

11. S-170：下行链路双基地雷达对月球观测。完成。

12. S-176：阿波罗窗口陨石实验。完成。

13. S-177：拍摄月球和地球的紫外线照片。完成。

14. S-178：从月球轨道上拍摄对日照。没有完成。由于飞船的拍摄姿态出现错误,造成计划用于该实验的 14 号 35 毫米相机没有完成拍摄。

阿波罗 15 号乘组：斯科特（左）、沃登和欧文

阿波罗 15 号发射

阿波罗 15 号的目标是亚平宁山脚下的哈德利峡谷

进入月球轨道后不久，由阿波罗 15 号斜着拍摄的着陆点

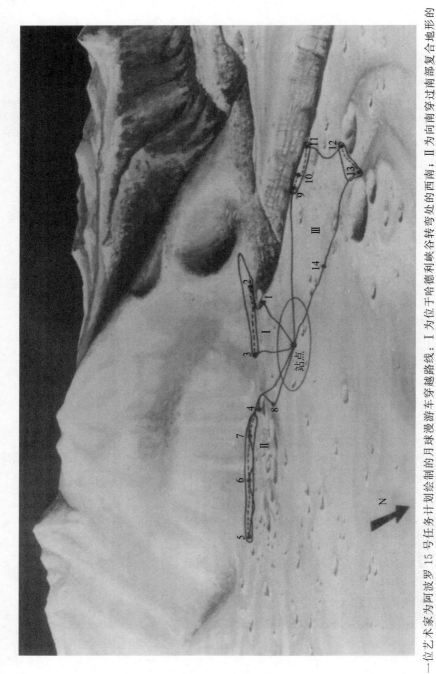

一位艺术家为阿波罗 15 号任务计划绘制的月球漫游车穿越路线: I 为位于哈德利峡谷转弯处的西南; II 为向南穿过南部复合地形的环形山,沿着哈德利德尔塔山的一侧; III 为峡谷的西部边缘,沿环形山和南部复合地形的土堆返回

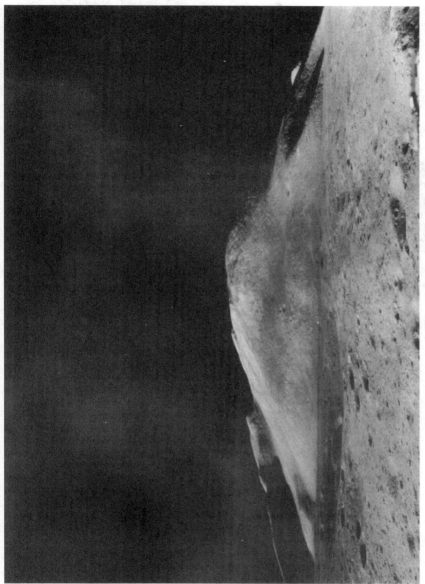

斯科特站在登月舱顶部舱门拍摄的哈德利德尔塔山全貌

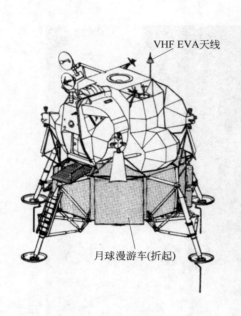

VHF EVA天线

月球漫游车(折起)

高增益天线

电视摄像机

低增益天线

16毫米摄像机

显示操控台

人工控制器

月球样本存放处

月球通信
中继单元

挡泥板

科学和乘组设备

座椅下存储空间

钢丝网轮

月球漫游车搭载在登月舱左侧,降落到月面后再展开

斯科特试着驱动月球漫游车

欧文在着陆点检查查月球漫游车；背景是哈德利山

欧文和月球漫游车在 2 号站点，背景是哈德利德峡谷

从哈德利德尔塔山的一侧看平原上的登月舱和更远处的北部复合地形

斯科特与月球漫游车在 9A 号站点，位于哈德利峡谷边缘

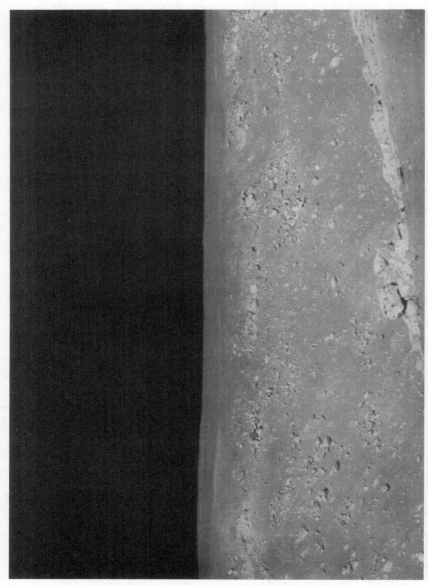

从 9A 号站点看着哈德利峡谷对岸的岩壁,照片上的前景是峡谷这一侧边缘处的石块

斯科特在 10 号站点用 500 毫米镜头的哈苏相机拍摄峡谷对岸的岩壁

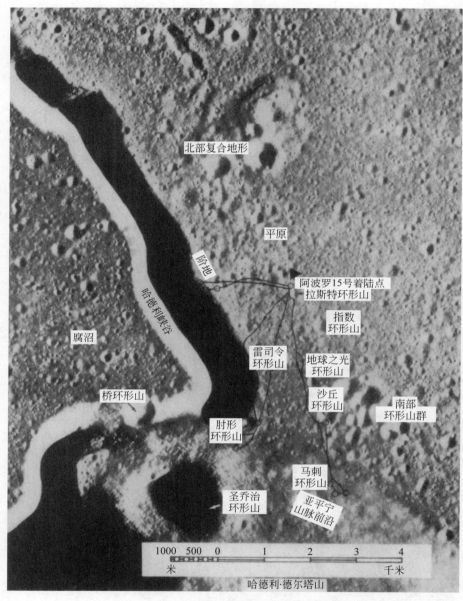

阿波罗 15 号任务行进路线图(感谢美国地质勘探局)

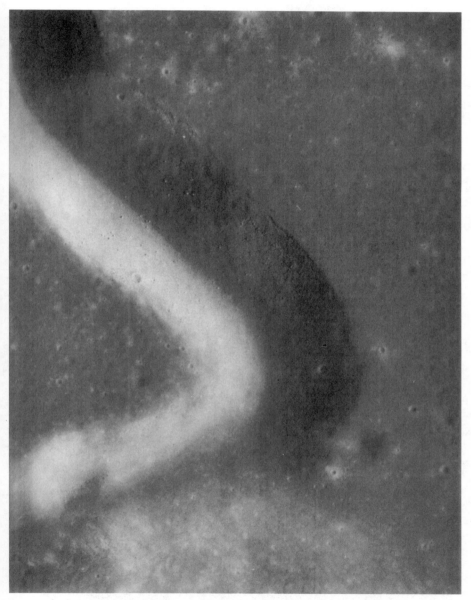

登月舱上升返回过程中拍摄的哈德利峡谷，东边的岩壁有太阳光照射

阿波罗 15 号降落伞缠在一起

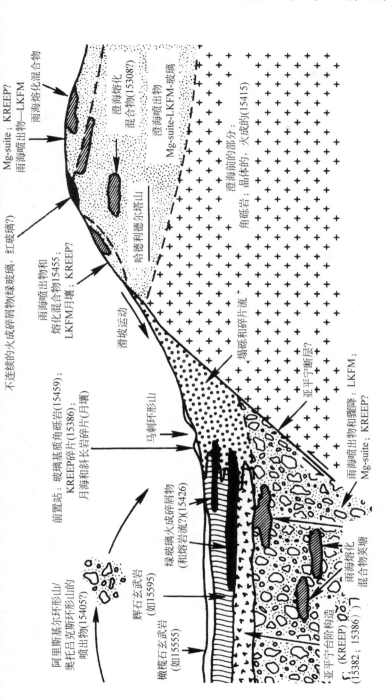

阿波罗 15 号着陆点的西北-东南横断面示意图。图中显示出月海与高地之间复杂的过渡（修改自 P. D. 斯皮迪斯和 G. 赖德，"阿波罗 15 号着陆点的地质学和岩石学：过去、现在和未来的理解"，EOS 会刊，vol. 66. AGU，1985；G. A. 斯旺等，"阿波罗 15 号着陆点地质学初步研究"，阿波罗 15 号初步科学报告，SP-289. NASA，1972；G. A. 斯旺，"对阿波罗 15 号着陆点地质学的一些观察"，G. 赖德和 P. D. 斯皮迪斯（编），阿波罗 15 号月球和行星研究所技术报告 No. 86-03，1986）。在月海地区（雨海前），喷出物覆盖的老的（雨海前）喷出物覆盖是古老的月海。数字是特别采集的样本编号，这些样本代表着被推断存在的各个地质单元（哈德利德尔塔山，右），来自澄海盆地的老的（雨海前）喷出物上覆盖了厚厚的一层。在高地地区（哈德利德尔塔山，左），来自澄海盆地的老的（雨海前）喷出物覆盖是古老的月壳上。（感谢月球和行星研究所及剑桥大学出版社）

15. S-200：月壤力学特性。完成。

16. M-078：骨盐测量。完成。

17. M-515：月尘检测仪。完成。

卫星实验：

1. S-164：S 频段转发器。完成。

2. S-173：粒子阴影/边界层。完成。

3. S-174：磁力计。完成。

操控实验：

1. 由载人飞船中心负责：

（a）利用登月舱主制导系统进行月球引力测量。完成。

（b）登月舱话音和数据中继试验。完成。

2. 由国防部/肯尼迪航天中心负责：

（a）教堂钟声（国防部的保密实验）。

（b）雷达表层跟踪。

（c）导弹对电离层扰动。

（d）导弹排气噪声的声学测量。

（e）陆军声学实验。

（f）长焦距光学系统。

（g）音爆测量。

任务时间表

阿波罗 15 号任务事件	飞行地面时间 （时：分：秒）	日期 （格林尼治时间）	时间 （时：分：秒）
倒计时开始	−028:00:00	1971 年 07 月 24 日	23:00:00
射前 9 小时开始计划内的 9 小时 34 分钟中断	−009:00:00	1971 年 07 月 25 日	18:00:00
射前 9 小时倒计时重启	−009:00:00	1971 年 07 月 26 日	03:34:00
射前 3 小时 30 分钟开始计划内的 1 小时中断	−003:30:00	1971 年 07 月 26 日	09:04:00
射前 3 小时 30 分钟倒计时重启	−003:30:00	1971 年 07 月 26 日	10:04:00
制导基准发布	−000:00:16.939	1971 年 07 月 26 日	13:33:43
S-IC 级发动机开机指令	−000:00:08.9	1971 年 07 月 26 日	13:33:51
S-IC 级发动机点火（#5）	−000:00:06.50	1971 年 07 月 26 日	13:33:53
所有 S-IC 级发动机推力正常	−000:00:01.4	1971 年 07 月 26 日	13:33:58

续表

阿波罗 15 号任务事件	飞行地面时间 （时：分：秒）	日期 （格林尼治时间）	时间 （时：分：秒）
发射时间	000：00：00：00	1971 年 07 月 26 日	13：34：00
所有牵制臂释放（第一次动作） （1.08g）	000：00：00.3	1971 年 07 月 26 日	13：34：00
起飞（脐带断开）	000：00：00.58	1971 年 07 月 26 日	13：34：00
避发射塔架偏航机动开始	000：00：01.68	1971 年 07 月 26 日	13：34：01
偏航机动结束	000：00：09.66	1971 年 07 月 26 日	13：34：09
俯仰和滚动机动开始	000.00：12.21	1971 年 07 月 26 日	13：34：12
滚动机动结束	000：00：23.02	1971 年 07 月 26 日	13：34：23
达到马赫数为 1	000：01：05.0	1971 年 07 月 26 日	13：35：05
达到最大弯曲力矩（80 000 000 磅 力-英寸）	000：01：20.1	1971 年 07 月 26 日	13：35：20
最大动压（768.58 磅/平方英尺）	000：01：22.0	1971 年 07 月 26 日	13：35：22
S-IC 级中心发动机关机指令	000：02：15.96	1971 年 07 月 26 日	13：36：16
俯仰机动结束	000：02：36.94	1971 年 07 月 26 日	13：36：36
S-IC 级外围发动机关机，S-IC 级最大总惯性加速度（3.97g）	000：02：39.56	1971 年 07 月 26 日	13：36：39
S-IC 级最大地球固连坐标系 速度	000：02：40.00	1971 年 07 月 26 日	13：36：40
S-IC/S-II 级分离指令	000：02：41.2	1971 年 07 月 26 日	13：36：41
S-II 级发动机开机指令	000：02：41.9	1971 年 07 月 26 日	13：36：41
S-II 级点火	000：02：43.0	1971 年 07 月 26 日	13：36：43
抛 S-II 级后级间段	000：03：11.2	1971 年 07 月 26 日	13：37：11
发射逃逸塔抛掉	000：03：15.9	1971 年 07 月 26 日	13：37：15
迭代制导模式启动	000：03：22.62	1971 年 07 月 26 日	13：37：22
S-IC 级最高点	000：04：37.562	1971 年 07 月 26 日	13：38：37
S-II 级最大总惯性加速度（1.79g） S-II 级中心发动机关机	000：07：39.56	1971 年 07 月 26 日	13：41：39
S-II级外围发动机关机	000：09：09.06	1971 年 07 月 26 日	13：43：09
S-II级最大地球固连坐标系速度	000：09：10.00	1971 年 07 月 26 日	13：43：10
S-II /S-IVB 级分离指令	000：09：10.1	1971 年 07 月 26 日	13：43：10
S-IVB 级第一次点火开机指令	000：09：10.20	1971 年 07 月 26 日	13：43：10
S-IVB 级第一次点火启动	000：09：13.20	1971 年 07 月 26 日	13：43：13
S-II 级最高点	000：09：13.225	1971 年 07 月 26 日	13：43：13
S-IC 级落地（理论值）	000：09：20.839	1971 年 07 月 26 日	13：43：20
抛 S-IVB 级正推发动机壳体	000：09：21.8	1971 年 07 月 26 日	13：43：21

阿波罗 15 号任务事件	飞行地面时间 （时：分：秒）	日期 （格林尼治时间）	时间 （时：分：秒）
S-ⅣB级第一次点火最大总惯性加速度（0.65g）。S-ⅣB级第一次点火关机	000：11：34.67	1971 年 07 月 26 日	13：45：34
进入地球轨道，S-ⅣB级第一次点火最大地球固连坐标系速度	000：11：44.67	1971 年 07 月 26 日	13：45：44
在轨导航开始	000：11：56.3	1971 年 07 月 26 日	13：45：56
机动到当地水平姿态开始	000：13：15.7	1971 年 07 月 26 日	13：47：15
S-Ⅱ级落地（理论值）	000：19：43.912	1971 年 07 月 26 日	13：53：43
S-ⅣB级第二次点火重启准备	002：40：24.80	1971 年 07 月 26 日	16：14：24
S-ⅣB级第二次点火重启指令	002：49：54.90	1971 年 07 月 26 日	16：23：54
S-ⅣB级第二次点火启动	002：50：02.90	1971 年 07 月 26 日	16：24：02
S-ⅣB级第二次点火关机和最大总惯性加速度（1.40g）	002：55：53.61	1971 年 07 月 26 日	16：29：53
S-ⅣB级第二次点火最大地球固连坐标系速度	002：55：54.00	1971 年 07 月 26 日	16：29：54
进入地月转移轨道	002：56：03.61	1971 年 07 月 26 日	16：30：03
在轨导航开始	002：58：26.0	1971 年 07 月 26 日	16：32：26
机动到当地水平姿态开始	002：58：26.2	1971 年 07 月 26 日	16：32：26
调头和机动到对接姿态开始	003：10：54.6	1971 年 07 月 26 日	16：44：54
指令勤务舱从 S-ⅣB级分离	003：22：27.2	1971 年 07 月 26 日	16：56：27
电视传输开始	003：25	1971 年 07 月 26 日	16：34
指令勤务舱与登月舱/S-ⅣB级对接	003：33：49.5	1971 年 07 月 26 日	17：07：49
电视传输结束	003：50	1971 年 07 月 26 日	16：34
指令勤务舱/登月舱从 S-ⅣB级弹射出去	004：18：01.2	1971 年 07 月 26 日	17：52：01
S-ⅣB级 APS 规避机动点火	004：40：01.8	1971 年 07 月 26 日	18：14：01
S-ⅣB级 APS 规避机动关机	004：41：22.0	1971 年 07 月 26 日	18：15：22
机动到 S-ⅣB级 LOX 排空姿态开始	004：49：41.8	1971 年 07 月 26 日	18：23：41
S-ⅣB级撞击月球机动——CVS 排放关闭	004：56：40.6	1971 年 07 月 26 日	18：30：40
S-ⅣB级撞击月球机动——LOX 排空开始。由 J-2 发动机控制氢气排空，产生计划外速度增量	005：01：20.6	1971 年 07 月 26 日	18：35：20
S-ⅣB级撞击月球机动——CVS 排放打开	005：01：40.6	1971 年 07 月 26 日	18：35：40

阿波罗 15 号任务事件	飞行地面时间 （时：分：秒）	日期 （格林尼治时间）	时间 （时：分：秒）
S-ⅣB 级撞击月球机动——LOX 排空结束	005：02：08.7	1971 年 07 月 26 日	18：36：08
S-ⅣB 级撞击月球机动——J-2 发动机控制氢气排空结束	005：18：51	1971 年 07 月 26 日	18：52：51
机动到启动 S-ⅣB 级 APS 最后一次点火所需姿态开始	005：27：13.5	1971 年 07 月 26 日	19：01：13
S-ⅣB 级撞击月球机动——APS 第一次点火	005：46：00.7	1971 年 07 月 26 日	19：20：00
S-ⅣB 级撞击月球机动——APS 第一次关机	005：52：01.9	1971 年 07 月 26 日	19：26：01
S-ⅣB 级撞击月球机动——由于仪器单元热控系统水阀门操作和 APS 姿态发动机的反作用力，第一次计划外速度增加开始	006：18：00	1971 年 07 月 26 日	19：52：00
S-ⅣB 级撞击月球机动——由于 IU/TCS 和 APS 的影响，第一次速度增加结束	006：23：00	1971 年 07 月 26 日	19：57：00
S-ⅣB 级撞击月球机动——由于 IU/TCS 和 APS 的影响，第二次速度增加开始	006：58：00	1971 年 07 月 26 日	20：32：00
S-ⅣB 级撞击月球机动——由于 IU/TCS 和 APS 的影响，第二次速度增加结束	007：03：00	1971 年 07 月 26 日	20：37：00
S-ⅣB 级撞击月球机动——由于 IU/TCS 和 APS 的影响，第三次速度增加开始	007：38：00	1971 年 07 月 26 日	21：12：00
S-ⅣB 级撞击月球机动——由于 IU/TCS 和 APS 的影响，第三次速度增加结束	007：43：00	1971 年 07 月 26 日	21：17：00
S-ⅣB 级撞击月球机动——由于 IU/TCS 和 APS 的影响，第四次速度增加开始	008：18：00	1971 年 07 月 26 日	21：52：00
S-ⅣB 级撞击月球机动——由于 IU/TCS 和 APS 的影响，第四次速度增加结束	008：23：00	1971 年 07 月 26 日	21：57：00

阿波罗 15 号任务事件	飞行地面时间 （时：分：秒）	日期 （格林尼治时间）	时间 （时：分：秒）
S-ⅣB 级撞击月球机动——由于 IU/TCS 和 APS 的影响，第五次速度增加开始	008:53:00	1971 年 07 月 26 日	22:27:00
S-ⅣB 级撞击月球机动——由于 IU/TCS 和 APS 的影响，第五次速度增加结束	008:58:00	1971 年 07 月 26 日	22:32:00
S-ⅣB 级撞击月球机动——由于 IU/TCS 和 APS 的影响，第六次速度增加开始	009:28:00	1971 年 07 月 26 日	23:02:00
S-ⅣB 级撞击月球机动——由于 IU/TCS 和 APS 的影响，第六次速度增加结束	009:33:00	1971 年 07 月 26 日	23:07:00
S-ⅣB 级撞击月球机动——APS 第二次点火	010:00:01	1971 年 07 月 26 日	23:34:01
S-ⅣB 级撞击月球机动——APS 第二次关机	010:01:12	1971 年 07 月 26 日	23:35:12
S-ⅣB 级 0.3 度/秒避免太阳加热滚动指令	010:19:22	1971 年 07 月 26 日	23:53:22
中途修正点火	028:40:22.0	1971 年 07 月 27 日	18:14:22
中途修正关机	028:40:22.8	1971 年 07 月 27 日	18:14:22
六分仪拍摄实验开始	032:00	1971 年 07 月 27 日	21:34
六分仪拍摄实验结束	032:50	1971 年 07 月 27 日	22:24
进入登月舱准备	033:25	1971 年 07 月 27 日	22:59
指令长和登月舱驾驶员进入登月舱检查	033:56	1971 年 07 月 27 日	23:30
指令舱和登月舱内部电视传输开始	034:55	1971 年 07 月 28 日	00:29
指令舱和登月舱内部电视传输结束	035:46	1971 年 07 月 28 日	01:20
指令长和登月舱驾驶员进入指令舱。	036:55	1971 年 07 月 28 日	02:29
视觉光闪现象观测开始	051:37	1971 年 07 月 28 日	17:11
视觉光闪现象观测结束	052:33	1971 年 07 月 28 日	18:07
登月舱舱内整理	056:26	1971 年 07 月 28 日	22:00
进入登月舱并进行舱内整理	056:26	1971 年 07 月 28 日	22:00

阿波罗 15 号任务事件	飞行地面时间 （时：分：秒）	日期 （格林尼治时间）	时间 （时：分：秒）
指令长和登月舱驾驶员进入登月舱检查	057:00	1971 年 07 月 28 日	22:34
指令长和登月舱驾驶员进入指令舱	058:00	1971 年 07 月 28 日	23:34
等势球面	063:55:20	1971 年 07 月 29 日	05:29:20
中途修正点火	073:31:14.81	1971 年 07 月 29 日	15:05:14
中途修正关机	073:31:15.72	1971 年 07 月 29 日	15:05:15
抛掉科学仪器舱舱门	074:06:47.1	1971 年 07 月 29 日	15:40:47
进入月球轨道点火（SPS）	078:31:46.70	1971 年 07 月 29 日	20:05:46
进入月球轨道关机	078:38:25.06	1971 年 07 月 29 日	20:12:25
S-ⅣB 级撞击到月面	079:24:42.9	1971 年 07 月 29 日	20:58:42
在轨科学拍摄开始	080:35	1971 年 07 月 29 日	22:09
在轨科学拍摄结束	080:50	1971 年 07 月 29 日	22:24
拍摄晨昏线	082:00	1971 年 07 月 29 日	23:34
进入下降轨道点火（SPS）	082:39:49.09	1971 年 07 月 30 日	00:13:49
进入下降轨道关机	082:40:13.62	1971 年 07 月 30 日	00:14:13
指令勤务舱地标跟踪	083:45	1971 年 07 月 30 日	01:19
拍摄晨昏线	084:35	1971 年 07 月 30 日	02:09
着陆点电视传输开始	095:00	1971 年 07 月 30 日	12:34
着陆点电视传输结束	095:10	1971 年 07 月 30 日	12:44
下降轨道微调点火（RCS）	095:56:44.70	1971 年 07 月 30 日	13:30:44
下降轨道微调关机	095:57:15.10	1971 年 07 月 30 日	13:31:15
指令长和登月舱驾驶员进入登月舱，激活设备、检查并进行平台校准	098:00	1971 年 07 月 30 日	15:34
因指令舱/登月舱脐带插头松动导致指令舱/登月舱脱离失败	100:14	1971 年 07 月 30 日	17:48
登月舱脱离并分离	100:39:16.2	1971 年 07 月 30 日	18:13:16
指令勤务舱轨道圆化点火（SPS）	101:38:58.98	1971 年 07 月 30 日	19:12:59
指令勤务舱轨道圆化关机	101:39:02.65	1971 年 07 月 30 日	19:13:02
指令勤务舱月面地标跟踪	102:35	1971 年 07 月 30 日	20:09
登月舱着陆雷达开	104:25:13.0	1971 年 07 月 30 日	21:59:13
登月舱动力下降发动机点火	104:30:09.4	1971 年 07 月 30 日	22:04:09
登月舱节流阀打开至全开位置	104:30:35.9	1971 年 07 月 30 日	22:04:35
登月舱人工瞄准（着陆点）更新	104:31:44.2	1971 年 07 月 30 日	22:05:44
登月舱程序转弯开始	104:33:10.4	1971 年 07 月 30 日	22:07:10

阿波罗 15 号任务事件	飞行地面时间 （时：分：秒）	日期 （格林尼治时间）	时间 （时：分：秒）
登月舱着陆雷达测距数据好	104:33:26.2	1971 年 07 月 30 日	22:07:26
登月舱着陆雷达姿态数据好	104:33:38.2	1971 年 07 月 30 日	22:07:38
登月舱着陆雷达数据更新激活	104:33:50.2	1971 年 07 月 30 日	22:07:50
登月舱节流阀关闭	104:37:31.1	1971 年 07 月 30 日	22:11:31
登月舱接近段方案选择	104:39:32.2	1971 年 07 月 30 日	22:13:32
登月舱着陆雷达天线设置到位置 2	104:39:39.0	1971 年 07 月 30 日	22:13:39
登月舱着陆点第一次重新选择	104:39:40.0	1971 年 07 月 30 日	22:13:40
登月舱着陆雷达设置为低量程标度	104:40:13.0	1971 年 07 月 30 日	22:14:13
登月舱选择姿态保持模式	104:41:08.7	1971 年 07 月 30 日	22:15:08
登月舱着陆段方案选择	104:41:10.2	1971 年 07 月 30 日	22:15:10
登月舱动力下降发动机关机	104:42:28.6	1971 年 07 月 30 日	22:16:28
登月舱月球着陆（右侧和前部支脚触地）	104:42:29.3	1971 年 07 月 30 日	22:16:29
登月舱最终就位	104:42:31.1	1971 年 07 月 30 日	22:16:31
指令勤务舱在轨科学拍摄	106:00	1971 年 07 月 30 日	23:34
直立出舱开始（斯考特）	106:42:49	1971 年 07 月 31 日	00:16:49
直立出舱结束	107:15:56	1971 年 07 月 31 日	00:49:56
指令勤务舱在轨科学拍摄	108:00	1971 年 07 月 31 日	01:34
指令勤务舱在轨科学拍摄	108:40	1971 年 07 月 31 日	02:14
指令勤务舱双基地雷达试验	110:00	1971 年 07 月 31 日	03:34
第一次舱外活动开始（登月舱舱内泄压开始）	119:39:17	1971 年 07 月 31 日	13:13:17
第一次舱外活动的电视传输开始	119:52:45	1971 年 07 月 31 日	13:26:45
随机样本采集	120:00:05	1971 年 07 月 31 日	13:34:05
卸载月球漫游车	120:18:31	1971 年 07 月 31 日	13:52:31
月球漫游车展开	120:31:33	1971 年 07 月 31 日	14:05:33
配置月球漫游车使其具备驾驶条件	121:24:03	1971 年 07 月 31 日	14:58:03
出发前往 1 号站点	121:44:55	1971 年 07 月 31 日	15:18:55
到达 1 号站点。进行放射性采样，收集记录样本，并拍摄全景照片	122:10:46	1971 年 07 月 31 日	15:44:46
出发前往 2 号站点	122:22:36	1971 年 07 月 31 日	15:56:36

阿波罗 15 号任务事件	飞行地面时间 （时：分：秒）	日期 （格林尼治时间）	时间 （时：分：秒）
到达 2 号站点。采集样本,获取两管岩芯样本,拍摄立体全景照片和 500 毫米照片	122:34:44	1971 年 07 月 31 日	16:08:44
指令勤务舱深空测量	122:40	1971 年 07 月 31 日	16:14
指令勤务舱拍摄日出时的日冕	123:05	1971 年 07 月 31 日	16:39
出发返回登月舱	123:26:02	1971 年 07 月 31 日	17:02
到达登月舱。卸载并展开阿波罗月面实验装置、激光测距后向反射器和太阳风构成实验装置	123:59:39	1971 年 07 月 31 日	17:33:39
指令勤务舱拍摄日落时的日冕	124:30	1971 年 07 月 31 日	18:04
指令勤务舱拍摄月球天平动	125:00	1971 年 07 月 31 日	18:34
地球第一次收到阿波罗月面实验装置数据	125:18:00	1971 年 07 月 31 日	18:52
第一次舱外活动电视传输结束	125:55	1971 年 07 月 31 日	19:29
冷阴极计量仪打开,指令勤务舱在轨科学拍摄	126:00	1971 年 07 月 31 日	19:34
第一次舱外活动结束（舱内加压）	126:11:59	1971 年 07 月 31 日	19:45:59
热流实验装置打开	126:13	1971 年 07 月 31 日	19:47
指令勤务舱双基地雷达实验	131:40	1971 年 08 月 01 日	01:14
指令勤务舱在轨科学拍摄	142:00	1971 年 08 月 01 日	11:34
第二次舱外活动开始（舱内泄压）	142:14:48	1971 年 08 月 01 日	11:48:48
月球漫游车出发前设备准备	142:25:04	1971 年 08 月 01 日	11:59:04
第二次舱外活动电视传输开始	142:35	1971 年 08 月 01 日	12:09
出发前往 6 号站点	143:10:43	1971 年 08 月 01 日	12:44:43
到达 6 号站点。采集样本,采集一个岩芯样本,从沟里采集了一个特殊环境样本,拍摄全景和 500 毫米照片	143:53:46	1971 年 08 月 01 日	13:27:46
指令勤务舱拍摄地球反照	144:10:32	1971 年 08 月 01 日	13:44:32
出发前往 6A 号站点	144:58:49	1971 年 08 月 01 日	14:32:49
到达 6A 号站点。采集样本,拍摄全景照片	145:01:11	1971 年 08 月 01 日	14:35:11
出发前往 7 号站点	145:22:40	1971 年 08 月 01 日	14:56:40
到达 7 号站点。采集选择性样本、一份综合月壤样本,拍摄全景照片	145:26:25	1971 年 08 月 01 日	15:00:25

阿波罗 15 号任务事件	飞行地面时间 (时:分:秒)	日期 (格林尼治时间)	时间 (时:分:秒)
出发前往 4 号站点	146:16:09	1971 年 08 月 01 日	15:50:09
到达 4 号站点。采集样本,拍摄全景照片	146:28:59	1971 年 08 月 01 日	16:02:59
指令勤务舱深空测量	146:30	1971 年 08 月 01 日	16:04
出发前往登月舱	146:45:44	1971 年 08 月 01 日	16:19:44
到达登月舱。卸载样本,并为前往 8 号站点(阿波罗月面实验装置放置点)配置月球漫游车	147:08:09	1971 年 08 月 01 日	16:42:09
出发前往 8 号站点	147:19:33	1971 年 08 月 01 日	16:53:33
指令勤务舱在轨科学拍摄	147:20	1971 年 08 月 01 日	16:54
到达 8 号站点。采集综合地质样本,从沟里采集特殊环境样本,钻探第二个热流孔并放置探头,钻取深层岩芯样本孔,进行透度计实验	147:21:15	1971 年 08 月 01 日	16:55:15
出发前往登月舱	148:31:08	1971 年 08 月 01 日	18:05:08
到达登月舱。展示美国国旗并开始出舱活动收尾工作	148:32:17	1971 年 08 月 01 日	18:06:17
指令勤务舱拍摄黄道带的光	148:40	1971 年 08 月 01 日	18:14
指令勤务舱在轨科学拍摄	149:10	1971 年 08 月 01 日	18:44
第二次舱外活动电视传输结束	149:20	1971 年 08 月 01 日	18:54
第二次舱外活动结束(舱内恢复加压)	149:27:02	1971 年 08 月 01 日	19:01:02
第三次舱外活动开始(登月舱舱内泄压)	163:18:14	1971 年 08 月 02 日	08:52:14
第三次舱外活动电视传输开始	163:45	1971 年 08 月 02 日	09:19
出发前往阿波罗月面实验装置放置点	164:04:13	1971 年 08 月 02 日	09:38:13
到达阿波罗月面实验装置放置点。回收深层岩芯样本并拍摄月球漫游车运行场景	164:09:00	1971 年 08 月 02 日	09:43:00
出发前往 9 号站点	164:48:05	1971 年 08 月 02 日	10:22:05
到达 9 号站点。采集样本,拍摄全景照片	165:01:22	1971 年 08 月 02 日	10:35:22
指令勤务舱变轨道面点火(SPS)	165:11:32.74	1971 年 08 月 02 日	10:45:32
指令勤务舱变轨道面关机	165:11:51.05	1971 年 08 月 02 日	10:45:51
出发前往 9A 号站点	165:16:50	1971 年 08 月 02 日	10:50:50

阿波罗 15 号任务事件	飞行地面时间 （时：分：秒）	日期 （格林尼治时间）	时间 （时：分：秒）
到达 9A 号站点。大范围采集样本，获取一个双岩芯样本，拍摄 500 毫米和立体全景照片	165:19:26	1971 年 08 月 02 日	10:53:26
出发前往 10 号站点	166:14:25	1971 年 08 月 02 日	11:48:25
到达 10 号站点。采集样本，拍摄 500 毫米和全景照片	166:16:45	1971 年 08 月 02 日	11:50:45
出发前往阿波罗月面实验装置放置点	166:28:49	1971 年 08 月 02 日	12:02:49
到达阿波罗月面实验装置放置点，回收钻探的岩芯样本并拍摄照片	166:43:40	1971 年 08 月 02 日	12:17:40
到达登月舱，舱外活动收尾程序开始	166:45:45	1971 年 08 月 02 日	12:19:45
收回太阳风构成实验装置	167:10	1971 年 08 月 02 日	12:44
前往月球漫游车最终停放点，并通过它拍摄登月舱上升级的电视图像	167:32:18	1971 年 08 月 02 日	13:06:18
月球漫游车停在最终停放点	167:35:24	1971 年 08 月 02 日	13:09:24
第三次出舱活动结束（登月舱舱内恢复加压）	168:08:04	1971 年 08 月 02 日	13:42:04
第三次舱外活动电视传输结束	168:20	1971 年 08 月 02 日	13:54
指令勤务舱拍摄对日照	168:30	1971 年 08 月 02 日	14:04
抛掉登月舱设备	169:00	1971 年 08 月 02 日	14:34
指令勤务舱跟踪登月舱着陆点	169:30	1971 年 08 月 02 日	15:04
月面起飞的电视传输开始	171:30	1971 年 08 月 02 日	17:04
登月舱月面点火起飞（LM APS）	171:37:23.2	1971 年 08 月 02 日	17:11:23
月面电视传输结束	171:40	1971 年 08 月 02 日	17:14
月球上升轨道关机	171:44:34.2	1971 年 08 月 02 日	17:18:34
末段启动点火	172:29:40.0	1971 年 08 月 02 日	18:03:40
末段启动关机	172:29:42.6	1971 年 08 月 02 日	18:03:42
电视传输开始	173:05	1971 年 08 月 02 日	18:39
电视传输结束	173:10	1971 年 08 月 02 日	18:44
末段定型	173:11:07	1971 年 08 月 02 日	18:45:07
电视传输开始	173:35	1971 年 08 月 02 日	19:09
指令勤务舱/登月舱对接	173:36:25.5	1971 年 08 月 02 日	19:10:25

续表

阿波罗 15 号任务事件	飞行地面时间 （时：分：秒）	日期 （格林尼治时间）	时间 （时：分：秒）
电视传输结束。指令长和登月舱驾驶员准备转移进入指令勤务舱	173:40	1971 年 08 月 02 日	19:14
样本和设备转移至指令勤务舱	175:00	1971 年 08 月 02 日	20:34
指令长和登月舱驾驶员进入指令勤务舱,舱门关闭	176:40	1971 年 08 月 02 日	22:14
抛掉登月舱上升级	179:30:01.4	1971 年 08 月 03 日	01:04:01
指令勤务舱机动与登月舱分离	179:50	1971 年 08 月 03 日	01:24
登月舱上升级离轨点火	181:04:19.8	1971 年 08 月 03 日	02:38:19
登月舱上升级燃料耗尽	181:05:42.8	1971 年 08 月 03 日	02:39:42
登月舱上升级撞击月面	181:29:37.0	1971 年 08 月 03 日	03:03:37
深空测量和拍摄对日照	195:45	1971 年 08 月 03 日	17:19
拍摄月球月海的紫外线照片	196:35	1971 年 08 月 03 日	18:09
开始观测视觉光闪现象	197:00	1971 年 08 月 03 日	18:34
在月球轨道上进行视觉观察	197:20	1971 年 08 月 03 日	18:54
结束观测视觉光闪现象	198:00	1971 年 08 月 03 日	19:34
在轨科学拍摄	198:35	1971 年 08 月 03 日	20:09
在月球轨道上进行视觉观察	199:00	1971 年 08 月 03 日	20:34
指令勤务舱拍摄月球晨昏线	199:30	1971 年 08 月 03 日	21:04
指令勤务舱拍摄月球晨昏线	200:30	1971 年 08 月 03 日	22:04
在轨科学拍摄	200:50	1971 年 08 月 03 日	22:24
拍摄月面紫外线照片	201:00	1971 年 08 月 03 日	22:34
指令勤务舱拍摄月球晨昏线	201:40	1971 年 08 月 03 日	23:14
指令勤务舱吊杆拍摄	202:20	1971 年 08 月 03 日	23:54
指令勤务舱拍摄月球晨昏线	214:05	1971 年 08 月 04 日	11:39
在轨科学拍摄	214:35	1971 年 08 月 04 日	12:09
深空测量	215:40	1971 年 08 月 04 日	13:14
日出时拍摄日冕	216:00	1971 年 08 月 04 日	13:34
在轨科学拍摄	217:00	1971 年 08 月 04 日	14:34
指令勤务舱拍摄月球晨昏线	217:20	1971 年 08 月 04 日	14:54
指令勤务舱拍摄月球晨昏线	219:20	1971 年 08 月 04 日	16:54
轨道成形机动点火	221:20:48.02	1971 年 08 月 04 日	18:54:48
轨道成形机动关机	221:20:51.44	1971 年 08 月 04 日	18:54:51
释放子卫星	222:39:29.1	1971 年 08 月 04 日	20:13:29
进入月地转移轨道点火（SPS）	223:48:45.84	1971 年 08 月 04 日	21:22:45
进入月地转移轨道关机	223:51:06.74	1971 年 08 月 04 日	21:25:06

阿波罗 15 号任务事件	飞行地面时间（时：分：秒）	日期（格林尼治时间）	时间（时：分：秒）
拍摄月球和星空	224:20	1971 年 08 月 04 日	21:54
日冕窗口校准	239:05	1971 年 08 月 05 日	12:39
月地转移轨道段舱外活动开始（沃登）	241:57:12	1971 年 08 月 05 日	15:31:12
月地转移轨道段舱外活动——电视传输开始	242:00	1971 年 08 月 05 日	15:34
月地转移轨道段舱外活动——电视和数据获取摄像机安装并调试	242:02	1971 年 08 月 05 日	15:36
月地转移轨道段舱外活动——回收相机暗盒	242:22	1971 年 08 月 05 日	15:56
月地转移轨道段舱外活动——电视传输结束	242:28	1971 年 08 月 05 日	16:02
月地转移轨道段舱外活动——进舱并关闭舱门	242:33	1971 年 08 月 05 日	16:07
月地转移轨道段舱外活动结束	242:36:19	1971 年 08 月 05 日	16:10:19
视觉光闪现象观测开始	264:35	1971 年 08 月 06 日	14:09
视觉光闪现象观测结束	265:35	1971 年 08 月 06 日	15:09
拍摄月蚀	269:00	1971 年 08 月 06 日	18:34
六分仪拍摄	270:00	1971 年 08 月 06 日	19:34
拍摄月蚀	271:00	1971 年 08 月 06 日	20:34
拍摄污染情况	271:50	1971 年 08 月 06 日	21:24
质谱仪吊杆收回试验	272:45	1971 年 08 月 06 日	22:19
中途修正点火	291:56:49.91	1971 年 08 月 07 日	17:30:49
中途修正关机	291:57:12.21	1971 年 08 月 07 日	17:31:12
指令舱/勤务舱分离	294:43:55.2	1971 年 08 月 07 日	20:17:55
再入	294:58:54.7	1971 年 08 月 07 日	20:32:54
出通信黑障	295:02:31	1971 年 08 月 07 日	20:36:31
回收船船载雷达发现指令舱	295:03	1971 年 08 月 07 日	20:37
回收飞机 S 频段雷达发现指令舱	295:04	1971 年 08 月 07 日	20:38
抛掉前向防热层	295:06:45	1971 年 08 月 07 日	20:40:45
制动降落伞展开	295:06:46	1971 年 08 月 07 日	20:40:46
回收船发现指令舱的 VHF 回收信标信号。回收直升机目视指令舱	295:07	1971 年 08 月 07 日	20:41

阿波罗 15 号任务事件	飞行地面时间 （时：分：秒）	日期 （格林尼治时间）	时间 （时：分：秒）
主降落伞展开	295：07：34	1971 年 08 月 07 日	20：41：34
建立与指令舱的话音联系	295：09	1971 年 08 月 07 日	20：43
溅落（顶端朝上）	295：11：53：0	1971 年 08 月 07 日	20：45：53
蛙人到达指令舱	295：18	1971 年 08 月 07 日	20：52
给指令舱安装环形浮囊并充气	295：26	1971 年 08 月 07 日	21：00
舱门打开乘组出舱	295：37	1971 年 08 月 07 日	21：11
乘组进入救生筏	295：38	1971 年 08 月 07 日	21：12
乘组登上直升机	295：46	1971 年 08 月 07 日	21：20
乘组登上回收船	295：51	1971 年 08 月 07 日	21：25
通信中断开始	295：59：13	1971 年 08 月 07 日	21：33：13
指令舱从起吊到回收船	296：46	1971 年 08 月 07 日	22：20
第一批样本从回收船空运出发	301：56	1971 年 08 月 08 日	03：30
第一批样本空运至夏威夷	303：46	1971 年 08 月 08 日	05：20
第一批样本空运离开夏威夷	304：30	1971 年 08 月 08 日	06：04
第一批样本空运至得克萨斯州 休斯顿	311：59	1971 年 08 月 08 日	13：33
乘组离开回收船	315：36	1971 年 08 月 08 日	17：10
乘组抵达夏威夷希坎姆空军 基地	316：12	1971 年 08 月 08 日	17：46
指令舱运抵夏威夷	316：26	1971 年 08 月 08 日	18：00
乘组抵达休斯顿埃林顿空军基地	324：45	1971 年 08 月 09 日	02：19
指令舱从夏威夷出发并计划在 加州圣迭戈北岛海军航空站进 行了火工品安全处理	340：26	1971 年 08 月 11 日	18：00
指令舱运抵北岛海军航空站	467：26	1971 年 08 月 17 日	00：00
火工品安全处理完成	474：06	1971 年 08 月 17 日	07：40
指令舱喷气控制系统燃料部分 钝化	489：56	1971 年 08 月 18 日	23：30
指令舱喷气控制系统氧化剂部 分钝化	513：46	1971 年 08 月 19 日	23：20
指令舱离开圣迭戈前往加利福 尼亚州唐尼市合同商的厂房	516：46	1971 年 08 月 20 日	02：20
指令舱运抵合同商厂房	603：41	1971 年 08 月 20 日	17：15
通过地面指令关闭了阿波罗月 面实验装置中心站	——	1971 年 09 月 30 日	

阿 波罗 16 号

第十次载人任务：第五次登月
（1972 年 4 月 16—27 日）

背景

阿波罗 16 号任务是第二次 J 类任务，从月面和月球轨道对月球进行扩展性科学探索。所使用的航天器及有效载荷与阿波罗 15 号任务的基本相同。

这次任务的主要目标包括：

- 进行月球学检查、勘测，以及对月球预选区域的物质和月面特征进行采样；
- 放置并激活月面实验装置；
- 完成飞行过程中的实验和拍摄任务。

任务乘组的成员是指令长约翰·沃兹·杨（美国海军），指令舱驾驶员托马斯·肯尼斯·肯·马丁利二世（美国海军），登月舱驾驶员小查尔斯·莫斯·杜克（美国空军）。杨于 1962 年入选宇航员，这次任务是他的第四次太空飞行，他是取得这一成就的两名宇航员中的第二位。他曾经是双子座 3 号任务的驾驶员、双子座 10 号任务的指令驾驶员和阿波罗 10 号任务的指令舱驾驶员，阿波罗 10 号任务完成了登月舱首次月球轨道试验和首次载人登月彩排。杨 1930 年 9 月 24 日出生在加利福尼亚州圣弗朗西斯科，执行阿波罗 16 号任务时 41 岁。1952 年在佐治亚理工院获得航空工程学士学位。他此次任务的备份宇航员是小弗雷德·华莱士·海斯。马丁利由于疑似感染德国麻疹被从阿波罗 13 号乘组中替换下来，这是他的第一次太空飞行。他于 1936 年 3 月 17 日出生在伊利诺伊州芝加哥，执行阿波罗 16 号任务时 36 岁。1958 年在奥本大学获得航空工程学士学位，1966 年入选宇航员。他的备份宇航员是斯图尔特·艾伦·鲁萨（美国空军）。杜克也是第一次执行太空飞行任务。他于 1935 年 10 月 3 日出生在北卡罗来纳州夏洛特，执行阿波罗 16 号任务时 36 岁。1957 年在美国海军学院获得海军科学学士学位，1964 年又在麻省理工学院获得航空航天硕士学位，1966 年入选为宇航员。他的备份宇航员是埃德加·迪恩·米切尔（美国海军）。本次任务的飞船通信员是唐纳德·赫洛德·彼得森（美国空军）、查尔斯·戈登·富勒顿少校（美国海军）、詹姆斯·本森·欧文（美国空军）、海斯·鲁萨、米切尔、小亨利·沃伦·哈茨菲尔德（美国空军）、安东尼·韦恩·"托尼（Tony）"·英格兰博士和罗伯特·富兰克林·奥弗迈耶（美国海军陆战队）。支持乘组包括彼得森，英格兰，哈茨菲尔德和菲利普·凯尼恩·查普曼科学博士。飞行主任是 M. P. 彼得·弗兰克和菲利普·C. 谢弗（第一班）、尤金·F. 克兰兹和唐纳德·R. 帕迪（第二班），以及杰拉德·D. 格里芬、尼尔·B. 哈钦森和查尔斯·R. 刘易斯（第三班）。

阿波罗 16 号的运载火箭是"土星 V"，代号 AS-511。任务还有一个代号是东靶场♯1601。指令勤务舱的代号是 CSM-113，绰号"卡斯珀"。登月舱的代号是 LM-11，绰号"猎户座"。

着陆点

凭借四次阿波罗成功登月的成果，地质学家确信他们已经了解了雨海盆地形成以来月球 500 万年的历史，于是更加希望在下一次任务时能够前往位于高地的着陆点。起初，飞行动力学小组并不愿意尝试在高地着陆，原因是接近路线将会有很大的起伏，而且没有足够的空间适应大的着陆椭圆。但在阿波罗 15 号任务飞越了山脉并在一块狭窄的平地上成功着陆后，高地似乎不再那么令人却步。对推进剂的顾虑将着陆点选择者们限制在中央高地。1965 年，D. E. 威廉森对圆丘状弗拉·毛罗地区和高地之外的转灯平原之间加以区别，制成一幅地图，后者在图中被冠以"凯利地形构造"的名字（这个名字源自他绘制的第一片地形，位于直径为 6 海里的凯利环形山附近）。这里的月海由溢流式喷发的富含铁镁质硅酸盐的黑色玄武岩构成。铁镁质硅酸盐会生成一种低黏度的熔岩，喷出后形成平坦的平原。人们认为这种高地玄武岩富含硅土，造成其具有半黏性的特质，当它从裂缝中缓缓流出后便在低洼处形成彼此分离的小片区域。当埃格尔顿绘制位于中央高地笛卡儿环形山附近的浅色调山丘时，他把它们作为弗拉·毛罗地形构造中的非典型性区域。由于缺乏相反的证据，人们自然地认为这些圆丘状小山会喷出富含硅土的流纹岩熔岩，这种熔岩比较黏稠，会堆积成山丘。最初被称作"笛卡儿山物质"，后来将这些丘陵状地形重新命名为"笛卡儿构造"。

岩石学家支持让阿波罗 16 号飞船在康德高原着陆，因为那里似乎是一片原始月壳。尽管是环形山，但那里似乎没有被火山物质覆盖。但是地质学家不支持，因为他们要寻找火山。地质学家指出只要越过高原西部的陡坡就是笛卡儿构造，在围绕着凯利构造的多条峡谷中的一条着陆，就可以在一次任务中对两种地形进行采样。当然，只要求在两种地形构造之间的结合部着陆，对着陆点的选择还是比较宽泛的。由于没有暴露在外的岩石，如附近的峡谷，那么研究凯利构造垂直结构的唯一方法就是在"钻孔"式环形山上径向采集样本。这不仅进一步缩小了选择范围，还促使着陆点选择者将目光集中到一对看起来比较新的鲼鱼状环形山上。这两座环形山分别在两座山的山脚处，两座山相距大约 6 海里，位于东西走向的港湾两侧。考虑到这里的地质关系，这一位于笛卡儿环形山北侧大约 45 海里的着陆点最终被命名为"笛卡儿-凯利"。这是一个具备三条探索路线的理想任务方案，首先是探索位于平原中央的着陆点，其次探索南部山区及南鲼环形山，再次可以到北部地区进行采样。阿波罗 14 号任务时，宇航员鲁萨本打算使用飞船上的 Hiflex 月球地形相机进行拍摄，但拍摄完康德高原的高分辨率照片后，当笛卡儿地区刚刚进入视场时，这台地形相机发生了故障。好在鲁萨迅速拿出手持式哈苏 500 毫米镜头相机拍摄了几张快照，其分辨率足够用于选择着陆点和规划探索路径。

发射准备

　　最终倒计时在射前 28 小时，即 1972 年 4 月 15 日格林尼治时间 03：54：00 开始。计划内的中断有两次，分别是射前 9 小时中断 9 小时和射前 3 小时 30 分钟中断 1 小时。发射时，来自大西洋的高压气团穿过佛罗里达州中部向西扩展，形成卡纳维拉尔角发射区的晴好天气。天空中积云两成（云底高 3 000 英尺），温度为 88.2 华氏度，相对湿度为 44%，大气压力为 14.769 磅/平方英寸。通过发射场灯柱上距地面 60.0 英尺高的风速计测得风速为 12.2 节，风向为从真北起算 269 度。530 英尺高度时风速达到 9.9 节，风向为从真北起算 256 度。

阿波罗 16 号准备事件	日　　期
S-ⅣB-511 级运抵肯尼迪航天中心	1970 年 07 月 01 日
飞船/登月舱适配器 SLA-20 运抵肯尼迪航天中心	1970 年 08 月 17 日
土星 Ⅴ 仪器单元 IU-511 运抵肯尼迪航天中心	1970 年 09 月 29 日
S-Ⅱ-11 级运抵肯尼迪航天中心	1970 年 09 月 30 日

阿波罗 16 号准备事件	日　　　期
指令舱与勤务舱各系统厂内独立和联合测试完成	1970 年 12 月 03 日
LM-11 厂内最终工程评估验收测试	1971 年 02 月 24 日
指令舱与勤务舱各系统厂内综合测试完成	1971 年 03 月 17 日
LM-11 下降级准备用船从厂内运往肯尼迪航天中心	1971 年 05 月 01 日
LM-11 下降级运抵肯尼迪航天中心	1971 年 05 月 05 日
LM-11 上升级准备用船从厂内运往肯尼迪航天中心	1971 年 05 月 07 日
LM-11 上升级运抵肯尼迪航天中心	1971 年 05 月 14 日
CM-113 和 SM-113 准备用船从厂内运往肯尼迪航天中心	1971 年 07 月 26 日
CM-113 和 SM-113 运抵肯尼迪航天中心	1971 年 07 月 29 日
CM-113 和 SM-113 对接	1971 年 08 月 02 日
LRV-2 运抵肯尼迪航天中心	1971 年 09 月 01 日
CSM-113 各系统联合测试完成	1971 年 09 月 13 日
S-ⅠC-11 级运抵肯尼迪航天中心	1971 年 09 月 17 日
S-ⅠC-11 级在 MLP-3 起竖	1971 年 09 月 21 日
土星Ⅴ仪器单元 IU-511 运抵肯尼迪航天中心	1971 年 09 月 29 日
S-Ⅱ-11 级起竖	1971 年 10 月 01 日
S-ⅣB-511 级起竖	1971 年 10 月 05 日
IU-511 起竖	1971 年 10 月 06 日
运载火箭电气系统测试完成	1971 年 10 月 15 日
LM-11 高空测试完成	1971 年 10 月 19 日
CSM-113 高空测试完成	1971 年 10 月 21 日
运载火箭推进剂发散/故障整体测试完成	1971 年 11 月 08 日
LRV-2 安装	1971 年 11 月 16 日
运载火箭勤务臂综合测试完成	1971 年 11 月 18 日
CSM-113 运至飞行器组装厂房	1971 年 12 月 07 日
飞船起竖	1971 年 12 月 08 日
飞行器和 MLP-3 转运至 39A 号发射工位	1971 年 12 月 13 日
CSM-113 各系统综合测试完成	1972 年 01 月 03 日
LM-11 各系统联合测试完成	1972 年 01 月 04 日
飞行器和 MLP-3 返回至飞行器组装厂房	1972 年 01 月 27 日
飞行器和 MLP-3 返回至 39A 号发射工位	1972 年 02 月 09 日
再次进行 CSM-113 各系统综合测试	1972 年 02 月 14 日
CSM-113 与运载火箭电气对接	1972 年 02 月 21 日
飞行器整体测试＃1(插合)完成	1972 年 02 月 23 日
LM-11 飞行准备就绪测试完成	1972 年 02 月 24 日

阿波罗 16 号准备事件	日　期
飞行器飞行准备就绪测试完成	1972 年 03 月 02 日
S-ⅠC-11 级 RP-1 燃料加注完成	1972 年 03 月 20 日
飞行器倒计时验证测试(湿)完成	1972 年 03 月 30 日
飞行器倒计时验证测试(干)完成	1972 年 03 月 31 日

上升段

阿波罗 16 号于 1972 年 4 月 16 日,格林尼治时间 17:54:00(美国东部标准时间 12:54:00)的发射时间从肯尼迪航天中心 39 号工位 A 发射台点火升空。为了让计划落月时刻的月面太阳高度角达到 11.9 度以便取得良好的光照条件,发射窗口延长到格林尼治时间 21:43:00。起飞后从 T+12.7 秒到 T+31.8 秒,航天器从北偏东 90 度的发射台方位角滚动到北偏东 72.034 度的飞行方位角。在上升过程中航天器在高度为 38 880 英尺时遭遇了最大风况,风速为 50.7 节,风向为从真北起算 257 度。最大风切变为 0.009 5/秒,高度为 44 780 英尺。S-ⅠC 级于 T+161.78 秒关机,随后 S-ⅠC 级与 S-Ⅱ级分离,接着 S-Ⅱ级点火。S-Ⅱ级在 T+559.54 秒关机,接下来与 S-ⅣB 级分离,S-ⅣB 级于 T+563.60 秒点火。S-ⅣB 级于 T+706.21 秒实施第一次关机,比预定弹道速度仅高了 0.6 英尺/秒,高度完全一致。T+716.21 秒入轨(即 S-ⅣB 级关机时间加上计入发动机尾推力终止和其他瞬时效应的 10 秒),停泊轨道远地点和近地点分别为 91.3 海里×90.0 海里,倾角为 32.542 度,周期为 87.85 分钟,速度为 25 605.1 英尺/秒。远地点和近地点基于半径为 3 443.934 海里的球面地球计算而来。

COSPAR 将进入轨道的指令勤务舱命名为"1972-031A",将 S-ⅣB 级命名为"1972-031B"。登月舱在月球轨道从指令勤务舱脱离后,其上升级将被命名为"1972-031C",下降级被命名为"1972-031E",粒子与场探测子卫星被命名为"1972-031D"。

地球轨道段

各系统完成飞行中的检查后,飞船于 002:33:36.50 实施了 341.92 秒的进入地月转移轨道机动(S-ⅣB 级第二次点火)。002:39:18.42 S-ⅣB 级发动机关机并于 10 秒后进入地月转移轨道,速度达到 35 566.1 英尺/秒。此时已经完成了 1.5 个地球轨道圈次的飞行,耗时 2 小时 37 分钟 32.21 秒。

阿波罗16号上升段事件	飞行地面时间（时：分：秒）	高度/海里	航程/海里	地球固连坐标系速度/（英尺/秒）	空间固连坐标系速度/（英尺/秒）	时长/秒	地心纬度/度（北纬）	经度/度（东经）	空间固连坐标系航迹角/度	空间固连坐标系指向角/度（北偏东）
起飞	000:00:00.59	0.060	0.000	0.0	1 340.7	—	28.447 0	−80.604 1	0.05	90.00
达到马赫数为1	000:01:07.5	4.282	1.358	1 076.4	2 075.5	—	28.453 9	−80.579 7	26.79	84.51
最大动压	000:01:26.0	7.755	3.800	1 759.6	2 785.9	—	28.467 0	−80.535 9	29.12	81.64
S-ⅠC级中心发动机关机*	000:02:17.85	24.548	26.821	5 488.2	6 658.8	144.55	28.584 7	−80.120 7	23.105	76.125
S-ⅠC级外围发动机关机	000:02:41.78	35.698	49.927	7 753.0	8 961.7	168.5	28.700 9	−79.702 8	19.914	75.328
S-ⅠC/S-Ⅱ级分离*	000:02:43.5	36.560	51.929	7 767.8	8 979.2	—	28.710 9	−79.666 6	19.643	75.339
S-Ⅱ级中心发动机关机	000:07:41.77	92.441	592.660	17 039.0	18 357.7	296.57	30.937 6	−69.606 4	0.116	79.535
S-Ⅱ级外围发动机关机	000:09:19.54	93.445	894.079	21 539.3	22 858.7	394.34	31.773 7	−63.810 0	0.367	82.585
S-Ⅱ/S-ⅣB级分离*	000:09:20.5	93.468	897.389	21 550.4	22 869.8	—	31.781 2	−63.745 7	0.358	82.622
S-ⅣB级发动机第一次关机	000:11:46.21	93.374	1 430.142	24 280.1	25 600.0	142.61	32.510 9	−53.298 3	0.001	88.496
进入地球轨道	000:11:56.21	93.377	1 469.052	24 286.1	25 605.0	—	32.526 2	−52.530 0	0.001	88.932

* 这类事件仅获得了指令舱发出时间

阿波罗16号地球轨道段事件	飞行地面时间（时：分：秒）	空间固连坐标系速度/（英尺/秒）	时长/秒	速度变化/（英尺/秒）	远地点/海里	近地点/海里	周期/分	倾角/度
进入地球轨道	000:11:56.21	25 605.1	—	—	91.3	90.0	87.85	32.542
S-ⅣB级第二次点火启动	002:33:36.50	25 598.1	—	—	—	—	—	—
S-ⅣB级第二次点火关机	002:39:18.42	35 590.2	341.92	10 389.6	—	—	—	32.511

地月转移段

指令勤务舱于 003:04:59.0 从 S-ⅣB 级分离出来,随后掉头,于 003:21:53.4 完成了与 S-ⅣB 级的对接。对接后的飞船组合体于 003:59:15.1 从 S-ⅣB 级弹射出去,并于 004:18:08.3 实施了 80.2 秒的分离机动。彩色电视摄像机在调头和对接过程中进行了 18 分钟的电视传输。S-ⅣB 级辅助推进系统于 005:40:07.2 开始输出了 54.2 秒的推力,使 S-ⅣB 级瞄准撞向月面阿波罗 12 号着陆点附近。与以往的任务一样,撞击月球的目的是制造出用于校准的月震,从而开展针对月球内部结构的研究。尽管运载火箭的某些系统故障妨碍了进一步提高计划弹道的精度,但最终的撞击点仍在预期范围内。027:09:59 出现的转发器故障导致 S-ⅣB 级遥测中断,从而无法确定准确的撞击时间,进而造成月震数据的反演出现不确定性,但估计 S-ⅣB 级撞击月面的时间是 075:08:04,撞击点月球坐标为北纬 1.3 度、西经 23.8 度,距离瞄准点 173 海里,距离阿波罗 12 号月震仪 71 海里,距离阿波罗 14 号月震仪 131 海里,距离阿波罗 15 号月震仪 593 海里。撞击时刻 S-ⅣB 级的质量为 30 805 磅,速度达到 8 202 英尺/秒。

在指令勤务舱/登月舱对接过程中,观测到有浅色颗粒来自登月舱区域,无法解释。007:18,乘组报告称有一股颗粒流从登月舱的 51 号铝制外面板附近喷射出来,其位置在登月舱上升级+Z 面对接目标的下方,这块面板下面是 A 路喷气控制系统的聚酯薄膜隔热层。为了判断各系统的状态,乘组于 008:17 进入登月舱并且为舱内加电。所有系统状态正常,008:52 舱内电源关闭。008:45 时指令舱内电视摄像机开机,拍摄了颗粒流喷射的场景并回传给任务控制中心。为了进行高增益天线定向,转动 51 号面板避开阳光照射,注意到此时颗粒数量明显减少。在电视画面中,颗粒的源头看起来就像在板子上长出草一样。009:06 电视传输结束。调查结果发现那些颗粒是热涂层的碎屑。涂层碎屑导致的热防护能力退化不会影响登月舱后续的工作。45 分钟的电泳实验按照计划于 025:05 开始,并取得了成功。从 58 000 海里至 117 000 海里对地球进行紫外线拍照按计划完成。030:39:00.66 实施了唯一一次中途修正,机动时间 2.01 秒,确保飞船可以准确进入月球轨道。

038:18:56,指令舱计算机收到惯性测量单元万向节锁死的信号。计算机正确地将惯性测量单元调整为粗校准模式,并发出相应的警告。由于登月舱面板散落出的大量颗粒漂浮在飞船附近,阻挡了指令舱驾驶员观测星光的视线,飞船只能采用太阳和月球完成平台校准。后来推测万向节锁死信号是在退出惯性测量单元校准程序时,由推力矢量控制的影响产生瞬时不稳定电流造成的。于是地面给乘组发送了一段新的程序并加载到计算机中。这段程序允许计算机在关键时段忽略万向节锁死的信号。视觉闪光现象实验于 049:10 开始,乘组在 050:16 实验结束前报告观测到大量闪烁现象,而且这些闪烁没有余辉,仅仅是瞬时发生,且颜色是白的。第二次登月舱舱内整理工作于 053:30 开始,055:11 结束,登月舱内所有系统状态正常。069:59:01 抛掉了勤务舱科学仪器舱舱门。

074:28:27:87 在距月面 93.9 海里高处,飞船勤务推进系统点火工作了 374.90 秒,将飞船送入 170.3 海里×58.1 海里的月球轨道。地月转移滑行段总共持续了 71 小时 55 分钟 14.35 秒。

月球轨道和月面段

勤务推进系统于 078:33:45.04 实施了 24.35 秒的机动,将飞船送入 58.5 海里×10.9 海里的下降轨道,为登月舱分离做好准备。登月舱在 093:34 激活,比计划提前了大约 11 分钟。登月舱加电,各系统工作正常。登月舱于 096:13:31 脱离并实施了分离机动。在月球轨道的第 13 圈,指令勤务舱在 097:41:44 实施了轨道圆化机动,但是检测到控制勤务推进系统发动机万向节方向的辅助系统中有异常震动。在飞行控制人员评估问题时,指令勤务舱进入与登月舱的位置保持模式,并做好两手准备,即再次与登月舱对接,或者继续执行任务。经过 5 小时 45 分钟的测试与分析后得出结论,系统仍然安全可用。随后两艘飞船再次分开,任务按照修订后的时间表继续实施。102:30:00 实施了分离机动,并在 102:40 进行了平台校准。103:21:43.08 勤务推进系统点火 4.66 秒,将指令勤务舱送入 68.0 海里×53.1 海里的月球轨道,并做好了获取科学数据的准备。104:17:25,登月舱在 10.994 海里高度启动了 731 秒的动力下降,104:29:35(4 月 21 日格林尼治时间 02:23:35)登月舱成功着陆,着陆点的月球坐标为南纬 8.973 01 度、东经 15.500 19 度。该点位于笛卡儿-凯利地区,比瞄准点偏北 668 英尺,偏西 197 英尺。发动机关机时还剩余 102 秒的点火工作时间。由于登月舱已经在月球轨道上比计划多停留了 6 个小时,它落月后便关闭了电源以保存电量。同时为了让乘组得到充分的睡眠,还将第一次舱外活动时间向后推迟了。

118:53:38,登月舱开始泄压,第一次舱外活动开始。由于用于转发初期月面电视图像的登月舱可转动天线卡在了一个轴向上无法使用,电视传输直到月球漫游车各系统激活后才开始。阿波罗月面实验装置成功展开,但指令长被一条电缆意外绊倒,电缆被折断,致使热流实验装置无法工作。

乘组在实验区完成各项工作后，驾驶月球漫游车(LRV-2)向西前往旗帜环形山，在那里进行目视观察，拍摄了感兴趣的地物并采集了月球样本。返回路线在来时路线南侧不远，下一站是幽灵环形山。乘组随后返回登月舱，中途经过了阿波罗月面实验装置放置点，展开了太阳风构成实验装置。在第一次舱外活动期间，月球漫游车出现了几个问题。在爬坡和穿越多石地形时，即使节流阀全开，后轮仍然没有反应；车辆继续前进时，前轮会陷入月壤中。乘组进入登月舱，于 126:04:40 开始舱内加压。第一次舱外活动持续了 7 小时 11 分钟 2 秒。月球漫游车总共行进了 2.3 海里，累计行进时间为 43 分钟，累计停车时间为 3 小时 39 分钟，共采集月球样本 65.92 磅。

　　乘组在登月舱内停留 16 小时 30 分钟后，于 142:39:35 开始舱内泄压，第二次舱外活动开始。在月球漫游车准备就绪后，乘组向西南偏南的方向出发，前往石山北坡上的钦科环形山，并在其附近进行采样。接着他们驱车向西北方向行进，并在斯塔比和莱克环形山处做了停留。在那里的 8 号站点对后轮驱动进行了故障排查，找到了问题的原因是动力模式的设置不匹配。在转换开关设置后，月球漫游车工作恢复正常。在 9 号站点，乘组报告称月球漫游车的里程、方位和距离功能无法工作，但导航定向功能还维持正常。乘组重新启动电源开关后，整个导航系统才恢复正常。在乘组到达 10 号站点(登月舱和阿波罗月面实验装置所在位置)后，由于乘组消耗品的用量低于预期，月面活动又持续了约 20 分钟。于是登月舱驾驶员检查了损坏的热流实验装置。目测发现电缆从连接器处脱开了。地面任务控制人员对实验装置的模型进行故障分析后发现应该能够修好损坏的设备。但是修理工作花费的时间会影响第三次舱外活动，因此没有安排维修。乘组在 150:02:44 进入登月舱并开始舱内加压，本次舱外活动结束。在进舱时，指令长的天线有 2 英寸长的部分折断了，这导致信号强度下降了 15 分贝至 18 分贝。由于指令长的背负式无线电设备担负着将登月舱驾驶员的信息中继到登月舱和月球通信中继单元的任务，后者又将信息传送到地球测控站，于是决定让指令长使用登月舱驾驶员的氧气净化系统，用该系统支撑天线。第二次舱外活动持续了 7 小时 23 分钟 9 秒，搭乘月球漫游车行进了 6.1 海里，月球漫游车累计行进时间为 1 小时 31 分钟，停车时间累计为 3 小时 56 分钟，采集月球样本 63.93 磅。

　　第三次舱外活动比计划提前了 30 分钟，舱内泄压开始于 165:31:28，但由于时间有限还是取消了 4 个站点。乘组首先驾车前往北鳐环形山的南侧边缘，在那里拍照并采集样本，随后乘组绕着环形山的边缘步行了一段距离，为的是采集"房屋岩石"样本，这是舱外活动期间发现的最大单体岩石。

接下来他们驾车前往东南方向的最后一个采样区——影子岩。在那里完成各项任务后，驾车直接沿着原路返回登月舱。他们进舱后，于171:11:31开始恢复舱内加压，由此结束了人类第五次月球探索。第三次舱外活动持续了5小时40分钟3秒。月球漫游车行进的距离为6.2海里，行驶时间为1小时12分钟，停车时间为2小时26分钟，采集月球样本78.04磅。

本次任务中，在登月舱外的活动时间累计为20小时14分钟14秒，月球漫游车行进的总里程大约为14.5海里，车辆行驶了3小时26分钟，舱外活动中停车时间累计为10小时1分钟，共采集月球样本211.00磅（95.71千克，此数值为休斯顿月球接收实验室测定的官方公制数据）。到达距登月舱最远点的距离为15 092英尺。

当登月舱乘组驻留在月面时，指令舱驾驶员在月球轨道上拍摄了照片，测量了月球的物理参数，并进行了目视观测。指令勤务舱于169:05:52.14实施了7.14秒的变轨道面机动，将轨道调整到64.6海里×55.0海里。

上升级发动机于175:31:47.9（4月24日格林尼治时间01:25:47）点火，飞船从月面起飞，整个过程进行了电视转播。登月舱在月面驻留了71小时2分钟13秒。上升级发动机点火工作了427.8秒，将飞船送入40.2海里×7.9海里的轨道。在2小时后进行的对接前，可能还要进行几次交会程序机动。首先，175:42:18在11.2海里的高度进行了一次微调机动。然后，176:26:05实施了2.5秒的末段机动，将上升级送入64.2海里×40.1海里的轨道。按照正常的交会程序，上升级于177:41:18在月面上方65.6海里处与指令勤务舱对接。此时，两艘飞船已经分离了81小时27分钟47秒。乘组在将月球样本、胶卷和设备转移到指令勤务舱后，上升级于195:00:12在月面上方59.2海里处被抛掉。被抛掉的登月舱失去稳定性，以大约3度/秒的速度开始滚动。其原因可能是制导电路断路器无意中保留在了打开状态。指令勤务舱于195:03:13实施规避机动，与上升级拉开了距离。由于上升级不能进行离轨机动，它在月球轨道上停留了将近一年[①]。科学仪器舱的质谱仪展开吊杆安装在收缩环上，在195:23:12才被抛掉。

指令勤务舱在离开月球轨道之前，与阿波罗15号任务一样，也释放了一个研究粒子与场的子卫星。释放时间是196:02:09，在月球轨道的第62圈，子卫星轨道为66海里×52海里，相对月球赤道的轨道倾角约为10度。

---

① 事后分析表明，上升级在阿波罗17号任务开始之前坠落到月球表面，但没有获得数据予以证实。

子卫星上安装的设备用于测量等离子体和能量粒子的流量、矢量磁场，以及子卫星自身速度。通过测量子卫星速度可以测定月球的引力异常。原计划在月球轨道的第 73 圈释放子卫星，使其进入 170 海里×58 海里的轨道。但是由于任务初期发动机万向节出现异常，在释放子卫星前，计划内的指令勤务舱轨道成形机动没能实施，所以才将子卫星送入一条寿命比计划短很多的轨道。由于未离轨的上升级造成了通信干扰，子卫星直到释放后 20 小时才被激活。1972 年 5 月 29 日格林尼治时间 20:31，子卫星的跟踪和遥测数据全部中断。希望在当天格林尼治时间 22:00 再次捕获信号，但并未成功。人们判断子卫星在月球轨道的第 425 圈坠落在月球背面，位置应该在东经 110 度。卫星的轨道比计划的低造成轨道寿命缩短，而且在其星下点轨迹附近存在月球"质量瘤"。

指令勤务舱第二次变轨道面机动和部分在轨科学拍摄任务被取消，以便比计划提前 24 小时进入月地转移轨道。做出这个决定的原因是在月球轨道圆化机动时发动机出了问题。200:21:33.7 在月面上空 52.2 海里处，指令勤务舱点火 162.29 秒，于 200:24:15.36 进入月地转移轨道，入轨速度为 8 663.0 英尺/秒，此时指令勤务舱已经在月球轨道上运行了 64 圈，历时 125 小时 49 分钟 32.59 秒。

月地转移段

从 202:57 到 203:12，进行了指令舱内活动的高质量电视传输。203:29 到 204:12，又转播了月球表面月球漫游车摄像机拍摄的画面。飞船于 214:35:02.8 实施了两次中途修正中的第一次，点火 22.6 秒，速度增量为 3.4 英尺/秒，达到了期望的地球再入边界条件。218:39:46 指令舱驾驶员开始进行月地转移滑行期间的舱外活动。电视传输覆盖了 1 小时 23 分钟 42 秒的活动。在此期间，指令舱驾驶员回收了科学仪器舱摄像机的胶片盒，目视检查了设备，并进行了 10 分钟的微生物暴露实验以获取微生物在太空环境中的反应数据。这使本次任务的全部舱外活动时间延长至 22 小时 17 分钟 36 秒。243:35 按计划举行了电视新闻发布会，时长 18 分钟。其间乘组对月球背面进行了简短的描述。其中最令人感兴趣的是乘组对盖奥特环形山的描述。这个环形山看起来像是被某种物质填平了，而且这些物质似乎还溢了出来，沿着外壁往下滑。乘组将他们观察到的地质结构与夏威夷相似的地质结构进行了比较。除此之外，月地转移滑行段的活动还包括为天空实验室计划研究飞船产生的颗粒的行为和影响进行拍摄，还进行了第二次闪光观测实验。262:37:20.7 实施了第二次中途修正，点火时长 6.4 秒，速度增量为 1.4 英尺/秒。

阿波罗16号 地月转移轨道段事件	飞行地面时间（时：分：秒）	高度/海里	空间固连坐标系速度/（英尺/秒）	时长/秒	速度变化/（英尺/秒）	空间固连坐标系航迹角/度	空间固连坐标系指向角/度（北偏东）
进入地月转移轨道	002:39:28.42	171.243	35 566.1	—	—	7.461	59.524
指令勤务舱从S-ⅣB级分离	003:04:59.0	3 870.361	24 824.8	—	—	45.397	69.807
指令勤务舱/登月舱从S-ⅣB级弹射出去	003:59:15.1	12 492.7	16 533.5	—	—	61.07	88.39
中途修正点火	030:39:00.66	119 343.8	4 514.8	—	—	76.86	111.56
中途修正关机	030:39:02.67	119 345.3	4 508.1	2.01	12.5	76.72	111.50

阿波罗 16 号 月球轨道阶段事件	飞行地面时间（时：分：秒）	高度/海里	空间固连坐标系速度/（英尺/秒）	时长/秒	速度变化/（英尺/秒）	远月点/海里	近月点/海里
进入月球轨道点火	074:28:27.87	93.9	8 105.4	—	—	—	—
进入月球轨道关机	074:34:42.77	75.3	5 399.2	374.90	2 802	170.3	58.1
进入下降轨道点火	078:33:45.04	58.5	5 486.3	—	—	58.5	10.9
进入下降轨道关机	078:34:09.39	58.4	5 281.9	24.35	209.5	58.5	10.9
登月舱分离与规避	096:13:31	33.8	5 417.2	—	—	—	—
指令勤务舱轨道圆化点火	103:21:43.08	59.2	5 277.8	—	—	—	—
指令勤务舱轨道圆化关机	103:21:47.74	59.1	5 348.7	4.66	81.6	68.0	53.1
登月舱动力下降点火	104:17:25	10.944	5 548.8	—	—	—	—
登月舱动力下降关机	104:29:36	—	—	731	6 703	—	—
指令勤务舱变轨道面点火	169:05:52.14	58.6	5 349.8	—	—	—	—
指令勤务舱变轨道面关机	169:05:59.28	58.6	5 349.9	7.14	124	64.6	55.0
登月舱月面起飞点火	175:31:47.9	—	5 523.3	—	—	—	—
登月舱上升轨道关机	175:38:55.7	9.9	5 515.2	427.8	6 054.2	40.2	7.9
登月舱微调	175:42:18	11.2	—	—	—	—	—
登月舱末段启动点火	176:26:05	40.2	5 351.6	—	—	—	—
登月舱末段启动关机	176:26:07.5	—	—	2.5	78.0	—	—
登月舱末段定型	177:08:42	—	—	—	—	—	—
指令勤务舱/登月舱对接	177:41:18	65.6	5 313.7	—	—	64.2	40.1
抛掉登月舱上升级	195:00:12	59.2	5 347.9	—	—	—	—
指令勤务舱分离机动	195:03:13	—	—	—	2.0	—	—
释放子卫星	196:02:09	58.4	5 349.4	—	—	66	52

阿波罗16号 月地转移轨道段事件	飞行地面时间（时：分：秒）	高度/海里	空间固连坐标系速度（英尺/秒）	时长/秒	速度变化/（英尺/秒）	空间固连坐标系航迹角/度	空间固连坐标系指向角/度（北偏东）
进入月地转移轨道点火	200:21:33.07	52.2	5 383.6	—	—	0.15	−85.80
进入月地转移轨道关机	200:24:15.36	59.7	8 663.0	162.29	3 370.9	5.12	−82.37
中途修正点火	214:35:02:8	183 668.0	3 806.8	—	—	−75.08	165.08
中途修正关机	214:35:25:4	183 664.8	3 807.9	22.6	3.4	−80.35	164.99
中途修正点火	262:37:20.7	25 312.9	12 256.5	—	—	−69.02	157.11
中途修正关机	262:37:27.1	25 305.2	12 258.3	6.4	1.4	−69.02	157.10

回收

　　勤务舱于 265:22:33 被抛掉,指令舱沿着正常弹道于 265:37:31 以 36 196.1 英尺/秒的速度再入地球大气层(再入边界高度为 400 000 英尺)。此时已经完成了 65 小时 13 分钟 16 秒的月地转移滑行。当减速伞打开时,指令舱出现在电视画面中,而且电视转播覆盖了整个返回过程。指令舱在降落伞系统的作用下,于 4 月 27 日格林尼治时间 19:45:05 成功溅落在太平洋海面上。本次任务历时 265:51:05。落点位置估计为南纬 0.70 度 、西经 156.22 度 ,距离瞄准点约 3.0 海里,距离美国海军"泰孔德罗加"号回收船 2.7 海里。指令舱呈现顶端朝下的漂浮姿态,4 分钟 25 秒后通过浮囊浮正系统转为正常姿态。乘组由直升机回收,并在溅落后 37 分钟登上回收船。指令舱在 62 分钟后回收,其溅落时的估算质量是 11 995 磅,任务中飞行距离估计约 1 208 746 海里。乘组一直待在"泰孔德罗加"号回收船上,直到 4 月 29 日格林尼治时间 17:30 才乘飞机前往夏威夷的希坎姆空军基地,并于格林尼治时间 19:21 到达。接着他们于格林尼治时间 20:07 搭乘 C-141 运输机飞往休斯顿埃林顿空军基地,到达时已经是 4 月 30 日格林尼治时间 03:40。指令舱于 4 月 30 日格林尼治时间 03:30 运抵夏威夷。随后于 5 月 1 日格林尼治时间 18:00 运往圣迭戈的北岛海军航空站进行钝化,于 5 月 6 日格林尼治时间 00:00 到达。第二天从指令舱中排出推进剂时,有一辆贮箱运输车因压力过大发生了爆炸。有 46 人被怀疑吸入有毒气体而送往医院,好在医学检查没有发现任何人有吸入毒气的症状。指令舱没有损坏。调查委员会报告称,由于降落伞系统异常造成指令舱贮箱内存有过多的氧化剂,从而导致排出的推进剂里中和剂相对氧化剂的占比过低。为了防止今后再出现压力过载,地面支持设备和排空程序都必须做出修改。钝化于 5 月 11 日格林尼治时间 00:00 完成。指令舱于 5 月 12 日格林尼治时间 03:00 离开北岛运往加利福尼亚州唐尼市,由北美罗克韦尔空间分公司进行飞行后的分析。指令舱于当天格林尼治时间 10:30 运抵。

结论

　　本次任务的整体表现十分优异,尽管任务比计划提前一天结束,但全部主要目标和大多数详细目标都完成了。除对自主导航子卫星跟踪失败和月面热流实验装置损坏以外,本次任务获取了月球轨道、月球表面和地月转移及月地转移所有阶段的实验数据。其中尤为重要的科学发现还有第一次从地球大气层外拍摄到氢波长(莱曼阿尔法)的地冕现象,并发现了两条环绕地球的新极光带。根据事后数据分析得出以下结论：

1. 尽管采取了防护措施，改进了设备并采取了额外手段控制环境，但月尘和月壤仍然给某些设备带来了问题。

2. 热流实验装置被损坏，充分说明所有硬件设计时都应该考虑抵抗乘组活动带来的意外负荷，毕竟乘组在穿上压力服后视线和机动性都受到了很大限制。

3. S 频段可转动天线出现故障后，S 频段全向天线独立支持登月舱全部任务操作的能力得到充分验证。

4. 阿波罗 16 号携带的粒子和场子卫星的表现说明，用于计算轨道参数的月球引力模型不够精确，无法用来精确计算撞击时间。

5. 本次任务中没有出现心律失常的原因有一部分是乘组保持了较好的电解质和体液的生理平衡。而这一点是通过增加饮食中钾的摄入，以及保持良好的作息规律来有效提高乘组睡眠质量实现的。

6. 在任务前没有高分辨率影像的情况下，乘组和飞船在月球高地崎岖地形安全着陆的能力得到了验证。而且月球漫游车在这些地区和倾角达到20 度的坡面上的行进能力也得到了验证。

阿波罗 16 号任务的"真实数据"颠覆了选择着陆点的科学依据。凯利构造明显不是火山平原。笛卡儿构造的形态尚不确定，因为没有安排对其进行采样。如果石山发源于火山，那么其表层应该覆盖着南鳐环形山的喷出物。尽管没有对烟山进行采样，但在北鳐环形山没有发现任何证据可以表明它是一座火山。所有这一切都令人十分震惊，不久就出现了新的理论：凯利构造的形成是由于盆地形成时流动的碎片状喷出物"溅"到高地，从而将山峰之间的峡谷填充成相当平整的平原。在对凯利地区的岩石进行研究时发现了三种类型的角砾岩：风化角砾岩、碎片角砾岩和冲击熔化角砾岩。冲击熔化角砾岩的化学成分与弗拉·毛罗和哈德利-亚平宁地区的岩石十分相似。大多数凯利地区的岩石是角砾岩，其中很多经历过冲击熔化。一些结晶的冲击熔化物富含氧化铝，产生了一种新型岩石：超富氧化铝（VHA）。经历过热处理的角砾岩，氧化铝含量较少，否则其化学成分与西部月海的"KREEPy"玄武岩相似，而且很可能就来自那里。将这里选为着陆点，是因为有大量令人信服的证据表明这里是"高地玄武岩"，然而阿波罗 16 号任务发现这种所谓的"高地玄武岩"并不存在。同时，这种超富氧化铝富杂基少碎屑结晶撞击熔化物与玄武岩十分相似，只是它没有经历挤压过程,不能成为火山的证据。玄武岩在风化层中以碎片的形式存在,但它们明显是在别处生成后被抛到这里的。在凯利地区采样的范围很大,而且自北向南穿过山谷。原本预期这里会出现一系列远古风化层间层的熔岩流,而实际上只发现了四种碎片角砾岩,虽然它们在整个平原上的数量不一样,但各自的化学成分并没有明显不同。通常,凯利角砾岩是由火成岩和长石辉长岩衍生而来,这表明它是月壳的碎片,而月壳是由古代岩浆海形成的。凯利地区层理结构的唯一证据出现在鳐环形山的坑壁上,在那里浅色基质和深色基质角砾岩形成了不同的层次。深色角砾岩是从位于平原边缘的北鳐环形山挖掘出来的,可以看出凯利构造有数百英尺厚。为此,在绘图时特意将凯利地区与弗拉·毛罗地区隔离出来,原因就是它"看上去不同",而事实上又紧密相关。这一次地质学家们得到的一个教训是,他们如此确信凯利地区是火山构造,还确立了一套"工作假说"并由此形成一个团体,最终却无法接受矛盾的证据。另一个认识是不能过分依赖地球的类似物,毕竟月球与地球的内生地质形成过程并不相同。阿波罗 16 号的发现表明,月球上几乎没有火山构造的山体,如果有也极为罕见。马丁利是第一个使用双筒望远镜进行轨道观测的指令舱驾驶员。在每 2 小时环绕月球一圈的飞行中,他有条不紊地记录了月球正面与背面的不同特征,并对雨海沟壑覆盖的范围之广感到震惊。在他看来,所谓的笛卡儿构造并没有什么不同,它与雨海构造契合得很好。事实上,月面上的宇航员也发现,凯利地区并不像一开始告诉他们的那样。马丁利观察后说那里就像"一个充满松散物质的池塘,而且被摇晃到表面相对平坦后才停止。"

任务目标

运载火箭的目标:

1. 以北偏东 72 度至 100 度的飞行方位角实施发射,将 S-ⅣB 级/仪器单元/飞船送入计划的地球圆形停泊轨道。完成。

2. 在第二或第三圈再次启动 S-ⅣB 级,将 S-ⅣB 级/仪器单元/飞船送入计划的地月转移轨道。完成。

3. 为 S-ⅣB 级/仪器单元/飞船在调头、对接和弹射机动期间提供所需的姿态控制。完成。

4. 在指令勤务舱/登月舱从 S-ⅣB 级/仪器单元弹射出去后,由指令勤务舱实施规避机动。完成。

5. S-ⅣB级/仪器单元瞄准撞向月面,月球坐标为南纬2.3度、西经31.7度。完成。

6. 测定真实的撞击点,位置误差不超过2.7海里(5.0千米),时间误差不超过1秒。没有完成。没有达到预期精度。

7. 排放和倾倒剩余的气体和推进剂,对S-ⅣB级/仪器单元进行安全处理。完成。

飞船的主要目标:

1. 实施月球学检查与勘测,并在预选的笛卡儿-凯利地区采集月面物质和特征。完成。

2. 安放并激活月面实验装置。完成。

3. 在月球轨道飞行时开展实验和拍摄。完成。

飞船的详细目标:

1. 勤务舱轨道拍摄任务。完成。

2. 视觉闪光现象。完成。

3. 指令舱拍摄任务。部分完成。时间表变更导致数据丢失。

4. 从月球轨道进行视觉观察。完成。

5. "天空实验室"污染研究。部分完成。时间表变更导致数据丢失。

6. 改进气体/水分离装置。没有完成。分离装置在评估之前发生故障。

7. 体液平衡分析。完成。

8. 对自主导航子卫星进行跟踪。没有完成。时间表变更导致数据丢失。

9. 改进排泄物收集袋。完成。

10. "天空实验室"食物包装。完成。

11. 评估月球漫游车。完成。

乘组参与的实验:

1. S-031:无源月震。部分完成。登月舱上升级没有撞击。

2. S-033:有源月震。部分完成。第四个迫击炮没有发射。

3. S-034:月面磁力计。完成。

4. S-037:热流。没有完成。电子装置的电缆断开。

5. S-059:月球地质调查。完成。

6. S-080:太阳风构成。完成。

7. S-152:宇宙射线探测仪(片)。部分完成。4号板部分展开。

8. S-160：伽马射线谱仪。完成。

9. S-161：X 射线荧光。完成。

10. S-162：阿尔法粒子谱仪。完成。

11. S-164：S 频段转发器（指令勤务舱和登月舱）。完成。

12. S-165：质谱仪。完成。

13. S-170：下行链路双基地雷达对月球观测。完成。

14. S-177：拍摄月球和地球的紫外线照片。部分完成。时间表更换导致数据丢失。

15. S-178：月球轨道上的对日照。完成。

16. S-198：便携式磁力计。完成。

17. S-200：月壤力学特性。部分完成。时间有限，没能挖沟。

18. S-201：远紫外线相机/分光镜。完成。

19. M-191：太空环境中的微生物反应。完成。

被动实验：

1. M-078：骨盐测量。完成。

2. M-211：生物堆积（biostack）。完成。

3. S-176：阿波罗窗口陨石实验。完成。

操控实验：

1. 登月舱话音和数据中继。完成。

飞行中演示验证：

1. 太空中的液体电泳分离。完成。

子卫星实验：

1. S-164：S 频段转发器。完成。

2. S-173：粒子阴影/边界层。完成。

3. S-174：磁力计。完成。

操控实验——载人飞船中心与美国国防部：

1. 教堂钟声（国防部的保密实验）。

2. 雷达表层跟踪。

3. 导弹对电离层扰动。

4. 导弹噪声的声学测量。

5. 陆军声学实验。

6. 长焦距光学系统。

7. 音爆测量。

阿波罗 16 号乘组：马丁利（左）、杨和杜克

阿波罗 16 号发射

阿波罗 16 号着陆点,那里笛卡儿山将凯利平原环绕成港湾状

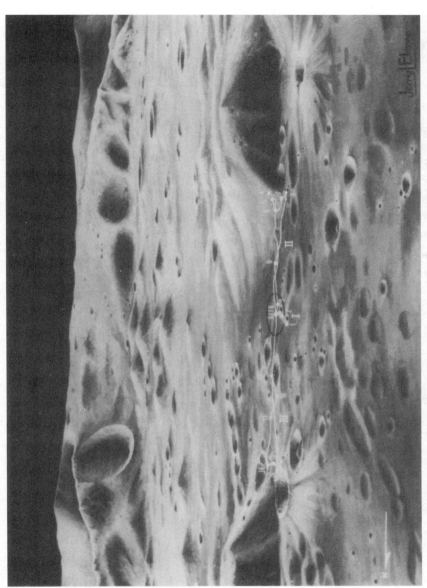

艺术家绘制的阿波罗 16 号月球漫游车 3 次穿越的路线

杨在月球漫游车旁采样

从阿波罗月面实验装置站点看去，在圆丘地形衬托下的登月舱下降级

从石山一侧的 4 号站点,看到平原对面的烟山

准备在 13 号站点采样巨石

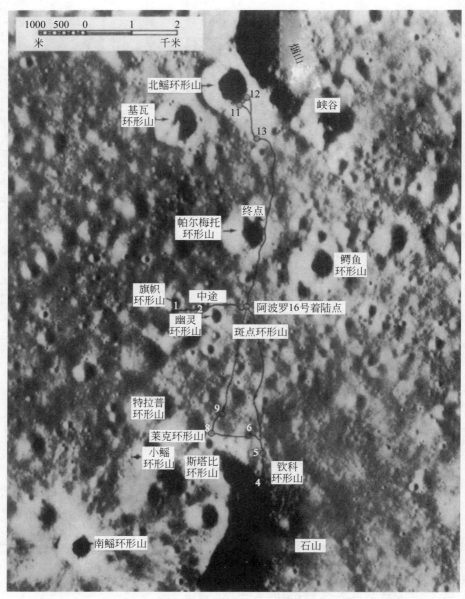

阿波罗 16 号穿越路线（感谢美国地质勘探局）

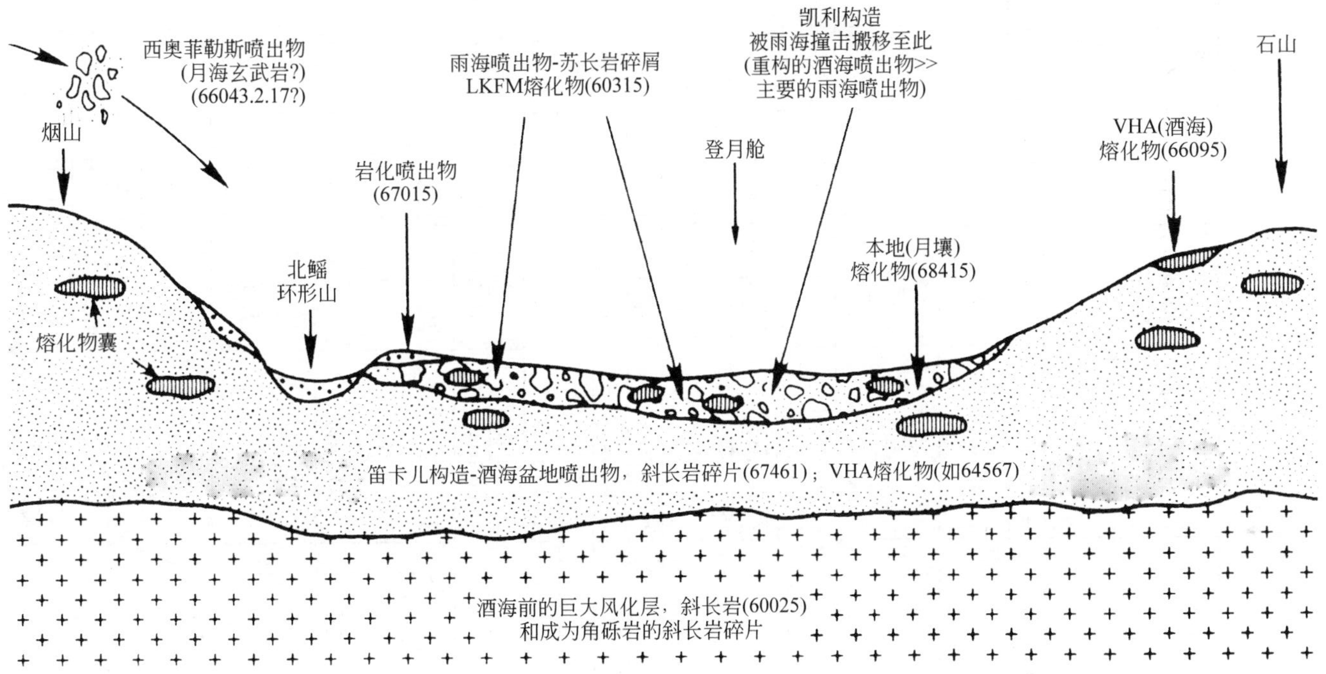

西奥菲勒斯喷出物
(月海玄武岩?)
(66043.2.17?)
烟山
熔化物囊
岩化喷出物
(67015)
北鳐
环形山
雨海喷出物-苏长岩碎屑
LKFM熔化物(60315)
凯利构造
被雨海撞击搬移至此
(重构的酒海喷出物>>
主要的雨海喷出物)
登月舱
本地(月壤)
熔化物(68415)
VHA(酒海)
熔化物(66095)
石山
笛卡儿构造-酒海盆地喷出物，斜长岩碎片(67461)；VHA熔化物(如64567)
酒海前的巨大风化层，斜长岩(60025)
和成为角砾岩的斜长岩碎片

阿波罗 16 号着陆点的南-北横断面示意图显示出不同地质单元之间复杂的相互关系，这些地质单元是撞击巨大盆地后的喷出物（经 P. D. 斯皮迪斯修改，“阿波罗 16 号着陆点地质和撞击熔化物：包含了月球高地的地质历史”，地球物理学研究，vol. 89，1984；D. 斯托夫勒等，“笛卡儿高地月壳的结构和演化，阿波罗 16 号”，地球物理学研究，vol. 89，1984）。笛卡儿构造主要是老的酒海盆地的喷出物。上面覆盖的凯利构造，是被更新的撞击（有可能是形成雨海盆地的撞击）搬移来的，主要由来自笛卡儿构造的重构物质和新撞击产生的流动喷出物组成。两种构造都覆盖在更老的（酒海前）巨大风化层上面，巨大的风化层是厚厚的一层由大量更古老的撞击产生的复合碎片。数字是特别采集的样本编号，这些样本代表着被推断存在的各个地质单元。“登月舱”指登月舱着陆点（感谢月球和行星研究所及剑桥大学出版社）

任务时间表

阿波罗 16 号任务事件	飞行地面时间（时∶分∶秒）	日期（格林尼治时间）	时间（时∶分∶秒）
倒计时开始	−028∶00∶00	1972 年 04 月 15 日	03∶54∶00
射前 9 小时开始计划内的 9 小时中断	−009∶00∶00	1972 年 04 月 15 日	22∶54∶00
射前 9 小时倒计时重启	−009∶00∶00	1972 年 04 月 16 日	07∶54∶00
射前 3 小时 30 分钟开始计划内的 1 小时中断	−003∶30∶00	1972 年 04 月 16 日	13∶24∶00
射前 3 小时 30 分钟倒计时重启	−003∶30∶00	1972 年 04 月 16 日	14∶24∶00
制导基准发布	−000∶00∶16.963	1972 年 04 月 16 日	17∶53∶43
S-IC 级发动机开机指令	−000∶00∶08.9	1972 年 04 月 16 日	17∶53∶51
S-IC 级发动机点火（♯5）	−000∶00∶06.7	1972 年 04 月 16 日	17∶53∶53
所有 S-IC 级发动机推力正常	−000∶00∶01.9	1972 年 04 月 16 日	17∶53∶58
发射时间	000∶00∶00.00	1972 年 04 月 16 日	17∶54∶00
所有牵制臂释放（第一次动作）（1.08g）	000∶00∶00.3	1972 年 04 月 16 日	17∶54∶00
起飞（脐带断开）	000∶00∶00.59	1972 年 04 月 16 日	17∶54∶00
避发射塔架偏航机动开始	000∶00∶01.7	1972 年 04 月 16 日	17∶54∶01
偏航机动结束	000∶00∶10.9	1972 年 04 月 16 日	17∶54∶10
俯仰和滚动机动开始	000∶00∶12.7	1972 年 04 月 16 日	17∶54∶12
滚动机动结束	000∶00∶31.8	1972 年 04 月 16 日	17∶54∶31
达到马赫数为 1	000∶01∶07.5	1972 年 04 月 16 日	17∶55∶07
最大动压（726.81 磅/平方英尺）	000∶01∶26.0	1972 年 04 月 16 日	17∶55∶26
最大弯曲力矩（71 000 000 磅力-英寸）	000∶01∶26.5	1972 年 04 月 16 日	17∶55∶26
S-IC 级中心发动机关机指令	000∶02∶17.85	1972 年 04 月 16 日	17∶56∶17
俯仰机动结束	000∶02∶38.9	1972 年 04 月 16 日	17∶56∶38
S-IC 级外围发动机关机，S-IC 级最大总惯性加速度（3.82g）	000∶02∶41.78	1972 年 04 月 16 日	17∶56∶41
S-IC 级最大地球固连坐标系速度	000∶02∶42.5	1972 年 04 月 16 日	17∶56∶42
S-IC/S-Ⅱ级分离指令	000∶02∶43.5	1972 年 04 月 16 日	17∶56∶43
S-Ⅱ级发动机开机指令	000∶02∶44.2	1972 年 04 月 16 日	17∶56∶44
S-Ⅱ级点火	000∶02∶45.2	1972 年 04 月 16 日	17∶56∶45
抛 S-Ⅱ级后级间段	000∶03∶13.5	1972 年 04 月 16 日	17∶57∶13

阿波罗 16 号任务事件	飞行地面时间 （时：分：秒）	日期 （格林尼治时间）	时间 （时：分：秒）
发射逃逸塔抛掉	000:03:19.8	1972 年 04 月 16 日	17:57:19
迭代制导模式启动	000:03:24.5	1972 年 04 月 16 日	17:57:24
S-ⅠC 级最高点	000:04:30.973	1972 年 04 月 16 日	17:58:31
S-Ⅱ级中心发动机关机。S-Ⅱ级最大总惯性加速度(1.74g)	000:07:41.77	1972 年 04 月 16 日	18:01:41
S-ⅠC 级落地（理论值）	000:09:07.136	1972 年 04 月 16 日	18:03:07
S-Ⅱ级外围发动机关机	000:09:19.54	1972 年 04 月 16 日	18:03:19
S-Ⅱ级最大地球固连坐标系速度	000:09:20.0	1972 年 04 月 16 日	18:03:20
S-Ⅱ/S-ⅣB 级分离指令	000:09:20.5	1972 年 04 月 16 日	18:03:20
S-ⅣB 级第一次点火开机指令	000:09:20.60	1972 年 04 月 16 日	18:03:20
S-ⅣB 级第一次点火启动	000:09:23.60	1972 年 04 月 16 日	18:03:23
抛 S-ⅣB 级正推发动机壳体	000:09:32.3	1972 年 04 月 16 日	18:03:32
S-Ⅱ级最高点	000:09:44.122	1972 年 04 月 16 日	18:03:44
S-ⅣB 级第一次点火关机和最大总惯性加速度(0.67g)	000:11:46.21	1972 年 04 月 16 日	18:05:46
进入地球轨道。S-ⅣB 级第一次点火最大地球固连坐标系速度	000:11:56.21	1972 年 04 月 16 日	18:05:56
机动到当地水平姿态开始	000:12:07.8	1972 年 04 月 16 日	18:06:07
在轨导航开始	000:13:26.1	1972 年 04 月 16 日	18:07:26
S-Ⅱ级落地（理论值）	000:20:02.390	1972 年 04 月 16 日	18:14:02
S-ⅣB 级第二次点火重启准备	002:23:58.60	1972 年 04 月 16 日	20:17:58
S-ⅣB 级第二次点火重启指令	002:33:28.50	1972 年 04 月 16 日	20:27:28
S-ⅣB 级第二次点火启动	002:33:36.50	1972 年 04 月 16 日	20:27:36
S-ⅣB 级第二次点火关机和最大总惯性加速度(1.42g)	002:39:18.42	1972 年 04 月 16 日	20:33:18
S-ⅣB 级安全处理程序开始	002:39:19.1	1972 年 04 月 16 日	20:33:19
S-ⅣB 级第二次点火最大地球固连坐标系速度	002:39:20.0	1972 年 04 月 16 日	20:33:20
进入地月转移轨道	002:39:28.42	1972 年 04 月 16 日	20:33:28
机动到当地水平姿态和在轨导航开始	002:41:50.3	1972 年 04 月 16 日	20:35:50
调头和机动到对接姿态开始	002:54:19.3	1972 年 04 月 16 日	20:48:19
指令勤务舱从 S-ⅣB 级分离	003:04:59.0	1972 年 04 月 16 日	20:58:59
电视传输开始	003:10	1972 年 04 月 16 日	21:04

续表

阿波罗 16 号任务事件	飞行地面时间（时：分：秒）	日期（格林尼治时间）	时间（时：分：秒）
指令勤务舱与登月舱/S-ⅣB 级对接	003:21:53.4	1972 年 04 月 16 日	21:15:53
电视传输结束	003:28	1972 年 04 月 16 日	21:22
指令勤务舱/登月舱从 S-ⅣB 级弹射出去	003:59:15.1	1972 年 04 月 16 日	21:53:15
电视传输开始	004:10	1972 年 04 月 16 日	22:04
S-ⅣB 级偏航机动至规避机动姿态	004:10:01	1972 年 04 月 16 日	22:04:01
S-ⅣB 级 APS 规避机动点火	004:18:08.3	1972 年 04 月 16 日	22:12:08
S-ⅣB 级 APS 规避机动关机	004:19:28.5	1972 年 04 月 16 日	22:13:28
电视传输结束	004:20	1972 年 04 月 16 日	22:14
机动到 S-ⅣB 级 LOX 排空姿态开始	004:27:48.4	1972 年 04 月 16 日	22:21:48
交替（第二次）机动到 LOX 排空姿态	004:31:09	1972 年 04 月 16 日	22:25:09
S-ⅣB 级撞击月球机动——CVS 排放打开	004:34:47.1	1972 年 04 月 16 日	22:28:47
S-ⅣB 级撞击月球机动——LOX 排空开始	004:39:27.1	1972 年 04 月 16 日	22:33:27
S-ⅣB 级撞击月球机动——CVS 排放关闭	004:39:47.1	1972 年 04 月 16 日	22:33:47
S-ⅣB 级撞击月球机动——LOX 排空结束	004:40:15.1	1972 年 04 月 16 日	22:34:15
机动到最后一次 S-ⅣB 级 APS 点火姿态开始	005:30:37.2	1972 年 04 月 16 日	23:24:37
S-ⅣB 级撞击月球机动——APS 点火	005:40:07.2	1972 年 04 月 16 日	23:34:07
S-ⅣB 级撞击月球机动——APS 关机	005:41:01.4	1972 年 04 月 16 日	23:35:01
S-ⅣB 级撞击月球机动——三轴翻滚指令启动	005:55:06.2	1972 年 04 月 16 日	23:49:06
禁止仪器单元控制计算机允许 S-ⅣB 级处于三轴翻滚模式指令发出	005:55:37	1972 年 04 月 16 日	23:49:37
乘组报告来自登月舱的颗粒流	007:18	1972 年 04 月 17 日	01:12

阿波罗 16 号任务事件	飞行地面时间 （时：分：秒）	日期 （格林尼治时间）	时间 （时：分：秒）
乘组计划外进入登月舱进行系统检查	008:17	1972 年 04 月 17 日	02:11
让任务控制人员观察颗粒排放的电视传输开始	008:45	1972 年 04 月 17 日	02:39
登月舱电源关闭	008:52	1972 年 04 月 17 日	02:46
电视传输结束	009:06	1972 年 04 月 17 日	03:00
电泳演示验证开始	025:05	1972 年 04 月 17 日	18:59
电泳演示验证结束	025:50	1972 年 04 月 17 日	19:44
丢失 S-ⅣB 级跟踪数据，导致无法准确判断该级的撞击时间和位置，任务目标没有完成	027:09:59	1972 年 04 月 17 日	21:03:59
中途修正点火（SPS）	030:39:00.66	1972 年 04 月 18 日	00:33
中途修正关机	030:39:02.67	1972 年 04 月 18 日	00:33:02
登月舱舱内加压	032:30	1972 年 04 月 18 日	02:24
指令长和登月舱驾驶员进入登月舱进行舱室整理和通信检查	033:00	1972 年 04 月 18 日	02:54
指令长和登月舱驾驶员进入指令舱	035:00	1972 年 04 月 18 日	04:54
错误的万向节锁定指示	038:18:56	1972 年 04 月 18 日	08:12:56
视觉光闪现象观测开始	049:10	1972 年 04 月 18 日	19:04
视觉光闪现象观测结束	050:16	1972 年 04 月 18 日	20:10
指令长和登月舱驾驶员进入登月舱进行舱室整理	053:30	1972 年 04 月 18 日	23:24
指令长和登月舱驾驶员进入指令舱	055:11	1972 年 04 月 19 日	01:05
"天空实验室"食物试验	056:30	1972 年 04 月 19 日	02:24
等势球面	059:19:45	1972 年 04 月 19 日	05:13:45
抛掉科学仪器舱舱门	069:59:01	1972 年 04 月 19 日	15:53:01
进入月球轨道点火（SPS）	074:28:27.87	1972 年 04 月 19 日	20:22:27
进入月球轨道关机	074:34:42.77	1972 年 04 月 19 日	20:28:42
S-ⅣB 级撞击到月面	075:08:04	1972 年 04 月 19 日	21:02:04
进入下降轨道点火（SPS）	078:33:45.04	1972 年 04 月 20 日	00:27:45
进入下降轨道关机	078:34:09.39	1972 年 04 月 20 日	00:28:09
指令勤务舱地标跟踪	079:30	1972 年 04 月 20 日	01:24
太阳监视器盖/紧固装置放开	080:10	1972 年 04 月 20 日	02:04

阿波罗 16 号任务事件	飞行地面时间 （时：分：秒）	日期 （格林尼治时间）	时间 （时：分：秒）
指令长和登月舱驾驶员进入登月舱	092:50	1972 年 04 月 20 日	14:44
登月舱激活并进行系统检查	093:34	1972 年 04 月 20 日	15:28
拍摄晨昏线	094:40	1972 年 04 月 20 日	16:34
登月舱脱离并分开	096:13:31	1972 年 04 月 20 日	18:07:31
指令勤务舱地标跟踪	096:40	1972 年 04 月 20 日	18:34
指令勤务舱检查显示没有速率反馈，并且 SPS 发动机万向节位置显示器显示偏航震荡。原计划在 097:41:44 进行的圆化机动没有实施	097:40	1972 年 04 月 20 日	19:34
交会（指令勤务舱主动）	100:00	1972 年 04 月 20 日	21:54
登月舱从指令勤务舱分离	102:30:00	1972 年 04 月 21 日	00:24
指令勤务舱和登月舱平台校准	102:40	1972 年 04 月 21 日	00:34
指令勤务舱轨道圆化点火（SPS）	103:21:43.08	1972 年 04 月 21 日	01:15:43
指令勤务舱轨道圆化关机	103:21:47.74	1972 年 04 月 21 日	01:15:47
登月舱动力下降发动机点火（LM DPS）	104:17:25	1972 年 04 月 21 日	02:11:25
登月舱节流阀设置到全开状态	104:17:53	1972 年 04 月 21 日	02:11:53
登月舱人工进行目标（着陆点）更新	104:19:16	1972 年 04 月 21 日	02:13:16
指令勤务舱地标跟踪	104:20	1972 年 04 月 21 日	02:14:20
登月舱着陆雷达速度数据良好	104:20:38	1972 年 04 月 21 日	02:14:38
登月舱着陆雷达测距数据良好	104:21:24	1972 年 04 月 21 日	02:15:24
登月舱着陆雷达更新使能	104:21:54	1972 年 04 月 21 日	02:15:54
进入登月舱落点重新设计阶段	104:24:14	1972 年 04 月 21 日	02:18:14
登月舱节流阀关闭	104:24:54	1972 年 04 月 21 日	02:18:54
登月舱着陆雷达天线设置到位置 2	104:26:50	1972 年 04 月 21 日	02:20:50
登月舱选择接近段程序并进行程序转弯	104:26:52	1972 年 04 月 21 日	02:20:52
登月舱第一次着陆点重置	104:27:20	1972 年 04 月 21 日	02:21:20
登月舱着陆雷达设置为低量程标度	104:27:32	1972 年 04 月 21 日	02:21:32
登月舱选择姿态保持模式	104:28:37	1972 年 04 月 21 日	02:22:37
登月舱选择着陆段程序	104:28:42	1972 年 04 月 21 日	02:22:42

阿波罗 16 号任务事件	飞行地面时间 （时：分：秒）	日期 （格林尼治时间）	时间 （时：分：秒）
登月舱月球着陆	104:29:35	1972 年 04 月 21 日	02:23:35
登月舱动力下降发动机关机	104:29:36	1972 年 04 月 21 日	02:23:36
任务时钟更新(增加 000:11:48.00)	118:06:31	1972 年 04 月 21 日	16:00:31
指令勤务舱拍摄晨昏线	118:20	1972 年 04 月 21 日	16:14
第一次舱外活动开始(登月舱泄压)	118:53:38	1972 年 04 月 21 日	16:47:38
卸载月球漫游车	119:25:29	1972 年 04 月 21 日	17:19:29
月球漫游车展开	119:32:44	1972 年 04 月 21 日	17:26:44
远紫外相机/分光镜展开	119:54:01	1972 年 04 月 21 日	17:48:01
第一次舱外活动的电视传输开始	120:05:40	1972 年 04 月 21 日	17:59:40
展示美国国旗	120:15	1972 年 04 月 21 日	18:09
卸下阿波罗月面实验装置	120:21:35	1972 年 04 月 21 日	18:15:35
指令勤务舱拍摄晨昏线	120:30	1972 年 04 月 21 日	18:24
指令勤务舱拍摄古姆星云	121:20	1972 年 04 月 21 日	19:14
阿波罗月面实验装置展开,采集深岩芯样本,月球漫游车做好出发准备	122:55:23	1972 年 04 月 21 日	20:49:23
出发前往 1 号站点	122:58:02	1972 年 04 月 21 日	20:52:02
指令勤务舱拍摄黄道	123:00	1972 年 04 月 21 日	20:54
指令长报告在月球表面观察到明亮的闪光	123:09:40	1972 年 04 月 21 日	21:03:40
到达 1 号站点。完成放射性采样,搜寻、采集并记录样本,拍摄全景和立体照片	123:23:54	1972 年 04 月 21 日	21:17:54
出发前往 2 号站点	124:14:32	1972 年 04 月 21 日	22:08:32
到达 2 号站点。用月球便携磁力计进行测量,采集样本,拍摄全景和 500 毫米照片	124:21:10	1972 年 04 月 21 日	22:15:10
出发前往阿波罗月面实验装置放置点(3/10 号站点)	124:48:07	1972 年 04 月 21 日	22:42:07
到达 3/10 号站点。驾驶月球漫游车展开"月面大奖赛",取回岩芯样本,装配了激活的月震实验迫击炮装置,出发前往登月舱所在点	124:54:14	1972 年 04 月 21 日	22:48:14
到达登月舱。展开太阳风构成实验装置,采集样本,拍照并开始舱外活动收尾工作	125:05:09	1972 年 04 月 21 日	22:59:09

阿波罗 16 号任务事件	飞行地面时间（时：分：秒）	日期（格林尼治时间）	时间（时：分：秒）
太阳风构成实验装置展开	125:07:00	1972 年 04 月 21 日	23:01
第一次舱外活动的电视传输结束	125:35	1972 年 04 月 21 日	23:29
第一次舱外活动结束（登月舱舱内加压）	126:04:40	1972 年 04 月 21 日	23:58:40
指令勤务舱进行紫外线拍摄	126:20	1972 年 04 月 22 日	00:14
指令勤务舱对日照校准	127:00	1972 年 04 月 22 日	00:54
指令勤务舱在轨科学视觉观测	128:00	1972 年 04 月 22 日	01:54
登月舱乘组任务报告	128:20	1972 年 04 月 22 日	02:14
指令勤务舱拍摄晨昏线	128:30	1972 年 04 月 22 日	02:24
指令勤务舱在轨科学视觉观测	129:25	1972 年 04 月 22 日	03:19
指令勤务舱在轨科学拍摄	130:00	1972 年 04 月 22 日	03:54
指令勤务舱拍摄晨昏线	131:20	1972 年 04 月 22 日	05:14
指令勤务舱拍摄对日照	142:30	1972 年 04 月 22 日	16:24
第二次舱外活动开始（登月舱泄压）	142:39:35	1972 年 04 月 22 日	16:33:35
月球漫游车做好出发准备	142:49:29	1972 年 04 月 22 日	16:43:29
第二次舱外活动电视传输开始	142:55	1972 年 04 月 22 日	16:49
出发前往 4 号站点	143:31:40	1972 年 04 月 22 日	17:25:40
到达 4 号站点。实施透度计测量（测量 X 射线穿透能力，译者注），采集样本，获取双管岩芯样本，在月面挖沟获取月壤样本，拍摄 500 毫米和全景照片	144:07:26	1972 年 04 月 22 日	18:01:26
指令勤务舱深空测量	144:45	1972 年 04 月 22 日	18:39
出发前往 5 号站点	145:05:16	1972 年 04 月 22 日	18:59:16
到达 5 号站点。采集样本，用月球便携磁力计进行测量，拍摄全景照片	145:10:05	1972 年 04 月 22 日	19:04:05
指令勤务舱在轨科学拍摄	145:35	1972 年 04 月 22 日	19:29
出发前往 6 号站点	145:58:40	1972 年 04 月 22 日	19:52:40
指令勤务舱在轨科学视觉观测	146:05	1972 年 04 月 22 日	19:59
到达 6 号站点。采集样本，拍摄全景照片	146:06:37	1972 年 04 月 22 日	20:00:37
出发前往 8 号站点（7 号站点取消）。	146:29:18	1972 年 04 月 22 日	20:23:18

阿波罗 16 号任务事件	飞行地面时间 （时：分：秒）	日期 （格林尼治时间）	时间 （时：分：秒）
到达 8 号站点。采集样本，获取双管岩芯样本，并拍摄全景照片	146:40:19	1972 年 04 月 22 日	20:34:19
指令勤务舱拍摄晨昏线	147:15	1972 年 04 月 22 日	21:09
出发前往 9 号站点	147:48:15	1972 年 04 月 22 日	21:42:15
到达 9 号站点。采集样本，获取单管岩芯样本，并拍摄全景照片	147:53:12	1972 年 04 月 22 日	21:47:12
出发前往 10 号站点	148:29:45	1972 年 04 月 22 日	22:23:45
到达 10 号站点。采集样本，完成透度计测量，获取双管岩芯样本，并拍摄全景照片	148:54:16	1972 年 04 月 22 日	22:48:16
指令勤务舱拍摄日冕	149:05	1972 年 04 月 22 日	22:59
出发前往登月舱	149:21:17	1972 年 04 月 22 日	23:15:17
到达登月舱，开始舱外活动收尾工作	149:23:24	1972 年 04 月 22 日	23:17:24
第二次舱外活动电视传输结束	149:40	1972 年 04 月 22 日	23:34
第二次舱外活动结束（登月舱舱内加压）	150:02:44	1972 年 04 月 22 日	23:56:44
指令勤务舱展开质谱仪吊杆进行拍摄	153:05	1972 年 04 月 23 日	02:59
指令勤务舱在轨科学视觉观测	153:40	1972 年 04 月 23 日	03:34
指令勤务舱拍摄晨昏线	154:20	1972 年 04 月 23 日	04:14
指令勤务舱在轨科学拍摄	155:05	1972 年 04 月 23 日	04:59
指令勤务舱双基地雷达试验开始	155:20	1972 年 04 月 23 日	05:14
指令勤务舱双基地雷达试验结束	156:00	1972 年 04 月 23 日	05:54
指令勤务舱质谱仪收回试验开始	165:30	1972 年 04 月 23 日	15:24
第三次舱外活动开始（登月舱舱内泄压）	165:31:28	1972 年 04 月 23 日	15:25:28
第三次舱外活动电视传输开始	165:40	1972 年 04 月 23 日	15:34
月球漫游车做好出发准备	165:43:29	1972 年 04 月 23 日	15:37:29
指令勤务舱质谱仪收回试验结束	166.00	1972 年 04 月 23 日	15:54
出发前往 11 号站点	166:09:13	1972 年 04 月 23 日	16:03:13

阿波罗 16 号任务事件	飞行地面时间 （时：分：秒）	日期 （格林尼治时间）	时间 （时：分：秒）
到达 11 号站点。采集样本，拍摄 500 毫米和全景照片	166:44:50	1972 年 04 月 23 日	16:38:50
指令勤务舱利用太阳相机拍照	166:50	1972 年 04 月 23 日	16:44
指令勤务舱在轨科学视觉观测	167:50	1972 年 04 月 23 日	17:44
出发前往 13 号站点	168:09:46	1972 年 04 月 23 日	18:03:46
到达 13 号站点。采集样本，使用月球便携式磁力计进行测量，拍摄全景照片	168:17:39	1972 年 04 月 23 日	18:11:39
出发前往 10 号主站点	168:46:33	1972 年 04 月 23 日	18:40:33
指令勤务舱变轨道面点火（SPS）	169:05:52.14	1972 年 04 月 23 日	18:59:52
指令勤务舱变轨道面关机	169:05:59.28	1972 年 04 月 23 日	18:59:59
到达 10 号点主站点。采集样本，获取双管岩芯样本，拍摄 500 毫米和全景照片	169:15:38	1972 年 04 月 23 日	19:09:38
月球漫游车行驶到登月舱处。采集样本，开始舱外活动收尾工作	169:51:48	1972 年 04 月 23 日	19:45:48
收回太阳风构成实验装置	170:12:00	1972 年 04 月 23 日	20:06
出发前往月球漫游车最终停放点	170:23:06	1972 年 04 月 23 日	20:17:06
到达最终停放点。使用月球便携式磁力计进行两次测量，采集样本并继续舱外活动收尾工作	170:27:09	1972 年 04 月 23 日	20:21:09
指令勤务舱拍摄对日照	171:00	1972 年 04 月 23 日	20:54
收回远紫外线相机/分光镜的胶卷	171:01:42	1972 年 04 月 23 日	20:55:42
第三次舱外活动电视传输结束。指令勤务舱深空测量	171:10	1972 年 04 月 23 日	21:04
第三次舱外活动结束（登月舱舱内加压）	171:11:31	1972 年 04 月 23 日	21:05:31
抛掉登月舱设备	172:15	1972 年 04 月 23 日	22:09
电视传输开始	175:15	1972 年 04 月 24 日	01:09
登月舱月面点火起飞（LM APS）	175:31:47.9	1972 年 04 月 24 日	01:25:47
月球上升轨道关机	175:38:55.7	1972 年 04 月 24 日	01:32:55
电视传输结束	175:40	1972 年 04 月 24 日	01:34
微调	175:42:18	1972 年 04 月 24 日	01:36:18
电视传输开始	176:18	1972 年 04 月 24 日	02:12

续表

阿波罗 16 号任务事件	飞行地面时间 （时：分：秒）	日期 （格林尼治时间）	时间 （时：分：秒）
电视传输结束	176:25	1972 年 04 月 24 日	02:19
末段启动点火(LM APS)	176:26:05	1972 年 04 月 24 日	02:20:05
末段启动关机	176:26:07.5	1972 年 04 月 24 日	02:20:07
登月舱第一次中途修正	176:35	1972 年 04 月 24 日	02:29
登月舱第二次中途修正	176:50	1972 年 04 月 24 日	02:44
末段定型	177:08:42	1972 年 04 月 24 日	03:02:42
指令勤务舱/登月舱对接	177:41:18	1972 年 04 月 24 日	03:35:18
设备和样本转移及存放开始	178:15	1972 年 04 月 24 日	04:09
质谱仪展开	178.40	1972 年 04 月 24 日	04:34
设备和样本转移及存放结束	180:00	1972 年 04 月 24 日	05:54
向登月舱上升级转移物品开始	192:00	1972 年 04 月 24 日	17:54
向登月舱上升级转移物品结束， 登月舱上升级激活	192:30	1972 年 04 月 24 日	18:24
机动到抛射登月舱姿态	192:55	1972 年 04 月 24 日	18:49
舱门关闭	194:30	1972 年 04 月 24 日	20:24
准备抛掉登月舱	194:35	1972 年 04 月 24 日	20:29
抛掉登月舱上升级	195:00:12	1972 年 04 月 24 日	20:54:12
指令勤务舱分离机动	195:03:13	1972 年 04 月 24 日	20:57:13
抛掉质谱仪吊杆	195:23:12	1972 年 04 月 24 日	21:17:12
释放子卫星	196:02:09	1972 年 04 月 24 日	21:56:09
拍摄日出时的日冕	196:40	1972 年 04 月 24 日	22:34
进入月地转移轨道点火(SPS)	200:21:33.07	1972 年 04 月 25 日	02:15:33
进入月地转移轨道关机	200:24:15.36	1972 年 04 月 25 日	02:18:15
X 射线谱仪——天蝎座 X-1 观 测开始	201:31	1972 年 04 月 25 日	03:25
X 射线谱仪——天蝎座 X-1 观 测结束	202:11	1972 年 04 月 24 日	04:05
任务时钟更新(增加 024:34:12)	202:18:12	1972 年 04 月 25 日	04:12:12
指令舱的电视传输开始	202:57	1972 年 04 月 25 日	04:51
指令舱的电视传输开始	203:12	1972 年 04 月 25 日	05:06
月面的电视传输(月球漫游车摄 像机)开始	203:29	1972 年 04 月 25 日	05:23
月面的电视传输结束	204:12	1972 年 04 月 25 日	06:06
中途修正点火	214:35:02.8	1972 年 04 月 25 日	16:29:02
中途修正关机	214:35:25.4	1972 年 04 月 25 日	16:29:25

阿波罗 **16** 号任务事件	飞行地面时间 （时：分：秒）	日期 （格林尼治时间）	时间 （时：分：秒）
月地转移轨道段舱外活动开始 （马丁利）	218:39:46	1972 年 04 月 25 日	20:33:46
月地转移轨道段舱外活动的电 视传输开始	218:40	1972 年 04 月 25 日	20:34
安装电视摄像机和数据获取摄 像机开始	218:50	1972 年 04 月 25 日	20:44
取回摄像机磁带盒和科学仪器 舱检查	219:10	1972 年 04 月 25 日	21:04
太空环境中的生物反应实验	219:30	1972 年 04 月 25 日	21:24
月地转移轨道段舱外活动的电 视传输结束	219:49	1972 年 04 月 25 日	21:43
进舱和舱门关闭开始	219:50	1972 年 04 月 25 日	21:44
月地转移轨道段舱外活动结束	220:03:28	1972 年 04 月 25 日	21:57:28
X 射线谱仪——天鹅座 X-1 观 测开始	221:01	1972 年 04 月 25 日	22:55
X 射线谱仪——天鹅座 X-1 观 测结束	224:01	1972 年 04 月 26 日	01:55
X 射线谱仪——天蝎座 X-1 观 测开始	224:21	1972 年 04 月 26 日	02:15
污染控制	226:10	1972 年 04 月 26 日	04:04
阿波罗 15 号子卫星再次激活	226:50	1972 年 04 月 26 日	04:44
X 射线谱仪——天蝎座 X-1 观 测结束	226:51	1972 年 04 月 26 日	04:45
视觉闪光现象观测开始	238:00	1972 年 04 月 26 日	15:54
视觉闪光现象观测结束	239:00	1972 年 04 月 26 日	16:54
X 射线谱仪——天蝎座 X-1 观 测开始	242:21	1972 年 04 月 26 日	20:15
电视新闻发布会开始	243:35	1972 年 04 月 26 日	21:29
电视新闻发布会结束	243:53	1972 年 04 月 26 日	21:47
喷气点火试验	245:00	1972 年 04 月 26 日	22:54
"天空实验室"污染拍摄开始	245:30	1972 年 04 月 26 日	23:24
X 射线分光仪——天蝎座 X-1 观测结束	245:51	1972 年 04 月 26 日	23:45
"天空实验室"污染拍摄结束	247:00	1972 年 04 月 27 日	00:54
X 射线谱仪——天鹅座 X-1 观 测开始	248:51	1972 年 04 月 27 日	02:45

阿波罗 16 号任务事件	飞行地面时间 （时：分：秒）	日期 （格林尼治时间）	时间 （时：分：秒）
X 射线谱仪——天鹅座 X-1 观测结束	251:51	1972 年 04 月 27 日	05:45
中途修正点火	262:37:20.7	1972 年 04 月 27 日	16:31:20
中途修正关机	262:37:27.1	1972 年 04 月 27 日	16:31:27
地球紫外线拍摄	263:00	1972 年 04 月 27 日	16:54
指令舱/勤务舱分离	265:22:23	1972 年 04 月 27 日	19:16:23
再入	265:37:31	1972 年 04 月 27 日	19:31:31
进入通信黑障	265:37:47	1972 年 04 月 27 日	19:31:47
回收船船载雷达发现指令舱	265:40	1972 年 04 月 27 日	19:34
出通信黑障	265:41:01	1972 年 04 月 27 日	19:35:01
回收部队看到指令舱	265:45	1972 年 04 月 27 日	19:39
抛掉前向防热层	265:45:25	1972 年 04 月 27 日	19:39:25
降落伞展开	265:45:26	1972 年 04 月 27 日	19:39:26
回收船发现指令舱的 VHF 回收信标信号	265:46	1972 年 04 月 27 日	19:40
主降落伞展开	265:46:16	1972 年 04 月 27 日	19:40:16
建立与指令舱的话音联系	265:47	1972 年 04 月 27 日	19:41
溅落（顶端朝下）	265:51:05	1972 年 04 月 27 日	19:45:05
指令舱恢复顶端朝上姿态	265:55:30	1972 年 04 月 27 日	19:49:30
蛙人到达指令舱	265:56	1972 年 04 月 27 日	19:50
环形浮囊充气	266:06	1972 年 04 月 27 日	20:00
舱门打开乘组出舱	266:10	1972 年 04 月 27 日	20:04
乘组登上直升机	266:22	1972 年 04 月 27 日	20:16
乘组登上回收船	266:28	1972 年 04 月 27 日	20:22
指令舱从水中起吊到回收船	267:30	1972 年 04 月 27 日	21:24
第一批样本从回收船空运出发	305:51	1972 年 04 月 29 日	11:45
第一批样本空运至夏威夷	308:20	1972 年 04 月 29 日	14:14
第一批样本空运离开夏威夷	309:03	1972 年 04 月 29 日	15:03
乘组离开回收船	311:36	1972 年 04 月 29 日	17:30
乘组抵达夏威夷希坎姆空军基地	313:27	1972 年 04 月 29 日	19:21
乘组离开希坎姆空军基地	314:13	1972 年 04 月 29 日	20:07
第一批样本空运至得克萨斯州休斯顿	316:38	1972 年 04 月 29 日	22:32
指令舱运抵夏威夷	321:36	1972 年 04 月 30 日	03:30
乘组抵达休斯顿埃林顿空军基地	321:46	1972 年 04 月 30 日	03:40

续表

阿波罗 16 号任务事件	飞行地面时间 （时：分：秒）	日期 （格林尼治时间）	时间 （时：分：秒）
指令舱离开夏威夷	360：06	1972 年 05 月 01 日	18：00
指令舱到达加利福尼亚州圣迭戈北岛海军航空站	462：06	1972 年 05 月 06 日	00：00
指令舱喷气控制系统二氧化氮钝化过程中,地面支持设备净化单元贮箱发生爆炸	—	1972 年 05 月 07 日	
指令舱钝化	606：06	1972 年 5 月 11 日	00：00
指令舱从北岛海军航空站出发前往加利福尼亚州唐尼市合同商的厂房	609：06	1972 年 05 月 12 日	03：00
指令舱运抵合同商的厂房	616：36	1972 年 05 月 12 日	10：30
收到子卫星的最后遥测（就在撞向月球表面之前）	1 034：37	1972 年 05 月 29 日	20：31
阿波罗月面实验装置中心站由地面指令关闭	—	1977 年 09 月 30 日	

阿 波罗 17 号

第十一次载人任务：第六次登月
（1972 年 12 月 7—19 日）

背景

阿波罗 17 号任务是第三次 J 类任务，将从月面和月球轨道对月球进行更大范围的科学研究。尽管所使用的飞船和运载火箭与阿波罗 15 号、16 号任务基本相同，但某些实验是本次任务唯一的。这也是阿波罗计划中最后一次载人登月任务。

这次任务的主要目标包括：

- 进行月球学检查、勘测，并在月球预选区域采集物质和月面特征样本；
- 安放并激活月面实验装置；
- 完成飞行过程中的实验和拍摄任务。

任务乘组的成员是指令长尤金·安德鲁·吉恩·赛尔南（美国海军），指令舱驾驶员罗纳德·埃尔文·埃文斯（美国海军），登月舱驾驶员哈里森·哈根·杰克·施密特博士。赛尔南 1963 年入选宇航员，这是他的第三次太空飞行。他曾经是双子座 9-A 任务的驾驶员，阿波罗 10 号任务的登月舱驾驶员，阿波罗 10 号完成了首次月球轨道登月舱试验和首次载人登月彩排。赛尔南 1934 年 3 月 14 日出生在伊利诺伊州芝加哥市，执行阿波罗 17 号任务时 38 岁，1956 年在普渡大学获得电机工程学士学位，1963 年在美国海军研究生院获得航空工程硕士学位。他此次任务的备份宇航员是约翰·沃兹·杨（美国海军）。埃文斯和施密特在本次任务中都是第一次太空飞行。埃文斯[①] 1933 年 11 月 10 日出生在堪萨斯州圣弗朗西斯科，执行阿

---

① 埃文斯于 1990 年在亚利桑那州斯科茨代尔死于心脏病。

波罗 17 号任务时 39 岁,1956 年在堪萨斯大学获得电机工程学士学位,1964 年在美国海军研究生院获得航空工程硕士学位,1966 年入选宇航员。他的备份宇航员是斯图尔特·艾伦·鲁萨(美国空军)。施密特作为一名地质学家成为第一位实地探索月球的科学家。他于 1935 年 7 月 3 日出生在新墨西哥州桑塔丽塔,执行阿波罗 17 号任务时 37 岁。他于 1957 年在加利福尼亚理工大学获得科学学士学位,1964 年又在哈佛大学获得地质学博士学位,1965 年入选宇航员。他的备份宇航员是小查尔斯·莫斯·杜克(美国空军)。本次任务的飞船通信员是查尔斯·戈登·富勒顿(美国海军)、罗伯特·富兰克林·奥弗迈耶(美国海军陆战队)、罗伯特·艾伦·里德利帕克博士、约瑟夫·帕西瓦尔·艾伦四世博士、小艾伦·巴特利特·谢泼德(美国海军)、托马斯·肯尼斯·肯·马丁利二世(美国海军)、杜克、鲁萨和杨。支持乘组包括奥弗迈耶、帕克和富勒顿。飞行主任是杰拉德·D. 格里芬(第一班),尤金·F. 克兰兹和尼尔·B. 哈钦森(第二班)和 M. P. 彼得·弗兰克和查尔斯·R. 刘易斯(第三班)。

阿波罗 17 号的运载火箭是"土星 V",代号 AS-512。任务还有一个代号是东靶场#1701。指令勤务舱的代号是 CSM-114,绰号"美利坚"。登月舱代号是 LM-12,绰号"挑战者"。

着陆点

阿波罗 17 号将是最后一次任务,这在很大程度上影响了着陆点的选择。选择工作在阿波罗 16 号飞船起飞之前就开始了,人们对月球历史上的"重大事件"已经了解到何种程度,或可能被阿波罗 16 号任务解决到什么程度,都影响到着陆点的选择。因此阿波罗 17 号任务的目标引发了激烈的讨论。南部高地的第谷和月球背面的齐奥尔科夫斯基环形山都是令人特别感兴趣的区域,但是不具备工程实现的条件。风暴洋南部的湿海盆地仅有部分被淹没,伽桑狄环形山就坐落在湿海盆地边缘及其内部月海的北岸之间。伽桑狄环形山完全处于盆地边缘的内侧,直径为 50 海里,由于月壳均衡抬升,其坑底呈现极度破碎的状态。在这个环形山内着陆,可对其中央的山峰进行采样,确定环形山的年代,就像将一束光投射到封闭的盆地内。然而,这一选择却不可避免地受到了"进一步将月球'热引擎'被激活的时间范围弄准确"这一想法的驱动。雨海盆地的构造已经清楚了,它是由不断上涌的熔岩在 5 亿年的时间里淹没了大多数盆地而形成的,本次任务探索的目标是晚期的火山。马利厄斯丘陵和戴维峡谷并不值得采用 J 类任务进行探索,因此最终的选择落到了伽桑狄地区,直径为 60 海里的阿方索环形山,其坑底似乎有数座火山，而且在澄海盆地的东部边缘还出现了黑色覆盖物。海玛斯山脉的沟壑表明，澄海形成于雨海盆地之前。尽管澄海在相当长的一段时间里没被熔岩淹没，但有人认为这种地质活动其实在雨海熔岩上涌之前就已经开始了。毫无疑问，澄海不是一下子被淹没的。在东南部边缘的黑色物质，整体上看要比中部的浅色熔岩年轻很多。造访这一区域有可能兼顾到远古和非常年轻的两种地质形态。在重新指定弗拉·毛罗为着陆点之前，曾打算将阿波罗 14 号任务派往直径为 17 海里的利特罗环形山以西 33 海里，去采集那里纵横交错的沟谷及压缩"皱脊"上的黑色覆盖物。利特罗环形山就位于该盆地东部边缘外，但这里只适合单一路线的 H 类任务，对于 J 类任务来说不太值得。因此着陆点选择者沿着布满黑色覆盖物的弧形东部边缘研究了多种着陆点。沃登在阿波罗 15 号飞船上曾勘察过这个地区，当时斯科特和欧文正在哈德利-亚平宁进行月面探索。沃登注意到在利特罗以南金牛山脉的山谷中有一串小型"暗晕"环形山。此外，他还发现有一些黑色条纹穿过山脉的侧面，这可能意味着存在熔岩喷涌。由此金牛-利特罗地区成为了首选目标。1972 年 2 月正式将寻找月球地质学"圣杯"的任务指派给阿波罗 17 号，要明确证明"热引擎"仍然存在。这次任务将是阿波罗计划一个再合适不过的尾声。

　　就像亚平宁地区一样，金牛山脉的各个山丘是隆起的月壳板块。它们的高度似乎只有亚平宁山脉的一半，之所以如此的一部分原因是它们被淹没得更彻底。着陆点就选在一串直径为 2 000 英尺的环形山的东侧、一个 6 海里宽的山谷的平坦底部。几个山丘被赋予了平淡无奇的名字：北丘、南丘和东丘。北丘东部几座较低的圆丘一直向东延伸到东丘的北翼，由于它们看起来被"侵蚀"得厉害，因此被称为"雕塑丘"。阿波罗 15 号任务在轨道和月球表面拍摄的照片可以证实，亚平宁山脉各个峰顶的风化层覆盖物已经落下山去，尽管斯科特和欧文原本打算在哈德利德尔塔山侧翼的较低处寻找一些巨石，从而可以采集比所到之处海拔更高的样本，但是他们发现山的侧翼出奇的干净。有趣的是，沃登曾经在形成金牛山谷的山丘上看到巨石的踪迹，而且赛尔南和施密特想采集一些岩石的样本，沿着这些岩石的踪迹可以追踪到某处露出地表的岩石。虽然选择金牛-利特罗地区的动因是搜寻近期的火山活动，但主要的目标是了解丘陵的特点。黑色覆盖物完全顺着地形走的事实说明它曾经是熔岩流，但山丘上的条纹意味着有熔岩喷涌，而让人联想到火山口的"暗晕"环形山进一步支持了上述推断。在阿波罗 16 号任务发现凯利环形山并非火山之前，舆论一致认为金牛-利特罗山谷极其平坦的谷底是最近才被黑色火成碎屑物覆盖的古代盆地。在吸取了前期的教训后,地质学家开放地接受了一系列工作假设。事实上,为了保护自己,他们的工作假设还包括谷底有可能是流动的角砾岩喷出物,就像凯利地区一样。据此,绘制的地质地图在形态上将谷底描绘成"底层单元"。通过探查谷底的大型环形山坑壁上暴露出来的层理结构确定其真实属性和采集那里的喷出物样本成为本次任务的第二目标。有证据表明,这条山谷处于第谷环形山喷出物"射线"内,谷底的一些环形山很可能是这一事件的副产物。如果这一点成立,黑色边缘就意味着推定存在的火山年龄不会太大。尽管证实这一图片的地质学解释将是一个巨大的成果,但其证据过于薄弱以至于弄清楚丘陵和底层的特征退居到次要地位。地质学家对南丘底部的浅色物质更感兴趣,这些物质看上去与雪崩后的产物极其相似。由于坡面不是特别陡,没有超出休止角(松散的无黏性土堆积时能够保持稳定的最大坡角,译者注),一次巨大的震动必然会使物质产生移动。南丘的侧面几乎没有环形山,但在山顶有一串。雪崩式地质运动有可能是构造这些环形山的震动引发的。这是一个风险很大的假设,但是这些环形山在第谷环形山和中央环形山山群之间的谷底排成一线,也许相互之间都有联系。如果真是这样,那么雪崩岩石的"暴露年代"应该与从谷底挖出的岩石一样。如果这一推测成立,那么就可以准确确定第谷这一南部高地最突出的放射状环形山的年龄了,这将是一个令人欢欣鼓舞的成果。为了避免过早下结论,这些假定的雪崩物质被命名为"浅色覆盖物"。这些似乎还不够,有一段横亘在谷底的陡坡被发现,山谷的东部在陡坡的下方。虽然有 250 英尺高,但这个陡坡看上去比较平缓,赛尔南和施密特希望能将车开上去,采集从南丘滚落的巨石,南丘是"浅色覆盖物"的一部分而且包围着南森环形山。

　　正因为有这么多潜在的重要特征等待验证,施密特想说服各方延长在月面驻留的时间,从而可以进行第四次探索,但这要牺牲部分科学实验来换取勘察所需的资源,地质学家们不同意。最终设计了三次勘察来解决多个地质学研究目标。这些目标按优先级排序如下:

　　1. 通过研究在北丘和南丘采集的巨石,了解澄海盆地边缘的特点,那里的地质环境有可能与突出地表的岩石有关;

　　2. 通过研究在中央环形山群采集的样本,确定底层单元的特性;

　　3. 通过研究在肖蒂环形山和范泽格深晕环形山采集的样本,证明月球在近 1 亿年的时间内有火山活动;

　　4. 采集浅色覆盖物;

　　5. 研究雕塑丘与盆地边缘的关系;

　　6. 研究陡坡的特性。

第一次勘察,向南探访了中央环形山群里的几个环形山,过程中要按计划布设阿波罗月面实验装置。第二次勘察包括驱车向西较远距离到达陡坡的上沿,目的是检测与"浅色覆盖物"有关的巨石并采样肖蒂环形山。第三次勘察向北,采样北丘侧面的巨石,并勘察雕塑丘。这是一个雄心勃勃的计划。

发射准备

最终倒计时在射前 28 小时,即 1972 年 12 月 5 日格林尼治时间 12:53:00 开始。计划内的中断有两次,分别是射前 9 小时中断 9 小时和射前 3 小时 30 分钟中断 1 小时。倒计时进展得比较顺利,但在射前 2 分钟 47 秒时,最终倒计时时序器出现故障,没能发出 S-ⅣB 级 LOX 贮箱加压指令。其结果是自动中止指令在射前 30 秒发出,从而使发射延误了 1 小时 5 分钟 11 秒。倒计时重新回到射前 22 分钟,但为了纠正时序器的错误,在射前 8 分钟再次中断。这次中断持续了 1 小时 13 分钟 19 秒。然后倒计时从射前 8 分钟重启并一直顺利推进到发射。延误时间总计 2 小时 40 分钟。阿波罗 17 号在夜间发射,其间卡纳维拉尔角区域气温温和,地面风平缓。这种天气状况是由覆盖佛罗里达大部分地区的暖湿气团形成的。一股自东北向西南发展的冷空气前沿正在过境佛罗里达半岛,并将这一暖气团与覆盖南部剩余地区的极冷气团分离开来。卡纳维拉尔角地区的地面风平缓,风向西北。最大风带位于佛罗里达北部,并逐步减弱从高空过境卡纳维拉尔角地区。发射时,天空层积云两成(云底高 2 600 英尺),卷云五成(云底高 26 000 英尺),温度为 70.0 华氏度,相对湿度为 93%,大气压力为 14.795 磅/平方英寸。通过发射场灯柱上距地面 60.0 英尺高的风速计测得风速为 8.0 节,风向为从真北起算 5 度。530 英尺高度时风速达到 10.5 节,风向为从真北起算 335 度。

阿波罗 17 号准备事件	日　期
S-Ⅱ-12 级运抵肯尼迪航天中心	1970 年 10 月 27 日
S-ⅣB-512 级运抵肯尼迪航天中心	1970 年 12 月 21 日
指令舱与勤务舱各系统厂内独立和联合测试完成	1971 年 05 月 08 日
LM-12 厂内最终工程评估验收测试	1971 年 05 月 23 日
LM-12 厂内综合测试	1971 年 05 月 23 日
LM-12 上升级准备从厂内用船运往肯尼迪航天中心	1971 年 06 月 14 日
LM-12 下降级准备从厂内用船运往肯尼迪航天中心	1971 年 06 月 14 日
LM-12 上升级运抵肯尼迪航天中心	1971 年 06 月 16 日
LM-12 下降级运抵肯尼迪航天中心	1971 年 06 月 17 日

阿波罗 17 号准备事件	日　　期
指令舱与勤务舱各系统厂内综合测试完成	1971 年 08 月 02 日
CM-114 和 SM-114 准备从厂内用船运往肯尼迪航天中心	1972 年 03 月 17 日
CM-114 和 SM-114 运抵肯尼迪航天中心	1972 年 03 月 24 日
飞船/登月舱适配器 SLA-21 运抵肯尼迪航天中心	1972 年 03 月 24 日
CM-114 和 SM-114 对接	1972 年 03 月 28 日
CSM-114 各系统联合测试完成	1972 年 05 月 09 日
S-ⅠC-12 级运抵肯尼迪航天中心	1972 年 05 月 11 日
S-ⅠC-12 级在 MLP-3 起竖	1972 年 05 月 15 日
LM-12 各级对接	1972 年 05 月 18 日
S-Ⅱ-12 级起竖	1972 年 05 月 19 日
LRV-3 运抵肯尼迪航天中心	1972 年 06 月 02 日
LM-12 各系统联合测试完成	1972 年 06 月 07 日
土星Ⅴ仪器单元 IU-512 运抵肯尼迪航天中心	1972 年 06 月 07 日
CSM-114 高空测试完成	1972 年 06 月 19 日
IU-512 起竖	1972 年 06 月 20 日
S-ⅣB-512 级起竖	1972 年 06 月 23 日
运载火箭电系统测试完成	1972 年 07 月 12 日
LM-12 高空测试完成	1972 年 07 月 25 日
运载火箭推进剂发散/故障整体测试完成	1972 年 08 月 01 日
运载火箭勤务臂整体测试完成	1972 年 08 月 11 日
LRV-3 安装	1972 年 08 月 13 日
CSM-114 运至飞行器组装厂房	1972 年 08 月 22 日
飞船起竖	1972 年 08 月 23 日
飞船运至飞行器组装厂房	1972 年 08 月 24 日
飞行器和 MLP-3 转运至 39 号 A 发射工位	1972 年 08 月 28 日
LM-12 各系统联合测试完成	1972 年 09 月 06 日
CSM-114 各系统综合测试完成	1972 年 09 月 11 日
LM-12 飞行准备就绪测试完成	1972 年 10 月 04 日
CSM-114 与运载火箭电气对接	1972 年 10 月 11 日
飞行器整体测试＃1(插合)完成	1972 年 10 月 12 日
飞行器整体测试完成	1972 年 10 月 17 日
飞行器飞行准备就绪测试完成	1972 年 10 月 20 日
S-ⅠC-12 级 RP-1 燃料加注完成	1972 年 11 月 10 日
飞行器倒计时验证测试(湿)完成	1972 年 11 月 20 日
飞行器倒计时验证测试(干)完成	1972 年 11 月 21 日

上升段

　　阿波罗 17 号于 1972 年 12 月 7 日,格林尼治时间 05:33:00(美国东部标准时间 00:33:00)的发射时间从肯尼迪航天中心 39 号工位 A 发射台点火升空。为了让计划落月时刻的月面太阳高度角达到 13.3 度以便取得良好的光照条件,发射窗口从格林尼治时间 02:53:00 延长到 06:31:00。起飞后 T+12.9 秒至 T+14.3 秒,航天器从北偏东 90 度的发射台方位角滚动到北偏东 91.503 度的飞行方位角。在上升过程中飞行器在高度 38 945 英尺时遭遇最大风况,风速为 87.6 节,风向为从真北起算 311 度。最大风切变为 0.017 7/秒,高度为 26 164 英尺。S-ⅠC 级于 T+161.20 秒关机,随后 S-ⅠC 级与 S-Ⅱ 级分离,接着 S-Ⅱ 级点火。S-Ⅱ 级在 T+559.66 秒关机,接下来与 S-ⅣB 级分离,S-ⅣB 级于 T+563.80 秒点火。S-ⅣB 级于 T+702.65 秒实施第一次关机,比预定轨道速度仅高了 1.0 英尺/秒,高度低了 0.1 海里。T+712.65 秒入轨(即 S-ⅣB 级关机时间加上计入发动机尾推力终止和其他瞬时效应的 10 秒),停泊轨道远地点和近地点分别为 90.3 海里×90.0 海里,倾角为 28.526 度,周期为 87.83 分钟,速度为 25 603.9 英尺/秒。远地点和近地点基于半径为 3 443.934 海里的球面地球计算而来。

　　COSPAR 将进入轨道的指令勤务舱命名为"1972-096A",将 S-ⅣB 级命名为"1972-096B"。在月球轨道从指令勤务舱脱离后,登月舱上升级被命名为"1972-096C",下降级被命名为"1972-096D"。

地球轨道段

　　各系统完成飞行中的检查后,飞船于 003:12:36.60 实施了 351.04 秒的进入地月转移轨道机动(S-ⅣB 级第二次点火)。003:18:27.64 S-ⅣB 级发动机关机并于 10 秒后进入地月转移轨道,速度达到 35 555.3 英尺/秒。此时已经完成了两个地球轨道圈次的飞行,耗时 3 小时 6 分钟 44.99 秒。

地月转移段

　　指令勤务舱于 003:42:27.6 从 S-ⅣB 级分离出来,随后掉头,并于 003:57:10.7 完成与 S-ⅣB 级的对接。在对接过程中,显示对接环有一个插销出现故障。于是登月舱加压,舱门打开,发现 7 号、9 号和 10 号插销没有锁死。所有插销经过人工操作后,对接状态的飞船组合体于 004:45:02.3 从 S-ⅣB 级弹射出去。接着飞船组合体于 005:03:01.1 实施了 79.9 秒的规避机动。S-ⅣB 级各贮箱于 006:09:59.8 开始排气,辅助推进系统点火 98.2 秒,使 S-ⅣB 级瞄准撞向月球。011:14:59.8 实施了第二次机动,时长 102.2 秒。
S-ⅣB 级于 086:59:42.3 撞击到月球,撞击点的月球坐标为南纬 4.21 度、
西经 12.31 度,距离瞄准点大约 84 海里,距离阿波罗 12 号月震仪 183 海
里,距离阿波罗 14 号月震仪 85 海里,距离阿波罗 15 号月震仪 557 海里,距
离阿波罗 16 号月震仪 459 海里。上述 4 台月震仪都记录到了这次撞击。
撞击时 S-ⅣB 级的质量为 30 712 磅,速度达到 8 366 英尺/秒。

　　发射时间比原计划推迟了 2 小时 40 分钟,迫使地面控制人员不得不修
改阿波罗 17 号的轨道,从而保证飞船按照最初计划的时间到达月球。他们
让乘组在 035:29:59.91 实施了 1.73 秒的中途修正,将速度提高了 10.5 英
尺/秒,从而缩短了地月转移滑行时间。指令长和登月舱驾驶员在 040:10
开始进入登月舱。进舱过程中,发现 4 号对接插销处于异常状态。指令舱
驾驶员在 30 度到 45 度之间转动插销手柄,使挂钩与对接环分离。与地面
控制人员讨论后,乘组决定在进行下一次登月舱活动前暂时不对插销采取
进一步措施。登月舱剩下的舱室整理工作如常进行,并于 042:11 结束。热
流与对流演示验证实验按计划正常进行。第一次演示验证于 042:55 开始,
飞船处于姿态保持模式;第二次演示验证时飞船采取被动热控模式。两次
实验都取得了令人满意的结果,实验于 046:00 结束。登月舱第二次舱室整
理工作于 059:59 开始,在 062:16 结束。登月舱各系统检查中状态正常。
在舱室整理期间,指令舱驾驶员对 4 号插销进行了故障检查。按照地面控
制人员的指示,他敲击插销的手柄,随后又将插销扳开,处于指令勤务舱/登
月舱交会时的竖起状态。065:39 乘组进行了长达 1 小时的视觉闪光现象
观测。他们报告称可以看到范围从明亮到昏暗的闪光。081:32:40,勤务舱
科学仪器舱舱门被抛掉。086:14:22.60,在距月面 76.8 海里高处,飞船勤
务推进系统点火工作 393.16 秒,将飞船送入 170.0 海里×52.6 海里的月
球轨道。地月转移滑行段总共持续了 83 小时 2 分钟 18.11 秒。

月球轨道和月面段

　　飞船勤务推进系统于 090:31:37.43 实施了 22.27 秒的机动,将飞船降
低到 59.0 海里×14.5 海里的下降轨道,为登月舱分离做好准备。指令勤
务舱/登月舱组合体在这一轨道上运行了 17 个小时。107:47:56,在月面上
空 47.2 海里处实施了 3.4 秒机动,指令勤务舱与登月舱分离,这时的轨道
是 61.5 海里×11.5 海里。分离后指令勤务舱于 109:17:28.92 实施了
3.80 秒的轨道圆化机动,进入 70 海里×54 海里的轨道。登月舱于
109:22:42 实施第二次入下降轨道机动点火,点火时长 21.5 秒,将轨道降至

59.6 海里×6.2 海里。登月舱从这一轨道上，于 110：09：53，在 8.7 海里高度，启动 725 秒的动力下降机动。着陆时刻为 110：21：58(12 月 11 日格林尼治时间 19：54：58)，着陆点的月球坐标为北纬 20.190 80 度、东经 30.771 68 度，在计划着陆点东侧 656 英尺。发动机关机时还剩余 117 秒的点火工作时间。

114：21：59，登月舱舱内开始泄压，第一次舱外活动开始。指令长将他踏上月面的第一步献给"所有为之付出努力的人们"。施密特刚一到月面，便被黑色覆盖物的特征吸引住了：月面表层不是火成碎屑物，而是混有极细晶体的像是"经过园艺处理"的结石碎片。这些碎片来自浅灰色的辉石。辉石的粗糙晶体和小气泡表明它是一种在月面浅层凝固的辉长岩。月球漫游车(LRV-3)于 114：51：10 卸载。按照预先计划，电视传输直到月球漫游车系统激活后才开始。指令长在月球漫游车上工作时，小腿口袋里的锤子不小心撞断了右后轮挡泥板的突出部分，好在能用胶带固定。环绕登月舱试驾了月球漫游车后，乘组采集了一些月球样本并拍摄了全景照片。然后于 115：40：58 展示了美国国旗，在之前整个阿波罗计划期间这面旗帜一直悬挂在任务控制中心。115：58：30，阿波罗月面实验装置从登月舱上卸载下来，随后被放置到着陆点西北偏西 600 英尺处。乘组于 119：11：02 开始首次勘察，119：24：02 到达 1 号站点。原本打算勘察斯坦诺——一个直径为 2 000 英尺、位于已经挖掘过的底层南侧 0.4 海里处的环形山；然后勘察 0.55 海里外大小类似的埃默里环形山。但是放置阿波罗月面实验装置花费了太多时间，只好放弃了对埃默里环形山的造访。这成为了遗憾，因为该环形山正好位于黑色覆盖物的边缘。时间不断流逝，但斯坦诺环形山的位置却很难找到，因此他们选择不到指定的地点采样，而是采样了一个 60 英尺宽的环形山，后来确认那里距斯坦诺环形山不到 500 英尺。环形山边缘的岩块与着陆点的完全相同表明它们的底层是水平同质的。他们于 119：56：47 离开。在返程路上，挡泥板的突出部分脱落，车尾卷起的烟尘像公鸡尾巴一样，使月球漫游车和乘组身上沾满了尘土。乘组在登月舱短暂停留，放置了一个月震分析炸药，于 120：11：02 到达与阿波罗月面实验装置相对的登月舱另一侧的站点，展开月面电特性实验。乘组于 120：36：15 返回登月舱并进入舱内。121：33：42 登月舱开始加压。第一次舱外活动持续 7 小时 11 分钟 53 秒，月球漫游车行驶距离为 1.8 海里，行驶时间为 33 分钟，采集样本 31.53 磅。

80 分钟后开始了第二次舱外活动，舱内泄压于 137：55：06 开始。在开始舱外活动之前，地面控制人员上传了一套替换丢掉的挡泥板突出部分的修理方案：将四张地图，用胶带粘在一起，然后用手提式通用工作灯的两个夹子将它们固定到位,做出了一个相当不错的替代品。138:44:02,乘组把物资装上月球漫游车,驱车前往月面电特性实验装置所在地,于 138:51:43 开始向西行驶。途中他们路过卡米洛特——一个直径为 2 200 英尺、中央环形山群中最大的环形山,以证实其南部边缘散落着巨大的岩块。接下来是霍雷肖环形山,尽管那里没有岩块,但坑壁上有分层,可以看出底层上覆盖了厚达 60 英尺至 100 英尺的风化层。继续向西行进,他们进入了浅色覆盖物区域,其边缘是一层薄薄的细颗粒物质。那里的斜坡比较光滑,虽然月球漫游车不得不采用"之"字形路径在 30 度的坡面上爬升,但很容易就爬到了坡顶。一旦到达谷底的抬升部分,乘组便向南森——南丘底部的一片透镜状洼地——行进,乘组在 140:01:30 到达 2 号站点,距离登月舱 4 海里。南丘的侧面大多呈现棕灰色,但是在丘顶附近的缓坡处有蓝灰色突出月表的岩石,巨石从那里滚落,有可能在南森停下,南森的南部到处是岩堆。采样点选在位于南森东侧 300 英尺的另一簇岩石。最终证实所有的岩石都属于各种类型的角砾岩。乘组于 141:07:25 离开 2 号站点,并在 141:48:38 到达 3 号站点,这是斜坡底部浅色覆盖物上的一个直径为 35 英尺的环形山,到乘组离开时已经是 142:25:56。由于行程有所拖延,4 号站点的大部分活动被取消。4 号站点位于直径为 330 英尺的"暗晕"肖蒂环形山,这里曾经被怀疑是火山口。142:42:57 乘组到达那里,在边缘的一个岩块附近发现了一片有趣的"橙色月壤",为此他们特意抽出时间采集了一管岩芯样本。初步结论认为这是火山喷气孔中的物质氧化后形成的。这一发现支持了火山运动仍在继续的观点。乘组在 143:19:03 离开肖蒂环形山,迅速赶往卡米洛特环形山,143:45:15 他们在其南部边缘的巨石中建立了 5 号站点,证实了底层是由辉石辉长岩构成的。144:15:58 乘组离开,并于 144:32:24 返回到登月舱。在这次勘察中,为了配合月球月震分析实验,他们放置了 3 个炸药包,此外进行了 7 次导线重力计测量,收集了大量样本,并拍摄了 500 毫米和全景照片。他们返回登月舱后,舱内于 145:32:02 开始加压。第二次舱外活动持续了 7 小时 36 分钟 56 秒。月球漫游车总共行进了 11.0 海里,行车时间累计为 2 小时 25 分钟,共采集月球样本 75.18 磅。

乘组在登月舱内停留 15 小时 30 分钟,舱内于 160:52:8 开始泄压,第三次舱外活动开始,比预定时间推迟了大约 50 分钟。他们于 161:42:36 出发探索山谷的东北部。首先向北,目标是北丘脚下一块命名为"转角岩"的房屋大小的岩石,在那里他们转向东并沿斜线爬上一个倾角为 20 度的坡面,于 162:11:24 到达 6 号站点,那里是距谷底 250 英尺的一块台地,上面有一块更大的岩石。它是从高处一块突出的巨岩上滚落下来的,留下了清晰的痕迹,停在这里并碎裂开。这一次的计划比较灵活,从而让施密特可以彻底勘察 80 英尺长的整个证据链。163:22:10 乘组继续向东,他们下坡到另一块巨石所在的 7 号点,到达时间为 163:29:05。163:51:09 他们出发前往雕塑丘丘脚的 8 号站点,164:07:40 到达,164:55:33 离开。165:13:10 他们抵达 9 号站点——范泽格环形山。发现那里散布的并非石块而是风化的角砾岩,风化层上有个很深的撞击坑,这次撞击还形成了大量的"速成岩"。乘组于 166:09:25 离开,返回登月舱时已是 166:37:51。宇宙射线实验装置是在勘察开始前不久回收的。在勘察过程中,拍摄了 500 毫米和全景照片,进行了 9 次导线重力计测量,放置了若干次月震分析炸药。在 9 号站点时,乘组注意到接收机的温度已经升高到影响数据磁带的程度了,便及时中止了月面电特性实验,并取出了记录设备。在返回登月舱途中,回收了月球中子探测实验装置。与施密特返回到登月舱时,赛尔南特意停顿了一下,回顾他们的成绩并展望未来。他说:"我只想说,我确信历史将会记住:美国人今天的挑战必将铸就人类未来的命运。当我们离开月球的金牛-利特罗时,我们的离开正如我们的到来一样,如上帝所愿,我们还将带着全人类的和平与希望再次回来。"说完,他爬上舷梯。在抛掉部分设备后,舱内于168:07:56 开始恢复加压。由此结束了人类的第六次月球探索活动。第三次舱外活动持续了 7 小时 15 分钟 8 秒。月球漫游车行进的距离为 6.5 海里,行驶时间为 1 小时 31 分钟,采集月球样本 136.69 磅。

本次任务中,在登月舱外的活动时间累计 22 小时 3 分钟 57 秒,月球漫游车行进的总里程为 19.3 海里,行驶时间为 4 小时 29 分钟,采集月球样本总计 243.65 磅(110.52 千克,此数值为休斯顿月球接收实验室测定的官方公制数据),到达距登月舱最远点的距离为 25 029 英尺。三次舱外活动期间都进行了高质量的电视传输。

在进行月面探索的同时,月球轨道上也开展了大量的科学活动。除了使用全景相机、测绘相机和激光高度计(这些设备在之前的几次任务中使用过),在勤务舱进行的实验中还包括了 3 个新的实验。一台紫外光谱仪用于测量月球大气密度和组成,一台红外辐射计用于测绘月球的热特性,还有一台测深仪用于获取月面下结构的数据。登月舱在月面期间,指令勤务舱的月球轨道与预测一致,没有出现衰减。接下来,指令勤务舱在 178:54:05.45实施了 37.50 秒的轨道修正机动,将轨道降低到 67.3 海里×62.5 海里,随后又在 179:53:53.83 按计划实施了 20.05 秒的变轨道面机动,将轨道调整到 62.8 海里×62.5 海里。

上升级发动机于 185:21:37(12 月 14 日格林尼治时间 22:54:37)点火

从月面起飞。登月舱在月面驻留了 74 小时 59 分钟 40 秒。上升级发动机持续工作了 441 秒,将飞船送入 48.5 海里×9.1 海里的初始月球轨道。在 2 小时后进行对接之前,还要进行几次程序内的交会机动。185:32:12 进行了一次 10 秒的微调机动,轨道变为 48.5 海里×9.4 海里。最后在 186:15:58 实施了 3.2 秒的末段启动,将上升级送入 64.7 海里×48.5 海里的轨道。187:37:15,在月面上方 60.6 海里处,登月舱上升级与指令勤务舱完成对接。此时,两艘飞船已经分离了 79 小时 49 分钟 19 秒。在乘组和月球样本转移到指令勤务舱后,上升级于 191:18:31 被抛掉,指令勤务舱准备进入月地转移轨道。通过遥控上升级实施了一系列机动以撞向月面。191:23:31,指令勤务舱实施了 12 秒的机动,拉开了与登月舱的距离,进入 63.9 海里×61.2 海里的轨道。上升级在月面上空 60.5 海里处实施了 116 秒的离轨机动,到 193:00:10 上升级的推进剂全部耗尽。193:17:20.8,上升级撞击到月面,撞击点的月球坐标为北纬 19.96 度、东经 30.50 度,距离瞄准点 0.7 海里,位于阿波罗 17 号着陆点西南 4.7 海里处。阿波罗 12 号、14 号、15 号和 16 号的月震仪都监测到了这次撞击。乘组安放在月面的 8 个炸药包中的前两个分别在 210:15:14.56 和 212:44:57.11 引爆。两次爆炸均被月球月震分析检波器记录了下来,而且第二次爆炸产生的闪光和烟尘被电视摄像机拍摄到了。第三个月面炸药包在 229:35:34.67 引爆。然而在 218:20,235:04 和 235:13 向月面摄像机发送指令时,电视摄像机装置和月面通信中继单元没有工作。事后分析认为是中继单元过热引发了设备故障。

234:02:09.18,在月面上空 62.1 海里处,勤务推进系统点火工作 143.69 秒,指令勤务舱于 234:04:32.87 进入月地转移轨道,入轨时速度为 8 374.3 英尺/秒,此时它已经在月球轨道上运行了 75 圈,历时 147 小时 43 分钟 37.11 秒。乘组在月球轨道上多停留了一天,开展了多项科学实验。

月地转移段

第四和第五个月面炸药包分别在 235:09:36.79 和 238:12:46.08 引爆,各月震检波器都收到了两次很强的信号。254:54:40 指令舱驾驶员开始进行月地转移段 1 小时 5 分钟 44 秒的舱外活动,并且对地球进行电视直播。在此期间他分三次从科学仪器舱取回了月球测深仪胶片,全景相机和测绘相机的胶卷暗匣。这将此次任务舱外活动总时间延长到 23 小时 9 分钟 41 秒。最后 3 个炸药包分别在 257:43:41.06,259:11:56.82 和 261:44:28.28 引爆,并且都被月面月震检测器监测到。在月地转移段的后续飞行时间里,乘组再次进行了闪光实验,使用了红外辐射计和紫外光谱仪。298:38:01 进行了一次 9 秒的中途修正,速度增加了 2.1 英尺/秒。

阿波罗 17 号上升段事件	飞行地面时间（时：分：秒）	高度/海里	航程/海里	地球固连坐标系速度/（英尺/秒）	空间固连坐标系速度/（英尺/秒）	时长/秒	地心纬度/度（北纬）	经度/度（东经）	空间固连坐标系航迹角/度	空间固连坐标系指向角/度（北偏东）
起飞	000:00:00.63	0.060	0.000	1.1	1 340.6	—	28.447 0	−80.604 1	0.05	90.00
达到马赫数为 1	000:01:07.5	4.315	1.265	1 076.7	2 085.8	—	28.446 5	−80.508 2	26.91	90.29
最大动压	000:01:22.5	6.992	3.071	1 611.1	2 650.5	—	28.445 7	−80.546 0	28.89	91.04
S-IC 级中心发动机关机	000:02:19.30	25.388	27.795	5 646.8	6 862.7	146.2	28.432 9	−80.078 1	23.199	91.355
S-IC 级外围发动机关机	000:02:41.20	35.900	49.145	7 757.4	9 012.1	168.1	28.421 1	−79.674 1	20.428 5	91.718
S-IC/S-II 级分离*	000:02:42.9	36.776	51.112	7 778.4	9 036.1	—	28.420 0	−79.636 9	20.151	91.741
S-II 级中心发动机关机	000:07:41.21	93.420	591.254	17 064.6	18 439.6	296.61	27.575 4	−69.491 9	−0.058	97.647
S-II 级外围发动机关机	000:09:19.66	93.182	895.010	21 559.1	22 933.5	395.06	26.725 1	−63.890 8	0.254	100.395
S-II/S-IVB 级分离*	000:09:20.6	93.195	898.234	21 567.7	22 942.1	—	26.714 7	−63.831 4	0.244	100.424
S-IVB 级发动机第一次关机	000:11:42.65	92.082	1 417.476	24 225.0	25 598.0	138.85	24.713 9	−54.495 2	0.001 18	104.718
进入地球轨道	000:11:52.65	92.057	1 456.314	24 230.9	25 603.9	—	24.538 4	−53.810 7	0.000 3	105.021

* 这类事件仅获得了指令令发出时间

阿波罗 17 号地球轨道段事件	飞行地面时间（时：分：秒）	空间固连坐标系速度/（英尺/秒）	时长/秒	速度变化/（英尺/秒）	远地点/海里	近地点/海里	周期/分	倾角/度
进入地球轨道	000:11:52.65	25 603.9	—	—	90.3	90.0	87.83	28.526
S-IVB 级第二点火启动	003:12:36.60	22 589.4	351.04	—	—	—	—	—
S-IVB 级第二点火关机	003:18:27.64	35 579.5	—	10 376	—	—	—	28.466

阿波罗 17 号 地月转移轨道段事件	飞行地面时间 (时：分：秒)	高度/ 海里	空间固连 坐标系速度/ (英尺/秒)	时长/ 秒	速度变化/ (英尺/秒)	空间固连 坐标系 航迹角/度	空间固连 坐标系指 向角/度 (北偏东)
进入地月转移轨道	003:18:37.64	169.401	35 555.3	—	—	7.379	118.110
指令勤务舱从 S-IVB 级分离	003:42:27.6	3 566.842	25 344.9	—	—	44.177	102.769
指令勤务舱/登月舱从 S-IVB 级弹射出去	004:45:02.3	13 393.6	16 012.8	—	—	61.80	83.485
中途修正点火	035:29:59.91	128 217.7	4 058.1	—	—	76.40	66.71
中途修正关机	035:30:01.64	128 246.9	4 066.8	1.7	10.5	76.48	66.84

阿波罗 17 号 月球轨道段事件	飞行地面时间 （时：分：秒）	高度/ 海里	空间固连 坐标系速度/ （英尺/秒）	时长/ 秒	速度变化/ （英尺/秒）	远月点/ 海里	近月点/ 海里
进入月球轨道点火	086:14:22.60	76.8	8 110.2	—	—	—	—
进入月球轨道关机	086:20:55.76	51.2	5 512.1	393.16	2 988	170.0	52.6
第一次进入下降轨道点火	090:31:37.43	51.1	5 512.7	—	—	—	—
第一次进入下降轨道关机	090:31:59.70	50.9	5 322.1	22.27	197	59.0	14.5
指令勤务舱/登月舱分离启动	107:47:56	47.2	5 342.8	—	—	—	—
指令勤务舱/登月舱分离关机	107:47:59.4	—	—	3.4	1	61.5	11.5
指令勤务舱轨道圆化点火	109:17:28.92	58.6	5 279.9	—	—	—	—
指令勤务舱轨道圆化关机	109:17:32.72	58.8	5 349.9	3.80	70.5	70	54
登月舱第二次进入下降轨道点火	109:22:42	59.6	5 274.5	—	—	—	—
登月舱第二次进入下降轨道关机	109:23:03.5	59.6	5 267.0	21.5	7.5	59.6	6.2
登月舱动力下降点火	110:09:53	8.7	5 550.3	—	—	—	—
登月舱动力下降关机	110:21:58	—	—	725	6 698	—	—
指令勤务舱轨道修正点火	178:54:05.45	64.9	5 315.1	—	—	—	—

续表

阿波罗17号月球轨道段事件	飞行地面时间（时:分:秒）	高度/海里	空间固连坐标系速度/（英尺/秒）	时长/秒	速度变化/（英尺/秒）	远月点/海里	近月点/海里
指令勤务舱轨道修正关机	178:54:42.95	—	—	37.50	9.2	67.3	62.5
指令勤务舱变轨道面点火	179:53:53.83	—	—	—	—	—	—
指令勤务舱变轨道面关机	179:54:13.88	60.5	5 341.1	20.05	366	62.8	62.5
登月舱月面起飞点火	185:21:37	—	—	—	—	—	—
登月舱上升轨道关机	185:28:58	8	5 542.3	441	6 075.7	48.5	9.1
登月舱微调启动	185:32:12	9.4	5 534.7	—	—	—	—
登月舱微调关机	185:32:22	—	—	10	10.0	48.5	9.4
登月舱末段启动点火	186:15:58	44.6	5 333.3	—	—	—	—
登月舱末段启动关机	186:16:01.2	—	—	3.2	53.8	64.7	48.5
指令勤务舱/登月舱对接	187:37:15	60.6	5 341.7	—	—	—	—
抛掉登月舱上升级	191:18:31	60.6	5 343.4	—	—	—	—
指令勤务舱分离关机	191:23:31	—	—	—	—	—	—
指令勤务舱分离点火	191:23:43	—	—	12	2.0	63.9	61.2
登月舱上升级离轨点火	192:58:14	60.5	5 343.7	—	—	—	—
登月舱上升级离轨关机	193:00:10	58.9	5 130.1	116	286.0	—	—

阿波罗 17 号 月地转移轨道段事件	飞行地面时间 （时：分：秒）	高度/ 海里	空间固连 坐标系速度/ （英尺/秒）	时长/ 秒	速度变化/ （英尺/秒）	空间固连 坐标系航迹 角/度	空间固连 坐标系 指向角/度 （北偏东）
进入月地转移轨道点火	234：02：09.18	62.1	5 337.1	—	—	−0.18	257.32
进入月地转移轨道关机	234：04：32.87	63.1	8 374.3	143.69	3 046.3	2.46	259.47
中途修正点火	298：38：01	25 016.3	12 021.1	—	—	−68.43	34.63
中途修正关机	298：38：10	24 999.7	12 025.8	9	2.1	−68.42	34.63

回收

勤务舱于 301：23：49 被抛掉，指令舱沿着正常弹道于 301：38：38 以 36 090.3 英尺/秒的速度再入地球大气层（再入边界高度为 400 000 英尺）。此时已经完成了 67 小时 34 分钟 05 秒的月地转移滑行。指令舱依靠降落伞系统成功溅落在太平洋海面上，溅落时间为 12 月 19 日格林尼治时间 19：24：59。本次任务时长 301：51：59。落点位置估计为南纬 17.88 度、西经 166.11 度，距离瞄准点约 1.0 海里，距离美国海军"泰孔德罗加"号回收船 3.5 海里。指令舱在海面上呈现顶端朝上的漂浮姿态。乘组由直升机回收，在溅落 52 分钟后登上回收船。指令舱在 71 分钟后回收，其溅落时估算质量为 12 120 磅，任务中飞行距离估计约为 1 291 299 海里。乘组 12 月 21 日格林尼治时间 00：38 离开"泰孔德罗加"号回收船，于格林尼治时间 15：50 到达休斯顿。指令舱于 12 月 27 日格林尼治时间 19：30 运抵圣迭戈的北岛海军航空站进行钝化，这项工作在 12 月 30 日格林尼治时间 22：00 完成。指令舱于 1 月 2 日格林尼治时间 19：00 离开北岛，3 个小时后运抵加利福尼亚州唐尼市，由北美罗克韦尔空间分公司进行飞行后的分析。

结论

由于乘组的经验和设备优异的性能，最后一次阿波罗登月任务的各个方面都完成得十分精确，也相对轻松。通过任务后的数据分析得出下述结论：

1. 阿波罗 17 号任务是产出最大且问题最少的载人任务，代表了硬件、程序、训练、规划、操作和科学实验持续进步所达到的最高成就；

2. 阿波罗 17 号任务证明，科学家经过训练可以成为合格的宇航员，同时还具备专业技能和科学知识；

3. 夜间发射时恒星和地平线不可见，因此窗外校准技术不能用于姿态参考；

4. 在发射早期阶段的舱内动态环境下，让乘组进行故障排查和修正是不切实际的。因此，应当依靠地面控制或自动化手段进行故障排查，甚至在某些情况下依靠它们实施修正；

5. 这次任务和其他各次任务出现的问题表明，需要进一步研究以提高用于在空间环境中反复伸缩设备的机械装置的可靠性。

发现了底层（金牛-利特罗山谷的底层，译者注）是熔岩流。通过遥控引爆放置在谷底的月震炸药，证实了这种物质的厚度超过 1 海里。在月面电特性实验装置过热之前，其记录的数据与这一发现一致。下层澄海之前的基底埋得很深，离撞击触及到的地方还很远。显然，在这处港湾形成之前，山丘在原有的谷底隆起了大约 3 海里，金牛山脉大多数山丘内的喷出物现在都被淹没了。黑色谷底风化层内的碎片（除了紧邻范泽格的地方）来自底层。浅色覆盖物中的这些碎片是各种类型的角砾岩，均来自南丘。这是陆地雪崩的特点，大量碎片留在了堆积物的底部。细小的碎片填充空隙，然后累积在上面，成为光滑的扇形。这看起来与南丘底部的浅色覆盖物一致。表面都是细颗粒，碎片的大小和数量随着深度增加，只有最大的环形山才能挖掘出大石块。浅色覆盖物的太阳风"暴露年龄"表明，它们在大约 1 亿年前就已经沉积在那里了。按照此次任务前设定的逻辑，暂且可以理解为测定了第谷环形山的年龄。

在 6 号站点花了 30 分钟的时间研究碎裂的巨石，施密特"解读"了它复杂的历史。样本的实验室分析证实了他的观察，即蓝灰色的岩石是角砾岩。但是，棕灰色的岩石不是辉长岩，而是撞击熔化物，是一种致密的角砾岩。这样的误判是可以原谅的，因为在实验室也很难将火成岩与极度破碎的熔化物区分开，更不用说在野外。但有一件事是肯定的：如果他们只是简单地在岩石一端取下一片样本就离开，那么他们就完全错过了这块岩石所述说的历史。回顾一下，显然两种角砾岩仍然存在于南丘脚下的岩堆里，但棕灰色的没有小气泡。他们看到的第一种气泡岩石是拐角岩，因为它的踪迹可以追溯到山丘上三分之一高度上一块露出地面的岩石，由此就能了解到第 6 站点的岩石环境。两种角砾岩之间有 3 英尺宽的变质岩过渡带，反映出生成它的事件之巨大。而且因为这块岩石的历史就是这个山丘的历史，这种非同寻常的接触可用以测量创造澄海盆地的撞击的震动强度。另外，将专业地质学家送上月球，并给他时间真正地在原地研究一块岩石，6 号站点的研究因此是阿波罗计划中最接近地球地质学领域野外研究精神的一次。

施密特注意到风化层中混有细小的晶体，因此当他还在月球上时就揭开了这种黑色覆盖物的本质。这些都证明了均质玄武岩成分的存在。肖蒂环形山橙色月壤的化学成分也与其完全相同，只是以微珠的形态存在，这意味着喷涌出来的是富含气体的岩浆，而且微珠表面的硫磺、锌、铅及其他不稳定元素的踪迹也证明了这一点。两者都是火成碎屑物。金牛-利特罗山谷曾经是强火山活动地带，但近期不是；橙色月壤 36.4 亿年的年龄，几乎与底层（37.2 亿年）一样古老。从火喷泉喷出时，如果富钛铁矿的小滴岩浆冷却得慢，它们就结晶了，颜色呈黑色；但是如果它们立即冷却，就成为了玻璃状。这些小玻璃珠呈现橙色，是因为铁与钛的比例（就像在哈德利-亚平宁发现的玻璃中含镁使其呈现绿色一样）。而且，肖蒂环形山边缘的岩石表明，该环形山的基岩已经被挖掘出来。这种由小泡组成的特殊形态的辉长岩暗示，它来自底层的最上面。显然，在底层单元厚厚的主板块变成固态月壳后，它上面还覆盖了厚厚的一层火成碎屑岩沉积物，这两种物质形成了不同的层次。在火成碎屑物进行"园艺活动"作用之前，它上面覆盖了一层相当薄的熔岩流，这些熔岩流有可能来自喷出火喷泉的那些山口。肖蒂环形山穿透了表层，挖掘出了下面压实了的沉积物。其中一些物质就像固态岩石一样融入边缘，其余的则散布在环形山侧面，这解释了"暗晕"现象。鉴于上述情况，科学家们寻找近期火山活动的兴趣消退了，但这毫无疑问也反映出这样一个事实——将没有机会去搜寻验证一个假说所需要的正确数据了。事实上存在几个有说服力的候选假说。曾考虑派阿波罗 12 号任务前往风暴洋中被淹没的弗拉姆斯蒂德环形山——勘测者 1 号着陆点，但为了验证精确着陆技术，阿波罗 12 号任务被派往了勘测者 1 号所在地，这是一个更便于定位、但没有地质特点的地方。从没打算派阿波罗任务前往的一个地点是位于风暴洋西北部、直径为 10 海里的利希腾伯格环形山。这个环形山部分被淹没，但仍具有清晰的辐射线，说明还不是太古老。当然，也在这个区域，还有马利厄斯山丘，但它只适合 H 类任务，对于 J 类任务有点儿浪费。如果阿波罗 13 号任务没有异常中止，那么阿波罗 14 号任务将被派往澄海东部，探访临近山峰和峡谷纵横交错区域的黑色覆盖物，并发现这些黑色物质已经非常古老，那么就会将最后一次任务派往某种形式的火山活动的确仍在进行的区域。

任务目标

运载火箭的目标：

1. 以北偏东 72 度至 100 度的飞行方位角实施发射，将 S-ⅣB 级/仪器单元/飞船送入计划中的地球圆形停泊轨道。完成。

2. 利用大西洋上空的第一或第二次机会重启 S-ⅣB 级，将 S-ⅣB 级/仪器单元/飞船送入计划中的地月转移轨道。完成。

3. 为 S-ⅣB 级/仪器单元/飞船在调头、对接和弹射机动期间提供所需的姿态控制。完成。

4. 在指令勤务舱/登月舱从 S-ⅣB 级/仪器单元弹射出去后，实施规避机动。完成。

5. 尝试将 S-ⅣB 级/仪器单元撞向月球，撞击点位于以月球坐标南纬 7 度、西经 8 度为圆心的 189 海里（350 千米）范围内。完成。

6. 测定真实的撞击点，位置误差不超过 2.7 海里（5.0 千米），时间误差不超过 1 秒。完成。

7. 排放和倾倒所有剩余的气体和推进剂,对 S-ⅣB 级/仪器单元进行安全处理。完成。

飞船的主要目标:

1. 实施月球学检查与勘测,并在预选的金牛-利特罗地区采样物质和月面特征。完成。

2. 安放并激活月面实验装置。完成。

3. 在月球轨道飞行时完成实验和拍摄任务。完成。

飞船的详细目标:

1. 勤务舱从月球轨道拍摄月球表面并获取高度数据。完成。

2. 获取有关视觉光闪现象的数据。完成。

3. 指令舱拍摄月球表面科学上感兴趣的特征,并完成微光天文和地球拍摄。完成。

4. 从月球轨道上对特殊月面特征和过程进行视觉观察并记录。完成。

5. 获得阿波罗飞船造成的污染的数据(“天空实验室”污染研究)。完成。

6. 获得整个机体新陈代谢增益或损失,以及有关内分泌控制的数据(食物相容性评估)。完成。

7. 获得使用保护性压力宇航服的数据。完成。

实验:

1. ALSEP Ⅴ:阿波罗月面实验装置。

(a) S-307:热流实验。完成。

(b) S-202:月球抛射物和陨石实验。部分完成。由于过热,操作在月球白昼无法进行。

(c) S-203:月震研究实验。完成。

(d) S-205:月球大气组成实验。完成。

(e) S-207:月面重力计实验。部分完成。仅获得了月震和自由震荡信道的数据。

2. 采集并记录样本,进行月面地质学研究。完成。

3. S-152:宇宙射线探测器(多片)实验。完成。

4. S-164:S 频段转发器实验(指令勤务舱和登月舱)。完成。

5. S-169:远紫外光谱仪实验。完成。

6. S-171:红外扫描辐射计实验。完成。

7. S-199:导线重力计实验。完成。

8. S-204:月面电特性实验。完成。

9. S-209:月球测深仪实验。完成。

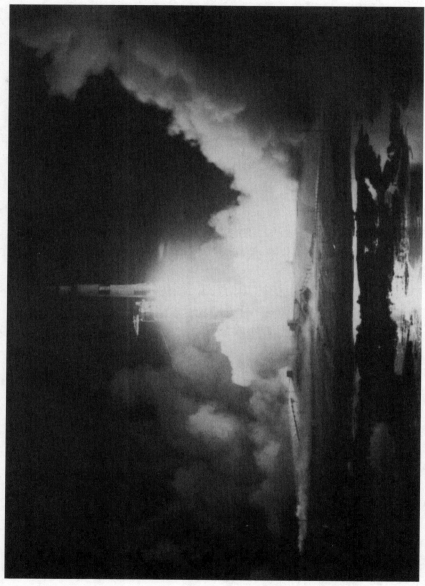

阿波罗 17 号夜间发射

在重新被派往弗拉·毛罗构造之前,阿波罗 14 号任务原计划在利特罗环形山西边一系列山峰和沟壑处着陆,去验证澄海西南部边缘颜色较深的部分是年轻的火山活动的假说。在派遣阿波罗 17 号去验证时,研究范围更宽泛了,包括形成澄海盆地东南边缘的金牛山脉。下面一张图片是用阿波罗 17 号着陆前拍摄的照片拼接起来的,内容是目标山谷和接近路线

登月舱在分离后不久拍摄的金牛-利特罗区域的照片(指令勤务舱在画面的中央,位置在南丘的山脚)。这一狭小的着陆点与阿波罗 11 号开放平原上的着陆点形成对比

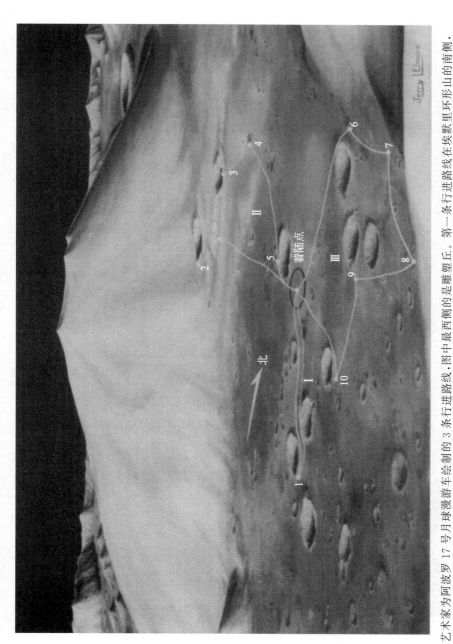

艺术家为阿波罗 17 号月球漫游车绘制的 3 条行进路线,图中最西侧的是雕塑丘。第一条行进路线在埃默里环形山的南侧,第二条在南丘的西边,第三条是去采样北丘和雕塑丘的巨石(感谢 NASA)

赛尔南与月球漫游车在 1 号站点，背景最西侧是雕塑丘

施密特与月球漫游车在肖蒂环形山的边沿，巨石后面是发现橙色月壤的地方

在 5 号站点，施密特围着米洛特环形山边沿的巨石在跑

在 6 号站点裂开的巨石旁，塞尔南在照料月球漫游车

施密特在 6 号站点裂开的巨石旁

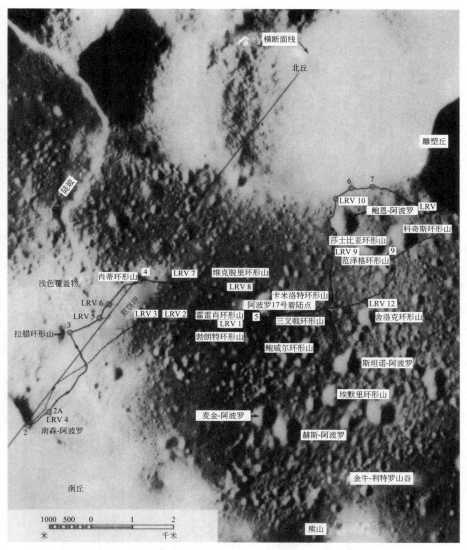

横断面线

北丘

雕塑丘

陡坡

6　7
LRV 10
鲍恩-阿波罗　LRV
科奇斯环形山
莎士比亚环形山
LRV 9　9
范泽格环形山
肖蒂环形山　4　LRV 7　维克脱里环形山
浅色覆盖物　LRV 8
卡米洛特环形山
LRV 6　阿波罗17号着陆点　LRV 12
照饼泥　LRV 3　LRV 2　霍雷肖环形山　5　三叉戟环形山　舍洛克环形山
LRV 5
拉腊环形山　3　LRV 1
勃朗特环形山
鲍威尔环形山　斯坦诺-阿波罗

埃默里环形山

2A
LRV 4
南森-阿波罗　麦金-阿波罗
2
赫斯-阿波罗

金牛-利特罗山谷

南丘

1000 500　0　1　2
米　千米

熊山

阿波罗 17 号行进路线。对角线标出了推断的横断面的位置。注意，尽管 6 号站点附近的环形山标着"鲍恩-阿波罗"，但乘组实际上称之为"领航员亨利"（感谢美国地质勘探局）

阿波罗 17 号乘组：埃文斯、施密特和赛尔南在回收船上

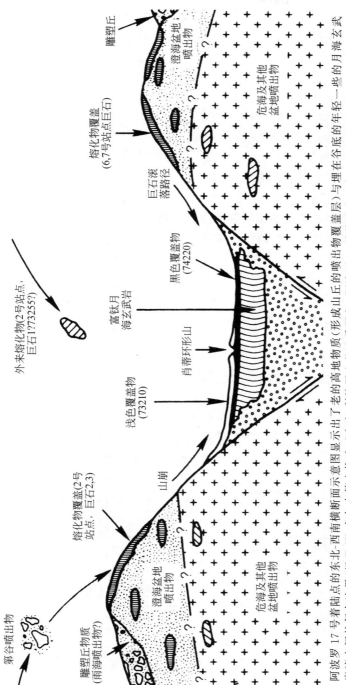

南丘

第谷喷出物

雕塑丘物质
（雨海喷出物？）

熔化物覆盖（2号
站点，巨石2,3）

澄海盆地
喷出物

危海及其他
盆地喷出物

山崩

浅色覆盖物
（73210）

肖蒂环形山

富钛月
海玄武岩

黑色覆盖物
（74220）

巨石滚
落路径

熔化物覆盖
（6,7号站点巨石）

危海及其他
盆地喷出物

澄海盆地
喷出物

雕塑丘

北丘

外来熔化物(2号站点,
巨石1?73255?)

阿波罗 17 号着陆点的东北-西南向横断面示意图显示出了老的高地物质（形成山丘的喷出物覆盖层）与埋在谷底的年轻一些的月海玄武岩流之间的复杂边界（经 E. W. 乌尔夫等人修改，"金牛-利特罗山谷地质研究：阿波罗 17 号着陆点"，专业论文 No. 1080，USUG，1981）。山丘由厚厚的一层澄海盆地喷出物覆盖在一层更厚的、来自早期盆地形成事件（如邻近的危海盆地）的复合喷出物上。山谷在两个陡峭的断层之间形成尖端向下的楔形，这些断层可能是在澄海撞击事件时形成的。然后山谷被填充，首先是被山丘上落下的碎片填充。然后被玄武岩熔岩流和火成碎屑物填充。更近期的活动包括山崩和山丘高处滚落到缓坡或谷底。"登月舱"岩登月舱着陆点（感谢月球和行星研究所及剑桥大学出版社）。别采集的样本代表着被推断存在的各个地质单元。这些样本编号，这些样本代表着被推断存在的各个地质单元。

10. S-229：月球中子探测仪实验。完成。

飞行中的演示验证：

1. 热流和对流。完成。

被动目标：

1. 月面长期暴露。完成。

2. S-160：伽马射线谱仪。完成。

3. S-176：阿波罗窗口陨石。完成。

4. S-200：月壤力学特性。完成。

5. M-211：生物堆积 IIA。完成

6. M-212：BIOCORE。完成。

载人飞船中心与美国国防部的操作实验：

1. 教堂钟声（国防部的保密实验）。

2. 雷达表层跟踪。

3. 导弹对电离层扰动。

4. 导弹噪声的声学测量。

5. 陆军声学实验。

6. 长焦距光学系统。

7. 音爆测量。

8. "天空实验室"医学活动实验室。

任务时间表

阿波罗 17 号任务事件	飞行地面时间 （时：分：秒）	日期 （格林尼治时间）	时间 （时：分：秒）
最终倒计时开始	−028：00：00	1972 年 12 月 05 日	12：53：00
射前 9 小时开始计划内的 9 小时中断	−009：00：00	1972 年 12 月 06 日	07：53：00
射前 9 小时倒计时重启	−009：00：00	1972 年 12 月 06 日	16：53：00
射前 3 小时 30 分钟开始计划内的 1 小时中断	−003：30：00	1972 年 12 月 06 日	22：23：00
射前 3 小时 30 分钟倒计时重启	−003：30：00	1972 年 12 月 06 日	23：23：00
最终倒计时时序器（TCS）出现故障，未发出 S-ⅣB 级 LOX 加压指令	−000：02：47	1972 年 12 月 07 日	02：50：13

阿波罗 17 号任务事件	飞行地面时间 （时：分：秒）	日期 （格林尼治时间）	时间 （时：分：秒）
由于 TCS 故障，射前 30 秒自动启动计划外 1 小时 5 分钟 11 秒中断	−000：00：30	1972 年 12 月 07 日	02：52：30
射前 22 秒倒计时重启	−000：22：00	1972 年 12 月 07 日	03：57：41
为解除 TCS 修正动作，射前 8 分钟启动计划外 1 小时 13 分钟 19 秒中断	−000：08：00	1972 年 12 月 07 日	04：11：41
射前 8 分钟倒计时重启	−000：08：00	1972 年 12 月 07 日	05：25：00
制导基准发布	−000：00：16.960	1972 年 12 月 07 日	05：32：43
S-IC 级发动机开机指令	−000：00：08.9	1972 年 12 月 07 日	05：32：51
S-IC 级发动机点火（♯5）	−000：00：06.9	1972 年 12 月 07 日	05：32：53
所有 S-IC 级发动机推力正常	−000：00：01.6	1972 年 12 月 07 日	05：32：58
发射时间	000：00：00.00	1972 年 12 月 07 日	05：33：00
所有牵制臂释放（第一次动作）（1.08g）	000：00：00.24	1972 年 12 月 07 日	05：33：00
起飞（脐带断开）	000：00：00.63	1972 年 12 月 07 日	05：33：00
避发射塔架偏航机动开始	000：00：01.7	1972 年 12 月 07 日	05：33：01
偏航机动结束	000：00：09.7	1972 年 12 月 07 日	05：33：09
俯仰和滚动机动开始	000：00：12.9	1972 年 12 月 07 日	05：33：12
滚动机动结束	000：00：14.3	1972 年 12 月 07 日	05：33：14
达到马赫数为 1	000：01：07.5	1972 年 12 月 07 日	05：34：07
达到最大弯曲力矩（96 000 000 磅力-英寸）	000：01：19	1972 年 12 月 07 日	05：34：19
最大动压（701.75 磅/平方英尺）	000：01：22.5	1972 年 12 月 07 日	05：34：22
S-IC 级中心发动机关机指令	000：02：19.30	1972 年 12 月 07 日	05：35：19
俯仰机动结束	000：02：40.1	1972 年 12 月 07 日	05：35：40
S-IC 级外围发动机关机。S-IC 级最大总惯性加速度（3.87g）	000：02：41.20	1972 年 12 月 07 日	05：35：41
S-IC 级最大地球固连坐标系速度	000：02：42.0	1972 年 12 月 07 日	05：35：41
S-IC/S-Ⅱ 级分离指令	000：02：42.9	1972 年 12 月 07 日	05：35：42
S-Ⅱ 级发动机开机指令	000：02：43.6	1972 年 12 月 07 日	05：35：43
S-Ⅱ 级点火	000：02：44.6	1972 年 12 月 07 日	05：35：44
抛 S-Ⅱ 级后级间段	000：03：12.9	1972 年 12 月 07 日	05：36：12
发射逃逸塔抛掉（计划时间，实际时间未记录）	000：03：19	1972 年 12 月 07 日	05：36：19

阿波罗 17 号任务事件	飞行地面时间 （时：分：秒）	日期 （格林尼治时间）	时间 （时：分：秒）
迭代制导模式启动	000:03:24.1	1972 年 12 月 07 日	05:36:24
S-IC 级最高点	000:04:33.689	1972 年 12 月 07 日	05:37:33
S-II 级中心发动机关机。S-II 级最大总惯性加速度(1.74g)	000:07:41.21	1972 年 12 月 07 日	05:40:41
S-IC 级落地（理论值）	000:09:11.708	1972 年 12 月 07 日	05:42:11
S-II 级外围发动机关机	000:09:19.66	1972 年 12 月 07 日	05:42:19
S-II/S-IVB 级分离指令。S-II 级最大地球固连坐标系速度	000:09:20.6	1972 年 12 月 07 日	05:42:20
S-IVB 级第一次点火启动指令	000:09:20.70	1972 年 12 月 07 日	05:42:20
S-IVB 级第一次点火启动	000:09:23.80	1972 年 12 月 07 日	05:42:23
抛 S-IVB 级正推发动机壳体	000:09:32.4	1972 年 12 月 07 日	05:42:32
S-II 级最高点	000:09:34.527	1972 年 12 月 07 日	05:42:34
S-IVB 级第一次点火关机,最大 总惯性加速度(0.67g)	000:11:42.65	1972 年 12 月 07 日	05:44:42
进入地球轨道	000:11:52.65	1972 年 12 月 07 日	05:44:52
S-IVB 级第一次点火最大地球 固连坐标系速度	000:11:52.7	1972 年 12 月 07 日	05:44:52
机动到当地水平姿态开始	000:12:04.4	1972 年 12 月 07 日	05:45:04
S-II 级落地（理论值）	000:19:56.947	1972 年 12 月 07 日	05:52:56
S-IVB 级第二次点火重启准备	003:02:58.60	1972 年 12 月 07 日	08:35:58
S-IVB 级第二次点火重启指令	003:12:28.60	1972 年 12 月 07 日	08:45:28
S-IVB 级第二次点火启动	003:12:36.60	1972 年 12 月 07 日	08:45:36
S-IVB 级第二次点火关机,最大 总惯性加速度(1.41g)	003:18:27.64	1972 年 12 月 07 日	08:51:27
S-IVB 级安全处理程序——CVS 打开	003:18:28.3	1972 年 12 月 07 日	08:51:28
S-IVB 级第二次点火最大地球 固连坐标系速度	003:18:28.5	1972 年 12 月 07 日	08:51:28
进入地月转移轨道	003:18:37.64	1972 年 12 月 07 日	08:51:37
机动到当地水平姿态开始,在轨 导航开始	003:20:59.6	1972 年 12 月 07 日	08:53:59
调头和机动到对接姿态开始	003:33:28.9	1972 年 12 月 07 日	09:06:28
指令勤务舱从 S-IVB 级分离	003:42:27.6	1972 年 12 月 07 日	09:15:27
电视传输开始	003:50	1972 年 12 月 07 日	09:23
指令勤务舱与登月舱/S-IVB 级 对接	003:57:10.7	1972 年 12 月 07 日	09:30:10

阿波罗 17 号任务事件	飞行地面时间 （时：分：秒）	日期 （格林尼治时间）	时间 （时：分：秒）
电视传输结束	004:10	1972 年 12 月 07 日	09:43
指令勤务舱/登月舱从 S-ⅣB 级弹射出去	004:45:02.3	1972 年 12 月 07 日	10:18:02
S-ⅣB 级 APS 规避机动点火	005:03:01.1	1972 年 12 月 07 日	10:36:01
S-ⅣB 级 APS 规避机动关机（估计值）	005:04:21.0	1972 年 12 月 07 日	10:37:21
S-ⅣB 级撞击月球机动——CVS 打开	005:19:39.8	1972 年 12 月 07 日	10:52:39
S-ⅣB 级撞击月球机动——LOX 排空开始	005:24:20.2	1972 年 12 月 07 日	10:57:20
S-ⅣB 级撞击月球机动——CVS 关闭	005:24:40.0	1972 年 12 月 07 日	10:57:40
S-ⅣB 级撞击月球机动——LOX 排空结束	005:25:07.9	1972 年 12 月 07 日	10:58:07
机动到 S-ⅣB 级撞击月球 APS 第一次点火姿态	006:02:15	1972 年 12 月 07 日	11:35:15
S-ⅣB 级撞击月球机动——APS 第一次点火指令	006:09:59.8	1972 年 12 月 07 日	11:42:59
S-ⅣB 级撞击月球机动——APS 第一次关机指令	006:11:38.0	1972 年 12 月 07 日	11:44:38
机动到 S-ⅣB 级太阳加热姿态	006:17:44	1972 年 12 月 07 日	11:50:44
机动到 S-ⅣB 级撞击月球 APS 第二次点火姿态	011:02:40	1972 年 12 月 07 日	16:35:40
S-ⅣB 级撞击月球机动——APS 第二次点火指令	011:14:59.8	1972 年 12 月 07 日	16:47:59
S-ⅣB 级撞击月球机动——APS 第二次关机指令	011:16:42.0	1972 年 12 月 07 日	16:49:42
S-ⅣB 级三轴翻滚模式启动	011:31:42	1972 年 12 月 07 日	17:04:42
S-ⅣB 级被动热控机动	011:31:50	1972 年 12 月 07 日	17:04:50
发出禁止仪器单元飞行控制计算机控制 S-ⅣB 级离开三轴翻滚模式的指令	011:32:12.5	1972 年 12 月 07 日	17:05:12
中途修正点火（SPS）	035:29:59.91	1972 年 12 月 08 日	17:02:59
中途修正关机	035:30:01.64	1972 年 12 月 08 日	17:03:01
机动到登月舱检查姿态	039:05	1972 年 12 月 08 日	20:38
准备进行舱室转移	039:20	1972 年 12 月 08 日	20:53

阿波罗 17 号任务事件	飞行地面时间 （时：分：秒）	日期 （格林尼治时间）	时间 （时：分：秒）
登月舱加压开始	039:30	1972 年 12 月 08 日	21:03
指令长和登月舱驾驶员进入登月舱进行舱室整理和通信检查	040:10	1972 年 12 月 08 日	21:43
登月舱关闭	042:11	1972 年 12 月 08 日	23:44
热流和对流演示验证开始	042:55	1972 年 12 月 09 日	00:28
热流和对流演示验证结束	043:45	1972 年 12 月 09 日	01:18
热流和对流演示验证开始	045:20	1972 年 12 月 09 日	02:53
热流和对流演示验证结束	046:00	1972 年 12 月 09 日	03:33
登月舱开始加压	059:30	1972 年 12 月 09 日	17:03
指令长和登月舱驾驶员进入登月舱进行遥测检查	059:59	1972 年 12 月 09 日	17:32
指令长和登月舱驾驶员进入指令舱	062:16	1972 年 12 月 09 日	19:49
更新任务时钟(增加 002:40:00)	065:00	1972 年 12 月 09 日	22:33
阿波罗视觉光闪现象实验开始	065:39	1972 年 12 月 09 日	23:12
阿波罗视觉光闪现象实验结束	066:39	1972 年 12 月 10 日	00:12
等势球面	070:37:45	1972 年 12 月 10 日	04:10:45
抛掉科学仪器舱舱门	081:32:40	1972 年 12 月 10 日	15:05:40
随着远紫外光谱仪的打开，飞行中的科学任务阶段开始	083:26	1972 年 12 月 10 日	16:59
对黑暗的月球进行紫外拍照	084:50	1972 年 12 月 10 日	18:23
进入月球轨道点火(SPS)	086:14:22.60	1972 年 12 月 10 日	19:47:22
进入月球轨道关机	086:20:55.76	1972 年 12 月 10 日	19:53:55
S-ⅣB 级撞击到月面	086:59:42.3	1972 年 12 月 10 日	20:32:42
拍摄晨昏线	087:05	1972 年 12 月 10 日	20:38
在轨科学视觉观察	087:15	1972 年 12 月 10 日	20:48
在轨科学拍摄	088:00	1972 年 12 月 10 日	21:33
第一次进入下降轨道点火（SPS）	090:31:37.43	1972 年 12 月 11 日	00:04:37
第一次进入下降轨道关机	090:31:59.70	1972 年 12 月 11 日	00:04:59
地标观察	090:50	1972 年 12 月 11 日	00:23
指令长和登月舱驾驶员进入登月舱	105:02	1972 年 12 月 11 日	14:35
指令勤务舱/登月舱分离机动启动(RCS)	107:47:56	1972 年 12 月 11 日	17:20:56

阿波罗 17 号任务事件	飞行地面时间 （时：分：秒）	日期 （格林尼治时间）	时间 （时：分：秒）
指令勤务舱/登月舱分离机动关机	107:47:59.4	1972 年 12 月 11 日	17:20:59
指令勤务舱轨道圆化点火（SPS）	109:17:28.92	1972 年 12 月 11 日	18:50:28
指令勤务舱轨道圆化关机	109:17:32.72	1972 年 12 月 11 日	18:50:32
第二次进入下降轨道点火（SPS）	109:22.42	1972 年 12 月 11 日	18:55:42
第二次进入下降轨道关机	109:23:03.5	1972 年 12 月 11 日	18:56:03
指令勤务舱地标跟踪开始	109:40	1972 年 12 月 11 日	19:13
登月舱动力下降发动机点火（DPS）	110:09:53	1972 年 12 月 11 日	19:42:53
登月舱节流阀设置到全开状态	110:10:21	1972 年 12 月 11 日	19:43:21
登月舱人工进行目标（着陆点）更新	110:11:25	1972 年 12 月 11 日	19:44:25
登月舱着陆雷达速度数据良好	110:13:28	1972 年 12 月 11 日	19:46:28
登月舱着陆雷达测距数据良好	110:14:06	1972 年 12 月 11 日	19:47:06
登月舱着陆雷达更新使能	110:14:32	1972 年 12 月 11 日	19:47:32
登月舱节流阀关闭	110:17:19	1972 年 12 月 11 日	19:50:19
登月舱选择接近段程序	110:19:15	1972 年 12 月 11 日	19:52:15
登月舱着陆雷达天线设置到位置 2	110:19:16	1972 年 12 月 11 日	19:52:16
登月舱第一次着陆点重置	110:19:26	1972 年 12 月 11 日	19:52:26
登月舱着陆雷达设置为低量程标度	110:19:54	1972 年 12 月 11 日	19:52:54
登月舱选择着陆段程序	110:20:51	1972 年 12 月 11 日	19:53:51
登月舱月球着陆，动力下降发动机关机	110:21:58	1972 年 12 月 11 日	19:54:58
指令勤务舱地标跟踪结束	111:20	1972 年 12 月 11 日	20:53
第一次舱外活动开始（登月舱泄压）	114:21:49	1972 年 12 月 11 日	23:54:49
指令勤务舱在轨科学视觉观察	114:45	1972 年 12 月 12 日	00:18
卸载月球漫游车	114:51:10	1972 年 12 月 12 日	00:24:10
月球漫游车展开，测试驱动性能，拍照片记录，采集样本，拍摄 500 毫米和全景照片	115:13:50	1972 年 12 月 12 日	00:46:50
指令勤务舱在轨科学拍摄	115:15	1972 年 12 月 12 日	00:48

阿波罗 17 号任务事件	飞行地面时间 (时：分：秒)	日期 (格林尼治时间)	时间 (时：分：秒)
展示美国国旗，拍照记录，包括拍摄立体照片	115:40:58	1972 年 12 月 12 日	01:13:58
读取导线重力计实验的读数	115:50:51	1972 年 12 月 12 日	01:23:51
布置宇宙射线实验	115:54:40	1972 年 12 月 12 日	01:27:40
卸下阿波罗月面实验装置	115:58:30	1972 年 12 月 12 日	01:31:30
读取导线重力计实验的读数	116:06:01	1972 年 12 月 12 日	01:39:01
读取导线重力计实验的读数	116:11:54	1972 年 12 月 12 日	01:44:54
读取导线重力计实验的读数	116:46:17	1972 年 12 月 12 日	02:19:17
指令勤务舱在轨科学拍摄	117:10	1972 年 12 月 12 日	02:43
地球首次收到阿波罗月面实验装置数据	117:21:00	1972 年 12 月 12 日	02:54
打开热流实验装置	117:29	1972 年 12 月 12 日	03:02
阿波罗月面实验装置布置完毕，拍照记录，拍摄全景照片	118:07:43	1972 年 12 月 12 日	03:40:43
指令勤务舱拍摄晨昏线	118:10	1972 年 12 月 12 日	03:43
打开月震分析实验(S-203)装置。指令勤务舱拍摄地球反照开始	118:25	1972 年 12 月 12 日	03:58
采集深处岩芯样本，布置月球中子探测器实验	118:35:27	1972 年 12 月 12 日	04:08:27
读取导线重力计实验的读数	118:43:08	1972 年 12 月 12 日	04:16:08
指令勤务舱拍摄地球反照结束	118:50	1972 年 12 月 12 日	04:23
出发前往 1 号站点	119:11:02	1972 年 12 月 12 日	04:44:02
到达 1 号站点，布置 6 号月震分析实验炸药包，读取导线重力计实验的读数，采集并记录刨出的样本，拍摄全景照片	119:24:02	1972 年 12 月 12 日	04:57:02
激活月面重力计实验(S-207)	119:50	1972 年 12 月 12 日	05:23
出发前往月面电特性实验站点，途中停留布置 7 号月震分析实验炸药包，拍摄全景照片	119:56:47	1972 年 12 月 12 日	05:29:47
到达月面电特性实验站点。布置天线和发射机，采集并记录样本，拍摄全景照片，读取导线重力计实验的读数	120:11:02	1972 年 12 月 12 日	05:44:02
出发前往登月舱所在点	120:33:39	1972 年 12 月 12 日	06:06:39

阿波罗 17 号任务事件	飞行地面时间 （时：分：秒）	日期 （格林尼治时间）	时间 （时：分：秒）
到达登月舱，开始舱外活动收尾工作	120:36:15	1972 年 12 月 12 日	06:09:15
读取导线重力计实验的读数	121:16:37	1972 年 12 月 12 日	06:49:37
读取导线重力计实验的读数	121:21:11	1972 年 12 月 12 日	06:54:11
第一次舱外活动结束（登月舱加压）	121:33:42	1972 年 12 月 12 日	07:06:42
指令勤务舱黄道光拍摄	130:35	1972 年 12 月 12 日	16:08
指令勤务舱在轨科学拍摄	134:00	1972 年 12 月 12 日	19:33
指令勤务舱日冕拍摄	134:50	1972 年 12 月 12 日	20:23
指令勤务舱在轨科学视觉观察	137:00	1972 年 12 月 12 日	22:33
第二次舱外活动开始（登月舱泄压）	137:55:06	1972 年 12 月 12 日	23:28:06
读取导线重力计实验的读数	138:04:08	1972 年 12 月 12 日	23:37:08
第二次舱外活动电视传输开始	138:05	1972 年 12 月 12 日	23:38
准备好月球漫游车，读取导线重力计实验的读数	138:39:00	1972 年 12 月 13 日	00:12
出发前往月面电特性实验站点	138:44:02	1972 年 12 月 13 日	00:17:02
到达月面电特性实验站点。激活实验装置，采集样本，拍摄全景照片	138:47:05	1972 年 12 月 13 日	00:20:05
出发前往 2 号站点。其间作了 4 次短暂停留，1 次布置第 4 个月震分析实验炸药包，3 次采集沿途样本	138:51:43	1972 年 12 月 13 日	00:24:43
指令勤务舱在轨科学拍照及视觉观察	139:45	1972 年 12 月 13 日	01:18
到达 2 号站点。读取导线重力计实验的读数；采集并记录样本，其中包括 1 个刨出的样本；拍摄全景照片	140:01:30	1972 年 12 月 13 日	01:34:30
出发前往 3 号站点。其间作了一次短暂停以读取导线重力计实验的读数，采集样本，拍摄全景和 500 毫米照片	141:07:25	1972 年 12 月 13 日	02:40:25

阿波罗 17 号任务事件	飞行地面时间 （时：分：秒）	日期 （格林尼治时间）	时间 （时：分：秒）
到达 3 号站点。读取导线重力计实验的读数；采集样本，其中包括 1 个双管岩心样本、1 个刨出的样本；拍摄全景和 500 毫米照片	141:48:38	1972 年 12 月 13 日	03:21:38
指令勤务舱拍摄晨昏线	142:05	1972 年 12 月 13 日	03:38
出发前往 4 号站点。其间 2 次短暂停留以采集沿途样本	142:25:56	1972 年 12 月 13 日	03:58:56
到达 4 号站点。读取导线重力计实验的读数；采集并记录样本，其中包括 1 个挖沟采集到的样本、1 个双管岩心样本；拍摄全景照片	142:42:57	1972 年 12 月 13 日	04:15:57
出发前往 5 号站点。其间停留一次，布置月震分析实验炸药包，采集样本，并拍摄全景照片	143:19:03	1972 年 12 月 13 日	04:52:03
到达 5 号站点。读取导线重力计实验的读数，采集并记录样本，拍摄全景照片	143:45:15	1972 年 12 月 13 日	05:18:15
出发前往登月舱。其间短暂停留一次，布置 8 号月震分析实验炸药包并拍照；并在阿波罗月面实验装置站点停留，登月舱驾驶员将月面重力计实验装置重新放平	144:15:58	1972 年 12 月 13 日	05:48:58
抵达登月舱，并开始舱外活动收尾工作	144:32:24	1972 年 12 月 13 日	06:05:24
第二次舱外活动电视传输结束	144:55	1972 年 12 月 13 日	06:28
读取导线重力计实验的读数	145:19:24	1972 年 12 月 13 日	06:52:24
第二次舱外活动结束（登月舱舱内加压）	145:32:02	1972 年 12 月 13 日	07:05:02
指令勤务舱在轨科学拍摄	154:40	1972 年 12 月 13 日	16:13
指令勤务舱拍摄晨昏线	156:50	1972 年 12 月 13 日	18:23
第三次舱外活动开始（登月舱舱内泄压）	160:52:48	1972 年 12 月 13 日	22:25:48
拍摄黄道光	160:55	1972 年 12 月 13 日	22:28
读取导线重力计实验的读数	161:02:40	1972 年 12 月 13 日	22:35:40

续表

阿波罗 17 号任务事件	飞行地面时间 （时：分：秒）	日期 （格林尼治时间）	时间 （时：分：秒）
第三次舱外活动电视传输开始	161:06:33	1972 年 12 月 13 日	22:38
月球漫游车做好出发前准备，拍摄全景和 500 毫米照片	161:16:15	1972 年 12 月 13 日	22:49:15
读取导线重力计实验的读数	161:19:45	1972 年 12 月 13 日	22:52:45
取回宇宙射线实验装置	161:20:17	1972 年 12 月 13 日	22:53:17
出发前往月面电特性实验装置所在地点	161:36:31	1972 年 12 月 13 日	23:09:31
到达月面电特性实验装置所在地点。激活实验装置，采集样本，拍摄全景照片	161:39:07	1972 年 12 月 13 日	23:12:07
出发前往 6 号站点。其间 2 次短暂停留，采集沿途样本	161:42:36	1972 年 12 月 13 日	23:15:36
指令勤务舱在轨科学拍摄	161:50	1972 年 12 月 13 日	23:23
到达 6 号站点。读取导线重力计实验的读数；采集并记录样本，其中包括采集 1 个单管岩心样本、1 个刨出的样本；拍摄全景和 500 毫米照片	162:11:24	1972 年 12 月 13 日	23:44:24
出发前往 7 号站点	163:22:10	1972 年 12 月 14 日	00:55:10
到达 7 号站点。采集并记录样本，拍摄全景照片	163:29:05	1972 年 12 月 14 日	01:02:05
指令勤务舱在轨科学视觉观察	163:30	1972 年 12 月 14 日	01:03
出发前往 8 号站点。其间 1 次短暂停留，采集沿途样本	163:51:09	1972 年 12 月 14 日	01:24:09
到达 8 号站点。2 次读取导线重力计实验的读数；采集并记录样本，其中包括刨出的和挖沟采集到的样本；拍摄全景照片	164:07:40	1972 年 12 月 14 日	01:40:40
出发前往 9 号站点	164:55:33	1972 年 12 月 14 日	02:28:33
到达 9 号站点。布置 5 号月震分析实验炸药包；2 次读取导线重力计实验的读数；采集并记录样本，其中包括挖沟采集到的样本和 1 个双管岩心样本；拍摄 500 毫米照片；从月面电特性实验装置的接收机上取下数据存储电子装置	165:13:10	1972 年 12 月 14 日	02:46:10

续表

阿波罗 17 号任务事件	飞行地面时间 （时：分：秒）	日期 （格林尼治时间）	时间 （时：分：秒）
出发前往登月舱。其间 2 次短暂停留：一次采集沿途样本；另一次布置 2 号月震分析实验炸药包，做记录并拍摄全景照片	166:09:25	1972 年 12 月 14 日	03:42:25
到达登月舱，开始舱外活动收尾工作	166:37:51	1972 年 12 月 14 日	04:10:51
读取导线重力计实验的读数	166:55:09	1972 年 12 月 14 日	04:28:09
最后一次读取导线重力计实验的读数	167:11:11	1972 年 12 月 14 日	04:44:11
阿波罗月面实验装置拍照结束	167:33:58	1972 年 12 月 14 日	05:06:58
取回月球中子探测器实验装置	167:36:43	1972 年 12 月 14 日	05:09:43
月球漫游车定位，监控登月舱升空	167:39:57	1972 年 12 月 14 日	05:12:57
布置 3 号月震分析实验炸药包	167:44:41	1972 年 12 月 14 日	05:17:41
抛掉设备	167:45	1972 年 12 月 14 日	05:18
第三次舱外活动结束（登月舱舱内加压）	168:07:56	1972 年 12 月 14 日	05:40:56
指令勤务舱轨道修正机动点火（RCS）	178:54:05.45	1972 年 12 月 14 日	16:27:05
指令勤务舱轨道修正机动关机	178:54:42.95	1972 年 12 月 14 日	16:27:42
指令勤务舱变轨道面点火（RCS）	179:53:53.83	1972 年 12 月 14 日	17:26:53
指令勤务舱变轨道面关机	179:54:13.88	1972 年 12 月 14 日	17:27:13
第一次从登月舱抛掉设备	180:15	1972 年 12 月 14 日	17:48
指令勤务舱拍摄黄道光	182:20	1972 年 12 月 14 日	19:53
指令勤务舱地标跟踪	182:40	1972 年 12 月 14 日	20:13
指令勤务舱地标跟踪	183:00	1972 年 12 月 14 日	20:33
第二次从登月舱抛掉设备	183:24	1972 年 12 月 14 日	20:57
登月舱月面点火起飞（LM APS）	185:21:37	1972 年 12 月 14 日	22:54:37
登月舱上升轨道关机	185:28:58	1972 年 12 月 14 日	23:01:58
微调机动点火（LM RCS）	185:32:12	1972 年 12 月 14 日	23:05:12
微调机动关机	185:32:22	1972 年 12 月 14 日	23:05:22
末段启动点火（LM APS）	186:15:58	1972 年 12 月 14 日	23:48:58
末段启动关机	186:16:01.2	1972 年 12 月 14 日	23:49:01

阿波罗 17 号任务事件	飞行地面时间 （时：分：秒）	日期 （格林尼治时间）	时间 （时：分：秒）
登月舱中途修正	186:30	1972 年 12 月 14 日	00:03
指令勤务舱/登月舱对接	187:37:15	1972 年 12 月 15 日	01:10:15
设备、样本的转移和存放开始	188:00	1972 年 12 月 15 日	01:33
设备、样本的转移和存放结束	190:05	1972 年 12 月 15 日	03:38
指令长和登月舱驾驶员进入指令舱	190:10	1972 年 12 月 15 日	03:43
登月舱关闭	190:30	1972 年 12 月 15 日	04:03
抛掉登月舱上升级	191:18:31	1972 年 12 月 15 日	04:51:31
分离机动启动	191:23:31	1972 年 12 月 15 日	04:56:31
分离机动关机	191:23:43	1972 年 12 月 15 日	04:56:43
登月舱上升级离轨点火	192:58:14	1972 年 12 月 15 日	06:31:14
登月舱上升级离轨关机	193:00:10	1972 年 12 月 15 日	06:33:10
登月舱上升级撞击月面	193:17:20.8	1972 年 12 月 15 日	06:50:20
拍摄晨昏线	206:20	1972 年 12 月 15 日	19:53
在轨科学视觉观察	206:40	1972 年 12 月 15 日	20:13
在轨科学视觉观察	207:10	1972 年 12 月 15 日	20:43
引爆月面 6 号炸药包	210:15:14.56	1972 年 12 月 15 日	23:48:14
引爆月面 7 号炸药包	212:44:57.11	1972 年 12 月 16 日	02:17:57
在轨科学拍摄	213:10	1972 年 12 月 16 日	02:43
拍摄晨昏线	215:20	1972 年 12 月 16 日	04:53
引爆月面 4 号炸药包	229:35:34.67	1972 年 12 月 16 日	19:08:34
拍摄晨昏线	231:20	1972 年 12 月 16 日	20:53
进入月地转移轨道点火（SPS）	234:02:09.18	1972 年 12 月 16 日	23:35:09
进入月地转移轨道关机	234:04:32.87	1972 年 12 月 16 日	23:37:32
电视传输开始	234:10	1972 年 12 月 16 日	23:43
电视传输结束	234:35	1972 年 12 月 17 日	00:08
用紫外光谱仪观测莱曼阿尔法区域开始	235:00	1972 年 12 月 17 日	00:33
引爆月面 1 号炸药包	235:09:36.79	1972 年 12 月 17 日	00:42:36
用紫外光谱仪观测莱曼阿尔法区域结束	236:00	1972 年 12 月 17 日	01:33
用紫外光谱仪观测地球	236:05	1972 年 12 月 17 日	01:38
用紫外光谱仪观测月球	237:15	1972 年 12 月 17 日	02:48
用紫外光谱仪观测月球结束	238:00	1972 年 12 月 17 日	03:33
引爆月面 8 号炸药包	238:12:46.08	1972 年 12 月 17 日	03:45:46

阿波罗 17 号任务事件	飞行地面时间 （时：分：秒）	日期 （格林尼治时间）	时间 （时：分：秒）
打开紫外光谱仪，进行被动热控银河扫描	239:40	1972 年 12 月 17 日	05:13
月地转移轨道段舱外活动开始（埃文斯）	254:54:40	1972 年 12 月 17 日	20:27:40
安装电视摄像机和数据采集相机开始	255:00	1972 年 12 月 17 日	20:33
取回全景相机胶片盒	255:23	1972 年 12 月 17 日	20:56
取回测绘相机胶片盒	255:36	1972 年 12 月 17 日	21:09
指令舱舱门关闭	255:40	1972 年 12 月 17 日	21:13
月地转移轨道段舱外活动的电视传输结束	255:42	1972 年 12 月 17 日	21:15
月地转移轨道段舱外活动结束	256:00:24	1972 年 12 月 17 日	21:33:24
对后发座星团进行紫外观测	257:00	1972 年 12 月 17 日	22:33
引爆月面 5 号炸药包	257:43:41.06	1972 年 12 月 17 日	23:16:41
引爆月面 2 号炸药包	259:11:56.82	1972 年 12 月 18 日	01:44:56
对阿尔法 ERI 进行紫外测量	260:30	1972 年 12 月 18 日	02:03
对阿尔法 ERI 和阿尔法 GRU 进行紫外被动热控测量	261:20	1972 年 12 月 18 日	02:53
引爆月面 3 号炸药包	261:44:22.28	1972 年 12 月 18 日	03:07:22
对银河系进行紫外被动热控扫描	262:30	1972 年 12 月 18 日	04:03
对黑暗的北方进行紫外观测	274:30	1972 年 12 月 18 日	16:03
阿波罗闪光现象观察和研究	277:10	1972 年 12 月 18 日	18:43
用紫外光谱仪观测室女座星系团	279:10	1972 年 12 月 18 日	20:43
用紫外光谱仪观测黑暗的南方	280:50	1972 年 12 月 18 日	22:23
飞行电视新闻发布会开始	281:20	1972 年 12 月 18 日	22:53
电视传输结束	281:47	1972 年 12 月 18 日	23:20
用紫外光谱仪观测室女座阿尔法星——角宿一	283:45	1972 年 12 月 19 日	01:18
对银河系进行紫外被动热控扫描	285:30	1972 年 12 月 19 日	03:03
中途修正点火（RCS）	298:38:01	1972 年 12 月 19 日	16:11:01
中途修正关机	298:38:10	1972 年 12 月 19 日	16:11:10
随着远紫外光谱仪的关闭，飞行中的科学任务阶段结束	299:20	1972 年 12 月 19 日	16:53

续表

阿波罗 17 号任务事件	飞行地面时间 （时：分：秒）	日期 （格林尼治时间）	时间 （时：分：秒）
指令舱/勤务舱分离	301:23:49	1972 年 12 月 19 日	18:56:49
再入	301:38:38	1972 年 12 月 19 日	19:11:38
进入通信黑障	301:38:55	1972 年 12 月 19 日	19:11:55
回收船船载雷达发现指令舱	301:41	1972 年 12 月 19 日	19:14
出通信黑障	01:42:15	1972 年 12 月 19 日	19:15:15
抛掉前向防热层	301:46:20	1972 年 12 月 19 日	19:19:20
降落伞展开	301:46:22	1972 年 12 月 19 日	19:19:22
回收船和拍摄直升机看到指令舱	301:47	1972 年 12 月 19 日	19:20
主降落伞展开	301:47:13	1972 年 12 月 19 日	19:20:13
回收船发现指令舱的 VHF 回收信标信号	301:48	1972 年 12 月 19 日	19:21
回收船建立与指令舱的话音联系	301:49	1972 年 12 月 19 日	19:22
溅落（顶端朝上）	301:51:59	1972 年 12 月 19 日	19:24:59
蛙人到达指令舱	302:02	1972 年 12 月 19 日	19:35
环形浮囊充气	302:08	1972 年 12 月 19 日	19:41
舱门打开乘组出舱	302:21	1972 年 12 月 19 日	19:54
乘组登上直升机	302:33	1972 年 12 月 19 日	20:06
乘组登上回收船	302:44	1972 年 12 月 19 日	20:17
指令舱从水中起吊到回收船	303:55	1972 年 12 月 19 日	21:28
第一批样本从回收船空运出发	323:52	1972 年 12 月 20 日	17:25
第一批样本空运至夏威夷	330:27	1972 年 12 月 21 日	00:00
乘组离开回收船	331:05	1972 年 12 月 21 日	00:38
第一批样本空运离开夏威夷	333:37	1972 年 12 月 21 日	03:10
第一批样本空运至得克萨斯州休斯顿	340:43	1972 年 12 月 21 日	10:16
乘组抵达休斯顿埃林顿空军基地	346:17	1972 年 12 月 21 日	15:50
指令舱到达加利福尼亚州圣迭戈北岛海军航空站	493:57	1972 年 12 月 27 日	19:30
指令舱钝化	568:27	1972 年 12 月 30 日	22:00
指令舱从北岛海军航空站出发前往加利福尼亚州唐尼市合同商的厂房	637:27	1973 年 1 月 02 日	19:00
指令舱运抵合同商的厂房	640:27	1973 年 1 月 02 日	22:00
阿波罗月面实验装置中心站由地面指令关闭	—	1977 年 9 月 30 日	—

被取消的任务

美国为在 20 世纪 60 年代末实现载人登月的壮举所进行的技术开发投入巨大,其中包括为很有可能要开展的一系列漫长的飞行试验制造了大量土星 Ⅴ 运载火箭。阿波罗 11 号登月——其主要实质是一个冷战宣言——之后,大量库存硬件使 NASA 将注意力转向探索。通过提高运输系统的能力,能够实现更先进的任务,其中排在第一位的是科学任务。

月面任务	类型	行进距离 /千米	实验装置 /千克	舱外活动时间 (时:分)	月球样本质量 /千克
阿波罗 11 号	G	0.25	102	02:24	21
阿波罗 12 号	H	2.0	166	07:29	34
阿波罗 14 号	H	3.3	209	09:23	43
阿波罗 15 号	J	27.9	550	18:33	77
阿波罗 16 号	J	27.0	563	20:12	94
阿波罗 17 号	J	35.0	514	22:05	110
合计	—	95.45	2 104	80	379

三次 J 类任务加在一起,占月面活动总时长的 76%,占落月设备总质量的 77%,占带回月球样本总质量的 74%,在月球漫游车的帮助下占到月面行进总距离的 94%。如果阿波罗 18 号和 19 号两次任务与阿波罗 17 号相当,那么落月实验设备、月面活动时间和月球样本质量的比例有可能升到 87%,而月面行进距离的比例会提高到 96%。由于这两次任务的硬件已经生产出来,所以实施这两次飞行任务可以在增加少量投入的情况下大幅提升阿波罗计划的科学成果。但事实上,这些庞大的航天器如今正装点着 NASA 各个中心的停车场或懒洋洋地躺在某些博物馆中。

阿波罗计划结束不久,NASA 就详细列举了阿波罗探月计划中的十大发现,它们是:

1. 月球不是原生天体,它是一个不断进化的类地行星,且内部分区与地球类似。在阿波罗计划之前,人们对于月球的描述存在无数推断。而现在我们知道月球是由岩石物质构成的,这些岩石物质曾经被各种方式熔化,由火山喷发出来,或者被陨石撞击。月球拥有一层厚厚的月壳(60 千米)、一层比较均质的岩石圈(60 千米至 1 000 千米),以及部分呈液态的软流圈(1 000 千米至 1 400 千米);在软流圈的下边有可能是一个铁质内核,这一点尚不确定。某些岩石给出了古代磁场的线索,尽管现在仍未找到行星磁场的存在。

2. 月球是一个古代天体,并且仍保留了早期的历史(最初的十亿年),那段历史对于所有类地行星一定都是相同的。月面上保存着大量由流星撞击形成的环形山,用岩石样本的绝对年龄进行标校,为根据水星、金星和火星各自的环形山记录揭开其地质演化时标提供了关键线索。对其他行星进行的照片地质学研究在很大程度上都是基于从月球获取的经验。然而在阿波罗计划之前,人们并不完全了解月球撞击环形山的起源,对地球上类似环形山的起源也存在激烈争论。

3. 最年轻的月球岩石实际上与最古老的地球岩石属于同一时期。曾经可能对地球和月球两个行星体均造成影响的最早期的地质过程和事件,如今只能在月球上找到。月球岩石年龄的范围从月海(深色、低洼的盆地)的大约 32 亿年前到月面高地(浅色、崎岖不平的高地)的大约 46 亿年前。地球上各种活跃的地质力量,包括板块构造和侵蚀,持续不断地改变着地球古老的表面,而月球古老的表面很少受到这样的侵扰,一直保留至今。

4. 月球和地球在起源上是相关的,由同一物质来源的不同部分形成。月球岩石与地球岩石有着明显相似的氧同位素组成,这清楚地表明它们有着共同的祖先。相对地球而言,月球上铁元素和多种活性元素非常罕见,而这些正是形成大气和水所必需的。

5. 月球上没有生命,其中包括没有活着的生物体、化石,或天然有机化合物。通过对月球样本的大量测试发现,无论是过去还是现在都没有生命存在的证据,甚至连非生物有机化合物也出乎意料地缺乏。某些痕迹应该是陨石带来的。

6. 所有月球岩石的生成都经过了高温过程,其间很少有水或是完全没有水的参与。这些岩石大致分为三种类型:玄武岩、斜长岩和角砾岩。玄武岩是填充月海盆地的深色熔岩,它们与地球上构成海洋地壳的熔岩相似,但年代更为久远。斜长岩是形成远古高地的浅色岩石,它们与地球上最古老的岩石相似,但年代更老。角砾岩是由所有其他类型的岩石在流星撞击期间经过粉碎、混合和烧结而成的复合岩石。月球上没有砂岩、页岩或石灰岩,这证明了地球上水传播过程的重要性。

7. 在月球的早期,它的表面曾经处于熔融状态,形成了一片很深的"岩浆海"。月球高地留存着早期的残余物——一些曾经漂浮在岩浆海表面的低密度岩石。月球高地大约形成于 44 亿年至 46 亿年前,这些高地是由漂浮在月球表面深达数万米或是更深的熔岩海中的早期富含长石的月壳形成的。地质时期的无数次流星撞击将古代月壳打磨成盆地之间的弓状山脉。

8. 月球的"岩浆海"之后被一系列巨大的小行星撞击,形成了盆地,这些盆地后来又被岩浆流填充。一些巨大的、深色的盆地,例如雨海,是在月球历史早期形成的巨大的撞击坑,后来在大约 32 亿年至 39 亿年前被熔岩流填充。月球的火山运动主要表现为岩浆流向周围水平扩散,火山喷出的熔岩形成了黑色、橙色和翠绿色玻璃珠状沉积物。

9. 月球的整体形态略微有些不对称,这很可能是在其进化过程中受到地球引力影响的结果。在月球的背面,月壳更厚,同时留存了更多的火山盆地;而在月球的正面则有不寻常的质量集中区。月球内部的质量分布并不均匀。巨大的质量集中区(质量瘤)埋藏在很多大型月球盆地的下面,这里很可能聚集着厚厚的稠密熔岩。相对于几何中心来说,月球的质心偏向地球方向数千米远。

10. 月球表面覆盖着由岩石碎片和月尘构成的碎石堆,称作"月球风化层",其间蕴藏着独特的太阳辐射历史,这对于理解地球气候的变化至关重要。风化层是月球在地质时期遭受了无数次流星撞击形成的。月表岩石和矿物颗粒明显富含由太阳辐射植入的某些化学元素和同位素。月球本身记录了 40 亿年的太阳历史,其完整程度是我们无法在其他地方找到的。

杰出的神话

值得注意的是,月球的起源问题并没有立即得到解决。当阿波罗 11 号飞船出发前往月球时,有三种月球形成的理论:①它是从地球分离出去的一部分,那时我们的地球还是一颗年轻的行星而且处于熔融状态;②它是与地球在同一时间、在太阳系中同样的位置形成的,但在很久以后才被地球俘获;③它是在太阳系其他地方形成的,很久以后才被地球俘获。然而令人惊愕的是,阿波罗飞船带回的月球样本将这三种理论全部颠覆了!直到 1986 年才达成了一致意见,月球是地球在太阳星云中刚形成不久,由火星大小的天体与地球相撞形成的碎片吸积而成的。

阿波罗计划预算拨款[注1]

· 千美元

	1960	1961	1962	1963	1964	1965	1966	1967	1968	1969	1970	1971	1972	1973	总计
先进技术开发研究	$100	$1 000	$0	$0	$0	$0	$0	$0	$0	$0	$0	$0	$0	$0	$1 100
轨道飞行试验	$0	$0	$63 900	$0	$0	$0	$0	$0	$0	$0	$0	$0	$0	$0	$63 900
生物医学飞行试验	$0	$0	$16 550	$0	$0	$0	$0	$0	$0	$0	$0	$0	$0	$0	$16 550
高速再入试验	$0	$0	$27 550	$0	$0	$0	$0	$0	$0	$0	$0	$0	$0	$0	$27 550
飞船研制	$0	$0	$52 000	$0	$0	$0	$0	$0	$0	$0	$0	$0	$0	$0	$52 000
仪器与科学设备	$0	$0	$0	$11 500	$0	$0	$0	$0	$0	$0	$0	$0	$0	$0	$11 500
操作支持	$0	$0	$0	$2 500	$0	$0	$0	$0	$0	$0	$0	$0	$0	$0	$2 500
小乔伊Ⅱ型火箭研制	$0	$0	$0	$8 800	$0	$0	$0	$0	$0	$0	$0	$0	$0	$0	$8 800
支持系统研制	$0	$0	$0	$3 000	$0	$0	$0	$0	$0	$0	$0	$0	$0	$0	$3 000
指令勤务舱	$0	$0	$0	$345 000	$545 874	$577 834	$615 000	$560 400	$455 300	$346 000	$282 821	$0	$0	$0	$3 728 229
登月舱	$0	$0	$0	$123 100	$135 000	$242 600	$310 800	$472 500	$399 600	$326 000	$231 433	$0	$0	$0	$2 241 033
制导与导航	$0	$0	$0	$32 400	$91 499	$81 038	$115 000	$76 654	$113 000	$43 900	$33 866	$0	$0	$0	$587 357
集成、可靠性与检验	$0	$0	$0		$60 699	$24 763	$34 400	$29 975	$66 600	$65 100		$0	$0	$0	$281 537
飞船支持系统	$0	$0	$0		$43 503	$83 663	$95 400	$110 771	$60 500	$121 800	$170 764	$0	$0	$0	$686 401
土星C-1火箭	$0	$0	$0	$90 864	$0	$0	$0	$0	$0	$0		$0	$0	$0	$90 864
土星Ⅰ火箭	$0	$0	$0	$0	$187 077	$40 265	$800	$0	$0	$0	$0	$0	$0	$0	$228 142
土星ⅠB火箭	$0	$0	$0	$0	$146 817	$262 690	$274 185	$236 600	$146 600	$41 347	$0	$0	$0	$0	$1 108 239
土星Ⅴ火箭	$0	$0	$0	$0	$763 382	$964 924	$1 177 320	$1 135 600	$998 900	$534 453	$484 439	$189 059	$142 458	$26 300	$6 416 835

续表

	1960	1961	1962	1963	1964	1965	1966	1967	1968	1969	1970	1971	1972	1973	总计
发动机研制	$0	$0	$0	$0	$166 000	$166 300	$134 095	$49 800	$18 700	$0	$0	$0	$0	$0	$534 895
阿波罗任务支持系统	$0	$0	$0	$0	$133 101	$170 542	$210 385	$243 900	$296 800	$0	$0	$0	$0	$0	$1 054 728
载人航天飞行操作	$0	$0	$0	$0	$0	$0	$0	$0	$0	$546 400	$422 728	$314 963	$307 450	$0	$1 591 541
预先研制	$0	$0	$0	$0	$0	$0	$0	$0	$0	$0	$0	$11 500	$12 500	$0	$24 000
飞行舱	$0	$0	$0	$0	$0	$0	$0	$0	$0	$0	$0	$245 542	$55 033	$0	$300 575
科学有效载荷	$0	$0	$0	$0	$0	$0	$0	$0	$0	$0	$60 094	$106 194	$52 100	$0	$218 388
地面支持系统	$0	$0	$0	$0	$0	$0	$0	$0	$0	$0	$0	$46 411	$31 659	$0	$78 070
飞船	$0	$0	$0	$0	$0	$0	$0	$0	$0	$0	$0	$0	$0	$50 400	$50 400
阿波罗计划	$100	$1 000	$160 000	$617 164	$2 272 952	$2 614 619	$2 967 385	$2 916 200	$2 556 000	$2 025 000	$1 686 145	$913 669	$601 200	$76 700	$19 408 134
NASA 合计	$523 575	$964 000	$1 671 750	$3 674 115	$3 974 979	$4 270 695	$4 511 644	$4 175 100	$3 970 000	$3 193 559	$3 113 765	$2 555 000	$2 517 700	$2 509 900	$56 661 332
阿波罗计划占预算总额的比例	<1%	<1%	10%	17%	57%	61%	66%	70%	64%	63%	54%	36%	24%	3%	34%

注1《阿波罗飞船：年鉴》第Ⅰ卷至第Ⅳ卷

上升段数据[注1]

	阿波罗7号	阿波罗8号	阿波罗9号	阿波罗10号	阿波罗11号	阿波罗12号	阿波罗13号	阿波罗14号	阿波罗15号	阿波罗16号	阿波罗17号
级间分离前											
发射台方位角/度（北偏东）	100	90.0	90.0	90.0	90.0	90.0	90.0	90.0	90.0	90.0	90.0
飞行方位角/度（北偏东）	72	72.124	72.0	72.028	72.058	72.029	72.043	75.558	80.088	72.034	91.503

	阿波罗 7 号	阿波罗 8 号	阿波罗 9 号	阿波罗 10 号	阿波罗 11 号	阿波罗 12 号	阿波罗 13 号	阿波罗 14 号	阿波罗 15 号	阿波罗 16 号	阿波罗 17 号
GET(马赫数为 1)/秒	62.15	61.48	68.2	66.8	66.3	66.1	68.4	68.0	65.0	67.5	67.5
高度(马赫数为 1)/英尺	25 034	24 128	25 781	25 788	25 736	25 610	26 697	26 355	25 663	26 019	26 221
GET(最大弯曲力矩)/秒	73.1	74.7	79.4	84.6	91.5	77.5	76	76	80.1	86.5	79
最大弯曲力矩(磅力·英寸)	7 546 000	60 000 000	86 000 000	88 000 000	33 200 000	37 000 000	69 000 000	116 000 000	80 000 000	71 000 000	96 000 000
GET(最大 q 值)/秒	75.5	78.9	85.5	82.6	83.0	81.1	81.3	81.0	82.0	86.0	82.5
高度(最大 q 值)/英尺	39 903	44 062	45 138	43 366	44 512	42 133	40 876	40 398	44 971	47 122	42 847
最大 q 值/(磅/平方英尺)	665.60	776.938	630.73	694.232	735.17	682.95	651.63	655.80	768.58	726.81	701.75
S-IC 级工作段(阿波罗 7 号 S-IB 级)											
时长/秒	147.31	160.41	169.06	168.03	168.03	168.2	170.3	170.6	166.1	168.5	168.1
GET(最大总惯性加速度)/秒	140.10	153.92	162.84	161.71	161.71	161.82	163.70	164.18	159.56	161.78	161.20

续表

	阿波罗7号	阿波罗8号	阿波罗9号	阿波罗10号	阿波罗11号	阿波罗12号	阿波罗13号	阿波罗14号	阿波罗15号	阿波罗16号	阿波罗17号
最大总惯性加速度/(英尺/秒²)	137.76	127.46	123.75	126.21	126.67	125.79	123.36	122.90	127.85	122.90	124.51
最大总惯性加速度(g)	4.28	3.96	3.85	3.92	3.94	3.91	3.83	3.82	3.97	3.82	3.87
GET(最大地球固连坐标系速度)/秒	144.6	154.47	163.45	161.96	162.30	162.18	164.10	164.59	160.00	162.5	162.0
最大地球固连坐标系速度(英尺/秒)	6 490.1	7 727.36	7 837.89	7 835.76	7 882.9	7 852.0	7 820.9	7 774.9	7 387.6	7 779.5	7 790.0
GET(最高点)/秒	259.4	266.54	266.03	266.87	269.1	275.6	271.7	271.8	277.562	270.973	273.689
高度(最高点)/海里	64.4	64.69	59.23	60.61	62.1	66.4	63.1	62.9	68.8	63.1	64.9
航程(最高点)/海里	132.6	175.70	172.37	172.90	176.8	181.4	176.0	174.5	182.9	174.8	177.2
S-Ⅱ级工作段											
时长/秒	—	367.85	371.06	388.59	384.22	389.14	426.64	392.55	386.06	394.34	395.06
GET(最大总惯性加速度)/秒	—	524.14	536.31	460.69	460.70	460.83	537.00	463.17	459.56	461.77	461.21

续表

	阿波罗7号	阿波罗8号	阿波罗9号	阿波罗10号	阿波罗11号	阿波罗12号	阿波罗13号	阿波罗14号	阿波罗15号	阿波罗16号	阿波罗17号
最大总惯性加速度/(英尺/秒²)	—	59.71	64.34	58.46	58.53	58.79	53.31	58.10	57.58	56.00	56.00
最大总惯性加速度(g)	—	1.86	2.00	1.82	1.82	1.83	1.66	1.81	1.79	1.74	1.74
GET(最大地球固连坐标系速度/秒)	—	524.90	536.45	553.50	549.00	553.20	593.50	560.07	550.00	560.0	560.6
最大地球固连坐标系速度(英尺/秒)	—	21 068.14	21 441.11	21 317.81	21 377.0	21 517.8	21 301.6	21 574.5	21 601.4	21 550.9	21 567.6
GET(最高点)/秒	—	560.34	593.58	597.21	587.0	581.7	632.2	600.2	553.225	584.122	574.527
高度(最高点)/海里	—	104.21	102.50	102.31	101.9	103.2	103.0	102.4	95.2	93.7	93.3
航程(最高点)/海里	—	934.06	1 026.36	1 035.06	1 005.9	985.3	1 098.8	1 032.2	888.9	978.7	946.2

S-ⅣB级第一次点火工作段

	阿波罗7号	阿波罗8号	阿波罗9号	阿波罗10号	阿波罗11号	阿波罗12号	阿波罗13号	阿波罗14号	阿波罗15号	阿波罗16号	阿波罗17号
时长/秒	469.79	156.69	123.84	146.95	147.13	137.31	152.93	137.16	141.47	142.61	138.85
GET(最大总惯性加速度)/秒	616.9	685.08	664.74	703.84	699.41	693.99	750.00	700.66	694.67	706.21	702.65

续表

	阿波罗7号	阿波罗8号	阿波罗9号	阿波罗10号	阿波罗11号	阿波罗12号	阿波罗13号	阿波罗14号	阿波罗15号	阿波罗16号	阿波罗17号
最大总惯性加速度/(英尺/秒²)	82.22	23.10	25.72	22.60	22.08	22.21	21.85	21.62	21.00	21.59	21.46
最大总惯性加速度(g)	2.56	0.72	0.80	0.70	0.69	0.69	0.68	0.67	0.65	0.67	0.67
GET最大地球固连坐标系速度/(英尺/秒)	619.3	685.50	674.66	703.84	709.33	703.91	750.50	710.56	704.67	716.21	712.70
最大地球固连坐标系速度/(英尺/秒)	24 208.4	24 244.26	24 246.39	24 240.09	24 243.8	24 242.3	24 243.1	24 221.8	24 242.4	24 286.1	24 231.0

S-ⅣB级第二次点火工作段

	阿波罗7号	阿波罗8号	阿波罗9号	阿波罗10号	阿波罗11号	阿波罗12号	阿波罗13号	阿波罗14号	阿波罗15号	阿波罗16号	阿波罗17号
时长/秒	—	317.72	62.06	343.06	346.83	341.14	350.85	350.84	350.71	341.92	351.04
GET(最大总惯性加速度)注2	—	002:55:55.61	004:46:57.68	002:39:10.66	002:50:03.11	002:53:04.02	002:41:37.23	002:34:23.34	002:55:53.61	002:39:18.42	003:18:27.64
最大总惯性加速度/(英尺/秒²)	—	49.77	39.90	47.90	46.65	47.74	46.23	46.56	45.01	45.64	45.44
最大总惯性加速度(g)	—	1.55	1.24	1.49	1.45	1.48	1.44	1.45	1.40	1.42	1.41
GET最大地球固连坐标系速度/(英尺/秒)	—	002:55:56.00	004:46:58.20	002:39:11.30	002:50:03.50	002:53:04.32	002:41:37.80	002:34:23.67	002:55:54.00	002:39:20.0	003:18:28.5

	阿波罗7号	阿波罗8号	阿波罗9号	阿波罗10号	阿波罗11号	阿波罗12号	阿波罗13号	阿波罗14号	阿波罗15号	阿波罗16号	阿波罗17号
最大地球固连坐标系速度/(英尺/秒)	—	34 178.74	26 432.58	34 251.67	34 230.3	34 063.0	34 231.0	34 194.9	34 236.9	34 269.0	34 202.4
S-ⅣB级第三次点火工作段											
时长/秒	—	—	242.06	—	—	—	—	—	—	—	—
GET(最大总惯性加速度)	—	—	006;08;53.00	—	—	—	—	—	—	—	—
最大总惯性加速度/(英尺/秒²)	—	—	54.40	—	—	—	—	—	—	—	—
最大总惯性加速度/(g)	—	—	1.69	—	—	—	—	—	—	—	—
GET(最大地球固连坐标系速度/秒)	—	—	006;11;23.50	—	—	—	—	—	—	—	—
最大地球固连坐标系速度/(英尺/秒)	—	—	29 923.49	—	—	—	—	—	—	—	—

注1 摘自土星V运载火箭飞行评估报告,阿波罗/土星V飞行后弹道报告和任务报告

注2 S-ⅣB级第二和第三次点火的GET采用"时:分:秒"来表述

指令舱舱内温度记录[1]

华氏度

任务	阿波罗7号	阿波罗8号	阿波罗9号	阿波罗10号	阿波罗11号	阿波罗12号	阿波罗13号	阿波罗14号	阿波罗15号	阿波罗16号	阿波罗17号
发射	70	65	65	75	70	70	70	70	70	70	70
平均	70	72	70	73	63	67	64	74	69	70	69
最高	79	81	72	80	73	80	71	77	81	80	81
最低	64	61	65	64	55	58	58	60	59	57	61
再入返回	65	61	67	58	55	60	75	59	59	57	6

注[1] 阿波罗的生物医学结果，SP-368,133 页。所有温度数据都是在热交换器入口测量的。在阿波罗 13 号任务期间，登月舱环境控制系统提供了大约 83 小时(57:45 到 141:05GET)的可居住环境。为了保持较低的耗电水平，舱内保持一个较低的温度。维持在 49 华氏度至 55 华氏度之间，这使得乘组在这个阶段的大部分时间都感到不舒服。

呼号

任务	指令舱	登月舱
阿波罗7号	"阿波罗7号"	无
阿波罗8号	"阿波罗8号"	无
阿波罗9号	"橡皮糖"，源于该飞船在地面运输过程中，外观上像一块橡皮糖中，指令舱包装材料包裹起来，外观上像一块橡皮糖	"蜘蛛"，源于它的像甲虫一样的外形
阿波罗10号	"查理·布朗"，源于查尔斯·L.舒尔茨的连环漫画《花生》中的卡通人物。与漫画中一样，指令舱"查理·布朗"仍是登月舱"史努比"的保护者	"史努比"，源于同一部漫画中的小猎犬。这个名字反映出登月舱会像小猎犬一样在近月球的低轨道上"嗅测"月球表面。而且在载人飞船中心，"史努比"还是高质量的象征。做出杰出贡献的工作人员会获得一枚银质的"史努比"饰针

续表

任务	指令舱	登月舱
阿波罗11号	"哥伦比亚",源于儒勒·凡尔纳小说中发射月船的"哥伦比亚特"加农炮(通常认为月船是被"抛射"到月球的);另外一种说法是这个词与美国的起源联系紧密	"鹰",选自这次任务月徽章上的雄鹰
阿波罗12号	"扬基快船",从指令舱主承包商的雇员提交的名字里选出	"无畏",从指令舱主承包商的雇员提交的名字里选出
阿波罗13号	"奥德赛",用于追忆希腊神话中奥德修斯的长途跋涉	"宝瓶座",源于埃及神宝瓶座——持水者。宝瓶座会为尼罗河谷带来富饶,以及月球想要从月球带回知识的愿望,这正符合阿波罗13号乘组想要从月球带回知识的愿望
阿波罗14号	"基蒂霍克",莱特兄弟第一次飞行试验是在北卡罗来纳州基蒂霍克进行的	"天蝎座α星",源于登月舱落月时指向的恒星
阿波罗15号	"奋进",詹姆斯·库克船长在18世纪进行科学探险航行所用船只的名称	"猎鹰",源于美国空军学院的吉祥物,因为阿波罗15号乘组全部来自空军
阿波罗16号	"卡斯帕",根据卡通人物"友善的小精灵卡斯帕"命名,因为穿着白色宇航服的乘组在电视上看起来很古怪	"猎户座",源于星座名称,因为乘组在地月空间飞行时将利用该星座进行导航
阿波罗17号	"美利坚",以此作为对美国人民为阿波罗计划做出贡献的回报和象征	"挑战者",预示着阿波罗计划之后未来的挑战

以上信息从以下述文献摘录并编辑:①《宇航员任务徽章和飞船呼号》,由迪克·莱提姆在约翰逊航天中心历史办公室起草但没有出版,此后以《我们所做的一切就是飞往月球》出版;宇航员的徽章与呼号;从水星座航天飞机的太空徽章;②各种NASA文件。

阿波罗计划在太空累计工作时间[注1]

	阿波罗7号	阿波罗8号	阿波罗9号	阿波罗10号	阿波罗11号	阿波罗12号	阿波罗13号	阿波罗14号	阿波罗15号	阿波罗16号	阿波罗17号	飞行时间/秒	飞行时间(时:分:秒)
任务时长(时:分:秒)	260:09:03	147:00:42	241:00:54	192:03:23	195:18:35	244:36:25	142:54:41	216:01:58	295:11:53	265:51:05	301:51:59		
任务时长/秒	936 543	529 242	867 654	691 403	703 115	880 585	514 481	777 718	1 062 713	957 065	1 086 719		
大卫·伦道夫·斯科特			867 654									1 930 367	536:12:47
尤金·安德鲁·吉恩·赛尔南				691 403							1 086 719	1 778 122	493:55:22
约翰·沃兹·杨				691 403						957 065		1 648 468	457:54:28
罗纳德·埃尔文·埃文斯											1 086 719	1 086 719	301:51:59
哈里森·哈根·施密特											1 086 719	1 086 719	301:51:59
詹姆斯·本森·欧文									1 062 713			1 062 713	295:11:53
阿尔弗雷德·梅里尔·沃登									1 062 713			1 062 713	295:11:53
小詹姆斯·亚瑟·洛弗尔		529 242					514 481					1 043 723	289:55:23
小查尔斯·莫斯·杜克										957 065		957 065	265:51:05
托马斯·肯尼斯·肯·马丁利二世										957 065		957 065	265:51:05
罗尼·沃尔特·坎宁安	936 543											936 543	260:09:03
唐·富尔顿·艾西尔	936 543											936 543	260:09:03
小沃尔特·马蒂·施艾拉	936 543											936 543	260:09:03
艾伦·拉维恩·比恩						880 585						880 585	244:36:25

续表

	阿波罗7号	阿波罗8号	阿波罗9号	阿波罗10号	阿波罗11号	阿波罗12号	阿波罗13号	阿波罗14号	阿波罗15号	阿波罗16号	阿波罗17号	飞行时间/秒	飞行时间（时：分：秒）
小查尔斯·彼得·康拉德						880 585						880 585	244:36:25
小理查德·弗朗西斯·戈登						880 585						880 585	244:36:25
詹姆斯·奥尔顿·麦克迪维特			867 654									867 654	241:00:54
拉塞尔·路易斯·施韦卡特			867 654									867 654	241:00:54
埃德加·迪恩·米切尔								777 718				777 718	216:01:56
斯图尔特·艾伦·鲁萨								777 718				777 718	216:01:58
小艾伦·巴特利特·谢波德								777 718				777 718	216:01:58
小埃德温·尤金·布兹·奥尔德林					703 115							703 115	195:18:35
尼尔·奥尔登·阿姆斯特朗					703 115							703 115	195:18:35
小米歇尔·阿林斯					703 115							703 115	195:18:35
托马斯·帕滕·斯塔福德				691 403								691 403	192:03:23
威廉·艾利森·安德斯		529 242										529 242	147:00:42
弗兰克·弗雷德里克·博尔曼二世		529 242										529 242	147:00:42
小弗雷德·华莱士·海斯							514 481					514 481	142:54:41

续表

	阿波罗7号	阿波罗8号	阿波罗9号	阿波罗10号	阿波罗11号	阿波罗12号	阿波罗13号	阿波罗14号	阿波罗15号	阿波罗16号	阿波罗17号	飞行时间/秒	飞行时间(时:分:秒)
小约翰·伦纳德·杰克·斯威格特							514 481					514 481	142:54:41
从起飞算起总载人飞行时间/秒	2 809 629	1 587 726	2 602 962	2 074 209	2 109 345	2 641 755	1 543 443	2 333 154	3 188 139	2 871 195	3 260 157	27 021 714	
在太空的总时间(时:分:秒)	780:27:09	441:02:06	723:02:42	576:10:09	585:55:45	733:49:15	428:44:03	648:05:54	885:35:39	797:33:15	905:35:57	7 506:01:54	7 506:01:54

注1 计算结果

阿波罗计划飞行器配置

S-IB级(阿波罗7号)
- 起飞时推力达到164万磅
- 飞行器整体加速到约7620英尺/秒
- 在约2.5分钟内达到约33海里高度

S-IC级
- 起飞时推力达到765万磅
- 飞船整体加速到约7880英尺/秒
- 在约2.5分钟内达到约58海里高度

S-IVB级
- 在470秒内将速度从7620英尺/秒提高到25 553英尺/秒,从而进入轨道(阿波罗7号任务)
- 在154秒内将速度从22 850英尺/秒提高到25 568英尺/秒,从而进入轨道(所有其他飞行任务)
- 将飞行器加速到约35 500英尺/秒以进入地月转移轨道(除阿波罗7号和9号以外的所有任务)

仪器单元
- 为运载火箭提供制导、导航、控制信号,遥测,指令传输,测控,以及应急检测分系统速率与显示激活时和级功能定序

续表

飞船/登月舱适配器	S-Ⅱ级间段
· 安装并支撑登月舱,空气动力学封闭,支撑登月舱 · 为飞船与运载火箭之间提供结构电气接口 · 为 S-ⅣB 级与指令勤务舱之间提供直径上的结构过渡 · 允许取出登月舱	· 第一级和第二级的结合部 · 安装第二级的发动机 · 为 S-Ⅱ级发动机启动提供残留液
登月舱下降级	S-Ⅱ级
· 为登月舱离开月球轨道和完成月面着陆提供可变换的速度(可节流调节) · 保护上升级免受着陆损伤 · 实现上升级与下降级之间的级间分离 · 作为登月舱上升级的发射台 · 储存月球科学设备	· 在约 370 秒内将火箭速度从约 7880 英尺/秒提高到约 22 850 英尺/秒 · 达到约 101 海里高度 · 安装 S-Ⅱ级反推火箭
指令舱	S-ⅣB级间段
· 为三名乘员提供生命保障 · 提供惯性空间固连坐标系的导航 · 作为指令控制与通信的中心 · 实施三轴姿态控制 · 作为有限的升力体(具有升力控制能力的飞行器,译者注) · 为各类舱内、舱外活动提供指令舱和登月舱的进舱、出舱功能	· 为 S-Ⅱ级与 S-ⅣB 级之间提供直径上的结构过渡 · 安装 S-ⅣB 级发动机 · 具备三轴姿态控制,通过 APS 进行 +X 轴方向平移实现残留液沉底,燃烧时间最长为 505 秒

续表

发射逃逸系统

- 在发射异常中止时将指令舱带离行器（和陆地）
- 为发射异常中止时的下降调整指令舱的指向
- 按要求安全地抛掉指令舱
- 感知飞行动力学参数
- 为指令舱提供热防护

登月舱上升级

- 在任务中为两名乘员提供生命保障
- 含备份指令舱控制与通信功能
- 计算并实施月球着陆异常中止，月面发射和与指令舱的交会对接
- 为各类舱内、舱外活动提供便利的指令舱和登月舱的进舱、出舱功能
- 在近月环境中沿着三轴方向实施机动

勤务舱

- 为中途修正，进入月球轨道，进入月地转移轨道和指令舱异常中止提供控制和转换
- 实现姿态控制和转换
- 为指令舱提供环境，电源和喷气控制所需要的补充能力

根据任务类型开展的各种训练[1]

训练类型	第一次登月之前各次任务（阿波罗 7 号至 10 号）		早期登月任务（阿波罗 11 号至 14 号）		后期登月任务（阿波罗 15 号至 17 号）	
	小时	总数占比/%	小时	总数占比/%	小时	总数占比/%
模拟器	11 511	36	15 029	56	11 413	45
特定目标	4 023	13	5 379	20	9 246	36
步骤	7 924	25	2 084	8	1 265	5
简令	5 894	18	3 070	11	2 142	9
飞船测试	2 576	8	1 260	5	1 255	5
合计	31 928	100	26 822	100	25 321	100

注1 阿波罗计划总结总结报告（JSC-09423），6-20 页至 6-23 页。其中包括任务控制中心工作人员的参与。

阿波罗计划乘组飞行后出现的医学问题[注1]

诊　　断	发　病　原　因	病　　例
气压损失性中耳炎	咽鼓管堵塞	7
毛囊炎·右前胸	细菌	1
肠胃炎	细菌	1
疱疹性病变·嘴唇	疱疹病毒	1
流感综合征	流感 B 类病毒	1
	未确定	1
	流感 A 类病毒	1
前额裂伤	外伤	1
流鼻涕·轻度	玻璃纤维分子	1
丘疹性病变·腋骨附近	细菌	1
前列腺炎	未确定	2
牙髓炎·7 号牙		1
脓疱·眼皮		1
鼻炎	病毒性	3
急性上颌鼻窦炎	细菌	1
韧带扭伤·右肩		1
尿道感染	假单胞菌	1
前庭功能障碍·轻度		1
鼻炎和咽炎	流感 B 类病毒	1
鼻炎和支气管炎	乙型链球菌(并非 A 组)	1
接触性皮炎	玻璃纤维	—
	β 织物	1
指甲下出血·手指指甲	微孔带	6
	外伤	3

注1 阿波罗任务生物医学成果，SP-368

阿波罗计划医疗包[注1]

指令舱医疗包

	阿波罗7号	阿波罗8号	阿波罗9号	阿波罗10号	阿波罗11号	阿波罗12号	阿波罗13号	阿波罗14号	阿波罗15号	阿波罗16号	阿波罗17号
甲基纤维素滴眼剂(0.25%)	2/1	2/2	2/0	2/0	2/0	2/0	2/0	2/0	1/0	2/0	1/0
盐酸四氢唑啉(眼药水)	—	—	—	—	—	—	—	—	—	—	1/1
压缩绷带	2/0	2/0	2/0	2/0	2/0	2/0	2/0	2/0	2/0	2/0	2/0
创可贴	12/2	12/0	12/0	12/0	12/0	12/0	12/0	12/0	12/0	12/0	12/0
抗生素软膏	1/1	1/0	1/0	1/0	1/0	1/0	1/0	1/0	1/0	2/1	2/1
润肤霜	1/0	1/1	1/1	1/0	1/0	1/0	1/0	1/0	1/0	1/1	1/0
杜冷丁注射器(90毫克)	3/0	3/0	3/0	3/0	3/0	3/0	3/0	3/0	3/0	—	—
塞克利嗪注射器(抗吐剂,译者注)	3/0	3/0	3/0	3/0	3/0	3/0	3/0	3/0	3/0	—	—
塞克利嗪药片(50毫克)	24/3	24/1	24/4	12/0	—	—	—	—	—	—	—
左旋苯异丙胺药片(5毫克)(中枢神经刺激剂,译者注)	12/1	12/0	12/0	12/0	12/0	12/0	12/1	12/0	12/0	12/0	12/0
达尔丰复方胶囊(60毫克)(一种镇痛药,译者注)	12/2	18/0	18/0	18/0	18/0	18/0	12/1	18/0	18/0	18/0	18/0
抗组胺药片(60毫克)(一种减充血药,含盐酸伪麻黄碱和盐酸曲普利啶,译者注)	24/24	60/0	60/12	60/2	60/0	60/18	60/0	60/0	60/0	60/0	60/1
复方苯乙哌啶药片(止泻宁,译者注)	24/8	24/3	24/1	24/13	24/2	24/0	24/1	24/0	24/0	24/0	48/5
鼻腔软膏	1/0	2/1	2/1	1/0	1/0	1/0	1/0	1/0	1/0	1/0	1/0

	阿波罗 7 号	阿波罗 8 号	阿波罗 9 号	阿波罗 10 号	阿波罗 11 号	阿波罗 12 号	阿波罗 13 号	阿波罗 14 号	阿波罗 15 号	阿波罗 16 号	阿波罗 17 号
阿司匹林药片（5克）	72/48	72/8	72/2	72/16	72/未知	72/6	72/30	72/0	72/0	72/0	72/0
四环素（250毫克）	24/02	24/0	24/0	15/0	60/0	60/0	—	—	60/0	60/0	60/0
氨苄青霉素	—	60/0	60/0	45/0	60/0	—	60/0	60/0	60/0	60/0	60/0
速可眠胶囊（100毫克）	—	21/1	21/10	21/0	21/0	21/6	21/0	—	21/0	21/3	21/16
速可眠胶囊（50毫克）	—	12/7	—	—	—	—	—	—	—	—	—
滴鼻剂（羟甲唑啉）	—	3/0	3/1	3/0	3/0	3/1	3/0	3/1	3/0	3/0	3/3
苯海拉明（50毫克）（一种抗风湿素剂,译者注）	—	8/0	—	—	—	—	—	—	—	—	—
泰诺（325毫克）（退烧止痛药,译者注）	—	14/7	—	—	—	—	—	—	—	—	—
杆菌肽眼药膏	—	—	1/0	—	—	—	—	—	—	—	—
东莨菪碱(0.3毫克)-左旋苯异丙胺（5毫克胶囊）（东莨菪碱具有散瞳和抑制腺体分泌的作用,对呼吸中枢具有兴奋作用,对大脑皮质有明显抑制作用,译者注）	—	—	—	—	12/6	12/0	12/2	12/0	12/0	12/0	12/1
二甲硅油药片（消泡泡净制剂,译者注）	—	—	—	—	40/0	40/0	40/0	40/0	40/0	40/0	40/0
Opthaine(原文可能有误,译者注)	—	—	—	—	—	—	1/0	1/0	1/0	1/0	1/0
多种维生素	—	—	—	—	—	—	—	20/0	—	—	—

续表

	阿波罗7号	阿波罗8号	阿波罗9号	阿波罗10号	阿波罗11号	阿波罗12号	阿波罗13号	阿波罗14号	阿波罗15号	阿波罗16号	阿波罗17号
辅助药物											
普鲁卡因酰胺（抗心律失常药物，译者注）	—	—	—	—	—	—	—	—	—	80/0	80/0
利多卡因（一种局部麻醉剂，抗心律失常药物，译者注）	—	—	—	—	—	—	—	—	—	12/0	12/0
阿托品（一种用来治疗神经毒气中毒的药物）	—	—	—	—	—	—	—	—	—	12/0	12/0
杜冷丁	—	—	—	—	—	—	—	—	—	6/0	6/0
阿波罗任务医务医疗配件包											
耐磨损服装装线缆插头	—	—	—	—	—	—	—	—	3	3	3
心电图海绵包	1	1	1	1	1	1	1	1	14	14	14
电极袋	12	12	12	12	20	20	20	20	1	1	1
电极附件组件	12	12	12	12	20	20	20	20	100	100	100
微孔碟	12	12	12	12	20	20	20	20	50	50	50
胸骨系带	1	1	1	1	3	3	3	3	3	3	3
腋窝系带	1	1	1	1	1	1	1	1	1	1	1
电极贴	1	1	1	1	1	1	1	1	1	1	1
口腔温度计	1	1	1	1	1	1	1	1	1	1	1
pH试纸	1	1	1	1	1	1	1	1	1	无	无
尿液收集和转移组件	3	3	6	6	6	6	6	6	6	6	6

	阿波罗7号	阿波罗8号	阿波罗9号	阿波罗10号	阿波罗11号	阿波罗12号	阿波罗13号	阿波罗14号	阿波罗15号	阿波罗16号	阿波罗17号
登月舱医疗包注2											
帆布背包	—	—	—	—	—	1				—	—
兴奋剂药丸（右旋苯异丙胺）	—	—	—	—	—	4				—	—
止痛药丸（达尔丰）	—	—	—	—	—	4				—	—
解充血药丸（曲普利啶）	—	—	—	—	—	8				—	—
止泻药丸（复方苯乙哌啶）	—	—	—	—	—	12				—	—
阿司匹林	—	—	—	—	—	12				—	—
创可贴	—	—	—	—	—	6				—	—
压缩绷带	—	—	—	—	—	2					
滴眼剂（甲基纤维素）	—	—	—	—	—	1					
抗生素软膏（Neosporin）	—	—	—	—	—	1					
安眠药丸（速可眠）	—	—	—	—	—	6					
麻醉滴眼剂	—	—	—	—	—	1					
滴鼻剂（羟间唑啉）	—	—	—	—	—	1					
尿液收集及转移组件	—	—	—	—	—	6					
普鲁卡因酰胺	—	—	—	—	—	12					
注射药包											
注射药物帆布背包	—	—	—	—	—	1				—	—
利多卡因（心脏病）	—	—	—	—	—	8				—	—
阿托品（心脏病）	—	—	—	—	—	4				—	—
杜冷丁（止痛）	—	—	—	—	—	2				—	—

注1 阿波罗任务生物医学成果，SP-368，33 页

注2 典型药物的数量和项目；没有标准的登月舱医疗包。每次任务后都要对医疗包的充分性进行评估，并且为下次任务做适当的调整

阿波罗计划例行训练[注1]

训练项目	阿波罗7号	阿波罗8号	阿波罗9号	阿波罗10号	阿波罗11号	阿波罗12号	阿波罗13号	阿波罗14号	阿波罗15号	阿波罗16号	阿波罗17号
模拟月面活动/训练课时数											
月面操作	—	—	—	—	20	31	42	43	91	67	47
舱外活动前/后的操作	—	—	—	—	10	4	11	18	20	10	20
每次任务合计	—	—	—	—	30	35	53	61	119	77	67
地质野外考察[注2]	—	—	—	—	1	4	7	7	12	18	13
乘组/地面任务综合模拟/天											
指令舱模拟器	18	14	10	11	6(1)	10	13	12(3)	13(6)	16(5)	13(2)
登月舱模拟器	0	0	2	0	4	3	5	5(2)	5	7(1)	6
指令舱登月舱模拟器	0	0	8	7	7	12	9	12(1)	7	10	9
每次任务合计	18	14	20	18	17(1)	25	27	29(6)	25(6)	33(6)	28(2)

注1 阿波罗计划总结报告（JSC-09423），6-20页至6-23页。包括任务控制中心人员的参与。括号里的数字是指由后续或支持乘组完成的模拟。

注2 每次野外考察会持续1天至7天

阿波罗计划食物与饮料基本配置清单[注1]

缩写	饮料	早餐选项	点心与糖果	甜点	沙拉与汤	三明治和面包	肉类
RSB—复水空勺碗（一种抽真空塑料袋，可以加水后在袋内冲泡的食物，译者注）	可可（RD）	培根切片[8]（IM）	布朗尼[4]（IM）	苹果酱（RSB）	鸡肉米汤（RSB）	面包[切片]（NS）	美式炖牛肉（RSB）
RD—复水饮料	咖啡（RD）	肉桂烤面包块[4]（D）	焦糖糖果（IM）	香蕉布丁（RSB）	龙虾浓汤（RSB）	调味番茄酱（NS）	牛肉与蔬菜（RSB）

续表

缩写	饮料	早餐选项	点心与糖果	甜点	沙拉与汤	三明治和面包	肉类
IM——中水分	葡萄饮料(RD)	加拿大培根和苹果酱(RSB)	巧克力块(IM)	奶油糖果布丁(RSB)	浓豌豆汤(RSB)	车达芝士[2盎司](T)	炖牛肉(RSB)
D——脱水	柚子饮料(RD)	玉米片(RSB)	奶油鸡肉干[6](D)	巧克力布丁(RSB)	土豆汤(RSB)	鸡肉沙拉[8盎司](T)	鸡肉米饭(RSB)
T——恒温	葡萄汁(RD)	什锦水果(RSB)	芝士薄脆(D)	蔓越莓-橙子酱(RSB)	鲜虾盅(RSB)	火腿沙拉[8盎司](T)	鸡肉与蔬菜(RSB)
NS——自然状态	橙柚子柚子饮料(RD)	香肠肉饼(RSB)	芝士三明治[4](D)	美味香桃(RSB)	西红柿汤(RSB)	果酱(NS)	炖鸡肉(RSB)
	橙汁(RD)	英式炒蛋(RSB)	牛肉三明治[4](D)		金枪鱼沙拉(RSB)	芥末(NS)	猪肉配土豆块(RSB)
	菠萝柚子饮料(RD)	桃子(RSB)	水果软糖(IM)			花生酱(NS)	意大利面,肉肠(RSB)
	菠萝橙子饮料(RD)	五香水果麦片(RSB)	牛肉干(IM)				肉汁牛肉(T)
		杏仁(IM)	花生粒[4](NS)				熏肠(T)
		桃子(IM)	美洲山核桃[6](IM)				酱汁肉丸(T)
			菠萝水果蛋糕(IM)				肉汁火鸡(T)

续表

缩　写	资　料	早餐选项	点心与糖果	甜点	沙拉与汤	三明治和面包	肉类
			糖霜饼干[4]（D）				
			火鸡肉干[4]（D）				

注1　林登·贝恩斯·约翰逊航天中心飞行乘组保障部

飞行主任 注1

阿波罗 7 号

	主　任
第一班	格林·S.伦尼
第二班	尤金·F.克兰兹
第三班	杰拉德·D.格里芬

阿波罗 8 号

	主　任
第一班	克利福德·E.查尔斯沃斯
第二班	格林·S.伦尼
第三班	米尔顿·L.温德勒

阿波罗 12 号

	主　任
第一班	杰拉德·D.格里芬
第二班	M.P.彼得·弗兰克三世
第三班	克利福德·E.查尔斯沃斯
第四班	米尔顿·L.温德勒

阿波罗 13 号

	主　任
第一班	米尔顿·L.温德勒
第二班	杰拉德·D.格里芬
第三班	尤金·F.克兰兹
第四班	格林·S.伦尼

阿波罗 15 号

	主　任
第一班	杰拉德·D.格里芬
第二班	米尔顿·L.温德勒
第三班	格林·S.伦尼 尤金·F.克兰兹

阿波罗 16 号

	主　任
第一班	M.P.彼得·弗兰克三世 菲利普·C.谢弗
第二班	尤金·F.克兰兹 唐纳德·R.帕迪
第三班	杰拉德·D.格里芬 尼尔·B.哈钦森 查尔斯·R.刘易斯

续表

阿波罗 9 号	主　　任
第一班	尤金·F.克兰兹
第二班	杰拉德·D.格里芬
第三班	M.P.彼得·弗兰克三世

阿波罗 10 号	主　　任
第一班	格林·S.伦尼
第二班	杰拉德·D.格里芬
第三班	米尔顿·L.温德勒 / M.P.彼得·弗兰克三世

阿波罗 11 号	主　　任
第一班	克利福德·E.查尔斯沃斯 / 杰拉德·D.格里芬
第二班	尤金·F.克兰兹
第三班	格林·S.伦尼

阿波罗 14 号	主　　任
第一班	M.P.彼得·弗兰克三世 / 格林·S.伦尼
第二班	米尔顿·L.温德勒
第三班	杰拉德·D.格里芬
第四班	格林·S.伦尼

阿波罗 17 号	主　　任
第一班	杰拉德·D.格里芬
第二班	尤金·F.克兰兹 / 尼尔·B.哈钦森
第三班	M.P.彼得·弗兰克三世 / 查尔斯·R.刘易斯

注1 根据莱斯大学档案馆中的各种文件和备忘录整理而成。在作者奥尔洛夫与弗兰克先生的一次电话交谈中，按照弗兰克的说法，姓名开头的首字母"M.P."不是姓名

地球轨道数据[1]

	阿波罗 7号	阿波罗 8号	阿波罗 9号	阿波罗 10号	阿波罗 11号	阿波罗 12号	阿波罗 13号	阿波罗 14号	阿波罗 15号	阿波罗 16号	阿波罗 17号
进入地球轨道											
GET(入轨)/秒	626.76	694.98	674.66	713.76	709.33	703.91	759.83	710.56	704.67	716.21	712.65
高度/英尺	748 439	627 819	626 777	627 869	626 909	626 360	628 710	626 364	566 387	567 371	559 348
地表航程/海里	1 121.743	1 430.363	1 335.515	1 469.790	1 460.697	1 438.608	1 572.300	1 444.989	1 445.652	1 469.052	1 456.314
地球固连坐标系速度/(英尺/秒)	24 208.5	24 242.9	24 246.39	24 244.3	24 243.9	24 242.3	24 242.1	24 221.6	24 242.4	24 286.1	24 230.9
空间固连坐标系速度/(英尺/秒)	25 553.2	25 567.06	25 569.78	25 567.88	25 567.9	25 565.9	25 566.1	25 565.8	25 602.6	25 605.0	25 603.9
地心纬度/度(北纬)	31.409 1	32.474 1	32.459 9	32.530 3	32.502 7	31.512 8	32.524 9	31.080 6	29.205 2	32.526 2	24.538 4
大地纬度/度(北纬)	31.58	32.648 7	32.629	32.700	32.672	32.682 3	32.694 5	31.246 0	29.365 0	32.696 3	24.680 5
经度/度(东经)	-61.229 3	-53.292 3	-55.165 8	-52.526 0	-52.694 1	-53.131 1	-50.490 2	-52.982 6	-53.080 7	-52.530 0	-53.810 7
空间固连坐标系航迹角/度	0.005	0.000 6	-0.005 8	-0.004 9	0.012	-0.014	0.005	-0.003	0.015	0.001	0.003
空间固连坐标系指向角/度(北偏东)	86.32	88.532	87.412	89.933	88.848	88.580	90.148	91.656	95.531	88.932	105.021
远地点/海里	152.34	99.99	100.74	100.32	100.4	100.1	100.3	100.1	91.5	91.3	90.3

续表

	阿波罗7号	阿波罗8号	阿波罗9号	阿波罗10号	阿波罗11号	阿波罗12号	阿波罗13号	阿波罗14号	阿波罗15号	阿波罗16号	阿波罗17号
近地点/海里	123.03	99.57	99.68	99.71	98.9	97.8	99.3	98.9	89.6	90.0	90.0
周期/分	89.55	88.19	88.20	88.20	88.18	88.16	88.19	88.18	87.84	87.85	87.83
倾角/度	31.608	32.509	32.552	32.546	32.521	32.540	32.547	31.120	29.679	32.542	28.52
降交点/度		42.415	45.538	123.132	123.088	123.126	123.084	117.455	109.314	123.123	86.978
偏心率	0.004 5	0.000 0 06	0.000 0 149	0.000 086	0.000 0 21	0.000 32	0.000 0 1	0.000 0 2	0.000 0 3	0.000 0 2	0.000 00
圈次（地球轨道）	163.0	1.5	151.0	1.5	1.5	1.5	1.5	1.5	1.5	1.5	2.0
地球轨道时长	259:42:59.24	002:44:30.53	240:32:55.54	002:27:26.82	002:38:23.70	002:41:30.03	002:28:27.32	002:22:42.68	002:44:18.94	002:27:32.21	003:06:44.99

注1 摘自土星V运载火箭飞行评估报告，以及阿波罗飞船/土星V运载火箭飞行后弹道报告和任务报告

宇航员信息——地球轨道和月球轨道任务[注1]

	阿波罗7号	阿波罗8号	阿波罗9号	阿波罗10号
指令长	小沃尔特·马蒂·施艾拉	弗兰克·弗雷德里克·博尔曼二世	詹姆斯·奥尔顿·麦克迪维特	托马斯·帕滕·斯塔福德
出生日期	1923年3月12日	1928年3月14日	1929年6月10日	1930年9月17日
出生地	新泽西州哈肯萨克	印第安纳州加里	伊利诺伊州芝加哥	俄克拉荷马州韦瑟福德
发射时年龄	45岁	40岁	39岁	38岁
职务	上尉（美国海军）	上校（美国空军）	上校（美国空军）	上校（美国空军）
入选宇航员年份	1959年	1962年	1962年	1962年

续表

	阿波罗7号	阿波罗8号	阿波罗9号	阿波罗10号
之前参加过的太空飞行任务	水星8号任务(MA-8)，双子座6-A任务(GT-6A)	双子座7号任务(GT-7)	双子座4号任务(GT-4)	双子座6-A任务(GT-6A)，双子座9-A任务(GT-9A)
备份宇航员	托马斯·帕滕·斯塔福德	尼尔·奥尔登·阿姆斯特朗	小查尔斯·彼得·康拉德	小勒罗伊·戈登·库珀
备份宇航员职务	上校(美国空军)	平民(NASA)	中校(美国海军)	上校(美国空军)
指令舱驾驶员	唐·富尔顿·艾西尔	小詹姆斯·亚瑟·洛弗尔	大卫·伦道夫·斯科特	约翰·沃兹·杨
出生日期	1930年6月23日	1928年3月25日	1932年6月6日	1930年9月24日
出生地	俄亥俄州哥伦布	俄亥俄州克利夫兰	得克萨斯州圣安东尼	加利福尼亚州圣弗朗西斯科
死亡日期	1987年12月1日	—	—	—
死亡地	日本东京	—	—	—
发射时年龄	38岁	40岁	36岁	38岁
职务	少校(美国空军)	上尉(美国海军)	上校(美国空军)	中校(美国海军)
入选宇航员年份	1963年	1962年	1963年	1962年
之前参加过的太空飞行任务	无	双子座7号任务(GT-7)，双子座12号任务(GT-12)	双子座8号任务(GT-8)	双子座3号(GT-3)，双子座10号(GT-10)
备份宇航员	约翰·沃兹·杨	小埃德温·尤金·奥尔德林	小理查德·弗朗西斯·戈登	唐·富尔顿·艾西尔
备份宇航员职务	中校(美国海军)	上校(美国空军)	中校(美国海军)	中校(美国空军)
登月舱驾驶员	罗尼·沃尔特·坎宁安	威廉·艾利森·安德斯	拉塞尔·路易斯·鲁斯蒂·施韦卡特	尤金·安德鲁·吉恩·塞尔南
出生日期	1932年3月16日	1933年10月17日	1935年10月25日	1934年3月14日
出生地	爱荷华州克雷斯顿	中国香港	新泽西州尼普顿	伊利诺州芝加哥

续表

	阿波罗7号	阿波罗8号	阿波罗9号	阿波罗10号
发射时年龄	36岁	35岁	33岁	35岁
职务	平民	少校(美国空军)	平民	中校(美国海军)
入选宇航员年份	1963年	1963年	1963年	1963年
之前参加过的太空飞行任务	无	无	无	双子座9-A任务(GT-9A)
备份宇航员	尤金·安德鲁·吉恩·赛尔南	小弗雷德·华莱士·海斯	艾伦·拉维恩·比恩	埃德加·迪安·米切尔
备份宇航员职务	中校(美国海军)	平民(NASA)	中校(美国海军)	中校(美国海军)

注1 根据新闻资料和任务报告及《太空名人录》(卡斯托)编辑而成

译者注：原著出版时间为2006年，在此之后部分宇航员已去世，表中未能反映，下表同此

宇航员信息——登月任务 注1

	阿波罗11号	阿波罗12号	阿波罗13号	阿波罗14号	阿波罗15号	阿波罗16号	阿波罗17号
指令长	尼尔·奥尔登·阿姆斯特朗	小查尔斯·彼得·康拉德	小詹姆斯·亚瑟·洛弗尔	小艾伦·巴特利特·谢泼德	大卫·伦道夫·斯科特	约翰·沃兹	尤金·安德鲁·赛尔南
出生日期	1930年8月5日	1930年6月2日	1928年3月25日	1923年11月18日	1932年6月6日	1930年9月24日	1934年3月14日
出生地	俄亥俄州沃帕科内塔	宾夕法尼亚州费城	俄亥俄州克利夫兰	新罕布什尔州东德里	得克萨斯州圣安东尼	加利福尼亚州圣弗朗西斯科	伊利诺伊州芝加哥
死亡日期	—	1999年7月8日	—	1998年7月21日	—	—	—

	阿波罗 11 号	阿波罗 12 号	阿波罗 13 号	阿波罗 14 号	阿波罗 15 号	阿波罗 16 号	阿波罗 17 号
死亡地	—	加利福尼亚州欧佳镇	—	加利福尼亚州蒙特雷	—	—	—
发射时年龄	38 岁	39 岁	42 岁	47 岁	39 岁	41 岁	38 岁
职务	平民	中校（美国海军）	上尉（美国海军）	上尉（美国海军）	上校（美国空军）	上尉（美国海军）	上尉（美国海军）
入选宇航员年份	1962 年	1962 年	1962 年	1959 年	1963 年	1962 年	1963 年
之前参加过的太空飞行任务	双子座 8 号任务（GT-8）	双子座 5 号任务（GT-5）、双子座 11 号任务（GT-11）	双子座 7 号任务（GT-7）、双子座 12 号任务（GT-12），阿波罗 8 号任务（Apollo 8）	水星 3 号任务（MR-3）	双子座 8 号任务（GT-8），阿波罗 9 号任务（Apollo 9）	双子座 3 号任务（GT-3）、双子座 10 号任务（GT-10），阿波罗 10 号任务（Apollo 10）	双子座 9-A 任务（GT-9A，阿波罗 10 号任务（Apollo 10）
备份宇航员	小詹姆斯·亚瑟·洛弗尔	大卫·伦道夫·斯科特	约翰·沃兹·杨	尤金·安德鲁·塞尔南	小理查德·弗朗西斯·戈登	约翰·沃兹·杨	约翰·沃兹·杨
备份宇航员职务	上尉（美国海军）	上校（美国空军）	中校（美国海军）	上尉（美国海军）	上尉（美国海军）	中校（美国空军）	上尉（美国海军）
指令舱驾驶员	小米歇尔·柯林斯	小理查德·弗朗西斯·戈登	小约翰·伦纳德·斯威格特	斯图尔特·艾伦·鲁萨	阿尔弗雷德·梅里尔·沃登	托马斯·肯尼斯·肯·马丁利二世	罗纳德·埃尔文·埃文斯
出生日期	1930 年 10 月 31 日	1929 年 10 月 5 日	1931 年 8 月 30 日	1933 年 8 月 16 日	1932 年 2 月 7 日	1936 年 3 月 17 日	1933 年 11 月 10 日
出生地	意大利罗马	华盛顿州西雅图	科罗拉多州丹佛	科罗拉多州杜兰戈	密歇根州杰克逊	伊利诺伊州芝加哥	圣弗朗西斯科

续表

	阿波罗 11 号	阿波罗 12 号	阿波罗 13 号	阿波罗 14 号	阿波罗 15 号	阿波罗 16 号	阿波罗 17 号
死亡日期	—	—	1982 年 12 月 27 日	1994 年 12 月 12 日	—	—	1990 年 4 月 7 日
死亡地	—	—	华盛顿特区	华盛顿特区	—	—	亚利桑那州斯科茨代尔
发射时年龄	38 岁	40 岁	38 岁	37 岁	39 岁	36 岁	39 岁
职务	中校（美国空军）	中校（美国海军）	平民	少校（美国空军）	少校（美国空军）	少校（美国海军）	少校（美国海军）
入选宇航员年份	1963 年	1963 年	1966 年	1966 年	1966 年	1966 年	1966 年
之前参加过的太空飞行任务	双子座 10 号任务（GT-10）	双子座 11 号任务（GT-11）	无	无	无	无	无
备份宇航员	威廉·艾利森·安德斯	阿尔弗雷德·梅里尔·沃登	托马斯·肯尼斯·肯·马丁利二世	罗纳德·埃尔文·埃文斯	文斯·德沃·布兰德	斯图尔特·艾伦·鲁萨	斯图尔特·艾伦·鲁萨
备份宇航员职务	中校（美国空军）	少校（美国空军）	少校（美国海军）	中校（美国海军）	平民（NASA）	中校（美国空军）	中校（美国空军）
登月舱驾驶员	小埃德温·尤金·布兹·奥尔德林	艾伦·拉维恩·比恩	小弗雷德·华莱士·海斯	埃德加·迪恩·米切尔	詹姆斯·本森·欧文	小查尔斯·莫斯·杜克	哈里森·哈根·施密特
出生日期	1930 年 1 月 20 日	1932 年 3 月 15 日	1933 年 11 月 14 日	1930 年 9 月 17 日	1930 年 3 月 17 日	1935 年 10 月 3 日	1935 年 7 月 3 日

续表

	阿波罗11号	阿波罗12号	阿波罗13号	阿波罗14号	阿波罗15号	阿波罗16号	阿波罗17号
出生地	新泽西州蒙特克莱	得克萨斯州惠勒	密西西比州比洛克西	得克萨斯州赫里福德	宾夕法尼亚州匹兹堡	北卡罗来纳州夏洛特	新墨西哥州桑塔丽塔
死亡日期	—	—	—	—	1991年8月8日	—	—
死亡地	—	—	—	—	科罗拉多州格林伍德斯普林斯	—	—
发射时年龄	39岁	37岁	36岁	40岁	41岁	36岁	37岁
职务	上校，理学博士（美国空军）	中校（美国海军）	平民	中校（美国海军）	中校（美国空军）	中校（美国空军）	平民，博士
入选宇航员年份	1963年	1963年	1966年	1966年	1966年	1966年	1965年
之前参加过的太空飞行任务	双子座12号任务（GT-12）	无	无	无	无	无	无
备份宇航员	小弗雷德·华莱士·海斯	詹姆斯·本森·欧文	小查尔斯·杜克	乔·亨利·恩格尔	哈里森·哈根·施密特	埃德加·迪恩·米切尔	小查尔斯·莫斯·杜克
备份宇航员职务	平民（NASA）	中校（美国空军）	少校（美国空军）	中校（美国海军）	平民（NASA）	上尉（美国海军）	上校（美国空军）

注1 根据新闻资料和任务报告和《太空名人录》（卡斯托）编辑而成

宇航员体重记录[注1]

千克

任务	宇航员	发射前30天	平均30天	发射时	回收时
阿波罗7号	施艾拉	87.1	87.8	88.0	86.1
	艾西尔	69.4	69.5	71.2	66.7
	坎宁安	69.4	70.7	70.8	67.8
阿波罗8号	博尔曼	76.2	76.6	76.6	72.8
	洛弗尔	76.4	76.8	78.0	74.4
	安德斯	66.0	66.4	64.4	62.6
阿波罗9号	麦克迪维特	73.5	73.0	72.1	69.6
	斯科特	82.8	82.0	80.7	78.2
	施韦卡特	74.7	74.3	71.2	69.4
阿波罗10号	斯塔福德	80.1	79.6	77.6	76.4
	杨	76.6	76.8	74.8	72.3
	赛尔南	79.4	79.4	78.5	73.9
阿波罗11号	阿姆斯特朗	78.0	78.4	78.0	74.4
	柯林斯	74.4	75.6	75.3	72.1
	奥尔德林	77.6	78.1	75.7	75.3
阿波罗12号	康拉德	66.2	66.6	67.7	65.8
	戈登	71.0	70.7	70.4	67.1
	比恩	69.4	69.9	69.1	63.5
阿波罗13号	洛弗尔	79.8	78.7	80.5	74.2
	斯威格特	89.1	89.4	89.3	84.4
	海斯	71.0	70.8	70.8	67.8

续表

任 务	宇航员	发射前 30 天	平均 30 天	发射时	回收时
阿波罗 14 号	谢波德	78.0	78.4	76.2	76.6
	鲁萨	74.2	75.3	74.8	69.4
	米切尔	83.5	83.2	79.8	80.3
阿波罗 15 号	斯科特	80.5	81.1	80.2	78.9
	沃登	73.7	73.6	73.5	72.1
	欧文	74.3	74.3	73.2	70.8
阿波罗 16 号	杨	80.8	80.1	78.9	75.5
	马丁利	63.2	62.6	61.5	58.5
	杜克	73.1	73.2	73.0	70.5
阿波罗 17 号	塞尔南	81.0	80.7	80.3	76.1
	埃文斯	78.2	77.3	75.7	74.6
	施密特	76.0	76.0	74.8	72.9

注1《阿波罗任务生物医学成果》,SP-368.76 页至 77 页

代号 注1

呼号	阿波罗 7 号	阿波罗 8 号	阿波罗 9 号	阿波罗 10 号	阿波罗 11 号	阿波罗 12 号	阿波罗 13 号	阿波罗 14 号	阿波罗 15 号	阿波罗 16 号	阿波罗 17 号
指令舱	阿波罗 7 号	阿波罗 8 号	橡皮糖	查理·布朗	哥伦比亚	扬基快帆船	奥德赛	基蒂霍克	奋进	卡斯帕	美利坚
登月舱	—	—	蜘蛛	史努比	鹰	无畏	宝瓶座	天蝎座 α 星	猎鹰	猎户座	挑战者

NASA/合同商代号	阿波罗7号	阿波罗8号	阿波罗9号	阿波罗10号	阿波罗11号	阿波罗12号	阿波罗13号	阿波罗14号	阿波罗15号	阿波罗16号	阿波罗17号
飞行器	AS-205	AS-503	AS-504	AS-505	AS-506	AS-507	AS-508	AS-509	AS-510	AS-511	AS-512
运载火箭	SA-205	SA-503	SA-504	SA-505	SA-506	SA-507	SA-508	SA-509	SA-510	SA-511	SA-512
运载火箭型号	土星IB	土星V	土星V	土星V	土星V	土星V	土星V	土星V	土星V	土星V	土星V
运载火箭一级	S-IB-5	S-IC-3	S-IC-4	S-IC-5	S-IC-6	S-IC-7	S-IC-8	S-IC-9	S-IC-10	S-IC-11	S-IC-12
运载火箭二级	S-IVB-205	S-II-3	S-II-4	S-II-5	S-II-6	S-II-7	S-II-8	S-II-9	S-II-10	S-II-11	S-II-12
运载火箭三级	—	S-IVB-503	S-IVB-504	S-IVB-505	S-IVB-506	S-IVB-507	S-IVB-508	S-IVB-509	S-IVB-510	S-IVB-511	S-IVB-512
仪器单元	S-IU-205	S-IU-503	S-IU-504	S-IU-505	S-IU-506	S-IU-507	S-IU-508	S-IU-509	S-IU-510	S-IU-511	S-IU-512
飞船/登月舱适配器	SLA-5	SLA-11A	SLA-12A	SLA-13A	SLA-14	SLA-15	SLA-16	SLA-17	SLA-19	SLA-20	SLA-21
指令舱	CM-101	CM-103	CM-104	CM-106	CM-107	CM-108	CM-109	CM-110	CM-112	CM-113	CM-114
勤务舱	SM-101	SM-103	SM-104	SM-106	SM-107	SM-108	SM-109	SM-110	SM-112	SM-113	SM-114
登月舱	—	登月舱试验件(LTA-B)	LM-3	LM-4	LM-5	LM-6	LM-7	LM-8	LM-10	LM-11	LM12
月球漫游车	—	—	—	—	—	—	—	—	LRV-1	LRV-2	LRV-3
飞行器组装厂房高区	—	1	3	2	1	3	1	3	3	3	3
点火操作室	—	1	2	3	1	2	1	2	1	1	1
移动发射平台	—	MLP-1	MLP-2	MLP-3	MLP-1	MLP-2	MLP-3	MLP-2	MLP-3	MLP-3	MLP-3

续表

	阿波罗7号	阿波罗8号	阿波罗9号	阿波罗10号	阿波罗11号	阿波罗12号	阿波罗13号	阿波罗14号	阿波罗15号	阿波罗16号	阿波罗17号
计算机程序——指令勤务舱	日轮	巨人	巨人	巨人2	科曼奇55	巨人2C	科曼奇72 Rev.3	巨人2E	巨人3	巨人3	巨人3
计算机程序——登月舱			圣丹斯	大师1	大师99	大师116	大师131 Rev.9	大师1D	大师1E	大师1E	大师1G
东靶场代号	66	170	9025	920	5307	2793	3381	7194	7744	1601	1701
国际代号											
指令勤务舱	1968-089A	1968-118A	1969-018A	1969-043A	1969-059A	1969-099A	1970-029A	1971-008A	1971-063A	1972-031A	1972-096A
S-IVB级	1968-089B	1968-118B	1969-018B	1969-043B	1969-059B	1969-099B	1970-029B	1971-008B	1971-063B	1972-031B	1972-096B
登月舱上升级 注2	—	—	1969-018D	1969-043D	1969-059C	1969-099C	1970-029C	1971-008C	1971-063C	1972-031C	1972-096C
登月舱下降级	—	—	1969-018C	1969-043C	1969-059D	1969-099D	1970-029C	1971-008D	1971-063E	1972-031E	1972-096D
月球子卫星	—	—	—	—	—	—	—	—	1971-063D	1972-031D	—
北美防空司令部代号											
指令勤务舱	03486	03626	03769	03941	04039	04225	04371	04900	05351	06000	06300
S-IVB级	03487	03627	03770	03943	04040	04226	04372	04904	05352	06001	06301
登月舱上升级	—	—	03771	03949	04041	04246	—	04905	05366	06005	06307
登月舱下降级	—	—	03780	03948	—	—	—	—	—	—	—
月球子卫星	—	—	—	—	—	—	—	—	05377	06009	—

注1 根据《1957—1986年度英国皇家航空研究中心地球卫星列表》、新闻、任务实施计划、土星V运载火箭飞行评估报告、《阿波罗计划总结报告》、《土星火箭各级：阿波罗/土星运载火箭技术历史》以及其他资料编辑而成。特别感谢戴维·贝克提供的软件代号

注2 阿波罗13号登月舱的上升级和下降级在整个任务中始终保持在对接状态,并载整体抛掉

地质与土壤机械工具和设备注1

项　目	阿波罗11号	阿波罗12号	阿波罗13号	阿波罗14号	阿波罗15号	阿波罗16号	阿波罗17号
阿波罗月面手持工具							
锤子	1		1	1	1	1	1
大铲子	1		1	1	0	0	0
可调节铲子	0		0	0	1	1	1
延伸手柄	1		1	1	1	2	2
日晷	1		1	1	1	1	1
钳子	1		1	1	1	2	2
可调节挖沟器	0		0	1	0	0	0
耙子	0		0	0	1	1	1
岩心管	2		4	6	0	0	0
岩心管帽	2		1	0	0	0	0
驱动管（下端）	0		0	0	5	5	5
驱动管（上端）	0		0	0	4	4	4
驱动管帽和托架组件	0		0	0	3	5	5
驱动管工具组件	0		0	0	0	1	1
弹簧秤	1		1	1	1	1	1
工具箱	0		0	0	0	0	0
样本返回容器	2		2	2	2	2	2
袋子和特殊容器							
小件样本袋	5		0	0	0	0	0
记录样本袋（15个分区）	1		3	1	0	0	0

续表

项 目	阿波罗 11 号	阿波罗 12 号	阿波罗 13 号	阿波罗 14 号	阿波罗 15 号	阿波罗 16 号	阿波罗 17 号
记录样本袋（20 个分区）	0		0	0	6	7	8
记录样本袋（35 个分区）	0		1	2	0	0	0
圆形记录样本袋	0		0	0	0	0	48
带护垫的样本袋	0		0	0	0	2	0
记录样本称重袋	2		4	4	0	0	0
样本收集袋	0		0	0	2	2	2
分析用气体样本容器	1		1	0	0	0	0
月核样本真空容器	0		1	3	3	1	1
太阳风组成收集袋	2		1	1	0	0	0
磁防护样本容器	0		0	1	0	0	0
额外样本收集袋	0		0	0	4	6	6
有机控制样本	0		1	2	2	2	0
月面样本采样器（贝塔布）	0		0	0	0	1	0
月面样本采样器（天鹅绒）	0		0	0	0	1	1
月球漫游车月壤采样器	0		0	1	0	0	0
磁样本装置	0		0	1	0	1	1
绳钩	1		1	1	0	0	0
月面钻头	0		0	0	1	1	1
带钻头芯杆	0		0	0	1	1	1
无钻头芯杆	0		0	0	5	5	5
岩芯杆帽与护套	0		0	0	2	2	2
自记录硬度计	0		0	0	1	1	0

注1 JSC-09423,3 页至 27 页

登月舱上升段和上升级撞击月面[注1]

	阿波罗 11 号	阿波罗 12 号	阿波罗 14 号	阿波罗 15 号	阿波罗 16 号[注2]	阿波罗 17 号
登月舱上升段						
GET	124:22:00.79	142:03:47.78	141:45:40	171:37:23.2	175:31:47.9	185:21:37
肯尼迪航天中心日期	1969 年 7 月 21 日	1969 年 11 月 20 日	1971 年 2 月 6 日	1971 年 8 月 2 日	1972 年 4 月 23 日	1972 年 12 月 14 日
格林尼治日期	1969 年 7 月 21 日	1969 年 11 月 20 日	1971 年 2 月 6 日	1971 年 8 月 2 日	1972 年 4 月 24 日	1972 年 12 月 14 日
肯尼迪航天中心时间	01:54:00 p. m.	09:25:47 a. m.	01:48:42 p. m.	01:11:23 p. m.	08:25:47 p. m.	05:54:37 p. m.
肯尼迪航天中心时区	EDT	EST	EST	EDT	EST	EST
格林尼治时间	17:54:00	14:25:47	18:48:42	17:11:23	01:25:47	22:54:37
登月舱上升级撞击月面						
GET	—	149:55:17.7	147:42:23.7	181:29:37.0	—	193:17:20.8
肯尼迪航天中心日期	—	1969 年 11 月 20 日	1971 年 2 月 6 日	1971 年 8 月 2 日	—	1972 年 12 月 15 日
格林尼治航天中心日期	—	1969 年 11 月 20 日	1971 年 2 月 7 日	1971 年 8 月 3 日	—	1972 年 12 月 15 日
肯尼迪航天中心时间	—	05:17:17 p. m.	07:45:25 p. m.	11:03:37 p. m.	—	01:50:20 a. m.
肯尼迪航天中心时区	—	EST	EST	EDT	—	EST
格林尼治时间	—	22:17:17.7	00:45:25.7	03:03:37.0	—	06:50:20.8
月球坐标系纬度 / 度（北纬）	—	−3.94	−3.42	26.36	—	19.96
月球坐标系经度 / 度（东经）	—	−21.20	−19.67	0.25	—	30.50
地球坐标系纬度	—	3°56′24″S	3°25′12″S	26°21′21″N	—	19°57′58″N
地球坐标系经度	—	21°12′00″W	19°40′01″W	0°15′00″E	—	30°29′23″E
速度 /（英尺 / 秒）	—	5 512	5 512	5 577	—	5 479
质量 / 磅	—	5 254	5 077	5 258	—	4 982
登月舱上升级撞击月面能量 /（尔格 / 秒）	—	3.36×10^{16}	3.25×10^{16}	3.44×10^{16}	—	3.15×10^{16}

续表

	阿波罗 11 号	阿波罗 12 号	阿波罗 14 号	阿波罗 15 号	阿波罗 16 号[注2]	阿波罗 17 号
水平起算角/度	—	3.7	3.6	3.2	—	4.9
指向角/度	—	305.85	282	284	—	283
环形坑直径/英尺（计算得出）	—	29.9	29.6	30.2	—	—
距瞄准点距离/海里	—	35	7	12	—	0.7
距登月舱下降级着陆点距离/海里	—	41.0	36	50	—	4.7
距月震仪放置点距离/海里						
阿波罗 12 号	—	39	62	610	—	945
阿波罗 14 号	—	—	36	566	—	863
阿波罗 15 号	—	—	—	50	—	416
阿波罗 16 号	—	—	—	—	—	532
指向月震仪放置点方位角/度						
阿波罗 12 号	—	112	096	036	—	064
阿波罗 14 号	—	—	276	029	—	061
阿波罗 15 号	—	—	—	276	—	098
阿波罗 16 号	—	—	—	—	—	027

注1 根据历次土星 V 运载火箭飞行评估报告和任务报告编辑而成。这里的时间是地面收到信号的时间。实际落点坐标采用的是国际天文联合会（IAU）平均地球极轴坐标系。该坐标系的描述见《地球物理研究杂志》，第 105 卷，2000 年，20227 页至 20280 页

注2 离轨机动已经不可能。登月舱上升级在月球轨道上滞留了约一年时间。此后也没有获取撞击到撞击点数据

飞船通信员（CAPCOM）注1

阿波罗 7 号

托马斯·帕滕·斯塔福德（美国空军）
罗纳德·埃文·埃文少校（美国空军）
威廉·里德·波格上尉（美国空军）
小约翰·伦纳德·斯威格特
约翰·沃兹·杨中校（美国海军）
尤金·安德鲁·塞尔南上尉（美国海军）

阿波罗 8 号

小米歇尔·柯林斯中校（美国空军）
托马斯·肯尼斯·马丁利二世少校（美国海军）
杰拉尔德·保罗·卡尔少校（美国海军陆战队）
尼尔·奥尔登·阿姆斯特朗
埃德温·尤金·布兹·奥尔德林中校（美国空军，理学博士）
万斯·德沃·布兰德
小弗雷德·华莱士·海斯

阿波罗 11 号

小查尔斯·莫斯·杜克少校（美国空军）
罗纳德·埃文·埃文中校（美国海军）
布鲁斯·麦坎德利斯二世上尉（美国海军）
小詹姆斯·亚瑟·洛弗尔上尉（美国海军）
威廉·艾利森·安德斯中校（美国海军）
托马斯·肯尼斯·马丁利二世少校（美国空军）
小弗雷德·华莱士·海斯
唐·莱斯利·林德博士
小欧文·凯·加里奥特博士
哈里森·哈·施密特博士

阿波罗 12 号

杰拉尔德·保罗·卡尔少校（美国海军陆战队）
爱德华·乔治·吉布森博士
保罗·约瑟夫·韦茨中校（美国海军）
唐·莱斯利·利德博士
大卫·伦道夫·斯科特特少校（美国空军）
阿尔弗雷德·梅里尔·沃登少校（美国空军）
詹姆斯·本森·欧文上尉（美国空军）

平民备份飞船通信员：
迪基·K.沃伦
詹姆斯·O.里皮
詹姆斯·L.刘易斯
迈克尔·R.沃什

阿波罗 14 号

查尔斯·戈登·富勒顿少校（美国空军）
布鲁斯·麦坎德利斯二世少校（美国空军）
小弗雷德·华莱士·海斯
罗纳德·埃文·埃文斯中校（美国海军）

阿波罗 15 号

查尔斯·帕西瓦尔·艾伦四世博士
卡尔·戈登·海因兹博士
埃德加·迪安·米切尔中校（美国海军博士）
罗伯特·艾伦·里根·施密特博士
哈里森·哈·施密特博士
小艾伦·巴特利特·谢波德上尉（美国海军）
小理查德·弗朗西斯·戈登中校（美国海军）
文斯·德沃·布兰德

阿波罗 9 号	阿波罗 13 号	阿波罗 16 号
斯图尔特·艾伦·埃尔文（美国空军） 罗纳德·埃利斯·埃文中校（美国海军） 阿尔弗雷德·梅里尔·康拉德（美国海军） 小查尔斯·彼得·弗朗西斯·戈登·戈登少校（美国海军） 艾伦·拉维恩·比恩少校（美国海军）	约瑟夫·彼得·科文中校（美国海军/MD/MC） 文斯·罗兰德·布兰德 杰克·罗伯特·洛斯马少校（美国海军陆战队） 约翰·沃兹·杨兹中校（美国海军） 托马斯·肯尼斯·马丁利二世少校（美国空军）	唐纳德·赫洛得 查尔斯·戈登·富勒顿少校（美国空军） 詹姆斯·本森·欧文上校（美国空军） 小弗雷德·华莱士·海斯 斯图尔德·艾伦·鲁萨少校（美国空军） 埃德加·迪安·米切尔尔中校（美国海军） 小亨利·沃伦·哈茨菲尔德少校（美国空军） 安东尼·韦恩·英格兰博士 罗伯特·富兰克林·奥弗迈那中校（美国海军陆战队）

阿波罗 10 号		阿波罗 17 号
小查尔斯·莫斯·杜克少校（美国空军） 乔·亨利·恩格尔少校（美国空军） 杰克·罗伯特·洛斯马少校（美国海军陆战队） 布鲁斯·麦坎德利斯二世少校（美国海军）		查尔斯·戈登·富勒顿少校（美国海军） 罗伯特·富兰克林·奥弗迈那中校（美国海军陆战队） 罗伯特·艾伦·里德利·帕克博士 约瑟夫·帕西瓦尔·艾伦四世博士 小艾伦·巴特利特·谢泼德上尉（美国海军） 托马斯·肯尼斯·马丁利二世中校（美国海军） 小查尔斯·莫斯·杜克少校（美国空军） 斯图尔德·艾伦·鲁萨少校（美国空军） 约翰·沃兹·杨兹中校（美国海军）

注①摘自莱斯大学档案馆收藏的各类文件和备忘录。甚至连备份也没担任过的那些宇航员的军衔来自于公开信息和1969年12月10日的 B. 埃洛（罗克韦尔）备忘录

舱外活动[1]

	阿波罗 9 号	阿波罗 11 号	阿波罗 12 号	阿波罗 14 号	阿波罗 15 号	阿波罗 16 号	阿波罗 17 号
地球轨道舱段舱外活动							
第一次舱外活动参与者	斯科特	—	—	—	—	—	—
第一次舱外活动时长	01:01	—	—	—	—	—	—
第二次舱外活动参与者	施韦卡特	—	—	—	—	—	—
第二次舱外活动时长	01:07:00	—	—	—	—	—	—
第二次舱外活动在登月舱外的时长	00:47:01	—	—	—	—	—	—
登月舱直立舱外活动							
参与者					斯科特		
时长					00:33:07		
第一次月面舱外活动							
时长	—	02:31:40	03:56:03	04:47:50	06:32:42	07:11:02	07:11:53
月面行进距离合计	—	~3 300 英尺	~3 300 英尺	~3 300 英尺	5.6 海里	2.3 海里	1.8 海里
月球漫游车行驶时间	—	—	—	—	01:02	00:43	00:33
月球漫游车停车时间	—	—	—	—	01:14	03:39	—
月球漫游车时间合计	—	—	—	—	02:16	04:22	—
采集样本质量/磅[2]	—	47.51	36.82	45.19	31.97	65.92	31.53
第二次月面舱外活动							
时长	—	—	03:49:15	04:34:41	07:12:14	07:23:09	07:36:56
月面行进距离合计	—	—	~4 300 英尺	~9 800 英尺	6.7 海里	6.1 海里	11.0 海里
月球漫游车行驶时间	—	—	—	—	01:23	01:31	02:25
月球漫游车停车时间	—	—	—	—	02:34	03:56	—
月球漫游车时间合计	—	—	—	—	03:57	05:27	—
采集样本质量/磅	—	—	38.80	49.16	76.94	63.93	75.18

续表

	阿波罗 9 号	阿波罗 11 号	阿波罗 12 号	阿波罗 14 号	阿波罗 15 号	阿波罗 16 号	阿波罗 17 号
第三次月面舱外活动							
时长	—	—	—	—	04:49:50	05:40:03	07:15:08
月面行进距离合计	—	—	—	—	2.7 海里	6.2 海里	6.5 海里
月球漫游车行驶时间	—	—	—	—	00:35	01:12	01:31
月球漫游车停车时间	—	—	—	—	01:22	02:26	—
月球漫游车时间合计	—	—	—	—	01:57	03:38	—
采集样本质量/磅	—	—	—	—	60.19	78.04	136.69
月面舱外活动合计							
时长	—	02:31:40	07:45:18	09:22:31	18:34:46	20:14:14	22:03:57
月面行进距离合计	—	~3 300 英尺	~7 600 英尺	~13 000 英尺	15.1 海里	14.5 海里	19.3 海里
收集样本质量合计/磅	—	47.51	75.73	93.21	170.44	211.00	243.65
月球漫游车行驶时间	—	—	—	—	03:00	03:26	04:29
月球漫游车停车时间	—	—	—	—	05:10	10:01	—
月球漫游车时间合计	—	—	—	—	08:10	13:27	—
距登月舱最远距离/英尺	—	200 注3	1 350 注4	4 770 注5	16 470	15 092 注6	25 029
月地转移段舱外活动							
参与者	—	—	—	—	沃登	马丁利	埃文斯
时长	—	—	—	—	00:39:07	01:23:42	01:05:44

注1 摘自任务报告。月面舱外活动是指在登月舱外面的时间。而其他活动则是指开始/结束之间的时间。其中阿波罗 9 号任务外活动的时间是从进
压开始到加压结束

注2 带回的月球样本质量由 NASA 约翰逊航天中心月球样本管理部门提供

注3 《阿波罗 11 号任务初步科学报告》(SP-214) 44 页

注4 《阿波罗 12 号任务初步科学报告》,26 页 (从地图上测量得出)

注5 《空间实验室:大事记》(SP-4011),420 页至 421 页 关于阿波罗 14 号,15 号和 17 号任务

注6 从《阿波罗 16 号任务初步科学报告》(SP-315) 中的地图上测量得出

背景注1

	阿波罗 7 号	阿波罗 8 号	阿波罗 9 号	阿波罗 10 号	阿波罗 11 号	阿波罗 12 号	阿波罗 13 号	阿波罗 14 号	阿波罗 15 号	阿波罗 16 号	阿波罗 17 号
任务信息											
任务类型	C	C 主要	D	F	G	H-1	H-2	H-3	J-1	J-2	J-3
目的	指令勤务舱地球轨道载人验证飞行	指令勤务舱地球轨道载人验证飞行	登月舱地球轨道载人验证飞行	登月舱月球轨道载人验证飞行	载人登月任务验证	精确驾驶月面着陆验证任务和系统月面探索	精确驾驶月面着陆验证任务和系统月面探索	精确驾驶月面着陆验证任务和系统月面探索	在月面和月球轨道上对月球进行扩展性科学研究	在月面和月球轨道上对月球进行扩展性科学研究	在月面和月球轨道上对月球进行扩展性科学研究
轨道类型	地球轨道	地球轨道	地球轨道	月球轨道	月面着陆	月面着陆	月面着陆	月面着陆	月面着陆	月面着陆	月面着陆
有效载荷	第二批次指令勤务舱、适配器，以及发射逃逸系统	第二批次指令勤务舱、适配器，以及发射逃逸系统	第二批次指令勤务舱、登月舱、适配器，以及发射逃逸系统	第二批次指令勤务舱、登月舱、适配器，以及发射逃逸系统	第二批次指令勤务舱、登月舱、适配器，以及发射逃逸系统	第二批次指令勤务舱、登月舱、适配器，以及发射逃逸系统	第二批次指令勤务舱、登月舱、适配器，以及发射逃逸系统	第二批次指令勤务舱、登月舱、适配器，以及发射逃逸系统	第二批次指令勤务舱、登月舱、适配器，以及发射逃逸系统	第二批次指令勤务舱、登月舱、适配器，以及发射逃逸系统	第二批次指令勤务舱、登月舱、适配器，以及发射逃逸系统
发射信息											
发射场（佛罗里达卡纳维拉尔角）	肯尼迪航天中心	肯尼迪航天中心	肯尼迪航天中心	肯尼迪航天中心	肯尼迪航天中心	肯尼迪航天中心	肯尼迪航天中心	肯尼迪航天中心	肯尼迪航天中心	肯尼迪航天中心	肯尼迪航天中心
发射工位	34 工位	39A 工位	39A 工位	39B 工位	39A 工位	39A 工位	39A 工位	39A 工位	39A 工位	39A 工位	39A 工位
大地纬度/度（北纬）	28.521 963	28.608 422	28.608 422	28.627 306	28.608 422	28.608 422	28.608 422	28.608 42	28.608 422	28.608 422	28.608 422
地心纬度/度（北纬）	28.360 8	28.447 0	28.447 0	28.465 8	28.447 0	28.447 0	28.447 0	28.447 0	28.447 0	28.447 0	28.447 0
经度/度（东经）注2	−80.561 141	−80.604 133	−80.604 133	−80.620 869	−80.604 133	−80.604 133	−80.604 133	−80.604 133	−80.604 133	−80.604 133	−80.604 133
发射时间信息											
肯尼迪航天中心日期	1968 年 10 月 11 日	1968 年 12 月 21 日	1969 年 3 月 3 日	1969 年 5 月 18 日	1969 年 7 月 16 日	1969 年 11 月 14 日	1970 年 4 月 11 日	1971 年 1 月 31 日	1971 年 7 月 26 日	1972 年 4 月 16 日	1972 年 12 月 7 日
肯尼迪航天中心时间	11:02:45 a.m.	07:51:00 a.m.	11:00:00 a.m.	12:49:00 p.m.	09:32:00 a.m.	11:22:00 a.m.	02:13:00 p.m.	04:03:02 p.m.	09:34:00 a.m.	12:54:00 p.m.	12:33:00 a.m.
肯尼迪航天中心时区	EDT	EST	EST	EDT	EDT	EST	EST	EST	EDT	EST	EST

续表

	阿波罗 7号	阿波罗 8号	阿波罗 9号	阿波罗 10号	阿波罗 11号	阿波罗 12号	阿波罗 13号	阿波罗 14号	阿波罗 15号	阿波罗 16号	阿波罗 17号
格林威治日期	1968年 10月11日	1968年 12月21日	1969年 3月03日	1969年 5月18日	1969年 7月16日	1969年 11月14日	1970年 4月11日	1971年 1月31日	1971年 7月26日	1972年 4月16日	1972年 12月07日
格林尼治时间	15:02:45	12:51:00	16:00:00	16:49:00	13:32:00	16:22:00	19:13:00	21:03:02	13:34:00	17:54:00	05:33:00
实际的格林尼治起飞时间	15:02:45.36	12:51:00.67	16:00:00.67	16:49:00.58	13:32:00.63	16:22:00.68	19:13:00.61	21:03:02.57	13:34:00.58	17:54:00.59	05:33:00.63
任务时段(时:分:秒)											
上升段/秒	626.76	694.98	674.66	713.76	709.33	703.91	759.83	710.56	704.67	716.21	712.65
地球轨道段	259:42.59	002:44:30.53	240:32:55.5	002:27:26.82	002:38:23.70	002:41:30.03	002:28:07.32	002:22:42.68	002:44:18.94	002:27:32.21	003:06:44.99
圈次	163.0	1.5	151.0	1.5	1.5	1.5	1.5	1.5	1.5	1.5	2.0
地月转移滑行段	—	066:16:21.8	—	073:22:29.5	073:05:34.87	080:38:01.67	—	079:28:18.30	075:42:21.45	071:55:14.35	083:02:18.12
月面驻留时段	—	—	—	—	021:36:21	031:31:12	—	033:30:29	066:54:54	071:02:13	074:59:39
月球轨道段	—	020:10:13.0	—	061:43:23.6	059:30:25.79	088:58:11.52	—	066:35:39.99	145:12:41.68	125:49:32.59	147:43:37.11
圈次	—	10	—	31	30	45	—	34	74	64	75
指令勤务舱/登月舱分离时长	—	—	006:22:50	008:10:05	027:51:00.0	037:42:17.9	—	039:45:08.9	072:57:09.3	081:27:47	079:49:19.19
月地转移滑行段	—	057:23:32.5	—	054:09:40.8	059:36:52.0	071:52:51.96	—	067:09:13.8	071:07:48	065:13:16	067:34:05
指令舱再入地球段/秒	937	869.2	1 003.8	868.5	929.3	845.9	835.3	852.8	778.3	814	801
任务时长	260:09:03	147:00:42.0	241:00:01.54	192:03:23	195:18:35	244:36:25	142:54:41	216:01:58.1	295:11:53.0	265:51:05	301:51:59

注1：根据任务报告、运载火箭报告和其他资料编辑而成

注2：发射时间是起飞前的时间

再入、溅落与回收[1]

	阿波罗7号	阿波罗8号	阿波罗9号	阿波罗10号	阿波罗11号	阿波罗12号	阿波罗13号	阿波罗14号	阿波罗15号	阿波罗16号	阿波罗17号[2]
再入地球											
GET	259:53:26	146:46:12.8	240:44:10.2	191:48:54.5	195:03:05.7	244:22:19.09	142:40:45.7	215:47:45	294:58:54.7	265:37:31	301:38:38
速度（英尺/秒）	25 846.4	36 221.1	25 894	36 314	36 194.4	36 116.618	36 210.6	36 170.2	36 096.4	36 196.1	36 090.3
最大再入速度（英尺/秒）	25 955	36 303	25 989	36 397	36 277						
最大重力加速度（g）	3.33	6.84	3.35	6.78	6.56	6.57	5.56	6.76	6.23	7.19	6.49
航程/海里	1 594	1 292	1 835	1 295	1 497	1 250	1 250	1 234	1 184	1 190	1 190
大地纬度/度（北纬）	−29.92	20.83	33.52	−23.60	−3.19	−13.80	−28.23	−36.36	14.23	−19.87	0.71
经度/度（东经）	92.62	−179.89	−99.05	174.39	171.96	173.52	173.44	165.80	−175.02	−162.13	−173.34
再入角/度	−2.072 0	−6.50	−1.74	−6.54	−6.48	−6.48	−6.269	−6.370	−6.51	−6.55	−6.49
航迹角/度（北偏东）	87.47	121.57	99.26	71.89	50.18	98.16	77.21	70.84	52.06	21.08	156.53
升阻比	—	0.300	—	0.305	0.300	0.309	0.291	0.280	0.290	0.286	0.290
最大加热速率/（BTU/英尺²/秒）	—	296		296	286	285	271	310	289	346	346
总热负载（BTU/英尺²）	—	26 140		25 728	26 482	26 224	25 710	27 111	25 881	27 939	27 939
时长/秒	937.0	869.2	1 003.8	868.5	929.3	845.9	835.3	852.8	778.3	814.0	801.0
平均表层辐射剂量/（弧度）[3]	0.16	0.16	0.20	0.48	0.18	0.58	0.24	1.14	0.30	0.51	0.55
溅落地球											
GET	260:09:03	147:00:42.0	241:00:54	192:03:23	195:18:35	244:36:25	142:54:41	216:01:58.1	295:11:53.0	265:51:05	301:51:59

续表

	阿波罗7号	阿波罗8号	阿波罗9号	阿波罗10号	阿波罗11号	阿波罗12号	阿波罗13号	阿波罗14号	阿波罗15号	阿波罗16号	阿波罗17号注2
肯尼迪航天中心日期	1968年10月22日	1968年12月27日	1969年3月13日	1969年5月26日	1969年7月24日	1969年11月24日	1970年4月17日	1971年2月9日	1971年8月7日	1972年4月27日	1972年12月19日
格林尼治日期	1968年10月22日	1968年12月27日	1969年3月13日	1969年5月26日	1969年7月24日	1969年11月24日	1970年4月17日	1971年2月9日	1971年8月7日	1972年4月27日	1972年12月19日
肯尼迪航天中心时间	07:11:48 a.m.	10:51:42 a.m.	12:00:54 p.m.	12:52:23 a.m.	12:50:35 p.m.	03:58:25 p.m.	01:07:41 p.m.	04:05:00 p.m.	04:45:53 p.m.	02:45:05 p.m.	02:24:59 p.m.
肯尼迪航天中心时区	EDT	EST	EST	EDT	EDT	EST	EST	EST	EDT	EST	EST
格林尼治时间	11:11:48	15:51:42	17:00:54	16:52:23	16:50:35	20:58:25	18:07:41	21:05:00	20:45:05	19:45:05	19:24:59
溅落地点（海洋）	大西洋	太平洋	大西洋	太平洋	太平洋	太平洋	太平洋	太平洋	太平洋	太平洋	太平洋
纬度/度（北纬）	27.63	8.10	23.22	−15.07	13.30	−15.78	−21.63	−27.02	26.13	−0.70	−17.88
经度/度（东经）	−64.15	−165.00	−67.98	−164.65	−169.15	−165.15	−165.37	−172.67	−158.13	−156.22	−166.11
指令舱质量/磅	11409	10977	11094	10901	10873.0	11050.2	11132.9	11481.2	11731	11995	12120
距瞄准点距离/海里	1.9	1.4	2.7	1.3	1.7	2.0	1.0	0.6	1.0	3.0	1.0
距回收船距离/海里	7	2.6	3	2.9	13	3.91	3.5	3.8	5	2.7	3.5
总航程/海里	3 953 842	504 006	3 664 820	721 250	828 743	828 134	541 103	1 000 279	1 107 945	1 208 746	1 291 299
距地球最近距离/海里	244.2	203 752.37	275.0	215 548	210 391	—	—	—	—	—	—
溅落时天气 第一层云类型	小阵雨	散云	30%	10%	—	—	碎云	高空散云	散云	散云	散云
第一层云量/英尺	600（阴天）	2000	2000	2000	—	—	2000	2000	2000	2000	3000

续表

项目	阿波罗7号	阿波罗8号	阿波罗9号	阿波罗10号	阿波罗11号	阿波罗12号	阿波罗13号	阿波罗14号	阿波罗15号	阿波罗16号	阿波罗17号注2
第二层云类型	—	阴天	碎云	20%	—	—	—	—	—	—	—
第二层云量/英尺	—	9 000	9 000	7 000	—	—	—	—	—	—	—
能见度/海里	2	10	10	10	12	10	10	10	10	10	10
风速/（英尺/秒）	27	32	15	8	27	—	—	—	—	—	—
风速/节	16	19	9	5	16	15	10	15	10	10	10
风向/度（从真北起算）	260	70	200	100	—	68	—	—	—	110	130
气温/华氏度	74	—	79	—	—	—	—	—	—	—	—
水温/华氏度	81	82	76	85	—	—	—	—	—	—	—
浪高/英尺	3	6	7	3	3	3，带15英尺涌浪	4	4	3	4	2~3
波向/度（从真北起算）	260	110	340	—	—	—	—	—	—	—	—
乘组回收 耗时/分	56	88	49	39	63	60	45	48	39	37	52
回收时刻的发射场当地时间	08:08 a.m.	12:20 p.m.	12:49:33 p.m.	01:31 p.m.	01:53 p.m.	04:58 p.m.	01:53 p.m.	04:53 p.m.	05:25 p.m.	03:22 p.m.	03:17 p.m.
时区	EDT	EST	EST	EDT	EDT	EST	EST	EST	EDT	EST	EST
回收时刻的格林尼治时间	12:08	17:20	17:49:33	17:31	17:53	21:58	18:53	21:53	21:25	20:22	20:17
回收船	埃塞克斯 (CVS-9)	约克城 (CVS-10)	瓜达康纳尔 (LPH-7)	普林斯顿 (LPH-5)	大黄蜂 (CVS-12)	大黄蜂 (CVS-12)	硫磺岛 (LPH-2)	新奥尔良 (LPH-11)	冲绳 (LPH-3)	泰孔德罗加 (CVS-14)	泰孔德罗加 (CVS-14)

续表

	阿波罗7号	阿波罗8号	阿波罗9号	阿波罗10号	阿波罗11号	阿波罗12号	阿波罗13号	阿波罗14号	阿波罗15号	阿波罗16号	阿波罗17号[注2]
指挥官（船长）	约翰·A·哈金斯	约翰·G·法菲尔德	罗伊·M·薩德里	卡尔·M·克鲁斯	卡尔·J·赛贝尔利希	卡尔·J·赛贝尔利希	利兰·E·柯尔莫	罗伯特·W·卡里乌斯	安德鲁·F·胡夫	弗兰克·T·哈姆勒	弗兰克·T·哈姆勒
飞船回收											
漂浮姿态	顶端朝下	顶端朝下	顶端朝上	顶端朝上	顶端朝下	顶端朝下	顶端朝上	顶端朝上	顶端朝上	顶端朝下	顶端朝下
回正时间/分	12.0	6.0	0.0	0.0	7.6	4.5	0.0	0.0	0.0	4.5	0.0
指令舱回收时间/分	111	148	132	96	188	108	88	124	94	99	123
回收时刻的发射场当地时间	09:03 a.m.	01:20 p.m.	02:13 p.m.	02:28 p.m.	03:58 p.m.	05:46 p.m.	02:36 p.m.	06:09 p.m.	06:20 p.m.	04:24 p.m.	04:28 p.m.
时区	EDT	EST	EST	EDT	EDT	EST	EST	EST	EDT	EST	EST
回收时刻的格林尼治时间	13:03	18:20	19:13	18:28	19:58	22:46	19:36	23:09	22:20	21:24	21:28
回收部队[注4]											
部署的海军舰只数量	9	12	6	8	5	5	4	5	4	4	3
大西洋	4	6	3	4	3	3	2	3	2	1	1
太平洋	5	6	3	4	2	2	2	2	2	3	2
部署的飞机数量	31	43	29	30	31	26	22	19	17	17	15
海军	8	21	7	10	13	9	8	5	5	6	5
空军	23	22	22	20	18	17	14	14	12	11	10

注1 根据任务报告、美国海军历史办公室数据、阿波罗计划总结报告（JSC-09423）及其他资料编辑而成
注2 部分阿波罗17号任务再入段数据来自任务前的预计值，原因是没能获得真实数据
注3 《太空生理与医药》，SP-447
注4 JSC-09423,7页至8页

地面点火质量[注1]

质量/磅	阿波罗 7号	阿波罗 8号	阿波罗 9号	阿波罗 10号	阿波罗 11号	阿波罗 12号	阿波罗 13号	阿波罗 14号	阿波罗 15号	阿波罗 16号	阿波罗 17号
地面点火时间距离发射时间/秒	−2.988	−6.585	−6.3	−6.4	−6.4	−6.5	−6.7	−6.5	−6.5	−6.7	−6.9
S-ⅠB级，干	84 530	—	—	—	—	—	—	—	—	—	—
S-ⅠB级，燃料	276 900	—	—	—	—	—	—	—	—	—	—
S-ⅠB级，氧化剂	631 300	—	—	—	—	—	—	—	—	—	—
S-ⅠB级，其他	1 182	—	—	—	—	—	—	—	—	—	—
S-ⅠB级，合计	**993 912**										
S-ⅠB/S-ⅣB 级间，干	5 543	—	—	—	—	—	—	—	—	—	—
反推发动机推进剂	1 061	—	—	—	—	—	—	—	—	—	—
S-ⅠC级，干	—	305 232	294 468	293 974	287 531	287 898	287 899	287 310	286 208	287 855	287 356
S-ⅠC级，燃料	—	1 357 634	1 431 678	1 423 254	1 424 889	1 424 287	1 431 384	1 428 561	1 410 798	1 439 894	1 431 921
S-ⅠC级，氧化剂	—	3 128 034	3 301 203	3 302 827	3 305 786	3 310 199	3 304 734	3 312 769	3 312 030	3 311 226	3 314 388
S-ⅠC级，其他	—	6 226	5 508	5 491	5 442	5 442	5 401	5 194	4 283	5 396	5 395
S-ⅠC级，合计		**4 797 126**	**5 032 857**	**5 025 546**	**5 023 648**	**5 027 826**	**5 029 418**	**5 033 834**	**5 013 319**	**5 044 371**	**5 039 060**
S-ⅠC/S-Ⅱ 级间，干		**12 436**	**11 591**	**11 585**	**11 477**	**11 509**	**11 454**	**11 400**	**9 083**	**10 091**	**9 975**
S-Ⅱ级，干	—	88 500	84 312	84 273	79 714	80 236	77 947	78 120	78 908	80 362	80 423
S-Ⅱ级，燃料	—	154 907	158 663	158 541	158 116	157 986	159 931	159 232	158 966	160 551	160 451
S-Ⅱ级，氧化剂	—	793 795	821 504	823 325	819 050	825 406	836 741	837 484	837 991	846 157	844 094
S-Ⅱ级，其他	—	1 426	1 188	1 250	1 260	1 250	1 114	1 051	1 082	991	934

续表

质量/磅	阿波罗7号	阿波罗8号	阿波罗9号	阿波罗10号	阿波罗11号	阿波罗12号	阿波罗13号	阿波罗14号	阿波罗15号	阿波罗16号	阿波罗17号
S-II级,合计	—	1 038 628	1 065 667	1 067 389	1 058 140	1 064 878	1 075 733	1 075 887	1 076 947	1 088 061	1 085 902
S-II/S-IVB级间段,干	—	8 731	7 998	8 045	8 076	8 021	8 081	8 060	8 029	8 055	8 019
S-IVB级,干	21 852	25 926	25 089	25 680	24 852	25 064	25 097	25 030	25 198	25 099	25 040
S-IVB级,燃料	39 909	43 395	43 709	43 388	43 608	43 663	43 657	43 546	43 674	43 727	43 752
S-IVB级,氧化剂	193 330	192 840	189 686	192 089	192 497	190 587	191 890	190 473	195 788	195 372	195 636
S-IB级,其他	1 432	1 626	1 667	1 684	1 656	1 873	1 673	1 687	1 655	1 643	1 658
S-IB级,合计	256 523	263 787	260 151	262 841	262 613	261 187	262 317	260 736	266 315	265 841	266 086
仪器单元合计	4 263	4 842	4 281	4 267	4 275	4 277	4 502	4 505	4 487	4 502	4 470
飞船/登月舱适配器	3 943	3 951	4 012	3 969	3 951	3 960	3 947	3 962	3 964	3 961	3 961
登月舱(阿波罗8号任务为登月舱试验件)	—	19 900	32 034	30 735	33 278	33 562	33 493	33 685	36 238	36 237	36 262
指令勤务舱	32 495	63 531	59 116	63 560	63 507	63 559	63 795	64 448	66 925	66 949	66 942
发射逃逸系统合计	8 874	8 890	8 869	8 936	8 910	8 963	8 991	9 027	9 108	9 167	9 104
飞船合计(指令勤务舱)	45 312	96 272	104 031	107 200	109 646	110 044	110 226	111 122	116 235	116 314	116 269
飞行器合计	1 306 614	6 221 823	6 486 577	6 486 673	6 477 875	6 487 742	6 501 733	6 505 548	6 494 415	6 537 238	6 529 784

注1 S-IC级点火时的实际质量,摘编自土星运载火箭飞行评估飞行报告。由于报告中删去了小数部分,所有质量相加并不等于飞行器合计质量

月面实验任务 注1

实验代号	实 验 名 称	阿波罗11号	阿波罗12号	阿波罗13号	阿波罗14号	阿波罗15号	阿波罗16号
M-515	月尘检测仪	×	×		×	×	
S-031	被动月震实验	×	×	×	×	×	
S-033	主动月震实验			×		×	
S-034	月面磁力计		×		×		
S-035	太阳风光谱仪		×		×	×	
S-036	超热离子探测器	×	×	×			
S-037	热流实验						×
S-038	带电粒子月球环境			×	×	×	
S-058	冷阴极离子测量		×	×	×		
S-059	月球野外地质	×	×	×	×	×	×
S-078	激光测距后向反射器	×		×	×		
S-080	太阳风构成	×	×	×	×	×	
S-151	宇宙射线探测（头盔）	×					
S-152	宇宙射线探测器（多片）						×
S-184	月面近距离（照片）	×	×	×			
S-198	便携式磁力计			×		×	
S-199	月球导星重力测量						×
S-200	月壤力学特性		×	×	×	×	×
S-201	远紫外相机/光谱仪					×	
S-202	月面抛射物和陨石实验						×
S-203	月震分析实验						×

续表

实验代号	实验名称	阿波罗11号	阿波罗12号	阿波罗13号	阿波罗14号	阿波罗15号	阿波罗16号
S-204	月面电特性						×
S-205	月球大气构成实验						×
S-207	月面重力计实验						×
S-229	月球中子探测仪						×
—	月球样本分析	×	×	×	×	×	
—	勘测者3号分析		×				
—	长时段月面暴露					×	×

注1《阿波罗计划》：NASA实录

月面实验描述[注1]

中　心　站	实验装置的核心，提供到地球的射频链路以传输遥测数据、指令/控制信息，并向各实验装置供电
太阳风光谱仪	通过感应电子和正离子的流动方向和能量，测量月球和太阳风之间的相互作用。结果表明，月球表面的太阳风等离子体测量与同时由近月轨道卫星进行的等离子体测量其结果没有区别
早期阿波罗科学实验装置	仪搭载于阿波罗11号任务，实验装置由太阳能供电，包含一组小型实验。该装置向地球传送数据长达71天
超热离子探测器	提供接近月球表面的正离子的能量和质谱信息。由探测器返回的数据发现了月球产生的气体被离子化和加速离子化的现象
主动月震	使用由宇航员激活的起震装置和迫击炮发射炸药来产生月震信号。该实验采用地震检波器监听确定1000英尺左右深度的月球结构
带电粒子月球环境	对能量在50～50 000电子伏特（eV）之间的，包括电子和离子在内的带电粒子的流量进行测量。该仪器测量太阳中等离子体粒子的起源，以及地磁磁尾中低能粒子流量

续表

激光测距后向反射器	后向反射器将激光脉冲反射回地球地面站，提供地-月距离精确测量数据，用来确定地球绕地轴的摆动、大陆漂移、月球天平动等。阿波罗 11 号、14 号任务搭载了包括 100 个后向反射角的阵列，阿波罗 15 号搭载了 300 个后向反射角的阵列	热流	将含温度传感器的探头插入 8 英尺深的孔中，测量接近月表的温度梯度，还可以确定来自月球内部热流的热传导
月面磁力计	测量残留的月球固有磁场及月球对大规模太阳和地球磁场的磁相应。通过测量对磁场梯级瞬变的响应来确定月球内部的电导率。用 3 个安装在杆子上的传感器测量磁场的正交分量	月球质谱仪	利用磁偏转质谱仪确定月球大气成分及其丰度
月面抛射物和陨石实验	用 3 个分立的探测器探测月尘微粒的能量、速度和方向，包括向东、向西和向上。测量的微粒是陨石，从陨石上散落的物质，也有可能是受月面现象影响漂浮或加速的月面微粒	月震分析	仅搭载于阿波罗 17 号任务。该实验是主动月震实验的更先进版本。实验采用 4 个月震检波器探测由 8 个重 0.1～6.5 磅的炸药包产生月震信号。炸药包布置在距登月舱 2 海里远，在登月舱飞离由定时器引爆。可以测量月深达 1.5 海里的月球结构。利用监听模式，实验可以在计划寿命结束后持续提供有关月晨/热月震和流星撞击的数据
同位素温差发电机	日夜连续工作，提供 70 瓦电源	冷阴极离子测量	与超热离子探测器集成在一个装置里的独立实验。测量月球大气中中性粒子的密度
月面重力计	利用弹簧质量悬挂测量并感应月球引力垂直分量的变化	被动月震	探测月震和流星撞击，帮助科学家确定月球内部结构

注：《阿波罗月面实验装置（ALSEP）：月球科学的 5 年，仍在发展壮大》，本迪克斯航空航天

任务徽章[注1]

阿波罗计划	阿波罗9号任务
阿波罗计划的徽章是圆形的,周围一圈写着"Apollo"和"NASA"。圆盘中央刻着一个大写字母"A",猎户座中央3颗恒星形成字母A的横杠。右边是地球,月球在圆盘的左上方。月球上的阿波罗神的面孔恰过去神话中的阿波罗神。两条轨道绕过两个星球的后边并穿过中央的3颗恒星	登月舱在指令舱附近轨道飞行,象征将人类送在月球的登月舱的第一次载人飞行。土星V火箭在左侧。宇航员的名字环绕在徽章底部。麦克迪维特名字中"D"的中间是红色的,表明这是阿波罗系列任务中的D类任务
阿波罗1号任务	**阿波罗10号任务**
为第一次有人驾驶的阿波罗飞行设计的徽标描绘了地球轨道上的阿波罗飞船。背景是美国的星条旗。宇航员的名字在徽章右边。提醒人们该计划的目标	盾形的徽章更多是基于结构的需要而不是目标。三维的罗马数字"X"表明这次任务的编号和对登月的作用。指令舱环绕月球时,登月舱低空掠过月面,地球在背景中。尽管阿波罗10号任务没有着陆,但突出的"X"表明这次任务对阿波罗计划做出了重大贡献
阿波罗7号任务	**阿波罗11号任务**
指令勤务舱拖着橙色的火焰沿着椭圆形的轨道环绕地球,象征这次任务的地球轨道特性。中央背景是深蓝色,象征太空的深邃。浅蓝色的海洋衬托着南美洲和北美洲。宇航员的名字呈弧形出现在底部。罗马数字"Ⅶ"出现在地球的太平洋区域	美国之鹰——美国的象征——即将落在月球上。爪子上的橄榄枝表明宇航员"是为人类的和平而来"。地球——宇航员来自并将按照肯尼迪总统提出的挑战安全返回的地方——位于黑色区域代表巨大的、未知的太空
阿波罗8号任务	**阿波罗12号任务**
徽章的形状象征阿波罗飞船指令舱。红色的数字8环绕着地球和月球,不仅代表着该次任务的编号,还代表着地月转移轨道	一艘美国快船及蓝色和金色主色调表明所有宇航员均来自海军,并将快船时代与飞行时代联系起来。快船将外国海岸与美国拉近,并且标志着对海洋利用的增加;飞船则打开了通往其他行星的道路。阿波罗12号任务以任务基于阿波罗即将在风暴中着陆对太空的利用。月球部分的形象表明阿波罗标志着基于着陆在风暴洋着陆。4颗恒星代表乘组和C.C.威廉姆斯——原登月舱驾驶员,死于空难

续表

阿波罗 13 号任务

阿波罗——希腊神话中的太阳神——代表着太阳,三匹马拉着他的战车穿过月球表面,象征阿波罗飞行将知识的光芒洒向全人类。拉丁短语"Ex Luna Scientia"意思是"来自月球,知识"

阿波罗 14 号任务

阿波罗 14 号任务徽章刻画宇航员正前往月球,拖着彗尾的一只飞行的符号,代表阿波罗 14 号任务的宇航员,它的尾巴一直延伸到地球上的起飞地点。任务名称和宇航员名字出现在边框上。

阿波罗 15 号任务

三只鸟号(或飞行的符号,代表阿波罗 15 号任务的宇航员)位于艺术家笔下着陆点上方,着陆点紧邻月球亚平宁山脉脚下的哈德利峡谷。徽章右侧的"X"和"V"代表这次任务的编号。

阿波罗 16 号任务

灰色区域代表月球表面,上面是美国之鹰和红、白、蓝条纹构成的盾,以向美国人民致敬。金色的 NASA 字样的箭头象征着灰色区域并环绕月球。代表这次任务编号的十六颗星和宇航员的名字用金色刻画在蓝色画面框上。

阿波罗 17 号任务

徽章的主体被阿波罗——古希腊太阳神——的形象占据。阿波罗头象的后方是现代设计风格的美国之鹰,鹰翅膀上的红色条纹代表美国国旗上的条纹;三颗白色的星象征三名宇航员。背景是深蓝色太空,太空中有月球、土星和螺旋星系或某种意义上象征服瞒着了一部分。表示这是一个人类造访并在某种意义上象征服瞒着了土的天体。鹰展翅的方向和阿波罗凝视的方向均向右,朝向土星和银河系,暗示人类在太空的探索在某一天将包括这颗行星或恒星。徽章的颜色是红、白、蓝、美国国旗的颜色,增加的金色象征着太空飞行的黄金时代随着阿波罗 17 号开启。徽章中的阿波罗形象采用的是罗马梵蒂冈博物馆中望楼的阿波罗雕塑。该徽章由艺术家罗伯特·T.麦考尔与宇航员合作设计。

注1 摘编自:《宇航员任务徽和飞船呼号》,迪克·拉蒂默,约翰逊航天中心历史办公室未出版稿;《从水星到航天飞机的航天徽标》;以及各种 NASA 文献

运载火箭推进剂用量[注1]

	阿波罗7号 燃烧开始	阿波罗7号 燃烧结束	阿波罗7号 燃烧时间	阿波罗7号 燃烧速率/（磅/秒）	阿波罗8号 燃烧开始	阿波罗8号 燃烧结束	阿波罗8号 燃烧时间	阿波罗8号 燃烧速率/（磅/秒）	阿波罗9号 燃烧开始	阿波罗9号 燃烧结束	阿波罗9号 燃烧时间	阿波罗9号 燃烧速率/（磅/秒）	阿波罗10号 燃烧开始	阿波罗10号 燃烧结束	阿波罗10号 燃烧时间	阿波罗10号 燃烧速率/（磅/秒）
S-IB级燃烧时间/秒	-2 988	144.32	147.31	—												
氧化剂(LOX)/磅	631 300	3 231	628 069	4 263.6												
燃料(RP-1)/磅	276 900	4 728	272 172	1 847.6												
合计/磅	908 200	7 959	900 241	6 111.3												
S-IC级燃烧时间/秒	—	—	—	—	-6.585	153.82	160.41	—	-6.3	162.76	169.06	—	-6.4	161.63	168.03	—
氧化剂(LOX)/磅					3 128 034	46 065	3 081 969	19 213.7	3 301 203	45 230	3 255 973	19 259.3	3 302 827	40 592	3 262 235	19 414.6
燃料(RP-1)/磅					1 357 634	26 622	1 331 012	8 297.8	1 431 678	42 390	1 389 288	8 217.7	1 423 254	28 537	1 394 717	8 300.4
合计/磅					4 485 668	72 687	4 412 981	27 511.5	4 732 881	87 620	4 645 261	27 477.0	4 726 081	69 129	4 656 952	27 715.0
S-II级燃烧时间/秒					156.19	524.04	367.85	—	165.16	536.22	371.06	—	164.05	552.64	388.59	388.59
氧化剂(LOX)/磅					793 795	5 169	788 626	2 143.9	821 504	3 230	818 274	2 205.2	823 325	3 536	819 789	2 109.7
燃料(液氢)/磅					154 907	4 514	150 393	408.8	158 663	3 381	155 282	418.5	158 541	4 622	153 919	396.1
合计/磅					948 702	9 683	939 019	2 552.7	980 167	6 611	973 556	2 623.7	981 866	8 158	973 708	2 505.7
S-IVB级第一次燃烧时间/秒	146.97	616.76	469.79	—	528.29	684.98	156.69		540.82	664.66	123.84		556.81	703.76	146.95	

续表

项目	阿波罗7号 燃烧开始	阿波罗7号 燃烧结束	阿波罗7号 燃烧时间	阿波罗7号 燃烧速率(磅/秒)	阿波罗8号 燃烧开始	阿波罗8号 燃烧结束	阿波罗8号 燃烧时间	阿波罗8号 燃烧速率(磅/秒)	阿波罗9号 燃烧开始	阿波罗9号 燃烧结束	阿波罗9号 燃烧时间	阿波罗9号 燃烧速率(磅/秒)	阿波罗10号 燃烧开始	阿波罗10号 燃烧结束	阿波罗10号 燃烧时间	阿波罗10号 燃烧速率(磅/秒)
氧化剂(LOX)/磅	193 330	1 671	191 659	408.0	192 840	132 220	60 620	386.9	189 686	133 421	56 265	454.3	192 089	133 883	58 206	396.1
燃料(液氢)/磅	39 909	2 502	37 407	79.6	43 395	30 678	12 717	81.2	43 709	32 999	10 710	86.5	43 388	31 564	11 824	80.5
合计/磅	233 239	4 173	229 066	487.6	236 235	162 898	73 337	468.0	233 395	166 420	66 975	540.8	235 477	165 447	70 030	476.6
S-ⅣB级第二次燃烧时间/秒	—	—	—	—	10 237.79	10 555.51	317.72	—	17 155.54	17 217.60	62.06	—	9 207.52	9 550.58	343.06	343.06
氧化剂(LOX)/磅	—	—	—	—	131 975	8 064	123 911	390.0	132 988	109 298	23 690	381.7	133 471	5 274	128 197	373.7
燃料(液氢)/磅	—	—	—	—	28 358	2 759	25 599	80.6	29 369	24 476	4 893	78.8	29 116	2 177	26 939	78.5
合计/磅	—	—	—	—	160 333	10 823	149 510	470.6	162 357	133 774	28 583	460.6	162 587	7 451	155 136	452.2
S-ⅣB级第三次燃烧时间/秒	—	—	—	—	—	—	—	—	22 039.26	22 281.32	242.06	—	—	—	—	—
氧化剂(LOX)/磅	—	—	—	—	—	—	—	—	108 927	34 051	74 876	309.3	—	—	—	—
燃料(液氢)/磅	—	—	—	—	—	—	—	—	23 520	8 951	14 569	60.2	—	—	—	—
合计/磅	—	—	—	—	—	—	—	—	132 447	43 002	89 445	369.5	—	—	—	—
氧化剂-燃料比																
S-B级	2.280		2.308		2.304		2.316		2.306		2.344		2.321		2.339	
S-C级						5.124		5.244		5.178		5.270		5.193		5.326
S-Ⅲ级					5.124		5.244		5.178		5.270		5.193		5.326	

续表

项目	燃烧开始 阿波罗7号(11号)	燃烧结束 阿波罗7号(11号)	燃烧时间 阿波罗7号(11号)	燃烧速率/(磅/秒) 阿波罗7号(11号)	燃烧开始 阿波罗8号(12号)	燃烧结束 阿波罗8号(12号)	燃烧时间 阿波罗8号(12号)	燃烧速率/(磅/秒) 阿波罗8号(12号)	燃烧开始 阿波罗9号(13号)	燃烧结束 阿波罗9号(13号)	燃烧时间 阿波罗9号(13号)	燃烧速率/(磅/秒) 阿波罗9号(13号)	燃烧开始 阿波罗10号(14号)	燃烧结束 阿波罗10号(14号)	燃烧时间 阿波罗10号(14号)	燃烧速率/(磅/秒) 阿波罗10号(14号)
S-IVB级第一次燃烧	4.844	—	5.124	—	4.444	—	4.767	—	4.340	—	5.254	—	4.427	—	4.923	—
S-IVB级第二次燃烧					4.654	—	4.840	—	4.528	—	4.842	—	4.584	—	4.759	—
S-IVB级第三次燃烧									4.631	—	5.139	—				
S-IC级燃烧时间/秒	—6.4	161.63	168.03		—6.5	161.74	168.24		—6.7	163.60	170.30		—6.5	164.10	170.60	
氧化剂(LOX)/磅	3 305 786	39 772	3 266 014	19 437.1	3 310 199	42 093	3 268 106	19 425.3	3 304 734	38 921	3 265 813	19 176.8	3 312 769	42 570	3 270 199	19 168.8
燃料(RP-1)/磅	1 424 889	30 763	1 394 126	8 296.9	1 424 287	36 309	1 387 978	8 250.0	1 431 384	27 573	1 403 811	8 243.2	1 428 561	32 312	1 396 249	8 184.3
合计/磅	4 730 675	70 535	4 660 140	27 734.0	4 734 486	78 402	4 656 084	27 675.2	4 736 118	66 494	4 669 624	27 420.0	4 741 330	74 882	4 666 448	27 353.2
S-II级燃烧时间/秒	164.00	548.22	384.22		163.20	552.34	389.14		166.00	592.64	426.64		166.50	559.05	392.55	
氧化剂(LOX)/磅	819 050	3 536	815 514	2 122.5	825 406	3 536	821 870	2 112.0	836 741	3 533	833 208	1 953.0	837 484	2 949	834 535	2 125.9
燃料(液氢)/磅	158 116	10 818	147 298	383.4	157 986	4 610	153 376	394.1	159 931	4 532	155 399	364.2	159 232	3 232	156 000	397.4
合计/磅	977 166	14 354	962 812	2 505.9	983 392	8 146	975 246	2 506.2	996 672	8 065	988 607	2 317.2	996 716	6 181	990 535	2 523.3
S-IVB级第一次燃烧时间/秒	552.20	699.33	147.13		556.60	693.91	137.31		596.90	749.83	152.93		563.40	700.56	137.16	

续表

阿波罗11号～14号

项目	11号燃烧开始	11号燃烧结束	11号燃烧时间	11号燃烧速率/（磅/秒）	12号燃烧开始	12号燃烧结束	12号燃烧时间	12号燃烧速率/（磅/秒）	13号燃烧开始	13号燃烧结束	13号燃烧时间	13号燃烧速率/（磅/秒）	14号燃烧开始	14号燃烧结束	14号燃烧时间	14号燃烧速率/（磅/秒）
氧化剂（LOX）/磅	192 497	135 144	57 353	389.8	190 587	135 909	54 678	398.2	191 890	132 768	59 122	386.6	190 473	136 815	53 658	391.2
燃料（液氢）/磅	43 608	31 736	11 872	80.7	43 663	32 346	11 317	82.4	43 657	31 455	12 202	79.8	43 546	32 605	10 941	79.8
合计/磅	236 105	166 880	69 225	470.5	234 250	168 255	65 995	480.6	235 547	164 223	71 324	466.4	234 019	169 420	64 599	471.0
S-ⅣB级第二次燃烧时间/秒	9 856.20	10 203.03	346.83	—	10 042.80	10 383.94	341.14	—	9 346.30	9 697.15	350.85	—	8 912.40	9 263.24	350.84	—
氧化剂（LOX）/磅	134 817	5 350	129 467	373.3	135 617	4 659	130 958	383.9	132 525	3 832	128 693	366.8	136 551	5 812	130 739	372.6
燃料（液氢）/磅	29 324	2 112	27 212	78.5	29 804	2 109	27 695	81.2	29 367	1 963	27 404	78.1	30 428	2 672	27 756	79.1
合计/磅	164 141	7 462	156 679	451.7	165 421	6 768	158 653	465.1	161 892	5 795	156 097	444.9	166 979	8 484	158 495	451.8

氧化剂-燃料比

项目	11号	12号	13号	14号	15号	16号	17号	计划合计
S-IC级	2.320	2.343	2.355	2.324	2.309	2.326	2.319	2.342
S-Ⅱ级	5.180	5.536	5.359	5.225	5.232	5.362	5.260	5.350
S-ⅣB级第一次燃烧	4.414	4.831	4.831	4.365	4.395	4.845	4.374	4.904
S-ⅣB级第二次燃烧	4.597	4.758	4.729	4.550	4.513	4.696	4.488	4.710

阿波罗15号～17号及计划合计

项目	15号燃烧开始	15号燃烧结束	15号燃烧时间	15号燃烧速率/（磅/秒）	16号燃烧开始	16号燃烧结束	16号燃烧时间	16号燃烧速率/（磅/秒）	17号燃烧开始	17号燃烧结束	17号燃烧时间	17号燃烧速率/（磅/秒）	计划合计燃烧开始	计划合计燃烧结束	计划合计燃烧时间	计划合计燃烧速率/（磅/秒）
S-IC级燃烧时间/秒	−6.5	159.56	166.06	—	−6.7	161.78	168.48	—	−6.9	161.20	168.10	—			1 677.31	—
氧化剂（LOX）/磅	3 312 030	31 135	3 280 895	19 757.3	3 311 226	34 028	3 277 198	19 451.6	3 314 388	36 479	3 277 909	19 499.8	32 903 196	396 885	32 506 311	19 380.1

续表

	15号燃烧开始	15号燃烧结束	15号燃烧时间	15号燃烧速率/(磅/秒)	16号燃烧开始	16号燃烧结束	16号燃烧时间	16号燃烧速率/(磅/秒)	17号燃烧开始	17号燃烧结束	17号燃烧时间	17号燃烧速率/(磅/秒)	计划合计燃烧开始	计划合计燃烧结束	计划合计燃烧时间	计划合计燃烧速率/(磅/秒)
燃料(RP-1)/磅	1 410 798	27 142	1 383 656	8 332.3	1 439 894	31 601	1 408 293	8 358.8	1 431 921	26 305	1 405 616	8 361.8	14 204 300	309 554	13 894 746	8 284.0
合计/磅	4 722 828	58 277	4 664 551	28 089.6	4 751 120	65 629	4 685 491	27 810.4	4 746 309	62 784	4 683 525	27 861.5	47 107 496	706 439	46 401 057	27 664.1
S-Ⅱ级燃烧时间/秒	163.00	549.06	386.06	—	165.20	559.54	394.34	—	164.60	559.66	395.06	—			3 895.51	—
氧化剂(LOX)/磅	837 991	3 109	834 882	2 162.6	846 157	3 141	843 016	2 137.8	844 094	3 137	840 957	2 128.7	8 285 547	34 876	8 250 671	2 118.0
燃料(液氢)/磅	158 966	4 022	154 944	401.3	160 551	2 884	157 667	399.8	160 451	3 024	157 427	398.5	1 587 344	45 639	1 541 705	395.8
合计/磅	996 957	7 131	989 826	2 563.9	1 006 708	6 025	1 000 683	2 537.6	1 004 545	6 161	998 384	2 527.2	9 872 891	80 515	9 792 376	2 513.8
S-ⅣB级第一次燃烧时间/秒	553.20	694.67	141.47	—	563.60	706.21	142.61	—	563.80	702.65	138.85	—			1 424.94	—
氧化剂(LOX)/磅	195 788	140 293	55 495	392.3	195 372	138 937	56 435	395.7	195 636	140 047	55 589	400.4	1 926 858	1 359 437	567 421	398.2
燃料(液氢)/磅	43 674	32 416	11 258	79.6	43 727	32 081	11 646	81.7	43 752	32 685	11 067	79.7	436 119	320 565	115 554	81.1
合计/磅	239 462	172 709	66 753	471.9	239 099	171 018	68 081	477.4	239 388	172 732	66 656	480.1	2 362 977	1 680 002	682 975	479.3
S-ⅣB级第二次燃烧时间/秒	10 202.90	10 553.61	350.71	—	9 216.50	9 558.42	341.92	—	11 556.60	11 907.64	351.04	—			3 156.17	—
氧化剂(LOX)/磅	139 665	4 273	135 392	386.1	138 532	3 869	134 663	393.8	139 879	4 219	135 660	386.5	1 356 020	154 650	1 201 370	380.6
燃料(液氢)/磅	29 799	1 722	28 077	80.1	29 968	2 190	27 778	81.2	30 050	2 212	27 838	79.3	295 583	44 392	251 191	79.6
合计/磅	169 464	5 995	163 469	466.1	168 500	6 059	162 441	475.1	169 929	6 431	163 498	465.8	1 651 603	199 042	1 452 561	460.2

续表

	阿波罗 15 号				阿波罗 16 号				阿波罗 17 号				计划合计			
	燃烧开始	燃烧结束	燃烧时间	燃烧速率（磅/秒）	燃烧开始	燃烧结束	燃烧时间	燃烧速率（磅/秒）	燃烧开始	燃烧结束	燃烧时间	燃烧速率（磅/秒）	燃烧开始	燃烧结束	燃烧时间	燃烧速率（磅/秒）
氧化剂-燃料比																
S-IC级	2.348	—	2.371	—	2.300	—	2.327	—	2.315	—	2.332	—	2.316	—	2.339	—
S-II级	5.272	—	5.388	—	5.270	—	5.347	—	5.261	—	5.342	—	5.220	—	5.352	—
S-IVB级第一次燃烧	4.483	—	4.929	—	4.468	—	4.846	—	4.471	—	5.023	—	4.418	—	4.910	—
S-IVB级第二次燃烧	4.687	—	4.822	—	4.623	—	4.848	—	4.655	—	4.873	—	4.588	—	4.783	—

注1 所有时间均相对发射时间得来；其他所有值代表以磅为单位的实际用量。资料来源：土星 V 运载火箭飞行评估报告、《土星 IB 火箭第五次试验飞行（阿波罗 7 号任务）结果》

地球轨道和月球轨道实验注1

实验代号	实验名称	阿波罗 8 号	阿波罗 11 号	阿波罗 12 号	阿波罗 14 号	阿波罗 15 号	阿波罗 16 号	阿波罗 17 号
S-151	宇宙射线探测器（头盔）	×		×				
S-158	多光谱照相机			×				
S-160	γ射线谱仪					×	×	×
S-161	X射线荧光性					×	×	
S-162	α粒子谱仪					×	×	
S-164	S频段转发器（指令勤务舱/登月舱）				×	×	×	
S-164	S频段转发器（子卫星）					×	×	×
S-165	质谱仪					×	×	

681

续表

实验代号	实验名称	阿波罗8号	阿波罗11号	阿波罗12号	阿波罗14号	阿波罗15号	阿波罗16号	阿波罗17号
S-169	远紫外光谱仪							×
S-170	双基地雷达				×		×	
S-171	红外扫描辐射计							×
S-173注2	粒子阴影/边界层					×	×	
S-174	磁力计					×	×	
S-176	指令舱舷窗陨石				×	×	×	×
S-177	紫外照相机,地球和月球						×	
S-178	从月球轨道拍摄对日照				×	×	×	×
S-209	月球测深仪							×
—	候选探索站点			×	×			
—	指令舱在轨科学成像			×	×			
—	指令舱拍摄任务						×	×
—	微光摄影				×			
—	从指令舱拍摄月球任务	×		×	×			
—	月面测量基准点更新			×	×			
—	勤务舱在轨拍摄任务注3					×	×	×
—	月地转移轨道拍摄月球				×			
—	从月球轨道进行视觉观察						×	×

注1 《阿波罗计划总结报告》(JSC-09423)

注2 实验 S-173 和 S-174 是粒子和场子卫星上的实验

注3 包括全景相机拍摄、测绘相机拍摄和激光测高,也支持地质学目标

运载火箭/飞船关键指标[注1]

	阿波罗7号	阿波罗8号	阿波罗9号	阿波罗10号	阿波罗11号	阿波罗12号	阿波罗13号	阿波罗14号	阿波罗15号	阿波罗16号	阿波罗17号
第一级（S-ⅠB）											
合同商	克莱斯勒	—	—	—	—	—	—	—	—	—	—
直径（底部）/英尺	21.500	—	—	—	—	—	—	—	—	—	—
直径（顶部）/英尺	21.667	—	—	—	—	—	—	—	—	—	—
高/英尺	80.200	—	—	—	—	—	—	—	—	—	—
发动机（类型/编号）	H-1/8	—	—	—	—	—	—	—	—	—	—
燃料	RP-1	—	—	—	—	—	—	—	—	—	—
氧化剂	LO$_2$	—	—	—	—	—	—	—	—	—	—
每台发动机额定推力/磅力	200.000										
总额定推力/磅力	1 600 000										
35秒至38秒推力/磅力	1 744 400										
第一级（S-ⅠC）											
合同商	—	波音	波音	波音	波音	波音	波音	波音	波音	波音	波音
直径（底部）/英尺	—	33.000	33.000	33.000	33.000	33.000	33.000	33.000	33.000	33.000	33.000
直径（顶部）/英尺	—	33.000	33.000	33.40	33.000	33.000	33.000	33.000	33.000	33.000	33.000
高/英尺	—	138.030	138.030	138.030	138.030	138.030	138.030	138.030	138.030	138.030	138.030
发动机（类型/编号）	—	F-1/5	F-1/5	F-1/5	F-1/5	F-1/5	F-1/5	F-1/5	F-1/5	F-1/5	F-1/5
燃料	—	RP-1	RP-1	RP-1	RP-1	RP-1	RP-1	RP-1	RP-1	RP-1	RP-1
氧化剂	—	LO$_2$	LO$_2$	LO$_2$	LO$_2$	LO$_2$	LO$_2$	LO$_2$	LO$_2$	LO$_2$	LO$_2$

续表

	阿波罗 7号	阿波罗 8号	阿波罗 9号	阿波罗 10号	阿波罗 11号	阿波罗 12号	阿波罗 13号	阿波罗 14号	阿波罗 15号	阿波罗 16号	阿波罗 17号
每台发动机额定推力/磅力	—	1 500 000	1 522 000	1 522 000	1 522 000	1 522 000	1 522 000	1 522 000	1 522 000	1 522 000	1 522 000
总额定推力/磅力	—	7 500 000	7 610 000	7 610 000	7 610 000	7 610 000	7 610 000	7 610 000	7 610 000	7 610 000	7 610 000
35 秒至 38 秒推力/磅力	—	7 560 000	7 576 000	7 536 000	7 552 000	7 594 000	7 560 000	7 504 000	7 558 000	7 620 000	7 599 000
第二级（S-Ⅱ）											
合同商	—	北美罗克韦尔	北美罗克韦尔	北美罗克韦尔	北美罗克韦尔	北美罗克韦尔	北美罗克韦尔	北美罗克韦尔	北美罗克韦尔	北美罗克韦尔	北美罗克韦尔
直径/英尺	—	33.000	33.000	33.000	33.000	33.000	33.000	33.000	33.000	33.000	33.000
高度/英尺	—	81.500	81.500	81.500	81.500	81.500	81.500	81.500	81.500	81.500	81.500
发动机(类型)编号	—	J-2/5	J-2/5	J-2/5	J-2/5	J-2/5	J-2/5	J-2/5	J-2/5	J-2/5	J-2/5
燃料	—	LH_2	LH_2	LH_2	LH_2	LH_2	LH_2	LH_2	LH_2	LH_2	LH_2
氧化剂	—	LO_2	LO_2	LO_2	LO_2	LO_2	LO_2	LO_2	LO_2	LO_2	LO_2
每台发动机额定推力/磅力	—	225 000	230 000	230 000	230 000	230 000	230 000	230 000	230 000	230 000	230 000
总额定推力/磅力	—	1 125 000	1 150 000	1 150 000	1 150 000	1 150 000	1 150 000	1 150 000	1 150 000	1 150 000	1 150 000
发动机启动指令 61 秒时推力/磅力	—	1 143 578	1 155 611	1 159 477	1 155 859	1 161 534	1 160 767	1 164 464	1 169 662	1 163 534	1 156 694
外围发动机关机时的推力/磅力	—	865 302	730.000	642 068	625 751	611 266	635 725	580 478	548 783	787 380	787 009

续表

第三级(S-ⅣB)(阿波罗 7号的第二级)

	阿波罗 7号	阿波罗 8号	阿波罗 9号	阿波罗 10号	阿波罗 11号	阿波罗 12号	阿波罗 13号	阿波罗 14号	阿波罗 15号	阿波罗 16号	阿波罗 17号
合同商	麦道	麦道	麦道	麦道	麦道	麦道	麦道	麦道	麦道	麦道	麦道
直径(底部)/英尺	33.000	33.000	33.000	33.000	33.000	33.000	33.000	33.000	33.000	33.000	33.000
直径(顶部)/英尺	21.667	21.667	21.667	21.667	21.667	21.667	21.667	21.667	21.667	21.667	21.667
高/英尺	58.400	58.630	58.630	58.630	58.630	58.630	58.630	58.630	58.630	58.630	58.630
发动机(类型-编号)	J-2/1	J-2/1	J-2/1	J-2/1	J-2/1	J-2/1	J-2/1	J-2/1	J-2/1	J-2/1	J-2/1
燃料	LH_2	LH_2	LH_2	LH_2	LH_2	LH_2	LH_2	LH_2	LH_2	LH_2	LH_2
氧化剂	LO_2	LO_2	LO_2	LO_2	LO_2	LO_2	LO_2	LO_2	LO_2	LO_2	LO_2
总额定推力/磅力	200 000	230 000	230 000	230 000	230 000	230 000	230 000	230 000	230 000	230 000	230 000
35秒至38秒推力/磅力	—	—	—	—	—	—	—	—	—	—	—
推力(第一次点火)/磅力	207 802	202 678	232 366	204 965	202 603	206 956	199 577	201 572	202 965	206 439	205 797
推力(第一次点火)/磅力	—	201 777	203 568	204 712	201 061	207 688	198 536	201 738	203 111	206 807	205 608
推力(第一次点火)/磅力	—	—	199 516	—	—	—	—	—	—	—	—

仪器单元(IU)

	阿波罗 7号	阿波罗 8号	阿波罗 9号	阿波罗 10号	阿波罗 11号	阿波罗 12号	阿波罗 13号	阿波罗 14号	阿波罗 15号	阿波罗 16号	阿波罗 17号
合同商	IBM	IBM	IBM	IBM	IBM	IBM	IBM	IBM	IBM	IBM	IBM
直径/英尺	21.667	21.667	21.667	21.667	21.667	21.667	21.667	21.667	21.667	21.667	21.667

续表

	阿波罗 7号	阿波罗 8号	阿波罗 9号	阿波罗 10号	阿波罗 11号	阿波罗 12号	阿波罗 13号	阿波罗 14号	阿波罗 15号	阿波罗 16号	阿波罗 17号
高/英尺	3.000	3.000	3.000	3.000	3.000	3.000	3.000	3.000	3.000	3.000	3.000
勤务舱（SM）											
合同商	北美罗克韦尔	北美罗克韦尔	北美罗克韦尔	北美罗克韦尔	北美罗克韦尔	北美罗克韦尔	北美罗克韦尔	北美罗克韦尔	北美罗克韦尔	北美罗克韦尔	北美罗克韦尔
直径/英尺	12.833	12.833	12.833	12.833	12.833	12.833	12.833	12.833	12.833	12.833	12.833
高（包括发动机钟形喷管）/英尺	24.583	24.583	24.583	24.583	24.583	24.583	24.583	24.583	24.583	24.583	24.583
高（发动机钟形喷管喷嘴）/英尺	9.750	9.750	9.750	9.750	9.750	9.750	9.750	9.750	9.750	9.750	9.750
整流罩高/英尺	24.583	24.583	24.583	24.583	24.583	24.583	24.583	24.583	24.583	24.583	24.583
主体结构高/英尺	1.917	1.917	1.917	1.917	1.917	1.917	1.917	1.917	1.917	1.917	1.917
SPS喷管结构高/英尺	12.917	12.917	12.917	12.917	12.917	12.917	12.917	12.917	12.917	12.917	12.917
质量/磅	19 730	51 258	36 159	51 371	51 243	51 105	51 105	51 744	54 063	54 044	54 044
干重/磅	—	—	—	—	—	—	—	—	13 470	13 450	13 450
推进剂重/磅	—	—	—	—	—	—	—	—	40 593	40 593	40 593
SPS发动机额定推力/磅力	20 500	20 500	20 500	20 500	20 500	20 500	20 500	20 500	20 500	20 500	20 500
飞船/登月舱适配器											
合同商	格鲁曼	格鲁曼	格鲁曼	格鲁曼	格鲁曼	格鲁曼	格鲁曼	格鲁曼	格鲁曼	格鲁曼	格鲁曼
最小直径/英尺	12.833	12.833	12.833	12.833	12.833	12.833	12.833	12.833	12.833	12.833	12.833

续表

	阿波罗7号	阿波罗8号	阿波罗9号	阿波罗10号	阿波罗11号	阿波罗12号	阿波罗13号	阿波罗14号	阿波罗15号	阿波罗16号	阿波罗17号
最大直径/英尺	21.667	21.667	21.667	21.667	21.667	21.667	21.667	21.667	21.667	21.667	21.667
高/英尺	28.000	27.999	27.999	27.999	27.999	27.999	27.999	27.999	27.999	27.999	27.999
上部可抛面板高/英尺	21.129	21.208	21.208	21.208	21.208	21.208	21.208	21.208	21.208	21.208	21.208
下部固定面板高/英尺	6.871	6.791	6.791	6.791	6.791	6.791	6.791	6.791	6.791	6.791	6.791
登月舱(LM)											
合同商	格鲁曼	格鲁曼	格鲁曼	格鲁曼	格鲁曼	格鲁曼	格鲁曼	格鲁曼	格鲁曼	格鲁曼	格鲁曼
整体											
宽/英尺	—	—	31.000	31.000	31.000	31.000	31.000	31.000	31.000	31.000	31.000
高/英尺	—	—	22.917	22.917	22.917	22.917	22.917	22.917	22.917	22.917	22.917
支脚直径/英尺	—	—	3.083	3.083	3.083	3.083	3.083	3.083	3.083	3.083	3.083
传支感器探头长度/英尺	—	—	5.667	5.667	5.667	5.667	5.667	5.667	5.667	5.667	5.667
质量/磅	—	(LTA) 19 900	32 034	30 735	33 278	33 562	33 493	33 685	36 238	36 237	36 262
登月舱下降级											
直径/英尺	—	—	14.083	14.083	14.083	14.083	14.083	14.083	14.083	14.083	14.083
高/英尺	—	—	10.583	10.583	10.583	10.583	10.583	10.583	10.583	10.583	10.583
干重/磅	—	—	4265	4703	4483	4875	4650	4716	6179	6083	6155
最大额定推力/磅力	—	—	9870	9870	9870	9870	9870	9870	9870	9870	9870

续表

	阿波罗7号	阿波罗8号	阿波罗9号	阿波罗10号	阿波罗11号	阿波罗12号	阿波罗13号	阿波罗14号	阿波罗15号	阿波罗16号	阿波罗17号
登月舱上升级											
直径/英尺	—	—	14.083	14.083	14.083	14.083	14.083	14.083	14.083	14.083	14.083
高/英尺	—	—	12.333	12.333	12.333	12.333	12.333	12.333	12.333	12.333	12.333
舱内容积/立方英尺	—	—	235	235	235	235	235	235	235	235	235
可居住容积/立方英尺	—	—	160	160	160	160	160	160	160	160	160
乘员隔间高/英尺	—	—	7.667	7.667	7.667	7.667	7.667	7.667	7.833	7.833	7.833
乘员隔间深/英尺	—	—	3.500	3.500	3.500	3.500	3.500	3.500	3.500	3.500	3.500
干重/磅	—	—	5071	4781	4804	4760	4668	4691	4690	4704	4729
最大额定推力/磅力	—	—	2524	1650	3218	3224	N/A	3218.2	3225.6	3224.7	3234.8
月球漫游车(LRV)											
合同商	—	—	—	—	—	—	—	—	波音	波音	波音
长/英尺	—	—	—	—	—	—	—	—	10.167	10.167	10.167
宽/英尺	—	—	—	—	—	—	—	—	6.000	6.000	6.000
轴距/英尺	—	—	—	—	—	—	—	—	7.500	7.500	7.500
干重/磅	—	—	—	—	—	—	—	—	462	462	462
搭载有效载荷能力/磅力	—	—	—	—	—	—	—	—	1080	1080	1080

续表

指令舱（CM）

	阿波罗 7 号	阿波罗 8 号	阿波罗 9 号	阿波罗 10 号	阿波罗 11 号	阿波罗 12 号	阿波罗 13 号	阿波罗 14 号	阿波罗 15 号	阿波罗 16 号	阿波罗 17 号
合同商	北美罗克韦尔	北美罗克韦尔	北美罗克韦尔	北美罗克韦尔	北美罗克韦尔	北美罗克韦尔	北美罗克韦尔	北美罗克韦尔	北美罗克韦尔	北美罗克韦尔	北美罗克韦尔
直径/英尺	12.833	12.833	12.833	12.833	12.833	12.833	12.833	12.833	12.833	12.833	12.833
高/英尺	11.417	11.417	11.417	11.417	11.417	11.417	11.417	11.417	11.417	11.417	11.417
对接插头锥孔高/英尺	2.583	2.583	2.583	2.583	2.583	2.583	2.583	2.583	2.583	2.583	2.583
主体结构高/英尺	6.750	6.750	6.750	6.750	6.750	6.750	6.750	6.750	6.750	6.750	6.750
尾部/隔热层高/英尺	2.083	2.083	2.083	2.083	2.083	2.083	2.083	2.083	2.083	2.083	2.083
干重/磅	12 659	12 392	12 405	12 277	12 250	12 365	12 365	12 831	12 831	12 874	12 874
可居住容积/立方英尺	210	210	210	210	210	210	210	210	210	210	210

发射逃逸系统（LES）

	阿波罗 7 号	阿波罗 8 号	阿波罗 9 号	阿波罗 10 号	阿波罗 11 号	阿波罗 12 号	阿波罗 13 号	阿波罗 14 号	阿波罗 15 号	阿波罗 16 号	阿波罗 17 号
合同商	北美罗克韦尔	北美罗克韦尔	北美罗克韦尔	北美罗克韦尔	北美罗克韦尔	北美罗克韦尔	北美罗克韦尔	北美罗克韦尔	北美罗克韦尔	北美罗克韦尔	北美罗克韦尔
直径/英尺	4.000	4.000	4.000	4.000	4.000	4.000	4.000	4.000	4.000	4.000	4.000
高/英尺	33.460	33.460	33.460	33.460	33.460	33.460	33.460	33.460	33.460	33.460	33.460
火箭发动机（每台）											

续表

	阿波罗 7 号	阿波罗 8 号	阿波罗 9 号	阿波罗 10 号	阿波罗 11 号	阿波罗 12 号	阿波罗 13 号	阿波罗 14 号	阿波罗 15 号	阿波罗 16 号	阿波罗 17 号
发射逃逸系统推力/磅力	155 000	147 000	147 000	147 000	147 000	147 000	147 000	147 000	147 000	147 000	147 000
俯仰控制发动机推力/磅力	3 000	2 400	2 400	2 400	2 400	2 400	2 400	2 400	2 400	2 400	2 400
塔弹射发动机推力/磅力	33 000	31 500	31 500	31 500	31 500	31 500	31 500	31 500	31 500	31 500	31 500
飞行器总的高度/英尺	223.488	363.013	363.013	363.013	363.013	363.013	363.013	363.013	363.013	363.013	363.013

注1 摘编自土星运载火箭飞行评估报告。S-IC级的推力是海平面的，S-II 和 S-IVB 级是高空的。"35~38 秒""发动机启动指令 61 秒时""外围发动机关机"均是飞行指令舱上升级和下降级。月球漫游车和指令舱的干重均来自任务宣传资料，其他所有质量均是飞行时的实际推力。

发射天气[1]

地表观察

	阿波罗 7 号	阿波罗 8 号	阿波罗 9 号	阿波罗 10 号	阿波罗 11 号	阿波罗 12 号	阿波罗 13 号	阿波罗 14 号	阿波罗 15 号	阿波罗 16 号	阿波罗 17 号
压力/(磅力/英尺)	14.765	14.804	14.642	14.779	14.798	14.621	14.676	14.652	14.788	14.769	14.795
温度/华氏度	82.9	59.0	67.3	80.1	84.9	68.0	75.9	71.1	85.6	88.2	70.0
相对湿度/%	65	88	61	75	73	92	57	86	68	44	93
露点/华氏度	70	56	53	72	75	65	60	67	74	62.6	68.0
能见度/海里	11.5	9.9	9.9	11.2	9.9	3.7	9.9	9.9	9.9	9.9	6.8

续表

	阿波罗7号	阿波罗8号	阿波罗9号	阿波罗10号	阿波罗11号	阿波罗12号	阿波罗13号	阿波罗14号	阿波罗15号	阿波罗16号	阿波罗17号
地表风况											
第一层风测量点高度/英尺	64.0	60.0	60.0	60.0	60.0	60.0	60.0	60.0	60.0	60.0	60.0
第一层风速/(英尺/秒)	33.5	18.7	22.6	32.2	10.8	22.3	20.7	16.4	16.7	20.7	13.5
第一层风向/度	90	348	160	142	175	280	105	255	156	269	5
第二层风测量点高度/英尺	无注2	无	无	无	无	无	无	530.0	530.0	530.0	530.0
第二层风速/(英尺/秒)	无	无	无	无	无	无	无	27.9	17.7	16.7	17.7
第二层风向/度	无	无	无	无	无	无	无	275	158	256	335
云层覆盖											
第一层云覆盖	30%	40%	70%	40%	10%	100%/雨	40%	70%	70%	20%	20%
第一层云类型	积雨云	卷云	层积云	积云	积云	层积云	高积云	积云	卷云	积云	层积云
第一层云高度/英尺	2 100	无	3 500	2 200	2 400	2 100	19 000	4 000	25 000	3 000	26 000
第二层云覆盖	—	100%	100%	20%	20%	—	100%	20%	—	—	50%
第二层云类型	—	高层云	高层云	高积云	高积云	—	卷层云	高积云	—	—	卷云
第二层云高度/英尺	—	9 000	9 000	11 000	15 000	—	26 000	8 000	—	—	26 000
第三层云覆盖	—	—	—	100%	90%	—	—	—	—	—	—

续表

	阿波罗7号	阿波罗8号	阿波罗9号	阿波罗10号	阿波罗11号	阿波罗12号	阿波罗13号	阿波罗14号	阿波罗15号	阿波罗16号	阿波罗17号
第三层云类型	—	—	—	卷云	卷层云	—	—	—	—	—	—
第三层云高度/英尺	—	—	—	未知的	未知的	—	—	—	—	—	—
最大风速（上升段）											
风速（英尺/秒）	136.2	150.9	250.0	154	203	256	246	207	249.3	85.6	252.6
高度/英尺	172 000	108 300	38 480	295 276	183 727	180 446	256 562	193 570	182 900	38 880	145 996
最大动压											
GET/秒	75.5	78.9	85.5	82.6	83.0	81.1	81.3	81.0	82.0	86.0	82.5
最大 q 值/（磅·平方英尺）	665.60	776.938	630.73	694.232	735.17	682.95	651.63	655.8	768.58	726.81	701.75
高度/英尺	39 903	44 062	45 138	43 366	44 512	42 133	40 876	40 398	44 971	47 122	42 847
高动压区域最大风况											
高度/英尺	44 500	49 900	38 480	46 520	37 400	46 670	44 540	43 270	45 110	38 880	39 945
风速（英尺/秒）	51.1	114.1	250.0	139.4	31.6	156.1	182.5	173.2	61.1	85.6	147.9
风向/度	309	284	264	270	297	245	252	255	063	257	311
最大风分量											
俯仰（俯仰面）/（英尺/秒）	51.8	102.4	244.4	133.9	24.9	154.9	182.4	173.2	−58.4	85.3	114.2
高度（俯仰面）/英尺	36 800	49 500	38 390	45 280	36 680	46 670	44 540	43 720	45 030	38 880	39 945

	阿波罗7号	阿波罗8号	阿波罗9号	阿波罗10号	阿波罗11号	阿波罗12号	阿波罗13号	阿波罗14号	阿波罗15号	阿波罗16号	阿波罗17号
偏航（偏航面）/（英尺·秒）	51.5	74.1	71.2	61.4	23.3	−64.0	49.2	81.7	24.0	41.0	95.8
高度（偏航面）/英尺	47 500	51 800	37 500	48 720	39 530	44 780	42 750	33 460	44 040	50 850	37 237
最大风切变											
俯仰面风切变/秒⁻¹	0.011 3	0.010 3	0.024 8	0.020 3	0.007 7	0.018 3	0.016 6	0.020 1	0.011 0	0.009 5	0.017 7
俯仰面高度/英尺	48 100	52 500	49 700	50 200	48 490	46 750	50 610	43 720	36 830	44 780	26 164
偏航面风切变/秒⁻¹	0.008 5	0.015 7	0.025 4	0.012 5	0.005 6	0.017 8	0.017 8	0.025 1	0.007 1	0.011 4	0.014 8
偏航面高度/英尺	46 500	57 800	48 160	50 950	33 790	47 820	45 850	38 880	47 330	50 850	34 940
最大密度偏差/%											
与PRA63注3的负偏差	−0.1	−0.7	−6.1	−1.0	−0.2	−7.6	−2.8	−5.0	无	−0.8	−0.0
高度/海里	4.32	4.32	7.56	4.32	4.45	8.50	7.69	7.69	无	4.86	0.00
与PRA63的正偏差	+1.3	+3.3	无	+3.3	+4.4	+1.2	+0.5	无	+4.2	+4.0	+1.7
高度/海里	5.80	8.50	无	7.56	7.69	5.67	8.64	无	7.56	8.64	7.02

注1 摘编自土星运载火箭报告、弹道重建报告，以及《MSFC/ABMA有关航空航天飞行器155飞行大气数据观测总结》
注2 该测量值不是在发射数据使用或记录的
注3 帕特里克空军基地基准大气，1963

登月舱月球着陆[1]

	阿波罗10号[2]	阿波罗11号	阿波罗12号	阿波罗13号[3]	阿波罗14号	阿波罗15号	阿波罗16号	阿波罗17号
登月舱月球着陆条件								
PDI 燃烧时长/秒	—	756.39	717.0	—	764.61	739.2	734	721
剩余悬停时长/秒	—	45	103	—	68	103	102	117
着陆点	静海	静海	风暴洋	弗拉·毛罗	弗拉·毛罗	哈德利-亚平宁	笛卡儿平原	金牛-利特罗
目标纬度/度（北纬）	0.733 3	0.683 3	−2.983 3	−3.616 7	−3.671 9	26.081 6	−9.000 2	20.163 9
目标经度/度（东经）	23.650 0	23.716 7	−23.400 0	−17.550 0	−17.462 7	3.658 3	15.516 4	30.749 5
实际着陆纬度/度（北纬）	—	0.674 08	−3.012 39		−3.645 30	26.132 22	−8.973 01	20.190 80
实际着陆经度/度（东经）	—	23.472 97	−23.421 57	—	−17.471 36	3.633 86	15.500 19	30.771 68
GET	—	102:45:39.9	110:32:36.2	—	108:15:11.40	104:42:29.3	104:29:35	110:21:58
肯尼迪航天中心日期	—	1969 年 7 月 20 日	1969 年 11 月 19 日		1971 年 2 月 5 日	1971 年 7 月 30 日	1972 年 4 月 20 日	1972 年 12 月 11 日
GMT 日期	—	1969 年 7 月 20 日	1969 年 11 月 19 日		1971 年 2 月 5 日	1971 年 7 月 30 日	1972 年 4 月 21 日	1972 年 12 月 11 日
肯尼迪航天中心时间	—	04:17:39 p. m.	01:54:36 a. m.		04:18:13 a. m.	06:16:29 p. m.	09:23:36 p. m.	02:54:58 p. m.
肯尼迪航天中心时区	—	EDT	EST	—	EST	EDT	EST	EST
GMT 时间	—	20:17:39	06:54:36	—	09:18:13	22:16:29	02:23:35	19:54:58
太阳高度角/度	11.0	10.8	5.1	18.5	10.3	12.2	11.9	13.0

续表

	阿波罗10号	阿波罗11号	阿波罗12号	阿波罗13号	阿波罗14号	阿波罗15号	阿波罗16号	阿波罗17号
登月舱面倾角/度	—	向东倾斜4.5度、向南偏航13度	上仰3度、向左滚动3.8度		下俯1度、向右滚动6.9度、向左偏航1.4度、相对水平面倾斜11度	上仰6.9度、向左滚动8.6度	滚动0度、上仰2.5度、略微向南偏航	上仰4度至5度、滚动0度、偏航接近0度
登月舱到目标点的距离/英尺		着陆椭圆中心以西22 500英尺	勘测者3号西北535英尺	—	偏北55英尺、偏东165英尺	西边1 800英尺	偏北668英尺、偏西1 975英尺	656英尺
距月震站点的距离/海里								
阿波罗12号	—	—	—	—	98	641	641	—
阿波罗14号	—	—	98	—	—	591	544	—
阿波罗15号	—	—	641	—	591	—	604	—
阿波罗16号	—	—	641	—	544	604	—	—
距月震站点的方位角/度								
阿波罗12号	—	—	—	—	96	40	100	—
阿波罗14号	—	—	276	—	—	33	101	—
阿波罗15号	—	—	226	—	218	—	160	—
阿波罗16号	—	—	276	—	277	342	—	—

注1 摘编自任务报告和科学总结报告。实际着陆点坐标基于《地球物理研究杂志》(2000年，第105卷，20227页至20280页)描述的国际天文联合会(IAU)平均地球极轴坐标系

注2 尽管没有作为登月任务来计划，阿波罗10号任务飞越了第一次登月任务的目标区域

注3 原计划着陆点的数据，任务异常中止

月球表面实验装置阵列和状态 注1

实 验	主要研究人员	阿波罗 11 号	阿波罗 12 号	阿波罗 14 号	阿波罗 15 号	阿波罗 16 号	阿波罗 17 号
阵列类型		EASEP	ALSEP A	ALSEP C	ALSEP A-2	ALSEP D	ALSEP E
部署地点纬度		0.673 5	−3.009 42	−3.643 98	26.134 07	−8.975 37	20.192 09
部署地点经度		23.473 0	−23.424 58	−17.477 48	−3.629 81	15.498 12	30.764 92
设计寿命/天		14	365	365	365	365	730
上行链路频率/MHz		2 119.0	2 119.0	2 119.0	2 119.0	2 119.0	2 119.0
下行链路频率/MHz		2 276.5	2 278.5	2 279.5	2 278.0	2 276.0	2 275.5
遥控开机日期		1969 年 7 月 21 日	1969 年 11 月 19 日	1971 年 2 月 5 日	1971 年 7 月 31 日	1972 年 4 月 21 日	1972 年 12 月 12 日
遥控开机时间		04:40:39 GMT	14:21 GMT	17:23 GMT	18:37 GMT	19:38 GMT	02:53 GMT
遥控关机日期		1969 年 8 月 27 日	1977 年 9 月 30 日	1976 年 1 月,失败	1977 年 9 月 30 日	1977 年 9 月 30 日	1977 年 9 月 30 日
被动月震实验	盖里·莱瑟姆 得克萨斯大学	×	×	×	×	×	
激光测距后向反射器	J. E. 富勒 卫斯理大学	100 个角反射器		100 个角反射器	300 个角反射器		
部署地点纬度		0.673 37		−3.644 21	26.133 33		

续表

实验	主要研究人员	阿波罗11号	阿波罗12号	阿波罗14号	阿波罗15号	阿波罗16号	阿波罗17号
• 部署地点经度		23.472 93		−17.478 80	3.628 37		
月面磁力计	帕尔默·戴尔，阿默斯研究中心 查尔斯·索尼特，亚利桑那大学		1974年6月14日遥控关机	×	1974年6月14日遥控关机	×	
太阳风组成（暴露）	康韦·W.斯奈德 喷气推进实验室	1小时17分钟注2	18小时42分钟	20小时0分钟	41小时8分钟	45小时5分钟	
超热离子探测器实验	约翰·弗里曼 莱斯大学		×	×	×		
热流实验	马克·朗塞特 哥伦比亚大学拉蒙特多尔蒂地质观测站				×	×	×
带电粒子月球环境实验	D.里森纳 莱斯大学			×			
冷阴极离子测量实验	弗朗西斯·约翰逊 得克萨斯大学		×	×	×		
主动月震实验	罗伯特·科瓦奇 斯坦福大学			×		×	
月震分析实验	罗伯特·科瓦奇 斯坦福大学						×

续表

实　验	主要研究人员	阿波罗 11 号	阿波罗 12 号	阿波罗 14 号	阿波罗 15 号	阿波罗 16 号	阿波罗 17 号
月面重力计	约瑟夫·韦伯 马里兰大学						×
月球质谱仪	约翰·H.霍夫曼 得克萨斯大学						×
月球地射陨石实验	奥托·伯格 戈达德航天飞行中心						×
月尘检测仪	詹姆斯·贝茨 载人航天中心	×	×	×	×		

注1《阿波罗月面实验装置(ALSEP):月球科学的5年,仍在发展壮大》,本迪克斯航空航天。该坐标系基于《地球物理研究杂志》(2000年,第105卷,20227页至20280页,)戴维斯和科尔文描述的国际天文联合会(IAU)平均地球极轴坐标系。遥控航天。时间和上行/下行链路顺率由戈达德航天飞行中心的国家航天科学数据中心(NSSDC)提供。阿波罗11号任务中心站1969年8月27日不再接收指令

注2 JSC-09423,3页至54页

发射窗口 注1

	阿波罗 7 号	阿波罗 8 号	阿波罗 9 号	阿波罗 10 号	阿波罗 11 号	阿波罗 12 号	阿波罗 13 号	阿波罗 14 号	阿波罗 15 号	阿波罗 16 号	阿波罗 17 号
发射窗口打开											
肯尼迪航天中心日期	1968年 10月11日	1968年 12月21日	1969年 3月3日	1969年 5月18日	1969年 7月16日	1969年 11月14日	1970年 4月11日	1971年 1月31日	1971年 7月26日	1972年 4月16日	1972年 12月6日
肯尼迪航天中心时间	11:00:0 am	07:50:22 am	11:00:00 am	12:49:00 pm	09:32:00 am	11:22:00 am	02:13:00 pm	03:23:00 pm	09:34:00 am	12:54:00 pm	09:53:00 pm

续表

	阿波罗7号	阿波罗8号	阿波罗9号	阿波罗10号	阿波罗11号	阿波罗12号	阿波罗13号	阿波罗14号	阿波罗15号	阿波罗16号	阿波罗17号
肯尼迪航天中心时区	EDT	EST	EST	EDT	EDT	EST	EST	EST	EDT	EST	EST
GMT日期	1968年10月11日	1968年12月21日	1969年3月03日	1969年5月18日	1969年7月16日	1969年11月14日	1970年4月11日	1971年1月31日	1971年7月26日	1972年4月16日	1972年12月7日
GMT时间	16:00:00	12:50:22	16:00:00	16:49:00	13:32:00	16:22:00	19:13:00	20:23:00	13:34:00	17:54:00	02:53:00
发射窗口关闭											
肯尼迪航天中心日期	1968年10月11日	1968年12月21日	1969年3月03日	1969年5月18日	1969年7月16日	1969年11月14日	1970年4月11日	1971年1月31日	1971年7月26日	1972年4月16日	1972年12月7日
肯尼迪航天中心时间	03:00:00 pm	12:31:40 pm	02:15:00 pm	05:09:00 pm	01:54:00 pm	02:28:00 pm	05:36:00 pm	07:12:00 pm	12:11:00 pm	04:43:00 pm	01:31:00 am
肯尼迪航天中心时区	EDT	EST	EST	EDT	EDT	EST	EST	EST	EDT	EST	EST
GMT日期	1968年10月11日	1968年12月21日	1969年3月3日	1969年5月18日	1969年7月16日	1969年11月14日	1970年4月11日	1971年2月1日	1971年7月26日	1972年4月16日	1972年12月7日
GMT时间	20:00:00	17:31:40	19:15:00	21:09:00	17:54:00	19:28:00	22:36:00	00:12:00	16:11:00	21:43:00	06:31:00
窗口时长 时：分：秒	4:00:00	4:41:18	3:15:00	4:20:00	4:22:00	3:06:00	3:23:00	3:49:00	3:37:00	3:49:00	3:38:00
分钟	240	281	195	260	262	186	203	229	217	229	218
月球目的地太阳高度角/度	—	6.74	—	11.0	10.8	5.1	10.0	10.3	12.0	11.9	13.3

注1 摘编自新闻宣传资料,任务实施计划和任务报告

挑选出来的任务质量[注1]

磅

	阿波罗 7 号	阿波罗 8 号	阿波罗 9 号	阿波罗 10 号	阿波罗 11 号	阿波罗 12 号	阿波罗 13 号	阿波罗 14 号	阿波罗 15 号	阿波罗 16 号	阿波罗 17 号
EOI 时的指令勤务舱/登舱/登月舱	36 419	87 382	95 231	98 273	100 756.4	101 126.9	101 261.9	102 083.6	107 142	107 226	107 161
分离时的指令勤务舱/登舱/登月舱			—	94 063	96 566.6						—
调头和对接时的指令勤务舱/登舱/登月舱		—	91 055	94 243	96 767.5	97 119.8	97 219.4	98 037.2	103 105	103 175	103 167
调头和对接时的指令勤务舱		—	58 925	63 560	63 473.0	63 535.6	63 720.3	64 388.0	66 885	66 923	66 893
调头和对接时的登月舱			32 130	30 683	33 294.5	33 584.2	33 499.1	33 649.2	36 220	36 252	36 274
第一次 MCC 点火时的指令勤务舱/登月舱		63 307	—	93 889	96 418.2	96 870.6	97 081.5	97 901.5	—	—	—
第一次 MCC 关机时的指令勤务舱/登月舱	—	—	—	93 413	96 204.2	96 401.2	96 851.1	—	—	—	—
低温贮箱出现异常前的指令勤务舱/登月舱	—	—	—				96 646.9	—	—	—	—

续表

	阿波罗7号	阿波罗8号	阿波罗9号	阿波罗10号	阿波罗11号	阿波罗12号	阿波罗13号	阿波罗14号	阿波罗15号	阿波罗16号	阿波罗17号
低温贮箱出现异常后的指令勤务舱/登月舱	—	—	—	—	—	—	96 038.7	—	—	—	—
第二次MCC点火时的指令勤务舱/登月舱	—	62 845	—	—	—	—	95 959.9	97 104.1	—	—	—
第二次MCC关机时的指令勤务舱/登月舱	—	—	—	—	—	—	95 647.1	—	—	—	—
TEI点火时的指令勤务舱	—	45 931	—	37 254	36 965.7	34 130.6	95 424.0	34 554.4	35 899	38 697	36 394
TEI关机时的指令勤务舱	—		—	26 172	26 792.7	25 724.5	87 456.0	—	—	—	—
第三次MCC点火时的指令勤务舱/登月舱	—	32 008	—	—	—	—	87 325.3	24 631.9	—	—	—
第三次MCC关机时的指令勤务舱/登月舱	—	—	—	—	—	—	87 263.3	—	—	—	—
LOI点火时的指令勤务舱/登月舱	—	62 827		93 319	96 061.6	96 261.1	—	97 033.1	102 589	102 642	102 639

续表

项目	阿波罗7号	阿波罗8号	阿波罗9号	阿波罗10号	阿波罗11号	阿波罗12号	阿波罗13号	阿波罗14号	阿波罗15号	阿波罗16号	阿波罗17号
LOI关机时的指令勤务舱/登月舱	—	46 743	—	69 429	72 037.6	72 335.6		71 823.0	76 329	77 647	76 540
圆化点火时的指令勤务舱/登月舱	—	46 716	—	69 385	72 019.9	72 243.7					—
圆化关机时的指令勤务舱/登月舱	—		—	68 455	70 905.9	71 028.4				—	
进入下降轨道时的指令勤务舱/登月舱	—		—					71 768.8	76 278	77 595	76 354
为月面着陆分离时的指令勤务舱/登月舱	—		—	68 238	70 760.3	70 897.3	—	70 162.3	74 460	76 590	74 762
为月面着陆分离时的指令勤务舱	—		—	37 072	37 076.8	36 911.8	—	36 036.4	37 742	39 847	37 991
为月面着陆分离时的登月舱	—		—	31 166	33 683.5	33 985.5	—	34 125.9	36 718	36 743	36 771
动力下降点火时的登月舱	—		—				—	34 067.8	36 634	36 617	36 686
入下降轨道点火时的登月舱	—		—	31 137	33 669.6	33 971.8					—
动力下降轨道关机时的登月舱	—		—	30 903	33 401.6	33 719.3					—

续表

	阿波罗7号	阿波罗8号	阿波罗9号	阿波罗10号	阿波罗11号	阿波罗12号	阿波罗13号	阿波罗14号	阿波罗15号	阿波罗16号	阿波罗17号
月面着陆时的登月舱	—	—	—	—	16 153.2	16 564.2	—	16 371.7	18 175	18 208	18 305
变轨道面点火时的指令勤务舱	—	—	—	—	—	—	—	35 610.4	37 219	38 994	37 464
圆化点火时的指令勤务舱	—	—	—	—	—	—	—	35 996.3	37 716	39 595	37 960
调相点火时的登月舱	—	—	—	30 824	—	—	—	—	—	—	—
调相关机时的登月舱	—	—	—	30 283	—	—	—	—	—	—	—
燃料耗尽时的登月舱	—	—	5 616	5 243	—	—	—	—	—	—	—
对接时的指令勤务舱/登月舱上升级	—	—	36 828	44 930	42 585.4	41 071.8	—	39 906.8	41 754	44 318	41 914
对接时的指令勤务舱	—	—	26 895	36 995	36 847.4	35 306.2	—	34 125.5	35 928	38 452	36 036
月球起飞时的登月舱上升级	—	—	—	—	10 776.6	10 749.6	—	10 779.8	10 915	10 949	10 997
为对接入轨时的登月舱上升级	—	—	—	8 077	5 928.6	5 965.6	—	5 917.8	5 985	6 001	6 042
末段启动时的登月舱上升级	—	—	—	—	—	—	—	5 880.1	5 965	5 972	5 970
与下降级分离的登月舱上升级	—	—	—	8 273	—	—	—	—	—	—	—

续表

	阿波罗7号	阿波罗8号	阿波罗9号	阿波罗10号	阿波罗11号	阿波罗12号	阿波罗13号	阿波罗14号	阿波罗15号	阿波罗16号	阿波罗17号
共椭圆序列启动时的登月舱上升级	—			8 052	5 881.5	5 885.9					—
对接时的登月舱上升级	—	—	9 933	7 935	5 738.0	5 765.6		5 781.3	5 826	5 866	5 878
对接后抛掉登月舱上升级时的指令勤务舱	—	—	27 139	—	37 100.5	35 622.9		34 596.3	36 407	38 992	36 619
对接后被抛掉时的登月舱上升级	—	—	—	7 663	5 462.5	5 436.5		5 307.6	5 325	5 306	5 277
弹射子卫星时的指令勤务舱(指令勤务舱/登月舱)	—								36 019	38 830	—
第四次MCC点火时的指令勤务舱	—						87 132.1				—
第四次MCC关机时的指令勤务舱	—						87 101.5				—
再入前分离时的指令勤务舱	23 435	31 768	24 183	25 095	26 656.5	25 444.2	—	24 375.0	26 323	27 225	26 659
指令勤务舱/登月舱											
分离前前的指令勤务舱/登月舱							87 057.3				

续表

	阿波罗7号	阿波罗8号	阿波罗9号	阿波罗10号	阿波罗11号	阿波罗12号	阿波罗13号	阿波罗14号	阿波罗15号	阿波罗16号	阿波罗17号
指令勤务舱/登月勤务舱分离后的指令勤务舱/登月勤务舱	—	—	—	—	—	—	37 109.7	—	—	—	—
再入分离后的勤务舱	11 071	19 589	11 924	12 957	14 549.1	13 160.7	—	11 659.9	13 358	14 199	13 507
再入分离后的指令舱	12 364	12 179	12 259	12 138	12 107.4	12 283.5	12 367.6	12 715.1	12 965	13 026	13 152
再入时的指令舱	12 356	12 171	12 257	12 137	12 095.5	12 275.5	12 361.4	12 703.5	12 953	13 015	13 140
制动降落伞展开时的指令舱	11 936	11 712	11 839	11 639	11 603.7	11 785.7	11 869.4	—	—	—	—
主降落伞展开时的指令舱	11 855	11 631	11 758	11 558	11 318.9	11 496.1	11 579.8	12 130.8	12 381	12 442	12 567
着陆时的指令舱	11 409	10.977	11 094	10 901	10 873.0	11 050.2	11 132.9	11 481.2	11 731	11 995	12 120

注1 编辑自任务报告。阿波罗7号和8号任务没有登月舱。阿波罗13号任务直到地球再入前指令勤务舱与登月舱才分离

土星火箭各级撞击地球注1

S-IB级撞击	阿波罗7号	阿波罗8号	阿波罗9号	阿波罗10号	阿波罗11号	阿波罗12号	阿波罗13号	阿波罗14号	阿波罗15号	阿波罗16号	阿波罗17号
GET/秒	560.2	—	—	—	—	—	—	—	—	—	—
地面距离/海里	265.002	—	—	—	—	—	—	—	—	—	—
大地纬度/度(北纬)	29.760 5	—	—	—	—	—	—	—	—	—	—

续表

	阿波罗 7号	阿波罗 8号	阿波罗 9号	阿波罗 10号	阿波罗 11号	阿波罗 12号	阿波罗 13号	阿波罗 14号	阿波罗 15号	阿波罗 16号	阿波罗 17号
经度/度（东经）	-75.7183	—	—	—	—	—	—	—	—	—	—
S-IC级撞击											
GET/秒	—	540.410	536.436	539.12	543.7	554.5	546.9	546.2	560.389	547.136	551.708
地面距离/海里	—	353.462	346.635	348.800	357.1	365.200	355.300	351.700	368.800	351.600	356.6
大地纬度/度（北纬）	—	30.2040	30.1830	30.188	30212	30.273	30.177	29.835	29.4200	30.207	28.219
经度/度（东经）	—	-74.1090	-74.238	-74.207	-74.038	-73.895	-74.0650	-74.0420	-73.6530	-74.147	-73.8780
S-II级撞击											
GET/秒	—	1145.106	1205.346	1217.89	1213.7	1221.6	1258.1	1246.3	1143.912	1202.390	1146.947
地面距离/海里	—	2245.913	2413.198	2389.290	2371.8	2404.4	2452.600	2462.100	2261.3	2312.000	2292.800
大地纬度/度（北纬）	—	31.8338	31.4618	31.522	31.535	31.465	31.320	29.049	26.975	31.726	20.056
经度/度（东经）	—	-37.2774	-34.0408	-34.512	-34.844	-34.214	-33.2890	-33.567	-37.924	-35.990	-39.6040
S-IVB级撞击											
GET/秒	162:27:15										
肯尼迪航天中心日期	1968年10月18日										

续表

	阿波罗 7号	阿波罗 8号	阿波罗 9号	阿波罗 10号	阿波罗 11号	阿波罗 12号	阿波罗 13号	阿波罗 14号	阿波罗 15号	阿波罗 16号	阿波罗 17号
GMT 日期	1968年 10月18日	—		—		—		—			
肯尼迪航天中心时间	05:30:00 am			—							
肯尼迪航天中心时区	EDT	—		—	—						
GMT 时间	09:30:00 GMT			—							
纬度/度（北纬）	-8.90	—		—	—	—					
经度/度（东经）	81.6			—		—					

注1 理论撞击数据摘编自土星Ⅴ运载火箭飞行评估报告，及阿波罗飞船/土星火箭飞行后的弹道报告。撞击日期同发射日期，除了 S-ⅣB 级

进入地月转移轨道 注1

	阿波罗 8号	阿波罗 10号	阿波罗 11号	阿波罗 12号	阿波罗 13号	阿波罗 14号	阿波罗 15号	阿波罗 16号	阿波罗 17号
GET/秒	002:56:05.51	002:39:20.58	002:50:13.03	002:53:13.94	002:41:47.15	002:34:33.24	002:56:03.61	002:39:28.42	003:18:37.64
肯尼迪航天中心日期	1968年 12月21日	1969年 5月18日	1969年 7月16日	1969年 11月14日	1970年 4月11日	1971年 1月31日	1971年 7月26日	1972年 4月16日	1972年 12月7日
GMT 日期	1968年 12月21日	1969年 5月18日	1969年 7月16日	1969年 11月14日	1970年 4月11日	1971年 1月31日	1971年 7月26日	1972年 4月16日	1972年 12月7日

续表

	阿波罗 8 号	阿波罗 10 号	阿波罗 11 号	阿波罗 12 号	阿波罗 13 号	阿波罗 14 号	阿波罗 15 号	阿波罗 16 号	阿波罗 17 号
肯尼迪航天中心时间	10:47:05	03:28:20	12:22:13	02:15:13	04:54:47	06:37:35	12:30:03	03:33:28	03:51:37
	a. m.	p. m.	p. m.	p. m.	p. m.	p. m.	p. m.	p. m.	a. m.
肯尼迪航天中心时区	EST	EDT	EDT	EST	EST	EST	EDT	EST	EST
GMT 时间	15:47:05	19:28:20	16:22:13	19:15:13	21:54:47	23:37:35	16:30:03	20:33:28	08:51:37
高度/英尺	1 137 577	1 093 217	1 097 229	1 209 284	1 108 555	1 090 930	1 055 296	1 040 493	1 029 299
高度/海里	187.221	179.920	180.581	199.023	182.445	179.544	173.679	171.243	169.401
地球固连坐标系高度(英尺/秒)	34 140.1	34 217.2	34 195.6	34 020.5	34 195.3	34 151.5	34 202.2	34 236.6	34 168.3
空间固连坐标系速度/(英尺/秒)	35 505.41	35 562.96	35 545.6	35 389.8	35 538.4	35 511.6	35 579.1	35 566.1	35 555.3
地心纬度/度(北纬)	21.346 0	-13.543 5	9.920 4	16.079 1	-3.863 5	-19.438 8	24.834 1	-11.9117	4.682 4
大地纬度/度(北纬)	21.477	-13.627	9.983	16.176	-3.860 2	-19.554	24.970	-11.988 1	4.710 0
经度/度(东经)	-143.924 2	159.920 1	-164.837 3	-154.279 8	167.207 4	141.731 2	-142.129 5	162.482 0	-53.119 0
航迹角/度注2	7.897	7.379	7.367	8.584	7.635	7.480	7.430	7.461	7.379
指向角/度(北偏东)	67.494	61.065	60.073	63.902	59.318	65.583	73.173	59.524	118.110
倾角/度	30.636	31.698	31.383	30.555	31.817	30.834	29.696	32.511	28.466

续表

	阿波罗 8 号	阿波罗 10 号	阿波罗 11 号	阿波罗 12 号	阿波罗 13 号	阿波罗 14 号	阿波罗 15 号	阿波罗 16 号	阿波罗 17 号
降交点/度	38.983	123.515	121.847	120.388	122.997	117.394	108.439	122.463	86.042
偏心率	0.975 53	0.978 34	0.976 96	0.969 66	0.977 2	0.972 2	0.976 0	0.974 1	0.972 2
C3/(英尺²/秒)注²	−15 918 930	−14 084 265	−14 979 133	−19 745 586	−14 814 090	−18 096 135	−15 643 934	−16 881 439	−18 152 226

注1 摘编自土星Ⅴ运载火箭飞行评估报告和任务报告

注2 航迹角和指向角的测量均基于基于空间固连坐标系

飞行中阿波罗乘组的医学问题注1

症状/诊断结果	病　　因	病　例
气压性损失性中耳炎	耳气压伤	1
心律失常	不确定，可能与缺钾有关	2
脱水	紧急情况下水摄入量减少	2
气压病(曲肢症)注2	不确定	1
表皮脱落，尿道	长时间穿戴尿液收集设备	2
眼部刺激	飞船内部大气环境	4
	玻璃纤维	1
胃肠气胀	不确定	3
泌尿生殖道感染伴前列腺充血	绿脓杆菌	1
头伤风	不确定	3

续表

症状/诊断结果	病　因	病　例
头痛	飞船环境	1
鼻塞	零重力	2
恶心、呕吐	眩晕	1
	不确定（可能与病毒有关）	1
咽炎	不确定	1
皮疹：面部、腹股沟	接触性皮炎	1
	长时间穿戴尿液收集设备	11
呼吸刺激	玻璃纤维	1
鼻炎	氧气、相对湿度低	2
脂溢性皮炎	由飞船环境引发	2
肩部拉伤	钻采月球岩芯	1
皮肤刺激	生物传感器贴片	11
	玻璃纤维	2
	不确定	1
胃部不适	眩晕	6
口腔炎	口腔溃疡	1
甲下出血	手套不合适	5
尿路感染	不确定	1

注1 阿波罗任务生物医学成果，SP-368
注2 出现在双子座 10 号任务期间，5 年后的阿波罗任务中同一宇航员出现了同样的问题

710

登月舱上升级推进剂状况[注1]

质量/磅	阿波罗 9 号	阿波罗 10 号	阿波罗 11 号	阿波罗 12 号	阿波罗 14 号	阿波罗 15 号	阿波罗 16 号	阿波罗 17 号
加注								
燃料	1 626	981	2 020	2 012	2 007.0	2 011.4	2 017.8	2 026.9
氧化剂	2 524	1 650	3 218	3 224	3 218.2	3 225.6	3 224.7	3 234.8
合计	4 150	2 631	5 238	5 236	5 225.2	5 237.0	5 242.5	5 261.7
从 RCS 转移								
燃料	—	—	—	—	—	—	16.0	—
氧化剂	—	—	—	—	—	—	44.0	—
合计	—	—	—	—	—	—	60.0	—
RCS 消耗								
燃料	22	13.9	23	31	—	—	—	—
氧化剂	44	28.0	46	62	—	—	—	—
合计	66	41.9	69	93	—	—	—	—
被抛掉前上升推进系统消耗								
燃料	31	67	1 833	1 831	—	—	—	—
氧化剂	59	108	2 934	2 943	—	—	—	—
合计	90	175	4 767	4 774	—	—	—	—
被抛掉时剩余								
燃料	—	—	164	150	128.0	118.0	164.0	108.9
氧化剂	—	—	238	219	204.2	173.0	257.7	175.6
合计	—	—	402	369	332.2	291.0	421.7	284.5

续表

质量/磅	阿波罗 9 号	阿波罗 10 号	阿波罗 11 号	阿波罗 12 号	阿波罗 14 号	阿波罗 15 号	阿波罗 16 号	阿波罗 17 号
燃料耗尽时消耗								
燃料	—	13	—	—	—	—	—	—
氧化剂	—	106	—	—	—	—	—	—
合计	—	119	—	—	—	—	—	—
氧化剂耗尽时消耗								
燃料	68	—	—	—	—	—	—	—
氧化剂	0	—	—	—	—	—	—	—
合计	68	—	—	—	—	—	—	—
合计消耗								
燃料	1 558	887	1 856	1 862	1 879.0	1 893.4	1 869.8	1 918.0
氧化剂	2 524	1 408	2 980	3 005	3 014.0	3 052.6	3 011.0	3 059.3
合计	4 082	2 295	4 836	4 867	4 893.0	4 946.0	4 880.8	4 977.2

注1 摘编自任务报告

登月舱下降级推进剂状况[注1]

质量/磅	阿波罗 9 号	阿波罗 10 号	阿波罗 11 号	阿波罗 12 号	阿波罗 13 号	阿波罗 14 号	阿波罗 15 号	阿波罗 16 号	阿波罗 17 号
加注									
燃料	6 977	7 009.5	6 975	7 079	7 083.6	7 072.8	7 537.6	7 530.4	7 521.7
氧化剂	11 063	11 209.2	11 209	11 350	11 350.9	11 344.4	12 023.9	12 028.9	12 042.5

质量/磅	阿波罗9号	阿波罗10号	阿波罗11号	阿波罗12号	阿波罗13号	阿波罗14号	阿波罗15号	阿波罗16号	阿波罗17号
合计	18 040	18 218.7	18 184	18 429	18 434.5	18 417.2	19 561.5	19 559.3	19 564.2
消耗									
燃料	4 127	295.0	6 724	6 658	3 225.5	6 812.8	7 058.3	7 105.4	7 041.3
氧化剂	6 524	470.0	10 690	10 596	5 117.4	10 810.4	11 315.0	11 221.9	11 207.6
合计	10 651	765.0	17 414	17 254	8 342.9	17 623.2	18 373.3	18 327.3	18 248.9
关机时剩余									
燃料	—	—	251	421	—	260.0	479	425	480.0
氧化剂	—	—	519	754	—	534.0	709	807	835.0
合计	—	—	770	1 175	—	794.0	1 188	1 232	1 315.0
关机时可用									
燃料	—	—	216	386	—	228.0	433	396	455.0
氧化剂	—	—	458	693	—	400.0	622	732	770.0
合计	—	—	674	1 079	—	628.0	1 055	1 128	1 225.0
关机时剩余(不着陆)									
燃料	2 850	6 714.5	—	—	3 858.1	—	—	—	—
氧化剂	4 539	10 739.2	—	—	6 233.5	—	—	—	—
合计	7 389	17 453.7	—	—	10 091.6	—	—	—	—

注：摘编自任务报告

月球子卫星[注1]

编号	阿波罗 15 号	阿波罗 16 号
国际	1971 063D	1972 031D
北美防空联合司令部(NORAD)	05377	06009
部署条件		
GET	222:39:29.1	196:02:09
肯尼迪航天中心日期	1971 年 8 月 4 日	1972 年 4 月 24 日
GMT 日期	1971 年 8 月 4 日	1972 年 4 月 24 日
肯尼迪航天中心时间	下午 04:13:29	下午 04:56:09
肯尼迪航天中心时区	EDT	EST
GMT 时间	20:13:29	21:56:09
部署时指令舱绕月球圈次	74	62
质量/磅	78.5	90
远地点/海里	76.3	66
近地点/海里	55.1	52
倾角/度	151.28	169.281 0
周期/分钟	119.75	119
航迹角/度	−0.60	−0.41
指向角/度	−41.78	−79.43
偏心率	0.009 35	0.010 8
质量/磅	79	93
状态	月心轨道,1984	撞击月球

续表

	阿波罗 15 号	阿波罗 16 号
GET（h：m）	[未知]	1 034:37
肯尼迪航天中心日期	[未知]	1972 年 5 月 29 日
GMT 日期（地面保障终止）	1973 年 1 月 22 日	1972 年 5 月 29 日
肯尼迪航天中心时间	[未知]	美国东部标准时间下午 03:31
GMT 时间	[未知]	20:31
绕月球轨道圈数	[未知]	425
月球撞击点纬度/度（北纬）	[未知]	[未知]
月球撞击点经度/度（东经）	[未知]	110

注1 摘编自《阿波罗 15 号初步科学报告》(SP-289)，戈达德航天飞行中心的国家空间科学数据中心（NSSDC），《阿波罗 16 号初步科学报告》(SP-315)，以及任务报告

S-IVB 级撞击月球 注1

S-IVB 级撞击月球	阿波罗 13 号	阿波罗 14 号	阿波罗 15 号	阿波罗 16 号	阿波罗 17 号
GET	077:56:40.0	082:37:53.4	079:24:42.9	075:08:04	086:59:42.3
肯尼迪航天中心日期	1970 年 4 月 14 日	1971 年 2 月 4 日	1971 年 7 月 29 日	1972 年 4 月 19 日	1972 年 12 月 10 日
GMT 日期	1970 年 4 月 15 日	1971 年 2 月 4 日	1971 年 7 月 29 日	1972 年 4 月 19 日	1972 年 12 月 10 日
肯尼迪航天中心时间	08:09:40 p. m.	02:40:55 a. m.	04:58:42 p. m.	04:02:04 p. m.	03:32:42 p. m.
肯尼迪航天中心时区	EST	EST	EDT	EST	EST
GMT 时间	01:09:40.0	07:40:55.4	20:58:42.9	21:02:04	20:32:42.3
质量/磅	29 599	30 836	30 880	30 805	30 712

续表

	阿波罗 13 号	阿波罗 14 号	阿波罗 15 号	阿波罗 16 号	阿波罗 17 号
速度/(英尺/秒)	8 465	8 333	8 465	8 202	8 366
能量/尔格	4.63×10^{17}	4.52×10^{17}	4.61×10^{17}	4.59×10^{17}	4.71×10^{17}
与水平面夹角/度	76	69	62	~79	55
指向角/度（北偏西）	100.6	75.7	83.46	104.7	83
S-IVB 级撞击月面-翻滚速率/(度/秒)	12	1	1	—	—
月心坐标系纬度/度（北纬）	−2.75	−8.09	−1.51	1.3	−4.21
月心坐标系经度/度（东经）	−27.86	−26.02	−11.81	−23.8	−12.31
撞击坑直径（计算）/英尺	134.8	133.9	134.8	—	—
撞击坑直径（测量）/英尺	135.0	129.6	—	—	—
距月目标点距离/海里	35.4	159	83	173	84
距月震测量站点距离/海里					
阿波罗 12 号	73	93	192	71	183
阿波罗 14 号	—	—	99	131	85
阿波罗 15 号	—	—	—	593	557
阿波罗 16 号	—	—	—	—	459
距月震测量站点方位角/度					
阿波罗 12 号	274	207	83	355	96
阿波罗 14 号	—	—	69	308	96
阿波罗 15 号	—	—	—	231	209
阿波罗 16 号	—	—	—	—	278

注1摘编自土星V运载火箭飞行评估报告、阿波罗任务初步科学报告和任务报告。由于撞击前丢掉了对 S-IVB 级的跟踪，阿波罗 16 号任务的数据是基于月震数据，撞击时间误差±4 秒，撞击点经度误差±0.7 度，撞击点纬度误差±0.3 度。所有撞击时间均是地面收到撞击信号的时间。

S-ⅣB级太阳轨道[注1]

	阿波罗8号	阿波罗9号	阿波罗10号	阿波罗11号	阿波罗12号
S-ⅣB级最接近月球					
GET	069:58:55.2	—	078:51:03.6	078:42	085:48
肯尼迪航天中心日期	1968年12月24日	—	1969年5月21日	1969年7月19日	1969年11月18日
GMT日期	1968年12月24日	—	1969年5月21日	1969年7月19日	1969年11月18日
肯尼迪航天中心时间	05:49:55 a.m.	—	07:40 p.m.	04:14 p.m.	01:10 a.m.
肯尼迪航天中心时区	EST	—	EDT	EDT	EST
GMT时间	10:49:55	—	23:40	20:14	06:10
最接近点的月球半径/海里	1 620	—	2 619	2 763	4 020
月面上的高度/海里	682	—	1 680	1 825	3 082
由于月球引力导致的速度增加/(海里/秒)	0.79	—	0.459	0.367	0.296
S-ⅣB级太阳轨道条件					
长半轴/海里	77 130 000	74 848 893	77 740 000	77 260 000	—
偏心率	—	0.072 56	—	—	—
远月点/海里	79 770 000	80 280 052	82 160 000	82 000 000	—
近月点/海里	74 490 000	69 417 732	73 330 000	72 520 000	—
倾角/度	23.47	24 390	23.46	0.383 6[注2]	—
周期/天	340.8	325.8	344.88	342	—

注1 摘编自土星Ⅴ运载火箭飞行评估报告

注2 相对与地球赤道夹角23.5度的黄道测量

支持乘组 [注1]

阿波罗 7 号	阿波罗 11 号
罗纳德·埃尔文·埃文斯少校（美国海军） 威廉·里德·波格少校（美国空军） 小约翰·伦纳德·斯威格特	托马斯·肯尼斯·肯·马丁利二世少校（美国海军） 罗纳德·埃尔文·埃文斯少校（美国海军） 威廉·里德·波格少校（美国空军） 小约翰·伦纳德·斯威格特

阿波罗 8 号	阿波罗 12 号
文斯·德沃·布兰德 托马斯·肯尼斯·肯·马丁利二世少校（美国海军） 杰拉尔德·保罗·卡尔少校（美国海军陆战队）	杰拉尔德·保罗·卡尔少校（美国海军） 保罗·约瑟夫·韦茨中校（美国海军） 爱华德·乔治·吉布森博士

阿波罗 9 号	阿波罗 13 号
杰克·罗伯特·洛斯马少校（美国海军陆战队） 埃德加·迪恩·米彻尔中校（美国海军/科学博士） 阿尔弗雷德·梅里尔·沃登少校（美国海军）	杰克·罗伯特·洛斯马少校（美国海军陆战队） 文斯·德沃·布兰德 威廉·里德·波格少校（美国空军）

阿波罗 10 号	阿波罗 14 号
乔·亨利·恩格尔少校（美国空军） 詹姆斯·本森·欧文中校（美国空军） 小查尔斯·莫斯·杜克少校（美国空军）	布鲁斯·麦坎得利斯二世少校（美国海军） 威廉·里德·波格中校（美国空军） 查尔斯·戈登·富勒顿少校（美国空军） 菲利普·凯尼普·查普曼理学博士

阿波罗 15 号	阿波罗 17 号
卡尔·戈登·海因兹博士	罗伯特·富兰克林·奥弗迈耶中校（美国海军陆战队）
约瑟夫·帕瑟瓦尔·艾伦四世博士	罗伯特·艾伦·里德利·帕克博士
罗伯特·艾伦·里德利·帕克博士	查尔斯·戈登·富勒顿少校（美国空军）
阿波罗 16 号	
唐纳德·赫洛得·彼得森少校（美国空军）	
安东尼·韦恩·英格兰博士	
小亨利·沃伦·哈茨菲尔德少校（美国空军）	
菲利普·凯尼恩·查普曼理学博士	

注[1] 根据莱斯大学档案馆中的各种文件和备忘录整理而成。从阿波罗 7 号任务开始·比尔·波格替换了美国空军小爱德华·盖伦·吉文斯少校。后者于 1967 年 6 月 6 日在得克萨斯州梨城城死于车祸。军衔来自各类信息和 B. 埃洛（罗克韦尔）1969 年 12 月 10 日的备忘录

词汇表

ALSEP	Apollo Lunar Surface Experiments Package,阿波罗月面实验装置
Altitude	高度,从参考椭球到轨道交点的垂直距离(用英寸或海里测量)
Apogee	远地点,在扁平的地球模型上预报的最大高度(用海里测量)
APS	Ascent Propulsion System(of LM),(登月舱的)上升推进系统
APS	Auxiliary Propulsion System(of S-ⅣB),(S-ⅣB级的)辅助推进系统
ARIA	Apollo Range Instrumentation Aircraft,阿波罗靶场测量飞机
AS	Apollo-Saturn Mission Designation,阿波罗-土星任务代号
ASI	Augmented Spark Igniter(in a rocket engine),(火箭发动机里的)加力火花点火器
ASPO	Apollo Spacecraft Program Office,阿波罗飞船计划办公室
ASPO	Apollo Spacecraft Project Office,阿波罗飞船项目办公室
BMAG	Body-Mounted Attitude Gyroscope,船体上安装的姿态陀螺
Boilerplate	试验样机,模仿产品的研发用飞行器,尺寸、形状、结构、质量和重心均不同
BPC	Boost Protective Cover,火箭保护罩
BS	Bachelor of Science Degree,理学学士学位
CAPCOM	Capsule Communicator,飞船通信员

CDR	Commander（of an Apollo spacecraft），（阿波罗飞船的）指令长
CM	Command Module（of an Apollo spacecraft），（阿波罗飞船的）指令舱
CM-RCS	指令舱喷气控制系统
CMC	CM Computer，指令舱计算机
CMP	CM Pilot，指令舱驾驶员
CSM	Command and Service Module，指令勤务舱
CVS	应为一种阀门，但原著中未给出明确定义，译者注
DAP	Digital Autopilot，数字自动驾驶
DPS	Descent Propulsion System（of LM），（登月舱的）下降推进系统
EASEP	Early Apollo Surface Experiments Package，早期阿波罗月面实验装置
ECS	Environmental Control System，环境控制系统
EDS	Emergency Detection Subsystem，应急检测子系统
EDT	Eastern Daylight Time，美国东部夏令时时间
ELS	Earth Landing System，地球着陆系统
EOI	Earth Orbit Insertion，进入地球轨道
EPS	Electrical Power System，电源系统
EST	Eastern Standard Time，美国东部标准时间
ETR	Eastern Test Range（at Canaveral），东靶场（位于卡纳维拉尔角）
EVA	Extra-Vehicular Activities，舱外活动
F-1	一种火箭发动机
G&N	Guidance and Navigation，制导与导航
Geodetic Latitude	大地纬度，用来测量飞行器的位置，从赤道到当地垂线，赤道以北为正，赤道以南为负（度）［将地球表面点投射到地球椭球体上，投影点法线方向与赤道平面的夹角为该点的大地纬度，译者注］
Geodetic Longitude	大地经度，用来测量飞行器的位置，从子午线到当地垂线，子午线以东为正，子午线以西为负（度）［通过地球表面点和地球椭球体旋转轴的平面与起始大地子午面（本初子午面）间的夹角，译者注］

GET	Ground Elapsed Time,地面经历时间
GH$_2$	Gaseous Hydrogen,气氢
GMT	Greenwich Mean Time(Universal Time,UT),格林尼治时间(协调世界时,UT)
GSE	Ground Support Equipment,地面支持设备
H-1	一种火箭发动机
IMU	Inertial Measurement Unit,惯性测量单元
Inclination	倾角,轨道面与参考椭球赤道面之间的夹角/度
IU	Instrument Unit,仪器单元
J-2	一种火箭发动机
KSC	Kennedy Space Center(in Florida),肯尼迪航天中心(位于佛罗里达州)
Launch Vehicle	运载火箭,将有效载荷送至特定轨道上的第一级及其上面级
LC	Launch Complex,发射工位
LES	Launch Escape System,发射逃逸系统
LET	Launch Escape Tower,发射逃逸塔
LFA	LM Flight Article,登月舱飞行件
LH$_2$	Liquid Hydrogen,液氢
LM	Lunar Module(of an Apollo spacecraft),(阿波罗飞船的)登月舱
LMP	LM Pilot,登月舱驾驶员
LOI	Lunar Orbit Insertion,进入月球轨道
LOX	Liquid Oxygen,液氧
LRV	Lunar Roving Vehicle,月球漫游车
LTA	LEM Test Article,登月舱试验件
LUT	Launch Umbilical Tower,发射脐带塔
LVDC	Launch Vehicle Digital Computer,运载火箭数字计算机
Mach 1	声速
Mascon	质量瘤,浅层月壳中质量集中的区域,绝大多数位于月海填充盆地
Max Q	最大 Q 值,上升过程中运载火箭和飞船承受最大空气动力学负载的点

MBA	Master of Business Administration Degree,工商管理硕士学位
MCC	Mission Control Center(in Houston),任务控制中心（位于休斯顿）
MET	Modular Equipment Transport,模块化设备运输车
MS	Master of Science Degree,理学硕士学位
MSC	Manned Spacecraft Center (in Houston),载人航天中心（位于休斯顿）
MSFC	Marshall Space Flight Center,马歇尔航天飞行中心
MSFN	Manned Space Flight Network,载人航天网
MSS	Mobile Service Structure,活动勤务架
NASA	National Astronautics and Space Administration,国家航空航天局
nmi	Nautical Mile,海里
Perigee	近地点,在扁平的地球模型上预报的最小高度（用海里测量）
Period	周期,飞行器完成一圈360度轨道所需时间（分钟）
Pogo	波哥,一种纵向振动,根据儿童玩具弹跳器命名
PGNCS	主制导、导航和控制系统（"导航"是确定位置和速度;"制导"是控制速度矢量;"控制"是控制重心的旋转方向,即姿态控制）
phD	Doctor of Philosophy Degree,博士学位
PLSS	Portable Life Support System,便携式生命保障系统
psi	磅/平方英寸
psia	磅/平方英寸的绝对值
Q ball	Q球,一种攻角测量传感器
RCS	Reaction Control System,喷气控制系统
RP-1	火箭推进剂（精炼煤油）
RTCC	Real-Time Computer Complex(in MCC),（任务控制中心的）实时计算机设施
SA	土星-阿波罗计划代号
ScD	Doctor of Science Degree,理学博士
SCS	Spacecraft Control System,飞船控制系统
S-Ⅰ	土星Ⅰ火箭的第一级

S-ⅠB	土星ⅠB火箭的第一级
S-ⅠC	土星Ⅴ火箭的第一级
S-Ⅱ	土星Ⅴ火箭的第二级
S-Ⅳ	土星Ⅰ火箭的第二级
S-ⅣB	土星ⅠB火箭的第二级和土星Ⅴ火箭的第三级
SLA	Spacecraft LM Adapter(of S-ⅣB),(S-ⅣB级的)飞船/登月舱适配器
SM	Service Module (of an Apollo spacecraft),(阿波罗飞船的)勤务舱
SM-RCS	勤务舱喷气控制系统
Space-Fixed Azimuth	空间固连坐标系方位角,惯性速度矢量投影到本地地心水平面上的方位角/度,向东为正,向西为负
Space-Fixed Flight Path Angle	空间固连坐标系航迹角,体心本地水平面与惯性速度矢量之间的夹角/度,向上为正
Space-Fixed Heading Angle	空间固连坐标系指向角,惯性速度矢量投影到体心本地水平面的角度/度,北偏东为正
Space-Fixed Velocity	空间固连坐标系速度,参照体心惯性参考坐标系的惯性速度矢量的量值/(英尺/秒)
Space Vehicle	飞行器,发射准备期间使用的术语,指运载火箭与航天器的联合体
Spacecraft	飞船,包含有效载荷和完成其太空任务所需的所有系统在内的飞行器
SPS	Service Propulsion System (of SM),(勤务舱的)勤务推进系统
TEI	Trans-Earth Insertion,进入月地转移轨道
TLI	Trans-Lunar Insertion,进入地月转移轨道
US	United States,美国
USAF	US Air Force,美国空军
USMC	US Marine Corps,美国海军陆战队
USN	US Navy,美国海军
VAB	Vehicle Assembly Building,飞行器组装厂房
VHF	Very High Frequency,甚高频

考文献

Akens, Davis S, editor, *Saturn Illustrated Chronology: Saturn's First Ten Years, April 1957 Through April 1967*, NASA George C. Marshall Space Flight Center, Alabama, August 1, 1968 (MHR-5)

Apollo 4 Mission Report, Prepared by Mission Evaluation Team, NASA Manned Spacecraft Center, Houston, Texas, January 7, 1968 (MSC-PA-R-68-1)

Apollo 5 Mission Report, Prepared by Mission Evaluation Team, NASA Manned Spacecraft Center, Houston, Texas, March 27, 1968 (MSC-PA-R-68-7)

Apollo 5 Mission Report, Supplement 2: Apollo Mission 5/AS-204/LM-1 Trajectory Reconstruction and Postflight Analysis, by TRW for Mission Planning and Analysis Division, NASA Manned Spacecraft Center, Houston, Texas, April 22, 1968 (TRW Note No. 68-FMT-642), and May 13,1968, MSC-PA-R-68-7, NASA-TM-X-72405)

Apollo 6 Entry Postflight Analysis, Landing Analysis Branch, Mission Planning and Analysis Division, NASA Manned Spacecraft Center, Houston, Texas, December 18, 1968 (MSC-68-FM-299/NASA-TM-X-69719) (N74-70888)

Apollo 6 Mission Report, Prepared by Mission Evaluation Team, NASA Manned Spacecraft Center, Houston, Texas, May/June 1968 (MSC-PA-R-68-9)

Apollo 6 Press Kit, Release #68-54K, NASA Public Affairs Office, Washington, D.C., March 21, 1968

Apollo 7 Mission Commentary, Prepared by Public Affairs Office, NASA Manned Spacecraft Center, Houston, Houston, Texas, October 1968

Apollo 7 Mission Report, Prepared by Apollo 7 Mission Evaluation Team, NASA Manned Spacecraft Center, Houston, Houston, Texas, December 1968 (MSC-PA-R-68-15)

Apollo 7 Press Kit, Release #68-168K, NASA Public Affairs Office, Washington, D.C., October 6, 1968

Apollo 8 Mission Report, Prepared by Mission Evaluation Team, NASA Manned Spacecraft Center, Houston, Houston, Texas, February 1969 (MSC-PA-R-69-1)

Apollo 8 Press Kit, Release #68-208, NASA Public Affairs Office, Washington, D.C., December 15, 1968

Apollo 9 Mission Report (MSC-PA-R-69-2 May 1969) (NTIS-34370)

Apollo 9 Press Kit, Release #69-29, NASA Public Affairs Office, Washington, D.C., February 23, 1969

Apollo 10 Mission Report (MSC-00126 November 1969)

Apollo 10 Press Kit, Release #69-68, NASA Public Affairs Office, Washington, D.C., May 7, 1969

Apollo 11 Mission Report (MSC-00171 November 1969/NASA-TM-X-62633) (NTIS N70-17401)

Apollo 11 Preliminary Science Report, Scientific and Technical Information Division, National Aeronautics and Space Administration, Washington, D.C., 1969 (NASA SP-214)

Apollo 11 Press Kit, Release #69-83K, NASA Public Affairs Office, Washington, D.C., July 6, 1969

Apollo 12 Mission Report (MSC-01855 March 1970)

Apollo 12 Preliminary Science Report, Scientific and Technical Information Division, office of Technology Utilization, National Aeronautics and Space Administration, Washington, D.C., 1970 (NASA SP-235)

Apollo 12 Press Kit, Release #69-148, NASA Public Affairs Office, Washington, D.C., November 5, 1969

Apollo 13 Mission Report (MSC-02680 September 1970/NASA-TM-X-66449) (NTIS N71-13037)

Apollo 13 Press Kit, Release #70-50K, NASA Public Affairs Office, Washington, D.C., April 2, 1970

Apollo 14 Mission Report (MSC-04112 May 1971)

Apollo 14 Preliminary Science Report, Scientific and Technical Information office, National Aeronautics and Space Administration, Washington, D.C., 1971 (NASA SP-272)

Apollo 14 Press Kit, Release #71-3K, NASA Public Affairs Office, Washington, D.C., January 21, 1971

Apollo 15 Mission Report (MSC-05161 December 1971/NASA-TM-X-68394) (NTIS N72-28832)

Apollo 15 Preliminary Science Report, Scientific and Technical Information office, National Aeronautics and Space Administration, Washington, D.C., 1972 (NASA SP-289)

Apollo 15 Press Kit, Release #71-119K, NASA Public Affairs Office, Washington, D.C., July 15, 1971

Apollo 16 Mission Report (MSC-07230 August 1972/NASA-TM-X-68635) (NTIS N72-33777)

Apollo 16 Preliminary Science Report, Scientific and Technical Information office, National Aeronautics and Space Administration, Washington, D.C., 1972 (NASA SP-315)

Apollo 16 Press Kit, Release #72-64K, NASA Public Affairs Office, Washington, D.C., April 6, 1972

Apollo 17 Mission Report (MSC-07904 March 1973) (NTIS N73-23844)

Apollo 17 Preliminary Science Report, Scientific and Technical Information office, National Aeronautics and Space Administration, Washington, D.C., 1973 (NASA SP-330)

Apollo 17 Press Kit, Release #72-220K, NASA Public Affairs Office, Washington, D.C., November 26, 1972

Apollo Lunar Surface Experiments Package (ALSEP): Five Years of Lunar Science and Still Going Strong, Bendix Aerospace

Apollo Program Summary Report, National Aeronautics and Space Administration, Lyndon B. Johnson Space Center, Houston, Texas, April 1975 (JSC-09423) (NTIS N75-21314)

Apollo/Saturn Postflight Trajectory (AS-502), Boeing Corporation Space Division, July 31, 1968 (D5-15773/NASA-CR-91983)

Apollo/Saturn Postflight Trajectory (AS-503), Boeing Corporation Space Division, February 19, 1969 (D-5-15794), (NASA-CR-127240) (NTIS N92-70422)

Apollo/Saturn Postflight Trajectory (AS-504), Boeing Corporation Space Division, May 2, 1969 (D-5-15560-4), (NASA-CR-105771) (NTIS N69-77056)

Apollo/Saturn Postflight Trajectory (AS-505), Boeing Corporation Space Division, July

17, 1969 (D-5-15560-5), (NASA-CR-105770) (NTIS N69-77049)

Apollo/Saturn Postflight Trajectory (AS-506), Boeing Corporation Space Division, October 6, 1969 (D-5-15560-6), (NASA-CR-102306) (NTIS N92-70425)

Apollo/Saturn Postflight Trajectory (AS-507), Boeing Corporation Space Division, January 13, 1970 (D-5-15560-7), (NASA-CR-102476) (NTIS N92-70420)

Apollo/Saturn Postflight Trajectory (AS-508), Boeing Corporation Space Division, June 10, 1970 (D-5-15560-8), (NASA-CR-102792) (NTIS N92-70437)

Apollo/Saturn Postflight Trajectory (AS-509), Boeing Corporation Space Division, June 30, 1971 (D-5-15560-9), (NASA-CR-119870) (NTIS N92-70433)

Apollo/Saturn Postflight Trajectory (AS-510), Boeing Corporation Space Division, November 23, 1971 (D-5-15560-10), (NASA-CR-120464) (NTIS N74-77459)

Apollo/Saturn Postflight Trajectory (AS-511), Boeing Corporation Space Division, August 9, 1972 (D-5-15560-11), (NASA-CR-124129) (NTIS N73-72531)

Apollo/Saturn Postflight Trajectory (AS-512), Boeing Corporation Space Division, April 11, 1973 (D-5-15560-12), (NASA-CR-144080) (NTIS N76-19199)

Apollo/Skylab, ASTP and Shuttle Orbiter Major End Items, Final Report (JSC-03600), March 1978

AS-202 Press Kit, NASA Public Affairs Office, Washington, D.C., August 21, 1966 (66-213)

Bilstein, Roger E., *Stages To Saturn: A Technological History of the Apollo/Saturn Launch Vehicles*, Scientific and Technical Information Branch, National Aeronautics and Space Administration, November, 1980 (NASA SP-4206)

Boeing Company, *Apollo/Saturn V Final Flight Evaluation, AS-502*, for the NASA George C. Marshall Space Flight Center, Alabama, July 31, 1968 (D5-15773/NASA-CR-91983) (N92-70435)

Boeing Company, *Final Flight Evaluation Report: Apollo 5 Mission*, for the office of Manned Space Flight, National Aeronautics and Space Administration, Washington, D.C., October 1968 (D2-117017-2/NASA-TM-X-64327)

Boeing Company, *Final Flight Evaluation Report, Apollo 6 Mission*, for the office of Manned Space Flight, National Aeronautics and Space Administration, Washington, D.C., February 1969 (D2-117017)

Boeing Company, *Final Flight Evaluation Report: Apollo 7 Mission*, for the office of Manned Space Flight, National Aeronautics and Space Administration, February 1969 (D-2-117017-4 Revision A)

Boeing Company, *Final Flight Evaluation Report: Apollo 8 Mission*, for the office of Manned Space Flight, National Aeronautics and Space Administration, April 1969 (D-2-117017-5)

Boeing Company, *Final Flight Evaluation Report: Apollo 9 Mission*, for the office of Manned Space Flight, National Aeronautics and Space Administration, (D-2-117017-6/NASA-TM-X-62316)

Boeing Company, *Final Flight Evaluation Report: Apollo 10 Mission*, for the office of Manned Space Flight, National Aeronautics and Space Administration, (D-2-117017-7/NASA-TM-X-62548) (NTIS N70-34252)

Brooks, Courtney G., James M. Grimwood, and Lloyd S. Swenson, Jr., *Chariots For Apollo: A History of Manned Lunar Spacecraft*, The NASA History Series, Scientific and Technical Information Branch, National Aeronautics and Space Administration, Washington, D.C., 1979 (NASA SP-4205) (NTIS N79-28203)

Cassutt, Michael, *Who's Who in Space: The International Edition*, MacMillan Publishing Company, New York, 1993.

Compton, William David, *Where No Man Has Gone Before: A History of Apollo Lunar Exploration Missions*, The NASA History Series, Office of Management, Scientific and

Technical Information Division, National Aeronautics and Space Administration, Washington, D.C., 1989 (NASA SP-4214)

Cortright, Edgar, Chairman, *Report of the Apollo 13 Review Board*, National Aeronautics and Space Administration, June 15, 1970

Davies and Colvin, *Journal of Geophysical Research*, Vol. 105, American Geophysical Union, Washington, D.C., September 2000

Ertel, Ivan D., and Roland W. Newkirk, *The Apollo Spacecraft: A Chronology*, Volume IV, January 21, 1966 - July 14, 1974, Scientific and Technical Information office, National Aeronautics and Space Administration, Washington DC, 1978 (NASA SP-4009)

Ezell, Linda Neuman, *NASA Historical Data Book, Volume II, Programs and Projects 1958-1968*, The NASA Historical Series, Scientific and Technical Information Division, National Aeronautics and Space Administration, Washington, D.C., 1988 (NASA SP-4012)

Ezell, Linda Neuman, *NASA Historical Data Book, Volume III, Programs and Projects 1958-1968*, The NASA Historical Series, Scientific and Technical Information Division, National Aeronautics and Space Administration, Washington, D.C., 1988 (NASA SP-4012)

First Americans In Space: Mercury to Apollo–Soyuz, National Aeronautics and Space Administration (undated)

Harland, David M., *Exploring the Moon: The Apollo Expeditions*, Springer–Praxis, Heidelberg and New York, 1999

Heiken, Grant H., David T. Vanimann, and Bevan M. French, editors, *Lunar Sourcebook: a User's Guide to the Moon*, Cambridge University Press, England, 1991

Johnson, Dale L., *Summary of Atmospheric Data Observations For 155 Flights of MSFC/ABMA Related Aerospace Vehicles*, NASA George C. Marshall Space Flight Center, Alabama, December 5, 1973 (NASA-TM-X-64796) (NTIS N74-13312)

Johnston, Richard S., Lawrence F. Dietlein, M.D., and Charles A. Berry, M.D., *Biomedical Results of Apollo*, Scientific and Technical Information office, National Aeronautics and Space Administration, Washington, D.C., 1975 (NASA SP-368)

Jones, Dr. Eric, *Apollo Lunar Surface Journal*, Internet: http://www.hq.nasa.gov/office/pao/History/alsj/, National Aeronautics and Space Administration, 1996

Kaplan, Judith and Robert Muniz, *Space Patches From Mercury to the Space Shuttle*, Sterling Publishing Co., New York, 1986

King-Hele, D. G., D. M. C. Walker, J. A. Pilkington, A. N. Winterbottom, H. Hiller, and G. E. Perry, *R. A. E. Table of Earth Satellites 1957–1986*, Stockton Press, New York, NY, 1987 (a compilation of installments originally issued by the Royal Aircraft Establishment in England)

Lattimer, Richard L., *"All we did was fly to the Moon": Astronaut Insignias and Callsigns*, The Whispering Eagle Press, Florida, 1985

McFarlan, Donald and Norris D. McWhirter et al, editors, *1990 Guinness Book of World Records*, Sterling Publishing Co., New York

NASA Facts: Apollo 7 Mission (E-4814)

NASA Facts: Apollo 8 Mission

NASA Facts: Apollo 9 Mission

NASA Facts: Apollo 10 Mission

NASA Facts: Apollo 11 Mission

NASA Facts: Apollo 12 Mission

NASA Facts: Apollo 13 Mission

NASA Facts: Apollo 14 Mission

NASA Facts: Apollo 15 Mission

NASA Facts: Apollo 16 Mission

NASA Facts: Apollo 17 Mission

NASA Information Summaries, Major NASA Launches, PMS 031 (KSC), National Aeronautics and Space Administration, November 1985

NASA Information Summaries, PM 001 (KSC), National Aeronautics and Space Administration, November 1985

National Aeronautics and Space Administration Mission Report: Apollo 9 (MR-3)

National Aeronautics and Space Administration Mission Report: Apollo 10 (MR-4)

National Aeronautics and Space Administration Mission Report: Apollo 11 (MR-5)

National Aeronautics and Space Administration Mission Report: Apollo 12 (MR-8)

National Aeronautics and Space Administration Mission Report: Apollo 13 (MR-7)

National Aeronautics and Space Administration Mission Report: Apollo 14 (MR-9)

National Aeronautics and Space Administration Mission Report: Apollo 15 (MR-10)

National Aeronautics and Space Administration Mission Report: Apollo 16 (MR-11)

National Aeronautics and Space Administration Mission Report: Apollo 17 (MR-12)

Newkirk, Roland W., and Ivan D. Ertel with Courtney G. Brooks, *Skylab: A Chronology*, Scientific and Technical Information office, National Aeronautics and Space Administration, Washington, D.C. (NASA SP-4011)

Nicogossian, Arnauld E., M.D., and James F. Parker, Jr., Ph.D., *Space Physiology and Medicine*, (SP-447), National Aeronautics and Space Administration, 1982

Project Apollo: Manned Exploration of the Moon, Educational Data Sheet #306, NASA Ames Research Center, Moffett Field, California, Revised May, 1974

Project Apollo: NASA Facts, National Aeronautics and Space Administration

Postlaunch Report for Apollo Mission A-101 (BP-15), Mission Support Division, NASA Manned Spacecraft Center, Houston, Texas, June 18, 1964, (MSC-R-A-64-2)

Postlaunch Report For Mission AS-202 (Apollo Spacecraft 011), Mission Support Division, NASA Manned Spacecraft Center, Houston, Texas, October 12, 1966 (MSC-A-R-66-5)

Report of Apollo 13 Review Board, National Aeronautics and Space Administration, June 15, 1970

Saturn AS-201/Apollo Postflight Trajectory, NASA George C. Marshall Space Flight Center, Alabama, June 6, 1966 (NASA-TM-X-53472) (N92-70421)

Saturn AS-202 Postflight Trajectory, Chrysler Corporation Space Division, October 1966 (Chrysler TN-AP-66-105) (NASA-CR-98403) (N92-70438)

Saturn AS-205/CSM-101 Postflight Trajectory, Chrysler Corporation Space Division (TN-AP-68-369) (NASA CR-98345) (NTIS N92-70426)

Saturn IB Flight Evaluation Working Group, Results of the First Saturn IB Launch Vehicle Test Flight, AS-201, NASA George C. Marshall Space Flight Center, Alabama, May 6, 1966 (MPR-SAT-FE-66-8/NASA-TM-X-61957)

Saturn IB Flight Evaluation Working Group, Results of the Second Saturn IB Launch Vehicle Test Flight, AS-203, NASA George C. Marshall Space Flight Center, Alabama, September 22, 1966 (MPR-SAT-66-12/NASA-TM-X-61958)

Saturn IB Flight Evaluation Working Group, Results of the Third Saturn IB Launch Vehicle Test Flight, AS-202, NASA George C. Marshall Space Flight Center, Alabama, October 25, 1966 (MPR-SAT-FE-66-13) (Volume 1, NASA-TM-X-59131) (Volume 2, NASA-TM-X-61695)

Saturn IB Flight Evaluation Working Group, Results of the Fifth Saturn IB Launch Vehicle Test Flight AS-205 (Apollo 7 Mission), NASA George C. Marshall Space Flight Center, Alabama, January 25, 1969 (MPR-SAT-FE-68-4)

Saturn Flight Evaluation Working Group, Saturn SA-1 Flight Evaluation Report, NASA George C. Marshall Space Flight Center, Alabama, December 14, 1961 (MPR-SAT-

WF-61-8)

Saturn Flight Evaluation Working Group, Results of the First Saturn I Launch Vehicle Test Flight, SA-1, NASA George C. Marshall Space Flight Center, Alabama, April 27, 1964 (MPR-SAT-64-14)

Saturn Flight Evaluation Working Group, Results of the Fifth Saturn I Launch Vehicle Test Flight, SA-5, NASA George C. Marshall Space Flight Center, Alabama, September 22, 1964 (MPR-SAT-FE-64-17)

Saturn Flight Evaluation Working Group, Results of the Sixth Saturn I Launch Vehicle Test Flight, SA-6, NASA George C. Marshall Space Flight Center, Alabama, October 1, 1964 (MPR-SAT-FE-64-18)

Saturn V Launch Vehicle Flight Evaluation Report AS-501: Apollo 4 Mission, NASA George C. Marshall Space Flight Center, Alabama, January 15, 1968 (MPR-SAT-FE-68-1/NASA-TM-X-60911)

Saturn V Launch Vehicle Flight Evaluation Report AS-502: Apollo 6 Mission, NASA George C. Marshall Space Flight Center, Alabama, June 25, 1968 (MPR-SAT-FE-68-3/NASA-TM-X-61038)

Saturn V Launch Vehicle Flight Evaluation Report AS-503: Apollo 8 Mission, NASA George C. Marshall Space Flight Center, Alabama, February 20, 1969 (MPR-SAT-FE-69-1)

Saturn V Launch Vehicle Flight Evaluation Report AS-504: Apollo 9 Mission, NASA George C. Marshall Space Flight Center, Alabama, (MPR-SAT-FE-69-4/NASA-TM-X-62545) (NTIS 69X-77591)

Saturn V Launch Vehicle Flight Evaluation Report AS-505: Apollo 10 Mission, NASA George C. Marshall Space Flight Center, Alabama, (MPR-SAT-FE-69-7/NASA-TM-X-62548) (NTIS 69X-77668)

Saturn V Launch Vehicle Flight Evaluation Report AS-506: Apollo 11 Mission, NASA George C. Marshall Space Flight Center, Alabama, (MPR-SAT-FE-69-9/NASA-TM-X-62558) (NTIS 90N-70431/70X-10801)

Saturn V Launch Vehicle Flight Evaluation Report AS-507: Apollo 12 Mission, NASA George C. Marshall Space Flight Center, Alabama, (MPR-SAT-FE-70-1/NASA-TM-X-62644) (NTIS 70X-12182)

Saturn V Launch Vehicle Flight Evaluation Report AS-508: Apollo 13 Mission, NASA George C. Marshall Space Flight Center, Alabama, (MPR-SAT-FE-70-2/NASA-TM-X-64422) (NTIS 90N-70432/70X-16774)

Saturn V Launch Vehicle Flight Evaluation Report AS-509: Apollo 14 Mission, NASA George C. Marshall Space Flight Center, Alabama, (MPR-SAT-FE-71-1/NASA-TM-X-69536) (NTIS N73-33824)

Saturn V Launch Vehicle Flight Evaluation Report AS-510: Apollo 15 Mission, NASA George C. Marshall Space Flight Center, Alabama, (MPR-SAT-FE-71-2/NASA-TM-X-69539) (NTIS N73-33819)

Saturn V Launch Vehicle Flight Evaluation Report AS-511: Apollo 16 Mission, NASA George C. Marshall Space Flight Center, Alabama, (MPR-SAT-FE-72-1/NASA-TM-X-69535) (NTIS N73-33823)

Saturn V Launch Vehicle Flight Evaluation Report AS-512: Apollo 17 Mission, NASA George C. Marshall Space Flight Center, Alabama, (MPR-SAT-FE-73-1/NASA-TM-X-69534) (NTIS N73-33822)

Spudis, Paul D., *The Once and Future Moon*, Smithsonian Institute Press, Washington, D.C., 1996

Technical Information Summary AS-501: Apollo Saturn V Flight Vehicle, NASA George C. Marshall Space Flight Center, Alabama, September 15, 1967 (R-ASTR-S-67-65)

The Early Years: Mercury to Apollo-Soyuz, PM 001 (KSC), NASA Information Summaries, National Aeronautics and Space Administration, November 1985

Thompson, Floyd, Chairman, *Report of the Apollo 204 Review Board*, National Aeronautics and Space Administration, April 5, 1967

Toksoz, M.N., A.M. Dainty, S.C. Solomon and K.R. Anderson; *Structure of the Moon*, published in *Reviews of Geophysics and Space Physics*, Vol. 12, No. 4, American Geophysical Union, Washington, D.C., November 1974

Trajectory Reconstruction Unit, *Saturn AS/205/CSM-101 Postflight Trajectory*, Aerospace Physics Branch, Chrysler Corporation Space Division, December 1968

Wilhelms, Don E., *To a Rocky Moon: a Geologist's History of Lunar Exploration*, The University of Arizona Press, Arizona, 1993